Jacob Hesse

Metapher, Kontext und Kognition

Philosophical Analysis

Edited by
Katherine Dormandy, Rafael Hüntelmann,
Christian Kanzian, Uwe Meixner, Richard Schantz,
and Erwin Tegtmeier

Volume 85

Jacob Hesse

Metapher, Kontext und Kognition

Metaphern zwischen Indexikalität und Ähnlichkeit

DE GRUYTER

Veröffentlicht mit Unterstützung des Austrian Science Fund (FWF): PUB 884-Z.

FWF Der Wissenschaftsfonds.

ISBN 978-3-11-073706-6
e-ISBN (PDF) 978-3-11-073212-2
e-ISBN (EPUB) 978-3-11-073217-7
ISSN 2627-227X
DOI https://doi.org/10.1515/9783110732122

Library of Congress Control Number: 2022938371

Bibliografische Information der Deutschen Nationalbibliothek
Die Deutsche Nationalbibliothek verzeichnet diese Publikation in der Deutschen Nationalbibliografie; detaillierte bibliografische Daten sind im Internet über http://dnb.dnb.de abrufbar.

Druck und Bindung: CPI books GmbH, Leck

www.degruyter.com

MIX
Papier | Fördert gute Waldnutzung
FSC® C083411
FSC www.fsc.org

Danksagung

Die vorliegende Arbeit ist eine überarbeitete Version meiner Dissertation, die ich im Sommersemester 2020 an der Universität Innsbruck eingereicht habe. Zunächst möchte ich ganz besonders meinem Doktorvater Prof. DDr. Christian Tapp danken. Er gab mir einerseits viel Freiraum bei der Themenfindung und der Strukturierung meiner Dissertation und hat mich andererseits aber auch immer unnachgiebig darauf aufmerksam gemacht, wenn sich Inkonsistenzen und Inkohärenzen in meine Argumente eingeschlichen haben. Seine wohlwollende und zugleich kritische Betreuung hat das Entstehen der Arbeit überhaupt erst möglich gemacht. Darüber hinaus bedanke ich mich bei Dr. Gil Sagi, über deren Seminar am MCMP an der LMU München ich zu dem Thema der Arbeit gekommen bin. Sie hat auch den Kontakt zu Prof. Josef Stern hergestellt, bei dem ich mich für hilfreiche Hinweise zu meinem Forschungsprojekt sowie für die äußerst inspirierende und kenntnisreiche Erläuterung der Debatte über Metaphern bedanken möchte. Ganz besonders bin ich auch Prof. Dr. Georg Gasser zu Dank verpflichtet. Er war in Innsbruck mein Mentor und wichtigster Ansprechpartner. Mit nüchternem, realistischem aber stets auch humorvollem Blick hat er mich in die Strukturen und Mechanismen der akademischen Welt eingeführt. Des Weiteren möchte ich das tolle Forschungsumfeld betonen, dass ich in Innsbruck hatte. Besonders erwähnt seien hier Federica Malfatti, Georg Sauerwein, Marisa Gasteiger, Simon Kittle, Prof. Dr. Edmund Runggaldier, Prof. DDr. Winfried Löffler, Prof. Dr. Christoph Jäger, Prof. Dr. Josef Quitterer, Prof. Dr. Bruno Niederbacher, Prof. Dr. Christian Kanzian, Prof. Dr. Katherine Dormandy, Dr. Daniel Wehinger, Prof. Dr. Otto Muck, Dr. Hans Kraml, Prof. Dr. Roman Siebenrock, Dr. Robert Deinhammer sowie natürlich Monika Datterl und Ksenia Scharr. Des Weiteren gilt mein Dank Prof. David Hills. Auf seine Einladung hin durfte ich 2018 als Gaststudent an der Stanford University studieren. Die langen Gespräche mit ihm waren extrem bereichernd und haben die Struktur meiner Arbeit und die in ihr entwickelten Argumente wesentlich beeinflusst. Zudem möchte ich mich bei Prof. John Perry für viele Hinweise, Überlegungen und Anekdoten zu der Debatte über Indexikalia bedanken. Darüber hinaus bedanke ich mich bei den Philosophiestudenten in Stanford für die Möglichkeit, im Rahmen des *Graduate Student Workshops* meine Arbeit vorzustellen. Zudem möchte ich Christopher Genovesi für unsere Zoom-Gespräche über den aktuellen Stand der Forschung zu Metaphern danken.

Für Hilfe beim Korrekturlesen bedanke ich mich bei Sibylle Reiter, Elisabeth, Benjamin Mitterrutzner, Peter Schneider, Simon Frankenreiter, Johannes Braun und Matthias Wurtenberger. Bei Prof. Dr. Sebastian Gäb bedanke ich mich für die Übernahme des Zweitgutachtens. Dem Cusanuswerk danke ich für die finanzielle

https://doi.org/10.1515/9783110732122-001

und ideelle Förderung während meiner Promotionszeit. Ich bedanke mich auch bei den mir nicht bekannten Gutachtern, welche die Aufnahme dieser Arbeit in die Reihe *Philosophical Analysis* bei De Gruyter befürwortet haben. Dem FWF danke ich für die finanzielle Förderung der Publikation dieser Arbeit. Mein ganz besonderer Dank gilt meiner Frau Elisabeth sowie meinen Eltern für die beständige Unterstützung während der doch sehr fordernden Promotionsphase.

Inhalt

1 Vorüberlegungen zu Gegenstand, Methodik und Aufbau der Arbeit

Metaphern sind in unserem Sprachgebrauch weit verbreitet und stellen alltägliche Phänomene dar, mit denen kompetente Sprecher normalerweise ohne größere Probleme umgehen können. Bei genauerer Betrachtung ist die Fähigkeit, Metaphern zu verstehen aber gar nicht so selbstverständlich. Dies kann an folgenden Beispielen verdeutlicht werden:

(1) Meine Ideen tragen Früchte.
(2) Ich versinke in Arbeit.
(3) Dein Einwand trifft das Herz meines Ansatzes.
(4) Es herrschte eine eisige Stimmung in der Versammlung.

Selbstverständlich können Ideen keine Früchte im wörtlichen Sinne tragen. Es ist auch unklar, wie eine Person im wörtlichen Sinne in Arbeit „versinken" kann. Arbeit ist ja kein flüssiger Stoff. Argumente haben auch kein „Herz", das von einem Einwand getroffen werden könnte. Schließlich hat eine Stimmung im strengen Sinne erstens keine Temperatur und besteht zweitens nicht aus z.B. Wasser, so dass sie zu Eis gefrieren könnte. Trotz dieser großen Spannungen hinsichtlich der konventionellen Bedeutung der verwendeten Ausdrücke ist es für kompetente Sprecher aber problemlos möglich, diesen Äußerungen sinnvolle Gehalte zuzuschreiben, die für wahr gehalten werden können. Der Grund dafür besteht darin, dass kompetente Sprecher dazu in der Lage sind, bestimmte Ausdrücke innerhalb dieser Äußerungen metaphorisch zu interpretieren. Die zentrale Aufgabe dieser Arbeit soll darin bestehen zu explizieren, worin diese Kompetenz genau besteht und wie sie allgemein in den Gebrauch von Sprache und Kommunikation eingeordnet werden kann.

Um ein angemessenes Bild vom Phänomen der Metapher zu erhalten, ist es wichtig, verschiedene Formen von Beispielen in den Blick zu nehmen. Neben relativ einfach zu erschließenden Fällen von Metaphern wie den genannten Sätzen (1)–(4) gibt es auch solche, die weniger gebräuchlich sind und für deren Deutung mehr Interpretationsaufwand von Nöten ist. Beispiele hierfür sind folgende Äußerungen:

(5) Zitate sind Eis für jede Stimmung.[1]

1 Morgenstern 1949, 79.

https://doi.org/10.1515/9783110732122-002

(6) Eine Hauptursache philosophischer Krankheiten – einseitige Diät: man nährt sein Denken nur mit einer Art von Beispielen.[2]

(7) Eine Seele, die sich geliebt weiß, aber selbst nicht liebt, verrät ihren Bodensatz: – ihr Unterstes kommt zum Vorschein.[3]

(8) „Die Erkenntnis um ihrer selbst willen" – das ist der letzte Fallstrick, den die Moral legt: damit verwickelt man sich noch einmal völlig in sie.[4]

(9) Nun ward der Winter unseres Missvergnügens glorreicher Sommer durch die Sonne Yorks.[5]

An dem Satz (9), mit dem William Shakespeare sein Stück Richard III. eröffnet, kann besonders gut veranschaulicht werden, wie viel Kontextinformation und Hintergrundwissen für die Deutung einer anspruchsvolleren Metapher nötig sein kann. In diesem Satz sind „Winter", „glorreicher Sommer" und „Sonnenschein" metaphorisch zu verstehen. Der Ausdruck „Winter", mit dem hier so viel wie „Trübsal und Verzweiflung" ausgedrückt wird, fungiert als Subjekt, das durch die Genitiv-Konstruktion „unseres Missvergnügens" erläutert wird. Mit „glorreicher Sommer" wird so etwas wie „Freude und Erfolg" ausgedrückt, welche die „winterliche" Trübsal ablösen. Der Sonnenschein von York schließlich ist gemäß der syntaktischen Struktur das Mittel, das den Winter zu einem glorreichen Sommer macht. Den Hintergrund dieser Äußerung, die Shakespeare Richard von Gloucester dem späteren König Richard III. in den Mund legt, bilden die Auseinandersetzungen zwischen dem Haus von York und dem Haus Lancaster. Letzteres hatte unter Heinrich VI. für kurze Zeit die Herrschaft über England übernommen. 1471 gelang es jedoch dem Bruder Richards, Eduard IV., das Haus Lancaster zu besiegen und den Thron Englands wieder zu besteigen. Der „Winter" bezieht sich dementsprechend auf die trübselige Zeit, in der Eduard IV. zusammen mit seinem Bruder im Exil in Brügge war, weil er den Thron an die Lancasters verloren hatte. Die darauffolgende, als „Sommer" bezeichnete Freude bezieht sich auf die Wiedererlangung des Throns durch Eduard IV., der aus dem Haus von York stammend als „Yorks Sonnenschein"[6] den „Winter" vertreibt.

---

2 Wittgenstein, PU 593, in: Wittgenstein 1984, 459.

3 Nietzsche, Jenseits von Gut und Böse, Aphorismus 79, in: Nietzsche 2010, 759.

4 Nietzsche, Jenseits von Gut und Böse, Aphorismus 64, in: Nietzsche 2010, 757.

5 Shakespeare, Richard III., I. Akt, Szene 1, dt. Übersetzung von August Wilhelm Schlegel (Shakespeare 2015, 7). Im engl. Original lautet der Satz: „Now is the winter of our discontent made glorious summer by this sun of York" (Shakespeare 2008, 3).

6 Shakespeare lässt mit der Konstruktion „Yorks Sonnenschein (sun of York)" noch zwei zusätzliche Bedeutungen mitschwingen. Einerseits ist die Sonne das offizielle Symbol für das Haus von York. Somit kann der Ausdruck auch metonymisch in dem Sinne von „Symbol" für „Träger

Es gibt aber auch Metaphern, bei denen, unabhängig davon wie viel Kontextinformation man berücksichtigt, kein spezifischer Gehalt erschlossen werden kann, der mit diesen ausgedrückt werden soll. Dies kann einmal daran liegen, dass eine Metapher schlecht konstruiert ist, wie z. B. „Ein Bienenstock ist ein Eisblock". Es ist schwer vorstellbar, dass es einen Äußerungskontext gibt, in dem diese Metapher verständlich interpretiert werden kann. Es besteht aber auch die Möglichkeit, dass der jeweilige Sprecher oder Verfasser nicht beabsichtigt, mit Metaphern spezifische Gehalte zu kommunizieren. Dies geschieht häufig im Kontext von poetischen Texten wie Gedichten. Es erscheint z. B. wenig sinnvoll, nach einem ganz bestimmten Gehalt zu suchen, den Rainer Maria Rilke mit der ersten Strophe seines Gedichtes „Ein Frühlingswind" mitteilen möchte:

> Mit diesem Wind kommt das Schicksal; laß o laß
> es kommen, all das Drängende und Blinde,
> von dem wir glühen werden –: alles das
> (Sei still und rühr dich nicht, daß es uns finde.)
> O unser Schicksal kommt mit diesem Winde.[7]

Es wäre ebenfalls unangemessen, einfach zu behaupten, dass Rilke hier unsinnige Sätze verfasst hat. Vielmehr scheint es plausibel zu sein, davon auszugehen, dass Rilke mit dieser Strophe und den darin involvierten Metaphern, bestimmte Perspektiven und Bilder vor Augen führen möchte, die zum Reflektieren und Nachsinnen einladen sollen.

Den deutlichsten Gegensatz zu anspruchsvolleren Metaphern bilden sogenannte „tote" Metaphern. Bei der Interpretation dieser Metaphern findet kein Bruch mit der wörtlichen Bedeutung der involvierten Ausdrücke mehr statt. Die ehemals metaphorische Deutung eines oder mehrerer involvierter Ausdrücke ist bereits so etabliert, dass sie als Teil der konventionellen bzw. wörtlichen Bedeutung der betreffenden Ausdrücke angesehen werden kann. Beispiele hierfür sind:

(10) Der neue Star Wars ist ein Blockbuster.[8]
(11) Ich brauche eine neue Maus für meinen Computer.
(12) Das Flussbett ist vollkommen ausgetrocknet.

---

des Symbols" interpretiert werden. Des Weiteren ist der engl. Originalausdruck „sun" phonetisch dem Wort „son" sehr ähnlich, was die Lesart „Sohn des Hauses von York" mitschwingen lässt.

7 Rilke 2004, 225.

8 Der Ausdruck „Blockbuster" stand ursprünglich für eine Bombe, die ganze Häuserblöcke sprengt. Heutzutage wird der Ausdruck aber in den allermeisten Fällen nur noch für Filme verwendet, die besonders viel Aufmerksamkeit auf sich ziehen.

Den Ausdrücken „Blockbuster", „Maus" und „Flussbett" werden bei der Interpretation dieser Sätze Bedeutungen zugeschrieben, die ehemals durch metaphorische Interpretationen erschlossen wurden, mittlerweile aber zu konventionellen Bedeutungen der betreffenden Ausdrücke geworden sind. Die Theorie von Metaphern, die in dieser Arbeit entwickelt werden soll, muss dazu in der Lage sein zu erklären, inwiefern die verschiedenen Formen von Metaphern zusammenhängen und in ein Verhältnis zueinander gesetzt werden können.

Im Rahmen der Entwicklung einer Theorie für Metaphern ergeben sich u. a. folgende Fragen: Wie erkennt man, dass eine metaphorische Deutung eines Ausdrucks nötig ist? Sind Metaphern genuin sprachliche Phänomene oder gibt es auch nicht-sprachliche Metaphern? Welche Mechanismen sind involviert, wenn man eine Metapher interpretiert? Ist es möglich, Metaphern zu paraphrasieren? Wie kommt die bildliche Dimension zustande, die Metaphern vermitteln? Wie ist das Verhältnis von Metaphern zu anderen Stilmitteln zu beschreiben? Sind Metaphern eher dem Bereich der Semantik oder demjenigen der Pragmatik zuzuordnen? Haben metaphorisch verstandene Ausdrücke besondere linguistische Eigenheiten? Eine Gefahr bei der Entwicklung einer Theorie für Metaphern besteht darin, dass man sich zu stark auf bestimmte Aspekte von Metaphern kapriziert und dabei andere Eigenschaften aus dem Blick verliert. Um dies zu vermeiden, soll das Phänomen der Metaphern in dieser Arbeit immer wieder aus verschiedenen Blickwinkeln betrachtet werden. Eine überzeugende Theorie muss letztlich dazu in der Lage sein, alle mit Metaphern verbundenen Eigenschaften in einen plausiblen Erklärungsrahmen einzuordnen.

Die Theorie, die in dieser Arbeit entwickelt wird, ist als sprachphilosophische Theorie mit einem Anspruch auf Allgemeinheit verbunden. Es sollen hier dementsprechend nicht Metaphern einer bestimmten Epoche, bei einem bestimmten Autor oder innerhalb einer bestimmten Sprache oder Kulturgemeinschaft analysiert werden. Vielmehr ist das Ziel der vorliegenden Theorie zu erklären, wie das Phänomen der Metapher ganz allgemein zu verstehen ist. Methodisch muss hierzu einschränkend gesagt werden, dass trotz dieses Anspruchs aus rein pragmatischen Gründen in dieser Arbeit hauptsächlich Beispiele von Metaphern untersucht werden, die in den Sprachen Deutsch und Englisch vorkommen.[9] Es wird folglich vorausgesetzt, dass sich die vorgestellten Analysen auf andere Sprachen extrapolieren lassen. Falls sich also in anderen Arbeiten zeigen sollte, dass diese Hypothese nicht korrekt ist, weil Metaphern z. B. im Chinesischen

---

9 Am Beginn der Arbeit werden im Rahmen der Diskussion von antiken Metapherntheorien auch Beispiele aus dem Altgriechischen und dem Lateinischen in den Blick genommen. Allerdings wird auch hier immer auf Übersetzungen ins Deutsche zurückgegriffen.

oder im Sanskrit signifikant anders funktionieren als im Deutschen oder Englischen, wäre das ein ernstzunehmender Einwand gegen die in dieser Arbeit vorgeschlagene Theorie. Des Weiteren werden in dieser Arbeit keine eigenen empirischen Studien bezüglich des Phänomens der Metapher erstellt. Das heißt aber nicht, dass die hier vorgestellte Theorie völlig unabhängig von den Ergebnissen empirischer Forschung ist. Sie soll vielmehr einen Rahmen dafür liefern, in dem die Resultate der empirischen Studien plausibel erklärt und eingeordnet werden können. Es wird aus diesem Grund an mehreren Stellen ausführlich auf bereits vorhandene empirische Forschung aus den Bereichen Psycholinguistik, Neurolinguistik und Kognitionswissenschaften Bezug genommen.

Es soll an dieser Stelle auch eine begriffliche Klärung bezüglich der Verwendung des Ausdrucks „Metapher" vorgenommen werden. Dieser wird nicht nur in der Alltagssprache, sondern auch in der Fachliteratur nicht immer einheitlich gebraucht. Es werden z. B. sowohl bestimmte Sätze als auch auf bestimmte Art und Weise interpretierte Ausdrücke als Metaphern bezeichnet. Um Missverständnisse zu vermeiden, soll in dieser Arbeit zwischen Metaphern und metaphorisch verstandenen Ausdrücken differenziert werden. Der Ausdruck „Metapher" soll demnach für Sätze verwendet werden, die Ausdrücke[10] enthalten, welche metaphorisch interpretiert werden, nicht aber für metaphorisch interpretierte Ausdrücke selbst.[11] Nur auf diese Weise macht z. B. die Vergleichstheorie Sinn, die in Kapitel 2 ausführlich diskutiert wird. Wenn man behauptet, dass Metaphern auf Vergleiche reduziert werden können, kann damit nämlich nur gemeint sein, dass Sätze, die metaphorisch interpretierte Ausdrücke enthalten, in eine synonyme Vergleichsstruktur überführt werden können. Es ist unverständlich, was es heißen sollte, dass *einzelne Ausdrücke* eigentlich Vergleiche sind. Des

---

10 Unter einem „Ausdruck" soll in dieser Arbeit ganz allgemein ein bedeutungsvoller Teil eines Satzes verstanden werden. Silben oder Buchstaben sind dementsprechend keine Ausdrücke, weil sie für sich genommen keine Bedeutung besitzen. Der Begriff eines Ausdrucks ist weiter als der Begriff eines Wortes, weil jedes Wort als Ausdruck bezeichnet werden kann, aber nicht jeder Ausdruck ein Wort darstellt. Ausdrücke können nämlich auch aus mehreren Wörtern bestehen, wie z. B. „der Präsident von Frankreich" oder „die grünen Schuhe". Es ist für die Analyse von Metaphern sinnvoll, von Ausdrücken zu sprechen, weil häufig mehrere Wörter eine Einheit bilden, die als solche metaphorisch interpretiert wird. In Satz (1) wird z. B. der Ausdruck „tragen Früchte" metaphorisch verstanden und in (8) „glorreicher Sommer". Es wäre verwirrend, wenn man suggerieren würde, dass die einzelnen, in diesen Ausdrücken involvierten Worte unabhängig voneinander metaphorische Deutungen erhalten. Da ein Wort auch immer einen Ausdruck darstellt, ist es aber nicht falsch, wenn man sagt, dass Wörter metaphorisch gedeutet werden. Die Verwendung von „Ausdruck" ist nur in vielen Fällen angemessener.

11 Das vorgestellte Beschreibung der Verwendung des Ausdrucks „Metapher" findet sich genauso bei z. B. Max Black (vgl. Black 1955, 275).

Weiteren erscheint es wenig plausibel, wenn als Beispiele für Metaphern Ausdrücke wie „Sonne“, „Wolf“, „fliegen“ oder „Napoleon“ genannt werden. Diese sind für sich genommen keine Metaphern. Ebenso sind Bezeichnungen wie „Twice-Apt-“ und „Twice-True-Metaphern“, die aus der Literatur übernommen werden und in dieser Arbeit eine wichtige Rolle spielen, nur dann sinnvoll, wenn es sich bei Metaphern um Sätze handelt.[12] Dasselbe gilt, wenn man von „gemischten Metaphern“ spricht. Hier wird nicht ein und derselbe Ausdruck auf verschiedene Art und Weise metaphorisch gedeutet, sondern es werden innerhalb einer Äußerung verschiedene Ausdrücke auf der Basis unterschiedlicher Ähnlichkeitsrelationen metaphorisch interpretiert.

Etwas in Spannung zu dieser Verwendungsweise steht, dass als Beispiele für tote Metaphern häufig einzelne Ausdrücke wie „Blockbuster“ oder „(Computer-) Maus“ genannt werden. Diese Praxis ist aber missverständlich. Es sind nämlich nicht die Ausdrücke selbst, die tote Metaphern darstellen. Dies wird z. B. daran ersichtlich, dass diese Ausdrücke auch in Kontexten verwendet werden können, in denen nicht auf die ehemals metaphorische Deutung Bezug genommen wird. Wenn man z. B. „Die Katze hat eine Maus gefangen“ sagt, wird „Maus“, zumindest in den meisten denkbaren Kontexten, eine gewöhnliche wörtliche Deutung gegeben, die nie metaphorisch gewesen ist. Es ist in bestimmten Kontexten auch möglich, die betreffenden Ausdrücke wieder wirklich metaphorisch zu deuten:

(13) Franz ist eine Maus.
(14) Mit dem neuen Star Wars wurde ein Blockbuster abgeworfen, der alle Einspielrekorde in Schutt und Asche legen wird.

Als tote Metaphern sollen deswegen in dieser Arbeit Sätze verstanden werden, bei deren Interpretation Ausdrücken eine Deutung zugeschrieben wird, die ehemals eine metaphorische Interpretation dargestellt hat, nun aber Teil der konventionellen Bedeutung dieser Ausdrücke geworden ist. Demzufolge sind (10)–(12) als tote Metaphern zu verstehen, (13) und (14) aber nicht.

Diese Differenzierung ist hauptsächlich begrifflich und soll dazu dienen, Klarheit bei der Verwendung der Ausdrücke „Metapher“ und „metaphorische Interpretation“ zu schaffen. Sie bildet aber keine notwendige Voraussetzung für die Theorie, die in dieser Arbeit entwickelt wird. Es wäre auch möglich, diese vor dem Hintergrund der Annahme zu formulieren, dass der Ausdruck „Metapher“ metaphorisch interpretierte Ausdrücke bezeichnet. Dies würde aber in Bezug auf

---

12 Eine Erläuterung dessen, was Twice-True- und Twice-Apt-Metaphern sind, findet sich in Abschnitt 3.2.3.1.

die in dieser Arbeit diskutierten Theorien und Phänomene zu deutlich umständlicheren Formulierungen, Darstellungen und Argumentationen führen und ist deswegen nicht zweckmäßig.

In dieser Arbeit soll zunächst das Verhältnis von Metaphern und Ähnlichkeitsrelationen thematisiert werden. Hierbei wird auch die Diskussion der weit verbreiteten Vergleichstheorie der Metaphern eine wichtige Rolle einnehmen, die schon bei den Autoren Cicero und Quintilian gefunden werden kann. An der Debatte, wie sich Metaphern zu Vergleichen und Ähnlichkeitsrelationen verhalten, haben sich im 20. Jh. nicht nur Linguisten, Literaturwissenschaftler und Philosophen beteiligt, sondern zunehmend auch mit empirischen Studien arbeitende Psychologen und Kognitionswissenschaftler. Im Laufe von Kapitel 2 sollen die verschiedenen Standpunkte, die in dieser Debatte vertreten werden, ausführlich dargelegt und beurteilt werden. Dabei wird sich zeigen, dass Ähnlichkeit, sei es als treibende Kraft der Deutung oder als Einschränkung dafür, was als angemessene Deutungen gelten kann, immer eine entscheidende Rolle bei der Interpretation von Metaphern einnimmt. Nichtsdestotrotz wird aber die Vergleichstheorie zurückgewiesen, der zufolge Metaphern immer ohne semantische Verluste auf einen entsprechenden Vergleich reduziert werden können.

In Kapitel 3 wird untersucht, auf welche Art und Weise Metaphern in Sprache und Kommunikation eingebunden sind. Dazu wird eine Klassifizierung der verschiedenen Ansätze in semantische, pragmatische und bedeutungsskeptische Metapherntheorien vorgenommen. Dies ermöglicht, gemeinsame Grundstrukturen von verschiedenen Ansätzen in der Metapherntheorie deutlich zu machen. Es wird sich zeigen, dass sämtliche in Kapitel 3 diskutierten Theorien mit grundlegenden Problemen konfrontiert sind. Die Diskussion dieser Ansätze bildet jedoch die Grundlage dafür, zentrale Eigenschaften von Metaphern zu explizieren, sowie Kriterien für eine plausible Metapherntheorie zu formulieren.

In Kapitel 4 wird vor dem Hintergrund der Überlegungen aus Kapitel 2 und 3 eine Theorie dafür entwickelt, wie man die linguistischen Eigenschaften von Ausdrücken, die metaphorisch interpretiert werden, adäquat beschreiben und mit der in Kapitel 2 erörterten ähnlichkeitsbasierten Struktur der Interpretation ins Verhältnis setzen kann. Eine zentrale Rolle wird hierbei die Analogie zwischen metaphorisch verstandenen Ausdrücken und klassisch indexikalischen Ausdrücken wie „ich“, „du“, „hier“ oder „jetzt“ spielen. Die Grundlage für diese Überlegungen bilden die Theorien zu indexikalischen Ausdrücken von David Kaplan und John Perry, die am Beginn von Kapitel 4 dargelegt werden. Ausdrücke, die metaphorisch interpretiert werden, besitzen die Eigenschaft der Indexikalität aber nicht wie klassische Indexikalia konventionellerweise. Um den Eigenheiten der metaphorischen Interpretation von Ausdrücken gerecht zu werden, wird eine semantische Regel R-MET expliziert, nach der ein metaphorisch verstandener Ausdruck interpretiert wird. R-MET ist als schematische, konventionell festgelegte Interpretationsregel zu verstehen, die auf viele ganz verschiedene Ausdrücke angewendet werden kann. Allerdings kann die Anwendung von R-MET auf einen Ausdruck für sich genommen noch nicht als hinreichend für das Vorliegen einer metaphorischen Interpretation verstanden werden. Es kann nämlich gezeigt werden, dass metonymisch verstandene Ausdrücke ebenfalls auf der Basis der Regel R-MET interpretiert werden. Im Gegensatz zu z.B. metonymischen Deutungen kann der Interpretationsprozess bei metaphorischen Deutungen aber als ähnlichkeitsbasiert beschrieben werden. Es handelt sich gemäß der indexikalisch-ähnlichkeitsbasierten Theorie, die in dieser Arbeit entwickelt wird, zusammengefasst dann um eine metaphorische Interpretation eines Ausdrucks φ, wenn dieser gemäß der Regel R-MET gedeutet wird, und diese Deutung auf der Basis eines ähnlichkeitsbasierten Interpretationsprozesses abläuft.

Nachdem diese indexikalisch-ähnlichkeitsbasierte Theorie in Kapitel 4 ausführlich dargelegt und expliziert wurde, sollen in Kapitel 5 abschließend noch Verhältnisbestimmungen zu den jeweils sehr einflussreichen konzeptuellen und kontextualistischen Metapherntheorien vorgenommen werden. Hinsichtlich der konzeptuellen Metapherntheorie wird sich zeigen, dass die im Rahmen von dieser vorgenommene Vernachlässigung der linguistisch-sprachlichen Ebene von Metaphern zu gravierenden Problemen führt. In Bezug auf kontextualistische Metapherntheorien wird u.a. herausgearbeitet, dass es prinzipielle Unterschiede zwischen metaphorischen Interpretationen und anderen Formen der Anpassung von Interpretationen an den Äußerungskontext gibt. Darüber hinaus wird dargelegt, dass Vertreter kontextualistischer Metapherntheorien Schwierigkeiten haben zu erklären, wie die spezifischen nicht-propositionalen Perspektiven, die durch Metaphern erzeugt werden, zustande kommen, und wie diese zu den häufig mit Metaphern ausgedrückten propositionalen Gehalten ins Verhältnis gesetzt werden können.

2 Metaphern und Ähnlichkeit

2.1 Überblick

Der erste bekannte Definitionsversuch von Metaphern stammt von Aristoteles. Seine Definition ist allerdings sehr weit und umfasst auch dasjenige, was man heute als „Synekdoche“ oder „Metonymie“ bezeichnen würde. Nichtsdestotrotz bilden die Überlegungen von Aristoteles bis heute einen zentralen Bezugspunkt für die Entwicklung von Metapherntheorien. Die lateinisch schreibenden Autoren Auctor ad Herennium, Cicero und Quintilian haben die Metapher enger als Aristoteles gefasst. Sie haben es als wesentliches Merkmal von Metaphern bezeichnet, dass bei ihrer Interpretation auf Ähnlichkeitsrelationen zurückgegriffen wird. Anders als Aristoteles haben sie sich aber nicht darum bemüht, genauer zu erläutern, wie diese Ähnlichkeitsrelationen beschrieben werden können. Cicero und Quintilian haben Metaphern schlicht als verkürzte Formen von Vergleichen charakterisiert. Diese Beschreibung gibt dasjenige wieder, was häufig als Vergleichstheorie der Metapher bezeichnet wird, und einen großen Einfluss in der Geschichte des Nachdenkens über Metaphern eingenommen hat. Die Vergleichstheorie der Metapher wurde im 20. Jahrhundert von Autoren wie Max Black, John Searle, Donald Davidson oder Nelson Goodman vehement kritisiert. In Folge dieser Kritik wurde es wiederum fast schon Allgemeingut, dass die Vergleichstheorie fundamentale Defizite besitzt. Autoren wie Robert Fogelin und George Miller haben sich gegen diese Kritik zur Wehr gesetzt und versucht, bestimmte Formen der Vergleichstheorie der Metapher wieder salonfähig zu machen.

Im Folgenden soll zunächst etwas ausführlicher das aristotelische Verständnis von Metaphern dargelegt werden. Darauf sollen die Überlegungen zu Metaphern in der lateinischen Tradition anhand von dem Auctor ad Herennium, Cicero und Quintilian erläutert werden. Im Anschluss daran wird die Kritik an der Vergleichstheorie und deren Rehabilitierungsversuche detailliert erörtert. Danach werden Ergebnisse der psychologischen und kognitionswissenschaftlichen Forschung zu der Frage, inwieweit Ähnlichkeitsrelationen zwischen den ins Verhältnis gesetzten Gegenstandsbereichen bei der Deutung von Metaphern eine Rolle spielen, vorgestellt und kritisch diskutiert.

https://doi.org/10.1515/9783110732122-003

2.2 Die Theorie der Metapher bei Aristoteles

2.2.1 Die Definition der Metapher

Aristoteles versucht sich in der *Poetik* an einer Definition der Metapher. Diese kann als Beginn der Metapherntheorie gelten und ist bis heute ein zentraler Bezugspunkt für alle Autoren, die sich mit dem Thema Metapher beschäftigen. Er charakterisiert die Metapher dort folgendermaßen:

> Eine Metapher ist die Übertragung eines Wortes (das somit in uneigentlicher Bedeutung verwendet wird), und zwar entweder von der Gattung auf die Art oder von der Art auf die Gattung, oder von einer Art auf eine andere, oder nach den Regeln der Analogie.[13]

Der erste Teil der Definition stellt fest, dass eine Metapher immer eine Übertragung eines Wortes beinhaltet, sodass dieses in uneigentlichem Sinn verwendet wird. Es stellt sich dabei die Frage, was genau mit *uneigentlichem Sinn* gemeint ist. Im griechischen Original lautet der erste Teil des Satzes: „Μεταφορὰ δέ ἐστιν ὀνόματος ἀλλοτρίου ἐπιφορὰ“. Das Wort „μεταφορά“ lässt sich von dem Verb „μεταφέρω“ ableiten, das so viel wie „an einen anderen Ort tragen“ oder „hinüberbringen“ bedeutet. Es gibt mehrere Möglichkeiten, wie man die Wörter „ἐπιφορά“ und „ὀνόματος ἀλλοτρίου“ übersetzen kann, die Aristoteles zur Erläuterung von „μεταφορά“ verwendet. Manfred Fuhrmann gibt dem Wort „ἐπιφορά“ in der oben zitierten Übersetzung die Bedeutung „Übertragung“ und erläutert das Adjektiv „ἀλλοτρίου“ durch den Einschub, der darauf verweist, dass ein Wort im Zuge dieser Übertragung „in uneigentlicher Bedeutung verwendet wird“. Hans-Heinrich Lieb übersetzt denselben Abschnitt mit „Die Metapher ist die Anwendung eines fremden Wortes“.[14] Bei Hans Georg Coenen lautet die Übersetzung „Eine *metaphora* ist das Herantragen eines anderswohin gehörigen Wortes“.[15]

Im Folgenden sollen die verschiedenen Typen der Metapher erläutert werden, die Aristoteles in seiner Definition aufzählt. Zunächst spricht er von einer Übertragung der „Gattung auf die Art“. Er illustriert diese anhand des Satzes „Mein Schiff steht still“. Die Gattung ist in diesem Fall das Stillstehen und die Art des Stillstehens ist das Vor-Anker-Liegen. Das Stillstehen ist die Gattung, weil es der Überbegriff ist, unter welchen das Vor-Anker-Liegen als Art subsumiert werden kann. Mit der Behauptung, dass das Schiff stillsteht, wird nun nicht spezifiziert,

13 Aristoteles, Poetik, 1457b, Übersetzung von Manfred Fuhrmann, in: Aristoteles 2017, 67.
14 Lieb 1983, 344.
15 Coenen 1997, 39.

auf welche Art es stillsteht. Nach Aristoteles möchte der Sprecher dieser Aussage aber ganz spezifisch ausdrücken, dass sein Schiff *vor Anker* liegt. Man muss, um diesen Inhalt zu verstehen, aber von der Gattung des Stillstehens auf die Art des Vor-Anker-Liegens schließen. Deswegen handelt es sich nach Aristoteles bei dieser Aussage um eine Metapher.[16] Diese Art der Metapher gibt es nach Aristoteles auch in umgekehrter Richtung. In dem Ausspruch „Wahrhaftig, zehntausend gute Dinge hat Odysseus schon vollbracht" wird von der Art „zehntausend" auf die Gattung „viel" geschlossen. Die Angabe „zehntausend" ist in dieser Äußerung natürlich viel zu spezifisch. Es ist sehr unwahrscheinlich, dass Odysseus genau zehntausend gute Dinge getan hat. Der Sprecher verwendet das Wort nur um auszudrücken, dass Odysseus schon viel Gutes getan hat, weil zehntausend gute Taten eine große Anzahl ist.[17]

Die dritte Art der Metapher, die Aristoteles als Übertragung von „einer Art auf eine andere" bezeichnet, illustriert er an den nicht ganz einfach zu verstehenden Sätzen „Mit dem Erz die Seele abschöpfend" und „Abschneiden mit dem unverwüstlichen Erzgefäß". Im ersten Satz ist mit „Erz" vermutlich ein Schwert oder eine ähnliche Waffe gemeint. Mit dem Schwert wiederum würde man nichts abschöpfen, sondern etwas abschneiden. Eventuell schwingt hier aber das Bild des Blutes mit, dass bei einem Kampf fließt und zumindest prinzipiell abschöpfbar ist.[18] Die Bedeutung dieses Satzes ist dann vermutlich, dass man jemandem gewaltsam das Leben nimmt.[19] Im zweiten Satz erscheint es unpassend, dass von einem „Abschneiden" gesprochen wird, obwohl hier von einem Gefäß die Rede ist. Das Wort „abschöpfen" wäre deshalb angemessener. Nach Aristoteles bezeichnen die beiden Wörter „abschöpfen" und „abschneiden" Arten des Wegnehmens. Sie werden aber in jeweils unpassenden Anwendungsbereichen verwendet. Der Rezipient dieser Sätze muss dazu in der Lage sein, auf die Gattung des Wegnehmens zu schließen, der diese beiden Arten zugeordnet sind.[20]

Schließlich erläutert und veranschaulicht Aristoteles auch die vierte Art der Metapher, die nach den Regeln der Analogie funktioniert. Unter Analogie versteht

---

16 Vgl. Aristoteles, Poetik, 1457b, in Aristoteles 2017a, 67.

17 Vgl. Aristoteles, Poetik, 1457b, in: Aristoteles 2017a, 69.

18 Vgl. Kommentar von M. Fuhrmann, in: Aristoteles 2017a, 129 f.

19 Dieser Beispielsatz ist nach meiner Ansicht etwas schwierig, weil er neben der angesprochenen Metapher von der Art auf eine andere auch noch eine Metapher von der Gattung auf die Art beinhaltet („Erz" für ein Schwert) enthält. Wenn mit dem Abschneiden der Seele gemeint ist, dass man jemanden tötet, ist darüber hinaus auch noch eine höherstufige Metapher involviert. Diese Metapher ist höherstufig, weil sie die Interpretation der Art-auf-Art-Metapher voraussetzt, nach welcher statt abschöpfen abschneiden gemeint ist.

20 Vgl. Aristoteles, Poetik, 1457b, in: Aristoteles 2017a, 69.

Aristoteles in diesem Fall eine Ähnlichkeit zwischen zwei Verhältnissen. Präziser ausgedrückt kann man eine solche Analogie mit der Formel „A : B ≈ C : D" beschreiben. Im Falle der vierten Art der Metapher werden nach Aristoteles Glieder eines solchen analogen Verhältnisses ausgetauscht. Die Basis für die Interpretation bietet dann die Ähnlichkeit der entsprechenden Verhältnisse. So kann man bei einer gelungenen Metapher in einem Verhältnis A : D eine Ähnlichkeit zu dem Verhältnis C : B erkennen. Aristoteles nennt u. a. die Beispiele „Alter des Tages" und „Abend des Lebens". Sie beruhen auf der Analogie „Alter : Leben ≈ Abend : Tag". Der Umstand, dass die Relata in ähnlichen Verhältnissen zueinander stehen, ermöglicht es, eine Vertauschung vorzunehmen. Des Weiteren zitiert er auch den Ausdruck „Säend das göttliche Licht". In diesem wird das Ausstrahlen des göttlichen Lichtes, das Aristoteles in diesem Kontext mit der Sonne verbindet, als „säen" bezeichnet, obwohl eigentlich von Samen gesagt wird, dass sie gesät werden. Es gibt nach Aristoteles jedoch eine Analogie zwischen der Tätigkeit des Ausstrahlens des Sonnenlichts und dem Aussäen von Samen. Und diese Analogie bildet die Basis für die metaphorische Interpretation.[21]

In der *Rhetorik* hebt Aristoteles die Metapher nach den Regeln der Analogie als beliebteste hervor.[22] Da bei dieser wie bei Vergleichen eine Ähnlichkeitsrelation im Mittelpunkt steht, bietet es sich an, näher zu betrachten, wie Aristoteles das Verhältnis von Metaphern und Vergleichen beschreibt.

2.2.2 Metaphern und Vergleiche

Ein Vergleich ist nach Aristoteles als eine Form der Metapher zu verstehen. So schreibt er im dritten Buch der *Rhetorik*, Abschnitt 4: „Aber auch das Gleichnis (εἰκών) ist eine Metapher, denn der Unterschied zwischen beiden ist gering".[23] Des Weiteren erläutert er im elften Buch der *Rhetorik* „Auch Vergleiche (εἰκόνες) sind, wie oben bereits dargelegt, beliebte Metaphern"[24] und „Daß aber Vergleiche (εἰκόνες) Metaphern sind, ist schon wiederholt festgestellt worden".[25] Gernot Krapingers Übersetzung von „εἰκών" mit „Gleichnis" im ersten Zitat ist missverständlich, wenn man hierbei an etwas vom Vergleich Verschiedenes denkt. Es ist zunächst festzuhalten, dass in allen zitierten Sätzen im Originaltext immer das-

21 Vgl. Aristoteles, Poetik, 1457b, in: Aristoteles 2017a, 69.
22 Vgl. Aristoteles, Rhetorik, 1411a, in: Aristoteles 2017b, 174.
23 Aristoteles, Rhetorik, 1411a, Übers. nach Gernot Krapinger, in: Aristoteles 2017b, 161.
24 Aristoteles, Rhetorik, 1412b, Übers. nach Gernot Krapinger, in: Aristoteles 2017b, 179.
25 Aristoteles, Rhetorik, 1413a, Übers. nach Gernot Krapinger, in: Aristoteles 2017b, 180.

selbe Wort „εἰκών" verwendet wird. Gemeint sind in den jeweiligen Kontexten immer Vergleiche, die zwischen heterogenen Gegenständen bzw. Gegenstandsbereichen vorgenommen werden. Aristoteles gibt folgende Beispiele von „εἰκόνες": „Das Volk ist wie ein Schiffskapitän, der stark, aber etwas taub ist", „Die Samier sind wie Kinder, die Leckerbissen erhalten und trotzdem weiterweinen", „Das Volk gleicht denjenigen, welche auf Schiff an Seekrankheit leiden" oder „Wie ein Löwe griff er an".[26]

Die Grundlage der Interpretation des Vergleiches „Wie ein Löwe griff er an" bildet der Umstand, dass Löwen mutig sind und diese Aussage auf Achill bezogen wird.[27] Die Analogie besteht hier in der Ähnlichkeit der Verhältnisse zwischen Achill und seinen Gegnern, sowie zwischen einem Löwen und seinen Beutetieren. Die entscheidende Gemeinsamkeit dieser Verhältnisse ist nach Aristoteles in diesem Kontext in dem besonderen Mut zu sehen, den sowohl der Löwe als auch Achill aufbringen. Auch die anderen vorgestellten Vergleiche lassen sich auf der Basis solcher Analogien analysieren. Das Volk verhält sich z. B. so zur Staatsführung, wie ein starker, aber tauber Schiffskapitän zur Steuerung seines Schiffes. Er ist einerseits kräftig und kann das Schiff somit entschieden lenken. Da er taub ist, ist er aber für Ratschläge und kritische Anmerkungen unzugänglich. Ebenso wird das Volk als guten Argumenten und überlegten Hinweisen zur Staatsführung unzugänglich dargestellt. Da diese Vergleiche nach Aristoteles immer auf der Basis von Analogien gedeutet werden, schlägt Ekkehard Eggs die Übersetzung „Analogievergleich" für das Wort „ εἰκών" vor.[28]

Es ist auf der Basis dieser Überlegungen nicht verwunderlich, dass nach Aristoteles zwischen Vergleichen und Metaphern keine großen Differenzen bestehen. Die Sätze „Achill ist ein Löwe" und „Achill ist wie ein Löwe" scheinen eine große Ähnlichkeit hinsichtlich ihrer Bedeutung zu besitzen. Der Grund für diese starke Ähnlichkeit zwischen Vergleichen und entsprechenden Metaphern liegt darin, dass beide auf der Basis von Analogieverhältnissen interpretiert werden. Und wenn bei der Interpretation eine Übertragung nach den Regeln der Analogie vorgenommen wird, handelt es sich nach Aristoteles, wie erläutert, um eine Metapher. Vor dem Hintergrund dieser Analyse wird deutlich, dass es nicht plausibel ist, Aristoteles als einen Vertreter der Vergleichstheorie der Metapher zu beschreiben, wonach Metaphern immer auf bestimmte ihnen entsprechende Vergleiche zurückgeführt werden können. Diese Einordnung von Aristoteles wird

---

26 Diese Beispiele Sätze sind leicht abgeändert, weil Aristoteles ihren Inhalt in den Textfluss integriert, was für eine direkte Wiedergabe ungeeignet ist. Diese und weitere Beispiele finden sich in Aristoteles, Rhetorik, 1407a, in: Aristoteles 2017b, 161 f.

27 Vgl. Aristoteles, Rhetorik, 1406b, in: Aristoteles 2017b, 161.

28 Vgl. Eggs 2001a, 1106.

u. a. von Max Black[29], John Searle[30] oder Sam Glucksberg und Catherine Haught[31] vorgenommen. Da Metaphern der vierten Art und Vergleiche beide auf Analogierelationen zurückgeführt werden können, ist es angemessener, die aristotelische Metapherntheorie als Analogietheorie zu bezeichnen, wie dies Hans Georg Coenen[32] und Eckard Rolf[33] getan haben.

2.2.3 Die Funktionen von Metaphern

Aristoteles äußert sich recht ausführlich dazu, weshalb und wie genau man Metaphern verwenden soll. In der *Rhetorik* schreibt er der Metapher die Eigenschaft zu, besonders gut dafür geeignet zu sein, neue Erkenntnisse zu vermitteln. Das wiederum sei für die Rezipienten besonders angenehm.[34] Dahinter steht das aristotelische Menschenbild, das er am Beginn der *Metaphysik* darlegt. Gemäß diesem strebt der Mensch von Natur aus danach zu verstehen.[35] Deshalb kann Aristoteles auch Worte, welche dem Zuhörer neue Erkenntnisse und einen Zugewinn an Verständnis verschaffen, als angenehm bezeichnen. In diesem Zusammenhang hebt er besonders die Metapher nach den Regeln der Analogie hervor. Diese sei die beliebteste Art der Metaphern, weil sie sich besonders gut dazu eigne, neue Erkenntnisse anschaulich zu vermitteln. Hier werden fremdartige Bereiche vermittels der Analogie zusammengeführt, wodurch strukturelle Ähnlichkeiten erkennbar werden.[36]

Dabei ist es für Aristoteles klar, dass Metaphern besser oder schlechter gebildet sein können. Gute Metaphern dürfen weder zu unverständlich noch zu banal sein. Zu unverständliche Metaphern sind gar nicht oder nur sehr schwer erschließbar. Banale Metaphern sind im Gegensatz dazu solche, welche offensichtliche Zusammenhänge beschreiben. Sie bewirken keine neue Erkenntnis und sind somit auch nicht als besonders geistreich anzusehen.[37] Gelungene Metaphern sind stattdessen dazu in der Lage, etwas „vor Augen zu führen", das nicht

29 Vgl. Black 1955, 284.
30 Vgl. Searle 1979, 85 f.
31 Vgl. Glucksberg/Haught 2006, 360.
32 Vgl. Coenen 2002, 108 – 113.
33 Vgl. Rolf 2005, 30 f.
34 Vgl. Aristoteles, Rhetorik, 1410b, in: Aristoteles 2017b, 173.
35 Vgl. Aristoteles, Metaphysik, 980a, in: Aristoteles 1978, 2 f.
36 Vgl. Aristoteles, Rhetorik, 1411a, in: Aristoteles 2017b, 174.
37 Vgl. Aristoteles, Rhetorik, 1410b, in: Aristoteles 2017b, 173.

offensichtlich ist. Die Fähigkeit, gute Metaphern zu bilden, ist nach Aristoteles Zeichen eines besonderen philosophischen Scharfsinns. Er schreibt:

> Metaphern sollen, wie oben gesagt, aus verwandten, nicht offenkundigen Dingen gebildet werden, wie es ja auch in der Philosophie Scharfsinn[38] verrät, Ähnliches in weit auseinander liegenden Dingen zu erkennen.[39]

Ein guter Metaphernbildner ist dementsprechend dazu in der Lage, auf anschauliche und dem Kontext angemessene Art und Weise Ähnlichkeiten zu vermitteln, die zu neuen Erkenntnissen führen.

Die Metapher hat aber nach Aristoteles nicht nur eine kognitive Funktion, sondern dient auch der Schönheit der Sprache. Hierbei können Faktoren wie der Klang oder die Bedeutung von Wörtern sowie andere spezifische mit diesen verbundene Empfindungen eine Rolle spielen.[40] Dabei ist die Rolle von Metaphern in poetischen und in prosaischen Texten unterschiedlich. In poetischen Texten erzeugt die Anwendung von Metaphern eine gewisse Erhabenheit, welche dieser Textgattung angemessen ist. Ein Text, der in rein wörtlicher Sprache verfasst ist, wäre nach Aristoteles zwar klar, aber zugleich auch banal. Es ist deshalb darauf zu achten, dass Metaphern maßvoll eingesetzt werden. Wenn zu viele Metaphern verwendet werden, wird der Text ein Rätsel und ist für den Rezipienten entweder unbrauchbar oder er wird lächerlich.[41] Im Falle der prosaischen Rede geht es nicht so sehr darum, eine Erhabenheit zu erzeugen wie das in poetischen Texten der Fall ist. Allerdings stellt Aristoteles fest, dass Metaphern im alltäglichen Sprachgebrauch weit verbreitet sind und deshalb natürlicherweise nicht nur auf poetische Texte beschränkt sind. Maßvoll eingesetzte und gelungene Metaphern können nach Aristoteles prosaische Texte besonders anschaulich und geistreich machen, sowie ihnen eine gewisse Eleganz verleihen.[42]

Ekkehard Eggs argumentiert, dass die angesprochene kognitive Funktion von Metaphern nach den Regeln der Analogie, die darin besteht, Ähnlichkeiten in disparaten Bereichen zu erkennen, in der aristotelischen Philosophie insgesamt eine zentrale Rolle spielt. Die kognitive Funktion von Analogien sei dementsprechend nicht nur auf die *Rhetorik* und die *Poetik* beschränkt, sondern habe

---

38 Der Ausdruck, den Gernot Krapinger hier mit „Scharfsinn" übersetzt, ist „εὔστοχος". Er kann alternativ z. B. auch mit „Treffsicherheit" übersetzt werden.

39 Aristoteles, Rhetorik, 1412a, Übers. nach Gernot Krapinger, in: Aristoteles 2017b, 177.

40 Vgl. Aristoteles, Rhetorik, 1405b, in: Aristoteles 2017b, 158.

41 Vgl. Aristoteles, Poetik, 1458a–1458b, in: Aristoteles 2017a, 71–73.

42 Vgl. Aristoteles, Rhetorik, 1405a, in: Aristoteles 2017b, 156–158.

allgemein eine wesentliche Rolle im Erkenntnisprozess. Dazu zitiert er u. a. eine Stelle in der *Topik*, wo es heißt:

> Wie Sehvermögen im Auge (vorhanden ist), so Denkvermögen in der Seele, und: Wie glatte Oberfläche auf dem Meer, so Windstille in der Luft. Besonders muß man sich hier an solchem üben, was weit auseinander steht; leichter werden wir dann nämlich bei den übrigen (Verhältnissen) die Entsprechungen zusammenschauen können.[43]

Diese Beschreibung erinnert stark an die oben zitierte Charakterisierung des philosophischen Scharfsinns, der dazu befähigt, Ähnlichkeiten auch zwischen disparaten Bereichen zu sehen. Eggs zitiert des Weiteren noch Stellen aus der *Metaphysik*[44] und in naturwissenschaftlichen Abhandlungen[45], in denen Analogien eine zentrale erkenntnisfördernde Rolle einnehmen. Er spricht dementsprechend von einer erkenntnistheoretischen und kognitiven Fundierung der Metapher bei Aristoteles.[46] Dem entgegen stehen allerdings die explizit kritischen Stellen gegenüber dem Gebrauch von Metaphern im dialektischen Prozess. Aristoteles schreibt z. B. in der *Topik* :

> Alles metaphorisch Gesagte ist nämlich unklar. Es ist aber auch möglich, von demjenigen, der sich metaphorisch ausdrückt, den buchstäblichen Sinn seiner Metapher einzuklagen. Denn die (metaphorisch) formulierte Definition ist unangemessen [...].[47]

Ganz ähnlich erläutert Aristoteles auch in der *Analytica posteriora*, man solle im wissenschaftlichen Kontext nicht mit Metaphern diskutieren und sie seien zudem ungeeignet für Definitionen.[48] Es besteht hier also eine gewisse Spannung zu den diskutierten Stellen in der *Rhetorik*, in welchen Aristoteles die kognitive Funktion von Metaphern hervorhebt. Christof Rapp schlägt als Vermittlung vor, dass für Aristoteles die jeweilige Textgattung entscheidend ist, wie genau Metaphern einzuschätzen sind. In wissenschaftlichen Texten, die an einer möglichst genauen und begrifflich präzisen Darstellung orientiert sind, sind Metaphern eher ungeeignet. In Texten, die an ein allgemeineres Publikum gerichtet sind, sind Metaphern hingegen angemessen, weil es hier nicht auf höchst mögliche begriffliche

---

43 Aristoteles, Topik, 108a, Übers. nach Hans Günther Zekl, in: Aristoteles 1997, 51.

44 Vgl. Aristoteles, Metaphysik, 1048a 35, in: Aristoteles 1997.

45 Vgl. Aristoteles, De partibus animalium, 645b u. 679a, in: Aristoteles 1984a, 1004 f. u. 1059 / Aristoteles, Meteorologie 357a–357b, in: Aristoteles 1970, 48 / Aristoteles, Parva naturalia, 437b u. 473a, in: Aristoteles 1984b, 695 u. 752 f.

46 Vgl. Eggs 2001a, 1107.

47 Aristoteles, Topik, 139b 34–36, Übers. nach Christof Rapp, in: Rapp 2002, 928.

48 Vgl. Aristoteles, Analytica posteriora, 97b, in: Aristoteles 1998, 504 f.

Präzision, sondern auf eine dem Publikum angemessene Darstellung des Inhaltes ankommt. Und gerade weil man mit Metaphern Zusammenhänge anschaulich vor Augen führen kann, sind sie probate Mittel, um den Zuhörern bestimmte Erkenntnisse auf angenehme Art und Weise zu vermitteln.[49]

Trotz dieser plausiblen Deutung bleibt das Faktum bestehen, dass Aristoteles auch in wissenschaftlichen Schriften auf Metaphern zurückgreift. Ein möglicher Vermittlungsversuch bestünde darin, dass Metaphern in wissenschaftlichen Texten nur dann angemessen sind, wenn sie auch begrifflich präzise eingelöst werden. Es muss also genau expliziert werden, in welcher Hinsicht eine durch eine Metapher ausgedrückte Analogie zu verstehen ist.

2.2.4 Abschließende Überlegungen zur aristotelischen Metapherntheorie

Es ist unbestritten, dass Aristoteles mit seiner Metapherntheorie den Grundstein für die bis heute andauernde Debatte gelegt hat. Nichtsdestotrotz sind zentrale Elemente seiner Metapherntheorie sehr umstritten. Vor allem seine Einteilung der Metapher in vier Typen wird als höchst fraglich angesehen. So schreibt W. Bedell Stanford über die Metapherntheorie des Aristoteles:

> So whereas in Logic or Politics or in any of his main theses Aristotle makes an admirable leader, in Metaphor it is pitiful to observe how his followers are blind to the inadequacies and imperfections of his treatment; how where Aristotle's classifications of Metaphor are too rigid or too abstract, his examples unsystematic and careless, his analysis biassed and incomplete [...].[50]

Ebenso beschreibt Christine Brooke-Rose die aristotelische Klassifizierung als „peculiarly useless". Sie argumentiert, dass alle Arten der Metapher nach dem dritten Typ konstruiert werden können, weil sie immer eine Übertragung von einer Art auf eine andere beinhalten. Der vierte Typ der Metapher hingegen sei schlecht gewählt, weil in jeder Metapher eine Analogie vorhanden sei. Deshalb ist es nach Brooke-Rose nicht klar, weshalb es sich hier um einen eigenständigen Typ der Metapher handeln sollte.[51] Auch Samuel Levin kritisiert, dass es einen fundamentalen Unterschied zwischen dem Klassifizierungsschema der Typen eins bis drei und dem Typ vier gebe. Er hält die ersten drei Typen für semantisch und den vierten Typ für „factual". In der Metapher nach den Regeln der Analogie werden

---

49 Vgl. Rapp 2002, 927 f.
50 Stanford 1972, 5 f.
51 Vgl. Brooke-Rose 1958, 4 f.

nach Levin nämlich nicht nur begriffslogische Verhältnisse reflektiert, wie in den ersten drei Metapherntypen. Stattdessen wird bei dem vierten Typ der Metapher Wissen über die Welt in die Interpretation involviert, das über begriffslogische Überlegungen hinausgeht. Man muss, um eine Metapher nach den Regeln der Analogie zu interpretieren, Ähnlichkeit in heterogenen Bereichen erkennen, wofür nach Levin empirisches Wissen notwendig ist. Levin argumentiert nun aber, dass dieser empirische Input in dem vierten Typ der Metapher nur etwas Zusätzliches ist, das zu der prinzipiell begriffslogischen Struktur der Metapher hinzukommt.[52] Nach Levin spielt das begriffslogische Verhältnis von Gattung und Art bei allen aristotelischen Typen der Metapher eine entscheidende Rolle.[53] Christof Rapp weist ebenso darauf hin, dass man bei einer Metapher nach den Regeln der Analogie immer eine Relation zwischen Gattung und Art konstruieren kann.[54] In dem Beispiel „Der Abend des Lebens" könnte man z. B. die Gattung „Ist der letzte Abschnitt von etwas" konstruieren, unter welche dann der „Abend" als Art fällt. Wenn man von dem „Alter des Tages" spricht, würde mit „Alter" dann nur wieder eine andere Art dieser Gattung verwendet werden.

In eine andere Richtung argumentieren Harald Weinrich, Ekkehard Eggs und Hans Georg Coenen. Weinrich stellt fest, dass nur Typ vier derjenige ist, welcher dem modernen Metaphernbegriff entspricht. Der Begriff der Metapher bei Aristoteles sei hingegen so weit gefasst, dass er eher dem entspricht, was man heute „Stilmittel" nennt.[55] Ekkehard Eggs versucht auch den dritten Typ der Metapher dem modernen Metaphernverständnis zuzuordnen. Er argumentiert, dass sowohl der dritten als auch der vierten Art der Metapher „Vergleiche" heterogener Bereiche zugrunde liegen. Um das zu belegen, erwähnt Eggs ein Beispiel von Aristoteles, in welchem dieser behauptet, dass man das Alter einen Stoppel nennt, weil beides unter die Gattung des Abgeblühten fällt.[56] Aristoteles konstruiert diese Metapher also ganz deutlich als eine Übertragung von Art zu Art und somit gemäß dem dritten Typ der Metapher. Nach Eggs könnte man hier aber auch problemlos eine Analogie der Art „Stoppel : Halm ≈ Alter : Mannesalter" konstruieren. Die gemeinsame Relation wäre dann, dass etwas verbraucht ist und sich in seiner letzten Phase befindet. Nach Eggs sind die dritte und vierte Art der Metapher dementsprechend nur verschiedene Perspektiven auf denselben Vorgang. In der dritten Art der Metapher wird betont, dass es sich um Dinge, Vorgänge etc. der

52 Vgl. Levin 1982, 34–36.

53 Vgl. Levin 1982, 43 f.

54 Vgl. Rapp 2002, 923 f.

55 Vgl. Weinrich 1980, 1179.

56 Eggs bezieht sich hier auf Aristoteles, Rhetorik, 1410b und verwendet eine eigene Übersetzung (vgl. Eggs 2001a, 1104).

gleichen Gattung handelt. In der vierten Art der Metapher wird hingegen herausgestellt, dass diese Dinge/Vorgänge sich in heterogenen Bereichen befinden, welche in einer bestimmten Hinsicht eine strukturelle Ähnlichkeit besitzen.[57] Eggs fasst den Ansatz von Aristoteles als „Vergleichstheorie" zusammen. Damit meint er allerdings nicht, dass für jede Metapher durch die Einfügung des Wortes „wie" ein synonymer Vergleich konstruiert werden könnte. Er möchte mit diesem Namen vielmehr ausdrücken, dass bei Metaphern immer mithilfe einer Analogierelation zwei heterogene Bereiche verglichen werden. In diesem Sinne klassifiziert er, wie Aristoteles selbst, Vergleiche als Formen von Metaphern und nicht andersherum.[58] Die aristotelischen Metapherntypen eins und zwei schließt er als begriffslogische Relationen aus dem modernen Verständnis von Metaphern aus. Sie beinhalten nach ihm nicht das für Metaphern spezifische analoge Vergleichsmoment zwischen heterogenen Bereichen.[59]

Hans Georg Coenen argumentiert ganz ähnlich wie Eggs dafür, Typ drei und Typ vier als strukturell gleich zu verstehen. Er präzisiert aber noch mehr, wie genau man sich das Verhältnis von Typ drei und Typ vier vorstellen muss, indem er dem Metapherntyp drei Fälle von einstelligen und dem Metapherntyp vier Fälle von zweistelligen Analogien zuordnet. Allgemein zeichnet sich eine Analogie nach Coenen immer dadurch aus, dass es für zwei Gegenstandsmengen einen gemeinsamen Beschreibungsinhalt gilt. Je nachdem, ob das Prädikat ein-, zwei- oder n-stellig ist, handelt es sich um eine dementsprechende Form der Analogie.[60] Coenen schreibt z. B. der Metapher „Die Ehe ist ein Gefängnis" eine einstellige Analogie zu. Hier wird angenommen, dass das einstellige Prädikat „x schränkt die Freiheit ein" sowohl auf die Ehe als auch auf das Gefängnis zutrifft. Dieses Prädikat bezeichnet Coenen auch als „analogische Wurzel" der Metapher.[61] In der aristotelischen Terminologie läge hier gewissermaßen eine Übertragung von Art zu Art vor, weil Ehe und Gefängnis beide der Gattung „schränkt die Freiheit ein" zuzuordnen sind. Bei Metapherntyp vier hingegen muss eine zweistellige Analogie zugrunde gelegt werden. In der erläuterten Metapher von Aristoteles „Der Abend des Lebens" wird nach Coenen als Wurzel der Analogie das zweistellige Prädikat „x ist die Schlussphase des Gesamtablaufs von y" vorausgesetzt. Auf der Basis dieses Prädikats lässt sich die schon bekannte analoge Struktur „Leben [x] : Alter [y] ≈ Tag [x] : Abend [y]" formulieren.[62] Analogien und damit auch Meta-

57 Vgl. Eggs 2001a, 1104 f.
58 Vgl. Eggs 2001a, 1106 f.
59 Vgl. Eggs 2001a, 1104.
60 Vgl. Coenen 2002, 111–113.
61 Vgl. Coenen 2002, 97 f.
62 Vgl. Coenen 2002, 108–110.

phern sind nach Coenen aber nicht auf die Übertragung von ein- und zweistelligen Prädikaten beschränkt. Über die von Aristoteles genannten Beispiele hinaus lassen sich auch Metaphern konstruieren, welchen Analogien mit mehr als zwei Variablen zugrunde liegen. Coenen benutzt als Beispiel hierfür die bekannte Metapher „Das Leben ist eine Reise". Sie kann sich auch auf eine mehrstellige Analogie der Art „y markiert den Beginn, x das Ende des Ablaufs w, der auch veränderungsarme Phasen der Art z enthält" beziehen. Die Analogie könnte dann folgendermaßen ausgedrückt werden:

Leben [w] : Geburt [x] : Tod [y] : stationärer Lebensabschnitt [z]
≈
Reise [w] : Ausgangsort [x] : Zielort [y] : Zwischenhalt [z][63]

Zusammengefasst sind die von Aristoteles vorgestellten Typen drei und vier der Metapher nach Coenen also zusammengehörig, weil sie beide auf Analogierelationen beruhen. Die einstellige Analogie ist hierbei als Grenzfall der Analogie anzusehen, welche prinzipiell n-stellig sein kann.

Hans Georg Coenens Vorschlag, ein- und zweistellige Analogien mit den Typen drei und vier der Metapher zu korrelieren, ist allerdings mit Problemen behaftet. Coenen gesteht selbst zu, dass zweistellige ohne Probleme in einstellige Analogien überführt werden können.[64] Ebenso ist es nicht klar, dass die Metapher „Die Ehe ist ein Gefängnis" zwingend auf einer einstelligen Analogie beruhen muss. Schon wenn man das Wurzelprädikat als „x schränkt die Freiheit von y ein" konstruiert, ergibt sich eine zweistellige Analogie. Auch der Metapher „Das Leben ist eine Reise" muss keine vierstellige Analogie zugrunde gelegt werden. Falls dem so ist, scheitert Coenens Versuch, einen wirklich greifbaren Unterschied zwischen den Metapherntypen drei und vier über die Anzahl der Variablen in den jeweils korrelierten Analogien zu konstruieren.

Aus den vorgestellten Analysen geht hervor, dass einige Metaphern dahingehend eine Ambiguität besitzen, mithilfe welches aristotelischen Typs der Metapher sie am besten zu analysieren sind. Nach Rapp und Levin können einige metaphorische Interpretationen, welche nach den Regeln der Analogie verstanden werden, auch gemäß der Relation „Gattung – Art" gedeutet werden. Andersherum können Metaphern, die nach Aristoteles gemäß der Relation „Art – Art" verstanden werden, nach Coenen und Eggs auch mithilfe von Analogien analysiert werden.

63 Vgl. Coenen 2002, 106.
64 Vgl. Coenen 2002, 113.

Grundsätzlich ist die Analyse von Metaphern gemäß der Relation „Gattung – Art“ mit dem Problem behaftet, dass hier nicht erklärt wird, wie genau man die jeweilige Gattung erschließen soll, unter welche der metaphorisch gebrauchte Ausdruck dabei als Art subsumiert werden soll. In den meisten Fällen werden hierfür wieder Analogieüberlegungen benötigt, über die Gemeinsamkeiten zwischen z. B. einem Tag und dem Leben eines Menschen in den Blick genommen werden. Es wird in Abschnitt 2.6.3 gezeigt werden, dass der direkte Schluss auf eine abstrakte Kategorie bei der metaphorischen Interpretation eines Ausdruckes ohne vorherigen Abgleich analoger Strukturen nur dann möglich ist, wenn die Interpretation schon zu einem gewissen Grad konventionalisiert ist. Es muss des Weiteren noch exakter bestimmt werden, wie genau Analogierelationen funktionieren, wenn sie bei der Interpretation von Metaphern involviert sind. Diese Frage soll in den Punkt 2.6 zugeordneten Abschnitten ausführlich diskutiert werden.

Schließlich muss festgehalten werden, dass Aristoteles den Ausdruck „Metapher“ in dem Sinne missverständlich verwendet, dass er ihn einerseits für die „Übertragung eines Wortes“ gebraucht, andererseits aber davon spricht, dass Vergleiche Metaphern sind oder dass Metaphern besser oder schlechter gebildet sein können, und dann Sätze als Beispiele für Metaphern anführt. In seiner Definition in der *Poetik* verwendet er „Metapher“ für dasjenige, was in dieser Arbeit „metaphorische Interpretation“ genannt wird. An vielen Stellen der *Rhetorik* gebraucht er „Metapher“ hingegen so, wie es in dieser Arbeit verwendet werden soll, als „Satz, der Ausdrücke enthält, die metaphorisch interpretiert werden“. Mithilfe der in dieser Arbeit vorgenommenen begrifflichen Differenzierung wird die Missverständlichkeit, die durch diese Ambiguität erzeugt wird, vermieden.

2.3 Die Metapherntheorien der römischen Rhetoriker

Die älteste erhaltene, auf Latein verfasste Beschäftigung mit der Metapher stammt von dem sogenannten „Auctor ad Herennium“. Sein Rhetorik-Lehrbuch wurde in den 80er Jahren des 1. Jhs. v. Chr. verfasst. Da der Autor selbst unbekannt ist und sein Lehrbuch an einen gewissen „Gaius Herennius“ adressiert ist, wird er allgemein nur „Auctor ad Herennium“ genannt. Sein Werk wurde bis in die Renaissance Cicero zugeschrieben und vermutlich auch deshalb überliefert und relativ intensiv rezipiert.[65]

Der Auctor ad Herennium gibt der Metapher den lateinischen Namen „translatio“, was wie „μεταφορά“ so viel wie Übertragung bedeutet. Die Trans-

65 Vgl. Nüßlein 1994, 327–330.

latio besteht nach dem Auctor ad Herennium in der Übertragung eines Wortes von einem Sachverhalt (res) auf einen anderen. Diese Übertragung sei nur dann angemessen, wenn sie auf Ähnlichkeit (similitudo) basiert. Auf diese sehr grobe Definition folgend erläutert der Auctor ad Herennium noch fünf Funktionen der Translatio. Ein Sachverhalt könne durch die Translatio erstens klar vor Augen gestellt werden. Zweitens kann eine Aussage mit ihrer Hilfe sowohl abgeschwächt als auch verstärkt werden. Drittens dient sie auch als Schmuck einer Rede. Zudem können viertens mit ihr bestimmte Sachverhalte kurz und prägnant ausgedrückt werden. Schließlich könne die Translatio fünftens auch dazu verwendet werden, obszöne Ausdrucksweisen zu vermeiden.[66]

Nur wenige Jahre nach dem Auctor ad Herennium behandelte Cicero in seiner Schrift „De oratore" die Translatio. Er schreibt in dem 55 v. Chr. verfassten Text, dass die Translatio als Kurzform eines Vergleichs (brevitas similitudinis) zu verstehen sei. Dieser konzentriere sich bei der Translatio auf ein einziges Wort, das an einer fremden Stelle (alieno loco) steht. Nur wenn man die Ähnlichkeit zum Vergleichsobjekt erkenne, wirke die Translatio reizvoll und angebracht. Nach Cicero wird die Translatio zum einen dann benutzt, wenn es kein Wort gibt, das dazu in der Lage wäre, einen bestimmten Sachverhalt auszudrücken. Man holt sich deswegen laut Cicero ein Wort von anderswoher und überträgt es auf einen dem Wort eigentlich fremden Sachverhalt. Zum anderen wird die Translatio gemäß Cicero häufig auch verwendet, um einer Rede besonderen Glanz und Wirkung zu verleihen. Nach Cicero kann die Wirkung sowohl in besonders großer Anschaulichkeit (clariora) als auch in besonderer Kürze bzw. Prägnanz (brevitas) des Ausdrucks liegen.[67]

Quintilian behandelt die Metapher in seiner berühmten Institutio Oratoria, die er Ende des 1. Jhs. n. Chr. verfasst hat. Ähnlich wie Cicero erläutert er die Metapher, welche er wieder mit dem griechischen Namen bezeichnet, als verkürzten Vergleich (brevior similitudo). Im Gegensatz zum Vergleich werde bei der Metapher eine Substitution eines Wortes für ein anderes vorgenommen. Bei der Metapher „Er ist ein Löwe" wird nach Quintilians Auffassung also das Wort „Löwe" anstelle z. B. des Wortes „mutig" verwendet. Grundsätzlich versteht Quintilian die Metapher als die Übertragung eines Wortes von dem Ort, wo es eigentlich hingehört (locus proprius), an einen anderen Ort, an den es eigentlich nicht gehört. Für eine solche Übertragung kann es nach Quintilian prinzipiell drei Gründe geben. Erstens kann es sein, dass es kein passendes Wort gibt, dass dazu

66 Vgl. Auctor ad Herennium, Rhetorica ad Herennium IV, Abschnitt 45, in: Auctor ad Herennium 1994, 264 – 267.

67 Vgl. Cicero, De oratore III, Abschnitte 155 – 159, in: Cicero 2016, 543 – 545.

in der Lage wäre, den zu beschreibenden Sachverhalt korrekt auszudrücken. Der Grund für den Rückgriff auf eine Metapher wäre hier also der Mangel an passenden Worten. Quintilian spricht hier sogar davon, dass der Gebrauch einer Metapher in einer solchen Situation *notwendig* ist. Zweitens kann ein Grund für die Verwendung einer Metapher darin bestehen, dass das übertragene Wort den Sachverhalt besser ausdrückt als das eigentlich zu diesem gehörende Wort. Drittens schließlich können Metaphern auch einfach nur aus dekorativen Gründen zur Ausschmückung einer Rede bzw. eines Textes verwendet werden.[68]

Die römischen Rhetoriker werden häufig mit der sogenannten „Substitutionstheorie der Metapher" in Verbindung gebracht. Heinrich Lausberg charakterisiert das antike Verständnis eines Tropus z. B. allgemein als eine *immutatio*, bei der an die Stelle eines *verbum proprium* ein semantisch mit diesem nicht verwandtes Wort gesetzt wird.[69] Auch Eckard Rolf klassifiziert Quintilian als Vertreter einer Substutitionstheorie der Metapher.[70] Besonders kritisch gegenüber der Substitutionstheorie äußert sich Max Black in seinem einflussreichen Aufsatz „Metaphor" aus dem Jahr 1955. Er schreibt diese dort allgemein den Rhetorikern und Literaturkritikern zu. Black charakterisiert die Substitutionstheorie als Ansatz, wonach ein metaphorisch verstandener Ausdruck M für einen wörtlich verstandenen Ausdruck L eingesetzt wird, wobei M die Bedeutung von L erhält. Die Aufgabe der Interpretation besteht dann darin, von dem Substitut, also dem metaphorisch gebrauchten Wort, auf den ersetzten wörtlich verstandenen Ausdruck zu schließen. Nach Black gibt es gemäß dieser Theorie prinzipiell zwei Gründe, weshalb man eine solche Substitution vornimmt. Erstens kann es sein, dass es kein entsprechendes Wort in wörtlicher Bedeutung gibt, um einen bestimmten Sachverhalt korrekt zu beschreiben, und die Metapher erfüllt die Funktion der Katachresis. In diesem Fall werden mithilfe der Metapher semantische Lücken geschlossen, welche in der natürlichen Sprache bestehen. Zweitens können Metaphern aber auch einfach aus dekorativen Gründen gebraucht werden. Man hätte in diesem Fall einen angemessenen wörtlichen Ausdruck, ersetzt ihn aber mit dem metaphorischen, um die Sprache auszuschmücken und die Leser/Zuhörer zu erfreuen. Black charakterisiert diesen Ansatz als den einfachsten, den man vertreten kann. Metaphern wird hier, außer in den seltenen Fällen der Katachresis, vorwiegend eine dekorative Funktion zugesprochen.[71]

---

68 Vgl. Quintilian, Institutio Oratoria VIII, 6, Abschnitte 4–9, in: Quintilian 2001, 426–429.
69 Vgl. Lausberg 1990, §552, 282f.
70 Vgl. Rolf 2005, 93f.
71 Vgl. Black 1955, 278–282.

Es ist an dieser Stelle zu fragen, ob die auf diese Weise von Black charakterisierte Substitutionstheorie tatsächlich auf die diskutierten lateinischen Autoren zutrifft. Bei dem Auctor ad Herennium und bei Cicero wird, wie bei Aristoteles, nirgendwo erwähnt, dass metaphorisch gebrauchte Ausdrücke einen wörtlich verstandenen Ausdruck ersetzen. Dementsprechend ist es nicht plausibel, ihnen eine Substitutionstheorie der Metapher zuzuschreiben. Anhaltspunkte für eine Substitutionstheorie gibt es allerdings bei Quintilian. Er erläutert den Unterschied zwischen Metaphern und Vergleichen derart, dass beim Vergleich etwas mit dem zu beschreibenden Gegenstand verglichen wird, wohingegen bei der Metapher etwas *anstelle von* etwas anderem gesagt wird (pro ipsa re dicitur). Auch bei seiner Erläuterung der vier Formen der Metapher spricht Quintilian davon, dass z. B. etwas Lebendiges *an die Stelle von* etwas Unlebendigem *gesetzt wird* (aliud pro alio ponitur).[72] Diese Stellen lassen ganz deutlich auf den Gedanken einer Substitution schließen, gemäß welchem ein wörtlich verstandener Ausdruck durch einen metaphorisch gebrauchten ersetzt wird. Quintilian nennt auch die zwei Funktionen der Metapher, welche Black der Substitutionstheorie zuschreibt. Einerseits seien Metaphern dann angebracht, wenn sie notwendig sind, d. h., wenn es keinen wörtlichen Ausdruck für eine bestimmte Sache gibt. Andererseits können Metaphern aber auch einfach aus dekorativen Zwecken eingesetzt werden, obwohl eine dem Sachverhalt entsprechende wörtliche Beschreibung vorhanden wäre. Allerdings erwähnt Quintilian noch einen dritten Zweck von Metaphern: Sie können eingesetzt werden, wenn mit ihnen etwas *besser bzw. deutlicher (significatius)* ausgedrückt werden kann als mit dem wörtlich passenden Ausdruck.[73]

Die Metapherntheorien des Auctor ad Herennium, Ciceros und Quintilians unterscheiden sich insofern wesentlich von der aristotelischen Theorie, als die Übertragung eines Wortes auf der Basis von Ähnlichkeit von allen drei genannten Autoren nicht mehr nur als eine *Art* der Metapher, sondern als wesentliche Eigenschaft aller Metaphern angesehen wird. Für die römischen Rhetoriker wird also nur noch eine gewisse Form der vierten Art der Metapher von Aristoteles überhaupt als solche bezeichnet. Das heißt allerdings nicht, dass die anderen drei von Aristoteles dargestellten Arten der Übertragung von ihnen übergangen werden. Sie werden nur, neben zahlreichen anderen, als eigene Stilmittel betrachtet und nicht mehr unter den Überbegriff „Metapher“ bzw. „Translatio“ subsumiert. Um die Gesamtheit der sprachlichen Stilmittel zu bezeichnen, verwenden Cicero

72 Vgl. Quintilian, Institutio Oratoria, VIII, 6, Abschnitte 9 – 10, in: Quintilian 2001, 428 – 431.
73 Vgl. Quintilian, Institutio Oratoria, VIII, 6, Abschnitte 6 – 8, in: Quintilian 2001, 426 – 429.

und Quintilian stattdessen den Ausdruck „Tropus“. Quintilian definiert einen Tropus als Verschiebung (mutatio) der Bedeutung eines Wortes oder einer Phrase, die mit einem positiven Effekt verbunden ist.[74] Quintilian unterscheidet neben der Metapher noch elf weitere Arten von Tropen.[75] Der Begriff des Tropus umfasst bei Quintilian und dem Auctor ad Herennium so unterschiedliche Stilmittel wie das Hyperbaton, das eine Umstellung der eigentlich korrekten Wortstellung zur besonderen Betonung ist („Gut gefällt mir das“ statt „Das gefällt mir gut“) sowie die Metapher, die Metonymie oder die Ironie. Es gibt seit der Antike eine bis in die Gegenwart anhaltende Diskussion darüber, wie viele solcher Tropen man differenzieren kann und wie diese zueinander im Verhältnis stehen. In dieser Arbeit soll das Projekt einer Tropologie, also der Entwicklung einer Systematik der Tropen, nicht weiter verfolgt werden.[76]

Wie bei Aristoteles wird auch bei den vorgestellten lateinisch schreibenden Autoren nicht angemessen zwischen der metaphorischen Interpretation eines Ausdrucks und einem Satz bzw. einer Äußerung, in der Ausdrücke metaphorisch verstanden werden, differenziert, weil beides mit „Metapher“ bzw. „Translatio“ bezeichnet wird. Sowohl ihre Beispiele als auch die Ansicht, dass Metaphern elliptische Vergleiche darstellen, suggerieren, dass Metaphern auf eine bestimmte Art und Weise verstandene Sätze sind. Nichtsdestotrotz sprechen sie an einigen Stellen auch wieder davon, dass Metaphern Übertragungen der Bedeutung von Worten darstellen. Cicero versucht diese unterschiedlichen Verwendungsweisen zusammenzuführen, wenn er schreibt, dass Metaphern (translationes) Kurzformen von Vergleichen sind, die zu einem Wort zusammengezogen sind (ad unum verbum contracta).[77] Diese Formulierung wirkt allerdings fast schon paradox. Es bleibt völlig unklar, was es heißen soll, dass ein Vergleich sich auf ein Wort konzentriert.

Bezüglich der Funktion von Metaphern lässt sich bei den vorgestellten lateinischen Autoren insgesamt eine gewisse Verkürzung gegenüber der aristoteli-

---

74 Vgl. Quintilian, Institutio Oratoria VIII, 6, Abschnitte 1–3, in: Quintilian 2001, 424–427.

75 Diese sind Synekdoche, Metonymie, Antonomasie, Onomatopoeia, Katachresis, Metalepsis, Epitethon, Periphrasis, Allegorie (von der die Ironie eine Unterform darstellt), Hyperbaton und Hyperbel (vgl. Quintilian, Institutio Oratoria VIII, 6, in: Quintilian 2001, 426–429.). Eine sehr ähnliche Liste von Tropen, nur mit lateinischen Begriffen, entwirft der Auctor ad Herennium. Er unterscheidet allerdings nur zehn Arten von Tropen. Bei ihm fehlen gegenüber Quintilian die Metalepse und das Epitheton (vgl. Auctor ad Herennium, Rhetorica ad Herennium IV, Abschnitte 42–46, in: Auctor ad Herenium 1994, 246–267).

76 Ein guter Überblick über die Diskussion der Tropen von der Antike bis in die Gegenwart findet sich bei Rudolf Drux (vgl. Drux 2009, 809–830).

77 Vgl. Cicero, De oratore III, Abschnitte 156–157, in: Cicero 2016, 543.

schen Theorie erkennen. An dieser Stelle ist der Analyse von Paul Ricœur zuzustimmen, welcher der vorgestellten römisch-rhetorischen Tradition die Annahme zuschreibt, dass Metaphern keine *neuen Informationen* vermitteln, sondern nur eine Ausformung und Auskleidung der Sprache darstellen.[78] Wie dargelegt wurde, können nach Aristoteles mit Metaphern nach der Regel der Analogie tatsächlich auch *neue* Erkenntnisse generiert werden.[79] Ein weiterer Unterschied zur aristotelischen Theorie besteht darin, dass keiner der erwähnten lateinischen Autoren expliziert, was genau Ähnlichkeit bedeutet. Eine vierstellige Analogie, wie Aristoteles sie seiner vierten Art der Metapher zuschreibt, wird bei keinem dieser Autoren erwähnt. Das mag auch den Grund dafür bilden, weshalb bei Cicero und Quintilian die Metapher als Form des Vergleiches verstanden wird und nicht wie bei Aristoteles der Vergleich als Form der Metapher. Sie haben nicht die Möglichkeit, auf eine spezifische Struktur von Ähnlichkeitsrelationen Bezug zu nehmen, welche die Grundlage sowohl von Metaphern als auch von Vergleichen bilden kann. Die von Cicero und Quintilian vertretene Auffassung, dass Metaphern als Kurzformen ihnen entsprechender Vergleiche zu verstehen sind, wird als Vergleichstheorie der Metapher bezeichnet. Im Folgenden soll die grundlegende Kritik dargestellt und diskutiert werden, die im 20 Jh. gegen diese in der Geschichte der Reflexion über Metaphern sehr einflussreiche Theorie vorgebracht wurde.

2.4 Kritik an der Vergleichstheorie

2.4.1 Die Reduktion auf Vergleiche hat keinen Erklärungswert

Das Argument, dass die Reduktion der Metapher auf Vergleiche keinen Erklärungswert besitzt, geht auf Max Black zurück und wurde von Nelson Goodman und Donald Davidson aufgenommen und weiter entwickelt. Black charakterisiert die Vergleichstheorie zunächst dergestalt, dass hier die Metapher auf einen wörtlich zu verstehenden Vergleich reduziert werde. Auch die Vergleichstheorie

---

78 Vgl. Ricœur 1977, 46 f.

79 Ricœur differenziert an dieser Stelle noch weiter aus und sieht den aristotelischen Ansatz zwar tatsächlich als Vorläufer der verkürzten rhetorischen Theorie, zugleich aber auch in wesentlichen Punkten noch von dieser verschieden. So erzeuge die Übertragung nach Aristoteles z. B. eher eine produktive Spannung als eine Substitution. Auf diese Weise könne die Metapher wirklich neue Bedeutungsinhalte hervorbringen. Der Grundfehler bestehe aber dennoch darin, dass Aristoteles sich zu sehr auf die Bedeutungsübertragung eines Wortes fixiert und nicht die semantische Einheit des Satzes in den Blick nimmt (vgl. Ricœur 1977, 47 f.).

sei nach Black dementsprechend eine Form der Substitutionstheorie, weil hier behauptet wird, dass die Metapher durch einen wörtlich zu verstehenden Ausdruck ersetzt werden könne. Im Gegensatz zu den gewöhnlichen Substitutionstheorien, werde hier aber nicht nur ein bestimmtes Wort eingesetzt, sondern ein Vergleich. Black argumentiert, dass auch diese Substitution oder Reduktion letztlich unplausibel ist. Das liegt nach Black daran, dass ein Vergleich der Art „A ist wie B" so vage ist, dass nicht ersichtlich wird, welchen erklärenden Wert diese Reduktion haben sollte. Letztlich sei nämlich alles irgendwie allem ähnlich. Dem spezifischen Gehalt einer Metapher in einem bestimmten Äußerungskontext komme man durch die Umformulierung der Metapher in einen Vergleich auch nicht näher. Der Vergleichstheorie liegt nach Black das naive Bild zugrunde, dass es zu jeder Metapher einen für alle Hörer eindeutig zu verstehenden Vergleich gibt, der schon vor dem Gebrauch der Metapher vorhanden ist.[80] Black dreht dieses Bild um, wenn er schreibt:

> It would be more illuminating in some of these cases to say that the metaphor creates the similarity than to say that it formulates some similarity antecedently existing.[81]

Donald Davidson und Nelson Goodman greifen diese Argumentation von Max Black auf. Goodman behauptet in Anlehnung an Black, dass Vergleiche zu vage sind um irgendetwas Informatives über den Gehalt einer Metapher auszusagen. Letztlich macht es nach Goodman in den meisten Fällen praktisch gar keinen Unterschied, ob eine bestimmte Äußerung als Metapher oder als Vergleich formuliert sei. Die interessante Frage sei vielmehr, wie genau man zu dem spezifischen Gehalt kommt, der mit dem Vergleich bzw. der Metapher ausgedrückt werden soll. Ob man in die Metapher noch das Wörtchen „wie" einfügt und so einen Vergleich erzeugt, bringt keinen Fortschritt für die eigentlichen Herausforderung, die darin besteht, den Gehalt der betreffenden Äußerung zu erschließen.[82]

Donald Davidson kritisiert an der Vergleichstheorie, dass nach dieser die Bedeutung, die mit einer Metapher verbunden ist, völlig trivialisiert wird. Wenn es einfach nur um die Entdeckung des wörtlich verstandenen Vergleiches geht, ist jede Metaphern leicht zu verstehen. Damit wird man dem mit Metaphern verbundenen Interpretationsprozess aber nicht gerecht. Auch wenn man die Metapher auf einen wörtlich zu verstehenden Vergleich zurückführt, geht es darum zu spezifizieren, in welcher Hinsicht z. B. zwei Dinge ähnlich sind bzw. welche

80 Vgl. Black 1955, 282–284.
81 Black 1955, 284 f.
82 Vgl. Goodman 1976, 77 f.

Ähnlichkeit der Sprecher herausstellen möchte. Und damit ist man nach Davidson wieder genau an dem Punkt, an dem man auch schon vor der Reduktion der Metapher auf einen Vergleich war. Die Reduktion der Metapher auf einen Vergleich hat nach Davidson deshalb, wie auch für Black und Goodman, schlichtweg keinen Erklärungswert.[83]

2.4.2 Die Semantik von Metaphern und Vergleichen ist unterschiedlich

Ein weiteres Argument gegen die Vergleichstheorie besteht darin zu bestreiten, dass die Semantik von Metaphern und den entsprechenden Vergleichen identisch ist. Falls die Semantik prinzipiell unterschiedlich ist, lässt sich eine Reduktion der Metapher auf Vergleiche nicht aufrechterhalten. Dieses allgemeine Argument lässt sich in drei verschiedene Einzelargumente aufteilen. Erstens wird behauptet, dass die Wahrheitsbedingungen von Metaphern und entsprechenden Vergleichen unterschiedlich sind. Zweitens kann herausgestellt werden, dass die logische Struktur des Vergleiches grundsätzlich von derjenigen einer Metapher unterschieden werden muss, weil es sich einmal um ein zweistelliges Prädikat mit reversibler Reihenfolge (Vergleich) und ein anderes mal um ein einstelliges Prädikat (Metapher) handelt. Schließlich kann noch argumentiert werden, dass es Fälle von Metaphern gibt, bei welchen sich kein entsprechender Vergleich konstruieren lässt, der nicht eine signifikant andere Bedeutung als die Metapher besitzt.

Das erste Argument wurde sehr elaboriert von John Searle vorgetragen. Er arbeitet heraus, dass Metaphern und Vergleiche in dem Sinne verschiedene Bedeutungen besitzen, dass sie unterschiedliche Wahrheitsbedingungen aufweisen. Das kann an den folgenden beiden Aussagen deutlich gemacht werden:

(1) John ist ein Gorilla.[84]
(2) John ist wie ein Gorilla.

Mit der Metapher (1) stellt man keine Behauptungen darüber auf, wie Gorillas wirklich sind. Man kann die Metapher z. B. derart interpretieren, dass man von John prädiziert, er sei gewalttätig, aggressiv und potenziell gefährlich. Falls empirische Forschung aber zeigen sollte, dass Gorillas faktisch gar nicht gewalttätig sind, sondern stattdessen sehr schüchterne und empathische Tiere, macht das die Metapher nicht falsch. Wenn man hingegen durch den Vergleich herausstellen

83 Vgl. Davidson 1978, 38–40.
84 Die Nummerierung der Sätze beginnt der Übersicht halber in jedem Kapitel von Neuem.

möchte, dass John gewalttätig und aggressiv ist, macht man zugleich eine Aussage über John und über Gorillas. Es wird nämlich auf der Basis der Vergleichsstruktur behauptet, dass Gorillas tatsächlich gewalttätig und aggressiv sind. Falls das aber empirisch falsch ist, müsste man den Vergleich in dieser Hinsicht zurückweisen. Bei metaphorischen Äußerungen wie (1) ist ein solcher Fall nicht denkbar. Die Aussage (1) ist nach Searle eine Äußerung nur über John und nicht über John und Gorillas. Das Wort „Gorilla" wird in diesem Satz eben metaphorisch verstanden und der Sprecher geht damit keine Verpflichtungen über tatsächliche Eigenschaften von Gorillas ein. Somit sind nach Searle aber die Wahrheitsbedingungen von Vergleichen und Metaphern unterschiedlich und deshalb ist es auch fraglich, ob man behaupten kann, dass Metaphern im Grunde Vergleiche sind.[85]

Das zweite Argument bezieht sich auf die Unterschiede in der logischen Struktur von Vergleichen und Metaphern. Metaphern besitzen in vielen Fällen die Form einer Kategorisierung, die mithilfe eines einstelligen Prädikates der Art „M(x)" beschrieben werden kann. Vergleiche hingegen beinhalten immer zweistellige Prädikate der Art „(x)V(y)". Das ist für sich genommen noch kein zwingendes Argument gegen eine Vergleichstheorie, weil man behaupten könnte, dass die einstellige Prädikation im Falle von vielen Metaphern nur die Oberflächenstruktur ist, auf der Ebene der logischen Tiefenstruktur aber ein zweistelliges Prädikat der Art „(x)V(y)" vorhanden ist. Nun werden Vergleiche für gewöhnlich aber als symmetrische und damit reversible Relationen verstanden. Die folgenden beiden Aussagen scheinen logisch identisch zu sein:

(3) Anwälte sind wie Haie.
(3*) Haie sind wie Anwälte.

Es scheint nicht der Fall zu sein, dass sich durch das Vertauschen der Argumente des Vergleichsprädikats die Wahrheitsbedingungen der Aussage ändern. Bei Metaphern hingegen ergibt sich eine andere Situation:

(4) Anwälte sind Haie.
(4*) Haie sind Anwälte.

Die beiden Aussagen (4) und (4*) haben in keinem Fall dieselbe Bedeutung. In (4) wird metaphorisch etwas von Anwälten prädiziert, in (4*) hingegen wird etwas von Haien ausgesagt. Der propositionale Gehalt dieser beiden Aussagen in ihrem

---

85 Vgl. Searle 1979, 88–91.

jeweiligen Äußerungskontext ist deshalb sicherlich unterschiedlich. Wenn man aber von der Vergleichstheorie der Metapher ausgeht, nach der eine Metapher ohne semantischen Verlust auf einen Vergleich zurückgeführt werden kann, ergeben sich Probleme. Man könnte dann nämlich schließen, dass (4) dasselbe wie (3) bedeutet, und (3) wiederum salva veritate in (3*) umgewandelt werden kann. Da (3*) gemäß der Vergleichstheorie bedeutungsgleich mit (4*) ist, lässt sich daraus folgern, dass (4) und (4*) bedeutungsgleich sind. Das ist aber offensichtlich falsch. Somit lässt sich zeigen, dass die logische Struktur von Metaphern der Art „M(x)" nicht auf die logische Struktur von Vergleichen reduziert werden kann, wenn diese mithilfe zweistelliger symmetrischer Prädikate der Art „(x)V(y)" beschrieben wird.[86]

Schließlich besteht ein weiteres Problem der Vergleichstheorie darin, dass nicht bei allen Metaphern ohne Weiteres klar ist, in welchen Vergleich sie überführt werden könnten. Bei Metaphern mit der Oberflächenstruktur „A ist B" ist eine solche Überführung zugegebenermaßen noch relativ problemlos möglich. Hier kann einfach nach dem Verb das Wort „wie" eingefügt werden und man erhält einen passenden Vergleich. Falls Metaphern eine andere Struktur aufweisen, können sich aber Probleme ergeben:

(5) Nathalie blüht in der Nacht richtig auf.
(6) Andreas kocht über.

Die Äußerung (5) könnte metaphorisch so etwas bedeuten wie „Nathalie geht gerne Abends aus und ist dabei im Gegensatz zu ihrer Stimmung tagsüber, sehr ausgelassen und gesprächsfreudig". Mit (6) könnte man so etwas ausdrücken wie „Andreas ist so verärgert, dass er gleich einen Wutanfall bekommen wird". Mögliche Rekonstruktionen dieser Metaphern als Vergleiche lauten folgendermaßen:

(5*) Nathalie ist nachts wie etwas, das aufblüht.
(6*) Andreas ist wie etwas, das überkocht.

Aber erfasst man mit (5*) und (6*) wirklich den Gehalt der entsprechenden Metaphern? Man müsste sich hierfür auf Dinge beziehen, die nachts aufblühen bzw.

---

86 Vgl. Stern 2000, 147 f. Dieses Argument findet sich in seiner Grundstruktur bereits bei Monroe C. Beardsley in dem berühmten Aufsatz „The Metaphorical Twist". Er argumentiert, dass der „Object Comparison View", wie er die Vergleichstheorie nennt, nicht erklären kann, weshalb Metaphern im Gegensatz zu Vergleichen nicht reversibel sind. Für Beardsley ist das ein starker Einwand gegen die Vergleichstheorie, nach der Metaphern als identisch mit ihnen entsprechenden Vergleichen verstanden werden (vgl. Beardsley 1962, 296 f.).

die überkochen und dann nach Ähnlichkeiten zu Nathalie respektive Andreas suchen. Es ist aber fraglich, ob man auch bei den entsprechenden Metaphern tatsächlich Aussagen über solche Dinge macht. Noch schwieriger, passende Vergleiche zu finden, ist es bei folgenden Äußerungen:

(7) Argentinien ist das England von Lateinamerika.
(8) Vor Freude glühend hat Peter sich auf sein Treffen mit Carina vorbereitet.
(9) Michael ist mit seiner Arbeit verheiratet.

Im Falle von (7) ist der Vergleich „Argentinien ist wie das England von Lateinamerika" sicherlich unpassend. Es gibt kein England in Lateinamerika, was mit Argentinien verglichen werden könnte. Man müsste hier stattdessen eine Analogie der Art „Argentinien verhält sich zu Südamerika, wie England zu Europa" bilden, um der Bedeutung der Metapher näher zu kommen. Das Einfügen von „Europa" als viertes Glied der Analogie ist natürlich schon Interpretation. Man verlässt dabei die rein linguistische Ebene und beschreibt eine kognitive Strategie, wie man die Metapher deuten kann. Im Fall von (8) ist der zunächst naheliegende Vergleich „Peter war wie etwas, das vor Freude glüht, als er sich auf das Treffen mit Carina vorbereitet hat". Dieser Vergleich gibt aber nicht den Gehalt der Metapher wieder. Was genau ist denn etwas, das vor Freude glüht? Macht man mit der Metapher wirklich Aussagen über Dinge, die glühen? Schließlich ergeben sich auch bei (9) Probleme in der Reduktion auf einen Vergleich. Die Analyse „Die Arbeit von Michael ist wie die Person, mit der er verheiratet ist" trifft auf keinen Fall den Inhalt der Metapher. Man möchte mit ihr ja keine Ähnlichkeiten zwischen der Frau von Michael und seiner Arbeit herausstellen. Man könnte versuchen, die Metapher so zu rekonstruieren, dass Michael sich zu seiner Ehefrau ähnlich verhält wie zu seiner Arbeit. Aber auch das wird eigentlich mit der Metapher nicht ausgesagt. Es ist für das Verständnis der Metapher völlig irrelevant, wie Michael sich faktisch zu seiner Ehefrau verhält, wenn er denn überhaupt verheiratet ist. Am nächsten kommt man der Metapher mit einer Analogie der Art „Das Verhältnis von Ehepartnern zueinander ist wie das Verhältnis von Michael zu seiner Arbeit". Bei einer solchen Auswertung scheint es sich aber eher um eine Beschreibung des Interpretationsprozesses der Metapher anstatt ihrer sprachlichen Struktur zu handeln. Von der Reduktion der sprachlichen Struktur der Metapher auf die sprachliche Struktur eines Vergleiches kann hier nicht die Rede sein.

Man sieht an diesem Punkt, dass es in manchen Fällen äußerst schwer ist, die Metapher in eine ihr entsprechende Form eines Vergleiches zu überführen, welcher dieselbe Semantik besitzt. Lynne Tirrell betont zurecht, dass die Rückführung einer Metapher auf eine Vergleichsstruktur häufig in eine falsche Richtung lenkt. Man muss, um die erwähnten Metaphern zu verstehen und sie korrekt zu interpretieren, z. B. nicht überlegen, wie blühende oder überkochende Dinge sich wirklich verhalten, noch wie das Verhältnis von Eheleuten zueinander tatsächlich beschaffen ist. Und man geht mit den Metaphern auch keine Verpflichtungen darüber ein, welche Eigenschaften wirklich auf die Vergleichsobjekte zutreffen.[87]

2.4.3 Ähnlichkeit braucht keine Rolle bei der Interpretation von Metaphern zu spielen

John Searle arbeitet einen weiteren Einwand gegen die Vergleichstheorie der Metapher heraus, wenn er behauptet, dass Ähnlichkeit als Interpretationsmittel keine notwendige Bedingung für das Vorhandensein einer Metapher ist. Das kann als ein Argument gegen die Vergleichstheorie verstanden werden, weil nach dieser alle Metaphern auf Vergleiche zurückgeführt werden können und Vergleiche im Wesentlichen auf der Basis von Ähnlichkeitsrelationen zwischen den verglichenen Gegenständen bzw. Gegenstandsbereichen interpretiert werden. Searle erwähnt als Beispiele von Metaphern, welche keine Ähnlichkeitsrelationen voraussetzen, u. a. Temperaturausdrücke für Emotionen und Raumausdrücke für die Zeit. Er nennt u. a. folgende Beispiele:

(10) Sally ist ein Eisblock.
(11) Die Zeit verfliegt.

Searle behauptet, dass eine angemessene Interpretation der Aussagen (10) und (11) keine Ähnlichkeit im wörtlichen Sinne voraussetzt. Eine mögliche Interpretation von (10) wäre z. B., dass Sally unemotional und abweisend ist. Dies sind nach Searle aber keine Eigenschaften von Eisblöcken. Man könnte zwar sagen, dass Eisblöcke, weil sie kalt sind, auch als besonders emotionslos angesehen werden können. Aber damit befindet man sich wieder auf der Ebene einer Metapher, welche Kälte ganz allgemein mit Abweisung und Emotionslosigkeit verbindet. Es ist nicht klar, ob es wirklich eine relevante Eigenschaft gibt, welche Kälte mit emotionslosen und abweisenden Menschen teilt. Nach Searle ist es einfach eine Konvention, dass wir Kälte mit diesen Eigenschaften assoziieren. Es ist nach ihm nicht möglich, eine Ähnlichkeit zwischen kalten Gegenständen und abweisenden Menschen ohne den Rückgriff auf weitere Metaphern zu explizieren.[88]

87 Vgl. Tirrell 1991, 348 f.
88 Vgl. Searle 1979, 95 – 98.

Dasselbe gilt nach Searle für Raummetaphern der Zeit. In (11) wird natürlich nur metaphorisch von der Zeit ausgesagt, dass sie verfliegt. Die Zeit ist kein Objekt, das sich wie andere Objekte im Raum bewegen könnte. Es ist aber schwierig, die genaue Ähnlichkeit zu explizieren, welche zwischen fliegenden Objekten im Raum und der Zeit besteht. Nach Searle sind alle Versuche, diese herauszuarbeiten, immer in der Raum-Metapher für Zeit gefangen. Man benutze dann Umschreibungen wie „Die Zeit vergeht schnell", welche aber selbst wieder nur mithilfe von metaphorischen Interpretationen zu verstehen sind. Nur Objekte *in* Raum und Zeit können nämlich streng genommen schnell sein. Searle argumentiert auch hier, dass die Assoziation von Objekten, welche sich in Raum und Zeit bewegen, und der Zeit selbst, rein konventionell ist. Sie basiere nicht auf einer ihr vorausliegenden Ähnlichkeit.[89]

George Lakoff und Mark Johnson formulieren eine ganz ähnliche Kritik an der Vergleichstheorie, explizieren sie aber auf eine andere Art und Weise als Searle. Sie verstehen unter einer Metapher ganz allgemein die Strukturierung eines Erfahrungsbereiches durch einen anderen Erfahrungsbereich. Metaphern stellen für sie primär kognitive Prozesse und nur davon abgeleitet auch sprachliche Phänomene dar. Sie behaupten, dass Metaphern häufig dazu dienen, abstraktere Konzepte wie z. B. diejenigen von der Zeit, der Liebe oder der Moralität mithilfe von zugänglicheren Erfahrungen zu strukturieren.[90] Ihre Verwendung des Ausdrucks „Metapher" unterscheidet sich dementsprechend in vielerlei Hinsicht von der in dieser Arbeit gebrauchten Verwendungsweise, die in der Einleitung grob charakterisiert wurde. Metaphern stellen bei ihnen keine Sätze dar, innerhalb derer Ausdrücke metaphorisch interpretiert werden. Stattdessen verstehen sie unter Metaphern ins Verhältnis gesetzte Erfahrungsbereiche bzw. mit diesen Erfahrungsbereichen verbundene Konzepte. Aus diesem Grund soll an dieser Stelle, wie in der Literatur üblich, von „konzeptuellen Metaphern" gesprochen werden, wenn auf dasjenige Bezug genommen wird, was gemäß Vertretern der konzeptuellen Metapherntheorie wie Lakoff/Johnson als Metapher verstanden wird. Diese konzeptuellen Metaphern sollen des Weiteren, ebenfalls wie in der Literatur üblich, mit Großbuchstaben wiedergegeben werden. Dies soll kenntlich machen, dass es sich hierbei um Konzepte und nicht um Ausdrücke handelt.

Lakoff/Johnson behaupten, dass ein zentraler Fehler der Vergleichstheorie in der Annahme besteht, dass bei metaphorischen Deutungen immer auf bereits

---

89 Vgl. Searle 1979, 98 f.

90 Vgl. Lakoff/Johnson 1980, 117–119. Die auf George Lakoff und Mark Johnson zurückgehende konzeptuelle Metapherntheorie wird in den 5.1 zugeordneten Abschnitten ausführlicher vorgestellt und diskutiert.

vorhandene Ähnlichkeiten zurückgegriffen wird, die im Interpretationsprozess nur expliziert werden. Stattdessen argumentieren sie, dass die Ähnlichkeiten durch konzeptuelle Metaphern teilweise erst erzeugt werden. Dies kann nach Lakoff/Johnson z. B. anhand der Interpretation von Sätzen veranschaulicht werden, in denen ausgesagt wird, dass man Ideen verdaut, herunterschluckt oder wieder aufwärmt. Hier werde immer auf die konzeptuelle Metapher IDEEN SIND SPEISEN Bezug genommen. Es gibt nach Lakoff/Johnson aber keine relevante Ähnlichkeit zwischen Speisen und Ideen, die unabhängig von der konzeptuellen Metapher vorliegen würde. Die wahrgenommene Ähnlichkeit zwischen Speisen und Ideen beruhe vielmehr auf weiteren konzeptuellen Metaphern wie IDEEN SIND OBJEKTE und DER MENSCHLICHE GEIST IST EIN BEHÄLTER, auf deren Basis die komplexe konzeptuelle Metapher IDEEN SIND OBJEKTE DIE IN DEN MENSCHLICHEN GEIST KOMMEN gebildet werden könne.[91] Solch grundlegende konzeptuelle Metaphern wie IDEEN SIND OBJEKTE oder DER MENSCHLICHE GEIST IST EIN BEHÄLTER basieren nach Lakoff/Johnson wiederum häufig ebenfalls nicht auf unabhängig von diesen vorhandenen Ähnlichkeiten, sondern auf bestimmten Erfahrungskorrelationen. Wir konstituieren mit solchen konzeptuellen Metaphern erst Ähnlichkeiten, weil wir abstraktere Konzepte durch uns zugänglichere Erfahrungen interpretieren. Diese konzeptuellen Metaphern stellen dementsprechend unsere Konzeptualisierung der Welt dar. Folglich werden in anderen kulturellen Kontexten auch andere konzeptuelle Metaphern gebildet, weil hier teilweise unterschiedliche grundlegende Erfahrungen vorhanden sind. Ein Fehler der Vergleichstheorie besteht nach Lakoff/Johnson also u. a. darin, dass mit ihr die schöpferische Dimension von Metaphern nicht in den Blick genommen wird, weil man nur von bereits etablierten Ähnlichkeitsbeziehungen ausgeht, auf welche die Metaphern rekurrieren können.[92]

2.5 Rehabilitierungsversuche der Vergleichstheorie

2.5.1 Die Direktionalität von Vergleichen

Die These, dass Vergleiche symmetrische Relationen und deswegen reversibel sind, wurde von Amos Tversky in dem äußert einflussreichen Aufsatz „Features of Similarity“ in Frage gestellt. Tversky argumentiert darin gegen ein geometrisches Verständnis von Ähnlichkeit, nach welchem Ähnlichkeitsrelationen als Abstände

91 Vgl. Lakoff/Johnson 1980, 147 f.
92 Vgl. Lakoff/Johnson 1980, 153 – 155.

zwischen Punkten in einem Koordinatensystem repräsentiert werden. Die Punkte z. B. a und b stehen in diesem Modell für die Objekte und der Abstand zwischen den Punkten gibt das Maß ihrer Ähnlichkeit an. Wenn „δ" als Funktion für den Abstand zwischen Punkten angenommen wird, so gilt nach dem geometrischen Modell, dass $\delta(a, b)$ ein Maß ist, das die Ähnlichkeit zwischen den beiden Punkten a und b bestimmt. Die Ähnlichkeit wäre hier indirekt proportional zum Abstand δ, d. h., je größer die Ähnlichkeit zwischen a und b ist, desto kleiner ist der Abstand $\delta(a, b)$. Nach Tversky müssen diese Relationen im geometrischen Modell im Einklang mit u. a. folgenden drei Axiomen stehen:

Minimalität: $\delta(a, b) \geq \delta(a, a) = 0$
Symmetrie: $\delta(a, b) = \delta(b, a)$
Dreiecksungleichheit: $\delta(a, b) + \delta(b, c) \geq \delta(a, c)$

Tversky argumentiert, dass bei Ähnlichkeitsbeziehungen die Gültigkeit der Axiome Minimalität sowie Dreiecksungleichheit fraglich und das Axiom der Symmetrie schlichtweg falsch ist. Deswegen kann nach Tversky das geometrische Modell nicht geeignet sein, Ähnlichkeitbeziehungen angemessen darzustellen. Mit dem Minimalitätsaxiom wird ausgedrückt, dass der Abstand zwischen einem Punkt a und einem weiteren Punkt b nicht kleiner sein kann, als der Abstand, den Punkt a zu sich selbst hat. Bei empirischen Versuchen tritt nach Tversky allerdings häufig der Fall auf, dass Probanden zwei identische Stimuli nicht als solche wahrnehmen. Die Identifikationswahrscheinlichkeit ist also nicht gleich 1 und damit scheint in manchen Fällen das Axiom der Minimalität verletzt zu sein. Wenn man einen Gegenstand nämlich nicht als ihn selbst identifiziert, ist es nicht ausgeschlossen, dass andere Objekte ähnlicher zu ihm erscheinen, als er zu sich selbst.[93]

Gegen das Axiom der Dreieiecksungleichheit wendet Tversky ein, dass das Maß der Ähnlichkeit zwischen zwei Gegenständen a und c häufig nicht als Summe der Ähnlichkeiten zwischen a und b, sowie b und c verstanden werden kann. Er nennt als Beispiel, dass Jamaika wegen der geographischen Nähe Kuba ähnlich ist, und dass Kuba wegen der politischen Ausrichtung Russland ähnlich ist[94], dass aber Jamaika keine wirkliche Ähnlichkeit zu Russland besitzt. Die Ähnlichkeit zwischen Russland und Jamaika scheint intuitiv sehr gering zu sein, obwohl sowohl Kuba und Russland, als auch Jamaika und Kuba eine relativ hohe Ähnlichkeit zueinander besitzen. Geometrisch ausgedrückt scheint es, dass der Abstand zwischen Russland und Jamaika größer ist als die Summe der verhältnismäßig ge-

93 Vgl. Tversky 1977, 327 f.
94 Der Aufsatz wurde 1977 veröffentlicht als Russland noch kommunistisch regiert wurde.

ringen Abstände zwischen Jamaika und Kuba sowie zwischen Kuba und Russland.[95]

Der stärkste Einwand gegen das geometrische Modell für Ähnlichkeit ist nach Tversky die Unhaltbarkeit des Symmetrie-Axioms. Er argumentiert, dass Ähnlichkeitsrelationen in vielen Fällen nicht symmetrisch sind. Er nennt u. a. folgende Beispiele:

(12) Nordkorea ist wie das rote China.
(13) Die Türken kämpfen wie Tiger.
(14) Ein Mensch ist wie ein Baum.

Nach Tversky sind die Vergleiche (12)–(14) nicht bedeutungsgleich mit ihren Umkehrungen. Man würde nach Tversky dementsprechend nicht behaupten, dass das rote China wie Nordkorea ist, oder dass Tiger wie Türken kämpfen, nur weil man die Vergleiche andersherum für angemessen hält. Der Vergleich (14) kann zwar sinnvollerweise umgekehrt werden, bedeutet dann aber etwas anderes. Eine mögliche Interpretation von (14) wäre, dass der Mensch Eigenschaften eines Baumes besitzt, wie z. B. dass er an einem bestimmten Ort verwurzelt ist. Die umgekehrte Aussage „Ein Baum ist wie ein Mensch" hingegen drückt aus, dass ein Baum z. B. wie ein Mensch eine Lebensgeschichte mit verschiedenen Phasen besitzt. Der Grund für diese Bedeutungsasymmetrie liegt nach Tversky darin, dass diese Vergleiche „direktional", also mit einer Richtung gelesen werden. Die Direktionaliät kommt nach Tversky dadurch zustande, dass man immer das Objekt, dessen Eigenschaften eine größere *Salienz* besitzen, als *Prototyp* verwendet und dasjenige, dessen Eigenschaften weniger salient sind, als *Subjekt* gebraucht. Mit „Salienz" wird die Eigenschaft bezeichnet, dass etwas besonders auffällig, deutlich und hervorstechend ist.[96] Man benutzt nach Tversky also den Prototyp, um bestimmte saliente Eigenschaften des jeweiligen Subjekts auszudrücken. In (12) wird z. B. von dem Subjekt „Nordkorea" ausgesagt, dass es ein kommunistisches Regime wie das rote China ist, welches hier als Prototyp fungiert.[97] In (13) wird von dem Subjekt „Türken" ausgesagt, dass sie wie Tiger kämpfen, womit evtl. gemeint sein kann, dass sie besonders grausam sind. Und in (14) wird schließlich

95 Vgl. Tversky 1977, 329.

96 Der Ausdruck „salient" kommt vom lateinischen „salire", das so viel wie hervorstechen bedeutet.

97 Auch dieser Vergleich ist stark zeitbedingt. Heutzutage würde Nordkorea vermutlich stärker als Prototyp eines kommunistisch geführten Landes wahrgenommen werden als China. Das war in den 1970er Jahren noch anders.

von dem Subjekt „Mensch“ ausgesagt, dass es Eigenschaften des Prototyps „Baum“ besitzt.[98]

Da Tversky aus den oben genannten Gründen ein geometrisches Modell von Ähnlichkeit ablehnt, entwickelt er einen alternativen Ansatz. Sein Modell von Ähnlichkeit soll im Folgenden in den Grundzügen dargestellt werden. Tversky nennt es „Contrast Model“, weil in diesem nicht nur der Überschneidung von Eigenschaften, sondern auch den Unterschieden zwischen zwei verglichenen Objekten Einfluss auf die Bewertung der Ähnlichkeit zugestanden wird. Er entwickelt sein Modell mengentheoretisch und gibt den Grad der Ähnlichkeit „S“ zwischen zwei Objekten a und b folgendermaßen an:

$$S(a, b) = \theta f(A \cap B) - \alpha f(A - B) - \beta f(B - A),$$
$$\text{wobei gilt: } \theta, \alpha \text{ und } \beta \geq 0$$

Der Wert von „f(X)“ bestimmt den Grad der Salienz der Eigenschaften X, wobei X eine Menge von Eigenschaften darstellt, die einem Gegenstand x zugeordnet ist. Sowohl S als auch f sind Intervallskalen. „A, B, C etc.“ stellen die Mengen der Eigenschaften dar, die mit den jeweiligen Gegenständen „a, b, c etc.“ verbunden sind. (A – B) sind die Eigenschaften, die zu A gehören, aber nicht zu B; (B – A), die Eigenschaften, die zu B, aber nicht zu A gehören. Die Parameter θ, α und β dienen dazu, die verschiedenen Werte zu gewichten. Tversky versucht mithilfe dieser Parameter der teilweise auftretenden Asymmetrie von Ähnlichkeitsrelationen gerecht zu werden. Falls z. B. θ gleich 1 ist und α und β den Wert 0 besitzen, fließt nur der Grad der Salienz der geteilten Eigenschaften in die Ähnlichkeitsskala ein. In diesem Fall handelt es sich um eine symmetrische Ähnlichkeitsrelation. Aber auch wenn die jeweils spezifischen Eigenschaften in die Bewertung der Ähnlichkeit mit einfließen, kann es sich um eine symmetrische Relation handeln, falls $\alpha = \beta$ gilt. Mithilfe der Gewichtung über die Parameter kann Tversky eine Fokussierung in sein Modell integrieren. Wenn z. B. der Gegenstand a den Fokus bildet, dann gilt $\alpha > \beta$. Denn das hat zur Folge, dass die spezifischen Eigenschaften von a die Ähnlichkeit stärker reduzieren als die spezifischen Eigenschaften von b und somit ergibt sich unter der Voraussetzung, dass b der salientere Gegenstand ist (f(B) > f(A)) folgende Ungleichung: S(a, b) > S(b, a). Durch die Gewichtung kann somit eine asymmetrische fokussierte Ähnlichkeitsbeziehung dargestellt werden. Der Fokus liegt hier jeweils auf dem Subjekt, d. h. auf dem Gegenstand, über den auf der Basis des Prototyps etwas ausgesagt wird. Und es gilt allgemein, dass der

98 Vgl. Tversky 1977, 328 f.

Gegenstand mit den weniger salienten Eigenschaften dem salienteren Gegenstand ähnlicher ist als andersherum.[99]

Dies kann am Beispiel des Vergleichs „Julia ist wie die Sonne“ verdeutlicht werden. Hier wird die Sonne klar als der Gegenstand mit den salienteren Eigenschaften wahrgenommen. Nach Tversky wird dieser Vergleich natürlicherweise fokussiert gelesen. D. h., es wird angenommen, dass gilt: $\alpha > \beta$ und f(B) > f(A). In diesem Fall werden die distinktiven Eigenschaften der Sonne weniger stark gewichtet, als die distinktiven Eigenschaften von Julia. Beim umgekehrten Vergleich „Die Sonne ist wie Julia“ werden dann die distinktiven Eigenschaften der Sonne höher gewichtet als die distinktiven Eigenschaften von Julia, woraus sich, unter der Voraussetzung eines höheren Wertes von f für die Salienz der Eigenschaften der Sonne, eine geringere Ähnlichkeit ergibt als im Vergleich „Julia ist wie die Sonne“.[100] Um seine These zu belegen, dass Ähnlichkeitsrelation häufig asymmetrisch sind, weist Tversky auf einige psychologische Studien hin, an deren Durchführung er beteiligt war.[101]

Andrew Ortony bemüht sich über Tverskys Ansatz hinausgehend den spezifischen Unterschied zwischen wörtlichen, figurativen und misslungenen Vergleichen zu erfassen. Im Falle wörtlicher Vergleiche können nach Ortony stark saliente Eigenschaften des Subjekts mit stark salienten Eigenschaften des Proto-

---

99 Vgl. Tversky 1977, 331–333.

100 Vgl. dazu auch Kittay 1982, 395 f.

101 In einer Studie wurden 69 Probanden 21 Paare von Ländern vorgelegt, von denen jeweils ein Land bekannter und prominenter war. Diese Paare waren z. B. „China – Vietnam“, „USA – Mexiko“ oder „Belgien – Luxemburg“. Die Probanden wurden nun in Bezug auf jedes Paar (a, b) gefragt, ob sie eher die Aussage „Land a ist Land b ähnlich“ oder „Land b ist Land a ähnlich“ verwenden würden. Es zeigte sich, dass bei jedem Länderpaar eine deutliche Mehrheit der Probanden dem Satz zustimmten, in welchem das prominentere Land, d. h. dasjenige mit den salienteren Eigenschaften, als Prototyp und das weniger prominente Land als Subjekt verwendet wird. Es wurde also eher gesagt, dass Vietnam China ähnlich ist, als dass China Vietnam ähnlich ist. Die Vergleiche wurden also in den meisten Fällen fokussiert gelesen. In einer zweiten Studie wurden zwei Gruppen von jeweils 77 Probanden mit 21 Länderpaaren konfrontiert und gefragt, welchen Wert sie der Ähnlichkeit zwischen den beiden Ländern auf einer Skala von 0 bis 20 geben würden. Wenn nun p das prominentere/salientere Land ist und q das weniger prominente/saliente, so ergab sich, dass die Ähnlichkeit s(q, p) signifikant höher eingeschätzt wurde, als die Ähnlichkeit s(p, q). Es war also eine deutliche Asymmetrie bei der Bewertung der Ähnlichkeitsrelationen zu erkennen (vgl. Tversky 1977, 333 f.). Darüber hinaus führte Tversky noch Studien durch, in welchen Probanden Paare von geometrischen Figuren, Buchstaben und Morsesignalen präsentiert wurden. In allen Studien wurde bestätigt, dass der salientere Stimulus p signifikant häufiger als weniger ähnlich gegenüber dem weniger salienten Stimulus q eingeschätzt wurde, als andersherum (vgl. Tversky 1977, 334–338).

typs[102] in Einklang gebracht werden. Im Falle übertragener bzw. figurativer Vergleiche gibt es zwischen den stark salienten Eigenschaften der verglichenen Gegenstände keine Übereinstimmung. Es gibt hier jedoch eine Übereinstimmung von stark salienten Eigenschaften des Prototyps mit schwach salienten Eigenschaften des Subjekts. Schließlich gibt es noch Fälle, in denen es weder eine Übereinstimmung zwischen stark salienten Eigenschaften der beiden Gegenstände noch zwischen stark salienten Eigenschaften des Prototyps und schwach salienten Eigenschaften des Subjektes gibt. Es stimmen in solchen Fällen folglich nur jeweils schwach saliente Eigenschaften überein. Dies hat zur Folge, dass der Vergleich nur schwer oder gar nicht interpretierbar ist.[103] Diese Überlegungen lassen sich an folgenden Beispielen verdeutlichen:

(15) Enzyklopädien sind wie Wörterbücher.
(16) Enzyklopädien sind wie Goldminen.
(17) Enzyklopädien sind wie Autos.

Im Falle von (15) stimmen hoch saliente Eigenschaften der beiden Termini überein. Wörterbücher sowie auch Enzyklopädien sind z. B. Nachschlagewerke, mit deren Hilfe man Wissen erlangen kann. Bei (16) hingegen werden stark saliente Eigenschaften von Goldminen mit schwach salienten Eigenschaften von Enzyklopädien in Übereinstimmung gebracht. Mit dem Vergleich wird z. B. ausgesagt, dass dasjenige, was Enzyklopädien beinhalten, besonders wertvoll ist. Der Satz (17) schließlich ist nur schwer zu interpretieren, weil es nicht ersichtlich ist, ob es überhaupt eine Deckung stark salienter Eigenschaften des Prototyps mit Eigenschaften des Subjekts gibt. Es scheint, dass hier nur schwach salienten Eigenschaften, wie dass es sich beide Male um konkrete materielle Gegenstände handelt, übereinstimmen, weshalb es sich nach Ortonys Theorie um einen misslungenen Vergleich handelt.[104]

---

102 Die beiden Termini „Subjekt“ und „Prototyp“ stammen von Tversky und wurden weiter oben eingeführt. Ortony verwendet die Begriffe „topic“ und „vehicle“, wobei das „topic“ dasjenige ist, über das etwas ausgesagt wird, und das „vehicle“ dasjenige, auf Basis dessen etwas über das Topic ausgesagt wird. Ortony übernimmt diese Unterscheidung wiederum von Ivor A. Richards. Damit nicht zu viele Begriffe ohne semantischen Mehrwert in Umlauf gebracht werden, soll hier Tverskys Unterscheidung von Subjekt und Prototyp beibehalten werden.

103 Vgl. Ortony 1993, 348 – 350.

104 Ortony hat mit Kollegen auch eine modifizierte Version von Tverskys Formalisierung von Ähnlichkeitsrelationen entwickelt. Diese weicht insofern von Tverskys Formalisierung ab, als die Übereinstimmung der Eigenschaften hier ausgehend von der Salienz der Eigenschaften des Prototyps bestimmt wird. Wenn zwei Gegenstände a und b verglichen werden, ist „f^{b}“ der Salienzwert des b-Terms. Die von Ortony et al. entwickelte formale Darstellung von Ähnlichkeitsre-

Unabhängig davon, welche Detailprobleme sich mit den Ansätzen von Tversky und Ortony ergeben, bleibt die Einsicht unbestritten, dass viele Ähnlichkeitsrelationen asymmetrisch wahrgenommen werden. Symmetrie ist also mit Sicherheit keine notwendige Eigenschaft von Ähnlichkeitsrelationen, wenn man sie unter einem psychologischen Gesichtspunkt betrachtet. Wenn man die Modelle der Ähnlichkeit von Tversky sowie Ortony et al. prinzipiell akzeptiert, ist der Einwand gegen die Vergleichstheorie entkräftigt, wonach Vergleiche im Gegensatz zu Metaphern immer ohne semantischen Verlust reversibel sind. Auch Vergleiche können auf asymmetrischen Ähnlichkeitsbeziehungen beruhen. Bei figurativen Vergleichen wird diese Asymmetrie, wie Ortony et al. gezeigt haben, besonders deutlich. Somit spricht unter diesem Gesichtspunkt zunächst einmal nichts dagegen, Metaphern als implizite Vergleiche zu verstehen._bookmark119[105]

---

lationen lautet folgendermaßen:

$S(a, b) = \theta f^{b}(A \cap B) - \alpha f(A - B) - \beta f(B - A)$,

wobei gilt: θ, α und $\beta \geq 0$

Mit dieser Modifikation können Ortony et al. der Tatsache gerecht werden, dass in Fällen figurativer Vergleiche die Asymmetrie des Vergleichs deutlich größer wird. Falls nämlich z. B. die Aussage (16) umgedreht wird, sodass sie heißt „Goldminen sind wie Enzyklopädien", bestimmt $f^{b}(A \cap B)$ den Salienzwert der stark salienten Eigenschaften von Enzyklopädien, die mit Eigenschaften von Goldminen übereinstimmen. Es ist nicht ersichtlich, welche Eigenschaften hier in Frage kommen könnten. Somit wird in diesem Fall die Ähnlichkeit deutlich geringer sein als in dem Fall von (16). Tversky könnte an dieser Stelle nur auf die Rolle der spezifisch unterschiedlichen Eigenschaften hinweisen, die bei einer Umkehrung wegen der direktionalen Lesart die Ähnlichkeit des Vergleichs reduzieren. Der Wert von $f(A \cap B)$ bleibt aber in beiden Fällen gleich. Bei Ortony ändert sich der Wert der Schnittmenge $f^{b}(A \cap B)$ bei der Umkehrung, was im Falle figurativer Vergleiche die Asymmetrie deutlich größer macht als Tversky es voraussagt (vgl. Ortony/Vondruska/Foss/Jones 1985, 573). Ortony et al. haben ihr Modell, das sie „Imbalance Model" genannt haben, auch in empirischen Studien getestet. Dabei wurde u. a. untersucht, ob figurative Vergleiche tatsächlich eine höhere Asymmetrie besitzen als wörtliche Vergleiche. Außerdem wurde getestet, ob bei figurativen Vergleichen tatsächlich ein Salienz-Ungleichgewicht (salience imbalance) der Art besteht, dass der b-Term salientere Eigenschaften als der a-Term besitzt. Die Ergebnisse der Studien bestätigen die Hypothese von Ortony et al. und stützen somit die Plausibilität des „Imbalance Models" (vgl. Ortony/Vondruska/Foss/Jones 1985, 574–590).

105 Sowohl Tversky als auch Ortony sind vorsichtig dabei, Metaphern auf Vergleiche zu reduzieren. Tversky äußert sich nur kurz zum Verhältnis von Metaphern und Ähnlichkeit. Dabei betont et, dass es eine enge Verbindung (close tie) zwischen der Beurteilung von Ähnlichkeiten und Metaphern gibt (vgl. Tversky 1977, 349.). Allerdings bleibt er bei der genauen Verhältnisbestimmung von Ähnlichkeit und Metaphern sehr unspezifisch. Ortony lehnt es explizit ab, dass man Metaphern auf Vergleiche reduzieren könne. Es sei nach ihm nicht möglich, alle Formen von Metaphern auf eine ihnen entsprechende Vergleichsstruktur zurückzuführen (vgl. Ortony 1993, 353 f.).

Insgesamt muss man natürlich im Blick behalten, dass die Belege für die Plausibilität dieser Ansätze hauptsächlich auf psychologischen Studien und dem Verhalten von Probanden beruht. Wie bei jeder psychologischen Studie könnte man anzweifeln, ob die Probanden repräsentativ ausgewählt wurden. Allerdings muss zugestanden werden, dass die Asymmetrie einiger Vergleiche schon in zahlreichen Studien untersucht und prinzipiell immer bestätigt wurde. Trotz eines berechtigten kritischen Vorbehalts gegenüber dem empirischen Ergebnis bleibt also die Erkenntnis bestehen, dass psychologisch gesehen Ähnlichkeitsrelationen häufig als asymmetrisch wahrgenommen werden. Eine Repräsentation von Ähnlichkeitsrelationen, welche dieser teilweise auftretenden Asymmetrie nicht gerecht werden kann, wie das geometrische Modell, muss deswegen als insgesamt weniger geeignet für eine Beschreibung davon angesehen werden, wie Ähnlichkeitsrelationen in unserem Sprechen und Denken funktionieren.[106]

2.5.2 Metaphern als figurative Vergleiche

Ein weiterer Einwand gegen die Vergleichstheorie besteht darin, dass die Reduktion von Metaphern auf wörtlich verstandene Vergleiche letztlich keinen Erklärungswert besitzt. Robert Fogelin wendet sich gegen diese Kritik und behauptet, dass sie auf einem Missverständnis der Vergleichstheorie beruht. Er sieht in Max Black den Urheber dieses Missverständnisses, das sich auf Donald Davidson, Nelson Goodman und viele andere übertragen habe. Es besteht nach Fogelin darin anzunehmen, dass gemäß der Vergleichstheorie Metaphern auf wörtlich verstandene Vergleiche reduziert werden. Statt einer solchen verzerrten

106 Man könnte an dieser Stelle natürlich noch einwenden, dass viele Leute sich eben täuschen und die formale Struktur von Ähnlichkeitsrelationen falsch verstehen. Das setzt allerdings voraus, dass man sich schon a priori dafür entschieden hat, dass Ähnlichkeitsrelationen immer symmetrisch verstanden werden müssen. Für das Anliegen dieser Arbeit wäre ein solcher Zugang ungeeignet. Bei der Entwicklung einer Metapherntheorie ist man nämlich nicht daran interessiert stipulativ zu definieren, was man unter Metaphern zu verstehen hat, und den daraus folgenden Gebrauch dann von Sprechern einzufordern. Stattdessen versucht man, Modelle zu entwickeln, die den faktischen Gebrauch von Metaphern möglichst adäquat und plausibel beschreiben können. Dementsprechend ist es für die Entwicklung einer Metapherntheorie auch von Interesse, wie Ähnlichkeitsrelationen *tatsächlich* von Menschen verstanden werden, und nicht, wie sie diese verstehen sollten.

Darstellung ist nach Fogelin folgende Charakterisierung der Vergleichstheorie angemessener:

I. The *literal* meaning of a metaphor of the form „A is a φ“ is the same as the *literal* meaning of the counterpart simile of the form „A is like a φ“.
II. The *figurative* meaning of a metaphor of the form „A is a φ“ is the same as the *figurative* meaning of the counterpart simile of the form „A is like a φ“.

Fogelin versteht unter der Vergleichstheorie also nicht, dass Metaphern auf wörtlich verstandene Vergleiche reduziert werden können. Er behauptet stattdessen, dass Metaphern immer mit ihnen entsprechenden Vergleichen korreliert sind und jeweils dieselbe wörtliche bzw. übertragene Bedeutung wie diese Vergleiche besitzen. Er sieht sich als Vergleichstheoretiker aber nicht dazu verpflichtet zu behaupten, dass die übertragene Bedeutung einer Metapher mit einem entsprechenden Vergleich wörtlich paraphrasiert werden könne. Davidsons Kritik, dass dies zu trivial wäre, teilt Fogelin. Nach Fogelins Ansatz, den er in der Tradition von Aristoteles, Cicero und Quintilian sieht, können sowohl Metaphern als auch poetische Vergleiche (simile) als Formen figurativer Vergleiche (figurative comparisons) angesehen werden.[107]

Der Unterschied, den Fogelin zwischen wörtlicher und übertragener Bedeutung eines Vergleiches macht, kann anhand folgender Sätze erläutert werden:

(18) Gerste ist Weizen ähnlich.
(19) Getreide ist wie Gold.

Der Satz (18) ist ein wörtlich zu verstehender Vergleich und der Satz (19) ist gemäß der Theorie von Fogelin als figurativer Vergleich zu interpretieren. Im Falle von (18) kann man auf der Basis der wörtlichen Bedeutung zahlreiche Eigenschaften identifizieren, die Gerste und Weizen gemeinsam haben. Und deswegen kann man diese Vergleiche nach Fogelins Ansatz auch als „wahr“ einstufen. Dasselbe trifft auf den Vergleich (15) zu. Enzyklopädien und Wörterbücher teilen tatsächlich einige Eigenschaften. Im Falle des Satzes (19) hingegen ist eine deutliche Schnittmenge an Eigenschaften nicht zu erkennen. Wenn man den Vergleich wörtlich liest, müsste man sagen, dass er falsch ist. Getreide und Gold besitzen sehr wenige gemeinsame Eigenschaften. Dasselbe trifft natürlich auch auf den

---

107 Vgl. Fogelin 2011, 27–37. Da es im Deutschen keinen entsprechenden Ausdruck für poetische Vergleiche wie „simile“ gibt, fällt es schwer, den Unterschied zwischen „simile“ und „figurative comparison“ auf die Weise auszudrücken, wie Fogelin es tut. Auch im Englischen sind die beiden Begriffe „simile“ und „figurative comparison“ aber weitgehend synonym.

Vergleich (16) zu, in dem Enzyklopädien mit Goldminen verglichen werden. Sowohl Enzyklopädien und Goldminen als auch Getreide und Gold haben deutlich mehr unterschiedliche als gemeinsame Eigenschaften. Diese Vergleiche können nach Fogelin aber als wahr verstanden werden, wenn sie als übertragen gelesen werden. Gemäß Fogelins Theorie kommt übertragene Bedeutung immer dann ins Spiel, wenn eine Äußerung in einem Kontext unpassend ist und der Hörer auf die Aussageabsicht des Sprechers schließen muss. Dabei wird vorausgesetzt, dass der Sprecher einen sinnvollen Beitrag zum Gespräch liefern möchte sowie, dass er die betreffende Äußerung bewusst unpassend formuliert hat und erwartet, dass der Hörer dazu in der Lage ist, den intendierten Inhalt zu erschließen.[108]

Entscheidend für die figurativen Vergleiche ist nach Fogelin also eine gewisse Form von Kontextsensitivität. Der Rezipient versucht, den Inhalt der Äußerung in Einklang mit dem Gesprächskontext zu bringen und reduziert deswegen den Raum der zu bewertenden Eigenschaften auf diejenigen, welche die größte Übereinstimmung zwischen den beiden Gegenständen erzeugen. Unpassende Eigenschaften werden in der Bewertung der Äußerung ignoriert. So basiert der Vergleich (19) auf der Ähnlichkeit, dass Getreide wie auch Gold in bestimmten Kontexten, wie z. B. Regionen mit Nahrungsmittelknappheit, sehr wertvolle Güter sind, die jeder gerne besitzen möchte. Die starken Unterschiede zwischen Getreide und Gold werden in der Bewertung übergangen, sodass dieser Vergleich als im übertragenen Sinne wahr interpretiert werden kann, obwohl er wörtlich gesehen falsch ist. Ebenso werden bei der Interpretation des Beispielsatzes (16) Eigenschaften von Goldminen wie „dunkel", „gefährlich" oder „dienen zum Abbau von Edelmetall" ignoriert, und es wird auf diejenigen salienten Eigenschaften von Goldminen fokussiert, die mit Enzyklopädien übereinstimmen. Kandidaten hierfür könnten z. B. „sind voll von wertvollen Dingen" oder „man muss den wertvollen Inhalt erst suchen" sein. Es ist hier noch zu bemerken, dass Fogelin die Vergleiche in Anlehnung an Tversky direktional liest. Es wird dementsprechend immer von einem Subjekt etwas auf der Basis eines Prototyps ausgesagt. In den genannten Beispielen versucht der Rezipient nach Fogelin also, Eigenschaften von Goldminen bzw. Gold zu finden, die er sinnvollerweise auf Enzyklopädien bzw. Getreide anwenden kann, aber nicht andersherum.[109]

Das bereits vorgestellte Modell von Andrew Ortony kann noch detaillierter explizieren, wie die Asymmetrie von Vergleichen zustande kommt, indem es auf

---

108 Vgl. Fogelin 2011, 82–85. Fogelin basiert seine Theorie der übertragenen Bedeutung explizit auf H. Paul Grice' Theorie der konversationellen Implikatur (vgl. Fogelin 2011, 2–8). Die Theorie von Grice wird ausführlich in den 3.3.1 zugeordneten Abschnitten vorgestellt. Für die Diskussion von Fogelins Ansatz ist eine detaillierte Analyse von Grice' Konversationstheorie nicht nötig.
109 Vgl. Fogelin 2011, 85–87.

das Ungleichgewicht der Salienz der jeweiligen den Gegenständen zugeordneten Eigenschaften verweist. Allerdings lehnt Ortony eine strenge Trennung zwischen wörtlicher und übertragener Bedeutung ab. Ob nun stark saliente Eigenschaften miteinander übereinstimmen (wörtlicher Vergleich) oder ob es stark saliente mit schwach salienten sind (figurativer Vergleich), ist nach Ortony in manchen Fällen nicht ganz klar zu unterscheiden, weil Salienz hierfür nicht präzise genug definiert werden kann.[110]

Eine weitere Konsequenz sowohl von Fogelins Ansatz als auch von Ortonys und Tversky Überlegungen besteht darin, dass sie sich ohne größere Probleme von John Searles Vorwurf befreien können, dass man mit Vergleichen immer weitreichendere semantische Verpflichtungen über die verglichenen Gegenstände eingeht als mit Metaphern. Wie anhand von Tversky und Ortony gezeigt wurde, ist das entscheidende für den Interpretationsprozess nicht so sehr, welche Eigenschaften auf einen Gegenstand tatsächlich zutreffen, sondern welche Eigenschaften des Gegenstandes besonders salient sind. Es werden im Interpretationsprozess eines Vergleiches verschiedene mit dem Prototyp assoziierte Eigenschaften mit den vom Subjekt angenommenen Eigenschaften abgeglichen. Es ist dementsprechend genug für den Rezipienten, dass er weiß, dass viele Leute mit Gorillas assoziieren, dass sie gewalttätig sind, bzw. mit Pfauen, dass sie besonders stolz sind. Wenn diese Eigenschaften in dem Äußerungskontext passende Beschreibungen für das Subjekt des Vergleiches sind, kann der Rezipient sie anwenden, ohne semantische Verpflichtungen über wirkliche Gorillas oder Pfauen einzugehen.[111] Somit lässt sich auf der Basis der angestellten Überlegungen in dieser Hinsicht kein Einwand gegen die Vergleichstheorie konstruieren.

Es sollen im Folgenden drei Einwände gegen Fogelins Ansatz diskutiert werden. *Erstens* ist es unklar, woran genau eine Trennung zwischen wörtlichen und figurativen Vergleichen festgemacht werden soll. Selbst wenn man zeigen könnte, wie eine solche Trennung möglich ist, ist es *zweitens* zweifelhaft, dass die Reduktion von Metaphern auf figurative Vergleiche einen explanatorischen Mehrwert besitzt. Man überführt in diesem Fall ja nur eine Form der übertragenen Sprache in eine andere. Und *drittens* bleibt das Problem bestehen, dass nicht alle Metaphern ohne signifikante semantische Veränderung in die Form eines Vergleiches überführt werden können.

110 Vgl. Ortony 1993, 349.
111 Vgl. Fogelin 2011, 43–45.

Für Davidson, Black und Goodman sind alle Vergleiche vage und beinahe inhaltslose Aussagen, weil alles unter irgendeinem Aspekt allem ähnlich ist.[112] Donald Davidson spricht explizit davon, dass alle Vergleiche deswegen trivialerweise wahr sind. So besteht für Davidson ein zentraler Unterschied zwischen einer Metapher und einem Vergleich darin, dass Metaphern meistens falsch sind, wohingegen Vergleiche immer wahr sind.[113] Falls aber alle Vergleiche als wahr angesehen werden, ist es nicht klar, wie figurative bzw. übertragene Vergleiche von wörtlichen unterschieden werden können. Fogelin argumentiert z. B., dass figurative Vergleiche wörtlich verstanden falsch und nur im übertragenen Sinn wahr sind. Eine solche Unterscheidung wäre unter der Annahme, dass *alle* Vergleiche wörtlich verstanden wahr sind, natürlich nicht mehr möglich.

Andrew Ortony argumentiert gegen die Sichtweise, dass alle Vergleiche trivialerweise wahr sind. Wenn dies der Fall wäre, müssten nämlich alle Vergleiche als Tautologien aufgefasst werden. Und wenn alle Vergleiche Tautologien wären, würden sie weder Information vermitteln noch eine Bedeutung haben. Da Vergleiche aber eine Bedeutung haben und Information vermitteln, kann die Ansicht, dass alle Vergleiche trivialerweise wahr sind, nach Ortony nicht stimmen.[114] Diese Argumentation ist allerdings nicht sehr überzeugend. Es ist zunächst nicht der Fall, dass Tautologien weder Information beinhalten noch eine Bedeutung besitzen. Alle logischen Gesetze und Schlussregeln sind z. B. Tautologien. Es wäre fraglich zu behaupten, dass diese alle bedeutungslos sind und keine Information vermitteln. Zudem ist ein Bezug zu logischen Tautologien nicht ganz passend. Vergleiche sind in den meisten Fällen keine analytischen Aussagen, bei denen man a priori bestimmen könnten, ob sie wahr oder falsch sind. Stattdessen sind sie synthetische, d. h. erkenntniserweiternde Aussagen deren Wahrheitswert a posteriori bestimmt wird. Es ist nur schlicht der Fall, dass, so wie die Welt faktisch ist, so gut wie alles unter irgendeiner Rücksicht etwas anderem ähnlich ist. Vermutlich ist die Frage nach der Wahrheit bzw. Falschheit von Vergleichen insgesamt einfach nicht sehr fruchtbringend. Tversky und interessanterweise auch Ortony bewerten Vergleiche in ihren formalisierten Darstellungen auf der Basis von Ähnlichkeitsskalen. Man könnte dann z. B. behaupten, dass ein Vergleich strenggenommen nur dann falsch ist, wenn der Wert auf der Ähnlichkeitsskala null ist, d. h., wenn die verglichenen Gegenstände keinerlei Eigenschaften teilen. In allen anderen Fällen müsste man dann sagen, dass die Vergleiche wahr sind, weil es eine Ähnlichkeit gibt. Diese Ähnlichkeit kann aber zu einem sehr unter-

112 Vgl. Davidson 1978, 39; Goodman 1972, 440; Black 1955, 284.

113 Vgl. Davidson 1978, 41.

114 Vgl. Ortony 1993, 347 f.

schiedlichen Grad vorhanden sein. Die Einteilung in wahr/falsch ist im Falle von Vergleichen folglich ungeeignet, weil sie viel zu grob ist, um den tatsächlichen Gehalt von Vergleichen zu erfassen.

Dies erklärt auch, weshalb Searles Argumentation dafür, dass Vergleiche und Metaphern mit anderen semantischen Verpflichtungen verbunden sind, etwas verwirrend ist. Selbst wenn sich in einem bestimmten Fall herausstellen sollte, dass z. B. Gorillas bestimmte Eigenschaften nicht besitzen, auf die man mithilfe des Vergleichs (2) hinweisen möchte, ist damit der Vergleich noch nicht falsch. Es bestehen offensichtlich immer noch weitere Ähnlichkeiten zwischen John und Gorillas, wie z. B. dass beide Säugetiere sind, die den mit dieser Äußerung ausgedrückten Gehalt wahr machen. Damit ist allerdings nicht gesagt, dass Searles Einwand prinzipiell nicht korrekt ist. Tatsächlich sind Vergleiche immer Aussagen über beide Relata. Dies wird nicht dadurch geändert, dass der Sprecher in dem Äußerungskontext aber nur den Fokus auf gewisse saliente Eigenschaften lenken möchte.[115]

Es bleibt insgesamt aber der interessante Umstand bestehen, dass manche Vergleiche relevante Informationen in einem bestimmten Gesprächskontext vermitteln können, obwohl sie an sich sehr unähnliche Gegenstände ins Verhältnis setzen. Dies geschieht im Falle gelungener figurativer Vergleiche wie (13), (16) oder (19). Es scheint also, dass sich in solchen Fällen die Bewertungskriterien in dem Sinne verschieben, dass die starken Unterschiede zwischen den Gegenständen zu Gunsten bestimmter, relevanter Gemeinsamkeiten vernachlässigt werden. Das vorgestellte Modell von Ortony, gemäß dem bei figurativen Vergleichen stark saliente Eigenschaften des Prototypen mit schwach salienten Eigenschaften des Subjektes in Einklang gebracht werden, ist dabei sicherlich eine gute Heuristik. Ortony gesteht aber selbst zu, dass dies kein scharfes Kriterium darstellt.[116] Es kann an dieser Stelle also festgehalten werden, dass eine Unterscheidung zwischen figurativen und wörtlichen Vergleichen, wenn diese möglich sein sollte, nicht anhand unterschiedlicher Wahrheitsbedingungen dieser beiden Arten von Vergleichen gemacht werden kann.

Selbst wenn man annimmt, dass eine Trennung zwischen figurativen und wörtlichen Vergleichen plausibel ist und präzise durchgeführt werden kann, bleibt der Einwand bestehen, dass die Reduktion von Metaphern auf figurative

115 In Abschnitt 4.4.5 kann mithilfe des Bezugs auf die Eigenschaft der Indexikalität präziser und überzeugender gezeigt werden, dass Vergleiche tatsächlich mit anderen semantischen Verpflichtungen über die ins Verhältnis gesetzten Relata verbunden sind als Metaphern. In Bezug auf Searles Argument kann also gesagt werden, dass seine These korrekt, aber seine Begründung dafür nicht plausibel ist.

116 Vgl. Ortony 1993, 349.

Vergleiche das eigentliche Problem nur verschiebt. Fogelin, der diese Kritik prinzipiell anerkennt, behauptet aber, dass sie auf der falschen Annahme beruht, dass man figurative Vergleiche nicht gut erklären könne. Er verweist dabei auf das angesprochene Wechselverhältnis von Sprecher und Hörererwartungen in einer Gesprächssituation, das bei Formen von figurativer Sprache verletzt wird. Fogelin analysiert das Ergebnis der Interpretation figurativer Vergleiche als konversationelle Implikaturen und behauptet, damit eine plausible Erklärung für den Mechanismus präsentiert zu haben, welcher der Interpretation figurativer Vergleiche zugrunde liegt.[117] Das Konzept der konversationellen Implikatur, das ausführlich in den 3.3.1 zugeordneten Abschnitten dieser Arbeit vorgestellt wird, wurde von H. Paul Grice entwickelt. Grice beschreibt damit einen Mechanismus, der ganz prinzipiell erklären soll, wie man mit einer bestimmten Äußerung etwas anderes meinen kann, als was man wörtlich sagt. Es ist aber insgesamt nicht klar, was man dadurch gewinnt, dass man Metaphern erst auf Vergleiche reduziert und ihre übertragene Bedeutung dann mithilfe konversationeller Implikaturen erklärt. Man kann, falls man davon ausgeht, dass konversationelle Implikaturen sich dazu eignen, die Deutung von Metaphern angemessen zu beschreiben, auch direkt von der Metapher zu der konversationellen Implikatur gehen.[118] Die vorherige Reduktion der Metapher auf eine Vergleichsstruktur scheint einen Umweg ohne ersichtlichen Erklärungswert darzustellen.

An dieser Stelle bereitet auch der dritte Einwand, dass nicht alle Metaphern auf bedeutungsgleiche Vergleiche reduziert werden können, Schwierigkeiten für Fogelins Ansatz. Fogelin gesteht interessanterweise prinzipiell zu, dass es einige Metaphern gibt, die nicht in eine Vergleichsstruktur überführt werden können. Er behauptet aber, dass dies für seinen Ansatz keine Schwierigkeit darstellt, weil er Metaphern als figurative und nicht als wörtliche Vergleiche versteht.[119] Damit etwas plausiblerweise als figurativer bzw. übertragener Vergleich verstanden werden kann, muss es auch in eine Vergleichsstruktur überführt werden können. Falls eine solche nicht unter Beibehaltung der Bedeutung konstruierbar ist, wie es bei einigen Metaphern der Fall zu sein scheint, ist es nicht ersichtlich, wie man dennoch behaupten kann, dass alle Metaphern letztlich figurative Vergleiche sind.

Es muss abschließend noch angemerkt werden, dass Fogelins Behauptung, er würde letztlich nur die aristotelische Metapherntheorie wiedergeben, nicht ganz richtig ist. Wie ausführlich dargelegt wurde, behauptet Aristoteles nicht, dass

---

117 Vgl. Fogelin 1994, 36–38.

118 So macht es z. B. Grice selbst (Vgl. Grice 1975, 53).

119 Vgl. Fogelin 1994, 36.

Metaphern Vergleiche sind, sondern dass Vergleiche Metaphern sind. Und die beiden zugrundeliegende Struktur ist nach Aristoteles nicht ein figurativer Vergleich, sondern eine Analogie. Fogelins Ansatz weist somit sowohl systematisch als auch in seinem Bezug auf antike Quellen massive Schwierigkeiten auf. Zusammengefasst bleibt die Kritik von Black, Davidson und Goodman prinzipiell bestehen, dass die Reduktion von Metaphern auf Vergleiche, seien sie nun figurativ oder wörtlich zu verstehen, letztlich keinen wirklichen explanatorischen Mehrwert besitzt. Zusätzlich scheint eine solche Reduktion bei einigen Metaphern schlichtweg nicht möglich zu sein.

2.5.3 Gibt es Metaphern ohne Ähnlichkeit der ins Verhältnis gesetzten Domänen?

Der letzte noch nicht aufgegriffene Einwand gegen die Vergleichstheorie ist die Kritik von John Searle sowie von George Lakoff und Mark Johnson, dass Metaphern nicht notwendigerweise auf Ähnlichkeitsrelationen beruhen. In metaphorischen Sätzen wie „Sally ist ein Eisblock" oder „Die Zeit verfliegt" lassen sich gemäß Searle keine den Metaphern zugrunde liegenden Ähnlichkeiten identifizieren, die nicht selbst wieder metaphorisch sind. Nach Lakoff/Johnson beruht die Deutung dessen, was gemeinhin als Metapher verstanden wird, auf konzeptuellen Metaphern, welche wiederum grundlegende Konzeptualisierungen eines Erfahrungsbereiches mithilfe eines anderen darstellen. Diese konzeptuellen Metaphern erzeugen nach Lakoff/Johnson häufig erst eine Ähnlichkeit zwischen den ins Verhältnis gesetzten Konzepten von Erfahrungsbereichen.

Man kann gegen die Einwände von Searle argumentieren, dass die von ihm genannten Beispiele keine Fälle darstellen, in denen Metaphern vollständig ohne den Bezug auf Ähnlichkeiten verstanden werden. Der Interpretation eines Satzes wie „Sally ist ein Eisblock" scheint z. B. eine Ähnlichkeit zwischen kalten Gegenständen und emotionslosen Menschen zugrunde zu liegen. Diese Ähnlichkeit kann so erfasst werden, dass kalte Gegenstände und emotionslose Menschen beide sehr wenig Reaktion zeigen. Kälte definiert sich schon physikalisch durch eine geringere Bewegung der beteiligten Moleküle. Wenn wir mit kalten Gegenständen konfrontiert sind, sind diese meistens starr und wenig dynamisch. Besonders deutlich und allgemein bekannt ist dies bei Wasser, wenn es im Aggregatszustand Eis auftritt. Analog dazu könnte man behaupten, dass emotionslose Menschen viel weniger responsiv auf Einflüsse ihrer Umwelt sind. Emotionslosen Menschen wird stereotyp dementsprechend z. B. ein deutlicher Mangel an Empathie zugeschrieben.[120] Es ist deswegen durchaus plausibel, zwischen Emotionslosigkeit und Kälte strukturelle Gemeinsamkeiten zu sehen. Da die Verbindung von Emotionslosigkeit und Kälte bereits konventionalisiert ist, müssen wir selbstverständlich in den meisten Fällen keinen solchen Interpretationsprozess mehr durchlaufen, um Metaphern zu verstehen, die auf Ähnlichkeiten zwischen kalten Gegenständen und emotionslosen Menschen beruhen. Dementsprechend kann man auch erklären, weshalb die Möglichkeit von Kälte oder Wärme von Farben und Klängen zu sprechen, letztlich kein Argument gegen das Vorhandensein von Ähnlichkeitsrelationen bei Metaphern darstellt. Der Behauptung, dass Klänge oder Farben kühl sind, scheint z. B. ebenfalls die angesprochene Analogie zwischen Emotionslosigkeit und kalten Gegenständen zugrunde zu liegen. Die umgekehrte Behauptung, dass sie warm sind, beruht auf einer Analogie zwischen warmen Gegenständen und den betreffenden Klängen oder Farben. Warme Gegenstände werden nämlich mit Geborgenheit verbunden, weil sie als wohltuend und angenehm wahrgenommen werden. Farben und Klänge können also metaphorisch als warm und kalt verstanden werden, weil sie analog zu warmen und kalten Gegenständen Gefühle der emotionalen Geborgenheit sowie der Einsamkeit und Entfremdung auslösen können.

Ein Satz wie „Die Zeit verfliegt" setzt voraus, dass es Ähnlichkeiten zwischen der Zeit und Objekten, die sich im Raum bewegen gibt, und ein Satz wie „Wir bewegen uns auf die Ferien zu", dass wir uns so in der Zeit bewegen wie in einem Raum. Es ist in beiden Fällen tatsächlich schwierig, die betreffenden Ähnlichkeiten zwischen Zeit und Raum sowie der Zeit und Objekten im Raum präzise zu explizieren. Der Grund dafür dürfte u. a. darin liegen, dass an sich unklar ist, wie genau man Zeit verstehen soll. Gemäß der B-Theorie der Zeit bewegen wir uns z. B. tatsächlich auf ähnliche Art und Weise in der Zeit, wie wir uns im Raum bewegen. Gemäß der A-Theorie gibt es hingegen eine absolute Gegenwart, die voranschreitet, was es wiederum rechtfertigen würde zu behaupten, dass es eine gewisse strukturelle Ähnlichkeit zwischen der Zeit und Objekten, die sich im Raum bewegen, gibt.[121] Ähnlich verhält es sich auch bei den Konzeptualisierungen vom menschlichen Geist als Behälter und Ideen als Objekten. Die Behauptung, dass zwischen diesen Gegenstandsbereichen keinerlei wirkliche Ähnlichkeiten bestehen, hängt von der vertretenen Theorie abstrakter Entitäten ab. Vor dem Hintergrund der Überlegungen von Gottlob Frege, wonach wir Gedanken nicht erzeugen,

---

120 Das heißt natürlich nicht, dass Menschen, die emotionslos sind, tatsächlich keine Empathie besitzen. Es handelt sich hier um Stereotypen, die ausreichen, um eine Metapher funktionieren zu lassen.

121 Vgl. einführend zu der A- und B-Theorie der Zeit Baron/Miller 2019, 5 – 13 und grundlegend McTaggart 1908.

sondern fassen, weil sie unabhängig davon vorhanden sind, ob sie von uns gedacht werden, wäre die Behauptung, dass tatsächlich eine Ähnlichkeit zwischen Gedanken bzw. Ideen und physischen Objekten besteht, z. B. gerechtfertigt.[122]

Es muss Lakoff/Johnson an dieser Stelle aber zugestanden werden, dass es bei Aussagen über abstrakte Entitäten häufig einen starken Bezug zur phänomenalen Erfahrung gibt. Diese bildet die Grundlage dafür, dass bestimmte grundlegende Konzeptualisierungen vorgenommen und als plausibel eingeschätzt werden können. Da Gegenstände wie Zeit oder Ideen aber nur schwer zugänglich sind, lässt sich hier nicht abschließend entscheiden, ob eine bestimmte gemeinsame Struktur zwischen diese Domänen faktisch besteht oder nicht. In dem eigeschränkten Sinne, dass von den Interpreten hier eine gemeinsame Struktur *postuliert* wird, kann davon gesprochen werden, dass Ähnlichkeit bei solch grundlegenden Metaphern *erzeugt* wird.

2.5.4 Abschließende Überlegungen zur Vergleichstheorie

Abschließend kann gesagt werden, dass die Vergleichstheorie der Metapher auch nach teilweise sehr elaborierten Versuchen, sie zu retten, weiterhin mit erheblichen Schwierigkeiten verbunden ist. Zwar muss zugestanden werden, dass Vergleiche ebenso wie Metaphern asymmetrisch sein können. Zudem sind die Beispiele, die zeigen sollen, dass Metaphern auch ohne zugrunde liegende Ähnlichkeitsrelationen verstanden werden können, nicht überzeugend. Nichtsdestotrotz ist die Vergleichstheorie aber nach wie vor mit dem Vorwurf konfrontiert, dass die Reduktion von Metaphern auf Vergleiche keinen wirklichen Erklärungswert besitzt. Außerdem scheint es viele Formen von Metaphern zu geben, bei denen nicht klar ist, wie genau sie in eine semantisch äquivalente Vergleichsstruktur überführt werden könnten.

Ein Grundproblem in der Debatte um die Verhältnisbestimmung zwischen Metaphern, Vergleichen und Ähnlichkeitsrelationen besteht darin, dass nicht hinreichend präzise zwischen der linguistischen Ebene und der Ebene der psychologischen Interpretationsmechanismen unterschieden wird. Vergleichstheoretiker scheinen oft zu behaupten, dass Metaphern deswegen als Vergleiche zu verstehen seien, weil die Interpretation von Metaphern auf Ähnlichkeitsrelationen beruht. Dies verunklart allerdings die angesprochene Unterscheidung. Wenn man diese im Blick behält, kann sich z. B. ergeben, dass die linguistische Struktur von Metaphern und Vergleichen verschieden ist, die Interpretationsmechanismen der

122 Vgl. Frege 1918, 74 f.

beiden Stilfiguren in manchen Fällen aber die gleichen sind. In eine solche Richtung argumentiert der Psychologe George A. Miller. Er entwickelt eine Theorie dafür, wie die Interpretationsmechanismen für Metaphern formal dargestellt werden können. Dabei vertritt er den Ansatz, dass Metaphern immer auf Basis spezifischer Ähnlichkeitsrelationen interpretiert werden. Die Form dieser Mechanismen darf nach Miller aber nicht mit der linguistischen Struktur der jeweiligen Metaphern verwechselt werden. Sie sind nach ihm nur Beschreibungen des Interpretationsprozesses von Metaphern.[123] Dies soll im Folgenden an einigen Beispielen illustriert werden. Der Satz (7) lautete „Argentinien ist das England von Lateinamerika". Miller würde eine solche Aussage als „Nominal Metaphor" analysieren, weil es sich hier um die metaphorische Interpretation eines Nominalsatzes handelt. Seine formale Repräsentation dieses Satzes würde folgendermaßen lauten:

Be(Argentinien, England) →
(∃ H) {SIM [H(Argentinien, Lateinamerika), H(England, Europa)]}

Bei dieser Repräsentation ist zunächst zu beachten, dass es sich um keine Formalisierung streng nach den Regeln der Prädikatenlogik handelt. Miller entwickelt diese Formalisierung eigens, um die psychologischen Prozesse darzustellen. „Be" bezeichnet in diesem Falle ein Prädikat, das die Identität von zwei Objekten (Argentinien, England) aussagt. „(∃ H)" bedeutet „es gibt eine Menge von Eigenschaften bzw. Relationen H". Mit „SIM" wird der Ähnlichkeitsoperator ausgedrückt, der in diesem Fall die Ähnlichkeit der Relation H mit den jeweils unterschiedlichen Relata ausdrückt. Somit würde die Formalisierung die Analogie ausdrücken, dass das Verhältnis von Argentinien zu Lateinamerika dem Verhältnis von England zu Europa ähnlich ist. Europa ist aber selbstverständlich kein Teil der linguistischen Struktur von (7). Es ist eine Ergänzung für eine angemessene *Interpretation* der Metapher. Des Weiteren müsste für eine erfolgreiche Interpretation von (7) noch erschlossen werden, worin genau das gemeinsame Verhältnis H in diesem Fall besteht.[124] Beispielsatz (9), der „Michael ist mit seiner Arbeit verheiratet" lautet, würde Miller als prädikative Metapher einstufen, weil hier das Verb metaphorisch verstanden wird. In Millers formaler Darstellung würde der Interpretationsprozess folgendermaßen aussehen:

---

123 Vgl. Miller 1993, 384 f.

124 Vgl. Miller 1993, 383 f. Miller analysiert den Satz „The fingers are the toes of the foot". Da er dieselbe Struktur wie der Beispielsatz (7) hat, wurde seine Analyse formal auf den Satz (7) übertragen.

Verheiratet(Michael, Arbeit) →
(∃ F) {SIM [F (Michael, Arbeit), V erheiratet(Ehepartner1, Ehepartner2)]}

Diese Repräsentation drückt aus, dass es eine Relation „F“ gibt, die Michael zu seiner Arbeit besitzt, die ähnlich ist zu der Relation „Verheiratet“, die zwei Ehepartner zueinander besitzen.[125] Aufgabe der Interpretation der Metapher ist es, den Gehalt der Eigenschaft F zu erschließen. Auch an dieser Stelle sind die beiden Ehepartner natürlich nicht Teil der linguistischen Struktur von (9), sondern eine Ergänzung, die während des Interpretationsprozesses vorgenommen wird. Es ergibt sich gemäß Millers Analyse also, dass es einige Metaphern gibt, deren Überführung in eine Vergleichs- bzw. Ähnlichkeitsstruktur nur dann möglich ist, wenn man die rein linguistische Ebene verlässt und sich auf die Ebene der möglichen Interpretationsprozesse begibt.

Auf der Basis der Unterscheidung zwischen linguistischer Struktur und Interpretationsprozess kann das Verhältnis von Vergleichen und Metaphern klarer bestimmt werden. Eine Reduktion von Metaphern auf Vergleiche ist, wie dargelegt wurde, nicht überzeugend, weil sie nicht in allen Fällen ohne Änderung in der Semantik möglich ist und weil der Erklärungswert einer solchen Reduktion fraglich ist. Dennoch gibt es große Übereinstimmungen bei der Struktur der Interpretationsmechanismen, die Metaphern und Vergleiche jeweils auslösen. Eine solche Erklärung ist deswegen attraktiv, weil sie die beiden Probleme vermeidet, welche die Vergleichstheorien vor große Schwierigkeiten stellen. Erstens wird damit nicht behauptet, dass alle Metaphern in eine semantisch äquivalente Vergleichsstruktur überführt werden können. Zudem kann die Behauptung, dass Metaphern und entsprechenden Vergleichen teilweise die gleichen Interpretationsmechanismen zugrunde liegen, tatsächlich einen explanatorischen Mehrwert besitzen. Dieser kommt selbstverständlich nur unter der Bedingung zur Geltung, dass exakter expliziert werden kann, wie genau ein solcher Interpretationsmechanismus abläuft.

Diese Argumentationslinie ähnelt grundsätzlich derjenigen von Aristoteles, der Vergleiche als Metaphern nach den Regeln der Analogie analysiert. Den Prozess der Analogie beschrieb Aristoteles durch die Form „A:B ≈ C:D“. Es sollte aus den dargelegten Überlegungen klar hervorgegangen sein, dass eine solche Analogie selbstverständlich immer ein Interpretationsprozess ist, weil hier in den

---

125 Vgl. Miller 1993, 384 f. Auch diese Darstellung ist wieder eine Anwendung von Millers Theorie auf ein eigens gewähltes Beispiel. Miller selbst analysiert die prädikative Metapher „The rich perform leisure“, wobei „perform“ metaphorisch gelesen wird.

allermeisten Fällen mindestens ein Glied der Analogie ergänzt werden muss, das nicht Teil des betreffenden Satzes ist. Dennoch ist diese sehr allgemeine Beschreibung von Analogie zu grob, um die tatsächlich bei der Interpretation von Metaphern involvierten Prozesse adäquat zu erfassen. George Miller hat hierzu schon ein weitaus elaborierteres Modell als Aristoteles vorgelegt. Aber auch sein Ansatz bleibt bezüglich der genauen Strukturen der ablaufenden Prozesse noch sehr unspezifisch. Zudem arbeitet Miller keine empirischen Befunde zu dem Thema ein. In den letzten Jahren hat die Frage, mit welchen kognitiven Prozessen Metaphern verbunden sind, das Interesse einiger Psychologen und Kognitionswissenschaftler geweckt. Im Folgenden soll zunächst die sehr einflussreiche „Structure-Mapping-Theorie" zur Erklärung des Deutungsprozesses von Metaphern vorgestellt werden, die von der amerikanischen Psychologin und Kognitionswissenschaftlerin Dedre Gentner Anfang der 1980er Jahre in die Debatte eingeführt und seitdem weiterentwickelt wurde. Diesem Ansatz soll die dazu konkurrierende „Kategorisierungstheorie", die im Umfeld des Psychologen Sam Glucksberg entstanden ist, gegenübergestellt werden. Die Diskussion, die sich zwischen Vertretern der jeweiligen Theorien entwickelt hat, war letztlich sehr fruchtbar für die Erforschung der mit Metaphern verbundenen Interpretationsprozesse.

2.6 Die Struktur der kognitiven Prozesse bei der Interpretation von Metaphern

2.6.1 Die Structure-Mapping-Theorie

2.6.1.1 Klassifizierung der Ähnlichkeitsbeziehungen

Das Structure-Mapping[126] ist nach Dedre Gentner ein allgemeiner psychologischer Prozess, unter den verschiedene Ähnlichkeitsüberlegungen subsumiert werden können. Wesentlich für die Structure-Mapping-Theorie ist eine Unterscheidung zwischen *attributiven* und *relationalen* Prädikaten. Attributive Prädikate entsprechen nach Gentner einstelligen und relationale mehrstelligen Prädikaten. Des Weiteren unterscheidet sie Prädikate erster Stufe, die Objekte als Argumente besitzen und höherstufige Prädikate, die Propositionen als Argumente besitzen. Zudem unterscheidet sie bei Ähnlichkeitsrelationen eine Ausgangs- von einer

126 Da es schwer ist, eine adäquate Übersetzung für „Structure-Mapping" zu geben und es sich als Eigenname für die betreffende Theorie von Gentner etabliert hat, soll es als Terminus technicus im Folgenden nicht ins Deutsche übersetzt werden.

Zieldomäne („Base Domain“ und „Target Domain“). Eine Domäne wird nach Gentner psychologisch als ein System von Objekten, sowie mit diesen Objekten verbundenen attributiven und relationalen Prädikaten repräsentiert. Die Ausgangsdomäne ist diejenige, auf deren Basis die Zieldomäne beschrieben wird. Im Falle des Vergleiches „Der Mensch ist wie ein Wolf“ wird dementsprechend auf der Basis der Ausgangsdomäne WOLF[127] die Zieldomäne MENSCH beschrieben.[128]

Je nachdem wie die Übereinstimmung zwischen den verglichenen Domänen beschaffen ist, können nach Gentner verschiedene Formen von Ähnlichkeitsaussagen unterschieden werden. Bei einer wörtlichen Ähnlichkeitsaussage (literal similarity statement) besteht nach Gentner zwischen Ziel- und Ausgangsdomäne eine hohe Übereinstimmung sowohl von attributiven als auch von relationalen Prädikaten. Ein Beispiel hierfür ist nach Gentner der Vergleich „Das K5 Sonnensystem ist wie unser Sonnensystem“. Bei Analogien hingegen teilen die verglichenen Domänen vor allem relationale Prädikate, jedoch keine oder nur wenige attributive Prädikate. Ein Beispiel für eine Analogie ist nach Gentner „Das Wasserstoffatom ist wie unser Sonnensystem“. Es gibt praktisch keine attributiven Prädikate, die zwischen unserem Sonnensystem und dem Wasserstoffatom übereinstimmen, aber zahlreiche relationale Prädikate. Die Analogie bestünde hier u. a. darin, dass die Elektronen sich um den Atomkern bewegen wie die Planeten um die Sonne. Das gemeinsame Prädikat „x bewegt sich um y“ ist ganz klar ein zweistelliges und damit relationales Prädikat. Des Weiteren gibt es nach Gentner auch noch Erscheinungsübereinstimmungen, Anomalien und Abstraktionen. Bei Erscheinungsübereinstimmungen stimmen attributive aber keine relationalen Prädikate zwischen Ziel- und Ausgangsdomäne überein. Als Beispiel hierfür erwähnt sie den Vergleich: „Eine Sonnenblume sieht aus wie die Sonne“. Bei Anomalien stimmen weder relevante relationale noch attributive Eigenschaften zwischen Ausgangs- und Zieldomäne überein. Ein Beispiel für eine Anomalie ist nach Gentner: „Kaffee ist wie das Sonnensystem“. Bei einer Abstraktion besteht die Ausgangsdomäne in abstrakten relationalen Strukturen. Es werden bei Abstraktionen *sämtliche* Prädikate der Ausgangsdomäne, die alle relationale Prädikate darstellen, auf die Zieldomäne übertragen. Ein Beispiel für eine Abstraktion ist nach Gentner: „Das Sonnensystem ist ein Zentralkraftsystem“.[129]

---

127 Die Großbuchstaben sollen kenntlich machen, dass es sich hierbei um eine Domäne und nicht um einen Ausdruck handelt.

128 Gentner 1983, 155 – 157.

129 Vgl. Gentner 1983, 159 – 161. Die Kategorie der Abstraktion wurde in späteren Aufsätzen nicht mehr erwähnt. Der Grund dafür könnte darin liegen, dass es sich bei Abstraktionen um Subsumierungsprozesse und nicht um Ähnlichkeitsrelationen im strengen Sinne handelt. Es scheint

Gentner behauptet in Artikeln aus den 1980er Jahren sowie in einem Artikel mit Gentner/Markman aus dem Jahr 1997, dass Metaphern Analogien, Erscheinungsübereinstimmungen oder Mischformen aus Analogien und Erscheinungsübereinstimmungen darstellen können.[130] Ein Beispiel für eine Metapher, die hauptsächlich auf Erscheinungsübereinstimmungen beruht, wäre nach Gentner/Markman: „Der Mond ist ein silbernes Geldstück".[131] Es gibt zwischen der Zieldomäne MOND und der Ausgangsdomäne SILBERNES GELDSTÜCK praktisch keine übereinstimmenden relationalen Prädikate. Die beiden Domänen teilen nur attributive Prädikate wie „ist rund" oder „ist silbrig". Ebenso verhält es sich bei der Metapher „Petra ist eine Giraffe", wenn man mit ihr nur ausdrücken will, dass ein Mensch namens Petra besonders groß ist.[132] Beispiele für relationale Metaphern, die wie Analogien interpretiert werden, stellen nach Gentner „Mein Beruf ist ein Gefängnis" oder „Julia ist die Sonne" dar.[133] Schließlich gibt es nach Gentner auch Mischformen wie „Pflanzenstängel sind die Strohhalme der Pflanze". Hier stimmen sowohl zahlreiche attributive Eigenschaften wie „ist lang", „ist tubusförmig", „ist dünn" als auch relationale Eigenschaften wie „transportiert Flüssigkeit von Ort x zu Ort y" überein.[134] Den Fokus der Untersuchung bilden in den späteren Schriften, an denen Gentner beteiligt ist, diejenigen Metaphern, bei denen hauptsächlich relationale Prädikate geteilt werden. Bowdle/Gentner gehen sogar so weit, Metaphern als Formen von Analogien zu bezeichnen. Dies sehen sie darin begründet, dass bei der Interpretation von Metaphern strukturelle bzw. relationale Gemeinsamkeiten zwischen den ins Verhältnis gesetzten Gegenstandsbereichen immer höher gewichtet werden als Übereinstimmungen attributiver Prädikate.[135]

---

nur dann Sinn zu machen, von Ähnlichkeit zu sprechen, wenn auch eine gewisse Verschiedenheit zwischen den ins Verhältnis gesetzten Gegenständen besteht.

130 Vgl. Gentner 1983, 162; Gentner 1988, 48 f.; Gentner/Markman 1997, 48.

131 Vgl. Gentner/Markman 1997, 48.

132 Vgl. Gentner 1983, 162.

133 Vgl. Gentner 1983, 162.

134 Vgl. Gentner 1988, 49.

135 Vgl. Bowdle/Gentner 2001, 226. Es hat sich in verschiedenen Studien gezeigt, dass Metaphern mit hoher Übereinstimmung struktureller Eigenschaften, d. h. relationaler Prädikate, den Rezipienten in den allermeisten Fällen angemessener und attraktiver erscheinen als solche, in denen nur attributive Eigenschaften übereinstimmen (vgl. Gentner/Wolff 1997; Gentner/Bowdle 2008).

2.6.1.2 Die Struktur des Interpretationsprozesses

Die Unterscheidung zwischen relationalen und attributiven Prädikaten, die im Rahmen der Structure-Mapping-Theorie vorgenommen wird, ermöglicht eine differenziertere Analyse von Ähnlichkeitsrelationen als diese in Tverskys „Contrast Model" oder in Ortonys „Salience Imbalance Model" vorgenommen werden kann. Diese Modelle differenzieren nämlich nicht, welcher Art die Prädikate sind, die jeweils zwischen den ins Verhältnis gesetzten Domänen übereinstimmen. Die besondere Stärke der Structure-Mapping-Theorie ist darüber hinaus, dass sie eine Beschreibung dafür gibt, wie genau der Prozess der Interpretation von Analogien und Metaphern abläuft. Grundsätzlich müssen gemäß Vertretern der Structure-Mapping-Theorie hierbei zwei Phasen unterschieden werden: der strukturelle Abgleich (structural alignment) und die Projektion (projection). In der ersten Phase, dem strukturellen Abgleich, werden gemäß der Theorie zunächst übereinstimmende Prädikate zwischen den beiden ins Verhältnis gesetzten Domänen gesucht. Dabei postulieren Vertreter der Structure-Mapping-Theorie, dass hier versucht wird, Übereinstimmungen zwischen möglichst höherstufigen relationalen Prädikaten zu finden. Da sich in einigen Fällen mehrere solcher gemeinsamer Strukturen bzw. höherstufiger relationaler Prädikate finden lassen, müssen diese evaluiert und gegeneinander abgewogen werden. Dies geschieht gemäß der Structure-Mapping-Theorie auf der Basis des Prinzips der Systematizität (Systematicity Principle). Dieses besagt, dass eher diejenigen Prädikate angeglichen werden, die zu einem tiefgreifend vernetzten System von Relationen gehören als isolierte Prädikate. Auf den strukturellen Abgleich folgt die Stufe der Projektion. Hier werden auf der Basis der gefundenen gemeinsamen Strukturen Kandidaten für die Übertragungsschlüsse von der Ausgangsdomäne auf die Zieldomäne gesucht. Diese Kandidaten für Übertragungsschlüsse[136] sind also Prädikate, die mit der Ausgangsdomäne verbunden sind, auf eine gemeinsame Struktur von Ausgangs- und Zieldomäne aufbauen und sich dazu eignen, auch auf die Zieldomäne angewendet zu werden.[137] Das Structure-Mapping-Modell wurde auch als Grundlage für eine Software namens „Structure-Mapping Engine (SME)" verwendet, welche den Interpretationsprozess von Analogien und Metaphern simulieren soll. Der ihr zugrunde liegende Algorithmus funktioniert grundsätzlich nach der erläuterten Struktur, gemäß der zunächst ausgehend von lokalen Übereinstimmungen gemeinsame höherstufige relatione Prädikate gesucht wird, die dann die Basis für Übertragungen bestimmter Prädikate von der Ausgangs- auf

---

136 Bowdle/Gentner sprechen hier von „candidate inferences" (vgl. u. a. Bowdle/Gentner 2001, 226). Um der Verständlichkeit willen, wurde an dieser Stelle mit „Kandidaten für Übertragungsschlüsse" eine etwas freiere Übersetzung gewählt.

137 Vgl. Bowdle/Gentner 2001, 226; Gentner/Bowdle 2008, 110 – 112.

die Zieldomäne bilden. Es hat sich in einigen Experimenten gezeigt, dass die Software teilweise plausible Ergebnisse für die Interpretation von Metaphern, Analogien und Vergleichen liefert.[138]

Wenn man die Structure-Mapping-Theorie auf einen Satz wie „Enzyklopädien sind Goldminen“ anwendet, könnte z. B. zunächst die gemeinsame Struktur „Es werden von Suchenden bestimmte Dinge daraus hervorgeholt“ durch den strukturellen Abgleich herausgegriffen werden. Anhand der Ausgangsdomäne wird dann der Übertragungskandidat „Es werden sehr wertvolle Dinge aus ihnen hervorgeholt“ erschlossen, der, auf die Zieldomäne übertragen, eine Interpretation der Metapher der Art „In Enzyklopädien kann man sehr wertvolle Dinge finden“ ergibt. Wichtig und durchaus kontrovers ist die Annahme der Structure-Mapping-Theorie, dass es zu Beginn der Interpretation von Metaphern zunächst eine Phase gibt, in der gemeinsame Strukturen zwischen den Relata abgeglichen werden. Dieser Prozess des strukturellen Abgleichs läuft gemäß der Theorie symmetrisch ab und steht somit prima facie in Spannung mit der herausgearbeiteten Direktionalität von Metaphern.

Um der Direktionalität von Metaphern gerecht zu werden, nehmen Dedre Gentner und Brian Bowdle an, dass es bei der Interpretation ein Ungleichgewicht hinsichtlich der Klarheit der Struktur der verglichenen Domänen gibt. Die Direktionalität von Metaphern kommt dementsprechend dadurch zustande, dass immer von den klarer und übersichtlicher gestalteten Domänen Strukturen auf die weniger klar strukturierten übertragen werden. Der Satz „Manche Berufe sind ein Gefängnis“ ist z. B. eine gut und einfach zu verstehende Metapher, wohingegen es ohne spezifische Zusatzinformation nicht klar ist, wie seine Umkehrung „Manche Gefängnisse sind ein Beruf“ sinnvoll gedeutet werden kann. Der Grund liegt nach Bowdle/Gentner darin, dass die Domäne GEFÄNGNIS deutlich klarer strukturiert ist als die Domäne BERUF.[139] Damit unterscheidet sich das Modell von Gentner von den Ansätzen von Tversky und Ortony, welche die Asymmetrie jeweils durch einen Unterschied der Salienz der mit den Gegenständen verknüpften Eigenschaften erklärt haben. In der Structure-Mapping-Theorie rückt die Salienz in den Hintergrund. Dafür spielt die Klarheit der Struktur bzw. die Systematizität eines Gegenstandbereiches bzw. einer Domäne eine größere Rolle. Es gibt aber natürlich

---

138 Vgl. Falkenhainer/Forbus/Gentner 1989, 31–34. Man muss hier aber einschränkend sagen, dass die Autoren nur wenige Beispiele erläutert haben, in denen sie die Ergebnisse der SME mit den Ergebnissen menschlicher Interpretationen von Analogien und Metaphern vergleichen. Man sollte die Leistungen dieser Software dementsprechend auch nicht überbewerten. Sie bietet aber unbestritten eine interessante Grundlage für die Erforschung der kognitiven Prozesse, die mit der Interpretation von Analogien und Metaphern verbunden sind.

139 Vgl. Bowdle/Gentner 2001, 239.

auch Metaphern, die in beide Richtungen interpretierbar sind, jedoch jeweils etwas anderes bedeuten. Ein Beispiel hierfür ist der Satz „Ein Mensch ist ein Baum". Dessen Umkehrung „Ein Baum ist ein Mensch" ist ein Satz, dessen Interpretation ebenso gut zu erschließen ist wie „Ein Mensch ist ein Baum", aber zu einem anderen Ergebnis führt. Dies zeigt, dass auch die grammatikalische Struktur einer Äußerung einen Einfluss darauf hat, auf welche Weise sie interpretiert wird. Das Prädikatsnomen wird nämlich immer als Ausgangsdomäne verstanden, von der aus etwas über die Zieldomäne ausgesagt wird. Dieser Umstand stellt keinen Einwand gegen die Structure-Mapping-Theorie dar. In deren Rahmen könnte dies z. B. damit erklärt werden, dass sich die Bestimmung dessen, was die Ausgangs- und die Zieldomäne darstellt, immer an der grammatikalischen Struktur eines Satzes orientiert.[140]

Die Kategorisierungtheorie, die im Folgenden vorgestellt werden soll, steht in deutlichem Kontrast zur Structure-Mapping-Theorie. Vertreter der Kategorisierungstheorie lehnen die Beschreibung der Interpretation von Metaphern, wie von Vertretern der Structure-Mapping- Theorie vorgenommen wird, als unzutreffend ab.

2.6.2 Die Kategorisierungstheorie der Metapher

Gemäß der Kategorisierungstheorie, die maßgeblich von Sam Glucksberg entwickelt wurde, sollten Metaphern als Subsumierungen eines Gegenstandes unter eine bestimmte abstrakte Kategorie verstanden werden. Bezüglich ihrer gram-

---

140 Gentner und andere Vertreter der Structure-Mapping-Theorie bezeichnen Metaphern teilweise als Vergleiche (comparisons) (Vgl. z. B. Gentner 1983, 162; Gentner/Markman 1997, 48; Gentner/Bowdle 2008, 110). Dabei wird allerdings ein sehr weiter Begriff von Vergleich vorausgesetzt. Gentner versteht z. B. auch die oben vorgestellten Abstraktionen, wie z. B. „Unser Sonnensystem ist ein Zentralkraftsystem", allgemein als Vergleiche (vgl. Gentner 1983, 161). Ein Vergleich wird in diesem Zusammenhang als ein allgemeiner Prozess verstanden, bei dem Eigenschaften zwischen verschiedenen Domänen miteinander ins Verhältnis gesetzt werden (vgl. Gentner 1983, 159). Wenn man Metaphern vor dem Hintergrund eines so weiten Verständnisses als Vergleiche beschreibt, ist das nicht dieselbe Position, die bisher als Vergleichstheorie beschrieben wurde. Diese wurde derart charakterisiert, dass Metaphern immer ohne semantischen Verlust in die linguistische Struktur eines Vergleiches gebracht werden können. Es wurde in der Beschreibung der Structure-Mapping-Theorie im Allgemeinen vermieden, Metaphern als Vergleiche zu bezeichnen, damit diesbezüglich keine Missverständnisse aufkommen.

matikalischen Oberflächenstruktur sind die meisten Metaphern tatsächlich Subsumierungen. Dies wird an folgenden Sätzen deutlich:

(4) Anwälte sind Haie.
(20) Julia ist die Sonne.

In der Aussage (4) werden Anwälte der Kategorie „Hai“ zugeordnet und in dem Satz „Julia ist die Sonne“ wird Julia unter die Kategorie der Sonne subsumiert. Da dies wörtlich verstanden offensichtlich falsch ist, muss eine überzeugende Metapherntheorie eine Erklärung dafür geben, weshalb kompetente Sprecher dennoch dazu in der Lage sind, solchen Sätzen einen sinnvollen Gehalt zuzuschreiben. Vertreter der Kategorisierungstheorie versuchen dies dadurch zu erklären, dass bei der Interpretation von Metaphern zusätzliche abstrakte Kategorien bzw. Ad-hoc-Konzepte erzeugt werden.[141] Diese abstrakten Kategorien stellen Abstraktionen von den wörtlich verstandenen Entsprechungen dar. Bei der Interpretation des Satzes (4) wird nach der Kategorisierungstheorie dementsprechend die abstrakte Kategorie *Hai** [142] erschlossen, die in diesem Satz z. B. mit den Eigenschaften „aggressiv, hartnäckig und räuberisch“ umschrieben werden kann. Unter diese können dann im Gegensatz zur wörtlichen Bedeutung des Wortes „Hai“ tatsächlich Anwälte fallen. Ebenso wird in Satz (20) die abstrakte Kategorie *Sonne** erzeugt, welche z. B. die Eigenschaften „ist besonders wertvoll“, „ist notwendig für das Leben“ oder „ist der Beginn des Tages“ umfassen kann. Diese Kategorie ist dann so weit, dass sie plausiblerweise von der Person Julia prädiziert werden kann. Glucksberg spricht folglich von einer „dualen Referenz“ der metaphorisch gebrauchten Wörter. Sie referieren sowohl auf den Gegenstand, mit dem sie konventionellerweise verbunden sind, also auch auf eine abstrakte Kategorie, welche durch diesen Gegenstand exemplifiziert wird.[143] Es besteht zwischen gewöhnlichen Subsumierungen und Metaphern aber dahingehend ein Unterschied, dass Letztere häufig ohne signifikanten Bedeutungsverlust in eine

---

141 Vgl. Glucksberg/Haught 2006, 361–363. Den Gedanken des Ad-hoc-Konzeptes übernehmen Glucksberg/Haught von Robyn Carston. Es wird im Gegensatz zu lexikalisierten Konzepten pragmatisch relativ zu einem Äußerungskontext erschlossen (vgl. dazu Carston 2002, 321 f. und Abschnitt 5.2.3). Der Einheitlichkeit und Klarheit halber soll im Folgenden nur der Begriff „abstrakte Kategorie“ bei der Darstellung und Diskussion der Kategorisierungstheorie verwendet werden, weil dieser prägend und spezifisch für die Kategorisierungstheorie ist.
142 Wie in der Literatur üblich, soll der Bezug auf eine abstrakte Kategorie im Folgenden durch einen Asterisk markiert werden. Zur besseren Kenntlichmachung sollen die Ausdrücke, die sich auf abstrakte Kategorien beziehen, darüber hinaus kursiv wiedergegeben werden.
143 Vgl. Glucksberg 2001, 38–41.

Vergleichsstruktur überführt werden können, Erstere aber nicht. So scheint die Umformulierung von Satz (4) in den Vergleich „Anwälte sind wie Haie" und die Umformulierung von Satz (20) in „Julia ist wie die Sonne" nicht sehr viel an den jeweils ausgedrückten Gehalten zu ändern. Bei gewöhnlichen Subsumierungen ist das anders:

(21) Ein Hai ist ein Fisch.
(21*) Ein Hai ist wie ein Fisch.
(22) Eine Orange ist eine Zitrusfrucht.
(22*) Eine Orange ist wie eine Zitrusfrucht.

Die beiden Sätze (21*) und (22*) sind offensichtlich unsinnig. Glucksberg argumentiert dementsprechend, dass es einen Unterschied zwischen wörtlichen und figurativen[144] Vergleichen gibt. Zumindest in den früheren Artikeln behauptet Glucksberg, dass figurative Vergleiche als implizite Subsumierungs-Behauptungen zu verstehen seien. So ist der Satz „Anwälte sind wie Haie" zwar seiner Oberflächenstruktur nach ein Vergleich. Bei dem Interpretationsprozess werde aber die abstrakte Kategorie *Hai** gebildet, unter welche dann die Menge der Anwälte subsumiert wird. Deswegen gibt der Satz (4) den mit der Metapher verbundenen Interpretationsprozess sprachlich angemessener wieder als der entsprechende Vergleich. In dem Vergleich „Anwälte sind wie Haie" bezieht sich „Hai" auf die konventionelle Referenz. In der Metapher (4) hingegen bezieht sich „Hai" auf die abstrakte Kategorie *Hai**. Da aber auch bei dem Vergleich Anwälte unter die abstrakte Kategorie *Hai** subsumiert werden, suggeriert die Vergleichsstruktur prima facie einen falschen Interpretationsprozess.[145] Die duale Referenz von metaphorisch gebrauchten Ausdrücken kann an folgenden Sätzen weiter verdeutlicht werden:

(23) Kambodscha ist Vietnams neues Vietnam.
(24) Vielleicht war John Demjanjuk kein Demjanjuk.

144 Glucksberg verwendet in diesem Zusammenhang auch die Bezeichnung „metaphorischer Vergleich". Diese ist vor dem Hintergrund der Theorie, die in dieser Arbeit entwickelt wird, aber nicht sinnvoll, weil kein Ausdruck in einem solchen Vergleich metaphorisch interpretiert wird. Es soll für die betreffende Form von Vergleichen im Folgenden die Bezeichnung „figurativer Vergleich" verwendet werden, weil diese bereits weiter oben gebraucht wurde und weniger missverständlich ist.
145 Vgl. Glucksberg 2001, 41 f.

In Satz (23) wird der Ausdruck „Vietnam“ auf unterschiedliche Weisen verwendet. Das erste „Vietnam“ bezieht sich auf das Land Vietnam, das zweite hingegen auf die abstrakte Kategorie *Vietnam**, die Eigenschaften wie „wird von radikalen und gewaltbereiten kommunistischen Gruppen bewohnt“ umfasst. Da Kambodscha ab 1979 zehn Jahre lang von vietnamesischen Truppen besetzt war und sich dort ein Guerilla-Krieg zwischen den Besatzungstruppen und der Roten Khmer abspielte, ist diese Aussage in diesem Zeitraum durchaus plausibel. Ebenso verhält es sich mit Satz (24). John Demjanjuk war ein Aufseher im Vernichtungslager Sobibor und galt als Verkörperung der bestialischen Grausamkeit der Nazis gegenüber den Insassen von Konzentrationslagern. Allerdings war es im Laufe des Prozesses, der nach dem Krieg gegen ihn in Israel geführt wurde, unklar, ob er wirklich so grausam war, wie man allgemein annahm. Somit wäre der Satz (24) sinnvoll und das Wort „Demjanjuk“ würde einmal auf die Person „John Demjanjuk“ referieren, das andere mal auf die abstrakte Kategorie *Demjanjuk**, die Eigenschaften wie „bestialisch, grausam und menschenverachtend“ beinhaltet.[146]

Sam Glucksberg und Boaz Keysar behaupten, dass die Kategorisierungstheorie eine besonders große Erklärungskraft in Bezug auf Metaphern besitzt. Zunächst könne sie gut verständlich machen, wie die starke Asymmetrie bzw. prinzipielle Nicht-Umkehrbarkeit von Metaphern zustande kommt. Dies ist nach Glucksberg/Keysar nämlich eine spezifische Eigenschaft von Subsumierungsaussagen. Bei gewöhnlichen Subsumierungsaussagen bleibt bei einer Umkehrung ebenso wie bei Metaphern die ausgedrückte Bedeutung normalerweise nicht erhalten. Die Umkehrung „Ein Fisch ist ein Hai“ ist z. B. nicht bedeutungsgleich mit (21). Es handelt sich hierbei im Gegensatz zu (21) um eine unsinnige Aussage. Zudem erklärt die Kategorisierungstheorie nach Glucksberg/Keysar, weshalb Metaphern, im Gegensatz zu gewöhnlichen Subsumierungsaussagen, in vielen Fällen ohne signifikanten Bedeutungsverlust in eine Vergleichsstruktur überführt werden können. Der Grund liegt darin, dass figurative Vergleiche im Gegensatz zu wörtlichen Vergleichen letztlich als Subsumierungsaussagen interpretiert werden müssen. Glucksberg/Keysar räumen ein, dass bei Metaphern im Gegensatz zu gewöhnlichen Subsumierungsaussagen wie (21) und (22) die Möglichkeit besteht, dass die Umkehrung zu sinnvollen Ergebnissen führt. Diese Umkehrungen gehen nach Glucksberg/Keysar aber mit signifikanten Bedeutungsänderungen einher. Der oben bereits angesprochene Satz „Der Mensch ist ein Baum“ ist z. B. ebenso in seiner Umkehrung „Ein Baum ist ein Mensch“ sinnvoll. Allerdings bedeuten die beiden Sätze etwas Verschiedenes. Glucksberg/Keysar erklären dies damit, dass

---

146 Vgl. Glucksberg 2001, 40 – 42.

jeweils unterschiedliche abstrakte Kategorien gebildet werden, unter die das Subjekt subsumiert wird. Die beiden angeführten Sätze können vor dem Hintergrund des Modells von Glucksberg/Keysar dementsprechend so analysiert werden, dass z. B. einmal „Der Mensch“ unter die Kategorie *Baum** subsumiert wird, das andere mal „Baum“ unter die abstrakte Kategorie *Mensch**. Glucksberg/Keysar bemerken, dass Metaphern manchmal aus stilistischen Gründen in umgekehrter Reihenfolge verwendet werden. Ein Beispiel hierfür ist: „Eine starke Festung ist unser Gott“. Nach Glucksberg/Keysar wird dieser Satz aber implizit immer andersherum, nämlich als „Unser Gott ist eine starke Festung“ interpretiert. Die Umkehrung findet in diesem Fall also nur scheinbar statt.[147]

Glucksberg/Keysar gehen also genau den umgekehrten Weg wie Vergleichstheoretiker. Anstatt Metaphern als implizite Vergleiche zu verstehen, interpretieren sie figurative Vergleiche als implizite Metaphern, wobei sie annehmen, dass Metaphern letztlich immer Subsumierungsaussagen darstellen. Den Grad der Metaphorizität einer Äußerung bestimmen sie dahingehend, wie deutlich diese einerseits als Subsumierungsaussage erkennbar ist und andererseits wie viel Spielraum für die Elaborierung bzw. Erschließung der abstrakten Kategorie vorhanden ist, unter die das Subjekt subsumiert wird. Mit diesem Spielraum meinen Glucksberg/Keysar so etwas wie einen Raum für Interpretation, der nicht durch die linguistische Struktur der Äußerung festgelegt ist. Je mehr dieser Raum geschlossen wird, umso mehr verliert eine Äußerung nach Glucksberg/Keysar ihren metaphorischen Charakter. So stellt der figurative Vergleich „Anwälte sind hinsichtlich ihrer Grausamkeit und Aggressivität wie Haie“ keine Metapher mehr dar. Es ist keine Erschließung einer abstrakten Kategorie *Hai** mehr nötig, um diese Aussage erfolgreich interpretieren zu können.[148]

Glucksberg/Keysar stellen des Weiteren noch heraus, dass für die Verständlichkeit von Metaphern aus dem Kontext klar hervorgehen muss, welche Relevanz eine bestimmte Kategorisierung besitzt. Bei einer Metapher wie „Der Mensch ist ein Sofa“ wäre es z. B. zumindest prima facie nicht klar, welche abstrakte Kategorie *Sofa** genau gebildet werden soll, damit „der Mensch“ unter sie subsumiert werden könnte. Aber auch wenn eine Metapher verständlich ist, gibt es immer

147 Vgl. Glucksberg/Keysar 1993, 415 f. Glucksberg/Keysar illustrieren ihre Argumentation teilweise an anderen als den hier verwendeten Beispielen.
148 Vgl. Glucksberg/Keysar 1993, 416–418.

noch Unterschiede dahingehend, wie passend bzw. gelungen sie ist. Dazu kann man die folgenden Aussagen betrachten:

(25) Nicht alle Gedanken von Einstein waren Gold.
(26) Nicht alle Gedanken von Einstein waren Platin.
(27) Nicht alle Gedanken von Einstein waren Silber.

Alle drei Sätze sind gut verständlich. Mit ihnen wird ausgesagt, dass nicht alle Gedanken von Einstein gut und wertvoll waren. Allerdings scheint die Aussage (25) am gelungensten bzw. passendsten zu sein. Der Grund liegt nach Glucksberg/Keysar darin, dass „Gold“ in höherem Grad als der Prototyp wertvoller Dinge verstanden wird. Platin, das sogar wertvoller als Gold ist, und Silber, welches auch sehr wertvoll ist, gelten in unserer Kultur nicht so stark als prototypische Exemplifizierung von wertvollen Dingen wie Gold. Deswegen sind die Metaphern in den Sätzen (26) und (27) auch nicht so gut gelungen wie in (25). Eine Metapher wird nach Glucksberg/Keysar umso verständlicher, je mehr das Vehikel besonders exemplarisch für die abstrakte Kategorie steht, die mithilfe der Metapher ausgedrückt werden soll.[149] Glucksberg wendet die Kategorisierungstheorie auch auf Metaphern in Verbform an. Wenn man z. B. sagt „Er ist auf sein Fahrrad gesprungen und nach Hause geflogen“ wird „geflogen“ hier metaphorisch verwendet. Nach Glucksberg wird dabei eine abstrakte Kategorie *geflogen** gebildet, die eine Eigenschaft wie „sich schnell bewegen“ umfasst.[150]

Glucksberg et al. haben auch einige Experimente durchgeführt, um die Plausibilität der Kategorisierungstheorie empirisch zu untersuchen. Bei einem dieser Experimente wurde die Umkehrbarkeit von Metaphern, wörtlich verstandenen Vergleichen und figurativ verstandenen Vergleichen betrachtet. In diesem Experiment wurden verschiedenen Probanden Metaphern wie z. B. „Mein Chirurg ist ein Metzger“, figurative Vergleiche wie z. B. „Alkohol ist wie eine Krücke“ und wörtliche Vergleiche wie z. B. „Eine Katze ist wie ein Hund“ in gewöhnlicher sowie in umgekehrter Richtung vorgelegt. Die Probanden wurden jeweils dazu aufgefordert eine Paraphrase für die entsprechenden Aussagen zu geben, welche den Gehalt wiedergeben soll, den der Sprecher vermutlich mit dieser Aussage kommunizieren wollte. Diese Paraphrasen wurden daraufhin von zwei weiteren unabhängigen Probanden bewertet. In dieser Bewertung wurde beurteilt, inwiefern die Paraphrasen der umgekehrten Aussagen mit den Paraphrasen der Aussagen

149 Vgl. Glucksberg/Keysar 1993, 418–420.
150 Vgl. Glucksberg 2001, 49 f.

in ursprünglicher Reihenfolge übereinstimmen. Falls die Übereinstimmung nicht deutlich genug vorhanden war, wurde weiter unterschieden, ob die Aussagen entweder (a) gar nicht interpretierbar sind, (b) signifikant weniger sinnvoll als in der originalen Reihenfolge sind, (c) ob es sich um „Re-reversals" handelt, oder ob (d) die Umkehrung eine zwar sinnvolle, aber ganz andere Interpretation hervorbringt. Mit (c) haben Glucksberg et al. Fälle im Blick, bei welchen die Hörer implizit oder explizit die Reihenfolge des Satzes wieder umkehren. Ein Beispiel hierfür wäre, wenn jemand die Aussage „Haie sind wie Anwälte" mit „Seine Anwälte sind wie Haie" paraphrasiert. Der Hörer kehrt in diesem Fall also intuitiv die Reihenfolge des Beispielsatzes wieder um. Der Fall (d) tritt ein, wenn die Umkehrung sinnvoll ist, aber der Gehalt der Aussage ein ganz anderer als derjenige der originalen Reihenfolge ist. Ein Fall hierfür wäre die bereits besprochene Metapher „Der Mensch ist ein Baum", deren Umkehrung „Ein Baum ist ein Mensch" sinnvoll ist, aber eine andere Bedeutung besitzt. Das Ergebnis des Experiments war, dass ein deutlicher Unterschied in der Möglichkeit der Umkehrung zwischen wörtlichen Vergleichen einerseits und Metaphern sowie figurativ verstandenen Vergleichen andererseits zustande kam. So wurden 82 Prozent der Paraphrasen der Umkehrungen von wörtlichen Vergleichen als synonym zu den Paraphrasen der Vergleiche in der originalen Reihenfolge eingestuft. Bei Metaphern und figurativ verstandenen Vergleichen waren die als synonym geltenden Paraphrasen der Umkehrungen weniger als 4 Prozent. Die anderen waren entweder signifikant weniger sinnvoll, implizite oder explizite „Re-reversals", überhaupt nicht interpretierbar oder ganz neue, nicht synonyme Interpretationen.[151]

Glucksberg et al. interpretieren dieses Ergebnis als starken Einwand gegen Vergleichstheorien, unter die sie auch den auf dem Structure-Mapping basierenden Ansatz von Dedre Gentner subsumieren. Das Ergebnis des Experimentes zeigt nach ihnen, dass Metaphern und figurative Vergleiche sich hinsichtlich ihrer Umkehrbarkeit deutlich anders verhalten als wörtliche Vergleiche. Da gemäß dem Ergebnis des Experimentes Metaphern und figurative Vergleiche praktisch nie unter Beibehaltung derselben Bedeutung umkehrbar sind, schließen sie darauf, dass der Interpretationsprozess von Metaphern strukturell identisch mit demjenigen von Subsumierungsaussagen ist. Wörtliche Vergleiche hingegen werden nach Glucksberg et al. im Interpretationsprozess tatsächlich als Vergleiche verarbeitet. Dies zeigt sich daran, dass diese, zumindest in den meisten Fällen, unter Beibehaltung der Bedeutung umkehrbar sind. Darüber hinaus argumentieren Glucksberg et al., dass Vergleichstheorien deshalb nicht plausibel sind, weil sie nicht erklären können, wie auf der Basis von Metaphern oder figurativ verstan-

---

151 Glucksberg/McGlone/Manfredi 1997, 52–57.

dener Vergleiche neue und interessante Inhalte über das Subjekt eines Satzes kommuniziert werden können. Dies wird besonders deutlich, wenn man über das Subjekt des Satzes nicht viel weiß, sodass man kaum einen Eigenschaftsabgleich zwischen Ausgangs- und Zieldomäne vornehmen kann, wie Vergleichstheoretiker dies fordern würden. Wenn jemand z. B. „Dennas Beruf ist ein Gefängnis" sagt, der Rezipient aber nichts über Denna oder ihren Beruf weiß, würde ein Eigenschaftsabgleich zwischen Dennas Beruf und einem Gefängnis kein besonders interessantes Ergebnis liefern. Die Kategorisierungstheorie bietet nach Glucksberg et al. hier eine aussichtsreichere Erklärung des Interpretationsprozesses. Sie postuliert bei der Interpretation dieser Metapher die Bildung einer abstrakten Kategorie *Gefängnis**, die z. B. Eigenschaften wie „ist einengend", „ist unangenehm" und „raubt die Freiheit" umfasst. Diese abstrakte Kategorie kann dann ohne Probleme über Dennas Beruf ausgesagt werden, auch wenn man nicht viel über diesen Beruf weiß.[152]

2.6.3 Die Entwicklung von Metaphern

Dedre Gentner und Brian Bowdle haben ein Modell entwickelt, das sowohl den Kategorisierungsprozessen als auch den Vergleichsprozessen gerecht werden soll, die jeweils mit bestimmten Metaphern verbunden sind. Dieses Modell nennen sie „Career of Metaphor hypothesis", welches im Folgenden als These von der Entwicklung der Metapher bezeichnet werden soll. Diese These besagt, dass diejenigen Phänomene, die unter den Begriff „Metapher" fallen, weder einheitlich alle als Formen von Analogien noch als Formen von Subsumierungen unter bestimmte abstrakte Kategorien verstanden werden können. Stattdessen haben Metaphern nach Bowdle/Gentner eine „Karriere". Sie beginnen ihr Leben gewöhnlich als lebendige, neue Metaphern. Als solche werden sie gemäß der Structure-Mapping-Theorie nach der Art von Analogien interpretiert. Dies involviert, wie erläutert, einen ersten symmetrischen Prozess der Abgleichung struktureller Ähnlichkeiten zwischen den beiden ins Verhältnis gesetzten Gegenstandsbereichen und darauf einen Projektionsprozess, bei dem Eigenschaften von der Ausgangs- auf die Zieldomäne übertragen werden. Im Laufe der Zeit und mit häufigem metaphorischem Gebrauch bestimmter Metaphern entsteht eine eigene abstrakte Kategorie, die dem Ausdruck, mit dem die Ausgangsdomäne verbunden ist, zugeordnet wird. Wenn dies geschieht, ändert sich die Art und Weise, wie der kognitive Prozess abläuft, der mit der Interpretation einer Metapher verbunden ist. In der ersten

152 Vgl. Glucksberg/McGlone/Manfredi 1997, 63–65.

Stufe der Abgleichung muss dann nicht mehr nach Gemeinsamkeiten gesucht werden. Stattdessen gibt es einen „short cut" auf die abstrakte Kategorie, die mit dem Vehikel (dem Ausdruck, mit dem die Ausgangsdomäne repräsentiert wird) zusätzlich zu seiner gewöhnlichen Bedeutung verbunden ist. Bowdle/Gentner geben an dieser Stelle Vertretern der Kategorisierungstheorie Recht, dass Metaphern in diesem Fall eine „duale Referenz" besitzen. Die Wörter sind durch den wiederholten metaphorischen Gebrauch polysem geworden. Es gibt also nach Gentner/Bowdle einen direkten Zusammenhang zwischen Polysemie von Wörtern und der Konventionalisierung ihres metaphorischen Gebrauchs.[153]

Gentner/Bowdle unterscheiden verschiedene Stufen der Konventionalisierung. Neue bzw. lebendige metaphorische Interpretationen besitzen einen sehr geringen Grad der Konventionalisierung. Deshalb gibt es auch keine schon bestehenden abstrakten Kategorien, die zusätzlich zur gewöhnlichen Bedeutung mit der Ausgangsdomäne verbunden wären. Der Interpretationsprozess läuft hier also, wie im Structure-Mapping beschrieben, nach der Art von Analogien ab. Die zweite Kategorie wären Metaphern, die schon konventionalisiert sind. Die ehemals metaphorische Interpretation eines Ausdrucks ist hier als abstrakte Kategorie fest mit dem jeweiligen Ausdruck verbunden und bildet dementsprechend eine zusätzliche konventionelle Bedeutung. Die Verbindung zwischen der wörtlichen und der ehemals metaphorischen Interpretation ist in dieser Klasse noch klar zu erkennen. Des Weiteren gibt es nach Gentner/Bowdle noch zwei Klassen von toten Metaphern. In der ersten ist die ursprünglich wörtliche Bedeutung eines involvierten Ausdrucks vollkommen in den Hintergrund getreten. Der betreffende Ausdruck referiert fast ausschließlich nur noch auf die abstrakte Kategorie, die durch wiederholten metaphorischen Gebrauch des Wortes entstanden ist. Die zweite Klasse von toten Metaphern schließlich umfasst solche Ausdrücke, die eine zusätzliche, fest mit ihnen verbundene, durch metaphorische Interpretationen entstandene Bedeutung besitzen, welche die wörtliche Bedeutung aber nicht verdrängt, sondern neben ihr bestehen bleibt. Die Verbindung zwischen diesen beiden Bedeutungen eines Wortes ist aber den meisten Sprechern nicht mehr bewusst. Es wird hier dementsprechend keine Verbindung zwischen der wörtlichen und der ehemals metaphorischen und nun konventionalisierten Bedeutung

153 Vgl. Gentner/Bowdle 2008, 115–117.

wahrgenommen.[154] Die verschiedenen Formen von Metaphern sollen im Folgenden kurz anhand von Beispielen erläutert werden:

(28) Kinder sind Schneeflocken.
(29) Ein Lexikon ist eine Goldmine.
(30) Der neue James Bond ist ein Blockbuster.
(31) Ich habe mir heute einen Computer inkl. Maus gekauft.

Es ist plausibel anzunehmen, dass in (28) der Ausdruck „Schneeflocken" metaphorisch zu verstehen ist. Bei der Interpretation von (28) muss dann auf strukturelle Ähnlichkeiten zwischen Kindern und Schneeflocken Bezug genommen werden. Bei der Deutung von „Goldmine" in Satz (29) ist hingegen kein solcher Strukturabgleich zwischen den ins Verhältnis gesetzten Domänen nötig. Man kann stattdessen ohne größeren Interpretationsaufwand erschließen, dass mit dem Ausdruck „Goldmine" hier auf die abstrakte Kategorie „eine Ansammlung wertvoller Gegenstände" Bezug genommen wird. Das wird auch daran ersichtlich, dass der metaphorische Gebrauch des Wortes „Goldmine" in verschiedenen Kontexten immer nahezu mit derselben Interpretation einhergeht. Wenn man „Ein Lexikon" in (29) z.B. mit „Das Internet" oder „Ein Einkaufszentrum" ersetzt, wird immer Bezug auf nahezu dieselbe metaphorische Interpretation von „Goldmine" genommen.[155] Andere Beispiele hierfür sind „Deine Ideen tragen Früchte" oder „Mein Chef hat ein Herz". Die Prädikate „Früchte tragen" oder ein „ein Herz haben" besitzen in den meisten Kontexten dieselbe metaphorische Bedeutung. Noch einmal verschieden von solchen konventionalisierten metaphorischen Deutungen ist die Verwendung des Ausdrucks „Blockbuster" in Satz (30). Ursprünglich referierte „Blockbuster" auf Bomben, die ganze Häuserblöcke sprengen konnten. Die metaphorische Bedeutung, welche mit „besonders viele Menschen mitreißende Filme" umschrieben werden kann, ist mittlerweile praktisch zu der Standardbedeutung dieses Ausdrucks geworden. Die ursprüngliche Bedeutung ist den meisten Menschen nicht mehr bekannt. In Satz (31) schließlich wird das Wort „Maus" in Bezug auf eine Computermaus benutzt. Diese Bedeutung ist Teil der konventionellen Bedeutung des Wortes „Maus", hat aber die ursprüngliche Bedeutung des Wortes nicht verdrängt. Die beiden Bedeutungen existieren nebeneinander. Bei dem Gebrauch von „Maus" ist aber die jeweils andere Bedeutung bei den Sprechern normalerweise nicht bewusst präsent.

---

154 Vgl. Gentner/Bowdle 2008, 117–119.
155 Vgl. Gentner/Bowdle 2008, 115f.

Bowdle/Gentner haben versucht, die These der Entwicklung von Metaphern empirisch zu überprüfen. Dazu haben sie mehrere Vorhersagen aus dieser These abgeleitet und auf ihre Gültigkeit untersucht. Zunächst haben sie das Verhältnis von Metaphern und Vergleichen in den Blick genommen. Rein grammatikalisch suggeriert die Vergleichsstruktur (X ist wie Y) einen Vergleichsprozess und eine Metapher in der Form einer Nominalphrase (X ist Y) einen Kategorisierungsprozess. Bowdle/Gentner bezeichnen den Umstand, dass die grammatikalische Struktur einen Einfluss auf die Art des Interpretationsprozesses besitzt, als „grammatical concordance". D. h. natürlich nicht, dass die grammatikalische Form die kognitiven Prozesse determinieren würde. Sie lädt nur zu bestimmten Prozessen ein. In Anlehnung an die These, dass es eine solche grammatikalische Übereinstimmung gibt, leiten Bowdle/Gentner ab, dass, wenn ihre These von der Entwicklung der Metapher stimmt, lebendige/neue Metaphern besser in der Form eines Vergleiches verständlich sind, weil hier tatsächlich ein Analogieprozess abläuft. Je höher der Grad der Konventionalisierung wird, umso passender sollte aber die grammatikalische Form der Kategorisierung werden, weil der wiederholte Gebrauch feste abstrakte Kategorien und somit eine Polysemie bei den metaphorisch gebrauchten Wörtern erzeugt. Der Prozess der Eigenschaftsabgleichung ist dann nicht mehr horizontal wie bei neuen Metaphern, sondern vertikal. Das Subjekt des Satzes wird dann nämlich unter das abstrahierte Konzept, das mit dem metaphorisch gebrauchten Wort verbunden ist, subsumiert. Um diese Hypothese zu testen, wurden Teilnehmern einer Studie lebendige und konventionalisierte Metaphern sowie wörtliche Kategorisierungen und wörtliche Vergleiche vorgelegt. All diese wurden den Teilnehmern jeweils in Vergleichs- und in Kategorisierungsform präsentiert, und sie mussten entscheiden, welche Form sie dabei jeweils bevorzugten.[156] Es ergab sich, dass die Teilnehmer bei neuen Metaphern signifikant häufiger die Vergleichsform als angemessener wählten, wohingegen sich bei konventionalisierten Metaphern keine signifikante Präferenz einer bestimmten grammatikalischen Form feststellen ließ. Bei wörtlichen Vergleichen und wörtlichen Kategorisierungen wurde wie zu erwarten die jeweils entsprechende grammatikalische Form bevorzugt. Diese beiden Formen haben in dem Experiment als eine Art Kontrollgruppe fungiert. Diese Ergebnisse bestätigen nach Bowdle/Gentner die These der Entwicklung der Metapher. Neue und lebendige Metaphern werden horizontal wie Analogien interpretiert, was die Ver-

---

156 Verwendete lebendige Metaphern waren z. B. „A mind is a kitchen" oder „A newspaper is a telescope". Als konventionalisierte Metaphern wurden u. a. „Faith is an anchor" oder „Alcohol is a crutch" gebraucht. Beispiele für wörtliche Vergleiche waren u. a. „An encyclopedia is like a dictionary" oder „Tape is like glue" und Beispiele für Kategorisierungen bildeten u. a. „Pepper is a spice" oder „A bracelet is an ornament" (vgl. Bowdle/Gentner 2005, 201).

gleichsform passender erscheinen lässt. Bei konventionalisierten Metaphern kann der Hörer hingegen auswählen, ob er sie als Vergleich oder als Kategorisierung interpretiert. Im letzteren Fall nimmt er direkt Bezug auf die abstrakte Kategorie, die als zweite Referenz mit dem metaphorisch gebrauchten Wort verbunden ist.[157]

Auch Sam Glucksberg hat in einem späteren Artikel mit Catherine Haught akzeptiert, dass manche Metaphern wie Vergleiche und nicht wie Kategorisierungen interpretiert werden.[158] Allerdings kritisieren Glucksberg/Haught an der These der Entwicklung von Metaphern, dass gemäß dieser neue Metaphern generell als Vergleiche und konventionalisierte Metaphern generell wie Kategorisierungen verstanden werden. Glucksberg/Haught bemängeln bei den dargestellten Experimenten von Bowdle/Gentner zu der These der Entwicklung der Metapher, dass hier kein Unterschied zwischen Angemessenheit (Aptness) und Konventionali-

---

157 Vgl. Bowdle/Gentner 2005, 200 – 202. In einem zweiten Experiment wurden die Prozessierungszeiten von Metaphern und Vergleichen untersucht. Es wurde dabei in den Blick genommen, wie lange Probanden brauchen, bis sie eine Metapher bzw. einen Vergleich interpretiert haben. Dabei haben Bowdle/Gentner aus der Entwicklung-der-Metapher-Hypothese die Vorhersage abgeleitet, dass neue Metaphern in Vergleichsform besser und auch schneller zu interpretieren sind als in der Kategorisierungsform. Dies lässt sich daraus ableiten, dass bei neuen Metaphern die Vergleichsform dem kognitiven Prozess mehr entspricht als die Kategorisierungsform. Je konventioneller eine Metapher aber wird, desto mehr wird die Form der Kategorisierung angemessener, was auch Auswirkungen auf die Interpretationszeit haben sollte. Tatsächlich ergab sich als Ergebnis des Experimentes, dass neue Metaphern signifikant schneller in der Vergleichsform (M = 2,871 ms) als in der Kategorisierungsform (M = 3,245 ms) interpretiert wurden. Bei konventionalisierten Metaphern hingegen hat die Kategorisierungsform (M = 2,063 ms) zu schnelleren Interpretationen als die Vergleichsform (M = 2,257 ms) geführt (Bowdle/Gentner 2005, 202 f.). In einem dritten Experiment haben Bowdle/Gentner noch versucht, den Prozess der Konventionalisierung selbst empirisch zu beobachten. Sie haben dafür einigen Probanden wiederholt bestimmte, als figurativ einzuschätzende Vergleiche (z. B. An acrobat is like a butterfly) präsentiert und sie danach dazu ermutigt, selbst Zieldomänen für z. B. „is like a butterfly" zu suchen. Nach diesem Vorgang hat sich gezeigt, dass bei Sätzen, bei denen eine auf diese Weise eingeübte Ausgangsdomäne involviert war, etwas häufiger die Kategorisierungsform als angemessener eingeschätzt wurde („A ballerina is a butterfly" wurde z. B. häufiger als angemessen angesehen als „A ballerina is like a butterfly), als wenn eine Ausgangsdomäne verwendet wurde, die nicht vorher in einem solchen Prozess eingeübt wurde. Dieses Ergebnis stützt nach Bowdle/Gentner die These, dass es eine Konventionalisierung gibt, bei der durch wiederholte Anwendung ähnlicher Analogieprozesse zur Interpretation einer bestimmten Metapher oder eines figurativen Vergleiches bestimmte abstrakte Kategorien fest mit der Ausgangsdomäne verbunden werden. Diese abstrakten Kategorien erleichtern dann die Interpretation, was sich sowohl in der schnelleren Prozessierungszeit als auch in einer steigenden Präferenz für die Kategorisierungsform niederschlägt (vgl. Bowdle/Gentner 2005, 206 – 208).

158 Vgl. Glucksberg/Haught 2006, 363.

sierung von Metaphern gemacht wurde. Es könnte nach Glucksberg/Haught z. B. sein, dass in den Versuchen von Bowdle/Gentner bei neuen Metaphern nur deswegen die Vergleichsform häufiger gewählt wurde, weil die neuen Metaphern nicht sehr angemessen bzw. gut waren. Dies lässt sich nach Glucksberg/Haught u. a. an Metaphern mit sogenannten „topic applicable adjectives" zeigen. Ein Beispiel hierfür ist z. B. folgender Satz:

(32) Mein Anwalt ist ein gut bezahlter Hai.

In diesem Satz führt die Transformation der Metapher in eine Vergleichsform mittels des eingefügten Wortes „wie" zu keinem sinnvollen Ergebnis, weil es keine gut bezahlten Haie gibt, mit denen der betreffende Anwalt verglichen werden könnte. Glucksberg/Haught leiten daraus ab, dass die Hypothese von der Entwicklung der Metapher, wonach neue Metaphern wie Vergleiche und konventionalisierte Metaphern wie Kategorisierungen prozessiert werden, falsch sein muss. In manchen Fällen ist eben auch bei neuen Metaphern die Kategorisierungsform angemessener. Zusätzlich gebe es Fälle, in denen Metaphern in Kategorisierungsform ganz andere Interpretationen als die entsprechenden Vergleiche besitzen. Als Beispiel nennen sie den Satz „Mein Anwalt ist wie ein alter Haifisch" im Vergleich zu „Mein Anwalt ist ein alter Haifisch". Einmal wird ein Anwalt mit einem alten, evtl. zahnlosen Haifisch verglichen, das andere Mal sagt man über den Anwalt aus, dass er alt ist und zugleich Eigenschaften eines Haifisches (gefährlich, habgierig) besitzt. Somit ist es nach Glucksberg/Haught nicht einmal gesagt, dass Metaphern ohne semantischen Verlust in Vergleiche überführt werden können. Sie schlagen deswegen als Alternative zu der Hypothese von der Entwicklung der Metaphern vor, dass angemessene bzw. gute Metaphern besser in der Kategorisierungsform verstanden werden und schlechtere, weniger angemessene Metaphern eher als Vergleiche prozessiert werden. Sie nennen diese These „quality-of-metaphor hypothesis", weil die Qualität und nicht die Entwicklungsgeschichte der Metapher ausschlaggebend für die Art ihrer Prozessierung angesehen wird.[159]

Diese Überlegungen und die Ergebnisse der Experimente von Glucksberg/Haught sind sicherlich sehr interessant. Es ist allerdings zu fragen, ob ihre Deutungen der Ergebnisse nicht aus Fehlern in der Verhältnisbestimmung zwischen linguistischer und kognitiver Struktur resultieren. Selbstverständlich ist Satz (32) in der Vergleichsform unsinnig, weil der Vergleichsgegenstand faktisch nicht existiert. Es ist aber zweifelhaft, ob das Einfügen des Wortes „wie" eine ange-

159 Vgl. Glucksberg/Haught 2006, 373 – 376.

messene Überführung der Metapher in die *ihr entsprechende* Vergleichsform ist. Es wurde schon in Abschnitt 2.4.2 ausführlich dargelegt, dass es bei einigen Metaphern schwierig ist, eine adäquate Vergleichsform zu finden. Es ist allerdings nicht klar, dass der Interpretationsprozess von Satz (32) ebenfalls ein Subsumierungsprozess ist. Man könnte die kognitiven Prozesse bei der Interpretation auch so rekonstruieren, dass die Zieldomäne MEIN ANWALT und die Ausgangsdomäne HAIFISCH zunächst in einem Structure-Mapping-Prozess ins Verhältnis zueinander gesetzt werden. Das Adjektiv „gut bezahlt" wird dann erst in einem zweiten Schritt mit dem Ergebnis dieses Interpretationsprozesses verbunden. Da dieses Adjektiv konsistent mit der Zieldomäne ist, die mithilfe der Ausgangsdomäne HAIFISCH interpretiert wurde, lässt sich damit eine konsistente Gesamtinterpretation erzeugen. Das Adjektiv modifiziert gemäß dieser Rekonstruktion der mit der Aussage verbundenen kognitiven Prozesse also ein vorläufiges Ergebnis der Interpretation und nicht die Ausgangsdomäne selbst, wie die grammatikalische Struktur es suggerieren würde. Und somit wäre die Interpretation dieser Aussage völlig im Einklang mit der Structure-Mapping-Theorie. Vertreter der Kategorisierungstheorie müssten, um wirklich ein Argument gegen die Structure-Mapping-Theorie zu etablieren, zeigen, dass *bei der Interpretation* mancher neuer Metaphern keinerlei Analogieprozesse involviert sind. Die Vertreter der Kategorisierungstheorie subsumieren die Structure-Mapping-Theorie tatsächlich fälschlicherweise oft unter die Vergleichstheorie. Das ist insofern missverständlich, als im Rahmen der Structure-Mapping-Theorie nicht gesagt wird, dass alle Metaphern ohne semantischen Verlust in die linguistische Form von Vergleichen überführt werden können. Die Structure-Mapping-Theorie macht stattdessen vor allem eine Aussage über die kognitiven Prozesse, die mit der Interpretation von Metaphern verbunden sind.[160]

Insgesamt ist es also plausibel anzunehmen, dass sich die Art des Interpretationsprozesses von Metaphern im Laufe ihrer Konventionalisierung verändert. Je

---

160 Die „quality-of-metaphor hypothesis" hat darüber hinaus auch das Problem, dass es schwierig ist, „Angemessenheit" oder „Güte" von Metaphern so zu operationalisieren, dass sie genau gemessen werden können. Die entscheidende Frage ist hier immer, unter welcher Hinsicht Metaphern als angemessen bzw. gut eingestuft werden. Falls das Kriterium so etwas wie Vertrautheit ist, ist es kein Wunder, dass konventionalisierte Metaphern als besonders angemessen erscheinen. Es wäre aber genauso denkbar, dass Metaphern dann als besonders angemessen eingestuft werden, wenn sie besonders tiefgreifende gemeinsame Strukturen in unterschiedlichen Domänen herausgreifen. Es ist, solange nicht in Betracht gezogen wird, was genau von den Probanden jeweils unter „Angemessenheit" verstanden wird, nicht ersichtlich, welchen Aufschluss das Ergebnis einer Befragung zu diesem Thema genau geben kann.

lebendiger Metaphern sind, desto mehr sind symmetrische Abgleichungsprozesse zwischen den ins Verhältnis gesetzten Domänen bei ihrer Interpretation involviert, im Rahmen derer vornehmlich nach strukturellen Gemeinsamkeiten gesucht wird. Je konventionalisierter eine Metapher wird, umso mehr wird ein „short cut" auf eine bestimmte abstrakte, schon halbwegs fest mit einem bestimmten Ausdruck verbundene Kategorie möglich.[161]

2.6.4 Die Erweiterung von Metaphern und interpretative Strukturen

Die Vertreter der Kategorisierungstheorie postulieren letztlich, dass die metaphorische Interpretation von Ausdrücken einen sehr individuellen Prozess darstellt, bei dem bestimmten Ausdrücken abstrakte Kategorien zugeschrieben werden. Es kann an diesem Modell kritisiert werden, dass die interpretativen Strukturen bzw. Schemata, die bei der Deutung von Metaphern etabliert werden, nicht genügend in den Blick genommen werden. Dass mit Metaphern häufig solche interpretativen Strukturen etabliert werden, wird daran ersichtlich, dass es bei metaphorischen Deutungen häufig möglich ist, Strukturen bzw. Muster aufzunehmen, die durch

---

161 Wolff/Gentner argumentieren dafür, dass auch bei relativ konventionalisierten Metaphern ein früher symmetrischer Strukturabgleich stattfindet, bevor abstrakte Kategorien von einer Domäne auf die andere übertragen werden. Um dies zu testen, haben Wolff/Gentner weitere Experimente durchgeführt, in denen sie versucht haben, empirische Daten zu erheben, die Aufschluss über verschiedene Phasen der Prozessierung von Metaphern geben sollen. Es hat sich hierbei gezeigt, dass je weiter man diese Messungen nach vorne verlegt, desto geringer der Einfluss der Reihenfolge der Ausdrücke innerhalb der Äußerung auf die Interpretation wird. Wolff/Gentner schließen daraus, dass es auch bei relativ konventionalisierten Metaphern immer zunächst einen symmetrischen Prozess des Strukturenabgleichs gibt (vgl. Wolff/Gentner 2011). Es muss allerdings als kritischer Vorbehalt gegenüber den Untersuchungen von Wolff/Gentner hinzugefügt werden, dass ihr Ergebnis keine direkte Bestätigung ihrer Theorie darstellt. Sie haben in den jeweiligen Experimenten die kognitiven Prozesse selbstverständlich nicht direkt beobachtet. Es kann deswegen auch andere Gründe als einen symmetrischen Abgleichungsprozess zwischen den Domänen haben, weshalb die Metaphern bei so frühen Messzeiten reversibel erscheinen. Ein Grund hierfür könnte z. B. auch sein, dass die Probanden bei einer so frühen Messung „Re-reversals" machen. Dies könnte damit begründet sein, dass sie versuchen die Wörter in irgendeine sinnvolle Verbindung zu bringen, ohne dass sie die grammatikalische Struktur beachten, in welche diese Wörter eingebunden sind. Es wäre dementsprechend möglich, dass sie Aussagen wie „Some Jails are Jobs" intuitiv sofort umkehren und die tatsächliche grammatikalische Struktur gar nicht in Betracht ziehen. Um dies zu untersuchen, bräuchte man aber natürlich mehr Information als die Unterscheidung zwischen verständlich und unverständlich. Man müsste z. B. auswerten, wie die Probanden die Metaphern nach einer so kurzen Präsentationszeit paraphrasieren. Solange man keine solchen Präzisionen vornimmt, lassen die Ergebnisse dieser Studien Spielraum für ganz unterschiedliche Auswertungen.

vorherige metaphorische Interpretationen erzeugt wurden. Dies kann an folgendem Beispiel veranschaulicht werden:

Sarah: Das Leben ist eine Reise.
Peter: Genau, manchmal muss man lange an einem Bahnhof warten.

Peter greift in diesem Beispiel die durch Sarahs Metapher erzeugte interpretative Struktur auf. Er bezieht sich dabei auf einen Aspekt von Reisen, der in der Aussage von Sarah zunächst nicht präsent war. Da dieser aber Teil der Ausgangsdomäne REISEN ist, die auf die Zieldomäne LEBEN übertragen wurde, kann er damit bei der Übertragungsstruktur ansetzen, die durch Sarahs Metapher erzeugt wurde. In dem Modell der Kategorisierungstheorie gibt es keine solchen interpretativen Strukturen, die durch Metaphern etabliert werden, weil nach diesem kein Strukturabgleich zwischen den ins Verhältnis gesetzten Domänen vorgenommen wird.

Gentner et al. haben versucht empirische Hinweise für das Vorhandensein solcher interpretativer Strukturen zu finden. Falls sich die Existenz solcher Strukturen nachweisen ließe, würde das aus den genannten Gründen für die Structure-Mapping-Theorie sprechen, weil im Rahmen von dieser explizit davon ausgegangen wird, dass bei der Deutung von noch nicht stärker konventionalisierten Metaphern in einem Abgleichungsprozess gemeinsame Strukturen von den ins Verhältnis gesetzten Domänen erschlossen werden, die dann wiederum die Grundlage für Übertragungen von der Ausgangs- auf die Zieldomäne bilden. Gentner et al. haben dafür einen Versuch konzipiert, bei dem die Lese- und Verständnisgeschwindigkeit von Metaphern untersucht wurde. Dazu haben sie verschiedenen Probanden bestimmte Sätze wie z. B. „His skill left his opponent far behind him at the finish line" präsentiert, wobei aus den mit diesen verbundenen Vorgeschichten klar hervor ging, dass es sich um Metaphern handelt. Der genannte Satz wurde durch die jeweilige Vorgeschichte z. B. auf eine Debatte bezogen, in der sich ein Teilnehmer am Ende deutlich durchsetzt. Die Vorgeschichten, mit denen diese als Metapher zu verstehenden Sätze verbunden wurden, enthielten entweder konsistente oder inkonsistente Metaphern in Bezug auf diesen letzten als Metapher zu verstehenden Satz oder gar keine Metaphern. Konsistent zu der erwähnten Metapher wären solche Metaphern, die das Schema aufnehmen, gemäß dem eine Debatte als Wettlauf konzeptualisiert wird. Beispiele für solche Metaphern sind „Er überholte seinen Gegner schnell" oder „Er teilte sich seine Argumente gut ein, sodass er bis zum Schluss durchhielt". Inkonsistent gegenüber der Metapher „His skill left his opponent far behind him at the finish line" wären solche Metaphern, denen ein anderes Interpretationsschema zugrunde liegt, wie z. B. die Konzeptualisierung einer Debatte als Krieg. Man könnte auf der Basis dieses Schemas z. B. Metaphern wie „Er benutzte seine Waffen mit

Bedacht", „Seine Argumente trafen den Gegner schmerzlich" oder „Er baute mit seiner Argumentation einen Verteidigungsring auf" bilden. Es können aus den verschiedenen Ansätzen über die Struktur der kognitiven Prozesse bei der Interpretation von Metaphern verschiedene Vorhersagen für das dargestellte Experiment abgeleitet werden. Für Vertreter der Kategorisierungstheorie wie Glucksberg dürfte es keine Unterschiede bei den Interpretationszeiten des jeweils letzten, als Metapher verstandenen Satzes geben, egal welches Schema die Interpretation der vorherigen Metaphern bestimmt hat. Der Grund dafür liegt darin, dass die metaphorischen Interpretationen gemäß der Kategorisierungstheorie jeweils isoliert vorgenommen werden und interpretative Strukturen, die wieder aufgenommen werden könnten, hierbei keine Rolle spielen. Für Vertreter der Structure-Mapping-Theorie hingegen sollte die Lese- bzw. Verständnisgeschwindigkeit der letzten Metapher schneller sein, wenn vorher zu dieser Metapher konsistente Metaphern gebraucht wurden. Wenn dem Satz dazu inkonsistente oder gar keine Metaphern vorausgehen, muss der Interpret nach der Structure-Mapping-Theorie nämlich erst gemeinsame Strukturen zwischen Ziel- und Ausgangsdomäne extrahieren. Falls der Metapher zu ihr konsistente Metaphern vorausgehen, kann der Interpret direkt bei den bereits vorher extrahierten interpretativen Strukturen ansetzen und neue Übertragungen von der Ausgangs- auf die Zieldomäne vornehmen. Deshalb sollte sich die Lese- bzw. Verständnisgeschwindigkeit hier erhöhen. Das Ergebnis des Experimentes hat nun klar die Structure-Mapping-Theorie bestätigt. Wenn der letzten Metapher zu ihr konsistente Metaphern vorausgegangen sind, war sie signifikant schneller verständlich, sowohl als wenn ihr inkonsistente als auch als wenn ihr gar keine Metaphern vorausgegangen sind.[162]

Derselbe Test wurde auch mit konventionalisierten Metaphern durchgeführt. Hierbei ergab sich interessanterweise kein Vorteil in Lese- und Verständnisgeschwindigkeit im Verhältnis dazu, ob der letzten Metapher konsistente oder inkonsistente Metaphern vorausgegangen sind. Gentner et al. erklären dieses Ergebnis damit, dass gemäß der These von der Entwicklung der Metapher bei der Interpretation von konventionalisierten Metaphern ein „short cut", d. h. ein Schluss von dem Vehikel auf eine fest etablierte abstrakte Kategorie, möglich ist und nicht zunächst gemeinsame Strukturen zwischen Ziel- und Ausgangsdomäne extrahiert werden müssen. Folglich sei es auch verständlich, dass es hier keine Unterschiede bei der Lese- bzw. Verständnisgeschwindigkeit gibt.[163]

---

162 Vgl. Gentner/Bowdle/Wolff/Boronat 2001, 211–215.
163 Vgl. Gentner/Bowdle/Wolff/Boronat 2001, 215 f.

Die Annahme, dass bei Metaphern Strukturen übertragen werden, die im weiteren Verlauf einer Konversation wieder aufgegriffen werden können, ist relativ weit verbreitetet. Exemplarisch hierfür sollen im Folgenden die Überlegungen von Nelson Goodman, Eva F. Kittay, George Lakoff und Lynne Tirrell kurz vorgestellt werden.

Nelson Goodman spricht davon, dass im Falle von Metaphern nicht nur einzelne Namen bzw. Etiketten[164] für bestimmte Eigenschaften übertragen werden, sondern ganze Schemata. Ein Schema wiederum wird durch eine Menge von Namen konstituiert, die in einem bestimmten geordneten Zusammenhang stehen. So steht die Farbe „rot" in einem Verhältnis zu anderen Farben, die als Menge ein Schema bilden. Die Gegenstände, auf welche sich die Begriffe bzw. Namen innerhalb eines Schemas beziehen, konstituieren nach Goodman wiederum einen bestimmten Anwendungsbereich (realm). Im Falle von Metaphern wird nach Goodman ein Schema von seinem gewöhnlichen Anwendungsbereich (home realm) auf einen ihm fremden Anwendungsbereich übertragen. Dieser wird dann gemäß dem übertragenen Schema neu strukturiert.[165] Goodman drückt dies metaphorisch so aus, dass hier durch die Übertragung eines Schemas ein ganzes Netzwerk von Namen ein neues Territorium erobert.[166]

Für Eva F. Kittay werden bei Metaphern *semantische Felder* aus verschiedenen Bereichen miteinander in Verbindung gebracht. Semantische Felder sind nach Kittay Verbindungen lexikalischer Felder und „content domains", die so etwas wie Gegenstandsbereiche darstellen. Die Content Domains bilden den Bereich, auf den sich die Elemente eines lexikalischen Feldes beziehen. Die Elemente eines lexikalischen Feldes wiederum werden durch Kontraste definiert. Das Wort „groß"' definiert sich z. B. durch seine Unterscheidung von dem Wort „klein", „schnell" durch seine Unterscheidung von „langsam", „hell" durch seine Unterscheidung von „dunkel" usw. Die lexikalischen Felder bilden nach Kittay Strukturen, welche die verschiedenen Content Domains formen und sprachlich erfassbar machen. Semantische Felder sind gemäß Kittay also durch lexikalische Felder strukturierte Content Domains. Wenn man z. B. von dem semantischen Feld „Wolf" spricht, sind hier dementsprechend Eigenschaften wie „ist ein Jagdtier", „ist ein Fleischfresser", „lebt in Rudeln" und „kann für andere Lebewesen gefährlich sein" involviert. Der Gegenstandsbereich des Wolfes ist bei der Interpretation einer Metapher nach Kittay nur über ein entsprechendes semantisches

---

164 Goodman spricht an dieser Stelle von „labels".

165 Vgl. Goodman 1976, 71–73.

166 Vgl. Goodman 1976, 73.

Feld erschließbar, das wiederum an die jeweilige Sprache gebunden ist.[167] Bei aktiven Metaphern, seien sie lebendig oder konventionalisiert,[168] müssen nach Kittay die beiden involvierten semantischen Felder aktiv wahrnehmbar sein. In der Metapher „Der Mensch ist ein Wolf" wird nach Kittay also z. B. das semantische Feld von Wölfen auf dasjenige von Menschen übertragen. Das Entscheidende bei Metaphern ist nach Kittay, dass nicht nur bestimmte einzelne Eigenschaften z. B. von Wölfen über Menschen ausgesagt werden. Wesentlich ist stattdessen, dass die beiden semantischen Felder in einem Spannungsverhältnis miteinander überlagert werden. Selbstverständlich werden hier je nach Kontext einzelne Eigenschaften der Übertragung in den Mittelpunkt der Interpretation gestellt. Es ist aber diese Verschränkung der beiden von Haus aus inkongruenten semantischen Felder, welche die Metaphorizität einer Äußerung erzeugt. In dem Moment, in dem die Überlagerung der beiden semantischen Felder nicht mehr wahrnehmbar ist, stirbt die Metapher.[169] Wenn eine aktive Metapher interpretiert wird, werden die verschiedenen semantischen Felder in Beziehung gesetzt, sodass aus den dabei entstehenden Relationen zwischen den semantischen Feldern neue und auch unerwartete Inhalte hervorgehen können.[170] So kann auch die Erweiterung von Metaphern mit Kittays Ansatz gut erklärt werden. Es wird hierbei auf das semantische Feld der Ausgangsdomäne zurückgegriffen, das, soweit die Metapher noch aktiv ist, bei jeder Interpretation wirksam vorhanden ist. Falls eine Metapher bei einem bereits durch vorherige Metaphern übertragenen semantischen Feld ansetzen kann, sollte das die Interpretation erleichtern.

Die von George Lakoff und Mark Johnson begründete konzeptuelle Metapherntheorie wurde bereits in Abschnitt 2.4.3 thematisiert und in ihren Grundzügen erläutert. Metaphern sind gemäß dieser vor allem kognitive Phänomene, bei denen ein Konzept mithilfe eines anderen verstanden bzw. strukturiert wird.[171] Durch solche konzeptuelle Metaphern werden interpretative Strukturen etabliert, auf die man sich bei der Deutung verschiedener Äußerungen beziehen kann. Wenn man z. B. zu seinem Partner sagt „Wir sollten separate Wege gehen", dann

167 Vgl. Kittay 1987, 224–230. Kittay beschreibt die Struktur semantischer Felder noch weitaus detaillierter als hier dargestellt. Diese grobe Charakterisierung reicht aber für den Überblick über ihren Ansatz aus, der hier gegeben werden soll.

168 Kittay trifft eine grobe Unterscheidung zwischen aktiven und toten Metaphern. Die Menge der aktiven Metaphern kann wiederum in lebendige und konventionalisierte aktive Metaphern unterteilt werden.

169 Vgl. Kittay 1987, 296–299.

170 Vgl. Kittay 1987, 288 f.

171 Die von ihnen begründete konzeptuelle Metapherntheorie wird ausführlicher in den 5.1 zugeordneten Abschnitten vorgestellt und diskutiert.

setzt man nach Lakoff dabei die konzeptuelle Metapher LIEBE IST EINE REISE[172] voraus. An diese grundlegendere Strukturierung von Liebesbeziehungen kann man dann auch mit Äußerungen wie „Ich denke, wir sind in einer Sackgasse" oder „Wir sind vom Weg abgekommen" oder „Wir fahren schnell auf der Straße der Liebe" anknüpfen.[173] Es ist vor dem Hintergrund der Theorie von Lakoff/Johnson dementsprechend nicht verwunderlich, dass die Prozessierungszeiten für fortgesetzte Metaphern geringer sind als für neu etablierte, wie es sich in dem Experiment von Gentner et al. gezeigt hat.[174]

Für Lynne Tirrell spricht der Umstand, dass ein Rezipient eine Metapher aufgreifen und erweitern kann, dafür, dass er die Metapher begriffen hat. Tirrell ist bemüht, hierbei eine Analogie zwischen Metaphern und pronominalen Anaphern herauszuarbeiten. Eine solche Anapher ist z. B. in der folgenden Äußerung enthalten: „Johannes ist heute wieder in die Schule gegangen, weil er keine Erkältung mehr hat. Er hat viel Tee getrunken und sich in den letzten Tagen geschont.". Die beiden Vorkommnisse des Pronomens „er" beziehen sich in diesen Sätzen anaphorisch zurück auf „Johannes" und erhalten ihre Referenz durch diesen Ausdruck. Die pronominale Anapher zeichnet sich dementsprechend durch eine Rückbindung der Referenz eines Pronomens an einen bestimmten vorausgehenden Ausdruck aus.[175] Analog zu anaphorischen Verbindungen sind nach Tirrell auch die Erweiterungen von Metaphern an eine bestimmte Ausgangsmetapher gebunden. Wenn man z. B. sagt, „Leonie ist ein Buch, das ich gerne lese und das auf jeder Seite neue Überraschungen birgt", d a n n sind die Interpretationen von „lesen" und „Überraschungen bergen" abhängig von der Ausgangsmetapher „Leonie ist ein Buch". Mit der Ausgangsmetapher erschafft der Sprecher somit den Beginn einer potenziellen metaphorischen Erweiterung. Dies ist möglich, weil der metaphorisch gebrauchte Ausdruck mit zahlreichen Abhängigkeits-Relationen (Dependence Relations) verknüpft ist, die im Falle der Erweiterung einer Metapher aufgegriffen werden.[176] Tirrell geht so weit zu behaupten, dass die Fähigkeit,

172 Wie bereits in Abschnitt 2.4.3 erwähnt wurde, werden, wie in der Literatur üblich, für die Wiedergabe konzeptueller Metaphern Großbuchstaben verwendet. Dies soll kenntlich machen, dass hierbei Konzepte bzw. konzeptuelle Domänen und nicht Ausdrücke ins Verhältnis gesetzt werden.

173 Vgl. Lakoff 1993, 209 f.

174 Vgl. Gentner/Bowdle/Wolff/Boronat 2001, 211–215.

175 Vgl. Tirrell 1989, 19 f. Diese Verwendung von dem Ausdruck „Anapher" darf nicht mit der Verwendung dieses Ausdrucks in der Rhetorik verwechselt werden. Dort bezeichnet eine Anapher ein Stilmittel, bei dem ein Ausdruck am Satz-, Strophen- oder Versanfang wiederholt wird.

176 Vgl. Tirrell 1989, 23–25.

eine Metapher zu erweitern, entscheidend dafür ist, um zu begreifen, was es heißt, einen Ausdruck metaphorisch zu verstehen.[177]

Die Ansätze von Goodman, Kittay, Lakoff und Tirrell, die nur in den Grundzügen dargestellt wurden, sollen hier exemplarisch als weitere Argumente für das Vorhandensein interpretativer Strukturen bei der Deutung von Metaphern verstanden werden. Im Folgenden soll gezeigt werden, wie man die Kategorisierungstheorie und die Structure-Mapping-Theorie fruchtbar zueinander in Beziehung setzen kann.

2.6.5 Anforderungen an die Interpretation von Metaphern: Eine Vermittlung zwischen Structure-Mapping und Kategorisierungstheorie

Es stellt sich abschließend die Frage, auf der Basis welchen Modells man die Struktur der kognitiven Prozesse, die mit der Interpretation von Metaphern verbunden ist, insgesamt am plausibelsten beschreiben kann. Vertreter der Kategorisierungstheorie haben, wie erläutert wurde, an der Structure-Mapping-Theorie u. a. kritisiert, dass sie die strenge Nicht-Umkehrbarkeit von Metaphern nicht erklären kann. Zudem können vergleichsbasierte Ansätze wie das Structure-Mapping gemäß Vertretern der Kategorisierungstheorie nicht verständlich machen, wie es möglich ist, dass man Metaphern interpretiert, bei denen die Zieldomäne praktisch unbekannt ist. Es ist auf der Basis der angestellten Überlegungen aber fraglich, wie stichhaltig diese Einwände tatsächlich sind. Auch Vertreter der Structure-Mapping-Theorie gehen davon aus, dass Metaphern direktional und damit grundsätzlich verschieden von wörtlichen Vergleichen sind. Bei dem Prozess der Projektion werden immer Eigenschaften von der besser und klarer strukturierten Ausgangsdomäne auf die Zieldomäne übertragen. Vertreter der Kategorisierungstheorie müssten, um ein wirklich starkes Argument gegen das Structure-Mapping vorzubringen, zeigen, dass die Direktionalität von Metaphern *nur* auf der Basis von Subsumptionsprozessen erklärt werden kann. Dies ist aber angesichts der von Tversky und Ortony gezeigten Direktionalität vieler, auch gewöhnlicher Vergleiche eine wenig plausible These. Auch Aussagen wie „Nordkorea ist wie das rote China" sind, wie dargelegt wurde, zu einem gewissen Grad asymmetrisch, aber offensichtlich keine Subsumptionen.

In Bezug auf die zweite Kritik von Vertretern der Kategorisierungstheorie muss zugestanden werden, dass es gemäß der Structure-Mapping-Theorie tatsächlich schwierig ist, interessante strukturelle Gemeinsamkeiten zu erschließen,

177 Vgl. Tirrell 1989, 31f.

wenn man die Zieldomäne kaum kennt. Im Prozess der strukturellen Abgleichung können in diesem Fall nur wenige gemeinsame Eigenschaften extrahiert werden. Vertreter der Kategorisierungstheorie müssen an dieser Stelle aber zugeben, dass es allgemein schwierig ist, lebendige Metaphern zu bilden, wenn z. B. die Eigenschaften, welche mit der Zieldomäne verbunden sind, weitgehend unbekannt sind. Wenn jemand z. B. über eine völlig unbekannte Person sagt, dass sie eine Schneeflocke sei, ist es schwierig, diesen Satz angemessen zu interpretieren. Man hat hier dann nur die sehr allgemeine Information von der Zieldomäne, dass es sich um einen Menschen handelt. Das alleine ist aber zu wenig Information, um zu erschließen, weshalb es angemessen sein könnte, genau diese Person als Schneeflocke zu bezeichnen. Da die Structure-Mapping-Theorie verbunden mit der Annahme der Entwicklung der Metapher einen prinzipiellen Unterschied zwischen lebendigen und konventionalisierten bzw. toten Metaphern geltend machen kann, scheint sie an dieser Stelle, entgegen dem Vorwurf von Vertretern der Kategorisierungstheorie, sogar überzeugender zu sein. Auf der Basis der Structure-Mapping-Theorie kann auf diese Weise nämlich plausibel erklärt werden, weshalb neue Metaphern im Gegensatz zu konventionalisierten bei unbekannten Zieldomänen nur schwer verständlich und kaum von kommunikativem Nutzen sind. Im Modell der Kategorisierungstheorie kann nur das Verhalten relativ stark konventionalisierter Metaphern erklärt werden.

Gegen die Kategorisierungstheorie kann darüber hinaus, wie oben erläutert, geltend gemacht werden, dass sie Probleme hat, die interpretativen Strukturen zu erklären, die mithilfe von Metapher etabliert werden. Bei der Deutung von Metaphern werden nicht nur bestimmte, von der Ausgangsdomäne abgeleitete abstrakte Kategorien erschlossen, sondern auch gemeinsame Strukturen zwischen Ausgangs und Zieldomäne extrahiert, die den Ausgangspunkt für weitere Metaphern bilden können. Dafür sprechen zunächst einmal die erläuterten Ergebnisse der Experimente, die Gentner et al. zu diesem Thema gemacht haben. Darüber hinaus kann man argumentieren, dass gerade bei komplexeren bzw. interessanteren Metaphern die Überlagerung von verschiedenen konzeptuellen Domänen und der Strukturabgleich zwischen diesen entscheidend für das Verständnis ist. Dies kann gut an dem folgenden Gedicht namens „Fog“ von Carl Sandburg gezeigt werden:

The fog came
on little cat feet

It sits looking
over harbor and city

on silent haunches
and then moves on.[178]

In diesem Gedicht wird der Nebel metaphorisch als Katze umschrieben. Es erscheint unzutreffend, die Interpretation dieses Gedichtes nur darauf zu beschränken, dass hier die abstrakten Kategorien *little cat feet**, *looking over harbour and city** und *on silent haunches** gebildet werden, die dann von dem Subjekt „Nebel" prädiziert werden. Stattdessen wird das Bild vor Augen geführt, wie eine Katze durch die Stadt schleicht, das zugleich mit dem Konzept von Nebel überlagert wird, sodass man dazu angeregt ist, gemeinsame Strukturen zwischen dem Kommen und Gehen von Nebel und dem Kommen und Gehen einer Katze zu extrahieren. In diesem Zusammenhang erscheint Eva F. Kittays Ansicht plausibel, dass eines der wesentlichen Kriterien von Metaphorizität gerade darin besteht, dass zwei semantische Felder *zugleich aktiv* sind. In dem Moment, in welchem das Spannungsverhältnis zwischen den beiden semantischen Feldern verloren geht, stirbt die Metapher. Vertreter der Kategorisierungstheorie versuchen Metaphorizität im Gegensatz dazu vor allem dadurch zu definieren, wie angemessen die Kategorisierungsform für eine Metapher ist und wie deutlich die „dual reference" erkennbar ist. Daraus würde folgen, dass stark konventionalisierte Metaphern wie „Die Pizza war ein Gedicht" oder „Seine Argumentation hat kein Fundament" als im höchsten Grade metaphorisch angesehen werden müssten. Auf wirklich lebendige und anspruchsvollere Metaphern, wie sie z. B. in poetischen Kontexten gebraucht werden, kann die Kategorisierungstheorie, wie an dem Gedicht von Carl Sandburg deutlich wurde, nicht überzeugend angewendet werden.

Trotz dieser überzeugenden Erwiderungen gegenüber einigen Einwänden von Vertretern der Kategorisierungstheorie ist die Structure-Mapping-Theorie aber allgemein mit dem Problem konfrontiert, dass sie den Einfluss der spezifischen Kontexte, in denen Metaphern vorkommen, nicht ausreichend berücksichtigt. Dies zeigt sich auch daran, dass der Grad der Salienz einer bestimmten Eigenschaft in einer bestimmten Kultur oder Gemeinschaft nicht angemessen in der Theorie repräsentiert wird. Die Interpretation der Sätze (25) bis (27) beruht z. B. auf denselben strukturellen Ähnlichkeiten zwischen Gedanken von Einstein und Gold bzw. Silber oder Platin. Dennoch ist Satz (25), in welchem die Gedanken Einsteins mit Gold ins Verhältnis gesetzt werden, wie erläutert wurde, angemessener als die Sätze (26) und (27). Allgemein wird diejenige Interpretation bevorzugt, die in dem jeweiligen Gesprächskontext den relevantesten bzw. angemessensten Beitrag

178 Sandburg 1950, 33.

leistet. An folgenden Sätzen kann gezeigt werden, dass eine Fokussierung allein auf strukturelle Übereinstimmungen häufig zu kurz greift, um die Struktur der kognitiven Prozesse, die mit der Interpretation von Metaphern verbunden sind, adäquat zu beschreiben:

(33) Petra ist eine Giraffe.
(34) Franz ist eine Maus.
(35) Leroy Sané ist kein Cristiano Ronaldo.

Der Satz (33) wurde schon als Herausforderung für die Structure-Mapping-Theorie angeführt, weil hier nur attributive und keine relevanten relationalen Eigenschaften zwischen den beiden verglichenen Domänen übereinstimmen. Die Erklärung, weshalb hier genau die Eigenschaft der Größe von der Giraffe auf Petra übertragen wird, kann dementsprechend nicht darin liegen, dass es sich dabei um eine besonders tiefgreifende strukturelle Eigenschaft handelt, die sowohl Petra als auch Giraffen besitzen. Wenn man nur die Struktur der Eigenschaften betrachtet, ist es schwierig zu erklären, weshalb nicht z. B. die Eigenschaften übertragen werden, dass Giraffen Säugetiere sind, sich vegetarisch ernähren oder vornehmlich in Afrika leben. Es wäre von all diesen Eigenschaften denkbar, dass sie auch auf Petra zutreffen. Der Grund, weshalb hier für gewöhnlich aber die besondere Größe vor allem des Halses von Giraffen auf die Zieldomäne, also in diesem Fall auf Petra, projiziert wird, liegt ganz einfach darin, dass dies eine besonders saliente, d. h. hervorstechende Eigenschaft von Giraffen darstellt. Satz (34) scheint isoliert betrachtet auf verschiedene Art und Weise sinnvoll interpretierbar zu sein. Einmal könnte damit ausgedrückt werden, dass Franz besonders ängstlich ist und wie Mäuse sehr schnell flüchtet, sobald er in schwierige Situationen kommt. Ebenso wäre es aber möglich, dass der Satz so gedeutet wird, dass Franz besonders klein und flink ist. Welche dieser Interpretationen gewählt wird, d. h., welche Eigenschaft letztendlich auf Franz übertragen wird, hängt auch davon ab, was der Kontext der Äußerung ist und was in der betreffenden Gesprächssituation einen angemessenen Beitrag darstellt. Falls Franz z. B. ein kleines Kind ist, das den Ball, der unter das Sofa gerollt ist, geschickt wieder hervorholen kann, wird man eher die zweite der skizzierten möglichen Interpretationen wählen. Falls aber in dem Gesprächskontext ein angemessener Beitrag ist, dass Franz, wenn Gäste ins Haus kommen, immer direkt verschwindet, wäre die erste Deutung passender. Die Frage, welche dieser beiden Eigenschaften strukturell tiefgreifender und basaler ist, spielt bei der Entscheidung, welche als angemessener Kandidat für eine Übertragung ausgewählt wird, nicht die entscheidende Rolle.

Mit (35) werden schließlich bestimmte Eigenschaften dem Fußballspieler Leroy Sané abgesprochen. Um welche es sich hier handelt, hängt davon ab, wie man den Ausdruck „Cristiano Ronaldo" metaphorisch deutet. Wegen der Negation zeigt sich hier zunächst das Problem, dass keine gemeinsamen, sondern unterschiedliche Eigenschaften gesucht werden müssen. Den Fokus der Suche bilden hier also Disanalogien und keine Analogien. Man kann an dieser Stelle aber zugunsten der Structure-Mapping-Theorie argumentieren, dass man Disanalogien eben auch vor dem Hintergrund eines Abgleichens von Strukturen in Abgrenzung von den Analogien erschließen kann. Die Frage, auf welche Disanalogien hier hingewiesen werden soll, kann aber wiederum nicht allein vor dem Hintergrund struktureller Kriterien entschieden werden, wie z. B., ob die disanalogen Strukturen in den jeweiligen Domänen besonders tiefgreifend sind. Es scheint stattdessen auch hier der Gesprächskontext eine entscheidende Rolle bei der Bestimmung der Bedeutung dieser Metapher zu spielen. So wäre es z. B. denkbar, dass (35) in einer Diskussion darüber geäußert wird, wieviel Bayern München sich den Transfer von Leroy Sané kosten lassen sollte. In diesem Zusammenhang könnte damit so etwas ausgedrückt werden wie, dass Leroy Sané kein absoluter Spitzenfussballer wie Cristiano Ronaldo ist, der einen Kaufpreis von über 100 Millionen Euro wert ist. In einem anderen Kontext, in dem es um Steuerhinterziehung geht, wäre es auch denkbar, dass mit (35) kommuniziert wird, dass Leroy Sané dahingehend Cristiano Ronaldo unähnlich ist, dass er keine Steuern hinterzogen hat.

In Bezug auf die Berücksichtigung solch kontextueller bzw. pragmatischer Faktoren ist die Kategorisierungstheorie dem Structure-Mapping-Modell überlegen. Die Bildung abstrakter Kategorien impliziert nämlich für Vertreter der Kategorisierungstheorie die Suche nach bestimmten Eigenschaften, die in einer spezifischen Gesprächssituation das angemessenste und relevanteste Ergebnis liefern, wenn man sie über die jeweiligen Objekte aussagt. Da das Modell der Kategorisierungstheorie aber insgesamt mit den erläuterten Problemen verbunden ist, dass im Rahmen von diesem sowohl lebendige bzw. wenig konventionalisierte Metaphern als auch die durch metaphorische Deutungen etablierten interpretativen Strukturen nur schwer erklärt werden können, muss ein Modell gefunden werden, das Einsichten aus den beiden vorgestellten Ansätzen verbindet. Die Basis für ein solches Modell können Überlegungen von Keith J. Holyoak und Paul Thagard bilden. Ihnen gemäß müssen bei der Interpretation von Analogien im Allgemeinen Faktoren wie die Konversation, in der die Analogien formuliert werden, und dasjenige, was relativ zum Hintergrund des Gesprächs mit den Analogien gezeigt werden soll, berücksichtigt werden. Die strukturelle Übereinstimmung von bestimmten Eigenschaften allein ist folglich gemäß ihrem Ansatz noch nicht hinreichend um festzulegen, welche Eigenschaften in einem bestimmten Kontext mithilfe einer Analogie von der Ausgangs- auf die Zieldomäne übertragen werden sollen.[179]

Gemäß dem Modell von Holyoak und Thagard müssen die Interpretationen von Analogien im Allgemeinen drei Restriktionen (Constraints) bzw. Arten des Drucks (Pressures) gerecht werden. Die erste Restriktion nennen sie die Anforderung nach struktureller Konsistenz. Eine Analogie sollte dementsprechend möglichst auf gemeinsamen Strukturen zwischen den beiden Domänen beruhen, die ins Verhältnis gesetzt werden. Die Übereinstimmungen der Strukturen nennen sie „Isomorphismen". Hier handelt es sich gemäß ihrer Theorie um Übereinstimmungen von Objekten, Eigenschaften und Propositionen zwischen den beiden Domänen, die *strukturell konsistent* sind. Mit Letzterem meinen Holyoak und Thagard, dass die Korrespondenzen zwischen Propositionen, Prädikation und Objekten nicht z. B. mehrfach auftreten. Eine Relation zwischen zwei Objekten o_i – Rk – o_j sollte dementsprechend über eine „mapping function" auf die jeweils andere Domäne so übertragen werden, dass ihr genau eine entsprechende Relation $o_i{*}$ – Rk* – $o_j{*}$ entspricht. Die Übertragung sollte, damit sie konsistent ist, also eins zu eins (one to one) erfolgen, sodass jedem Element der einen Domäne genau ein entsprechendes Element in der anderen, dazu analogen Domäne entspricht. Holyoak/Thagard räumen aber selbst ein, dass eine solche Forderung bei vielen Analogien häufig nicht erfüllbar ist. Sie gestehen dementsprechend zu, dass man auch unvollständige Analogien wertvoll in einer Interpretation auswerten kann.[180]

Die zweite Restriktion besteht in bestimmten semantischen Anforderungen. Diese zeichnen sich nach Holyoak/Thagard dadurch aus, dass nicht nur die formale Struktur der Relationen, sondern auch die Frage nach der Ähnlichkeit dieser Relationen eine Rolle für die Interpretation und Auswertung einer Analogie spielt. Holyoak/Thagard nennen als Beispiel hierfür die Analogien zwischen den Sätzen „John ist größer als Bill und Bill ist größer als Sam", „Mary ist schwerer als Susan und Susan ist schwerer als Beth" sowie „Kommunismus ist radikaler als Sozialismus und Sozialismus ist radikaler als Kapitalismus". Gemäß Holyoak/Thagard sind die strukturellen Analogien zwischen diesen Sätzen dieselben. Es bestehen aber Unterschiede hinsichtlich der semantischen Ähnlichkeit zwischen den jeweiligen ausgedrückten Relationen. Die Relationen, die im ersten und im zweiten Satz ausgedrückt werden, scheinen nämlich einander ähnlicher zu sein als jeweils im Vergleich zu der Relation, die im dritten Satz ausgedrückt wird. Der Grund dafür ist, dass die Prädikate „ist größer" und „ist schwerer" einander

---

179 Vgl. Holyoak/Thagard 1989, 295–298.
180 Vgl. Holyoak/Thagard 1989, 299–301.

ähnlicher erscheinen als „ist radikaler“ und „ist größer“ sowie „ist radikaler“ und „ist schwerer“.[181]

Als dritte Einschränkung schließlich nennen Holyoak/Thagard die Anforderung der pragmatischen Zentralität (pragmatic centrality). Diese umfasst den Einfluss von Zwecken und Zielen, die in einem Kontext mit einer bestimmten Analogie verbunden werden. Diese Ziele und Anliegen sind nach ihnen nicht bloß nachträglich auf den Analogieprozess anwendbar, sondern beeinflussen ganz wesentlich, wie er abläuft. Bestimmte analoge Elemente werden dementsprechend nämlich als zentraler als andere gekennzeichnet und erhalten somit eine höhere Relevanz für die Interpretation der betreffenden Analogie.[182]

Der Ansatz von Holyoak/Thagard ist deswegen besonders interessant, weil er die Suche nach strukturellen Gemeinsamkeiten zwischen verschiedenen Domänen mit spezifischen kontextuellen und auf die Gesprächssituation bezogenen Faktoren verbindet. Es soll im Folgenden allerdings nur das Grundschema von

181 Vgl. Holyoak/Thagard 1989, 301. Das semantische Kriterium besitzt eine große Ähnlichkeit zu der von Mary B. Hesse formulierten Anforderung, dass bei gültigen Analogieschlüssen auch „materielle Analogien“ vorliegen sollten. Im Gegensatz zu formalen Analogien, die nur auf strukturellen Gemeinsamkeiten zwischen ins analoge Verhältnis gesetzten Domänen beruhen, beruhen materielle Analogien nach Hesse auf oberflächlichen Ähnlichkeiten zwischen beobachtbaren Eigenschaften der verglichenen Domänen. Als Beispiel für eine solche oberflächliche Ähnlichkeit nennt Hesse z. B. Eigenschaften von Licht und Schall. Es gibt auf der einen Seite verschiedene Höhen von Tönen und auf der anderen Seite verschiedene Farben, in denen Licht wahrgenommen werden kann. Darüber hinaus können sowohl Schall als auch Licht reflektiert werden. Diese Ähnlichkeiten sind nach Hesse prätheoretisch. Sie sind also nicht die Folge der Interpretation verschiedener Phänomene mit derselben Theorie, sondern beruhen auf erfahrenen Ähnlichkeiten (vgl. Hesse 1966, 67–71).

182 Vgl. Holyoak/Thagard 1989, 302–304. Holyoak/Thagard haben auch einen Algorithmus namens ACME entwickelt, mit dem sie ihre Theorie zumindest im Rahmen der Abstraktion, die der Algorithmus von unserem tatsächlichen Denken darstellt, testen konnten. Sie haben ACME dabei auch auf die Metapher „Sokrates ist eine Hebamme“ angewendet. Interessanterweise hat sich hierbei gezeigt, dass sowohl die bereitgestellte Information über Sokrates und Hebammen als auch eine Favorisierung mancher Eigenschaften, was eine pragmatische Zentralität oder besondere Relevanz dieser Eigenschaften widerspiegeln sollte, signifikante Auswirkungen auf die Deutung der Metapher hatten. So haben unnötige zusätzliche Informationen über Sokrates den Prozess der Interpretation deutlich verlangsamt und schlechtere Ergebnisse zur Folge gehabt. Wenn zusätzlich zu dieser unnötigen Information noch eine pragmatische Gewichtung eingeführt wurde, hat sich wiederum die Qualität der Ergebnisse verbessert und die Anzahl der nötigen Rechenzyklen signifikant reduziert. Das beste und schnellste Ergebnis hat allerdings der Durchlauf erzeugt, bei dem keine unnötigen Informationen über Sokrates ergänzt wurden. Die pragmatischen Gewichtungen hatten dementsprechend also einen positiven Einfluss, waren aber allein nicht hinreichend für eine gute und schnelle Deutung einer Metapher (vgl. Holyoak/Thagard 1989, 344–347).

Holyoak/Thagard übernommen werden, wonach bei der Interpretation von Metaphern drei Einflussfaktoren unterschieden werden müssen. Die verschiedenen Faktoren sollen aber allgemein als „Anforderungen" an eine gelungene Interpretation und nicht als Restriktionen verstanden werden. Es ist nämlich nicht so, dass man Interpretationen, die diesen Kriterien nicht genügen, nicht vornehmen *kann*. Diese Kriterien bilden stattdessen Anforderungen für besonders gute und angemessene Interpretationen von Analogien bzw. Metaphern. Des Weiteren sollen auch die Inhalte dieser Anforderungen nur sehr allgemein von dem Ansatz von Holyoak/Thagard übernommen werden. Die strukturellen Anforderungen sollen hierbei dem vorgestellten Ansatz der Structure-Mapping-Theorie folgen und nicht dem Modell, das Holyoak/Thagard entwickelt haben. Dies ist zum einen damit begründet, dass die Structure-Mapping-Theorie mit einer Unterscheidung verschiedener Stufen der Interpretation deutlich detaillierter ausgearbeitet ist als der Ansatz von Holyoak/Thagard. Außerdem ist die Forderung nach „isomorphen" Strukturen für die Interpretation von Analogien, wie Holyoak/Thagard interessanterweise selbst zugeben, in den meisten Fällen nicht zielführend. Vor allem bei der Interpretation von Metaphern erscheinen solche strengen Anforderungen überzogen. Das Systematizitätsprinzip, nach dem gemäß der Structure-Mapping-Theorie nach möglichst tiefgreifenden strukturellen Übereinstimmungen von Eigenschaften in den beiden ins Verhältnis gesetzten Domänen gesucht werden soll, stellt hingegen eine gute Heuristik für die Beschreibung der Interpretationsprozesse von Metaphern dar. Zudem kann mit dem Mechanismus der Projektion die Direktionalität von Metaphern plausibel erklärt werden.

Die pragmatischen Anforderungen an die Interpretation einer Metapher sollen im Folgenden etwas weiter verstanden werden als im Modell von Holyoak/Thagard. In diesem Bereich sollen nicht nur bestimmte Ziele eines Gespräch, sondern auch allgemeine Informationen über den Kontext, wie die Salienz bestimmter Eigenschaften ebenso wie die Rolle von Sprechererwartungen und Präsuppositionen fallen. Die Ebene der „Pragmatik" soll hierbei grob als der Bereich verstanden werden, in dem Kriterien für eine gelungene Kommunikation hinsichtlich des Gebrauchs von Sprache in den Blick genommen werden. Für die Metapherntheorie, die in dieser Arbeit entwickelt wird, spielen bezüglich der pragmatischen Einflüsse auf die Interpretation von Metaphern die pragmatischen Präsuppositionen, die ausführlicher in den 4.4.3 zugeordneten Abschnitten erläutert werden, eine entscheidende Rolle.

Die genannten semantischen Anforderungen sollen etwas anders definiert werden als bei Holyoak/Thagard. Die von ihnen dieser Kategorie zugeschriebenen Anforderungen können zwar bei der Interpretation von Metaphern eine Rolle spielen, sind aber, wenn man diese, wie oben erläutert, etwas weiter versteht als bei Holyoak/Thagard, besser den pragmatischen Anforderungen zuzuschreiben.

Wenn man z. B. „Ferdinand ist ein Fisch“ so interpretiert, dass Ferdinand sehr oft im Wasser ist, könnte man behaupten, dass die Übertragung auf der semantischen Nähe bestimmter Eigenschaften der ins Verhältnis gesetzten Domänen besteht. Die Eigenschaft, dass Fische im Wasser leben und die Eigenschaft, dass Ferdinand gerne schwimmt, sind semantisch sehr ähnlich. Im Sinne der Structure-Mapping-Theorie würde dies als die Übertragung einer attributiven und keiner relationalen Eigenschaft beschrieben werden. Allerdings scheint der Grund für die Übertragung dieser Eigenschaft in erster Linie in ihrer Salienz sowie in der Angemessenheit dieser Übertragung in dem Äußerungskontext bzw. der Gesprächssituation zu liegen. Es liegt nicht in dem schlichten Umstand begründet, dass es sich hier um eine geteilte oberflächliche Eigenschaft handelt. Die Kategorie der semantischen Anforderungen soll aber nicht einfach aufgegeben werden. Wie in Kapitel 4 ausführlich erläutert werden wird, gibt es gemäß dem in dieser Arbeit vorgestellten Modell spezifische Anforderungen an die Interpretation von Metaphern, die aus den linguistischen Eigenschaften der metaphorisch verstandenen Ausdrücke folgen. Diese Anforderungen an die Interpretation von Metaphern sollen als die semantischen Anforderungen bezeichnet werden. An dieser Stelle unterscheidet sich die Theorie, die in dieser Arbeit entwickelt wird, auch insofern von dem Modell von Holyoak/Thagard, als diese semantischen Anforderungen nicht für Analogien im Allgemeinen gelten. Wie in Kapitel 4 gezeigt werden wird, unterliegen Vergleiche z. B. nicht denselben semantischen Anforderungen wie Metaphern, weil die in Vergleichen verwendeten Ausdrücke andere linguistische Eigenschaften als metaphorisch verstandene Ausdrücke besitzen.

Mit diesen Überlegungen ist nun der Rahmen für ein plausibles Modell zur Beschreibung der mit Metaphern verbundenen kognitiven Prozesse geschaffen. Es können mit diesem auch die Unterschiede in der Art der Interpretation zwischen verschiedenen Arten von Metaphern beschrieben werden. Bei stärker konventionalisierten Metaphern spielt demnach die Suche nach strukturellen Gemeinsamkeiten eine weniger zentrale Rolle. Hier ist stattdessen häufig, wie Vertreter der Kategorisierungstheorie dies postulieren, ein „short cut“ auf bestimmte abstrakte Kategorien möglich. Je lebendiger Metaphern jedoch werden, desto mehr bildet die Suche nach tiefgreifenden strukturellen Gemeinsamkeiten eine zielführende Heuristik. Die verschiedenen Anforderungen sind darüber hinaus bei der Interpretation einer Metapher eng miteinander verknüpft und laufen nicht z. B. seriell ab. Es werden dementsprechend normalerweise nicht erst verschiedene mögliche Analogien gesucht, die darauf geprüft werden, ob sie in dem jeweiligen Kontext angemessene Deutungen darstellen. Vielmehr beeinflussen die pragmatischen und semantischen Faktoren schon, nach welchen gemeinsamen

Strukturen überhaupt erst gesucht wird, um in dem jeweiligen Äußerungskontext eine angemessene Interpretation zu erreichen. Im folgenden letzten Abschnitt dieses Kapitels soll noch einmal abschließend das Verhältnis von Metaphern und Ähnlichkeit thematisiert werden.

2.7 Schlussüberlegungen zum Verhältnis von Metaphern und Ähnlichkeit

Zusammengefasst kann festgehalten werden, dass plausible und verständliche Metaphern immer bestimmte Ähnlichkeiten zwischen den ins Verhältnis gesetzten Gegenstandsbereichen voraussetzen. Diese Ähnlichkeiten müssen aber nicht schon allgemein bekannt und präsupponiert sein. Auf der Stufe, die im Zuge der Erläuterung der Structure-Mapping-Theorie als „Projektion" beschrieben wurde, werden unter Umständen *bisher nicht gesehene* Ähnlichkeiten herausgegriffen und betont. Die damit verbundene Eröffnung neuer und ungewohnter Perspektiven auf die Zieldomäne ist dasjenige, was im eingeschränkten Sinne als die Etablierung bzw. Erzeugung von Ähnlichkeiten verstanden werden kann. Dass es sich hier um keine Erzeugung von Ähnlichkeiten in dem Sinne handelt, dass man einfach vollkommen neue Gemeinsamkeiten konstituieren kann, sieht man daran, dass nicht jede Übertragung von Eigenschaften möglich ist. Um eine Metapher überhaupt erst verstehen zu können, muss es *plausiblerweise annehmbar* sein, dass die betreffende Eigenschaft der Zieldomäne zugeschrieben werden kann. Falls dies nicht der Fall ist, handelt es sich um eine misslungene bzw. obskure und damit nicht interpretierbare Metapher. Ein Satz wie „Ein Bienennest ist ein Eisblock" ist z. B. nicht wirklich verständlich, weil hier nicht plausiblerweise annehmbar ist, dass relevante gemeinsame Eigenschaften vorliegen. Auch wenn man es wollte, könnte man hier keine Ähnlichkeit erzeugen. Dies gilt auch für z. B. Metaphern über die Zeit. Da die wirkliche Natur der Zeit aber umstritten und nur schwer zugänglich ist, besteht hier mehr Spielraum für die Übertragung von Eigenschaften aus anderen Domänen.[183]

Die entwickelte Theorie über die strukturellen, pragmatischen und semantischen Anforderungen an die Interpretation einer Metapher ist an dieser Stelle hilfreich, um die Rolle der Ähnlichkeit zwischen den ins Verhältnis gesetzten Domänen genauer zu bestimmen. Auch wenn besonders tiefgreifende strukturelle

---

183 Auch hier sind aber selbstverständlich Beschränkungen vorhanden. Die Aussage „Die Zeit ist ein Salatblatt" erscheint gar nicht oder nur sehr schwer sinnvoll interpretierbar zu sein. Weder phänomenologisch noch strukturell scheinen relevante Ähnlichkeiten zwischen der Zeit und einem Salatblatt herstellbar zu sein.

Ähnlichkeiten häufig den Schlüssel für die Interpretation einer Metapher bilden, sind sie als solche weder ein hinreichendes noch ein notwendiges Kriterium für die Bestimmung des mit einer Metapher ausgedrückten Gehaltes. Hier spielen immer auch pragmatische Faktoren, wie die Salienz bestimmter Eigenschaften, sowie die Angemessenheit einer bestimmten Interpretation im Äußerungskontext entscheidende Rollen. Der Grund, weshalb man im Falle von (33) auf den langen Hals oder die Größe von Giraffen fokussiert, liegt z. B. nicht darin, dass diese Eigenschaft strukturell grundlegender ist als andere. Die Ähnlichkeit als solche ist hier also nicht die treibende Kraft dafür, wie die Metapher interpretiert wird. Sie hat aber eine gewisse einschränkende Funktion. Es muss nämlich, wie erläutert, immer zumindest prinzipiell und plausiblerweise möglich sein, die betreffende Eigenschaft auf die Zieldomäne zu übertragen. Auch wenn man z. B. nicht der Meinung ist, dass Petra einen langen Hals hat, kann man die Eigenschaft eines langen Halses übertragen, weil sie als Mensch auch wie eine Giraffe einen Hals besitzt, der länger oder kürzer sein kann. Falls man aber z. B. „Das neue Buch von Benedict Wells ist eine Giraffe" sagt, ist die saliente Eigenschaft nicht übertragbar, weil sie nicht sinnvollerweise von einem Buch ausgesagt werden kann. Dass eine relevante Ähnlichkeit zwischen den ins Verhältnis gesetzten Domänen plausiblerweise annehmbar ist, stellt dementsprechend eine notwendige Bedingung für die Interpretierbarkeit einer Metapher dar. Falls keine relevante Eigenschaft der Ausgangsdomäne auf die Zieldomäne übertragbar ist, bleibt eine als Metapher intendierte Äußerung unverständlich. Dies heißt natürlich nicht, dass Ähnlichkeit immer *nur* eine einschränkende Funktion hat. Sie kann, wenn besonders tiefgreifende Eigenschaften übereinstimmen, auch als treibende Kraft ausschlaggebend dafür sein, wie die Metapher gedeutet wird, indem sie bestimmte, strukturell interessante Eigenschaften in den Mittelpunkt rückt. Bei der Äußerung „Sokrates ist eine Hebamme" ist es z. B. nicht die Salienz einer bestimmten Eigenschaft, durch die erschlossen wird, welche Eigenschaft auf Sokrates übertragen wird. Die Übertragung salienter Eigenschaften der Ausgangsdomäne wie z. B. „ist besonders sozial", „kümmert sich um Frauen" oder heutzutage „ist ein Beruf, bei dem es Nachwuchsprobleme gibt" ergeben keine besonders sinnvollen Interpretationen dieser Metapher. Interessanter ist hingegen die strukturelle Gemeinsamkeit, dass Sokrates wie Hebammen Menschen dabei hilft, etwas, das in ihnen reift, aus sich hervorzubringen.

An dieser Stelle kann auch der Einwand von Black, Goodman und Davidson aufgegriffen werden, dass die bloße Behauptung von Ähnlichkeiten zwischen verschiedenen Domänen letztlich keinen Erklärungswert besitzt. Dieser Kritik kann so weit zugestimmt werden, dass die Übereinstimmung von Eigenschaften häufig allein nicht hinreichend für die Bestimmung einer angemessenen Interpretation einer Metapher ist. Es müssen dafür, wie erläutert, in vielen Fällen pragmatische Faktoren hinzugezogen werden. Allerdings hat Ähnlichkeit in der Beschränkung der möglichen angemessenen Interpretationen von Metaphern einen gewissen Erklärungswert. Egal wie salient bestimmte Eigenschaften sind, ihre Übertragung auf die Zieldomäne muss zumindest prinzipiell annehmbar sein, um Teil einer sinnvollen Interpretation der Metapher zu werden. Des Weiteren können Ähnlichkeiten, wenn sie auf der Übereinstimmung tiefgreifender struktureller Eigenschaften beruhen, auch den entscheidenden und zentralen Faktor für die Erklärung bilden, weshalb eine Metapher auf eine bestimmte Weise interpretiert wird. Es mag alles irgendwie zu allem ähnlich sein. Aber es besitzt nicht alles zu allem tiefgreifende strukturelle Ähnlichkeiten.

Wenn behauptet wird, dass bei der Interpretation von Metaphern immer notwendigerweise eine gewisse Ähnlichkeit zwischen Ziel- und Ausgangsdomäne angenommen werden muss, ist das nicht als Zustimmung zur Vergleichstheorie der Metapher zu verstehen. Die Vergleichstheorie, wie sie in dieser Arbeit verstanden wird, basiert auf der Annahme, dass alle Metaphern immer ohne Bedeutungsverlust in die *linguistische Struktur* eines Vergleiches überführt werden können. Diese Annahme ist aber, wie in Abschnitt 2.4.2 dargelegt wurde, nicht gerechtfertigt. Aus diesem Grund ist, obwohl gemäß der vorgestellten Argumentation Ähnlichkeitsrelationen immer eine entscheidende Rolle bei der Deutung von Metaphern spielen, die Vergleichstheorie der Metapher abzulehnen.

3 Metaphern zwischen Semantik und Pragmatik

3.1 Überblick

In diesem Kapitel soll in den Blick genommen werden, wie Metaphern im Verhältnis zwischen Sprache und Kommunikation einzuordnen sind. Dazu soll auf eine Unterscheidung zwischen semantischen, pragmatischen und bedeutungsskeptischen Metapherntheorien zurückgegriffen werden. Die Unterscheidung zwischen Semantik und Pragmatik geht auf Charles W. Morris zurück. Er definiert Semantik als die Untersuchung des Verhältnisses zwischen Zeichen und den Objekten, auf die sie angewendet werden können und Pragmatik als die Untersuchung des Verhältnisses zwischen Zeichen und Interpreten. Von diesen beiden Ebenen der Untersuchung grenzt er die Syntax ab, die er als die Untersuchung der Relationen, die Zeichen untereinander haben, charakterisiert.[184] Rudolf Carnap spricht im Anschluss an Morris davon, dass Semantik eine Ebene der Untersuchung der Sprache darstellt, bei der von dem Gebrauch der Sprache durch Sprecher abstrahiert wird. Hier werden stattdessen nur die Ausdrücke und ihre Designationen untersucht. Wenn man auch von den Designationen der Ausdrücke abstrahiert und nur ihre Relation untereinander betrachtet, befindet man sich nach Carnap im Feld der Syntax. Pragmatik schließlich versteht Carnap als die Ebene, auf der keine Abstraktion derart vorgenommen wird und der Gebrauch von Sprache durch Sprecher in den Blick genommen wird.[185] Diese groben Unterscheidungen zwischen Semantik als die Ebene der Bedeutung von Sprache und Pragmatik als der Ebene, auf welcher der Gebrauch von Sprache untersucht wird, soll im Folgenden als Arbeitshypothese verwendet werden, um prinzipielle Unterschiede zwischen verschiedenen Grundpositionen in der Metapherntheorie herauszuarbeiten. Als solche dürfen und sollen diese Charakterisierungen von Semantik und Pragmatik nicht als abschließend angesehen werden. Mögliche nuanciertere Differenzierungen dieser Ebenen, vor allem im Hinblick auf die Rolle von Kontextinformation bei der Interpretation von Ausdrücken, werden in Abschnitt 5.2.2 vorgestellt.

Vertreter semantischer Metapherntheorien gehen davon aus, dass es metaphorische Bedeutungen gibt, welche, im Falle einer metaphorischen Interpretation, die wörtlichen Bedeutungen der betreffenden Ausdrücke ersetzen. Diese Theorien werden deswegen „semantisch“ genannt, weil das Phänomen der Me-

184 Vgl. Morris 1938, 6f.
185 Vgl. Carnap 1942, 9.

https://doi.org/10.1515/9783110732122-004

tapher hier primär auf der Ebene der Bedeutung von Ausdrücken verortet wird. Gemäß Vertretern pragmatischer Metapherntheorien ist die angemessene Ebene zur Analyse von Metaphern der Gebrauch von Sprache durch Sprecher. Metaphern zeichnen sich demnach wesentlich dadurch aus, dass die Bedeutung, welche der Sprecher beabsichtigt mitzuteilen, von derjenigen Bedeutung abweicht, welche der jeweilige Satz auf der wörtlichen, konventionellen bzw. semantischen Ebene besitzt. Gemäß Vertretern der dritten Klasse von Ansätzen, welche hier als „bedeutungsskeptisch" klassifiziert werden, gibt es gar keine spezifischen Bedeutungen, die mit Metaphern über die Ergebnisse der wörtlichen Interpretation hinaus ausgedrückt werden. Die Rolle von Metaphern in unserer Kommunikation besteht gemäß Vertretern dieser Ansätze nicht in der Vermittlung bestimmter z. B. wahrheitsfähiger Gehalte, sondern darin, Perspektiven von einem Gegenstandsbereich auf einen anderen zu werfen. Diese Einteilung von Metapherntheorien deckt sich weitgehend mit der Klassifizierung von Samuel Guttenplan[186] und lässt

---

186 Dieser unterscheidet zunächst zwischen Metapherntheorien, gemäß denen die metaphorisch interpretierten Ausdrücke einen sinnvollen und verständlichen propositionalen Gehalt besitzen und deswegen „content sufficient" sind und solchen, gemäß denen sie keinen sinnvollen und verständlich propositionalen Gehalt besitzen und deswegen als „content insufficient" zu klassifizieren sind. Bei den Theorien, welche den metaphorisch interpretierten Ausdrücken keinen sinnvollen propositionalen Gehalt zuschreiben, unterscheidet er zwischen Ansätzen, gemäß denen Metaphern alternative Gehalte vermitteln und solchen, gemäß denen Metaphern überhaupt keine propositionalen Gehalte vermitteln (vgl. Guttenplan 2006, 334–336). In diesem Schema können die semantischen Metapherntheorien den Ansätzen zugeordnet werden, gemäß denen Metaphern „content sufficient" sind, weil hier die Bedeutung der Ausdrücke durch die metaphorische Deutung geändert wird. Die pragmatischen Metapherntheorien können den Ansätzen zugeordnet werden, nach denen Metaphern „content insufficient" sind, aber zugleich einen alternativen propositionalen Gehalt vermitteln. Es wird hier dementsprechend nicht die Bedeutung der Ausdrücke geändert, sondern eine zusätzliche Bedeutung in den Blick genommen. Bedeutungsskeptische Ansätze schließlich können den Ansätzen zugeordnet werden, gemäß denen Metaphern weder „content sufficient" sind, noch eine alternative Mitteilung in der Form eines propositionalen Gehaltes vermitteln. Die in dieser Arbeit verwendete Klassifikation ist deswegen derjenigen von Guttenplan vorzuziehen, weil Guttenplans Schema Probleme hat, die Phänomene zu erklären, die in dieser Arbeit als „Twice-Apt-" und „Twice-True-Metaphern" bezeichnet werden. Bei diesen ist die wörtliche Interpretation der betreffenden Äußerung nämlich sinnvoll und verständlich und dennoch ist zusätzlich eine metaphorische Deutung möglich. Im Falle solcher Metaphern wäre es dementsprechend schwierig, die Unterscheidung zwischen Ansätzen aufrecht zu erhalten, gemäß denen Metaphern „content sufficient", und solchen, gemäß denen sie „content-insufficient" sind. In der hier verwendeten Klassifikation zwischen semantischen und pragmatischen Theorien bleibt hingegen auch bei Twice-Apt- und Twice-True-Metaphern eine Unterscheidung möglich. Gemäß ersteren erzeugt die metaphorische Deutung eine alternative oder zusätzliche Bedeutung des betreffenden Ausdrucks und gemäß letzteren bleibt bei einer sich auch bei David Hills finden.[187] Diese Klassifizierung soll aber keineswegs als erschöpfend angesehen werden. Vielmehr soll sie einen Rahmen dafür bilden, um bestimmte grundlegende Ansätze bezüglich des Verhältnisses von Metaphern, Sprache und Kommunikation zu charakterisieren. Vor dem Hintergrund der kritischen Diskussion dieser Ansätze sollen Kriterien festgelegt werden, die eine überzeugende Metapherntheorie erfüllen können muss.

Es ist wichtig an dieser Stelle festzuhalten, dass die ausführlich in Kapitel 2 diskutierte Vergleichstheorie keine zu diesen Ansätzen zusätzliche Form der Metapherntheorie darstellt. Stattdessen ist sie sowohl mit den semantischen als auch mit den pragmatischen Metapherntheorien kompatibel.[188] Die Frage, wie Metaphern in Sprache und Kommunikation eingebunden sind, bildet dementsprechend insgesamt einen anderen Blickwinkel auf das Phänomen Metapher als die Frage, auf welche Art und Weise Metaphern mit Vergleichen und Ähnlichkeitsprozessen zusammenhängen.

3.2 Theorien der metaphorischen Wortbedeutung: Semantische Metapherntheorien

3.2.1 Der „Metaphorical Twist" und die Interaktionstheorie

Monroe C. Beardsley spricht davon, dass bei metaphorischen Interpretationen die wörtlichen Bedeutungen von Ausdrücken mit metaphorischen ausgewechselt werden. Er hat für diesen Wechsel den Begriff „metaphorical twist" geprägt.[189]

---

metaphorischen Deutung die Bedeutung des betreffenden Ausdrucks unberührt. Es wird hier aber eine davon abweichende intendierte Sprecherbedeutung postuliert.

187 Die semantischen, pragmatischen und bedeutungsskeptischen Ansätze entsprechen bei Hills in dieser Reihenfolge den Ansätzen, welche er als „Semantic Twist-", „Pragmatic Twist-" und „Brute Force-Accounts" bezeichnet. Hills unterscheidet allerdings noch zahlreiche weitere Ansätze, um die verschiedenen entwickelten Metapherntheorien zu klassifizieren (vgl. Hills 2017).

188 Robert Fogelin dessen Theorie in Abschnitt 2.5.2 vorgestellt wurde, entwickelt seinen vergleichstheoretischen Ansatz z. B. wie erläutert ganz explizit vor dem Hintergrund der Theorie der konversationellen Implikatur von Grice, welche im Folgenden als klassischer Fall einer pragmatischen Metapherntheorie vorgestellt wird (vgl. Fogelin 2011, 2–8). Falls man Metaphern als elliptische Vergleiche versteht, könnte man von einer Form einer semantischen Metapherntheorie sprechen, weil hierbei die wörtlich zu verstehende Bedeutung der betreffenden Äußerung verändert wird. Sie wird in gewissermaßen mit der wörtlichen Bedeutung eines entsprechenden Vergleichs ausgetauscht. Mit den bedeutungsskeptischen Ansätzen ist die Vergleichstheorie hingegen nicht kompatibel, weil hier angenommen wird, dass die Äußerung, die metaphorisch interpretiert wird, keine andere als ihre wörtliche Bedeutung besitzt.

189 Vgl. Beardsley 1962, 293 f.

Gemäß Beardsley ist der Auslöser für einen solchen Umschwung der Bedeutung immer eine gewisse Spannung, die zwischen der linguistischen Umgebung eines bestimmten Ausdruckes und der wörtlichen bzw. Standardbedeutung dieses Ausdruckes besteht. Diese Spannung, die Beardsley „logical opposition“ nennt, drückt sich in einer Inkompatibilität zwischen den Anwendungsbedingungen eines bestimmten Ausdrucks in Bezug auf seine linguistische Umgebung aus. Damit ein Satz aber dennoch sinnvoll interpretiert werden kann, findet nach Beardsley an dieser Stelle dann eine Verschiebung von der Standardbedeutung des betreffenden, die Spannung auslösenden Ausdruckes statt. Diese Verschiebung spezifiziert Beardsley als eine Abwendung von der „Designation“ des Ausdruckes und als eine Hinwendung zu den mit ihm verbundenen Konnotationen. Unter „Designation“ versteht Beardsley die Standardreferenz des Ausdruckes. Mit „Konnotation“ meint er im Gegensatz dazu bestimmte Eigenschaften und Assoziationen, welche zwar mit einem bestimmten Ausdruck lose verbunden sind, die aber selbst nicht Teil der notwendigen Bedingungen für die sinnvolle bzw. korrekte Anwendung dieses Ausdruckes sind. Die beiden Klassen „Designation“ und „Konnotation“ sind nach Beardsley zwei Ebenen der Bedeutung (Meaning) eines bestimmten Ausdruckes. Da die metaphorische Interpretation nach seiner Theorie aus der Spannung bestimmter Wortbedeutungen resultiert, nennt Beardsley diese „Verbal Opposition Theory“.[190] Beardsleys Theorie soll noch an zwei Beispielen veranschaulicht und weiter erläutert werden:

(1) Der Mensch ist ein Wolf.
(2) Die gehässige Sonne will nicht aufhören zu scheinen.

Satz (1) kann auf der Basis der „Verbal Opposition Theory“ so analysiert werden, dass hier eine Spannung zwischen der Designation des Wortes „Wolf“ und dem Subjekt „der Mensch“ besteht, welche eine metaphorische Bedeutungsverschiebung auslöst. Um die Anwendungsbedingungen des Prädikats „ist ein Wolf“ so zu modifizieren, dass es plausiblerweise über Menschen ausgesagt werden kann, muss hier von der Ebene der Designation des Ausdruckes „Wolf“, die in einer Menge von Tieren besteht, zu der Konnotation dieses Wortes gewechselt werden. Diese umfasst Eigenschaften wie „ist für andere Menschen gefährlich“, „ist gewalttätig“ oder „ist grausam“. Auf der Basis solcher und weiterer Konnotationen kann das Prädikat „ist ein Wolf“ so modifiziert werden, dass man es sinnvoll auf Menschen anwenden kann. Im Falle von Satz (2) ist die Lage etwas schwieriger. Es ist, zumindest wenn die Metaphern noch nicht häufig gebraucht wurde, nicht

190 Vgl. Beardsley 1962, 299.

klar, welche fest mit dem Adjektiv „gehässig“ verbundenen Konnotationen auf das unbelebte Objekt Sonne anwendbar wären. Deswegen muss nach Beardsley an dieser Stelle zunächst aus dem Vergleich von gehässigen Menschen und der Sonne eine Menge von Konnotationen des Adjektivs neu erschlossen werden, welche sinnvollerweise auf die Sonne anwendbar wären. Das Ergebnis dieser Interpretation könnte z.B. sein, dass die Sonne in Satz (2) als besonders unnachgiebig, gnadenlos und zerstörerisch präsentiert wird. Für Beardsley sind die für die Interpretation relevanten Konnotationen eines Ausdrucks keine starren Größen, die immer fest mit einem Ausdruck verbunden sind, sondern können von Kontext zu Kontext variieren. Das ermöglicht seiner Theorie zu erklären, wie wirklich neue Metaphern zustande kommen können, welche nicht bloß auf bereits standardisierten bzw. allgemein etablierten Konnotationen eines Ausdruckes Bezug nehmen. Nach Beardsley ist es auch möglich, dass eine mit einem Ausdruck verbundene Konnotation zu einer konventionellen Standardbedeutung dieses Ausdruckes wird, und damit als Teil seiner Designation angesehen werden kann.[191]

Max Black vertritt ebenso wie Beardsley die Ansicht, dass bei der metaphorischen Interpretation bestimmte Ausdrücke neue Bedeutungen erhalten. Er spezifiziert aber noch etwas genauer, wie dieser metaphorische Interpretationsprozess abläuft. Er lehnt sich dabei an Ivor A. Richards an, der davon spricht, dass bei der Interpretation von Metaphern immer zwei Ideen bzw. Gedanken zusammenwirken müssen. Richards führt zur Unterscheidung dieser zwei Gedanken die Begriffe „tenor“ und „vehicle“ ein, die im Folgenden mit „Tenor“ und „Vehikel“ wiedergeben werden sollen. Der Tenor ist nach Richards der Gedanke von demjenigen, über das eigentlich gesprochen wird, und das Vehikel derjenige Gedanke, durch den der Tenor interpretiert wird.[192] In Satz (1) wäre der Tenor demnach der Gedanke, der mit „der Mensch“ verbunden ist, und das Vehikel der Gedanke, der mit dem Ausdruck „ein Wolf“ herausgegriffen wird. Nach Richards ist es nun die Kooperation bzw. Interaktion von Tenor und Vehikel, wodurch die metaphorische Bedeutung zustande kommt.[193]

Black übernimmt von Richards die Einsicht, dass Metaphorizität durch die Interaktion zweier Gedanken bzw. Ideen zustande kommt und nennt seine Theorie dementsprechend „Interaktionstheorie“. Black übernimmt für die Beschreibung des metaphorischen Interpretationsprozesses aber nicht Richards

191 Vgl. Beardsley 1962, 301–304.
192 Vgl. Richards 1936, 96f.
193 Vgl. Richards 1936, 100f.

Unterscheidung zwischen Tenor und Vehikel, sondern führt dazu eine differenziertere Begrifflichkeit ein. Black unterscheidet hierfür zunächst zwischen einem Fokus (focus) und einem Rahmen (frame). Mit dem Fokus bezeichnet Black denjenigen Ausdruck, der metaphorisch interpretiert wird, und mit dem Rahmen die linguistische Umgebung dieses Ausdruckes. Im Falle von Satz (1) wäre der Fokus dementsprechend der Ausdruck „ein Wolf" und der Rahmen „Der Mensch ist". In Satz (2) wäre der fokale Ausdruck „gehässig" und den Rahmen würden alle übrigen Wörter des Satzes bilden.[194] Die zweite Unterscheidung, die Black vornimmt, ist diejenige zwischen einem Hauptsubjekt (principal subject) und einem Hilfssubjekt (subsidiary subject). Das Hauptsubjekt ist nach Black dasjenige, über welches mit einer Äußerung tatsächlich gesprochen wird. Das Hilfssubjekt hingegen ist dasjenige, mithilfe dessen das Hauptsubjekt metaphorisch beschrieben wird. Dasjenige, worauf nach Black beim Interpretationsprozess Bezug genommen wird, ist ein mit dem Hilfssubjekt verbundenes System assoziierter Gemeinplätze (a system of associated commonplaces). Dieses kann auch Halbwahrheiten oder Unwahrheiten über das Hilfssubjekt enthalten. In dem metaphorischen Interpretationsprozess wird nach Black versucht, auf der Basis der mit dem Hilfssubjekt assoziierten Gemeinplätze, eine plausible Beschreibung des Hauptsubjektes vorzunehmen. Im Falle von Satz (1) werden gemäß dieser Theorie die mit dem Hauptsubjekt „Mensch" verbundenen Assoziationen mit dem System von assoziierten Gemeinplätzen, die mit dem Hilfssubjekt „Wolf" verbunden sind, in Interaktion gebracht. Dabei werden bestimmte Eigenschaften, welche mit dem Hilfssubjekt assoziiert werden, die aber nicht auf das Hauptsubjekt anwendbar sind, herausgefiltert. So kann man von einem Menschen z. B. nicht sinnvoll sagen, dass er ein Fell trägt oder ein Vierbeiner ist. Ebenso werden dabei Eigenschaften in den Hintergrund gerückt, welche Menschen besitzen, die aber nicht mit den Assoziationen in Verbindung gebracht werden können, die mit „Wolf" verbunden sind. Black beschreibt diesen Interpretationsprozess so, dass das Hauptsubjekt hier *durch* das Hilfssubjekt betrachtet wird bzw. dass das Hauptsubjekt auf das Gebiet des Hilfssubjekts projiziert wird.[195]

Black behauptet wie Beardsley, dass das System der assoziierten Gemeinplätze nur bei relativ gebräuchlichen Metaphern als Basis für die Interpretation gelten kann. Für eine angemessene Beschreibung der Interpretation poetischer bzw. wirklich neuer Metaphern reiche es aber nicht aus. Er gesteht dementsprechend zu, dass man anstatt auf die assoziierten Gemeinplätze teilweise auch auf speziell konstruierte Systeme von Implikationen (specially constructed System of

194 Vgl. Black 1955, 276.
195 Vgl. Black 1955, 286 – 288.

Implications) zurückgreifen kann, welche mit dem fokalen Ausdruck verbunden sind.[196] Dieses System der Implikationen kann sehr kontext-spezifisch sein. So wäre es z. B. möglich, dass unter Zoologen, die sich professionell mit Wölfen beschäftigen, die Ansicht vertreten wird, dass Wölfe besonders kooperativ und hilfsbereit sind. Und selbstverständlich könnte in ihrem Sprachgebrauch dann der Ausdruck „Wolf" ganz andere metaphorische Interpretation hervorbringen als er dies gewöhnlich tut. Auch bei der Interpretation von Satz (2) wird man nicht einfach auf Gemeinplätze über gehässige Menschen zurückgreifen können, sondern muss sich überlegen, welche Eigenschaften gehässiger Menschen prinzipiell vorstellbar sind, die auf die Sonne angewendet werden könnten. Schließlich hält Black noch fest, dass durch die metaphorische Interpretation nicht nur das Hauptsubjekt anders gesehen wird, sondern dass sich auch die Assoziationen, welche mit dem Hilfssubjekt verbunden sind, verändern können. Nach Black sind die Systeme assoziierter Gemeinplätze bzw. speziell konstruierter Implikationen also nicht als statische Gebilde aufzufassen, sondern wie für Beardsley[197] als dynamisch und der Veränderung unterworfen zu verstehen.[198]

Black sieht die von ihm entwickelte Begrifflichkeit als derjenigen von Richards überlegen an, weil „vehicle" und „tenor" zu viele Ambiguitäten besitzen, welche Richards nicht präzisiert. Nach Black kann sich „vehicle" bei Richards z. B. sowohl auf das metaphorisch gebrauchte Wort (nach Black der Fokus), die wörtliche Bedeutung dieses Wortes (nach Black das Hilfssubjekt) und auf die damit verbundenen Assoziationen beziehen (nach Black das System der assoziierten Gemeinplätze bzw. das System der speziell konstruierten Implikationen). Richards Gebrauch von „tenor" schillert nach Black zwischen demjenigen, was er Hauptsubjekt nennt, den damit verbundenen Assoziationen, sowie der Metapher als Ganzer.[199]

Schließlich äußert sich Black noch zu der Frage der Paraphrasierbarkeit von Metaphern. Sobald Metaphern einen gewissen Grad an Komplexität erreicht haben, ist nach Black eine wörtliche Paraphrase nicht mehr ohne wesentliche

---

196 Black gebraucht Implikationen hier nicht in einem technischen Sinn. Es sind damit keine logischen Implikationen, sondern eher Assoziationen gemeint, welche in einem Kontext mit einem bestimmten Ausdruck verbunden werden können.

197 Dasjenige, was Black „System assoziierter Gemeinplätze bzw. speziell konstruierter Implikationen" nennt, entspricht ungefähr demjenigen, was Beardsley mit „Konnotationen" bezeichnet hat.

198 Vgl. Black 1955, 290 f.

199 Vgl. Black 1955, 294.

Verluste hinsichtlich des kognitiven Gehaltes der Metaphern möglich.[200] Es würde dabei immer *die Überlagerung* des Hauptsubjektes durch die mit dem Hilfssubjekt verbundenen Assoziationen verloren gehen. Genau diese Überlagerung erzeugt aber die spezifische und irreduzible Perspektivität der Metapher, welche selbst Teil des kognitiven Gehalts der Metaphern ist. Auch wenn man also einige Ergebnisse der Interpretation einer Metapher in wörtlich verstandener Sprache wiedergeben kann, ist es nach Black dennoch nicht möglich, die spezifische Einsicht (insight) einzufangen, welche die betreffende Metapher vermittelt.[201]

Im Folgenden soll über die klassischen und einflussreichen Ansätze von Beardsley und Black hinaus noch die Metapherntheorie von Harold Skulsky vorgestellt werden, weil diese die Eigenschaften semantischer Metapherntheorien besonders gut exemplifiziert.

3.2.2 Harold Skulskys Theorie eines figurativen Dialekts

Harold Skulsky ordnet seine Metapherntheorie in den Rahmen eines allgemeinen Aktes der Figuration ein, der neben der Metapher auch Stilmittel wie Metonymie, Ironie, Hyperbel und indirekte Sprechakte umfasst. Damit ein solcher Akt der Figuration ausgelöst wird, muss nach Skulsky eine bestimmte Äußerung in der Kommunikationssituation verwirrend (confusing) sein, wenn man sie gemäß dem Standarddialekts (vernacular) interpretiert.[202] Diese verwirrende Wirkung einer Äußerung kann nach Skulsky einmal dadurch zustande kommen, dass bestimmte Konversationspostulate (talk-postulates), welche in der Konversation vorausgesetzt werden, verletzt oder explizit bekräftigt werden. Verletzungen von Konver-

---

200 Black gesteht zu, dass es Metaphern geben mag, bei denen eine Substitution des metaphorisch verstandenen Ausdrucks durch einen wörtlich verstandenen Ausdruck oder der ganzen Metapher durch einen Vergleich ohne signifikante Verluste hinsichtlich des kognitiven Gehaltes möglich ist. Die Paraphrase mag in diesen Fällen nur etwas weniger elegant oder stilistisch angemessen sein als die Metapher. Solche Metaphern sind nach Black aber philosophisch nicht besonders interessant (vgl. Black 1955, 292 f.). Vermutlich hat Black hier stark konventionalisierte Metaphern wie „Du hast ein gutes Herz" oder „Er kochte vor Wut" im Blick. Hier scheint eine wörtliche Paraphrase tatsächlich ohne signifikanten Verlust hinsichtlich des ausgedrückten Gehalts möglich zu sein.

201 Vgl. Black 1955, 292 f.

202 Mit dem Standarddialekt nimmt Skulsky Bezug auf die gewöhnlichen Bedeutungen, welche die Wörter in der Sprachgemeinschaft zum Zeitpunkt einer Äußerung besitzen. Vermutlich vermeidet er von der wörtlichen Bedeutung zu sprechen, weil eine solche angesichts der großen Variation von Dialekten und Sprachgebräuchen, welche sowohl synchron als auch diachron bestehen (vgl. Skulsky 1986, 365), nur schwer fixierbar ist.

sationspostulaten treten auf, wenn logische Absurditäten wie „Das Leben ist eine Rose“ oder „Die Sonne blickt gehässig auf mich herab“ geäußert werden. Wenn solche Postulate explizit bekräftigt werden, handelt es sich um Banalitäten oder Tautologien, wie z. B. „Kein Mensch ist eine Insel“ oder „Es ist, wie es ist“. Ebenso kann der verwirrende Eindruck einer Äußerung auch dadurch zustande kommen, dass sie eine sich entwickelnde Diskussion über ein bestimmtes Thema abrupt unterbricht, weil sie ein neues, damit nicht zusammenhängendes Thema aufgreift. Schließlich wäre eine Äußerung nach Skulsky auch dann als verwirrend einzustufen, wenn sie völlig unpassend für ihren Sprecher ist. Kompetente Rezipienten können das verwirrende Ergebnis der Interpretation nach dem Standarddialekt nun zum Anlass dafür nehmen, darauf zu schließen, dass der Sprecher eine *neue Sprache* bzw. einen *neuen Dialekt* spricht.[203] Dies setzt selbstverständlich voraus, dass es standardmäßige und allgemein anerkannte Mittel gibt, wie man vom Standarddialekt zu einem neuen Dialekt kommen kann. Skulsky unterscheidet dabei prinzipiell zwei Arten von Mitteln, welche wir für diese Umwandlung besitzen. Das eine ist das Schema (scheme), bei dem mit einer Äußerung ein anderer Sprechakt ausgelöst wird, als dies in dem Standarddialekt der Fall wäre. Das andere ist der Tropus (trope), bei dem ein oder mehrere Ausdrücke innerhalb einer Äußerung eine vom Standarddialekt abweichende Bedeutung erhalten.[204]

Skulsky nennt als Beispiel für ein Schema die Äußerung „Sie haben gelacht!“, die ein Pastor zu einem Teilnehmer einer Beerdigungsfeier sagt, der während der Feier laut losgelacht hat. Die Struktur des Satzes deutet nach Skulsky auf einen Behauptungssatz hin. Es ist aber in einer Situation, in der vollkommen klar ist, wer gelacht hat, nicht ersichtlich, weshalb man diesen Umstand noch einmal feststellen muss. Man kann diese Äußerung dennoch als sinnvollen Gesprächsbeitrag interpretieren, wenn man den mit ihr ausgedrückten Sprechakt nicht als Behauptung, sondern als Rüge versteht. Der Pastor möchte demnach mit dieser Äußerung seinen Unmut über das Verhalten des Teilnehmers der Beerdigungsfeier zum Ausdruck bringen. Dabei wird bei der Interpretation dieser Äußerung auf einen anderen als den standardmäßig mit dieser Äußerung verbundenen Sprechakt geschlossen. Dementsprechend fällt diese Art der Figuration in die von Skulsky eingeführte Kategorie des Schemas. In diese Kategorie der Schemata fallen nach Skulsky u. a. auch ironische Deutungen. Bei diesen wird nach Skulsky

---

203 Skulsky schwankt zwischen den Ausdrücken „new language“ und „impromptu“ bzw. „new dialect“. Unabhängig, ob man dies dann eine neue Sprache oder einen neuen Dialekt nennt, möchte Skulsky ausdrücken, dass im Akt der Figuration temporär neue Bedeutungen bzw. neue Sprechaktpotentiale für bestimmte Äußerungen eingeführt werden.

204 Vgl. Skulsky 1992, 9 – 11.

eine bestimmte Äußerung, die mit dem Sprechakt der Behauptung verbunden ist, *zitiert*, um die Überzeugung auszudrücken, dass man diese Behauptung für falsch bzw. für lächerlich hält. Der eigentliche Sprechakt der Äußerung wird durch die ironische Interpretation also persifliert und damit auch abgewandelt.[205]

Unter die Kategorie des Tropus fallen nach Skulsky Stilmittel wie Metapher und Metonymie, weil bei diesen die Bedeutung eines Ausdruckes im gebräuchlichen Standarddialekt durch eine andere ersetzt wird. Skulsky spricht davon, dass in diesem Fall temporär ein neuer Dialekt bzw. eine neue Sprache erzeugt wird, in der einzelne Ausdrücke vom Standarddialekt abweichende Bedeutungen erhalten. Skulsky stellt hier fest, dass diese neuen Bedeutungen nun in jedem Fall über die mögliche Flexibilität hinausgehen, welche die Standardbedeutungen eines Ausdruckes besitzen mag. Es muss sich, damit ein Akt der Figuration vorliegt, um einen *wirklich neuen Sinn* des betreffenden Ausdrucks handeln.[206] Die neue Bedeutung der metaphorisch interpretierten Ausdrücke erschließt man nach Skulsky immer auf der Basis von Implikationen, welche vor dem Hintergrund der Konversationspostulate mit dem fokalen Ausdruck verbunden sind.[207]

Skulsky charakterisiert die Konversationspostulate als Gemeinplätze, welche in einer Konversation vorausgesetzt werden und den Hintergrund für die Verständlichkeit der Äußerungen bilden, welche in der Konversation ausgetauscht werden. Konversationspostulate wären z. B., dass Deutschland keine Monarchie mehr ist, dass Obst und Gemüse gesund sind oder dass man mit dem Flugzeug innerhalb weniger Stunden von München nach New York fliegen kann. Wenn Teilnehmer einer Konversation nicht dieselben oder sehr ähnliche Konversationspostulate teilen, wird es sehr schwierig für sie, sich gegenseitig zu verstehen. Interessant ist, dass nach Skulslky diese Konversationspostulate gar nicht unbedingt für wahr gehalten werden müssen, um ihre Funktion in einem Gespräch zu erfüllen. Es ist z. B. vorstellbar, dass jemand „Könige sind keine Könige“ äußert und damit ausdrücken möchte, dass Könige nicht so glücklich leben, wie man es (naiverweise) von Königen erwarten würde. Selbstverständlich kann ein kompetenter Rezipient diese Metapher auch verstehen, wenn er nicht die sehr naive Überzeugung teilt, dass Könige tatsächlich immer glücklich sind. Es handelt sich bei der Figuration also um eine Art Spiel, in dem Konversationspostulate vorausgesetzt werden können, ohne dass man sich damit auf deren Wahrheit verpflichten würde.[208]

---

205 Vgl. Skulsky 1992, 25 f.
206 Vgl. Skulsky 1992, 10 f; 23 f.
207 Vgl. Skulsky 1986, 352 f.
208 Vgl. Skulsky 1992, 14 – 17.

Skulskys Ansatz ist insgesamt ein interessanter Beitrag zu den semantischen Metapherntheorien, weil er erstens genauer als Richards, Black und Beardsley beschreibt, was den Auslöser für eine metaphorische bzw. allgemein eine figurative Interpretation darstellen kann. Zweitens führt er das Konzept der Konversationspostulate ein, die den Hintergrund bilden, vor dem Metaphern interpretiert werden. Das Konzept der Konversationspostulate ist deutlich genauer ausgearbeitet, sowohl als das Konzept der assoziierten Gemeinplätze (Black) als auch als dasjenige der Konnotationen (Beardsley). Schließlich bemüht er sich drittens darum, Metaphern in einem allgemeineren Rahmen figurativer Sprache zu verorten.

Es sollen im Folgenden Probleme erläutert werden, mit denen semantische Metapherntheorien im Allgemeinen konfrontiert sind.[209]

3.2.3 Probleme semantischer Metapherntheorien

3.2.3.1 Die Auslöser für eine metaphorische Interpretation

Die semantischen Metapherntheorien wurden auf der Basis von Beispielen entwickelt, welche grundsätzlich eine ähnliche Struktur besitzen. In Sätzen wie (1) oder (2) ist es z. B. immer problemlos möglich, die in Blacks Terminologie fokalen Ausdrücke von dem jeweiligen Rahmen zu unterscheiden. Beardsley formuliert explizit, dass als Auslöser für eine metaphorische Uminterpretationen bestimmter Ausdrücke immer ein logischer Gegensatz („logical opposition") vorliegen muss. Beardsley rekurriert an dieser Stelle also offensichtlich auf inhärente semantische

209 Neben den vorgestellten Theorien von Richards, Black, Beardsley und Skulsky wurden noch weitere Metapherntheorien entwickelt, welche in der dargelegten Klassifizierung als „semantisch" bezeichnet werden können. Beispiele hierfür sind u. a. die Metapherntheorien von Umberto Eco (vgl. Eco 1979), Samuel Levin (vgl. Levin 1977) oder Eva F. Kittay (vgl. Kittay 1987). Mit der Klassifizierung solch verschiedener Theorien unter das Label „semantische Metapherntheorien" soll selbstverständlich nicht behauptet werden, dass diese im Grunde alle identisch sind. Es soll damit nur ausgedrückt werden, dass es die erläuterte strukturelle Ähnlichkeit zwischen diesen Theorien gibt. Da diese Arbeit kein Überblickswerk über verschiedene Metapherntheorien darstellt, sollen über die vorgestellten hinaus, keine weiteren Ansätze erläutert werden, welche den semantischen Metapherntheorien zugeordnet werden können. Es genügt für die folgende Argumentation, dass die Grundidee, welche semantischen Metapherntheorien verbindet, anhand einiger dafür exemplarischen Ansätzen dargelegt wurde.

Spannungen zwischen den fokalen Ausdrücken und ihrem jeweiligen Rahmen.[210] Es gibt verschiedene Beispiele, welche die Allgemeinheit des Prinzips, dass Metaphern immer mit semantischen Spannungen auf der Ebene der wörtlichen Interpretation einhergehen, in Frage stellen. Die beiden Sätze (3) und (4) besitzen z. B. keine Spannungen auf der Ebene der wörtlichen Interpretation, können aber dennoch in bestimmten Kontexten als Metaphern verstanden werden.

(3) Die Fackel ist erloschen.
(4) Diese Bücher gehören ins Regal.

Satz (3) kann z. B. in einem Kontext formuliert werden, in dem sich die Fackel auf eine geliebte Person bezieht und das Prädikat „ist erloschen" auf das Ableben dieser Person.[211] Es ist auch vorstellbar, dass Satz (4) in einem Kontext geäußert wird, in dem „Bücher" sich metaphorisch auf eine bestimmte Gruppe von Leuten bezieht, die meinen, sehr viel zu wissen. Mithilfe einer metaphorischen Interpretation von „ins Regal" könnte dann mit (4) ausgedrückt werden, dass man dieser spezifischen Gruppe von Leuten besser kein Gehör mehr schenkt, weil sie nur veraltetes, unnützes und irreführendes Wissen verbreiten. Die beiden Sätze (3) und (4) können dementsprechend als Metaphern verstanden werden, obwohl keine inhärenten semantischen Spannung auf der Ebene der wörtlichen Bedeutung vorliegen.

Von Vertretern semantischer Metapherntheorien könnte entgegnet werden, dass in den genannten Fällen zwar keine inhärenten semantischen Spannungen vorliegen, aber dafür im Falle von metaphorischen Interpretationen Spannungen zwischen der wörtlichen Deutung der betreffenden Sätze und den jeweiligen Äußerungskontexten vorhanden sind. Man könnte Beardsleys Kriterium also dahingehend präzisieren, dass die Auslöser für metaphorische Interpretationen entweder semantische Spannungen innerhalb eines Satzes auf der Ebene der wörtlichen Bedeutung oder die offensichtliche Falschheit des betreffenden Satzes in dem jeweiligen Äußerungskontext darstellen.[212] Ted Cohen[213] und Timothy

210 „Fokus" und „Rahmen" sind selbstverständlich Begrifflichkeiten, die auf Max Black zurückgehen und von Beardsley nicht verwendet wurden. Sie sollen aber an dieser Stelle dennoch verwendet werden, weil sie helfen, Beardsleys Überlegungen zu präzisieren.
211 Shakespeare legt diese Äußerung (the torch is out) in seinem Stück „Anthony and Cleopatra" z. B. Antonius in den Mund, der damit ausdrücken möchte, dass Kleopatra gestorben ist (vgl. Shakespeare, Anthony and Cleopatra, IV. Akt, Szene 14, in: Shakespeare 2003, 230).
212 In manchen semantischen Theorien würde die semantische Inkongruenz vermutlich auch unter die Falschheit von Aussagen subsumiert werden, weil ihre Vertreter Sätze ohne Wahr-

Binkley[214] haben nun aber Fälle von Metaphern geschildert, welche zeigen, dass auch dieses modifizierte Kriterium nicht korrekt sein kann. Cohen und Binkley beschreiben nämlich Fälle, in denen ein Satz sowohl im wörtlichen Sinne wahr ist als auch plausiblerweise als Metapher verstanden werden kann. Ted Cohen hat für solche Fälle den Ausdruck „Twice True Metaphors" geprägt.[215]. Folgende Sätze können als Beispiele für solche Twice-True-Metaphern verstanden werden:

(5) Oslo ist eine kalte Stadt.
(6) Ein Sturm zieht herauf.
(7) Menschen sind keine Schafe.

Die wörtliche Interpretation von Satz (5) erzeugt einen sinnvollen Gehalt, von dem man sich ohne Probleme vorstellen kann, dass er wahr ist. Es ist aber auch möglich, diesen Satz metaphorisch so zu interpretieren, dass mit ihm etwas über die Gastfreundlichkeit der Bewohner der Stadt Oslo ausgedrückt wird. Ebenso ist es denkbar, dass z. B. Donald Trump (6) äußert, um auszudrücken, dass die demokratische Mehrheit im Repräsentantenhaus ein Amtsenthebungsverfahren gegen ihn anstrebt. Trotz dieser plausiblen metaphorischen Interpretation des Satzes, ist es vorstellbar, dass er dabei gerade aus dem Fenster des Oval Office blickt und sieht, wie tatsächlich ein Sturm aufzieht. Auch Satz (7) ist wörtlich interpretiert als wahre Behauptung einzustufen. Dasjenige, was hier verneint werden soll, ist aber, zumindest in den meisten denkbaren Kontexten, die Behauptung, dass Menschen im metaphorischen Sinn Schafe sind. Wie diese Beispiele zeigen, scheidet auch die offensichtliche Falschheit einer Äußerung als notwendiges Kriterium dafür aus, dass metaphorische Interpretationen hervorgerufen werden.

Die These, dass die metaphorische Deutung immer durch eine semantische Anomalie ausgelöst werden muss, wird von Max Black und Harold Skulsky nicht vertreten. Black deutet schon in dem Aufsatz „Metaphor" an, dass es Fälle gibt, in denen rein semantische Kriterien für die Erkenntnis bzw. Interpretation von Metaphern nicht ausreichen.[216] In einem späteren Aufsatz spricht er ganz explizit davon, dass neben der semantischen Anomalie bzw. offensichtlichen Falschheit einer Äußerung in einem Kontext, die metaphorische Interpretation auch dadurch

heitswert vermeiden wollen. Für die hier entwickelte Problemstellung spielt eine Entscheidung in dieser Frage keine Rolle.

213 Vgl. Cohen 1976, 252–254.

214 Vgl. Binkley 1974, 172 f.

215 Vgl. Cohen 1976, 252 f.

216 Vgl. Black 1955, 277 f.

hervorgerufen werden kann, dass die betreffende Äußerung in einem bestimmten Kontext schlichtweg unpassend bzw. unangemessen ist.[217] Auch Skulsky hat, wie erläutert, ein relativ weites Verständnis davon, inwiefern eine Äußerung „verwirrend" sein kann und somit eine figurative Interpretation evoziert. Die semantische Anomalie oder die Unwahrheit der betreffenden Äußerung spielen bei Skulsky dabei nicht einmal mehr eine besondere oder herausragende Rolle. Dasjenige, was nach Skulsky und Black eine metaphorische Interpretation von Aussagen wie (5)–(7) hervorruft, kann folglich als eine *Unangemessenheit* der wörtlichen Interpretation dieser Aussagen aufgefasst werden. Dies scheint in den Fällen (5)–(7) auch plausibel zu sein, weil die wörtliche Interpretationen dieser Aussagen in den genannten Kontexten keine *besonders relevanten* Gesprächsbeiträge zu sein scheinen.

David Hills hat aber aufgezeigt, dass es auch Fälle gibt, in denen sowohl die wörtliche Interpretation eines Satzes als auch die Deutung dieses Satzes als Metapher in ein und demselben Gesprächskontext sinnvoll und angemessen ist. Hills nennt solche Fälle „Twice Apt Metaphors".[218] Ein Beispiel für eine solche Form der Metapher kann in einem Kontext konstruiert werden, in dem ein Medizinprofessor seinen Studenten bei ihrer ersten Obduktion einer Leiche erklärt, wo die verschiedenen Organe liegen und wie man sie erkennt. Er kommt dabei auch auf das Herz zu sprechen und macht die Äußerung:

(8) Im echten Leben hat das Herz niemals die vollkommene Herzform.

Im Kontext der Anatomieklasse ist diese Aussage relevant, weil die Studenten lernen sollen, wie man das Herz erkennt. Die Studenten wird damit mitgeteilt, dass sie nicht die stereotype Form eines Herzens erwarten sollten, wenn sie nach dem Organ suchen. Die Aussage kann aber auch als Metapher verstanden werden. Wenn man weiß, dass der Professor einen Hang zum Philosophieren und zu Wortspielen hat und er der Äußerung einen gewissen Unterton gibt, wäre es durchaus auch plausibel den Inhalt der Aussage so zu interpretieren, dass im wirklichen Leben kein Mensch ein vollkommen reines und moralisch makelloses Herz besitzt. Er will auch diese Annahme als Illusion entlarven, um damit den Studenten evtl. vorhandene falsche Erwartungen gegenüber ihren Mitmenschen zu nehmen. Sowohl die wörtliche als auch die metaphorische Interpretation sind in diesem Kontext also angemessen und relevant.

217 Vgl. Black 1977, 450.
218 Vgl. Hills 2008, 38–40.

Ein weiteres Beispiel findet sich in Shakespeares Drama „Romeo und Julia“. Romeo spricht kurz vor seinem Tod folgende Verse:

> Here's to my love! [He drinks] O true apothecary!
> Thy drugs are quick. Thus with a kiss I die.[219]

Es ist hier zu fragen, was man unter dem Apotheker versteht, der in dem Ausruf „O true apothecary“ adressiert wird. Einmal kann sich „apothecracy“ wörtlich interpretiert auf den Apotheker beziehen, der Romeo zuvor das Gift verkauft hat. Da dieser als prekär lebend beschrieben wurde, könnte das „true“ ausdrücken, dass er, obwohl sich bei ihm kein finanzieller Erfolg eingestellt hat, dennoch der eigentliche und richtige Apotheker ist, weil er (illegalerweise) wirksames und tödliches Gift verkauft. Dies würden die anderen etablierten Apotheker nicht tun. Solches Gift zu verwalten sei aber, so wird dabei vorausgesetzt, eine der wesentlichen Aufgaben eines Apothekers, weil es in gewisser Hinsicht das wirksamste aller Medikamente ist. Man könnte diesen Ausruf aber auch metaphorisch auf den Tod selbst beziehen, welcher der eigentliche und wahre Apotheker ist, weils er letztlich der Urheber bzw. die Bedingung der Möglichkeit *tödlicher* Gifte ist. Diese Deutung liegt auch deswegen nahe, weil Romeo, kurz bevor er diese Verse äußert, den Tod noch persönlich anspricht, als „bitter conduct“ (bitterer Führer), „unsavoury guide“ (widerwärtiger Wegweiser) und „desperate pilot“ (verzweifelter Lotse).[220] In diesem Kontext könnte dann der Ausruf „O true Apothecary“ auch als ein weiterer Name für den Tod selbst verstanden werden.[221]

Nach Hills zeigen diese Beispiele, dass die Vertreter semantischer Metapherntheorien eine fundamental falsche Annahme machen. Diese lautet, dass metaphorische Interpretationen immer nur dann ins Spiel kommen, wenn man auf der Basis von wörtlichen Interpretationen zu keinem überzeugenden Ergebnis zu kommen scheint. Die metaphorische Interpretation wird hier als eine Art letzte Instanz verstanden, auf die man noch zurückgreifen kann, wenn alle anderen Mittel erschöpft sind. Die Twice-Apt-Metaphern zeigen aber, dass es Fälle gibt, in denen man ein überzeugendes, angemessenes und relevantes Ergebnis einer wörtlichen Interpretation einer Äußerung erreicht und *trotzdem* eine zusätzliche metaphorische Interpretation vornimmt. Die metaphorische Interpretation ist hier also nicht das Ergebnis einer Not, sondern wird deswegen gemacht, weil man eine

219 Shakespeare, Romeo and Juliet, V. Akt, Szene 3, in: Shakespeare 2012, 242.

220 Shakespeare, Romeo and Juliet, V. Akt, Szene 3, in: Shakespeare 2012, 242.

221 Dieses Beispiel habe ich von David Hills übernommen, der es in einem unveröffentlichten Dokument verwendet hat, das er im Rahmen seines Kurses „Metaphor“ zur Verfügung gestellt hat, den er im Fall Quarter 2018 an der Stanford University gehalten hat.

bestimmte Äußerung relativ zu ihrem Kontext so noch reichhaltiger und tiefsinniger auslegen kann. Metaphorische Deutungen können nach Hills also als Ressourcen verstanden werden, welche häufig interessantere und aufschlussreichere Interpretation ermöglichen, als allein wörtliche Deutungen dazu im Stande wären.[222]

Die in diesem Abschnitt erläuterten Beispiele zeigen also, dass sowohl semantische Anomalie als auch pragmatische Unangemessenheit auch im weitest möglichen Sinn, keine notwendigen Bedingungen dafür darstellen, dass metaphorische Interpretationen ausgelöst werden. Diese können stattdessen auch allein durch den Umstand evoziert werden, dass sie besonders reizvolle und interessante Ergebnisse liefern. Diese Erkenntnis steht im Widerspruch zu allen vorgestellten Ansätzen semantischer Metapherntheorien. Es scheint aber prinzipiell möglich zu sein, diese Einsicht in eine semantische Metapherntheorie zu integrieren. Man könnte z. B. argumentieren, dass im Falle von Twice-Apt-Metaphern eine gewisse Ambiguität zwischen der wörtlichen und einer metaphorischen Bedeutung eines oder mehrerer Ausdrücke innerhalb eines Satzes vorhanden ist, weil beide Bedeutungen Beiträge zu angemessenen Interpretationen dieses Satzes liefern. Die metaphorische Bedeutung verdrängt dann nur insofern die wörtliche Bedeutung des betreffenden Ausdrucks, als dieser nicht *gleichzeitig* metaphorisch und wörtlich interpretiert werden kann. Nichtsdestotrotz sind semantische Metapherntheorien aber allgemein mit der Schwierigkeit konfrontiert, dass das Konzept einer „metaphorischen Bedeutung“ mit zahlreichen Problemen verbunden ist. Diese Probleme sollen im Folgenden anhand der Kritik von Donald Davidson erläutert werden.

3.2.3.2 Das Konzept einer metaphorischen Bedeutung

Donald Davidson hat eine prinzipielle Kritik an dem Konzept einer metaphorischen Bedeutung formuliert. Davidsons überzeugende Einwände gegen dieses Konzept und damit auch gegen die Plausibilität semantischer Metapherntheorien im Allgemeinen sollen im Folgenden in vier Argumente unterschieden werden. *Erstens* kritisiert Davidson ganz allgemein, dass das Konzept einer metaphorischen Bedeutung keine Erklärungskraft besitzt. Der Grund, weshalb die Annahme von „wörtlichen Bedeutungen“ sinnvoll ist, besteht nach Davidson darin, dass man *unabhängig* von einer Anwendung in einem bestimmten Äußerungskontext bestimmen kann, worin die wörtliche Bedeutung von Wörtern oder Sätzen besteht. Metaphorische Bedeutungen kann man im Gegensatz dazu nicht unabhängig von den Verwendungen der betreffenden Wörter bestimmen, weil es in

---

222 Vgl. Hills 2008, 40 f.

unterschiedlichen linguistischen und extralinguistischen Kontexten unzählige verschiedene metaphorische Interpretationen der Wörter geben kann, die in einer Sprache verwendet werden. Im Gegensatz zu dem Konzept der wörtlichen Bedeutung, das erklärt, welche möglichen Bedeutungen ein Wort haben kann, besitzt das Konzept der metaphorischen Bedeutung also keinen Erklärungswert. Es setzt im Gegenteil voraus, dass man die metaphorische Interpretation eines Wortes bereits kennt. Nur so kann man nämlich *im Nachhinein* sagen, worin die etwaige metaphorische Bedeutung besteht.[223]

Gemäß dem *zweiten* Argument führt die Postulierung metaphorischer Bedeutungen dazu, dass der Unterschied zwischen dem Erlernen und dem Gebrauch einer Sprache im Falle metaphorischer Interpretationen nicht mehr erfasst werden kann. Davidson veranschaulicht diese Problematik anhand des Beispiels eines fiktiven Saturnbewohners, dem ein Mensch das Wort „Boden (floor)“ beibringen möchte. Nach Davidson wird der Mensch dem Saturnbewohner dazu mehrere Instanzen davon zeigen, welche man als „Boden“ bezeichnet. Das Ziel dieser Unterrichtung ist selbstverständlich, dass der Saturnbewohner ganz allgemein versteht, wie er das Wort „Boden“ selbstständig anwenden kann. Der Mensch wird also vermutlich auch immer wieder durch Nachfragen testen, ob der Saturnbewohner das Wort versteht bzw. korrekt anwenden kann. Nach einer gewissen Zeit reisen beide gemeinsam im Raumschiff zum Saturn, weil der Saturnbewohner dem Menschen seine Heimat zeigen möchte. Auf dieser Reise blickt der Mensch wehmütig auf die Erde und sagt „Der Boden“. Diese Äußerung macht der Mensch gemäß der Darstellung von Davidson in Erinnerung an den Ausspruch „der kleine runde Boden, der uns leidenschaftlich werden lässt“[224] von Dante Alighieri. Die Verwendung des Wortes „Boden“ ist nach Davidson an dieser Stelle metaphorisch und nicht wörtlich zu verstehen. Für den Saturnbewohner ist es allerdings nicht klar, ob das nicht einfach ein weiteres Beispiel ist, auf welches das Wort „Boden“ im wörtlichen Sinne angewendet werden kann. Er weiß also nicht, ob er sich noch auf der Stufe des *Lernens der Sprache* oder bereits auf der Ebene des *Lernens über die Welt* befindet. Ersteres wäre nach Davidson dann der Fall, wenn dem Saturnbewohner die Bedeutung des Wortes „Boden“ überhaupt erst beigebracht wird. Von Letzterem kann man sprechen, wenn das Wort „Boden“ unter der Voraussetzung benutzt wird, dass dessen Bedeutung bereits bekannt ist. Der Sprecher ist in diesem Fall nicht in der Rolle des Sprachlehrers, sondern beabsichtigt, dem Rezipienten etwas über die Welt mitzuteilen. Wenn nun die Vertreter se-

223 Vgl. Davidson 1978, 33.

224 Eigene Übersetzung des von Davidson verwendeten engl. Satzes: „the small round floor that makes us passionate“ (Davidson 1978, 37).

mantischer Metapherntheorien recht hätten und es so etwas wie eine metaphorische Bedeutung von Ausdrücken gibt, würde die metaphorische Verwendung des Wortes „Boden" in die Kategorie „Lernen über Sprache" fallen. Dem Saturnbewohner wird dann einfach eine mögliche weitere Bedeutung des Wortes beigebracht. Falls dem aber so wäre, kann man keinen Unterschied zwischen der metaphorischen Deutung eines Ausdrucks und der Einführung eines neuen Wortes bzw. einer neuen Bedeutung für ein Wort ziehen. Diese Konsequenz ist aber offensichtlich falsch. Wir verwenden Metaphern immer vor dem Hintergrund, dass wir die wörtlichen Bedeutungen der involvierten Ausdrücke bereits kennen. Dementsprechend fällt die Metapher nach Davidson ganz klar in die Kategorie des Gebrauchs der Sprache.[225]

Eng damit zusammen hängt das *dritte* Argument gegen das Konzept einer metaphorischen Bedeutung. Es besagt, dass die Postulierung metaphorischer Bedeutungen letztlich zu einer Nivellierung der Unterscheidung zwischen lebendigen und toten Metaphern führt. Im Falle toter Metaphern scheint tatsächlich eine bestimmte ehemals metaphorische Bedeutung fester Teil der Bedeutung eines Wortes geworden zu sein. Das Wort „Maus" kann sich z. B. ebenso wie auf das Tier auch auf die Computer„maus" beziehen. Auch das Prädikat „ist ein Gedicht" kann nicht nur auf Textstücke, sondern auch sinnvoll auf Speisen angewendet werden. Im letzteren Fall handelt es sich um eine etwas gehobenere Ausdrucksform für so etwas wie „hat besonders gut geschmeckt". Diese Ausdrücke werden, wenn ihnen diese Deutungen zugeschrieben werden, nicht mehr metaphorisch interpretiert, weil kein spezifisch metaphorischer Interpretationsprozess mehr stattfindet. Wenn man „Maus" auf die Computermaus bzw. „ist ein Gedicht" auf Speisen bezieht, spielen dabei weder echte Mäuse noch Gedichte eine besondere Rolle für die Interpretation. Die Bedeutung dieser Ausdrücke kann relativ unabhängig von einem Kontext ohne die Suche nach z. B. strukturellen Ähnlichkeiten zwischen der Referenz der wörtlichen Bedeutungen der Ausdrücke und ihrem Anwendungsbereich erschlossen werden. Falls man vom Vorhandensein von metaphorischen Bedeutungen ausgeht, würde man nach Davidson letztlich behaupten, dass alle Metaphern tot sind. Es wäre nämlich nicht mehr ersichtlich, was genau lebendige von toten Metaphern unterscheidet. Auch bei lebendigen Metaphern wird dann einem Ausdruck nämlich einfach eine weitere Bedeutung zugeordnet.[226]

Das *vierte* Argument von Davidson besagt schließlich, dass das Konzept einer metaphorischen Bedeutung deshalb insgesamt fraglich ist, weil mit ihm versucht

225 Vgl. Davidson 1978, 36 f.

226 Vgl. Davidson 1978, 37 f.

wird, zwei Einsichten zu verbinden, welche in starker Spannung zueinander stehen. So gehen Vertreter semantischer Metapherntheorien nämlich davon aus, dass die Bedeutungen von Metaphern irgendwie besonders sind. Black spricht z. B. ganz explizit davon, dass die Bedeutungen von Metaphern nicht vollständig paraphrasiert werden können. Dieser irreduziblen Qualität von Metaphern auf der einen Seite steht nach Davidson fundamental entgegen, dass man auf das Konzept eines kognitiven Gehaltes bzw. einer Bedeutung zurückgreift, um dasjenige zu beschreiben, was Metaphern ausdrücken. Wenn es spezifische metaphorische Bedeutungen gäbe, dann sei es völlig unklar, weshalb man diese nicht vollständig paraphrasieren können sollte. Selbst wenn es keine synonyme Beschreibung geben sollte, müsste man sich mit einer Paraphrase doch beliebig nahe an den kognitiven Gehalt bzw. die Bedeutung einer Metapher annähern können. Black zieht hier aber eine prinzipielle Grenze, wenn er behauptet, dass eine Paraphrase niemals die spezifische Einsicht (insight) reproduzieren könne, welche die Metapher vermittelt. Es legt sich bei Davidson dementsprechend der Verdacht nahe, dass das Unterfangen, Metaphern mithilfe von metaphorischen Bedeutungen zu beschreiben, zum Scheitern verurteilt ist. Man wird dabei weder dem Konzept der Bedeutung noch den spezifischen Eigenheiten von Metaphern gerecht.[227]

Diese vier Einwände von Davidson gegen das Konzept einer metaphorischen Bedeutung sind überzeugend und stellen semantische Metapherntheorien im Allgemeinen vor grundlegende Schwierigkeiten. Bevor Davidsons eigene bedeutungsskeptische Metapherntheorie vorgestellt wird, sollen zunächst pragmatische Metapherntheorien erläutert und diskutiert werden. Diese erklären den mit Metaphern ausgedrückten Gehalt nicht mithilfe „metaphorischer Bedeutungen", welche die wörtliche Bedeutung bestimmter Ausdrücke innerhalb von Äußerungen ersetzt. Stattdessen liegt gemäß den pragmatischen Theorien dasjenige, was mit einer Metapher ausgedrückt wird, im Bereich der sogenannten Sprecherbedeutung. Die Darstellung der pragmatischen Metapherntheorien soll anhand der beiden sehr einflussreichen Ansätze von H. Paul Grice und John Searle erfolgen.

227 Vgl. Davidson 1978, 44–46.

3.3 Metaphern und Sprecherbedeutung: Pragmatische Metapherntheorien

3.3.1 Metaphern als konversationelle Implikaturen

3.3.1.1 Wörtliche Bedeutung und Implikaturen

H. Paul Grice hat mit seiner Theorie der „Implikatur" einen der einflussreichsten Beiträge zur modernen Sprachphilosophie und Linguistik gemacht. Der Ausdruck „Implikatur" ist ein Kunstwort, das Grice für bestimmte Inhalte verwendet, welche mit einer Äußerung kommuniziert werden, die aber streng genommen kein Teil von demjenigen sind, was explizit *gesagt* wird. Grice versteht dasjenige, was gesagt wird (what is said), als das Ergebnis der Interpretation einer Äußerung, welche sehr eng an die konventionelle Bedeutung der Ausdrücke angelehnt ist, welche in dem geäußerten Satz vorkommen. Um vollständig zu bestimmen, was jemand gesagt hat, benötigt man, über das Wissen um die konventionelle Bedeutung der gebrauchten Ausdrücke hinaus, noch ein Wissen darum, worauf die indexikalischen Ausdrücke referieren, zu welchem Zeitpunkt die betreffende Äußerung gemacht wurde und welche Bedeutung die Ausdrücke haben, die eine semantische Ambiguität besitzen.[228] Eine Implikatur kann an folgender Konversation veranschaulicht werden:

(9a) A: Kannst du mir einen Krapfen vom Bäcker mitbringen?
(9b) B: Krapfen haben sehr viele Kalorien.

Auf der Ebene der konventionellen Bedeutung fragt Sprecher A mit (9a) danach, ob B die Fähigkeit besitzt, ihm einen Krapfen vom Bäcker mitzubringen. Die Antwort (9b) darauf ist, rein auf der Basis dessen, was explizit gesagt wird, sehr seltsam, weil es nicht ersichtlich ist, wie die Kalorien eines Krapfens einen Einfluss darauf besitzen, ob B die Fähigkeit hat, einen Krapfen mitzubringen. Krapfen werden wegen ihrer Kalorien ja nicht so schwer, dass man sie nicht mehr tragen könnte. Folglich müsste diese Konversation die Teilnehmer ratlos und verwirrt zurücklassen. Tatsächlich ist ein solcher Austausch in der Praxis aber gut verständlich und völlig plausibel. Der Grund dafür liegt darin, dass Kommunikationsteilnehmer für gewöhnlich dazu in der Lage sind, auf der Basis dieser Äußerungen bestimmte Implikaturen zu erschließen, welche den Inhalt davon bilden, was hier eigentlich kommuniziert wird. Im Falle der Äußerung von (9a) erschließt ein kompetenter Rezipient sofort, dass A nicht bzw. nicht primär nach

---

228 Vgl. Grice 1975, 43 f.

einer Fähigkeit fragt, sondern die Bitte äußert, dass B ihm einen Krapfen vom Bäcker mitbringt. Mit der Antwort (9b) darauf implikiert B, dass Krapfen ungesund sind, weil sie viele Kalorien haben und er deswegen dieser Bitte nicht nachkommen möchte. Zusätzlich kann je nach Kontext mit dieser Antwort noch implikiert werden, dass A allgemein zu viel Kalorien zu sich nimmt und mehr auf eine gesunde Ernährung achten sollte. Es wird anhand dieses Beispiels also ersichtlich, dass wir häufig deutlich mehr mit Äußerungen kommunizieren als wir explizit sagen.

Grice unterscheidet grundsätzlich *konventionelle* von *konversationellen* Implikaturen. Als Beispiel für eine konventionelle Implikatur kann nach Grice die folgende Aussage dienen (10):

(10) Meghan ist Engländerin und deswegen mutig.[229]

Nach Grice implikiert (10) den Inhalt von (10*), obwohl streng genommen nur (10**) gesagt wird:

(10*) Der Umstand, dass Meghan mutig ist, folgt daraus, dass sie Engländerin ist.
(10**) Meghan ist Engländerin und mutig.

Die Behauptung, dass hier eine kausale Relation zwischen dem Umstand vorliegt, dass Meghan Engländerin und mutig ist, ist gemäß Grice folglich nicht Teil von demjenigen, was streng genommen mit (10) gesagt wird. Die konventionellen Bedeutung von „deswegen (therefore)" ist nach Grice aber fest mit der Implikatur auf eine kausale Relation verbunden.[230] Wegen dieser engen Bindung konventioneller Implikaturen an die wörtliche Bedeutung nennt Wayne Davis diese auch „semantische Implikaturen".[231] Die Frage, ob es sinnvoll ist, solche konventionellen bzw. semantischen Implikaturen anzunehmen, ist allgemein sehr umstritten.[232] Die Diskussion, wie plausibel die Annahme konventioneller Implika-

229 Das Beispiel, das Grice diskutiert, lautet: „He is an Englishman and, therefore, brave" (vgl. Grice 1975, 44 f.).

230 Vgl. Grice 1975, 44 f.

231 Vgl. Davis 2014, 5 f.

232 Kent Bach hat u. a. kritisiert, dass das Konzept einer konventionellen Implikatur nicht sinnvoll ist, weil es u. a. auf der fraglichen Voraussetzung beruht, dass Wörter wie „deswegen", „aber", „obwohl", „sogar" oder „nur" keinen Beitrag zu demjenigen machen, was streng genommen gesagt wird. Es scheint aber nun offensichtlich ein Unterschied zwischen demjenigen zu geben, was mit (10) im Gegensatz zu (10**) gesagt wird. Nach Bach kann dieser Unterschied auch turen ist, soll an dieser Stelle nicht weiter verfolgt werden, weil die Entscheidung in dieser Frage keine weitere Relevanz für die Metapherntheorie besitzt. Wesentlich dafür sind die sogenannten *konversationellen* Implikaturen, die im Folgenden ausführlicher erläutert werden sollen.

3.3.1.2 Konversationelle Implikaturen

Konversationelle Implikaturen werden nach Grice im Gegensatz zu konventionellen nicht nur auf Basis der Bedeutung der in einer Äußerung enthaltenen Ausdrücke erschlossen. Bei der Erschließung und Deutung konversationeller Implikaturen wird zusätzlich auch auf den sozialen Rahmen Bezug genommen, in dem eine Konversation stattfindet. Um die Struktur konversationeller Implikaturen genauer beschreiben zu können, bemüht sich Grice darum, die allgemeinen Prinzipien zu explizieren, an denen sich unsere Kommunikation orientiert. Als grundlegende Voraussetzung für eine gelungene Kommunikation führt er in diesem Zuge das sogenannte „Cooperative Principle (CP)" an, das folgendermaßen lautet:

> Make your conversational contribution such as is required at the stage at which it occurs by the accepted purpose or direction of the talk exchange in which you are engaged.[233]

Das CP ist in dieser allgemeinen Formulierung natürlich noch sehr unspezifisch. Grice führt nun zur weiteren Präzisierung der Struktur einer Konversation bestimmte Maximen ein, welche eine gelungene Kommunikation leiten sollten. Er ordnet diese den vier Kategorien Quantität, Qualität, Relation und Modalität zu.[234] Im Folgenden sollen diese Kategorien selbst „Maximen" genannt werden, wobei teilweise noch die Klasse der Untermaximen eingeführt wird, welche den Maximen einer bestimmten Kategorie untergeordnete Maximen darstellen. Dies hat sich in der Diskussion der Theorie von Grice als allgemein gebräuchliche Termi-

---

auf der Ebene von wahrheits-konditionalen Beschreibungen des ausgedrückten Gehaltes der beiden Aussagen festgemacht werden. So wäre (10) nur wahr, wenn eine kausale Relation zwischen den Umständen besteht, dass Meghan Engländerin ist und mutig ist, wohingegen (10**) keine solche kausale Relation als Bedingung seiner Wahrheit voraussetzt. Falls dem aber so ist, erscheint es fraglich, an dieser Stelle tatsächlich von einer Implikatur zu sprechen, welche über das Gesagte hinaus kommuniziert wird (vgl. Bach 1999, 329 – 332). Wayne Davis argumentiert gegen diesen Einwand u. a., dass die Behauptung von (10) dennoch prinzipiell konsistent mit der Verneinung von (10*) ist. Aus diesem Grund könne (10*) nicht Teil von demjenigen sein, was streng genommen mit (10) gesagt wird (vgl. Davis 2014, 5 f.).

233 Grice 1975, 45.

234 Im engl. Original heißen die Kategorien „Quantity", „Quality", „Relation" und „Manner" (vgl. Grice 1975, 45 f.).

nologie durchgesetzt. Die Kategorie der Relation, der nach Grice die Maxime der Relevanz zugeordnet ist, soll zusätzlich, wie es ebenfalls allgemein üblich, „Maxime der Relevanz“ und nicht z. B. „Maxime der Relation“ genannt werden. Bis auf diese Änderung in der Bezeichnung entspricht die folgende Darstellung der Konversationsmaximen derjenigen von Grice[235]:

Maxime der Quantität
- Gestalte deinen Beitrag zu einer Konversation so informativ, wie es für den Zweck der Konversation nötig ist.
- Gestalte deinen Beitrag zu einer Konversation nicht informativer als es nötig ist.

Maxime der Qualität
- Bemühe dich darum, dass dein Beitrag zu einer Konversation wahr ist.
  Untermaximen:
- Sage nichts, von dem du der Überzeugung bist, dass es falsch ist.
- Sage nichts, für das du keine angemessenen Belege besitzt.

Maxime der Relevanz
- Mache einen Beitrag, der relevant für den Zweck der jeweiligen Konversation ist.

Maxime der Modalität
- Gestalte verständliche Beiträge.
  Untermaximen:
- Vermeide unklare/obskure Ausdrucksweisen.
- Vermeide Ambiguität.
- Gestalte einen kurzen Beitrag ohne unnötige Ausschweife.
- Gestalte geordnete Beiträge.

Grice gesteht sofort einschränkend zu, dass die Maximen und das CP vor allem vor dem Hintergrund einer Konversation formuliert sind, welche auf möglichst effektiven Informationsaustausch ausgelegt ist. Es mag selbstverständlich auch Konversation geben, in denen es stattdessen mehr um einen Ausdruck von Höflichkeit oder Wertschätzung geht. In diesem Sinne ist sein Modell nicht verallgemeinerbar auf jegliche Form der Konversation. Wenn man aber einschränkend den Zweck des effektiven Informationsaustausches voraussetzt, stellt es nach Grice ein normatives Modell dar, wie eine Konversation als *rationales Verhalten* gestaltet werden

235 Es handelt sich im Folgenden um eigene Übersetzungen der englischen Originalformulierungen von Grice.

sollte. Grice möchte dementsprechend nicht behaupten, dass alle Konversationen faktisch immer an diesen Maximen ausgerichtet sind. Sie sollten aber von kompetenten Sprechern und Rezipienten zumindest als Orientierung vorausgesetzt werden und bilden als solche auch den Hintergrund für die Erschließung konversationeller Implikaturen.[236]

Auf der Basis des CP und der Konversationsmaximen ist Grice dazu in der Lage präzisier zu formulieren, was eine konversationelle Implikatur konstitutiert. Die Grice'sche Definition einer konversationellen Implikatur kann folgendermaßen rekonstruiert werden:

> Ein Sprecher S, der p sagt bzw. so tut als ob er p sagt (make as if to say), implikiert damit konversationell q gdw.:
> **(i)** angenommen wird, dass S die Konversationsmaximen oder zumindest das CP befolgt.
> **(ii)** angenommen wird, dass S sich dessen bewusst ist, dass q nötig ist, um die Annahme aus (i) einzuhalten, wenn er p sagt.
> **(iii)** S denkt, dass die Rezipienten seiner Äußerung dazu in der Lage sind zu erschließen, dass die Annahme aus (ii) gilt und auch denken, dass S denkt, dass sie dazu in der Lage sind.[237]

Um von einer konversationellen Implikatur zu sprechen, reicht es dementsprechend also nicht aus, dass ein bestimmter Gehalt q irgendwie mit einem Satz p assoziiert werden kann. Die Rezipienten müssen stattdessen davon ausgehen, dass der Sprecher tatsächlich beabsichtigt, q mitzuteilen und denkt, dass die Rezipienten auch erkennen, dass er dies beabsichtigt. Diese rekursive Definition erinnert stark an das Konzept der nicht-natürlichen Bedeutung (Bedeutung NN), das Grice einige Jahre vor dem Erscheinen von „Logic and Conversation" entwickelt hat. Diese Bedeutung NN entspricht nach Grice dem Inhalt, den ein Sprecher intendiert den Rezipienten einer Äußerung mitzuteilen, wenn er zugleich intendiert, dass die Rezipienten diesen Inhalt auf der Basis der Erkenntnis seiner Intention, diesen Inhalt mitzuteilen, erfassen.[238]

---

236 Vgl. Grice 1975, 47–49.

237 Vgl. Grice 1975, 49 f.

238 Vgl. Grice 1957, 384 f. Der Geruch von Pizza bedeutet z. B. natürlich, dass in der Nähe irgendwo Pizza gebacken wird, ist aber keine Bedeutung NN. Selbst wenn dieser Effekt von dem Bäcker intendiert wäre, weil er z. B. Leute in sein Restaurant locken möchte, würde es sich noch nicht notwendigerweise um eine Bedeutung NN handeln, weil die Rezipienten auf die intendierte Bedeutung nicht aufgrund der Erkenntnis der Absicht des Bäckers schließen. Falls der Bäcker aber sagt „Kommt herein, es gibt frische Pizza", dann handelt es sich um den Ausdruck einer

Im Gegensatz zu konventionellen werden konversationelle Implikaturen also zusammengefasst nicht nur auf der Basis der konventionellen Bedeutung von Ausdrücken erschlossen, sondern setzen zusätzlich das Wissen um den Äußerungskontext, die Konversationsmaximen und das CP voraus. Grice hat verschiedene Formen konversationeller Implikaturen unterschieden, welche im Folgenden anhand von Beispielen erläutert werden sollen.

3.3.1.3 Formen konversationeller Implikaturen

Grice unterscheidet grundsätzlich generalisierte von partikularisierten konversationellen Implikaturen. Generalisierte konversationelle Implikaturen sind solche, welche für gewöhnlich von einer bestimmten Äußerung ausgelöst werden. Partikularisierte konversationelle Implikaturen können hingegen nur vor dem Hintergrund spezifischer Kontextinformation erschlossen werden. Bei der Klasse der generalisierten konversationellen Implikaturen handelt es sich dementsprechend um konventionalisierte konversationelle Implikaturen. Folgende Sätze können als Ausgangspunkt für die Erschließung generalisierter konversationeller Implikaturen aufgefasst werden:

(11) Einige Schüler haben die Prüfung bestanden.
(12) Peter ist in ein Haus gegangen.
(13) Franziska ist zum Supermarkt gefahren und hat Brot gekauft.

Mit der Äußerung von (11) wird normalerweise impliziert, dass *nicht alle* Schüler die Prüfung bestanden haben.[239] Ebenso bildet die Verwendung des unbestimmten Artikels bei „ein Haus" in (12) die Grundlage für die Implikatur, dass das Haus, in das Peter gegangen ist, nicht sein eigenes ist bzw., dass der Sprecher nicht weiß, dass es Peter gehört. Mit einer Äußerung wie (13) wird schließlich für gewöhnlich impliziert, dass Franziska zuerst zum Supermarkt gefahren ist und danach Brot gekauft hat.

Für Metaphern relevant sind nach Grice diejenigen partikularisierten konversationellen Implikaturen, bei denen sich die Sprecher bewusst über bestimmte

---

Bedeutung NN, weil der Bäcker hier nicht nur intendiert, einen gewissen Effekt mit seiner Äußerung zu erreichen, sondern diese Intention auch für die Rezipienten erkennbar ist und sich der intendierte Effekt aufgrund dieser Erkenntnis der Intention des Bäckers einstellt.

239 Es handelt sich hierbei um einen sogenannte „Skalen-Implikatur". Hier gibt immer eine schwächere Äußerung auf einer Skala (z. B. kalt, warm, manchmal, häufig, wenige, manche, einige) Anlass darauf zu schließen, dass der Sprecher mitteilen möchte, dass die höhere Stufe auf der Skala nicht zutrifft (vgl. dazu Levinson 1983, 133–136).

Konversationsmaximen hinwegsetzen, um die Implikatur zu evozieren.[240] Als Beispiel für eine partikularisierte konversationelle Implikatur, welche durch ein bewusstes Hinwegsetzen über die Maxime der Quantität erzeugt wird, führt Grice ein Empfehlungsschreiben an, das ein Professor für einen seiner Studenten schreibt, der sich damit für einen Job bewerben möchte. Das Empfehlungsschreiben lautet folgendermaßen:

(14) Das Englisch von Herrn X ist exzellent und er hat regelmäßig an den Tutorien teilgenommen.

Die Informationen, welche in (14) über Herrn X mitgeteilt werden, sind nun aber zu gering für ein aussagekräftiges Empfehlungsschreiben. Wenn ein solcher Text als Empfehlungsschreiben verwendet wird, wird damit folglich ganz deutlich die erste Maxime der Quantität verletzt, wonach ein Beitrag nicht weniger informativ gemacht werden sollte, als für den Zweck der Konversation angemessen ist. Dennoch kann der Professor als kooperativ verstanden werden, wenn man auf der Basis dieses Empfehlungsschreibens die Implikatur erschließt, dass Herr X ein schlechter Student ist und daher auch nicht für den Job empfohlen werden kann. Ein Grund hierfür könnte sein, dass er z. B. mit Blick auf die Gefühle des Studenten vermeiden möchte, explizit zu sagen, dass Herr X ein schlechter Student

---

240 Grice benutzt in diesem Zusammenhang das Verb „to flout", das mit „bewusst über etwas hinwegsetzen" übersetzt werden kann (vgl. Grice 1975, 49). Grice erwähnt auch Beispiele, bei denen es sich zwar um partikularisierte konversationelle Implikaturen handelt, der Sprecher aber keine Konversationsmaximen verletzt. Der Grund hierfür besteht nach Grice darin, dass die Implikatur in diesen Fällen so offensichtlich ist, dass keine Spannung zwischen der Äußerung und den Konversationsmaximen wahrgenommen wird. Ein Beispiel hierfür wäre nach Grice, wenn jemand auf die Äußerung „Ich habe kein Benzin mehr" erwidert: „Um die Ecke gibt es eine Tankstelle". Mit der Antwort wird impliziert, dass der Sprecher auch der Überzeugung ist, dass die Tankstelle geöffnet hat. Ansonsten wäre diese Antwort nicht kooperativ. Außerdem gibt es auch Fälle partikularisierter konversationeller Implikaturen, bei denen eine Konversationsmaxime verletzt wird, damit eine andere eingehalten werden kann. Ein Beispiel hierfür wäre, wenn jemand einen Freund, z. B. Jonas, in Frankreich besuchen möchte, aber nicht genau weiß, wo dieser wohnt. Es ist nun denkbar, dass er einen anderen Freund fragt, ob er weiß, wo Jonas wohnt. Wenn dieser nun antwortet „Irgendwo im Süden von Frankreich", um zu implikieren, dass er nicht weiß, wo Jonas wohnt, verletzt er die Maxime der Quantität, um die Maxime der Qualität nicht zu verletzen (vgl. Grice 1975, 51 f.).

ist. Ebenfalls in Spannung zu der Maxime der Quantität stehen Äußerungen von Tautologien wie:

(15) Krieg ist Krieg.
(16) Es ist, wie es ist.

Diese Äußerungen können wegen ihrer Inhaltsleere für sich genommen nicht als sinnvoller Beitrag zu einer kooperativen Kommunikation verstanden werden. Sie können aber als Ausgangspunkt für Implikaturen dienen, welche wiederum als sinnvolle und kooperative Beiträge zu einer Konversation gelten können. So kann mit (15) z. B. impliziert werden, dass Krieg immer schrecklich ist und man deswegen mit Unmenschlichkeiten rechnen muss. Dies könnte eine Erwiderung auf die Bemerkung sein, dass es so etwas wie einen fairen und gerechten Krieg gibt. Aussage (16) kann ebenso als Basis für eine Implikatur dienen, welche z. B. beinhaltet, dass man eine schwierige Situation am besten akzeptiert und nicht weiter mit dieser hadert.[241] Eine konversationelle Implikatur relativ zu der Maxime der Relevanz würde z. B. dann vorliegen, wenn jemand auf die Frage „Was sollen wir denn dem Peter zum Geburtstag schenken?" mit „Das Wetter ist heute aber wieder sehr schön" antwortet. Es wäre denkbar, dass der Antwortende damit die Implikatur mitteilen möchte, dass Peter gerade in den Raum gekommen ist und man deshalb besser nicht weiter über sein Geburtstagsgeschenk reden sollte.[242]

Eine Implikatur, welche aus der Spannung zu der Maxime der Modalität entsteht, kann vor dem Hintergrund der folgenden Äußerung erschlossen werden:

(17) Patrizia hat Töne produziert, welche sehr nahe an die Melodie von „Sweet Home Alabama" herankommen.

Der Satz (17) ist eine sehr umständliche Art und Weise auszudrücken, dass Patrizia das Lied „Sweet Home Alabama" gesungen hat. Die Rezipienten können aber ausgehend von dieser Äußerung darauf schließen, dass Patrizia besonders schlecht gesungen hat. Der Sprecher evoziert diese Implikatur, weil er das Wort „singen" vermeidet und somit vermittelt, das dasjenige, was Patrizia getan hat, nicht mit dem gleichen Begriff bezeichnet werden sollte, für den man normalerweise das Wort „singen" verwendet.[243]

241 Vgl. Grice 1975, 52.
242 Vgl. Grice 1975, 54.
243 Vgl. Grice 1975, 55 f.

Die für die Metapherntheorie entscheidenden Formen der konversationellen Implikaturen sind schließlich diejenigen, bei denen sich der Sprecher bewusst über die Maxime der Qualität hinwegsetzt. Grice diskutiert hier folgendes Beispiel:

(18) Du bist die Sahne in meinem Kaffee.

Wenn dieser Satz über eine Person ausgesagt wird, handelt es sich dabei um einen Kategorienfehler, weil Menschen keine Sahne in einer Tasse Kaffee sein können. Eine solch abwegige Äußerung verletzt somit ganz klar die erste Untermaxime der Maxime der Qualität, wonach man nichts sagen sollte, von dem man der Überzeugung ist, dass es falsch ist. Es kann nach Grice auf der Basis von (18) nun aber mithilfe von Ähnlichkeitsüberlegungen die Implikatur erschlossen werden, dass die betreffende Person das Leben des Sprechers bereichert und es überhaupt erst erträglich und genießbar macht. Ebenfalls in die Kategorie der Qualitätsimplikaturen fallen nach Grice ironisch gemeinte Äußerungen. Wenn jemand z. B. über eine Person, die er offenkundig nicht besonders schätzt, sagt, dass diese „ein toller Freund" sei, würde es sich um ein Brechen mit der Maxime der Qualität handeln. Der Sprecher sagt hier nämlich etwas, das er für falsch hält. Die natürlichste Art eine solche Äußerung wieder in Einklang mit dem CP zu bringen, wäre sie ironisch zu verstehen, wonach der Sprecher das genaue Gegenteil von dem Ausdrücken möchte, was er gesagt hat. Grice stellt fest, dass man Metapher und Ironie auch kombinieren kann. Es ist z. B. durchaus möglich, dass ein Sprecher (18) über eine Person äußert, die er nicht besonders schätzt. Hier wird dann die metaphorische Interpretation ironisch wiederum in das Gegenteil gewendet, sodass als Ergebnis so etwas entsteht wie: „Du bist ein Grund dafür, dass mein Leben nur schwer erträglich ist". Neben Ironie und Metaphern ordnet Grice auch Stilmittel wie die Untertreibung und die Hyperbel der Klasse derjenigen konversationellen Implikaturen zu, welche durch die bewusste Missachtung der Maxime der Qualität zustande kommen.[244]

Es ist wichtig an dieser Stelle festzuhalten, dass Grice im Falle der Qualitätsimplikaturen nicht behauptet, dass jemand p sagt und damit q impliziert, sondern dass die jeweiligen Sprecher hier nur *vorgeben p zu sagen (make as if to say).* Man kann hier also von einer Art scheinbarem Sagen sprechen. Nach Aloysius P. Martinich besteht der Grund dafür darin, dass Grice vermeiden möchte zu behaupten, dass ein Sprecher im Falle von Qualitätsimplikaturen bewusst etwas Falsches sagt. Mit der Äußerung von (18) beabsichtigt der Sprecher nicht die Wahrheit dieses Satzes rein auf der Basis einer wörtlichen Interpretation auszu-

244 Vgl. Grice 1975, 53.

sagen, sondern er nutzt ihn nur als Vehikel dafür, um die Implikatur zu evozieren.[245] Damit zusammen hängt auch der Umstand, dass bei den Qualitätsimplikaturen im Gegensatz zu den anderen Formen konversationeller Implikaturen nicht *mehr* kommuniziert, als was gesagt wird, sondern etwas ganz anderes. Die Implikatur überschreibt hier in gewisser Hinsicht das Gesagte.

Abschließend sollen noch die spezifischen Eigenschaften konversationeller Implikaturen erläutert werden. Vor diesem Hintergrund können sie präziser von z. B. konventionellen Implikaturen und Implikationen unterschieden werden.

3.3.1.4 Eigenschaften konversationeller Implikaturen

Grice nennt sechs Eigenschaften konversationeller Implikaturen. Die erste und wohl wichtigste davon ist die Eigenschaft der *Aufhebbarkeit (Cancelability)*. Diese besagt, dass konversationelle Implikaturen immer aufgehoben werden können, ohne dass sich dabei ein Widerspruch ergibt. Diese Aufhebung kann sowohl durch den linguistischen als auch durch den extralinguistischen Kontext zustande kommen. So kann z. B. der Professor, der das Empfehlungsschreiben mit dem Inhalt (14) geschrieben hat, jederzeit sagen, dass Herr X ein exzellenter Student und gut für den Job geeignet ist, ohne dass dies einen direkten Widerspruch zu seinem Empfehlungsschreiben erzeugen würde.[246] Auch die erläuterte Implikatur auf der Basis von Satz (9b) kann mit der Bemerkung „Aber dir schaden Kalorien ja nicht“ aufgehoben werden, ohne dass dadurch ein Widerspruch zu (9b) entstehen würde. Dasselbe gilt auch für generalisierte konversationelle Implikaturen.[247] Implikationen können, wie folgende Beispiele zeigen, im Gegensatz dazu nicht aufgehoben werden:

(19) ? Peter ist ein Junggeselle, aber er ist verheiratet.
(20) ? Johannes hat zwei Kinder und vielleicht auch keine.
(21) Johannes hat zwei Kinder und vielleicht auch mehr.

Aussage (19) ist widersprüchlich, weil die Bedeutung des Wortes „Junggeselle“ impliziert, dass Peter nicht verheiratet ist. Ebenso ist auch (20) widersprüchlich,

245 Vgl. Martinich 1984, 35–37.

246 Der Professor könnte z. B. behaupten, dass er das System der Empfehlungsschreiben ganz allgemein kritisiert und mit viel zu kurzen Texten ausdrücken möchte, dass man die Bewerber lieber ausführlich interviewen sollte, anstatt zu viel Wert auf Empfehlungsschreiben zu legen.

247 Folgende Äußerungen sind z. B. nicht widersprüchlich: „Franziska ist zum Supermarkt gefahren und hat Brot gekauft, aber nicht in dieser Reihenfolge“, „Einige Schüler, in der Tat alle, haben die Prüfung bestanden“, „Peter ist in ein Haus gegangen, das sich als sein eigenes herausgestellt hat“.

weil die Behauptung, dass John zwei Kinder hat, nicht damit vereinbar ist, dass er keine Kinder hat. Die Implikation, dass er *mindestens* zwei Kinder hat, kann nicht gelöscht werden. Wie (21) zeigt, kann aber die generalisierte konversationelle Implikatur, dass er *genau* zwei Kinder hat, aufgehoben werden.[248]

Die *zweite* Eigenschaft, die konversationelle Implikaturen nach Grice besitzen, nennt er „Non-Detachability" (Nicht-Ablösbarkeit). Sie besagt, dass es nicht bzw. nur sehr schwer möglich ist, denselben Umstand auf eine andere Art und Weise auszudrücken, ohne dass hierbei dieselbe Implikatur ausgelöst wird. Ausgenommen sind hier natürlich Modalitätsimplikaturen wie Satz (17) sie auslöst, weil hier die Art und Weise, wie etwas gesagt wird, gerade entscheidend dafür ist, dass eine Implikatur evoziert wird. Ob man nun aber statt „Peter ist ein guter Freund", „Peter ist ein großartiger Freund" oder „Peter ist ein klasse Freund" sagt, hat keinen signifikanten Einfluss auf den Inhalt einer etwaigen ironischen Interpretation der Äußerung. *Drittens* stellt Grice heraus, dass konversationelle Implikaturen nicht Teil der Bedeutung einer Äußerung sind. Sie werden zwar vor dem Hintergrund der konventionellen Bedeutung erschlossen, sind aber noch durch weitere Faktoren, wie den Äußerungskontext und die Konversationsmaximen bestimmt. Dementsprechend hängt auch *viertens* die Wahrheit einer konversationellen Implikatur q nicht notwendig von der Wahrheit des Gehaltes p ab, welcher mit der ihr zugrunde liegenden Äußerung ausgedrückt wird. Der Inhalt von p kann folglich falsch und q wahr sein, sowie andersherum. *Fünftens* sind konversationelle Implikaturen nicht determinierbar. Dies liegt daran, dass es häufig mehrere mögliche Interpretationen gibt, wie etwas Gesagtes p in einem spezifischen Äußerungskontext in Einklang mit dem CP gebracht werden kann. Es gibt also einen gewissen Spielraum dafür, was als der genaue Inhalt der Implikatur verstanden werden kann.[249]

Schließlich spricht Grice auch davon, dass nur dann von einer konversationellen Implikatur die Rede sein kann, wenn diese herausgearbeitet werden kann („must be capable of being worked out").[250] Damit möchte er konversationelle Implikaturen u. a. von konventionellen Implikaturen abgrenzen, auf welche intuitiv geschlossen wird, einfach weil sie konventionell mit der Bedeutung eines bestimmten Ausdrucks verbunden sind. Im Falle konversationeller Implikaturen muss es nach Grice hingegen immer möglich sein, eine Argumentation zu explizieren, mit welcher auf der Basis einer Äußerung, vor dem Hintergrund des Äu-

248 Vgl. Grice 1975, 57; vgl. Levinson 1983, 114–116. Der hier verwendete Begriff von Implikation setzt voraus, dass diese rein auf der Basis der Bedeutung der Worte in einem Satz gefolgert werden kann. Sie ist also als eine rein semantische Größe zu verstehen.

249 Vgl. Grice 1975, 57 f.

250 Vgl. Grice 1975, 50.

ßerungskontextes, der Konversationsmaximen und der Annahmen über die Absichten des Sprechers, auf die jeweilige Implikatur geschlossen wird. Es kann sich bei konversationellen Implikaturen also weder um bloße Assoziation noch um eine fest mit einer Äußerung verbundenen Bedeutungen handeln, weil in beiden Fällen keine solche Argumentation expliziert werden kann.[251] Die allgemeine Form dieser für konversationelle Implikaturen konstitutiven Argumentation wurde schematisch in Abschnitt 3.3.1.2 dargelegt.

Eine der zentralen Leistungen von Grice ist die prinzipielle und systematische Unterscheidung zwischen der Ebene der Bedeutung und der des Gebrauchs von Sprache. Grice ermöglicht mit seinem Modell also eine streng semantische Analyse von Sprache, ohne dass hierbei alle Nuancen dessen erfasst werden müssten, was mit der betreffenden Äußerung kommuniziert wird. Vielmehr eröffnet er mit dem Bereich der konversationellen Implikaturen die Basis für eine weitergehende und systematische Untersuchung von demjenigen, was mit einer Äußerung über ihre rein semantische Bedeutung hinaus mitgeteilt werden kann. Jason Stanley behauptet dementsprechend, dass Grice mit seiner Theorie der konversationellen Implikatur den Grundstein für eine systematische Unterscheidung zwischen Semantik und Pragmatik gelegt hat.[252] Die Metapherntheorie von Grice fällt allerdings eher skizzenhaft aus. Seine zentrale Leistung muss hier mehr in der Einordnung von Metaphern in eine größere Systematik der Kommunikation als in einer detaillierten Beschreibung des Verhaltens von Metaphern gesehen werden. Als konversationelle Implikaturen müssen Metaphern nach Grice als Formen des Sprachgebrauchs bzw. der Sprecherbedeutung verstanden werden.

Das Modell von Grice hat im Laufe der Zeit einige Kritik erfahren und wurde von vielen Autoren teilweise beträchtlich modifiziert. Hierbei wurde vor allem grundsätzlich die Auffassung in Frage gestellt, dass seine Trennung zwischen demjenigen, was gesagt wird, und demjenigen, was implikiert wird, als präzise Demarkationslinie zwischen Semantik und Pragmatik gelten kann. Die Einwände gegen das Grice'sche Modell und die Konsequenzen daraus für die Metapherntheorie werden in den 5.2 zugeordneten Abschnitten ausführlicher thematisiert.

---

251 Vgl. Grice 1975, 50. Stephen Levinson nennt diese Eigenschaft „Calcuability“ (Erschließbarkeit) und spricht von der sechsten Eigenschaft konversationeller Implikaturen. Er argumentiert, dass dies, obwohl sie von Grice nicht in der abschließenden Liste von Eigenschaften genannt wird, dennoch gerechtfertigt ist, weil es sich hier um eine der zentralen Eigenschaften konversationeller Implikaturen handelt (vgl. Levinson 1983, 117).
252 Vgl. Stanley 2008, 409 – 412.

3.3.2 John Searles Theorie der Metapher

3.3.2.1 Metaphern im Spannungsfeld zwischen Satz- und Sprecherbedeutung

Für John Searle ist die Metapher ein Fall, in dem die Sprecherbedeutung sich wesentlich von der Satzbedeutung einer Äußerung unterscheidet. Mit der Satzbedeutung identifiziert Searle die konventionelle Bedeutung eines Satzes, welche auf der Basis der konventionellen Bedeutung der darin enthaltenen Ausdrücke erschlossen wird. Die Sprecherbedeutung ist im Gegensatz dazu dasjenige, was ein Sprecher mit der Äußerung eines bestimmten Satzes *intendiert* zu kommunizieren. Die vom Sprecher intendierte Bedeutung und die konventionelle Bedeutung des geäußerten Satzes können nach Searle divergieren, ohne dass eine Äußerung unverständlich wird. Fälle, in denen dies geschieht, sind neben der Metapher auch Stilmittel wie Ironie, Metonymie oder indirekte Sprechakte. Der Anspruch einer guten Metapherntheorie muss nach Searle darin bestehen zu erklären, wie genau im Falle von Metaphern das Verhältnis zwischen Sprecherbedeutung und Satzbedeutung beschaffen ist und wie sich dieses Verhältnis von demjenigen bei anderen Stilmitteln unterscheidet, bei denen Sprecher und Satzbedeutung ebenfalls divergieren.[253]

Searle bemüht sich zunächst um eine Charakterisierung von wörtlicher Bedeutung, weil diese einer der wesentlichen Kontrastpunkte zu metaphorischen Interpretationen bildet. Grundsätzlich koinzidieren nach Searle, wenn man eine Äußerung wörtlich interpretiert, Sprecherbedeutung und Satzbedeutung. Das heißt aber nicht, dass die Satzbedeutung alleine schon hinreichend für das Erschließen einer wörtlichen Bedeutung ist. Searle diskutiert in diesem Zusammenhang verschiedene Beispiele:

(22) Er hat den Kuchen geschnitten.
(23) Lena ist groß.
(24) Es wird langsam ganz schön heiß hier drinnen.
(25) Die Katze ist auf der Matte.

Das Ergebnis der wörtlichen Interpretation der Sätze (22)–(25) hängt entscheidend von dem Äußerungskontext bzw. den Hintergrundannahmen ab, vor denen sie gemacht werden. Je nach Kontext bzw. Hintergrundannahmen produzieren diese Äußerungen andere semantische Gehalte. In Satz (22) wird z. B. normalerweise vorausgesetzt, dass der Sprecher den Kuchen mit einem Messer in Stücke schneidet und nicht z. B. mit der Heckenschere zurechtschneidet. Die in diesem

---

253 Vgl. Searle 1979, 76–78.

Kontext angemessene Bedeutung von „schneiden" ist nach Searle nicht Teil der Semantik, sondern basiert auf Hintergrundannahmen, welche bestimmen, was als angemessenes Schneiden eines Kuchens zu verstehen ist. Ebenso kann das Wort „groß" in (23) nur relativ zu einem Vergleichsmaßstab einen sinnvollen Beitrag zu dem mit einer Äußerung ausgedrückten Gehalt machen. Unter Grundschülern bedeutet es etwas anderes als wenn man es im in Bezug auf erwachsene Basketballspieler äußert. Dasselbe gilt für das Prädikat „heiß" in (24). In der Sauna wird mit (24) ein höherer Maßstab an Hitze als Wahrheitsbedingung verbunden sein als in einem Restaurant. Schließlich erläutert Searle, dass selbst die auf den ersten Blick klar verständliche Bedeutung von Satz (25) von Hintergrundannahmen abhängig ist. Falls man sich z. B. außerhalb des Gravitationsfeldes befindet, ist es nicht klar, was die Wahrheitsbedingungen von (25) sind, weil die Kategorien „oben" und „unten" nur relativ zu einem Gravitationsfeld Sinn ergeben. Drittens spielen für Searle auch bei der wörtlichen Bedeutung Ähnlichkeitsüberlegungen eine gewisse Rolle. Alle generellen Terme verbinden z. B. verschiedene Gegenstände, weil diese bestimmte Merkmale teilen und in diesem Sinne ähnlich zueinander sind.[254]

Nach Searle besteht die Grundfrage, welche eine Theorie der Metapher beantworten können muss, darin, wie mit einem Satz „S ist P" metaphorisch „S ist R" gemeint werden kann. „S" soll hier als das Subjekt verstanden werden, über das etwas ausgesagt wird, „P" als das Prädikat, das auf der Ebene der konventionellen Bedeutung über S ausgesagt wird und „R" als intendiertes Prädikat. Im Gegensatz zu einer wörtlichen Interpretation reicht es für eine metaphorische Deutung also nicht aus, die konventionelle Bedeutung der geäußerten Wörter, die Hintergrundannahmen und den betreffenden Äußerungskontext zu kennen. Man muss darüber hinaus noch dazu in der Lage sein zu erklären, wie man von der Satzbedeutung von „S ist P" zu der Sprecherbedeutung „S ist R" gelangt. Es ist genau diese Divergenz zwischen Sprecherbedeutung und Satzbedeutung, die nach Searle metaphorische Interpretationen von wörtlichen Interpretationen unterscheidet.[255]

Die Interpretation von Metaphern hat nach Searle mindestens drei Stufen. Zunächst muss man bestimmen, ob bei einer bestimmten Äußerung eine metaphorische Interpretation in Frage kommt. Darauf muss der Rezipient auf der Basis von bestimmten Prinzipien bzw. Regeln erschließen, wie man zur möglichen metaphorischen Interpretation „R" gelangt. Schließlich muss drittens festgelegt werden, welche Prädikate diejenigen sind, die der Sprecher tatsächlich meta-

254 Vgl. Searle 1979, 78–81.
255 Vgl. Searle 1979, 83–85.

phorisch über S aussagt. Der Rezipient muss dazu in der Lage sein, die möglichen ausgedrückten Prädikate so zu beschränken, dass er zu der vom Sprecher intendierten Interpretation „S ist R" gelangt. Entscheidend ist nach Searle, dass die Prinzipien, auf deren Basis auf die vom Sprecher intendierte Bedeutung „S ist R" geschlossen wird, allgemein bekannt sind. Es reicht nicht aus, dass z. B. der Sprecher diese Prinzipien kennt, aber die meisten der Rezipienten nicht. Nur auf der Basis allgemein bekannter Prinzipien ist es möglich zu erklären, dass Metaphern allgemein verbreitete Kommunikationsmittel darstellen. Searle bemüht sich darum, einige dieser Prinzipien zu explizieren.[256]

3.3.2.2 Die Prinzipien der metaphorischen Interpretation

Searle nennt acht Prinzipien, die im Falle von Metaphern den Übergang zwischen Satzbedeutung und Sprecherbedeutung festlegen. Diese Liste ist nach Searle nicht als vollständig zu betrachten, sondern kann noch durch weitere Prinzipien ergänzt werden.[257]

Das erste Prinzip lautet, dass Dinge, welche P sind, per definitionem auch R sind. R ist in diesem Fall eines der wesentlichen und hervorstechenden Charakteristika von P. Ein Beispiel hierfür ist die Äußerung „Sam ist ein Riese", um den metaphorischen Gehalt „Sam ist besonders groß" auszudrücken. Es ist Teil der Definition und sicherlich auch ein wesentliches und allgemein bekanntes Charakteristikum von Riesen, dass sie besonders groß. Deswegen ist die Eigenschaft der besonderen Größe auch ein plausibler Kandidat für das Prädikat, das der Sprecher beabsichtigt über Sam auszusagen.

Nach dem zweiten Prinzip wird von Dingen, welche P sind, auf Eigenschaften R geschlossen, welche diese *kontingenterweise* besitzen. Wenn man z. B. „Peter ist ein Napoleon" sagt und damit ausdrücken möchte, dass Peter besonders gerne im Mittelpunkt steht und bestimmt, was gemacht wird, dann wird dabei eine kontingente Eigenschaft von Napoleon auf Peter übertragen. Es handelt sich hierbei dennoch um eine besonders herausstechende und charakteristische Eigenschaft, die mit Napoleon assoziiert wird.

Gemäß dem dritten Prinzip werden Eigenschaften R auf der Basis von P erschlossen, welche zwar mit P assoziiert werden, von denen aber sowohl Sprecher als auch Rezipient wissen könnten, dass sie falsch sind. Searle diskutiert in diesem Zusammenhang den Satz „John ist ein Gorilla", mit dem kommuniziert werden soll, dass John besonders gefährlich und gewalttätig ist. Diese Metapher

256 Vgl. Searle 1979, 104 f.
257 Vgl. Searle 1979, 107–111.

ist nach Searle auch dann verständlich, wenn sowohl Sprecher als auch Rezipienten wissen, dass Gorillas faktisch sehr scheu, friedliebend und sensibel sind.

Das vierte Prinzip besagt, dass manchmal Eigenschaften R mit P assoziiert werden, obwohl Dinge, auf welche P zutrifft, nicht R sind, keine Ähnlichkeit zwischen P- und R-Dingen besteht und es auch nicht geglaubt wird, dass Gegenstände, welche die Eigenschaft P besitzen auch R besitzen. Die Assoziation von P mit R ist nach Searle in diesem Fall einfach kulturell oder natürlich vorhanden, ohne dass sie durch irgendeine Form von Ähnlichkeitsrelation getragen werden würde. Als Beispiele hierfür nennt Searle u. a. folgende Sätze:

(26) Sally ist ein Eisblock.
(27) Ich bin in einer schwarzen Stimmung.
(28) Marie ist süß.
(29) Die Stunden krochen voran als wir auf das Flugzeug gewartet haben.
(30) Die Stunden zischten vorbei als wir auf das Flugzeug gewartet haben.

In all diesen Fällen besteht nach Searle keinerlei Ähnlichkeit zwischen P und R. Eisblöcke teilen nach Searle keine Eigenschaft mit nicht emotionalen Menschen, schwarze Gegenstände sind nicht traurig, süße Dinge sind nicht charmant bzw. sehen nicht gut aus, und ebenso können Stunden sich nicht wie räumliche Gegenstände schneller oder langsamer bewegen. Ihre Dauer ist immer dieselbe. Wie schon in Abschnitt 2.4.3 erläutert wurde, ist Searle der Meinung, dass Ähnlichkeitsrelationen keine notwendigen Bedingungen für das Vorhandensein von Metaphern darstellen. Mit seinem vierten Prinzip gibt er eine Möglichkeit an, wie ganz ohne zugrunde liegende Ähnlichkeiten eine metaphorische Interpretation erschlossen werden kann.[258]

Gemäß dem fünften Prinzip kann von P auf R geschlossen werden, weil der Umstand, unter welchem P zutrifft, dem Umstand ähnlich ist, unter welchem R zutrifft. Searle führt als Beispiel für dieses Prinzip den Fall an, dass man zu jemandem, der gerade eine Beförderung bekommen hat, „Du bist ein Aristokrat geworden“ sagt. Hier wird nach Searle nicht auf eine Ähnlichkeit zwischen der Person, zu der man spricht, und Aristokraten rekurriert, sondern zwischen dem Umstand bzw. der Situation der Beförderung und dem Umstand ein Aristokrat zu sein.

---

258 In Abschnitt 2.5.3 wurde gezeigt, dass die Kritik von Searle an dem Vorhandensein von Ähnlichkeitsrelationen bei der Interpretation von Metaphern zu kurz greift und insgesamt nicht überzeugend ist.

Das sechste Prinzip besagt, dass P und R im Grunde dasselbe bedeuten, aber eine der beiden Eigenschaften, normalerweise P, nicht im wörtlichen Sinne auf S anwendbar ist, weshalb man hier eine metaphorische Interpretation benötigt. Ein mögliches Beispiel wäre „Quine hat Carnaps Argument zerstört", wobei man damit metaphorisch ausdrücken möchte, dass Quine die Argumente von Carnap widerlegt und somit zunichte gemacht hat. Nun ist die Bedeutung von „zerstören" relativ nahe an derjenigen von „etwas zunichte machen". Dennoch kann man „zerstören" nicht im wörtlichen Sinne auf Argumente anwenden, weil diese keine physischen Gegenstände sind.[259]

Das siebte Prinzip ist eine Art Metaprinzip, nach dem die Prinzipien eins bis sechs auf andere grammatikalische Formen als „S ist P" angewendet werden können. Selbstverständlich gibt es auch metaphorische Interpretationen von Verben oder Adjektiven. Wenn man (31) sagt, kann man damit z. B. ausdrücken, dass Harald die Diskussion sehr stark geprägt hat und wenig andere Meinungen gelten ließ.

(31) Harald pflügte durch die Diskussion.

Nach Searle wird in diesem Fall ein Schluss von *P-Relationen* auf *R-Relationen* gemacht. Die metaphorische Interpretation von (31) kann dementsprechend als ein Schluss von „S P-Relation S*" auf „S R-Relation S*" verstanden werden, wobei „S" Harald und „S*" der betreffenden Diskussion entspricht. Die Art und Weise, wie man von den P-Relationen zu den R-Relationen kommt, sind nach Searle die Prinzipien eins bis sechs und, falls diese Liste nicht vollständig ist, noch weitere Prinzipien.

Schließlich erläutert Searle als achtes Prinzip, dass Relationen wie „Teil – Ganzes", „Behälter – Inhalt" oder „Kleidung – Träger der Kleidung" als Verbindung zwischen „S ist P" und „S ist R" fungieren. Wenn solche Relationen die Grundlage der Interpretation bilden, spricht man normalerweise allerdings nicht von Metaphern, sondern von Metonymien oder Synekdochen. Gemäß Searle ist es aber eine rein terminologische Frage, ob man diese Relationen dem Oberbegriff

---

259 Die Beispiele, die Searle hier diskutiert, scheinen nur im Englischen zu funktionieren. Er behauptet, dass „This soufflé is addled" und „That parliament is addled" als Metaphern verstanden werden müssen, weil man „addled" (verfault, verdorben) nicht im wörtlichen Sinne auf Soufflés oder Parlamente anwenden kann. Dennoch sei die gemeinte metaphorische Bedeutung von „addled" hier sehr ähnlich oder identisch zu der wörtlichen Bedeutung (vgl. Searle 1979, 109). Insgesamt ist es nicht ganz klar, ob dieses Prinzip plausibel ist. Man könnte behaupten, dass in dem Moment, in dem die Divergenz zwischen P und R verschwindet, es nicht mehr angemessen ist, von einer metaphorischen Interpretation zu sprechen.

„Metapher“ zuordnet oder ob man hier von Metonymien und Synekdochen spricht. Es wäre also nach Searle auch ohne Weiteres möglich, dieses Prinzip als erstes Prinzip für Metonymien und Synekdochen anstatt als achtes für Metaphern zu klassifizieren.

Diese Prinzipien entsprechen natürlich nur der zweiten Stufe der metaphorischen Interpretation, auf der mögliche Rs zu den gesagten Ps gesucht werden. Es muss zusätzlich noch auf der dritten Stufe bestimmt werden, welche Rs relativ zu S angemessen sind. Auf dieser dritten Stufe muss die Anzahl der möglichen Werte für R also dahingehend beschränkt werden, dass sie in dem jeweiligen Äußerungskontext tatsächlich plausibel von S aussagbar sind.[260]

Es nicht ganz ersichtlich, welche Erklärungsleistungen diese Prinzipien genau besitzen sollen. Da sie sehr allgemein formuliert sind, ist es nicht möglich, allein anhand dieser Prinzipien eine angemessene Deutung einer Metapher zu erschließen. Die ersten vier Prinzipien zusammengenommen ergeben die sehr vage Auskunft, dass die Kandidaten für die Eigenschaften, die von einem Gegenstand S ausgesagt werden sollen, notwendig, kontingent, oder nur über mehr oder weniger zufällige Assoziationen mit der Ausgangsdomäne P verknüpft sein können. Offensichtlich kommen dabei sehr viele Eigenschaften in Frage. Searles Prinzipien spezifizieren aber nicht, *welche* dieser zahlreichen Eigenschaften die geeigneten Kandidaten für eine Übertragung darstellen. Deswegen bleibt die Erklärungsleistung von diesen Prinzipien insgesamt sehr begrenzt.

3.3.2.3 Das Verhältnis von Metaphern zu anderen Tropen

Es wurde schon erläutert, dass Searle gemäß seinem achten Prinzip Metonymien und Synekdochen als Formen von Metaphern versteht bzw. keine substanziellen Unterschiede zwischen diesen Stilmitteln sieht. Anders ist dies im Falle von Ironie und indirekten Sprechakten. Gemäß Searle ist die Divergenz zwischen Satz- und Sprecherbedeutung hier von einer anderen Art als bei Metaphern. Bei ironischen gemeinten Äußerungen ist die Sprecherbedeutung nach Searle typischerweise das Gegenteil der Satzbedeutung. Wenn jemand z. B. „Das ist aber gutes Wetter heute“ sagt, während es in Strömen regnet, ist es plausibel anzunehmen, dass der Sprecher diese Äußerung ironisch meint. In diesem Fall ist die Sprecherbedeutung so etwas wie „Das Wetter heute ist besonders schlecht“, was das Gegenteil der Satzbedeutung darstellt.[261]

260 Vgl. Searle 1979, 112.
261 Vgl. Searle 1979, 112 f.

Searle führt auch die Klasse sogenannter „indirekter Sprechakte" ein. Diese unterscheiden sich nach Searle wiederum dahingehend prinzipiell von Metaphern und ironischen Äußerungen, weil die Sprecherbedeutung hier nicht vollständig von der Satzbedeutung verschieden ist, sondern diese nur *überschreitet*. Wenn man z. B. sagt „Kannst du mir das Salz reichen?" fragt man damit normalerweise nicht nach einer Fähigkeit, sondern äußert die Bitte einem das Salz zu reichen. Diese Bitte setzt nun aber voraus, dass der Rezipient auch die Fähigkeit besitzt, einem das Salz reichen zu können. Da die Frage nach der Fähigkeit, ob man einem das Salz reichen kann, in den meisten Kontexten nicht besonders relevant ist, schließen die Rezipienten hier normalerweise von einer Bedingung auf etwas durch diese Bedingtes. Sie erschließen dementsprechend, dass der Sprecher sie bittet, ihm das Salz zu reichen. Wenn der Rezipient dieser Bitte nachkommt, stimmt er nicht nur dem Gehalt des indirekten Sprechaktes (der Bitte), sondern zugleich auch der rein auf der Ebene der Satzbedeutung formulierten Frage nach der Fähigkeit zu. Wenn man im Gegensatz dazu auf eine Metapher wie (26) entgegnet, dass man denselben Eindruck hat, stimmt man gerade nicht der abwegigen wörtlichen Bedeutung der Äußerung zu, dass Sally wirklich ein Eisblock ist, sondern *nur* der metaphorischen Interpretation dieser Äußerung.[262] Indirekte Sprechakte können in dem Grice'schen Modell als Formen konversationeller Implikaturen verstanden werden. Sie unterscheiden sich aber grundsätzlich von Qualitätsimplikaturen. Letztere, zu denen Grice wie erläutert auch Metaphern und Ironie rechnet, wären in dem Modell von Searle gerade keine indirekten Sprechakte, weil hier dasjenige, was gesagt wird, nicht zugleich auch gemeint wird.[263]

Zusammenfassend gelangt man nach Searle im Falle von Metaphern also durch die Satzbedeutung hindurch zu einer davon verschiedenen Sprecherbedeutung. Bei ironischen Interpretationen ist diese von der Satzbedeutung divergierende Sprecherbedeutung das Gegenteil der Satzbedeutung. Im Falle indirekter Sprechakte beinhaltet die Sprecherbedeutung die Satzbedeutung, geht aber zugleich über sie hinaus. Neben der gewöhnlichen Metapher unterscheidet Searle auch noch die tote und die poetische Metapher. Im Falle der toten Metapher schließt der Sprecher direkt auf die metaphorische Bedeutung R, ohne einen Umweg über P zu machen. Die metaphorische Bedeutung hat sich hier schon als konventionelle Standardbedeutung etabliert. Im Falle poetischer Metaphern gibt es nicht nur ein bestimmtes R, was über S ausgesagt wird, sondern viele ver-

262 Vgl. Searle 1979, 113 f.

263 Für eine ausführlichere Diskussion des Verhältnisses zwischen konversationellen Implikaturen und indirekten Sprechakten Vgl. u. a. Recanati 1989a, 117–126 und Kober 2002, 324–336.

schiedene Rs. Diese Offenheit der Interpretation ist bei manchen Metaphern, besonders in poetischen Kontexten, gerade intendiert. Insgesamt ist der Umstand, dass bei Metaphern durch die Satzbedeutung hindurch etwas von dieser Verschiedenes kommuniziert wird, dasjenige, was nach Searle verursacht, dass Metaphern letztlich nicht vollständig paraphrasiert werden können. Man kann mit einer wörtlichen Paraphrase also die intendierte Sprecherbedeutung erfassen, welche im Falle einer metaphorischen Interpretation vermittelt wird, nicht aber die Art und Weise, wie diese Sprecherbedeutung durch die von ihr verschiedene Satzbedeutung ausgedrückt wird.[264]

3.3.3 Zusammenfassende Überlegungen

Die Theorien von Searle und Grice zur Beschreibung von Metaphern stimmen trotz einiger Unterschiede dahingehend überein, dass die metaphorische Bedeutung als eine von der Satzbedeutung verschiedene vom Sprecher *intendierte Bedeutung* angesehen wird. Für beide Autoren ist dementsprechend klar, dass Metaphern Formen von Gebrauch von Sprache sind. Deswegen tritt bei diesen Ansätzen auch nicht das Problem auf, dass man dasjenige, was „metaphorische Bedeutung“ genannt wird, irgendwie in die Semantik von Ausdrücken integrieren muss. Dementsprechend entgehen diese Ansätze auch weitestgehend der Kritik von Davidson an dem Konzept einer „metaphorischen Bedeutung“. Für die intendierte Sprecherbedeutung gilt z. B. nicht, dass sie nur dann einen Erklärungswert besitzt, wenn sie unabhängig von einem Äußerungskontext zugänglich ist. Es zeichnet die Sprecherbedeutung gerade aus, dass sie im Gegensatz zur lexikalischen Bedeutung nur in konkreten Konversationssituationen erschlossen werden kann. Zudem kann ein Unterschied zwischen lebendigen und toten Metaphern insofern in die Theorie eingezeichnet werden, als bei Letzteren die ehemals metaphorische Bedeutung Teil der konventionellen Bedeutung eines Ausdruckes geworden ist. Im Gegensatz zu lebendigen Metaphern besteht bei der Erschließung dieser Bedeutungen dementsprechend keine Divergenz mehr zwischen Satz- und Sprecherbedeutung.

Allerdings stellen die in Abschnitt 3.2.3.1 vorgestellten sogenannten Twice-True- und Twice-Apt-Metaphern ein Problem für die Theorien von Grice und Searle dar. Im Rahmen des Modells von Grice können die Twice-True-Metaphern nicht als Qualitätsimplikaturen verstanden werden, weil dasjenige, was gesagt wird, hier nicht falsch ist. Es muss hier stattdessen eher auf eine Spannung zu der Maxime

264 Vgl. Searle 1979, 114–116.

der Relevanz verwiesen werden. Im Falle von Twice-Apt-Metaphern besteht überhaupt keine Spannung zu einer Konversationsmaxime. Dasjenige, was gesagt wird, ist hier stattdessen als angemessener und sinnvoller Beitrag zu der betreffenden Konversation zu verstehen. Für das Modell von Searle stellt sich das Problem, dass Twice-Apt-Metaphern die Unterscheidung zwischen indirekten Sprechakten und Metaphern aufheben. Ebenso wie bei indirekten Sprechakten wird im Falle von Twice-Apt-Metaphern nämlich *zusätzlich* zur wörtlichen Interpretation der betreffenden Äußerung noch eine metaphorische Bedeutung ausgedrückt. Die Sprecherbedeutung umfasst hier in Searles Terminologie also die Satzbedeutung und die metaphorische Deutung. Das wiederum entspricht Searles Beschreibung indirekter Sprechakte.

Auch wenn Grice und Searle dies nicht getan haben, scheint es aber prinzipiell möglich zu sein, ihre Theorien so zu modifizieren, dass diese den Phänomenen der Twice-True- und Twice-Apt-Metaphern gerecht werden. Man könnte das Kommunikationsmodell von Grice z. B. derart erweitern, dass man als Rezipient nicht nur nach der informativsten, sondern auch nach der reizvollsten und interessantesten Deutung einer Äußerung suchen sollte. Metaphern müssen dann nicht immer aufgrund eines scheinbaren Hinwegsetzens des Sprechers über Konversationsmaximen erschlossen werden. Vielmehr können metaphorische Interpretationen in diesem Rahmen auch dann ausgelöst werden, wenn sie *zusätzlich* zu der wörtlichen noch eine plausible und ästhetisch reizvolle Deutung darstellen. Searle müsste, um Twice-Apt-Metaphern in seine Theorie integrieren zu können, zugestehen, dass Metaphern und indirekte Sprechakte nicht als grundsätzlich verschiedene Kategorien einzustufen sind. Trotz solcher Modifikation könnten beide Ansätze aber an der grundlegenden Ansicht festhalten, dass Metaphern Fälle sind, in denen die Sprecherbedeutung, bzw. im Falle von Twice-Apt-Metaphern, ein Teil der Sprecherbedeutung, signifikant von der Satzbedeutung bzw. demjenigen was gesagt wird, abweicht. Die Phänomene der Twice-True- und Twice-Apt-Metaphern zeigen insgesamt, dass, wenn man das Modell von Searle und Grice voraussetzt, Metaphern weniger scharf von anderen Fällen konversationeller Implikaturen bzw. indirekter Sprechakte abgegrenzt werden können, als Searle und Grice dies suggerieren.

Es sollen im Folgenden weder die möglichen Verhältnisbestimmungen zwischen dem Grice'schen Modell der Kommunikation und dem Modell der Sprechakte, noch die teilweise synthetisierenden Weiterentwicklungen dieser Theorien[265] thematisiert werden. Es soll vielmehr grundsätzlich in den Blick genommen

265 Vgl. hierzu z. B. Bach/Harnich 1979, Recanati 1989a oder Alston 2000.

werden, inwiefern Modelle plausibel sind, nach denen die Interpretationen von Metaphern indirekt, auf der Basis einer primär erfassten Satzbedeutung erschlossen werden.[266]

3.3.4 Probleme pragmatischer Metapherntheorien

3.3.4.1 Das Verhältnis von Metaphern zu Ironie und anderen sekundären Tropen

3.3.4.1.1 Die strikte Reihenfolge der Interpretation

Grice hatte darauf hingewiesen, dass man im Falle der Äußerung des Satzes (18) „Du bist die Sahne in meinem Kaffee" eine metaphorische mit einer ironischen Interpretation verbinden kann. Der Sprecher kann damit dann z. B. ausdrücken, dass der Adressat derjenige ist, der ihm das Leben alltäglich schwer macht. Hierbei wird nach Grice die metaphorische Interpretation von (18) ironisch gewendet. Interessant ist, dass diese Reihenfolge der Interpretation (Metapher – Ironie) nicht umkehrbar zu sein scheint. Wenn man versucht (18) zuerst ironisch und darauf metaphorisch zu interpretieren, müsste man z. B. die wörtliche Interpretation von Satz (18) ironisch deuten. Wenn man unter Ironie die Verkehrung eines Inhaltes in sein Gegenteil versteht, ist hier gar keine ironische Deutung möglich, weil es nicht ersichtlich ist, was das Gegenteil davon sein sollte, dass jemand im wörtlichen Sinne Sahne im Kaffee ist. Man könnte hierauf erwidern, dass eine ironische Deutung im strengen Sinne nicht einen Schluss auf einen gegenteiligen, sondern schlicht auf einen zum Ausgangsgehalt widersprüchlichen Gehalt erzeugt.[267] Da dies durch die Negation des Ausgangsgehaltes erreicht werden kann, wäre eine ironische Deutung in diesem Sinne auch von der völlig abwegigen wörtlichen Interpretation von (18) möglich. Das Problem an dieser Auffassung ist aber, dass es sich bei einer solchen Deutung intuitiv nicht um

---

266 Weitere Ansätze, welche den pragmatischen Metapherntheorien zugeordnet werden können, wurden, mehr oder weniger stark an die Überlegungen von Grice und Searle anknüpfend, z. B. von Aloysius P. Martinich (vgl. Martinich 1984), Kent Bach und Robert M. Harnish (vgl. Bach/Harnich 1979, 65–70), Robert Fogelin (vgl. Fogelin 1994, 2011, Abschnitt 2.5.2) oder William Alston (vgl. Alston 2000, 233–238) entwickelt.

267 Grice spricht z. B. davon, dass ironische Deutungen in einem Schluss auf einen zum Ausgangsgehalt widersprüchlichen (contradictory) Gehalt bestehen können (vgl. Grice 1975, 53). Die Wendung in das Gegenteil und die Wendung in einen widersprüchlichen Gehalt sind selbstverständlich nicht dasselbe. Wenn man mit einem ironischen Unterton „Das war der beste Film, den ich je gesehen habe" sagt, wird damit normalerweise nicht nur kommuniziert, dass der besagte Film nicht der beste war, den man je gesehen hat (Widerspruch), sondern auch, dass er besonders schlecht war (Gegenteil).

Ironie handelt. Eine Negation des abwegigen Gehaltes, dass der Adressat von (18) im wörtlichen Sinne die Sahne im Kaffee des Sprechers ist, ist schlichtweg eine Korrektur einer offensichtlich falschen Behauptung und keine Ironie. Dass diese fixierte Reihenfolge der Interpretation zwischen Metapher und Ironie nicht mit bestimmten Eigenheiten von Satz (18) zusammenhängt, kann anhand von Satz (32) gezeigt werden:

(32) Magdalenas Worte sind Honig in meinen Ohren.

Falls der Satz (32) ebenfalls sowohl ironisch als auch metaphorisch interpretiert wird, wäre eine plausible Deutung des damit kommunizierten Gehaltes, dass der Sprecher Magdalenas Worte nicht ausstehen kann. Zu dieser intuitiv plausiblen Deutung gelangt man aber wieder nur, wenn man (32) zunächst metaphorisch und erst darauf ironisch deutet. Falls man versucht diese Reihenfolge der Interpretation umzukehren, stellt sich wieder das Problem, dass der Ausgangspunkt für die Ironie in einem völlig abwegigen Gehalt besteht. Dieser wäre in diesem Fall, dass Magdalenas Worte wirklicher Honig in den Ohren des Sprechers sind. Es ist nicht ersichtlich, wie man diesen im Grunde unverständlichen Gehalt ironisch interpretieren könnte. Eine solche fixierte Reihenfolge der Interpretation ist nicht nur auf die Kombination von Metapher und Ironie beschränkt, sondern tritt auch bei der Kombination von Metaphern mit Fällen konversationeller Implikaturen bzw. indirekter Sprechakte auf.

(33) Kannst du mir das weiße Gold geben?
(34) Franz ist eine Wundertüte.

Die Äußerung von Satz (33) kann plausibel als eine Kombination von einem indirekten Sprechakt (bzw. im Grice'schen Modell einer konversationellen Implikatur vor dem Hintergrund der Maxime der Relevanz) und einer Metapher verstanden werden. In diesem Fall drückt der Sprecher damit die Bitte aus, dass ihm der Adressat das Salz reicht. Auch in diesem Fall muss zuerst die metaphorische Interpretation stattfinden, auf deren Basis dann die Implikatur bzw. der Gehalt des indirekten Sprechaktes erschlossen wird. Falls man andersherum versucht, die *wörtliche* Interpretation von (33) als indirekten Sprechakt bzw. als Ausgangspunkt für die Erschließung einer konversationellen Implikatur zu verstehen, kommt man zu keinem sinnvollen Ergebnis. Es ist völlig unklar, was „weißes Gold" im wörtlichen Sinne ist, worin die Fähigkeit besteht, jemandem dieses zu geben, und welchen Sinn eine Frage nach dieser Fähigkeit im Kontext z. B. eines Abendessens haben könnte.

Man kann sich ebenso ohne Probleme vorstellen, dass der Satz (34) in einem Kontext geäußert wird, in dem der Sprecher damit auf die Frage antwortet, ob Franz seiner Meinung nach dazu in der Lage ist, den diesjährigen Stadtmarathon zu gewinnen. Mit (34) wird dabei zunächst metaphorisch ausgedrückt, dass Franz immer für Überraschungen gut ist. Damit wiederum wird impliziert, dass es durchaus möglich ist, dass Franz den Marathon gewinnt, auch wenn man es ihm prima facie nicht zutrauen würde. Wenn man die Reihenfolge der Interpretation nun versucht umzudrehen, sodass man sich bemüht, zuerst eine Quantitätsimplikatur zu erschließen und das Ergebnis davon dann metaphorisch zu deuten, kann kein sinnvolles Ergebnis entstehen. Man müsste dann nämlich zunächst auf der Basis der absurden und offensichtlich falschen Behauptung, dass Franz im wörtlichen Sinne eine Wundertüte ist, auf eine intuitiv plausible Quantitätsimplikatur schließen. Es ist nicht ersichtlich, wie das, ohne eine metaphorische Interpretation in Betracht zu ziehen, möglich sein sollte.

Die vorgestellten pragmatischen Metapherntheorien haben Probleme, mit der Kombination von Metaphern sowohl mit ironischen Deutungen als auch mit bestimmten Formen konversationeller Implikaturen bzw. indirekter Sprechakte umzugehen. Gemäß Searles Theorie ist die Sprecherbedeutung im Falle der ironischen Interpretation immer das Gegenteil der Satzbedeutung. Wenn aber Metapher und Ironie kombiniert werden, muss zumindest eines der beiden Stilmittel auf den Gehalt zurückgreifen, den das andere Stilmittel erzeugt hat. Und dies ist gemäß Searle immer eine Form von intendierter Sprecherbedeutung. Keine der von Searle erläuterten Stilfiguren wie Metapher, Ironie oder indirektem Sprechakt kann aber gemäß seiner Theorie bei einer anderen Sprecherbedeutung ansetzen. Nach Searle müssen sie immer ausgehend von einer Satzbedeutung erschlossen werden. Daraus folgt dann aber, dass Kombinationen aus verschiedenen Stilmitteln gemäß Searles Ansatz generell nicht möglich sein dürften. Da solche Kombinationen, wie gezeigt wurde, aber vollkommen verständlich und plausibel sind, kann Searles Modell nicht korrekt sein.[268]

Innerhalb des Grice'schen Modells ist eine solche Kombination von Stilmitteln hingegen ohne Probleme möglich. Es spricht nichts dagegen, dass konversationelle Implikaturen auf der Basis anderer konversationeller Implikaturen erschlossen werden. Grice weist selbst auf die mögliche Kombination von metaphorischer und ironischer Interpretation bei der Deutung von Satz (18) hin. Die Problematik, die für das Grice'sche Modell aus der Kombination von Metaphern und anderen Stilmitteln entsteht, liegt in der erläuterten fixierten Rei-

268 Vgl. Tsohatzidis 1994, 367–369.

henfolge der Interpretation, wonach die metaphorischen immer vor z. B. ironischen Deutungen stattfinden müssen. Gemäß dem Grice'schen Modell gibt es nämlich keine strukturellen Unterschiede zwischen den verschiedenen Formen der konversationellen Implikaturen, die eine prinzipielle Priorisierung einer Form in der Reihenfolge der Interpretation rechtfertigen würden.[269] Da die These einer solchen fixierten Reihenfolge der Interpretation zwischen Metaphern und bestimmten anderen Stilmitteln eine zentrale Rolle bei der Beurteilung der Plausibilität pragmatischer Metapherntheorien einnimmt, soll die Gültigkeit dieser These im Folgenden noch genauer in den Blick genommen werden.

3.3.4.1.2 Die schwache und die starke logische MPT

Michaela Popa-Wyatt bezeichnet die These einer strikten Reihenfolge der Interpretation zwischen Metapher und Ironie als „logical Metaphor Priority Thesis".[270] Im Folgenden soll diese These, welche als „logische Metapher-Prioritäts-These" bzw. abgekürzt „logische MPT" bezeichnet wird, nicht nur als auf die Kombination von Metapher und Ironie beschränkt verstanden werden. Stattdessen soll mit dieser These, wie der Name besagt, eine grundsätzliche Priorität von metaphorischen Interpretationen gegenüber einer bestimmten Klasse von Interpretationen verstanden werden, die neben ironischen Deutungen z. B. auch die Schlüsse auf indirekte Sprechakte bzw. Quantitäts- und Relevanzimplikaturen umfasst. Popa-Wyatt behauptet in Anlehnung an Josef Stern, dass es sich bei dieser These nicht primär um eine Annahme bezüglich der tatsächlichen zeitlichen Reihenfolge von ablaufenden psychologischen Prozessen handelt, sondern um eine These über die *logische* Priorität der Deutung von Metaphern. Diese besagt, dass im Falle einer Kombination von Metapher und z. B. Ironie die metaphorische Interpretation immer zuerst durchgeführt werden *muss*, bevor die anderen Interpretationen überhaupt stattfinden *können*. Das hat dann natürlich auch Auswirkungen auf die zeitliche Reihenfolge der Interpretationen, besagt aber grundsätzlich mehr als nur die These einer zeitlichen Priorität von Metaphern.[271] Nach Popa-Wyatt gibt es von dieser logischen MPT eine schwache und eine starke Form. Gemäß der starken Form muss die metaphorische Interpretation *immer* vor einer ironischen Deutung

---

269 Dieses Problem stellt sich auch für Searles Modell, selbst wenn man es derart modifizieren würde, dass ironische Interpretationen und indirekte Sprechakte auch Sprecherbedeutungen als Ausgangspunkt haben könnten, welche nicht identisch mit der Satzbedeutung sind. Es wäre auch dann nicht ersichtlich, weshalb eine Form von Sprecherbedeutung *immer vor der anderen* erschlossen werden müsste.

270 Vgl. Popa-Wyatt 2017, 142 f.

271 Vgl. Popa-Wyatt 2017, 142; Stern 2000, 235.

vorgenommen werden, wohingegen gemäß der schwachen MPT sehr häufig eine solche fixierte Reihenfolge vorliegt, es aber auch Ausnahmen dazu gibt.[272] In dieser Arbeit wird die logische MPT, wie erläutert, allgemeiner verstanden als bei Popa-Wyatt. Sie wird demnach, sowohl in ihrer schwachen als auch in ihrer starken Version, zusätzlich zu der Kombination von Metaphern mit ironischen Deutungen auch auf die Kombination von Metaphern mit bestimmten Fällen von konversationellen Implikaturen und indirekten Sprechakten ausgeweitet. Angesichts der diskutierten Beispiele im letzten Abschnitt ist es plausibel anzunehmen, dass zumindest die schwache MPT gilt. Es soll im Folgenden genauer erörtert werden, ob es gerechtfertigt ist, die starke logische MPT anzunehmen. Hierfür sollen Beispiele in den Blick genommen werden, die potenziell Ausnahmen zu der logischen MPT darstellen.

(35) Cristiano Ronaldo ist eiskalt.
(36) Es ist kalt hier.

Satz (35) ist sowohl wörtlich als auch metaphorisch interpretiert eine prinzipiell sinnvolle Äußerung. Deswegen sollte eine ironische Deutung der wörtlichen Interpretation dieses Satzes nicht von vornherein problematisch sein, wie in den bisherigen Beispielen. Wenn man versucht (35) in der Reihenfolge Ironie – Metapher zu deuten, muss man zunächst eine ironische Interpretation der wörtlichen Interpretation von (35) erschließen. Wenn man annimmt, dass die Ironie den Gehalt in sein Gegenteil verkehrt, dann könnte das Ergebnis davon lauten, dass Cristiano Ronaldo – im wörtlichen Sinn – besonders heiß ist. Eine metaphorische Interpretation davon wäre wiederum, dass Cristiano Ronaldo besonders attraktiv ist. Das ist aber ein ganz anderes Ergebnis als dasjenige, das die Interpretation in der Reihenfolge Metapher – Ironie hervorbringt. Ein plausibler Kandidat für die metaphorische Interpretation wäre hier, dass Cristiano Ronaldo besonders gut mit Drucksituationen umgehen kann. Das Ergebnis einer ironischen Interpretation dieses Gehaltes wäre dann z. B., dass Cristiano Ronaldo sich in Drucksituationen überhaupt nicht im Griff hat. Dieser deutliche Unterschied im Ergebnis ist dadurch zustande gekommen, dass die metaphorische Interpretation des wörtlichen Gegenteils von „eiskalt“ (extrem heiß) nicht zugleich das Gegenteil der metaphorischen Interpretation von „eiskalt“ darstellt. Dasjenige, was mit (35) vor dem Hintergrund einer sowohl ironischen als auch metaphorischen Deutung kommuniziert wird, ist nun aber ganz klar das Ergebnis der Interpretation in der

272 Vgl. Popa-Wyatt 2017, 149.

Reihenfolge Metapher – Ironie und nicht das Ergebnis in der Reihenfolge Ironie – Metapher.

Auch mit der Äußerung von (36) kann sowohl metaphorisch als auch wörtlich interpretiert ein sinnvoller Gehalt vermittelt werden. Es kann einmal ausgedrückt werden, dass die Temperatur an dem jeweiligen Ort besonders niedrig ist, und das andere mal, dass eine besonders distanzierte Stimmung unter den an diesem Ort Anwesenden herrscht. Beide Gehalte können den Ausgangspunkt für einen indirekten Sprechakt oder eine ironische Interpretation bilden. Wenn man die wörtliche Interpretation zugrunde legt, kann man einen indirekten Sprechakt von der Art „Schließe bitte das Fenster" oder eine ironische Interpretation mit einem Gehalt „Es ist sehr warm hier" erschließen. Falls man eine metaphorische Interpretation zugrunde legt, könnte man indirekt kommunizieren, dass der Adressat etwas tun soll, was die emotionale Kälte beendet. So wie man bei physischer Kälte das Fenster schließt, könnte es auch bei emotionaler Kälte eine bestimmte, aus dem Kontext erschließbare Handlung geben, welche die emotionale Kälte beseitigt. Ein möglicher Kandidat für eine solche Handlung wären z. B. freundliche Worte, welche Vertrautheit zwischen den betreffenden Leuten schaffen können. Mit einer ironischen Deutung der metaphorischen Interpretation von (36) kann kommuniziert werden, dass die Stimmung an dem jeweiligen Ort gerade besonders gut und vertraut ist.

Wenn man die Reihenfolge der Interpretation bei der sowohl ironischen als auch metaphorischen Deutung von (36) nun umdreht, ist der Ausgangspunkt der Ironie die wörtliche Interpretation von (36). Ein plausibler Kandidat für eine ironische Interpretation davon wäre, dass es an dem betreffenden Ort besonders warm ist. Metaphorisch gedeutet könnte daraus wiederum der Gehalt erzeugt werden, dass es an dem besagten Ort emotional besonders warm ist. Der Inhalt einer Interpretation von der wörtlichen Deutung von (36) als indirekten Sprechakt erzeugt, wie bereits erläutert, die Aufforderung, dass der Adressat das Fenster schließen soll. Diese Aufforderung ließe sich metaphorisch auf eine Handlung übertragen, welche die emotionale Kälte zurückdrängt. Somit scheint es, dass dieses Beispiel eine Ausnahme für die logische MPT bildet, weil auch in der Reihenfolge Ironie – Metapher bzw. indirekter Sprechakt – Metapher intuitiv plausible Ergebnisse erzeugt werden.

Anne Bezuidenhout argumentiert aber, dass die erläuterten Interpretationen von (36) in der Reihenfolge indirekter Sprechakt – Metapher bzw. Ironie – Metapher nur dadurch zustande gekommen sind, dass man bereits eine metaphorische Interpretation von (36) voraussetzt und somit die Reihenfolge der Interpretation eigentlich gar nicht umdreht. Im Falle der Deutung von (36) als indirektem Sprechakt, mit dem z. B. dazu aufgefordert wird, ein Fenster zu schließen, darf eine darauffolgende metaphorische Deutung nach Bezuidenhout nicht auf eine metaphorische Deutung von (36) Bezug nehmen. Sonst würde es sich nämlich nicht wirklich um einen Fall der umgekehrten Reihenfolge der Interpretation handeln. Die Aufforderung, ein Fenster zu schließen, kann metaphorisch viele verschiedene Deutungen haben. Man könnte damit z. B. auch kommunizieren, dass der Adressat Möglichkeiten aufgeben sollte, welche er sich noch „offen" gehalten hat, oder dass er die Kommunikation nach „draußen" aufgeben soll, wobei „draußen" so etwas wie außerhalb des Raumes oder auch außerhalb einer bestimmten Gruppe bedeuten kann. Es ist nun auffällig, dass bei einer Kombination von Metapher und indirektem Sprechakt bei der Deutung von (36) intuitiv nur diejenige Deutung plausibel erscheint, bei der dazu aufgefordert wird, etwas gegen eine an dem betreffenden Ort vorherrschende emotionale Kälte zu tun. Der Grund dafür liegt nach Bezuidenhout darin, dass man sich implizit auf die metaphorische Interpretation von (36) bezieht und vor diesem Hintergrund den Gehalt des indirekten Sprechaktes erschließt. Die wörtliche Interpretation von (36) selbst gibt keinen Anhaltspunkt dafür, weshalb genau diese Deutung mit dem Bezug auf emotionale Kälte bevorzugt werden sollte. Falls man bei der Deutung des indirekten Sprechaktes aber auf die metaphorische Interpretation von (36) zurückgreift, befindet man sich wieder in der Interpretationsreihenfolge Metapher – indirekter Sprechakt.[273]

Bezuidenhout wiederholt dieses Argument in Bezug auf die Interpretation in der Reihenfolge Ironie – Metapher bei der Interpretation von (36). Hier ist ihr Argument aber nicht gleichermaßen überzeugend. Falls die ironische Interpretation der wörtlichen Interpretation von (36) so etwas ist wie „Es ist besonders warm hier" ergibt, könnte man dieses auch ohne jeden Rückgriff auf vorherige metaphorische Interpretationen von (36) so verstehen, dass an dem Äußerungsort emotionale Wärme herrscht. Die metaphorische Interpretation scheint hier also, auch wenn sie erst strikt nach der ironischen vorgenommen wird, ein intuitiv plausibles Ergebnis zu erzeugen. Der Grund hierfür ist, dass es sich beim Übergang von relativ hoher Temperatur zu emotionaler Wärme um eine *stark konventionalisierte* Metapher handelt. Die metaphorische Interpretation hat hier also keine besonderen Voraussetzungen, welche einen signifikanten Spielraum für Fehldeutungen zulassen würden. Josef Stern räumt deswegen ein, dass im Falle von schon sehr stark konventionalisierten Metaphern eine Umkehrung der Reihenfolge der Interpretation teilweise möglich ist, sodass die metaphorische nach einer z. B. ironischen Deutung vorgenommen werden kann.[274] Stern kann dementsprechend als ein Vertreter der schwachen MPT angesehen werden.

273 Vgl. Bezuidenhout 2001, 162 f.
274 Vgl. Stern 2000, 236.

Popa-Wyatt hat ein überzeugendes Argument gegen die Einschätzung von Stern präsentiert, dass im Falle stark konventionalisierter Metaphern Ausnahmen von der logischen MPT auftreten können. Damit dieses nachvollziehbar wird, soll zunächst kurz darauf eingegangen werden, wie Ironie und Sarkasmus zu verstehen sind.[275] Bisher wurde Ironie als eine Umkehrung eines Gehaltes in sein Gegenteil aufgefasst. Dieses Verständnis ist aber, wie folgende Beispiele zeigen, nicht bei allen Fällen von Ironie angemessen:

(37) Du weißt offensichtlich sehr viel.
(38) Danke, dass du mir die Tür geöffnet hast.
(39) Darf ich dich darum bitten in Erwägung zu ziehen, irgendwann einmal in diesem Jahr dein Zimmer aufzuräumen?

Eine plausible Deutung der sarkastisch gemeinten Äußerung von (37) wäre z. B., dass hier die Haltung des Spottes gegenüber dem Umstand ausgedrückt wird, dass der Adressat sich besonders viel auf sein Wissen einbildet. Hierbei wird der propositionale Gehalt von (37) weder negiert noch umgekehrt. Man kann sich ebenso vorstellen, dass jemand (38) mit einem sarkastischen Unterton äußert, um sein Bedauern bzw. seinen Ärger darüber auszudrücken, dass der Adressat ihm nicht die Tür geöffnet hat. Der Sprecher ändert hier durch den Sarkasmus also den mit der Äußerung vollzogenen Sprechakt von einem Dank zu einer Beschwerde. Dabei wird der ausgedrückte propositionale Gehalt aber weder in sein Gegenteil gewendet noch negiert. Ganz ähnlich dazu kann man, wenn man (39) mit einem sarkastischen Ton ausspricht, vermitteln, dass der Adressat schleunigst sein Zimmer aufräumen soll. Die besonders elaborierte Art und Weise der Frage soll hier den Spott darüber ausdrücken, dass der Adressat dies immer noch nicht getan hat und meint, er werde immer wieder in aller Höflichkeit darum gebeten, dies zu tun. Der Sarkasmus wird hier also vom Stil der Äußerung und nicht vom kommunizierten propositionalen Gehalt getragen.[276]

Michaela Popa-Wyatt und Stephen Barker erläutern des Weiteren ein interessantes Beispiel, das zeigt, dass dasjenige, was mit Ironie bzw. Sarkasmus ausgedrückt wird, prinzipiell nicht auf einen bestimmten propositionalen Gehalt reduziert werden kann.

---

275 Sarkasmus soll hier als eine Form von Ironie verstanden werden. Beim Sarkasmus ist im Gegensatz zu anderen ironischen Interpretationen immer ein gewisses abwertendes Element involviert.

276 Diese Beispiele wurden von Elisabeth Camp übernommen (vgl. Camp 2012, 596–598). Auch sie führt sie als Argument gegen die Ansicht an, dass mit ironischen Äußerungen immer das Gegenteil von dem mit der betreffenden Äußerung ausgedrückten Gehalt kommuniziert wird.

Tan: Da ist Georg, das laufende Gehirn.

Sam[1]: Ich stimme dir zu, dass Georg nicht besonders intelligent ist. Aber wir sollten deswegen nicht so gehässig sein.

Sam[2]: Ja, Georg ist ein *wahres Genie*. Aber wir sollten deswegen nicht so gehässig sein.

Die Antwort von Sam[2] erscheint nun im Gegensatz zu der Antwort von Sam[1] missglückt zu sein. Der Grund dafür liegt darin, dass Sam[2] durch den Gebrauch des Sarkasmus eben genau dasjenige tut, was er im darauffolgenden Satz moniert. Er drückt nicht nur aus, dass er Georg für nicht besonders intelligent hält, sondern spottet durch die sarkastische Ausdrucksweise auch noch darüber. Diese Einstellung des Spotts und der Gehässigkeit gegenüber Georg wird von der Äußerung von Sam[1] nicht kommuniziert, weshalb auch sein monierender Nachtrag in keiner Spannung zu seiner Zustimmung zu Tans Äußerung steht. Falls ironische bzw. sarkastische Interpretationen nur einen z. B. gegenteiligen propositionalen Gehalt erzeugen würden, wäre der Unterschied zwischen den Antworten von Sam[1] und Sam[2] in diesem Beispiel nicht erklärbar. Der durch den Sarkasmus ausgedrückte propositionale Gehalt von Sam[2] entspricht nämlich ziemlich genau demjenigen, was Sam[1] ausgedrückt hat.[277]

Aus den erläuterten Beispielen wird deutlich, dass eine ironische bzw. sarkastische Interpretation immer auch mit einer gewissen Haltung des Sprechers zu einem bestimmten propositionalen Gehalt verbunden ist. Mögliche mit Ironie bzw. Sarkasmus verbundene Haltungen sind Spott, Hohn, Verachtung, Ablehnung oder Ähnliches. Sowohl die Vertreter sogenannter Echo-Ansätze (echoic accounts) als auch die Vertreter sogenannter Vortäuschungs-Ansätze (pretense accounts) bezüglich Ironie und Sarkasmus vertreten sogar die Ansicht, dass die ausgedrückte Haltung überhaupt das entscheidende Element von Ironie bzw. Sarkasmus darstellt. Dementsprechend geht es für Vertreter dieser Ansätze bei der Anwendung von Ironie überhaupt nicht um die Erzeugung eines bestimmten propositionalen Gehaltes.[278] Es genügt an dieser Stelle vorauszusetzen, dass es bei

277 Vgl. Barker/Popa-Wyatt 2015, 11 f.

278 Gemäß Vertretern von Echo-Ansätzen drückt ein Sprecher, wenn er ironisch spricht, aus, dass er den betreffenden Gehalt, auf den er die Ironie anwendet, für lächerlich hält. Der Sprecher greift einen Gehalt also nur als eine Art Wiedergabe auf (eine Art Echo), um ihre ablehnende bzw. höhnische Haltung gegenüber diesem Gehalt auszudrücken. Vertreter dieses Ansatzes sind Dan Sperber und Deirdre Wilson (vgl. u. a. Sperber/Wilson 1981, Wilson 2006). Vertreter des Vortäuschungs-Ansatzes bezüglich der Ironie argumentieren hingegen, dass im Falle der Ironie ein bestimmter propositionaler Gehalt nicht nur vom Sprecher aufgegriffen wird, sondern von ihm auch so getan bzw. vorgegeben wird, dass er diesem Gehalt zustimmt. Der Sprecher beabsichtigt aber,

Ironie und Sarkasmus zumindest immer *auch* um den Ausdruck einer Haltung zu einem bestimmten Gehalt geht. Vor dem Hintergrund dieser Annahme kann das Argument von Popa-Wyatt gegen die Möglichkeit der Umkehrung der Reihenfolge der Interpretation von Metapher und Ironie verständlich gemacht werden. Sie behauptet, dass, falls eine ironische Interpretation vor einer metaphorischen vorgenommen wird, immer die intuitiv durch die Ironie bzw. den Sarkasmus ausgedrückte Haltung verloren geht.[279] Wenn man z.B. die Kombination von metaphorischer und ironischer Interpretation bei der Deutung von (36) betrachtet, wird in der Reihenfolge Metapher – Ironie eine andere Haltung durch die Ironie vermittelt, als wenn man die Reihenfolge der Interpretation umgekehrt.

Metapher – Ironie:
(36) Es ist kalt hier.
(36a) Es herrscht hier eine distanzierte Stimmung zwischen den anwesenden Personen.
(36a*) Es herrscht hier eine gute und herzliche Stimmung zwischen den anwesenden Personen.

Ironie – Metapher:
(36) Es ist kalt hier.
(36b) Es ist warm hier.
(36b*) Es herrscht hier eine gute und herzliche Stimmung zwischen den Anwesenden Personen.

Wenn man (36) in der Reihenfolge Ironie – Metapher interpretiert, wird die mit der Ironie verbundene Haltung der Ablehnung bzw. des Hohns mit dem durch (36) ausgedrückten Gehalt verknüpft, dass an dem betreffenden Ort eine niedrige Temperatur herrscht. Das stellt aber eine intuitiv falsche Analyse dar. Wenn man (36) sowohl ironisch als auch als Metapher interpretiert, bezieht sich der Hohn selbstverständlich auf den durch (36a) ausgedrückten Gehalt. Durch die Ironie wird hier die Ansicht lächerlich gemacht, dass die Stimmung an dem besagten Ort besonders distanziert ist. Niemand würde bei einer Kombination von Metapher und Ironie im Falle der Deutung von (36) in Erwägung ziehen, dass sich ein Sprecher über den Gehalt mockiert, dass die Temperatur an dem betreffenden Ort

---

dass dieses Vortäuschen erkannt wird und die Rezipienten auf diese Weise seine höhnische und ablehnende Haltung entdecken. Dieser Ansatz wird u.a. von Herbert Clark und Richard Gerrig (vgl. Clark/Gerrig 1984), François Recanati (vgl. Recanati 2004) sowie Gregory Currie (vgl. Currie 2006) vertreten.

279 Vgl. Popa-Wyatt 2017, 148 f.

besonders niedrig ist. Das sieht man schon allein daran, dass das Ergebnis und die Angemessenheit der Interpretation von (36), falls hier Metapher und Ironie kombiniert werden, völlig unabhängig von der faktischen Temperatur an dem besagten Ort ist. Daraus folgt, dass die Kombination von Metapher und Ironie auch im Falle von (36) der strikten Reihenfolge der Interpretation Metapher – Ironie folgt. Dies rechtfertigt wiederum, unter Berücksichtigung der anderen diskutierten Beispiele, davon auszugehen, dass die starke logische MPT gültig ist.

3.3.4.1.3 Primäre und sekundäre Operationen

Um die erläuterte strikte Reihenfolge der Interpretation bei der Kombination von Metaphern mit bestimmten anderen Stilmitteln zu erklären, soll eine an Überlegungen von Josef Stern angelehnte Unterscheidung[280] zwischen primären und sekundären Operationen vorgenommen werden. Primäre Operationen stellen demnach Operationen auf Ausdrücke innerhalb von Sätzen dar, auf deren Basis die mit den entsprechenden Sätzen ausgedrückten propositionalen Gehalte erzeugt werden. Sekundäre Operationen hingegen stellen Operationen auf mit Sätzen ausgedrückte propositionale Gehalte dar. Metaphorische Interpretationen

280 Josef Stern hat vorgeschlagen, eine prinzipielle Unterscheidung von Stilmitteln in zwei Klassen vorzunehmen. Die Stilmittel, welche der ersten Gruppe zugeordnet werden, stellen nach ihm Operationen *auf Sätze* dar. D. h., mithilfe von diesen wird relativ zu einem Kontext überhaupt erst ein propositionaler Gehalt erzeugt. Diese erste Gruppe umfasst nach Stern u. a. Metaphern, Metonymien und Synekdochen. Im Falle der Stilmittel, die in der zweiten Klasse enthalten sind, werden bereits etablierte propositionale Gehalte in andere propositionale Gehalte umgewandelt. Es handelt sich hier also um Operationen auf *propositionale Gehalte* und nicht auf Sätze. Diese zweite Klasse umfasst nach Stern u. a. Ironie, Meiosis und hyperbolische Rede (vgl. Stern 2000, 237). Vor dem Hintergrund der in dieser Arbeit verwendeten Terminologie muss Sterns Vorschlag etwas präzisiert werden. Es erscheint zunächst missverständlich, Metaphern selbst als Operationen zu bezeichnen. Dann wäre es z. B. unsinnig zu fragen, welche Deutungen man einer Metapher gibt, weil die Deutung selbst die Metapher darstellen würde. Es ist deswegen angemessener davon zu sprechen, dass metaphorische Interpretationen primäre Operationen darstellen. Dasjenige, was metaphorisch interpretiert wird, sind aber streng genommen häufig nicht ganze Sätze, sondern Ausdrücke innerhalb von Sätzen. Bei der Deutung von (32) wird z. B. „sind Honig in meinen Ohren" aber nicht „Magdalenas Worte" metaphorisch interpretiert. Deswegen wurde die Unterscheidung von Stern dahingehend modifiziert, dass primäre Operationen Operationen auf Ausdrücke innerhalb von Sätzen darstellen. Die sekundären Operationen von Stern wurden dahingehend modifiziert, dass sie nur über die Anwendung auf propositionale Gehalte von Sätzen definiert werden und nicht mehr gesagt wird, dass sie immer weitere propositionale Gehalte erzeugen. Nur so kann z. B. die Ironie sinnvollerweise als sekundäre Operation bezeichnet werden. Wie im vorherigen Abschnitt gezeigt wurde, kann mit ironischen Deutungen nämlich auch nur eine distanzierende und evtl. spöttische Haltung gegenüber einem propositionalen Gehalt erzeugt werden, ohne dass ein neuer propositionaler Gehalt erzeugt wird.

stellen vor diesem Hintergrund primäre Operationen dar, weil sie auf Ausdrücke innerhalb von Sätzen angewendet werden und einen Beitrag zu dem mit diesen Sätzen ausgedrückten propositionalen Gehalt liefern. Die Interpretationen von Metaphern können vor diesem Hintergrund als auf primären Operationen beruhende Interpretationen beschrieben werden, durch welche propositionale Gehalte erzeugt werden.[281] Ironische Deutungen hingegen stellen sekundäre Operationen dar, weil mit ihnen mit Sätzen ausgedrückte propositionale Gehalte weiterverarbeitet werden.[282]

Mit dieser Unterscheidung können die bei der Verbindung von Metaphern und Ironie auftretenden Phänomene überzeugend erklärt werden. Zunächst einmal sagt sie voraus, dass metaphorische Interpretationen immer vor den ironischen stattfinden müssen. Es muss im Falle einer Kombination von Metapher und Ironie nämlich immer erst durch die Deutung der Metapher ein bestimmter propositionaler Gehalt erschlossen werden, der dann den Ausgangspunkt für ironische Interpretationen bilden kann. Falls man versucht, diese Reihenfolge der Interpretation umzukehren, müsste man die noch nicht interpretierten Ausdrücke als Ausgangspunkt für die Ironie nehmen. Dies ist aber nicht möglich, weil ironische Deutungen sekundäre Operationen darstellen. Man bildet deswegen intuitiv immer eine wörtliche Interpretation des besagten Satzes, die man dann versucht, ironisch zu deuten. Genau hier entsteht aber das Problem, dass man bei diesem Vorgehen einen häufig abwegigen oder unverständlichen Gehalt ironisch interpretieren muss, weil die wörtliche Interpretation von vielen Metaphern unsinnig ist. In diesem Fall kann eine ironische Deutung nicht gelingen, weil diese immer ein erkennbares Verhältnis zu einem sinnvollen und verständlichen propositionalen Gehalt voraussetzt. Und selbst wenn die wörtliche Interpretation der Metapher nicht unsinnig ist, wie bei (35) oder (36), ist der dadurch ausgedrückte propositionale Gehalt intuitiv nicht der Gegenstand der mit der Ironie bzw. mit dem Sarkasmus ausgedrückten Haltung.

Bei der Deutung von Metaphern muss im Gegensatz zur Ironie kein Bezug auf einen vorausgehend erschlossenen, sinnvollen propositionalen Gehalt eines Satzes genommen werden. Die Deutungen der Metaphern (18) oder (32) bauen z. B. nicht auf einer wörtlichen Interpretation dieser Sätze auf. Man muss, um die Metapher (18) zu deuten, nicht zuerst verstanden haben, was es bedeutet, dass jemand im wörtlichen Sinne die Sahne im Kaffee ist, bzw. im Falle von (32), dass Worte tatsächlich Honig in einem Ohr sind. Es spielt für die Deutung von Meta-

281 Auch wörtliche Interpretationen von Ausdrücken, die im Rahmen der Deutung von Metaphern vorgenommen werden, stellen selbstverständlich primäre Operationen dar.

282 Eine ganz ähnliche Modifikation von Sterns Unterscheidung zwischen metaphorischen und ironischen Deutungen findet sich bei Elisabeth Camp (vgl. Camp 2006a, 292).

phern letztlich keine Rolle, ob die wörtlichen Interpretationen der betreffenden Sätze zu sinnvollen Ergebnissen führen oder nicht.[283] Dies gilt auch im Falle von Twice-True- und Twice-Apt-Metaphern. Die Deutung der betreffenden Sätze als Metaphern stellt hier keine Weiterdeutung der wörtlichen Interpretation dieser Sätze dar. Man interpretiert solche Sätze stattdessen *entweder* wörtlich *oder* als Metapher. Im Falle von Twice-Apt-Metaphern tritt der besondere Fall auf, dass sowohl die wörtliche Interpretation als auch die Deutung als Metapher ein und desselben Satzes im Äußerungskontext angemessen ist. Im Gegensatz zu z. B. einer Kombination von Metapher und Ironie bauen bei Twice-Apt-Metaphern aber nicht zwei Deutungen aufeinander auf, sondern stehen in gewisser Hinsicht nebeneinander. Es scheint hier dementsprechend angemessener zu sein, von einer Ambiguität der Deutung eines Satzes zu sprechen.[284]

Die Unterscheidung in primäre und sekundäre Operationen hilft nicht nur bei der Beschreibung des Verhältnisses von Metaphern und Ironie, sondern kann auch auf die erläuterten Relationen zwischen Metaphern und indirekten Sprechakten bzw. Quantitäts- und Relevanzimplikaturen angewendet werden. Auch bei indirekten Sprechakten bzw. Quantitäts- und Relevanzimplikaturen scheint es sich nämlich immer um Operationen auf bereits etablierte propositionale Gehalte von Sätzen und damit sekundäre Operationen zu handeln. Ohne zu verstehen, was mit (33) ausgedrückt wird, kann man z. B. nicht auf die indirekt kommunizierte Bitte des Sprechers schließen, ihm das Salz zu reichen. Ebenso ist es prinzipiell nicht möglich, eine Quantitätsimplikatur von einem nicht interpretierten Satz zu erschließen. Man benötigt dafür, wie in Bezug auf (34) erläutert wurde, immer einen propositionalen Gehalt, der dann als Ausgangspunkt für die sekundären Operationen dienen kann.

Eine Unterscheidung zwischen zwischen prä- und post-propositionalen Operationen zur Erklärung der strikten Reihenfolge der Interpretation zwischen Metapher und Ironie wird von Popa-Wyatt kritisiert. Gemäß ihrer Kritik wird hierbei nicht ausreichend berücksichtigt, dass mit ironischen Deutungen vornehmlich Haltungen und weniger propositionale Gehalte ausgedrückt werden. Außerdem werde die Möglichkeit außer Acht gelassen, dass eine ironische Interpretation selbst Einfluss auf den mit einer Äußerung ausgedrückten propositionalen Gehalt besitzt. Ironische Deutungen sollten deswegen nicht nur als post-propositional angesehen werden.[285] Beide Einwände sind vor dem Hintergrund der in diesem

283 Die Rolle der wörtlichen Bedeutung eines Satzes im Falle einer metaphorischen Interpretation wird in Abschnitt 3.3.4.2.2 noch einmal ausführlicher in den Blick genommen.

284 Vgl. dazu ebenfalls Abschnitt 4.5.2.1.

285 Vgl. Popa-Wyatt 2017, 146.

Abschnitt formulierten Unterscheidung zwischen primären und sekundären Operationen jedoch nicht besonders überzeugend. Erstens besagt die vorgestellte Unterscheidung nicht, dass mithilfe sekundärer Operationen immer weitere propositionale Gehalte erzeugt werden müssen. Es ist deswegen durchaus kompatibel mit dieser Unterscheidung, dass im Falle ironischer Deutungen teilweise nur bestimmte Einstellungen zu propositionalen Gehalten vermittelt werden. Entscheidend ist aber, dass solche Haltungen nur vermittelt werden können, falls es schon vorher etablierte, verständliche propositionale Gehalte gibt, zu denen man eine ironische oder sarkastische Distanz einnehmen kann. Und genau deswegen erscheint es auch wenig plausibel, die ironische Deutung selbst zu dem mit einer Äußerung ausgedrückten propositionalen Gehalt zu rechnen. Ironie und Sarkasmus sind praktisch per definitionem Weiterdeutungen bestimmter propositionaler Gehalte. Metaphorische Deutungen setzen, wie erläutert, im Gegensatz dazu keine solchen sinnvollen propositionalen Gehalte voraus, um erschlossen werden zu können.[286] Mit der Entkräftigung ihrer Einwände entfällt auch die wesentliche Motivation für Popa-Wyatts Vorschlag, eine grundlegende Revision der Sprechakttheorie vorzunehmen. Auf der Basis der vorgestellten Unterscheidung zwischen primären und sekundären Operationen kann die strikte Reihenfolge der Interpretation zwischen Metapher und Ironie auch ohne eine solche grundlegende Revision überzeugend erklärt werden.[287]

---

286 Popa-Wyatt argumentiert auch, dass der Umstand, dass ironische Deutungen in Nebensätze oder in Konditionalkonstruktionen eingebunden werden können, zeigt, dass diese nicht immer Operationen auf durch *Sätze* etablierte propositionale Gehalte darstellen (vgl. Popa-Wyatt 2017, 146). Dieser Einwand von Popa-Wyatt kann aber dahingehend entkräftigt werden, dass mit „Sätzen" nicht alleinstehende, in keine linguistischen Konstruktionen eingebundene Sätze gemeint sind. Selbstverständlich stellen auch Nebensätze oder Teilsätze von Konditionalkonstruktionen Sätze dar. Auch wenn man dies berücksichtigt, bleibt der grundsätzliche Unterschied von ironischen Interpretationen zu primären Operationen bestehen. Es ist nämlich nicht möglich, einen einzelnen Ausdruck wie z. B. „Sonne" ironisch zu interpretieren. Man muss bei ironischen Deutungen immer auf einen durch einen Satz oder Teilsatz ausgedrückten propositionalen Gehalt Bezug nehmen. Im Gegensatz dazu kann man sich ohne größere Probleme vorstellen, welche metaphorischen Deutungen man einem Ausdruck wie „Sonne" in unterschiedlichen Kontexten geben könnte.

287 Popa-Wyatt plädiert dafür, dass das Verhältnis von metaphorischen zu ironischen Deutungen nur mithilfe der expressivistischen Sprechakttheorie von Stephen Barker (vgl. hierzu Barker 2004) angemessen erklärt werden könne. Gemäß dieser werden sogenannte proto-illokutionäre Akte postuliert, welche die kompositionalen Bestandteile vollständiger illokutionärer Akte bilden. Zudem wird prinzipiell die Möglichkeit der Unterscheidung zwischen einem propositionalen Gehalt und einem illokutionären Akt bestritten. Metaphorische proto-illokutionäre Akte werden darüberhinaus ironischen proto-illokutionären Akten gegenübergestellt. Ironische illokutionäre Akte müssen immer nach metaphorischen vorgenommen werden, weil sie verteidigende oder

Die Akzeptanz der Unterscheidung zwischen primären und sekundären Operationen verpflichtet nicht auf eine bestimmte Metapherntheorie. Eine Theorie, die eine solche Unterscheidung aufnimmt, muss nur zeigen, dass es diese prinzipiellen Unterschiede zwischen den Formen der Interpretationen gibt. Diese Unterschiede müssen aber nicht z. B. an der Grenze zwischen Semantik und Pragmatik festgemacht werden, wonach primäre Operationen semantische und sekundäre Operationen pragmatische Interpretationen darstellen. Es ist auch möglich, diese Unterscheide durch z. B. eine Differenzierung verschiedener Arten pragmatischer Prozesse zu erklären, wie dies im linguistischen Kontextualismus getan wird.[288] Pragmatische Ansätze, wie diejenigen von Searle oder Grice, gemäß denen keine solchen prinzipiellen Unterschiede zwischen den Funktionsweisen der verschiedenen Formen von Stilmitteln angenommen werden, sind hingegen inkompatibel mit der Unterscheidung von primären und sekundären Operationen und können insgesamt die Plausibilität der starken logischen MPT nicht erklären.

3.3.4.2 Zweifel an einem zweistufigen Prozess bei der Interpretation von Metaphern

3.3.4.2.1 Ergebnisse aus der psychound neurolinguistischen Forschung über Metaphern

Die pragmatischen Metapherntheorien in der Tradition von Grice und Searle werden von vielen Autoren dafür kritisiert, dass sie einen zu aufwendigen und wenig plausiblen zweistufigen Interpretationsprozess voraussetzen, nach dem zuerst die wörtliche Bedeutung einer Äußerung erschlossen wird und erst darauf, auf deren Basis, die metaphorische Sprecherbedeutung. Viel diskutierte Argumente gegen dieses zweistufige Modell sind, dass man auf Metaphern im Gegensatz zu gewöhnlichen Fällen konversationeller Implikaturen direkt reagieren kann,[289] dass man metaphorische Interpretationen im Gegensatz zu konversationellen Implikaturen nicht aufheben kann[290], oder dass bei der indirekten

andere primäre illokutionäre Akte voraussetzen. Ironische Deutungen seien nicht verteidigend, sondern machten immer einen bestimmten primären illokutionären Akt lächerlich (vgl. Popa-Wyatt 2017, 152–159). Die sehr voraussetzungsreiche Theorie von Barker, auf die sich Popa-Wyatt bezieht, soll an dieser Stelle nicht weiter erläutert werden. Aus den angestellten Überlegungen sollte hervorgegangen sein, dass diese Theorie nicht benötigt wird, um das Verhältnis von metaphorischen zu ironischen Deutungen plausibel zu erklären.

288 Vgl. z. B. Bezuidenhout 2001, 164–175; Recanati 2004, 75–78. Die Theorie des Kontextualismus und die darauf aufbauenden kontextualistischen Metapherntheorien werden in den 5.2 zugeordneten Abschnitten ausführlicher erläutert und diskutiert.

289 Vgl. Hills 1997, 126 f.; Bezuidenhout 2001, 156 f.; Wearing 2006, 312.

290 Vgl. Tsohatzidis 1994, 369–372.

Wiedergabe von Metaphern nicht die häufig sinnlose wörtliche, sondern die metaphorische Interpretation wiedergegeben wird.[291] Gegen all diese Argumente können jedoch überzeugende Gegenbeispiele gefunden werden.[292] Aus diesem Grund sollen diese Argumente im Folgenden auch nicht weiter vertieft werden. Stattdessen sollen zunächst Studien aus der psycho- und neurolinguistischen Forschung in den Blick genommen werden, welche interessante Ergebnisse zu Prozessierungzeit und -aufwand von Metaphern liefern. Im Anschluss daran soll grundsätzlich darüber reflektiert werden, welche Rolle die wörtliche Bedeutung einer Äußerung bei ihrer metaphorischen Interpretation besitzt.

Im Bereich der Psycholinguistik werden grundsätzlich zwei Argumente vorgebracht, weshalb die Ergebnisse der empirischen Forschung gegen ein zweistufiges Interpretationsmodell von Metaphern sprechen. *Erstens* wird behauptet, dass gezeigt wurde, dass Probanden in vielen Fällen für die Erschließung der

---

291 Vgl. Nogales 2012, 1002.

292 So zeigt Elisabeth Camp, dass man auch in Bezug auf ironische Äußerungen und manche Formen konversationeller Implikaturen direkt reagieren kann (vgl. Vgl. Camp 2006a, 293–295.). Ebenso scheint es prinzipiell möglich zu sein, eine metaphorische Interpretation zurückzuweisen. Dies wird besonders im Falle von Twice-True-Metaphern wie z. B. „Franziska ist eine Hebamme" deutlich. Auf den Einwand, dass man gesagt habe, dass Franziska im wörtlichen Sinn eine Hebamme ist, könnte man nur erwidern, dass man dies nicht gemeint habe. Man müsste aber zugestehen, dass man es gesagt hat. Bezüglich der indirekten Wiedergabe von Metaphern argumentiert Camp u. a., dass es vom Grad der Konventionalisierung der Metapher abhängt, ob man das Ergebnis der metaphorischen Interpretation als dasjenige bezeichnet, was der Sprecher mit dieser Äußerung gesagt hat (Camp 2006a, 284–287). Patti Nogales argumentiert nun wiederum gegen Camp, dass z. B. auch bei sehr poetischen Metaphern dasjenige, was als „das Gesagte" aufgefasst wird, immer das Ergebnis der metaphorischen und niemals der wörtlichen Interpretation sei. Falls man eine metaphorisch gemeinte Äußerung nicht mithilfe einer Paraphrase wiedergibt, handele es sich nach Nogales um ein Zitat und streng genommen um keine indirekte Wiedergabe, von demjenigen, was tatsächlich „gesagt" wurde. Man wiederhole hier also einfach die Worte des Sprechers, um den Rezipienten eine eigene Interpretation zu ermöglichen. Dies werde gerade bei schwer zu paraphrasierenden poetischen Metaphern häufig getan (vgl. Nogales 2012, 1004–1006). Die Argumente von Nogales sind hier aber nicht wirklich überzeugend, weil sie voraussetzen, dass „sagen" bzw. „er hat gesagt" immer mit einer genau festgelegten und eindeutigen Bedeutung gebraucht wird. Das ist aber offensichtlich nicht der Fall. Es ist z. B. vollkommen plausibel, dass auf die paraphrasierende Wiedergabe der Metapher „Hans ist eine Dampfwalze", welche eine Person namens Julia gemacht hat, erwidert wird: „Hat Julia das wirklich *gesagt?*". Darauf kann geantwortet werden: „Nein, gesagt hat Julia, dass Hans eine Dampfwalze ist. Aber sie hat das metaphorisch *gemeint*". Dies zeigt wiederum, dass der Ausdruck „hat gesagt" sowohl dazu genutzt werden kann, den Gehalt wiederzugeben, den jemand mit einer Äußerung ausgedrückt bzw. gemeint hat, als auch die exakten Worte wiederzugeben, welche er gebraucht hat. Daraus folgt wiederum, dass „hat gesagt" zu unpräzise gebraucht wird, als dass sich hieraus substanzielle Schlüsse darüber ziehen ließen, wie direkt oder indirekt eine Metapher erschlossen wird.

Deutung einer Metapher nicht länger brauchen als für die Erschließung der wörtlichen Interpretation einer Äußerung. Das zeige aber wiederum, dass Metaphern nicht in aufwendigeren, mehrstufigen Prozessen erschlossen werden müssen. Das *zweite* Argument gegen das zweistufige Interpretationsmodell besagt, dass metaphorische Interpretationen nicht nur *optionale* sekundäre Deutungen darstellen, sondern häufig automatisch abgerufen werden. Dies werde daran ersichtlich, dass die metaphorische Deutung aktiviert wird, auch wenn explizit nur nach der wörtlichen Deutung gefragt wird. Falls eine metaphorische Deutung aber ebenso wie wörtliche Interpretationen automatisch ablaufen kann, scheint das zweistufige Modell unangemessen zu sein.

Bezüglich des ersten Argumentes konnten Ortony et al. in einer Studien zeigen, dass, wenn die metaphorische Interpretation durch ausreichend vorangehende Kontextinformation nahegelegt wird, die Probanden nicht länger für die Erschließung der metaphorischen als für die Erschließung der wörtlichen Interpretation brauchen.[293] Ortony at al. folgern aus ihren Ergebnissen, dass es keinen prinzipiellen Unterschied zwischen der Art und Weise gibt, wie man wörtliche und übertragene Bedeutungen erschließt. Entscheidend sei vielmehr, wie eng eine bestimmte Interpretation mit dem linguistischen bzw. extralinguistischen Kontext verbunden ist. Falls die Verbindung hinreichend eng ist, werden auch z. B. Metaphern direkt und nicht seriell erschlossen.[294] Die Ergebnisse von Ortony et al. wurden von Inhoff et al. noch einmal bestätigt. Sie haben im Gegensatz zu Ortony et al. noch eine Kontrollgruppe von mit dem Kontext unverbundenen Äußerungen in die Untersuchung mit einbezogen. Hierbei ergab sich, dass diese langsamer als sowohl die metaphorischen als auch die wörtlichen Interpretationen erschlossen wurden. Das wiederum zeigt, dass die Anbindung einer Interpretation an den vorausgehenden Kontext tatsächlich der entscheidende Faktor für die deutlich schnellere Lese- und Interpretationszeit der Metaphern ist und nicht z. B. einfach der Umstand, dass bei längerer vorangehender zu lesender Kontextinformation die Lesegeschwindigkeit allgemein erhöht wird.[295] Auch Gerrig/Healy konnten in einem anderen Experiment die Ergebnisse von Ortony et al. noch einmal replizieren. Sie gehen insgesamt davon aus, dass Metaphern deutlich häufiger direkt als über das serielle Stufenmodell erschlossen werden,

---

293 Vgl. Ortony/Schallert/Reynolds/Antos 1978, 465 – 468. Ein Beispiel hierfür wäre, wenn dem Satz „Regardless of the danger, the troops marched on" eine Beschreibung von Kindern vorangeht, welche trotz der Warnung des Babysitters nicht aufhören in der Wohnung Chaos zu machen. Diese vorausgehende Beschreibung legt eine metaphorische Deutung des betreffenden Satzes nahe.

294 Vgl. Ortony/Schallert/Reynolds/Antos 1978, 475 f.

295 Vgl. Inhoff/Lima/Caroll 1984, 558 – 561.

weil sie für gewöhnlich in Kommunikationskontexte eingebunden sind, die hinreichend Kontextinformation bereitstellen.[296] Pollio et al.[297], McElree/Nordlie[298] sowie Glenn D. Blank[299] und Geiger/Ward[300] haben in anderen Versuchsanordnungen ebenso bestätigt, dass es einige Fälle gibt, in denen hinsichtlich der Interpretationszeit kein Unterschied zwischen wörtlicher und metaphorischer Deutung auszumachen ist.

Bezüglich des zweiten Argumentes unterscheiden Glucksberg et al. eine optionale von einer automatischen Interpretation. Bei letzterer besitzt der Sprecher im Gegensatz zu ersterer *keine willentliche Kontrolle* darüber, ob die Interpretation abläuft oder nicht.[301] Glucksberg et al. haben versucht zu zeigen, dass metaphorische Interpretationen teilweise automatisch aktiviert werden. Dazu haben sie Probanden bestimmte Sätze gezeigt, welche sie als wörtlich wahr oder falsch beurteilen sollten. Die zu beurteilenden Sätze waren wörtlich interpretiert offensichtlich wahre (z. B. „Manche Fische sind Forellen"), wörtlich interpretiert offensichtlich falsche (z. B. „Manche Fische sind Igel"), gewöhnlich metaphorisch interpretierte Sätze („Manche Berufe sind ein Gefängnis") und ungewöhnlich bzw. schwer zu interpretierende Metaphern (z. B. „Manche Berufe sind Schlangen"). Es hat sich in der Untersuchung gezeigt, dass die Zeit, bis ein Satz, der für gewöhnlich metaphorisch interpretiert wird, als falsch eingestuft wurde, signifikant länger war, als bis Sätze als falsch eingestuft wurden, welche keine allgemein verbreitete metaphorische Interpretation besitzen. Glucksberg et al. führen diesen Zeitunterschied darauf zurück, dass die metaphorische Interpretation bei den Sätzen, welche eine allgemein verbreitete bzw. leicht erschließbare metaphorische Deutung besitzen, hier automatisch aufgerufen wird und mit der wörtlichen Interpretation *interferiert*. Weil also z. B. die metaphorische Interpretation von „Manche Berufe sind Gefängnisse" normalerweise als wahr eingestuft wird, zögern die Probanden, bevor sie diesen Satz als falsch kategorisieren, obwohl seine Falschheit auf der Ebene der wörtlichen Interpretation eigentlich offensichtlich

---

296 Vgl. Gerrig/Healy 1983, 672f.

297 Vgl. Pollio/Fabrizi/Sills/Smith 1984.

298 Vgl. McElree/Nordlie 1999.

299 Vgl. Blank 1988. In diesem Versuch wurden besonders stark konventionalisierte Metaphern untersucht.

300 Vgl. Geiger/Ward 1999. In dieser Studie wurde das Ergebnis von Blank 1988 u. a. repliziert, indem gezeigt wurde, dass hochgradig konventionalisierte Metaphern so schnell erschlossen werden wie wörtliche Interpretationen.

301 Wörtliche Interpretationen finden z. B. in den meisten Fällen automatisch statt. Wenn man einen Satz wie „In Köln regnet es häufig" liest, schließt man, ohne sich willentlich dafür zu entscheiden, normalerweise sofort auf eine bestimmte Deutung dieses Satzes.

ist.[302] Dass es eine Verzögerung bei der Einstufung gewöhnlich metaphorisch interpretierter Sätzen als wörtlich falsch gibt, konnte von Gluckberg/Gildea[303] und Keysar[304], die einige Präzisierungen in der Versuchsgestaltung vornahmen, repliziert werden.

Raymond W. Gibbs leitet aus den vorgestellten Ergebnissen der psycholinguistischen Forschung ab, dass Metaphern und figurative Sprache im Allgemeinen mit keinen besonderen Interpretationsmechanismen einhergehen. Übertragene Sprache funktioniere, wie man an den Untersuchungen zur Interpretationszeit und angesichts der automatischen Aktivierung sehe, genauso wie wörtlich interpretierte Sprache.[305] Nun gestehen aber praktisch alle der vorgestellten Studien zu, dass die direkte bzw. automatische Interpretation auf Metaphern beschränkt ist, welche relativ stark konventionalisiert sind bzw. deren Deutung aus dem Kontext klar hervorgeht. Bei Metaphern, welche gewagter bzw. ungewöhnlicher sind, ist gemäß den referierten Studien der serielle Interpretationsprozess weiterhin ein plausibles Modell. Blasko/Connine haben explizit untersucht, was genau manche Metaphern schneller und andere langsamer erschließen lässt. Sie haben dabei herausgefunden, dass vor allem die Vertrautheit (familiarity) von Metaphern ausschlaggebend für die Interpretationsgeschwindigkeit ist. Vertraut sind Metaphern nach Blasko/Connine, wenn sie besonders gängig sind und von dem jeweiligen Rezipienten schon häufig gehört bzw. selber verwendet wurden.

---

302 Vgl. Glucksberg/Gildea/Bookin 1982, 86–94.
303 In dieser Studie wurde untersucht, wie die metaphorische Interpretation erleichternde Kontextinformation mit der Zeit korreliert ist, bis eine Aussage als wörtlich verstanden falsch eingeschätzt wird, auch wenn es eine plausible metaphorische Interpretation dieser Aussage gibt. Das Ergebnis war, dass in diesem Fall eine deutliche Verzögerung zu erkennen war, was nach Gildea/Glucksberg wiederum darauf hindeutet, dass durch die Kontextinformation eine automatische Interpretation der Metapher ausgelöst wird. Ohne diese Kontextinformationen waren die untersuchten Metaphern nämlich nur schwer zu interpretieren und haben ähnlich schnelle Ablehnungszeiten wie wörtlich falsche Sätze, für die eine metaphorische Deutung nicht möglich zu sein scheint (vgl. Gildea/Glucksberg 1983, 577–587).
304 Boaz Keysar hat neben einer Replizierung des Versuchs von Glucksberg/Gildea/Bookin noch untersucht, wie Twice-True-Metaphern eingeschätzt werden, bei denen die metaphorische Interpretation relativ zu dem gegeben Kontext abwegig ist. Hier hat sich interessanterweise eine Verzögerung in der Interpretationszeit ergeben, bis die Probanden einen solchen Satz als wörtlich *wahr* eingestuft haben. Keysar folgert daraus, dass eine gebräuchliche metaphorische Interpretation, selbst wenn sie im Kontext unangemessen ist, auch im Fall des Fürwahrhaltens nicht nur im Fall der Ablehnung einer Aussage mit der wörtlichen Interpretation von dieser interferiert. Und dies wiederum könne nur plausibel erklärt werden, wenn die metaphorische Interpretation hier automatisch und nicht bloß optional abgerufen werde (vgl. Keysar 1989, 383 f.).
305 Vgl. Gibbs 1994, 115–119.

Ebenso spielt auch die Frage, wie gelungen (apt) eine Metapher ist, eine Rolle bei der Interpretationsgeschwindigkeit. Sehr gelungene Metaphern können, auch wenn sie wenig vertraut sind, relativ schnell erschlossen werden.[306]

Rachel Giora rückt die Eigenschaft der *Salienz* in den Mittelpunkt, um das Verhältnis von Metapher und Interpretationsgeschwindigkeit zu bestimmen. Falls eine bestimmte Deutung einer Metapher besonders salient und im Äußerungskontext angemessen ist, könne diese direkt, ohne den Rückgriff auf den seriellen Interpretationsprozess erschlossen werden. Die Salienz der Deutung einer Metapher kann durch ihre Vertrautheit aufgrund wiederholter Verwendung entstehen, aber auch dadurch, dass sie auf besonders verbreiteten Stereotypen beruht, wie z. B. dass Giraffen besonders groß sind. Die Salienz kann aber auch darauf zurückgeführt werden, dass die entsprechende Interpretation der Metapher durch den Kontext sehr deutlich nahegelegt wird. Falls die vom Sprecher beabsichtigte Interpretation nicht besonders salient ist, müsse auf einen seriellen Interpretationsprozess zurückgegriffen werden, bei dem zunächst die immer saliente wörtliche Interpretation und erst darauf die metaphorische erschlossen werde.[307] Als weiteres Kriterium für den Aufwand der Interpretation von Metaphern führt Paula Rubio-Fernández noch das Ausmaß an, wie stark eine metaphorische Deutung durch den jeweiligen linguistischen Kontext nahegelegt wird. Umso stärker eine bestimmte metaphorische Deutung durch den Kontext evoziert wird, desto einfacher und schneller kann sie erschlossen werden.[308]

Darüber hinaus zeigen Ergebnisse aus der neurolinguistischen Forschung, dass die Betrachtung der Prozessierungszeit alleine nicht ausreichend für die Beurteilung des zweistufigen Interpretationsmodells von Metaphern ist. Um den

---

306 Vgl. Blasko/Connine 1993, 304 – 306.

307 Vgl. Giora 1999, 920 – 923.

308 Vgl. Rubio-Fernández 2007, 365 f. Rubio-Fernández hat in ihrer Studie des Weiteren gezeigt, dass im Falle der Interpretation lebendiger, neuer Metaphern, auch wenn diese durch den Kontext nahegelegt werden, ein signifikanter Unterschied zur Auflösung lexikalischer Ambiguitäten besteht. Bei metaphorischen Deutungen ist die wörtliche Interpretation des Ausdrucks, der metaphorisch interpretiert wird, nämlich signifikant länger aktiv als eine alternative Interpretation dies im Falle der Auflösung lexikalischer Ambiguitäten ist. Im Falle der metaphorischen Interpretation ist die jeweilige wörtliche Interpretation nach 400 – 1000 ms immer noch aktiv, wohingegen die alternativen Deutungen im Falle der Auflösung lexikalischer Ambiguitäten schon nach 200 – 300 ms fallen gelassen werden. Dies spricht nach Rubio-Fernández wiederum dafür, dass es sich bei metaphorischen Deutungen um andere Formen der Interpretation handelt, weil die metaphorische Interpretation hier durch das Verständnis der wörtlichen Interpretation hindurch erschlossen wird und nicht nur wie im Falle der lexikalischen Ambiguität eine alternative Interpretation eines Ausdrucks darstellt, welche von Beginn an zugänglich ist (vgl. Rubio-Fernández 363 f.).

Aufwand einer Interpretation zu beurteilen, müssen zusätzlich auch andere Parameter in Betracht gezogen werden. Ein für die Beurteilung des Interpretationsprozesses von Metaphern relevanter Parameter ist die sogenannte N400-Amplitude. Diese wird in Zusammenhang mit der Messung des sogenannten ERP (event-related Potential)[309] bestimmt. Das ERP ist ein Maß für das elektromagnetisch messbare synaptische Potential, das auf einen bestimmten Stimulus folgt und auf der Basis von EEG(Elektronenzephalographie)-Daten bestimmt wird. Die N400 Komponente ist ein Welle, welche zwischen ca. 250 und 500 ms nach dem Reiz durch den Stimulus im ERP auftritt. Der Name N400 leitet sich davon ab, dass der Scheitelpunkt dieser Welle ein negativer Wert auf der ERP-Skala ist (deswegen „N") und nach ungefähr 400 ms erreicht wird. Die Amplitude der N400-Welle wird in der neurolinguistischen Forschung ganz allgemein mit dem Aufwand korreliert, der mit einer semantischen Prozessierung verbunden ist. Bei der Interpretation selten gebrauchter bzw. ungewöhnlicher Ausdrücke tritt dementsprechend eine höhere N400-Amplitude auf als bei der Deutung häufig gebrauchter, gängiger Ausdrücke. Schon wenn ein anfangs ungewöhnliches Wort z. B. in einem Satz oder in aufeinanderfolgenden Sätzen wiederholt gebraucht wird, kann beobachtet werden, wie die N400-Amplitude abnimmt.[310]

Die Metaphern, welche in einer Studie von Coulson/Van Petten verwendet wurden, sind im Sprachgebrauch weit verbreitet und ihre intendierte Bedeutung wurde durch den Kontext nahegelegt. Es sollten bei diesen Metaphern also, gemäß den vorgestellten Ergebnissen der psycholinguistischen Forschung, keine Differenzen hinsichtlich der Prozessierungszeit im Vergleich zu wörtlichen Interpretationen zu beobachten sein. Coulson/Van Petten konnten aber zeigen, dass metaphorisch interpretierte Ausdrücke im Vergleich zu wörtlich interpretierten Ausdrücken mit einer größeren N400-Amplitude verbunden sind. Coulson/Van Petten schließen daraus, dass die metaphorische Interpretation von Ausdrücken allgemein mit einem größeren Aufwand verbunden ist als die wörtliche Interpretation.[311] Diese Ergebnisse zeigen nach Coulson/Van Petten, dass aus den

---

309 Auf dt.: EKP (Ereignis-korrelierte-Potentiale).

310 Vgl. Coulson/Van Petten 2002, 960 f.

311 Coulson/Van Petten haben als dritte Gruppe auch Wörter untersucht, die innerhalb sogenannter „literal mappings" vorkommen. Dies sind Sätze wie „Auf unserem letzten Ausflug in die Berge hat mein Vater ein Schaf mit einer Ziege verwechselt". Hier werden also Übertragungen bzw. Vergleiche zwischen zwei verschiedenen Entitäten erzeugt, ohne dass es sich um übertragene Sprache handeln würde (vgl. Coulson/Van Petten 2002, 959 f.). Interessanterweise hat sich ergeben, dass Wörter, die innerhalb von „literal mappings" vorkommen, mit einer höheren N400-Amplitude verbunden sind als wörtlich interpretierte Wörter, welche dies nicht tun. Zugleich sind die N400-Amplituden der „literal Mappings" aber kleiner als diejenigen, welche mit der Interpretation von Metaphern verbunden sind. Daraus folgern Coulson/Van Petten wiederum, dass es

Ergebnissen der psycholinguistischen Forschung nicht ohne Weiteres gefolgert werden kann, dass relativ konventionalisierte Metaphern genauso direkt erschlossen werden wie die wörtlichen Bedeutungen von Ausdrücken. Nur von der Prozessierungszeit lasse sich nicht auf den Aufwand und die genaue Beschaffenheit der Prozessierung von Metaphern schließen.[312] Dass die Interpretation von Metaphern mit einer im Vergleich zu wörtlichen Interpretationen erhöhten N400-Amplitude verbunden ist, wurde u. a. auch in den Studien von Pynte et al.[313], Arzouan et al.[314], Lai et al.[315], und De Grauwe et al.[316] gezeigt. Dazu in Spannung stehende Ergebnisse finden sich bei Tartter et al. und Iakimova et al.[317]

---

eine Kontinuität zwischen wörtlichen und metaphorischen Interpretationen gibt, weil auch wörtlich interpretierte Wörter, falls sie in Vergleichsprozesse eingebunden werden, wie Metaphern mit höherem Prozessierungsaufwand verbunden zu sein scheinen (vgl. Coulson/Van Petten 2002, 965).

312 Vgl. Coulson/Van Petten 2002, 965.

313 In dieser Studie wurde des Weiteren untersucht, wie sich Kontextinformation auf die N400-Amplitude bei der Interpretation von Metaphern auswirkt. Dabei ergaben die Messungen, dass die Bereitstellung von Kontextinformation, welche die metaphorische Interpretation nahelegt, mit einer Abnahme der N400-Amplitude einhergeht. Interessanterweise ergab ein weiteres Experiment auch, dass die Zugabe von für die wörtliche oder metaphorische Interpretation *irrelevanter* Kontextinformation ebenso mit einer Abnahme der N400-Amplitude korreliert war (vgl. Pynte/Besson/Robichon/Poli 1996, 311–314.).

314 In dieser Studie wurden u. a. die N400-Werte der Interpretation von neuen Metaphern und relativ konventionalisierten verglichen. Bei beiden Prozessen waren größere N400-Amplituden als bei wörtlichen Interpretationen zu erkennen. Diese Differenz war aber bei der Interpretation von neuen Metaphern größer als bei der Deutung von relativ konventionalisierten (vgl. Arzouan/Goldstein/Faust 2007, 78 f.).

315 Lai et al. haben eine differenzierte Analyse verschiedener Arten von Metaphern vorgenommen. Dabei kamen sie zu dem Ergebnis, dass neue und wenig konventionalisierte Metaphern eine größere N400-Amplitude besitzen als konventionellere. Nichtsdestotrotz konnten sie aber immer noch einen Unterschied zwischen der N400-Amplitude bei der Interpretation konventionalisierter Metaphern und wörtlich verstandenen Ausdrücken feststellen. Nur tote Metaphern waren hinsichtlich der N400-Amplitude nicht mehr von wörtlichen Interpretationen zu unterscheiden (vgl. Lai/Curran/Menn 2009, 151 f.).

316 DeGrauwe et al. haben in ihrer Studie gezeigt, dass es bei schwer zu interpretierenden Sätzen signifikant größere N400-Amplituden gibt als bei konventionalisierten Metaphern und wörtlicher Sprache. Auch bei den relativ konventionalisierten Metaphern waren aber in der frühen N400-Phase (325–400 ms) größere Amplituden im Vergleich zu wörtlichen Interpretationen zu erkennen. Diese traten auf, sowohl wenn die metaphorisch interpretierten Ausdrücke am Satzende als auch in der Satzmitte standen (vgl. De Grauwe/Swain/Holcomb/Ditman/Kuperberg 2010, 1981–1983.).

317 Auch Tartter et al. konnten eine größere N400-Amplitude bei der Interpretation von Metaphern im Vergleich zur Deutung klar verständlicher wörtlicher Sprache feststellen. Sie führten die höhere N400-Amplitude aber auf einen erhöhten N200 Wert bei der Interpretation von Metaphern

Einerseits scheint es der Fall zu sein, dass relativ konventionalisierte Metaphern und durch den Kontext nahegelegte metaphorische Interpretationen ungefähr genauso schnell erschlossen werden können wie wörtliche Bedeutungen. Andererseits zeigen die meisten neurolinguistischen Studien, dass auch die Interpretation relativ stark konventionalisierter Metaphern mit mehr kognitivem Aufwand verbunden ist, als die Interpretation wörtlicher Sprache. Dieser Mehraufwand könnte z. B. damit erklärt werden, dass man hier noch einen Bezug auf die wörtliche Bedeutung eines Ausdrucks nehmen muss, bevor die metaphorische erschlossen wird. Wenn dem so wäre, könnte die Interpretation von Metaphern nicht als so direkt angesehen werden, wie die Interpretation von wörtlicher Sprache, was wiederum zumindest prinzipiell im Einklang mit dem Stufenmodell wäre. Ein größeres Problem für dieses stellen aber die ziemlich eindeutigen Ergebnisse dar, dass allgemein gebräuchliche oder aus dem Kontext klar hervorgehende metaphorische Interpretationen *automatisch* abzulaufen scheinen. Gemäß dem Stufenmodell der Interpretation dürfte eine metaphorische Interpretation aber erst dann in Erwägung gezogen werden, wenn die wörtliche Deutung der betreffenden Äußerung als im Äußerungskontext unangemessen beurteilt wurde oder falls die metaphorische Deutung zusätzlich zur wörtlichen Deutung als reizvoll und interessant eingeschätzt wird. Wie gezeigt wurde, deutet aber Vieles daraufhin, dass metaphorische Bedeutungen häufig auch dann aktiviert werden, wenn die wörtliche Bedeutung im Äußerungskontext angemessen ist bzw. explizit nur nach der wörtlichen Bedeutung einer Äußerung gefragt wird. Metaphorische Interpretationen scheinen folglich in vielen Fällen nicht nur optional zu sein. Auch die häufig besonders kurze Prozessierungszeit von Metaphern lässt zumindest daran zweifeln, dass die wörtliche Bedeutung einer Äußerung immer erst *als ganze* erschlossen werden muss, bevor die metaphorische Interpretation einsetzen kann.

---

zurück. Wenn dieser N200-Wert aber in der Auswertung berücksichtigt wird, dann gleicht sich nach Tartter et al. der dazu relative N400 Wert bei der Interpretation von Metaphern an den zum N200 Wert relativen N400 Wert bei der Interpretation klar verständlicher wörtlicher Sprache an. Die Autoren behaupten dementsprechend, dass der entscheidende Unterschied bei der Prozessierung von Metaphern und wörtlicher Sprache nicht beim N400, sondern beim N200-Wert zu suchen sei, was wiederum auf eine aufwendigere frühe syntaktische Disambiguation bei der Deutung von Metaphern hindeute (vgl. Tartter/Gomes/Dubrovsky/Molholm/Stewart 2002, 502–505). Iakimova et al. haben die Interpretation von Metaphern bei Menschen untersucht, die unter Schizophrenie leiden. In ihrer Studie kamen sie zu dem Ergebnis, dass die Interpretation von Metaphern bei diesen Menschen nicht mit signifikant größeren N400-Amplituden verbunden ist, wie die Interpretation wörtlicher Sprache (vgl. Iakimova/Passerieux/Laurent/Hardy-Bayle 2005, 386–388).

Im Folgenden soll nun thematisiert werden, welche Rolle die wörtliche Interpretation eines Ausdrucks bzw. einer Äußerung grundsätzlich bei einer metaphorischen Deutung besitzt und welche Schlussfolgerungen daraus für die Gültigkeit der pragmatischen Metapherntheorien gezogen werden können.

3.3.4.2.2 Die Rolle der wörtlichen Bedeutung im Interpretationsprozess von Metaphern

Die wörtliche Interpretation der meisten metaphorisch zu verstehenden Äußerungen ist für gewöhnlich nur schwer oder gar nicht verständlich. Dies kann an folgenden Sätzen verdeutlicht werden:

(40) Julia ist die Sonne.
(41) Schillers Ideen sind in elegante Kleider gehüllt.
(42) Ich ertrinke in Armut.

Der Satz (40) drückt rein wörtlich interpretiert aus, dass die Person Julia identisch mit der Sonne ist. Es stellt sich hier die Frage, was es genau heißen soll, dass Julia tatsächlich das Objekt ist, das eine so große Gravitation besitzt, dass sich zahlreiche Planeten und deren Monde darum bewegen, und auf dem auf der Basis der Fusion von Wasserstoff zu Helium unglaubliche Mengen an Energie erzeugt werden. Die wörtliche Interpretation von (40) ist nicht nur abwegig, sondern schlichtweg unverständlich. Ebenso ist es nicht einmal vorstellbar, was (41) rein wörtlich interpretiert bedeuten soll. Wie sollen abstrakte Objekte wie Ideen Kleider tragen können? Dasselbe gilt schließlich auch für die wörtliche Interpretation von (42). Armut ist eine soziale Situation, die nicht im wörtlichen Sinne flüssig sein kann, sodass man darin ertrinken könnte. Trotz der Unverständlichkeit der wörtlichen Interpretationen dieser Sätze, drücken sie, metaphorisch interpretiert, einen sinnvollen und problemlos zu verstehenden Gehalt aus. Es stellt sich deshalb die Frage, welche Rolle man diesen wörtlichen Interpretationen bei der Interpretation von Metaphern insgesamt zuweist. Roger White schreibt dazu:

> The ordinary, literal, sense of a metaphorical sentence, if such exists, **never** plays a role in the apprehension of that metaphor when we are apprehending it **as** metaphor. To apprehend a metaphor **as** a metaphor involves ignoring whatever literal sense it may have.[318]

Das ist eine provokante Position, welche zumindest prima facie im offenen Widerspruch zu den Theorien von Grice und Searle steht. Gemäß ihren Ansätzen ist

318 White 1996, 226.

die Erschließung der wörtlichen Interpretation einer Äußerung, wie erläutert, nämlich immer der erste notwendige Schritt, bevor man wegen der Unangemessenheit dieser Interpretation auf z. B. metaphorische Deutungen zurückgreifen kann. Whites Position scheint auf den ersten Blick zu radikal zu sein. Selbstverständlich muss ein kompetenter Sprecher zunächst zumindest versuchen, eine wörtliche Interpretation einer Äußerung zu erschließen, um überhaupt feststellen zu können, ob die metaphorische Interpretation einiger darin involvierter Ausdrücke im jeweiligen Kontext angebracht ist. Dass Ausdrücke innerhalb einer Äußerung metaphorisch zu interpretieren sind, lässt sich nämlich normalerweise nicht direkt von der Form des betreffenden Ausdruckes ableiten. Es muss White aber zugestanden werden, dass im Gegensatz zu z. B. Ironie und vielen Fällen konversationeller Implikaturen bei der Deutung eines Satzes als Metapher nicht erst ein bestimmter Gehalt erfasst werden muss, der dann die Grundlage für die Deutung der Metapher bilden würde. Es ist z. B. ohne Probleme möglich, den mit Satz (43) ausgedrückten Gehalt ironisch zu interpretieren, sodass damit indirekt ausgedrückt wird, dass Franziska sehr sympathisch ist und jeder gerne mit ihr Zeit verbringen möchte.

(43) Franziska ist so unsympathisch, dass niemand etwas mit ihr zu tun haben möchte.

Es scheint aber nicht möglich zu sein, die Sätze (40)–(42) ironisch zu interpretieren, unter der Voraussetzung, dass man auf keine vorherige metaphorische Interpretation einiger darin involvierter Ausdrücke zurückgreifen darf. Wie schon in Abschnitt 3.3.4.1.1 erläutert wurde, ist es völlig unklar, wie man einen absurden bzw. unverständlichen Gehalt ironisch interpretieren kann. Damit eine ironische Interpretation zustande kommen kann, muss immer ein bestimmter sinnvoller Gehalt vorhanden sein, auf den sich die ironische Interpretation bezieht. Diese Bedingung ist im Falle von (43) erfüllt, weil die wörtliche Interpretation dieser Äußerung ein sinnvolles und verständliches Ergebnis erzeugt.[319] Auch im Falle konversationeller Quantitäts-, Modalitäts- oder Relevanzimplikaturen bzw. indirekter Sprechakte muss immer ein verständlicher Gehalt vorhanden sein, damit die jeweiligen Implikaturen erschlossen werden können. Nur wenn man versteht, was jemand sagt, kann man beurteilen, ob dieser Gehalt im Äußerungskontext angemessen ist. Diese Beurteilung bildet dann die Basis für einen möglichen Schluss auf eine Implikatur bzw. einen indirekten Sprechakt. Bei der Deutung von Metaphern ist eine solche Bezugnahme auf einen bestimmten verstehbaren und

319 Vgl. White 1996, 230 f.

sinnvollen Gehalt weder notwendig, noch hilfreich. Dies wird z. B. am ersten Vers aus Hilde Domins Gedicht „Herbst“ deutlich:

(44) Das Haus der Vögel entlaubt sich.[320]

Eine plausible Deutung von dem Ausdruck „Haus der Vögel“ wäre im Rahmen von (44), dass hiermit metaphorisch auf denjenigen Ort Bezug genommen wird, an dem die Vögel wohnen und „zuhause sind“. Dieser Ort kann wiederum ganz allgemein mit den Bäumen identifiziert werden. Von diesen kann schließlich sinnvollerweise ausgesagt werden, dass sie sich entlauben. Falls man versucht, Satz (44) wörtlich zu verstehen, könnte man mit etwas Kulanz das „Haus der Vögel“ als Vogelhaus interpretieren, das aus belaubten Ästen gebaut ist, die ihre Blätter verlieren. Diese Deutung ist zwar möglich, zugleich aber auch etwas seltsam. Vogelhäuser werden normalerweise nämlich nicht aus belaubten Ästen gebaut. Die Erschließung dieses prinzipiell sinnvollen wörtlichen Gehaltes ist nun nicht nur nicht notwendig, um zu der plausiblen metaphorischen Deutung zu gelangen, sondern im Grunde sogar *hinderlich* dafür. Darüber nachzusinnen, ob es Vogelhäuser aus belaubten Ästen gibt, führt in diesem Kontext in eine ganz falsche Richtung und erschwert es eher, zu der letztlich angemessenen metaphorischen Interpretation zu gelangen, als diese vorzubereiten. Vermutlich ist es dieser Umstand, der White dazu bewegt zu schreiben, dass man, wenn man einen Satz metaphorisch interpretiert, die wörtliche Deutung ignorieren muss.

Whites Formulierung ist dennoch insgesamt zu undifferenziert, weil man, um einen Satz *als Metapher* identifizieren zu können, auch die wörtliche Bedeutung dieses Satzes miteinbeziehen muss. Wenn man die wörtliche Bedeutung der involvierten Ausdrücke z. B. nicht kennt, ist es auch nicht möglich, diese metaphorisch zu interpretieren. An dieser Stelle ist die Charakterisierung von Samuel Guttenplan zutreffender, gemäß der die wörtliche Interpretation einer Äußerung bei der Deutung als Metapher nur als *Hinweis oder Zeichen* dafür dient, dass *etwas anderes* als die wörtliche Interpretation vorgenommen werden sollte. Im Falle ironischer Deutungen und anderen Formen indirekter Interpretationen hingegen bildet die wörtliche Interpretation den Ausgangspunkt für die Erschließung weiterer Gehalte. Es wird hier *etwas Zusätzliches mit dem auf der Basis der wörtlichen Interpretation erschlossenen Gehalt* gemacht.[321]

---

320 Vgl. Domin 2014, 62.

321 Vgl. Guttenplan 2006, 343 f. Diese Charakterisierung ist auch im Falle von Twice-Apt-Metaphern zutreffend. Die Deutung des betreffenden Satzes als Metapher stellt hier zwar eine, zu der ebenfalls angemessenen wörtlichen Deutung, zusätzliche Deutung dar, baut aber nicht auf der wörtlichen Interpretation des Satzes auf. Es wird im Falle der metaphorischen Deutung also auch

Um das Verhältnis von Metaphern und wörtlich verstandenen Äußerungen zu spezifizieren, soll hier auf die in Abschnitt 3.3.4.1.3 vorgestellte Analyse zurückgegriffen werden, dass metaphorische Interpretationen als primäre Operationen zu verstehen sind, die auf Ausdrücke innerhalb von Sätzen angewendet werden und dadurch erst propositionale Gehalte erzeugen. Im Gegensatz zu sekundären Operationen wie ironischen Interpretationen werden bei primären Operationen keine bereits erschlossenen sinnvollen propositionale Gehalte benötigt, auf welche diese angewendet werden können. Die wörtliche Interpretation der Ausdrücke, die metaphorisch gedeutet werden, spielt dementsprechend nur eine Rolle für die Disambiguation der betreffenden Art der Interpretation. Außer in den seltenen Fällen von Twice-Apt-Metaphern muss sich der Rezipient entscheiden, ob er einen Ausdruck metaphorisch oder wörtlich deutet. Der in den meisten neurolinguistischen Studien zu beobachtende Anstieg der N400-Amplitude bei der Interpretation von Metaphern könnte demzufolge auf diesen Prozess der Disambiguation zurückzuführen sein. Für kompetente Sprecher ist natürlicherweise immer zunächst die wörtliche Bedeutung eines Ausdruckes präsent. Es ist deshalb verständlich, dass auch bei relativ konventionalisierten Metaphern ein gewisser Mehraufwand bei der Interpretation vorhanden ist, weil die gängige wörtliche Bedeutung der involvierten Ausdrücke hier zugunsten einer metaphorischen Deutung unterdrückt werden muss.

Die pragmatischen Metapherntheorien von Grice und Searle sind grundsätzlich mit dem Problem konfrontiert, dass sie nicht genau klären können, welche Rolle die wörtliche Interpretation eines Satzes bei metaphorischen Interpretationen spielt. Ihr Ansatz suggeriert, dass Metaphern in einem zweistufigen Prozess interpretiert werden, bei dem zunächst die Satzbedeutung erschlossen wird, die dann den Ausgangspunkt für die Erschließung einer Sprecherbedeutung bildet. Diese Charakterisierung ist insofern falsch, als die wörtliche Bedeutung eines Satzes als ganze weder erschlossen werden muss, um eine Metapher zu interpretieren, noch eine Hilfe bei der Deutung der Metapher darstellen würde. Vielmehr muss die wörtliche Interpretation des betreffenden Satzes in den meisten Fällen, wie White korrekt bemerkt hat, sogar unterdrückt werden.

Für Vertreter bedeutungsskeptischer Ansätze in der Metapherntheorie gibt es prinzipiell keine Bedeutungen, unabhängig davon, ob diese als semantische Satzbedeutung oder als pragmatische Sprecherbedeutung verstanden werden,

---

bei Twice-Apt-Metaphern die wörtliche Interpretation nicht *weiterverarbeitet* (vgl. hierzu auch Abschnitt 4.5.2.1).

welche mit Metaphern neben ihrer wörtlichen Bedeutung vermittelt werden. Im Folgenden sollen solche bedeutungskeptischen Ansätze vorgestellt und diskutiert werden.

3.4 Skeptische Ansätze bezüglich metaphorischer Bedeutung

3.4.1 Metaphern und ihre Effekte

Der einflussreichste Vertreter einer bedeutungsskeptischen Metapherntheorie ist Donald Davidson. Nach ihm gibt es keine spezifisch metaphorischen Bedeutungen bzw. kognitiven Gehalte, die mit Metaphern vermittelt werden. Die einzigen Bedeutungen, die Metaphern besitzen, sind nach Davidson die wörtlichen Bedeutungen der involvierten Ausdrücke.[322] Unter „kognitiven Gehalten" und „Bedeutungen" werden bei Davidson grob Inhalte verstanden, die im Falle von Behauptungen wahr oder falsch sein können bzw. im Falle anderer Sprechakte die jeweiligen Erfüllungskriterien besitzen können.[323] Dasjenige, was nach Davidson die Metaphorizität einer Äußerung begründet, sind demzufolge nicht besondere Bedeutungen, die eine Äußerung durch eine metaphorische Interpretation erhält. Stattdessen kommt der Eindruck der Metaphorizität nach Davidson durch die *Effekte* zustande, welche die betreffende Äußerung auslöst. Diese Effekte bestehen nach Davidson vor allem darin, dass uns Metaphern Ähnlichkeiten und Analogien zwischen verschiedenen, durch die wörtlichen Bedeutungen der involvierten Ausdrücke herausgegriffenen Gegenstandsbereichen sehen lassen.[324] Mit der Bemerkung

(45) Tolstoi war ein großes moralisierendes Kleinkind.[325]

---

322 Vgl. Davidson 1978, 31f.

323 Die kognitiven Gehalte bzw. die Bedeutungen von Ausdrücken können für sich genommen weder wahr oder falsch sein, noch andere Erfüllungskriterien besitzen. Sie bilden aber kompositionale Bestandteile der Bedeutung der gesamten Äußerung, in welcher sie vorkommen.

324 Vgl. Davidson 1978, 40f. Davidson verwendet hier ein enges Verständnis von „Effekten", wonach diese von kommunizierten Bedeutungen bzw. propositionalen Gehalten streng zu unterscheiden sind. Die „kognitiven Effekte", von denen im Rahmen der Relevanztheorie gesprochen wird, werden weiter verstanden, weil sie auch vom Sprecher zu kommunizieren beabsichtigte propositionale Gehalte umfassen. Vgl. hierzu die Abschnitte 5.2.4 und 5.2.5.

325 Im engl. Original: „Tolstoi was a great moralizing infant" (Davidson 1978, 34).

wird nach Davidson z. B. auf Ähnlichkeiten und Analogien zwischen dem Dichter Leo Tolstoi und Kleinkindern aufmerksam gemacht. Es wäre nach Davidson ein Fehler nach einem spezifisch kognitiven Gehalt zu suchen, den dieser Satz über seine wörtliche Bedeutung hinaus kommuniziert. Häufig wird der durch die Metapher erzeugte Effekt, der darin besteht, dass nach Ähnlichkeiten und Analogien zwischen Kleinkindern und Leo Tolstoi gesucht wird, fälschlicherweise für eine metaphorische Bedeutung gehalten. Dass dieser Effekt aber keine neue bzw. zusätzliche Bedeutung sein kann, sieht man nach Davidson schon daran, dass es auch bei einer solchen, relativ einfach zu verstehenden Metapher schwierig ist, genau zu spezifizieren, was deren metaphorische Bedeutung ist. Davidson gesteht zu, dass Metaphern in uns bestimmte Gedanken hervorrufen können, welche ihrerseits wahr oder falsch sein können. Diese Gedanken sind aber nach ihm auch nicht die Bedeutung der Metaphern, sondern ebenfalls bloß als Folgen bzw. Auswirkungen der Metaphern zu verstehen. Metaphern können gemäß Davidson demzufolge am ehesten als Äußerungen verstanden werden, mit denen der Sprecher beabsichtigt, bei den Rezipienten die Suche nach Ähnlichkeiten und Analogien zwischen bestimmten heterogenen Domänen zu evozieren. Es geht dabei aber nicht darum, spezifische „metaphorische" kognitive Gehalte zu kommunizieren, die über die Ergebnisse der wörtliche Interpretation einer Äußerung hinausgehen würden.[326]

Davidson vergleicht die Wirkungsweise von Metaphern sowohl mit Witzen als auch mit Bildern.[327] Es wäre nach Davidson sowohl bei Witzen als auch bei Bildern seltsam, wenn man versuchen würde zu eruieren, worin genau die kognitiven Gehalte bestehen, der durch sie kommuniziert werden. Zur Illustration dieser Vergleiche sollen zunächst die folgenden zwei Witze betrachtet werden:

> Angeklagter zum Richter: Sehr geehrter Herr Richter, ich habe das Gefühl, dass man es Ihnen nicht Recht machen kann. Breche ich ein, werde ich verurteilt, breche ich aus, werde ich auch verurteilt.

> Kundin: Ich würde gerne Äpfel für meinen Mann kaufen. Sind diese Äpfel hier mit giftigen Pestiziden gespritzt?
> Verkäuferin: Nein, das müssen Sie schon selbst machen.

Bei beiden Witzen ist es schwierig, einen spezifischen Gehalt zu bestimmen, den sie *als Witze* transportieren. Die Pointe des ersten Witzes kann z. B. nicht in der

326 Vgl. Davidson 1978, 41.
327 Vgl. Davidson 1978, 46f.

Information liegen, dass in z. B. ein Haus einzubrechen und aus dem Gefängnis auszubrechen keine erschöpfende Distinktion ist. Das ist eine Selbstverständlichkeit. Ebenso kann die Pointe des zweiten Witzes nicht sein, dass Äpfel manchmal auch nicht gespritzt sind. Das (unter Umständen) Amüsierende an diesen beiden Witzen scheint vielmehr darin zu liegen, dass sie Situationen vor Augen führen, in denen fundamentale Missverständnisse auftreten. Wenn man versucht, einen für diese Witze jeweils spezifischen kognitiven Gehalt zu finden, hat man nicht verstanden, was einen Witz ausmacht oder nicht erkannt, dass es sich um einen Witz handelt.

Auch bei Bildern ist nach Davidson der Versuch einer Explikation der durch diese vermittelten propositionalen Gehalte nicht angemessen. Auch wenn man versucht, die Perspektiven auf die Wirklichkeit, welche durch Bilder vermittelt werden, sprachlich zu explizieren, können die Bilder selbst niemals auf diese etwaigen Explikationen reduziert werden, egal wie gut und treffend diese auch sein mögen. Davidson schreibt dazu pointiert:

> How many facts or propositions are conveyed by a photograph? None, an infinity, or one great unstatable fact? Bad question. A picture is not worth a thousand words, or any other number. Words are the wrong currency to exchange for a picture.[328]

Wie bei Witzen und Bildern ist es nach Davidson auch bei Metaphern nicht sinnvoll, nach spezifischen mit ihnen kommunizierten kognitiven Gehalten zu suchen. Ein solches Unterfangen würde vielmehr von einem Missverständnis darüber zeugen, was Metaphern sind.

Davidson erläutert die Unmöglichkeit, eine Metapher auf einen bestimmten kognitiven Gehalt zu reduzieren, schließlich noch durch die Unterscheidung von „seeing that", was mit „Sehen-dass" wiedergegeben werden soll, und „seeing as", was mit „Sehen-als" wiedergegeben werden soll. Metaphern lassen nach Davidson bestimmte Dinge als etwas anderes sehen, was sie eigentlich sind, und erzeugen dadurch interessante und neue Perspektiven auf den Zielgegenstand. Diese Perspektiven sind nun wiederum nicht identisch mit bestimmten kognitiven Gehalten, die man z. B. aus den Ähnlichkeitsrelationen expliziert. Solche Gehalte wären immer nur in dem Bereich des Sehen-dass und könnten prinzipiell niemals das Sehen-als ersetzen. Tolstoi *als* Kleinkind zu sehen, geht dementsprechend über den kognitiven Gehalt hinaus, *dass* Tolstoi z. B. teilweise übertriebene emotionale Reaktionen zeigt.[329]

---

328 Davidson 1978, 47.

329 Vgl. Davidson 1978, 47. Davidson zieht hier Wittgensteins Überlegungen zum H(ase)-E(nten)-Kopf heran, um seinen Punkt zu verdeutlichen. Den H-E-Kopf als Hase bzw. als Ente zu sehen sei

Jeder Versuch einer Paraphrasierung von Metaphern muss nach Davidson folglich scheitern, weil die Paraphrase niemals dieses spezifische „etwas als etwas sehen“ einfangen kann, das den Reiz der Metapher ausmacht. Dasjenige, was eine gute Paraphrase aber leisten kann, besteht darin, den unerfahrenen bzw. weniger begabten Interpreten auf die Perspektiven hinzuweisen, welche eine Metapher eröffnet. Sie kann also eine unter Umständen hilfreiche Vorbereitung dafür sein, die Effekte einer Metapher auf sich wirken zu lassen.[330]

Richard Moran hat Davidsons Ansatz aufgegriffen und die bildliche Dimension von Metaphern als „framing effect“ bezeichnet, was im Folgenden mit „Rahmungseffekt“ wiedergegeben werden soll. Mit diesem Rahmungseffekt beschreibt Moran den Umstand, dass bei Metaphern immer ein Gegenstandsbereich durch einen anderen gesehen und somit „gerahmt“ wird.[331] Der Rahmungseffekt ist nach Moran dasjenige, was eine Metapher lebendig macht und was sich prinzipiell einer Paraphrase entzieht. Wenn Metaphern sterben, verlieren sie nach Moran diesen Rahmungseffekt. Dementsprechend ist, wenn man z. B. über Flaschenhälse, ein Flussbett oder eine Computermaus spricht, normalerweise keine bildliche Dimension mehr vorhanden, bei der ein Gegenstandsbereich *als* ein anderer gesehen wird.[332] Die Ansicht, dass Metaphern zusätzlich zu ihrer wörtlichen Bedeutung keine semantische oder pragmatische Bedeutung zugeschrieben werden sollte, welche sie über den prinzipiell nicht propositional erfassbaren Rahmungseffekt hinaus besitzen, wurde von Autoren wie z. B. Richard Rorty, Ernest Lepore und Matthew Stone sowie Roger White von Davidson übernommen und weiter expliziert.

Richard Rorty weist auf die Kontinuität von der von Grice herausgearbeiteten Unterscheidung zwischen natürlicher und nicht natürlicher Bedeutung hin und versteht Metaphern zunächst einmal als unvertraute Geräusche (unfamiliar noises), welche bestimmte Effekte *verursachen* können. Ein solches unvertrautes Geräusch zu interpretieren ist nach Rorty die Aufgabe eines Genies und als solche

---

etwas anderes als zu sehen, *dass* man ihn als Hase oder Ente sehen kann. Wittgenstein möchte mit diesem Aspekt-Sehen verdeutlichen, dass etwas als etwas zu sehen, über eine bloß faktische Sinneswahrnehmung hinausgeht. Das Vexierbild, das man wahrnimmt, ist unabhängig davon, ob man es als Hase oder als Ente sieht, nämlich immer dasselbe. Dennoch scheint es so zu sein, dass der Umstand, ob man das Bild als Hase oder als Ente sieht, einen wesentlichen Unterschied darin ausmacht, *was* man sieht. Wittgenstein folgert daraus, dass das Sehen-als im Grunde nicht als Teil der Wahrnehmung im strengen Sinne aufzufassen ist, weil hier immer schon ein Interpretationsprozess involviert sei (vgl. Wittgenstein 1984, 519–524).

330 Vgl. Davidson 1978, 47.

331 Vgl. Moran 1989, 96.

332 Vgl. Moran 1989, 109 f.

nicht auf Regeln zu reduzieren. Eine metaphorische Interpretation ist nach Rorty immer eine kreative Leistung, bei der man mit den Effekten einer auf den ersten Blick unverständlichen Äußerung umgehen muss. In dem Moment, in dem metaphorische Interpretationen zu konventionellen Deutungen eines Ausdrucks werden und bestimmte Informationen vermitteln, beginnen sie nach Rorty zu sterben, weil hier keine kreative Interpretationsleistung für ihre Deutung mehr nötig ist.[333]

Ernest Lepore und Matthew Stone greifen auf das Konversationsmodell von David Lewis zurück[334], nach dem Kommunikation nicht so sehr auf dem Austausch intendierter Bedeutungen beruht, sondern auf *Koordination* von Verhalten. Diese Koordination kann nach Lepore/Stone nun auch erreicht werden, wenn keine bestimmten Bedeutungen kommuniziert werden. Dasjenige, was Rezipienten im Falle der Interpretation von Metaphern erfassen können, sind keine spezifisch metaphorischen Bedeutungen, sondern bestimmte Effekte, welche wiederum bestimmte Überzeugungen bei ihnen auslösen können. Zu diesen Überzeugungen kommen die Rezipienten aber wegen der Effekte der Metapher und *nicht wegen bzw. unabhängig von den Absichten der jeweiligen Sprecher.* Die Sprecher laden die Rezipienten durch die Metapher sozusagen nur ein, sich auf eine metaphorische Interpretation einzulassen, ohne dass sie das Ergebnis dieser Interpretation irgendwie bestimmen oder festlegen könnten. Und deswegen sollte man auch nicht annehmen, dass es bestimmte metaphorische Bedeutungen gibt, welche in einer Konversation fest mit einer bestimmten Äußerung verbunden werden könnten.[335] Im Folgenden soll der Ansatz von Roger White etwas ausführlicher erläutert werden, der eine besonders interessante und eigenständige Version einer bedeutungsskeptischen Metapherntheorie darstellt.

3.4.2 Metaphern als Überlagerung verschiedener Satzebenen

Roger White behauptet, dass Metaphern als Überlagerungen zweier grammatikalisch analoger Sätze zu verstehen sind. Diese analoge Struktur der beiden der Metapher zugrundeliegenden Sätze, welche der Interpret explizieren muss, regt nach White dazu an, strukturelle Ähnlichkeiten zwischen den beiden durch diese Sätze dargestellten Situation zu erschließen. Theorien, wie diejenigen von Black oder Beardsley, in denen die Metaphorik an bestimmten Wörtern festgemacht

333 Vgl. Rorty 1987, 293–296.
334 Vgl. Lewis 1979b.
335 Vgl. Lepore/Stone 2010, 168–173.

wird, die ihre Bedeutung wechseln, sind nach White schon deshalb falsch, weil der Punkt von Metaphern eben nicht darin besteht, dass einzelne Wörter ihre Bedeutung ändern, sondern dass eine *ganze Satzstruktur* eine Doppeldeutigkeit erhält.[336] Es wäre nach White auch unsinnig, einen bestimmten propositionalen Gehalt zu suchen, den Metaphern mitteilen. Dasjenige, was eine Metapher ausdrückt, bestehe stattdessen nur in dieser Überlagerung der zwei Satzebenen und der daraus resultierenden Effekte. Nach einem fixierbaren propositionalen Gehalt zu suchen, zeugt nach White von einem Missverständnis von Metaphern und führt dazu, dass man ihre Komplexität und ihren genuinen Reiz verfehlt.[337]

White veranschaulicht seine Theorie u. a. an der folgenden Metapher aus Shakespeares *Othello:*

> And his unbookish jealousy must construe
> Poor Cassios's smiles, gestures and light behaviors
> Quite in the wrong.[338]

Diese Aussage wird von Iago, dem Fähnrich von Othello, gemacht, der zugleich insgeheim sein Feind ist, und den General Othello eifersüchtig auf seinen Leutnant Cassio machen möchte. Er will Othello mithilfe von Lügengeschichten und geschickten Inszenierungen glauben machen, dass Cassio eine Affäre mit Desdemona (Othellos Frau) hat. Um dies zu beweisen, soll sich Othello verstecken und beobachten, wie er (Iago) mit Cassio über seine Affäre mit Desdemona spricht. Iago sagt zu Othello, dass die Gesten von Cassio deutlich machen würden, wie er über seine Affäre mit Desdemona denkt. Iago, der weiß, dass Othello das Gespräch nicht hören kann, spricht Cassio in Wirklichkeit aber nicht auf eine Affäre mit Desdemona an (die es gar nicht gibt), sondern auf eine Prostituierte namens Bianca, welche sehr in Cassio verliebt ist. Iago spekuliert nun darauf, dass die selbstgewissen Gesten (Lächeln etc.), die Cassio in Bezug auf die in ihn vernarrte Bianca zeigen wird, Othello zur Weißglut bringen werden. Nach White können die folgenden zwei Sätze konstruiert werden, aus denen sich die metaphorische Interpretation zusammensetzt:

(I) An unbookish schoolboy must construe his text (for example „the Iliad“) quite in the wrong.

(II) His uncultured jealousy must construe poor Cassio’s smiles, gestures and light behaviors quite in the wrong.

---

336 Vgl. White 1996, 106 – 109.

337 Vgl. White 1996, 169 – 173.

338 Shakespeare, Othello, IV. Akt, Szene 1, in: Shakespeare 2013, 188.

Der Punkt der Metapher ist nach White, dass hier die Ebenen, welche durch die Sätze (I) und (II) beschrieben werden, so überlagert werden, dass analoge Strukturen sichtbar werden. Ein kompetenter Interpret wird z. B. sehen, dass so wie ein nicht belesener (unbookish) Schüler nicht dazu in der Lage ist, z. B. die Iliad angemessen zu interpretieren, auch Othello nicht dazu in der Lage ist, das Verhalten von Cassio richtig zu deuten. Othello weiß nicht wovon Iago und Cassio eigentlich sprechen (die Beziehung zu Bianca) und muss deswegen das Verhalten von Cassio vollständig falsch interpretieren, weil er es wegen der Fehlleitung durch Iago als Reaktion auf eine Affäre mit seiner Frau Desdemona bezieht. Durch die Metapher werden aber auch die Gesten und Verhaltensweisen von Cassio als Text dargestellt, welche wie Sprache spezifische konventionell festgelegte Bedeutungen besitzen. Wie ein Schüler, der die konventionelle Bedeutung der Wörter bzw. die Anspielungen eines Textes nicht versteht, so wird auch Othello von Iago so dargestellt, dass er diese „Sprache" des Verhaltens von Cassio nicht versteht. In der Metapher schwingt auch mit, dass es Othello als Soldat allgemein schwer fällt, die Verhaltensweisen und Regeln am venezianischen Hof richtig zu interpretieren und Iago ihn evtl. gerade deswegen so gut hereinlegen kann. Der Ausdruck „must construe" ist hier nach White „bifurcated" (dt. gegabelt/aufgeteilt). Damit möchte White ausdrücken, dass dieser in den beiden konstruierten Sätzen, welche in der Metapher überlagert werden, vorhanden ist und zwischen den Bedeutungsebenen schillert. Es wird aus dieser Analyse deutlich, weshalb der Versuch z. B. den Ausdruck „unbookish" als Fokus der metaphorischen Interpretation zu verstehen und ihm eine neue metaphorische Bedeutung zuzuschreiben, scheitern muss. Eine solche Analyse könnte die verschiedenen Bedeutungsebenen und die zwischen diesen entstehenden Interferenzen und Analogien, welche angedeutet wurden, nicht erfassen. Sie würde dementsprechend nicht nur sehr oberflächlich bleiben, sondern gemäß White auch die Funktionsweise und Struktur von Metaphern ganz allgemein falsch wiedergeben.[339]

Um diese Überlagerung von Sätzen verständlich zu machen, greift White, wie Davidson, auf das von Wittgenstein anhand des H-E-Kopfes illustrierte „Aspekt-Sehen" zurück. Eine Metapher zu interpretieren bedeutet für White, die Blickwinkel der beiden Sätze, welche aus dem metaphorisch gemeinten Satz konstruiert werden, zusammen zu sehen. Dieses Zusammensehen bedeutet in dem erörterten Beispiel konkret, dass man Othello zugleich als eifersüchtigen Soldaten am Fürstenhof von Venedig und als unbelesenen Schüler sieht, der versucht, ein anspruchsvolles Buch zu verstehen. Das Reizvolle und Spezifische von Metaphern

339 Vgl. White 1996, 74–80.

besteht nach White gerade darin, dass hier mit einem Satz zwei Perspektiven vermittelt werden, welche zumindest bei guten Metaphern auf eine konstruktive Art und Weise miteinander interagieren. Die beiden Satzebenen sind gemäß White letztlich nur Hilfskonstruktionen, um die durch Metaphern erzeugten Perspektiven zu veranschaulichen und zu explizieren.[340]

Die Vertreter von bedeutungsskeptischen Ansätzen arbeiten insgesamt einer Trivialisierung von Metaphern entgegen, wonach diese nur als andere Vehikel für die Informationsvermittlung verstanden werden. Dass Metaphern gar keine spezifischen kognitiven Gehalte transportieren, die über die Ergebnisse einer wörtlichen Interpretation hinausgehen, wird von vielen Kritikern aber als eine zu radikale Position eingeschätzt. Im Folgenden sollen Einwände gegen die bedeutungsskeptischen Ansätze vorgestellt und diskutiert werden.

3.4.3 Probleme bedeutungsskeptischer Metapherntheorien

3.4.3.1 Die Rolle von Metaphern in Konversationen

Es kann gegen bedeutungsskeptische Metapherntheorien zunächst eingewendet werden, dass sie die Rolle von Metaphern in unserer Kommunikation nicht korrekt beschreiben können. Um dies zu veranschaulichen, sollen im Folgenden verschiedene sprachliche Phänomene betrachtet werden, die nur schwer zu erklären sind, wenn man nicht annimmt, dass es kognitive Gehalte gibt, die durch Metaphern kommuniziert werden. *Erstens* ist es ohne Weiteres möglich, auf Metaphern direkt mit Bestätigung, Ablehnung oder In-Frage-Stellung zu reagieren.

(46) Der Bogen des moralischen Universums ist lange, aber er krümmt sich in Richtung Gerechtigkeit.[341]
(47) Ein Sturm zieht auf.

Auf die Äußerung der Aussage (46) kann z. B. plausiblerweise mit „Ja, das finde ich auch“, „Nein, weil irrst du dich“ oder „Glaubst du wirklich, dass das der Fall ist?“ reagiert werden. Die Frage ist nun, auf was sich die Bestätigung, die Verneinung oder die In-Frage-Stellung hier jeweils beziehen sollen, wenn nicht auf

---

340 Vgl. White 1996, 115–117.

341 Dies ist eine Übersetzung von „The arc of the moral universe is long, but it bends toward justice“. Es handelt sich hierbei um ein berühmtes Zitat von Martin Luther King Jr. aus einer Rede, die er am 25. März 1965 in Montgomery, Alabama, nachdem „Selma to Montgomery March“ gehalten hat (vgl. King 2001, 131).

einen bestimmten, durch die Metaphern ausgedrückten kognitiven Gehalt. Es wäre völlig abwegig anzunehmen, dass sich die Antwortenden im Falle einer solchen Reaktion auf (46) auf die wörtliche Interpretation der Äußerung beziehen. Eine Bestätigung der Aussage wäre in diesem Fall gar nicht möglich, weil es keinen wörtlichen „Bogen des moralischen Universums" gibt, bzw. nicht klar ist, was das sein sollte. Auch wenn jemand (47) in Bezug auf eine absehbare Protestwelle von Bürgern gegen eine Steuererhöhung äußert, kann man sich ohne Weiteres direkt zustimmend, ablehnend oder in-Frage-stellend auf diese Äußerung beziehen. Dass man sich hier nicht auf den wörtlichen Gehalt dieser Aussage beziehen muss, sieht man daran, dass z. B. eine Bekräftigung von (47) in dem skizzierten Szenario auch dann möglich ist, wenn ein Sturm im wörtlichen Sinne weder aufzieht noch in Sicht ist. Der bloße Umstand, dass hier im Falle einer metaphorischen Interpretation ein Rahmungseffekt ausgelöst wird, ist ebenso kein plausibler Kandidat für eine Zustimmung, Ablehnung oder In-Frage-Stellung. Man kann, um diese Möglichkeit explizit auszuschließen, auch annehmen, dass die Antwortenden die mit den Metaphern ausgedrückten Gehalte paraphrasieren, auf welche sie reagieren. Es wäre z. B. durchaus vorstellbar, dass auf (46) mit „Nein, ich glaube nicht, dass die Menschen immer moralischer werden" und auf (47) mit „Nein, ich denke nicht, dass es einen großen Protest gegen die Steuererhöhung geben wird" reagiert wird.[342] Auch die Gedanken, welche nach Davidson *als Effekte* mit einer Metapher verbunden sein können, können nicht das Objekt der Zustimmung, Ablehnung oder In-Frage-Stellung bilden. Es kann von bloßen Effekten, so wie sie von Davidson beschrieben werden, nämlich nicht angenommen werden, dass sie Teil der vom Sprecher zu kommunizieren beabsichtigen Bedeutung einer Äußerung sind. Man müsste dann annehmen, dass die Rezipienten sich mit der Zustimmung, Ablehnung und In-Frage-Stellung bezüglich Metaphern in erster Linie *nur auf eigene* durch die betreffende Äußerung ausgelöste Assoziationen beziehen. Die erwähnten Erwiderungen auf (46) und (47) müssten dann letztlich als Ausstieg aus der Konversation mit dem jeweiligen Sprecher von (46) und (47) und als Beginn einer introspektiven Konversation des Rezipienten mit sich selbst gedeutet werden. Dies ist aber eine abwegige und wenig überzeugende Interpretation der vorgestellten Situationen. Der einzige intuitiv plausible Kandidat, auf den sich die Reaktionen der Zustimmung, Ablehnung und In-Frage-Stellung in den genannten Beispielen sinnvollerweise beziehen können, sind demzufolge die kognitiven Gehalte, die *vor dem Hintergrund von metaphorischen Interpretationen* mit den Sätzen (46) und (47) ausgedrückt werden.

342 Vgl. Hills 1997, 125 – 127.

Zweitens erfüllen als Metapher verstandene Teilsätze Funktionen für die Interpretation der jeweiligen Gesamtsätze, die nur erklärbar sind, wenn mit diesen spezifische, aus metaphorischen Interpretationen resultierende kognitive Gehalte transportiert werden. Dies kann anhand folgender Sätze veranschaulicht werden:

(48) Wenn Musik die Nahrung der Liebe ist, dann spiele bitte weiter.
(49) Weil Franz ein Gorilla ist, hat Julia Angst vor ihm.
(50) Weil meine Doktorarbeit eine eifersüchtige Geliebte ist, kann ich heute leider nicht zur Party kommen.

In all diesen Sätzen scheinen die als Metapher verstandenen Teilsätze einen Beitrag zu der Wahrheit oder Falschheit des kognitiven Gehaltes der gesamten Satzkonstruktion zu liefern. Falls die bedeutungsskeptischen Ansätze wahr wären, bliebe es aber völlig unklar, welchen Beitrag metaphorische Interpretationen zu der Deutung dieser Satzkonstruktionen jeweils leisten würden. Wenn hier nur die wörtlichen Interpretationen der involvierten Ausdrücke berücksichtigt werden würden, wären alle diese Konstruktionen offensichtlich falsch oder unsinnig. Das scheint aber intuitiv nicht der Fall zu sein. Auch der bloße Verweis auf die Rahmungsffekte, die durch die metaphorischen Interpretationen ausgelöst werden, hilft nicht dabei, die intuitive Semantik dieser Sätze zu erfassen. Die folgende Explikation von Satz (48) scheint z. B. nicht besonders sinnvoll zu sein: „Wenn die mit den Ausdrücken ‚Musik', ‚Nahrung' und ‚Liebe' verbundenen Assoziationen in einem offenen Wechselspiel miteinander interagieren, dann spiele bitte weiter". Dies ist eine offensichtlich abwegige Wiedergabe des mit (48) ausgedrückten Gehaltes. Dasjenige, was hier in die kompositionale Struktur des Konditionals eingeht, scheint vielmehr ein spezifischer kognitiver Gehalt zu sein, der *vor dem Hintergrund* bzw. *auf der Basis* dieses Wechselspiels zwischen den mit diesen Ausdrücken verbundenen Assoziationen erschlossen wird. Da es einen solchen Gehalt für Vertreter bedeutungsskeptischer Ansätze aber nicht gibt, haben sie im Grunde keine Ressourcen, die Semantik solcher Satzkonstruktionen plausibel zu erklären.

Drittens ist es für Vertreter bedeutungsskeptischer Ansätze schwierig zu erklären, welche Rolle Metaphern im Rahmen anderer Sprechakte als Behauptungen spielen. Folgende drei Äußerungen sind keine Behauptungen, aber dennoch ohne Probleme verständlich und in alltäglichen Konversationen vorstellbar:

(51) Sei heute ein Engel.
(52) Ich verspreche dir, der Gefahr ins Gesicht zu sehen und mich nicht von meiner Angst versklaven zu lassen.
(53) Ich sollte etwas Wind in die Segel meiner Beziehung bringen.

Gemäß den Vertretern bedeutungsskeptischer Ansätze wird im Falle von Metaphern, welche der Struktur nach Behauptungssätze sind, im Grunde nichts behauptet. Stattdessen werden die Rezipienten, wie erläutert, dazu eingeladen, die Effekte der Metapher auf sich wirken zu lassen. Dies ist im Falle einer Äußerung wie (45) prinzipiell nachvollziehbar. Es ist aber nicht klar, was das für andere Sprechakte heißen soll. Wenn mit (45) eigentlich nichts behauptet wird, wird dann mit (51) auch zu nichts aufgefordert, mit (52) nichts versprochen und mit (53) kein Vorsatz formuliert? Wird hier jedes Mal nur dazu eingeladen, die Effekte der Überlagerung von Gegenstandsbereichen auf sich wirken zu lassen? Ganz offensichtlich ist das nicht der Fall. Im Gegenteil scheint es, dass bei den Interpretationen der Sätze (51) bis (53) spezifische kognitive Gehalte erschlossen werden, die durch die jeweiligen Sprechakte verarbeitet werden. Die Sprechakte werden durch die metaphorischen Deutungen auf jeden Fall nicht aufgehoben.

Schließlich stellen *viertens* Kombinationen von Metaphern mit anderen Stilmitteln ein Problem für bedeutungsskeptische Ansätze dar. Falls man z. B. Metaphern mit ironischen Interpretationen kombiniert, *kann* die ironische Interpretation, wie es ausführlich unter 3.3.4.1 dargelegt wurde, nicht bei dem Gehalt der wörtlichen Interpretation ansetzen. Stattdessen *müssen* die metaphorischen Interpretationen immer vor den ironischen Deutungen vorgenommen werden. Falls es aber keine kognitiven Gehalte gibt, die über die Ergebnisse von wörtlichen Interpretationen hinaus mit Metaphern ausgedrückt werden, sondern mit ihnen nur bestimmte Effekte kommuniziert werden, ist es unklar, auf was sich die ironischen Deutungen beziehen können. Es scheint nicht möglich zu sein, einen nicht-propositionalen Rahmungseffekt ironisch zu verstehen. Demzufolge sollten gemäß den bedeutungsskeptischen Ansätzen die Kombinationen von Ironie und Metapher nicht möglich sein, bzw. unsinnige Ergebnisse hervorbringen. Offensichtlich ist dies aber nicht der Fall, was wiederum gegen die bedeutungsskeptischen Ansätze spricht. Dieselben Probleme treten auch bei der Kombination von Metaphern mit konversationellen Quantitäts- und Relevanzimplikaturen bzw. indirekten Sprechakten auf. Wenn es außer den häufig unsinnigen wörtlichen Interpretationen keine kognitiven Gehalte gibt, bei denen die Schlüsse auf konversationelle Implikaturen ansetzen können, ist es schwer verständlich, wie diese überhaupt zustande kommen sollen. Wie anhand der Beispiele (33) und (34) aber gezeigt wurde, ist eine Kombination von Metaphern mit konversationellen Quantitäts- und Relevanzimplikaturen ohne Weiteres möglich und eine durchaus gängige Praxis in unserer Kommunikation.

3.4.3.2 Die Paraphrasierbarkeit von Metaphern

Gemäß den Vertretern bedeutungsskeptischer Ansätze muss jeder Versuch einer Paraphrase von Metaphern scheitern. Das liegt dann, wie erläutert, ganz einfach darin begründet, dass es nichts gibt, was paraphrasiert werden könnte. Gegen diese Folgerung können aber verschiedene Einwände formuliert werden. Zunächst einmal scheint es möglich zu sein, Metaphern misszuverstehen. Dies spricht gegen bedeutungsskeptische Ansätze, weil es ihnen zufolge keine privilegierten Interpretationen von Metaphern gibt, welche als korrekter oder angemessener als andere Interpretationen gelten können. Dementsprechend kann auch keine Interpretation als falsch oder unangemessen zurückgewiesen werden. Metaphern lösen gemäß bedeutungsskeptischen Ansätzen, wie erläutert, nur eine Art Perspektivenwechsel aus, der ein freies Spiel von Assoziationen zur Folge hat, ohne dass sich hierbei ein bestimmter kognitiver Gehalt fixieren ließe.[343] Im Folgenden soll die Möglichkeit von Fehldeutungen von Metaphern an einigen Beispielen erläutert werden.

Falls der Satz „Du bist die Sahne in meinem Kaffee" z. B. von einem Rezipienten gedeutet wird, der Sahne im Kaffee nicht ausstehen kann und der Meinung ist, dass sein Gegenüber dasselbe denkt, wird er diese Äußerung eher als eine Herabwürdigung anstatt als Ausdruck von Wertschätzung verstehen. Falls der Sprecher diese Äußerung aber als Wertschätzung gemeint hat und davon ausgegangen ist, dass der Rezipient ebenso wie er Sahne im Kaffee mag, muss man davon sprechen, dass der Rezipient die Metapher missverstanden hat. Auch Satz (45) „Tolstoi war ein großes moralisierendes Kleinkind"[344] den Davidson ausführlich diskutiert, ist, wenn er in einem spezifischen Äußerungskontext gebraucht wird, nicht unbedingt beliebig interpretierbar. Eine mögliche Deutung des Satzes ohne weitere Kontextinformation wäre z. B., dass Tolstoi immer wieder besonders aggressiv und unnachgiebig in seinen strengen moralischen Ansprüchen gegenüber anderen war und, wie Kleinkinder nicht aufhören zu schreien, bis jemand ihre Wünsche erfüllt, auch er nicht aufgehört hat, andere zu rügen, bis sie sich so verhalten haben, wie er es sich wünschte. Davidson war bezüglich dieses Satzes vermutlich von Thomas Mann inspiriert. In dem spezifischen Kontext, in dem Thomas Mann behauptet, dass Tolstoi ein großes moralisierendes Kind war, wäre die skizzierte Deutung nicht korrekt. Thomas Mann beschreibt in dem unmittelbaren Kontext dieser Behauptung sowohl Goethe als auch Tolstoi als „Söhne der mütterlichen Erde", weil sie ihre Kraft, Inspiration und Lebensenergie

---

343 Vgl. Moran 1989, 104 f.

344 Davidson verwendet im engl. Original den Satz „Tolstoi was a great moralizing infant" (Davidson 1978, 34). Der Ausdruck „infant", der hier mit „Kleinkind" übersetzt wurde, kann auch ein (jüngeres) Kind bezeichnen.

aus der Natur beziehen. Die Natur umfasst hier für Thomas Mann alles Sinnliche und ist dem Geist, der Vernunft und der Moral gegenübergestellt. Im Gegensatz zu Goethe habe Tolstoi sich aber immer wieder gegen seine eigentlich vorhandene innige Verbindung zum Sinnlichen gewehrt. Als Beispiel hierfür erwähnt Mann sein Verhältnis zur Musik. Tolstoi habe nach einem Zusammentreffen mit Berthold Auerbach in Dresden den Genuss von Musik als unmoralisch abgelehnt, weil es sich hier, wie ihm Auerbach nahelegte, um einen „pflichtlosen Genuss" handele. Dennoch konnte Tolstoi nicht ganz von der Musik lassen. Er spielte, so berichtet Mann, immer vor der Arbeit auf dem Klavier, und begann, als er das D-Dur-Quartett von Tschaikowski in Moskau hörte, vor allen Leuten zu weinen, weil er so berührt war.[345] Daraufhin schreibt Mann:

> Nein, unmusikalisch war er nicht. Die Musik liebte ihn – wenn auch er, das große, moralisierende Kind, sie nicht glaubte wiederlieben zu dürfen.[346]

Tolstoi wird hier also insofern metaphorisch als Kind dargestellt als er einerseits zutiefst abhängig vom Sinnlichen bzw., in Manns Begrifflichkeit, der Natur ist, sich zugleich aber auch immer wieder moralisierend von dieser seiner Lebensquelle distanziert. Das hat nach Mann „etwas Peinliches, Quälendes und Beschämendes"[347]. Thomas Mann nutzt die Metapher also um auszudrücken, dass Tolstoi kindlich ist, weil er nicht dazu in der Lage ist, dasjenige wertzuschätzen, was ihn ernährt bzw. ihm Lebenskraft gibt. Er ist wegen der Nahrung, welche ihm diese Quelle gegeben hat, zwar schon groß, aber wegen seiner unreflektierten Haltung letztlich nicht erwachsen, sondern immer noch ein Kind. Sein Verhalten gegenüber anderen Menschen spielt vor dem Hintergrund des Kontextes, in dem Mann diese Metapher gebraucht hat, gar keine Rolle. Und somit erweist sich die oben vorgestellte Paraphrase, die ohne diese spezifische Kontextinformation vorgenommen wurde, hier als eine unangemessene Fehldeutung.

Auch die Metapher (40) „Julia ist die Sonne" kann unabhängig von einem Kontext selbstverständlich sehr verschieden gedeutet werden. So könnte man annehmen, dass Julia hier als so „heiß" dargestellt wird, dass man sich an ihr „verbrennt". Man könnte das so verstehen, dass sie auf den ersten Blick schön und attraktiv erscheint, wenn man sich ihr nähert bzw. sie besser kennenlernt, dann aber merkt, dass ein enger Umgang mit ihr nicht auszuhalten ist. In dem Kontext, in dem Shakespeare in dem Drama *Romeo und Julia* diese Metapher einsetzt, wäre eine solche Paraphrase aber nicht korrekt. Romeo macht diese

345 Vgl. Mann 1932, 48–51.
346 Mann 1932, 50.
347 Mann 1932, 50

Aussage hier in der Nacht, während er darauf wartet, dass Julia zu ihm kommt. Sie steht in folgendem linguistischen Kontext:

> But soft! What light through yonder window breaks.
> It is the east and Juliet is the sun!
> Arise, fair sun and kill the envious moon
> Who is already sick and green with grief
> That thou her maid art more fair then she.[348]

Hier wird ausgedrückt, dass mit Julia der neue Tag von Romeo beginnt. Sie kommt wie die Sonne aus dem Osten und vertreibt dabei im metaphorischen Sinne die Dunkelheit der Nacht. Der neidische Mond, den sie töten soll, bezieht sich hier auf Rosaline, Romeos vorherige Geliebte, die er nicht von sich überzeugen konnte, und der er noch lange nachgetrauert hat. Im Gegensatz zu der Sonne Julia ist Rosaline aber nur der blasse Mond, der, wenn die Sonne aufgegangen ist, nicht mehr sichtbar ist. Zugleich spielt der Mond, der im Englischen feminin ist, auch auf die Göttin Diana an, die mythologisch mit der Keuschheit verbunden ist. In einer vorherigen Szene wurde Rosaline nämlich als besonders keusch beschrieben und explizit in die Nähe der Göttin Diana gerückt.[349] Julia ist demgegenüber für Romeo die Sonne, welche ihm seine Schmerzen über die Unerreichbarkeit von Rosaline vergessen macht und welche obendrein noch viel schöner als Rosaline ist. Wie auch immer man die Deutung dieser Metapher weiter expliziert, die oben genannte Interpretation, wonach man Julia nicht zu Nahe kommen sollte, spielt hierbei mit Sicherheit keine Rolle. Diese wäre in diesem Kontext eine Fehldeutung.

Es ist also offensichtlich, dass Metaphern, zumindest in spezifischen Kontexten, häufig nicht einfach beliebig interpretiert werden können. Um den Gehalt, der als sinnvoller Kandidat für eine korrekte bzw. angemessene Interpretation einer Metapher gelten kann, zu erfassen, greift man deswegen häufig auf eine Paraphrase zurück. Dies machen teilweise die Verfasser der Metapher selbst, um sicherzustellen, dass die Rezipienten diese richtig verstehen. David Hills nennt dieses Phänomen „autorisierte Paraphrase".[350] Bei den folgenden beiden Textpassagen handelt es sich um Fälle, die David Hills als Beispiele für solche autorisierten Paraphrasen anführt. Die erste Passage stammt von Blaise Pascal, die zweite von Gottfried W. Leibniz:

---

348 Shakespeare, Romeo and Juliet, II. Akt, Szene 2, in: Shakespeare 2012, 78.
349 Vgl. Romeo und Julia, I. Akt, Szene 1, 28–31.
350 Vgl. Hills 2008, 20–24.

> Der Mensch ist nichts als ein Schilfrohr, das schwächste der Natur; Aber er ist ein denkendes Schilfrohr. Es ist nicht nötig, daß das ganze Weltall sich waffne, ihn zu zermalmen: ein Dampf, ein Wassertropfen genügen, um ihn zu töten. Aber wenn das Weltall ihn zermalmte, so wäre der Mensch noch edler als das, was ihn tötet, denn er weiß, daß er stirbt, und kennt die Überlegenheit, die das Weltall über ihn hat; Das Weltall weiß nichts davon.[351]

> Es gibt auch kein Mittel zu erklären, wie eine Monade verwandelt oder in ihrem Inneren durch irgendein anderes Geschöpf verändert werden kann; denn man kann keine Bewegung auf sie übertragen noch in ihr irgendeine innere Bewegung begreifen, die darin hervorgerufen, gelenkt, vergrößert oder verkleinert werden könnte; wie das in den Zusammengesetzen sein kann, wo es Veränderung zwischen den Teilen gibt. Die Monaden haben keine Fenster durch die etwas in sie hineintreten oder sie verlassen könnte. Die Akzidenzen können sich weder von den Substanzen lösen, noch außerhalb ihrer herumwandeln, wie es einmal die *species sensibilis* der Scholastiker taten. So kann weder Substanz noch Akzidenz von außen in eine Monade eintreten.[352]

Pascal deutet im ersten Zitat die Metapher „Der Mensch ist ein denkendes Schilfrohr", und Leibniz im zweiten Zitat die Metapher „Monaden haben keine Fenster". Beide Male dienen die von den Autoren vorgenommenen Paraphrasen der Klärung dessen, was sie mit diesen Metaphern ausdrücken möchten. Wie die Autoren klarstellen, sind beide Äußerungen nicht beliebig zu deuten. Die spezifischen Interpretationen, welche die Ausführungen jeweils nahelegen, bilden vielmehr die Grundlage für die weitere Argumentation der beiden Autoren. Das ist aber für Vertreter bedeutungsskeptischer Ansätze nur schwer zu erklären, weil es ihnen gemäß keine spezifischen kognitiven Gehalte gibt, die mit Paraphrasen von Metaphern erfasst werden könnten.

Dass es spezifische kognitive Gehalte zu geben scheint, die über die Ergebnisse der wörtlichen Interpretation hinaus mit Metaphern ausgedrückt werden, wurde bereits im letzten Abschnitt gezeigt. Die Explikation dieser Gehalte ist nichts anderes als eine Paraphrase und kann, wie in diesem Abschnitt erläutert, auch scheitern. Das wiederum deutet darauf hin, dass nicht jede beliebige Assoziation mit einer Metapher auch eine angemessene Interpretation derselben darstellt. Stanley Cavell behauptet, in glattem Widerspruch zu bedeutungsskeptischen Ansätzen, dass die Paraphrase essenziell zu einer gelungenen Metapher gehört.

---

351 Pascal, Gedanken 128, Übersetzung aus dem Französischen von Wolfgang Rüttenbauer, in: Pascal 1964, 61.

352 Leibniz, Monadologie § 7, Übersetzung aus dem Französischen von Ulrich Johannes Schneider in: Leibniz 2002, 112f.

Wenn man eine Metapher nicht paraphrasieren kann, deutet das nach Cavell darauf hin, dass der Sprecher selbst nicht weiß, was seine Äußerung bedeutet.[353]

Man muss den bedeutungsskeptischen Kritikern an dieser Stelle aber zugestehen, dass eine Paraphrase nur selten vollständig und ganz erschöpfend zu sein scheint. Cavell spricht dementsprechend auch davon, dass Metaphern „bedeutungsschwanger" sind.[354] An das Ende einer Paraphrase kann z. B. normalerweise immer ein „und so weiter" gesetzt werden, was darauf hindeutet, dass die Paraphrase den angezielten Gehalt nur näherungsweise erfasst. Es scheint tatsächlich fast immer möglich zu sein, weitere Perspektiven und Nuancen zu explizieren, welche durch eine Metaphern vor Augen geführt werden, die aber nicht in der Paraphrase enthalten sind. Diese Unabschließbarkeit ist eines der entscheidenden Argumente von Davidson und anderen Bedeutungsskeptikern gegen die Möglichkeit einer Paraphrase. Wie bei Bildern scheinen erklärende, paraphrasierende Worte bei Metaphern immer unzureichend zu bleiben.[355] Auch Max Black hat, wie erläutert, vertreten, dass Metaphern nicht vollständig paraphrasiert werden können, weil eine wörtliche Paraphrase niemals die Einsicht (insight) erfassen kann, welche durch eine Metapher vermittelt wird.[356] Davidson wendet gegen Blacks Position allerdings zu Recht ein, dass es inkonsistent ist, auf dem Vorhandensein eines kognitiven Gehaltes von Metaphern zu beharren und zugleich zu behaupten, dass man diesen prinzipiell nicht z. B. durch eine Paraphrase erfassen könne.[357]

Man kann aber sowohl gegen die Bedeutungsskeptiker als auch gegen Max Black einwenden, dass sie überzogene Erwartungen an eine Paraphrase stellen. Patti Nogales unterscheidet zwei Konzeptionen von Paraphrase. Gemäß der starken Konzeption muss eine Paraphrase genau *denselben Effekt* erzeugen, wie die zu paraphrasierende Äußerung. Gemäß der schwächeren Konzeption ist eine Paraphrase schon dann angemessen, wenn sie den mit der Äußerung ausgedrückten *kognitiven Gehalt* adäquat wiedergibt. Sie muss dementsprechend nicht auch alle Effekte duplizieren, welche mit der zu paraphrasierenden Äußerung

---

353 Vgl. Cavell 1969, 78 f. Cavell unterscheidet die Paraphrase einer Metapher hier davon, dass man jemandem die Bedeutung von Wörtern mitteilt, wie wenn man ihm eine neue Sprache beibringt. Wenn jemand z. B. auf die Aussage „Julia ist eine junge Frau, die noch keine vierzehn Jahre alt ist" erwidert „Ich verstehe nicht, was du meinst", müsste man ihm die Bedeutung der Wörter nennen, die man benutzt hat. Dies wäre nach Cavell aber kein Fall von Paraphrase. Bei der Paraphrase von Metaphern wird das Verständnis der wörtlichen Bedeutungen der gebrauchten Ausdrücke hingegen vorausgesetzt.

354 Vgl. Cavell 1969, 79.

355 Vgl. Davidson 1978, 46 f.

356 Vgl. Black 1955, 293.

357 Vgl. Davidson 1978, 44 f.

einhergehen.[358] Falls man eine solche schwache Konzeption von Paraphrase zugrunde legt, ist es durchaus plausibel anzunehmen, dass die meisten Metaphern paraphrasierbar sind. So scheint Pascals Paraphrase von der Metapher „Der Mensch ist ein denkendes Schilfrohr" den hiermit ausgedrückten kognitiven Gehalt z.B. ziemlich genau zu erfassen. Der Mensch ist demnach ein fragiles Lebewesen, das jederzeit durch kleinste Ereignisse zu Tode kommen kann. Dennoch kann er diesen Umstand erkennen und hat dementsprechend eine besondere Würde. Die blinde Natur, durch welche der Mensch stirbt, kann sich ihrer Rolle nämlich selbst nicht bewusst werden. Diese Paraphrase führt aber nicht, wie die Metapher, das Bild vor Augen, das den Menschen *als* Schilfrohr sehen lässt, das im Wind hin und her bewegt wird und ständig in der Gefahr ist zu brechen. Sie erzeugt also nicht dieselben Effekte wie die ihr zugrundeliegende Metapher. Aber dies ist auch nicht der Anspruch einer Paraphrase gemäß der schwachen Konzeption. Die überzogenen Erwartungen an eine Paraphrase sowohl von Black als auch von Vertretern bedeutungsskeptischer Ansätze entstehen insgesamt dadurch, dass sie verlangen, dass alle durch Metaphern vermittelten Effekte auch Teil der entsprechenden Paraphrase sein müssen.

Vor dem Hintergrund der angestellten Überlegungen können die Gründe für diese überzogenen Ansprüche an eine Paraphrase genauer erfasst werden. In Davidsons Terminologie ausgedrückt vermischt Black die Aspekte Sehen-als und Sehen-dass untrennbar miteinander, und Bedeutungsskeptiker geben das Sehen-dass zugunsten des Sehen-als vollständig auf. Diese Strategien sind aber letztlich beide unbefriedigend. Die Aufgabe jeglicher, über die Ergebnisse von wörtlichen Interpretationen hinausgehender, mit Metaphern ausgedrückter kognitiver Gehalte kann unsere tatsächliche Kommunikation mit Metaphern und die Möglichkeit von Fehldeutungen nicht erklären. Und die untrennbare Vermischung von Sehen-als und Sehen-dass scheint die Postulierung eines prinzipiell nicht explizierbaren kognitiven Gehaltes zur Folge zu haben, was Davidson zu Recht als inkonsistent kritisiert. Beide Ansätze können den Umstand nicht erklären, dass man bei Metaphern häufig zwischen den Aspekten Sehen-als und Sehen-dass differenzieren kann.

Es bleiben an dieser Stelle noch einige Fragen in Bezug auf die Möglichkeit einer Paraphrase offen. Zunächst müsste genauer geklärt werden, wie man einen durch eine Metapher vermittelten kognitiven bzw. propositionalen Gehalt von der Perspektive differenzieren kann, mit der dieser vermittelt wird. Auch eine Perspektive ist natürlich in gewisser Hinsicht etwas Kognitives. Es muss darüber hinaus

---

358 Vgl. Nogales 1999, 76f.

eingehender diskutiert werden, wie eine Paraphrase gestaltet sein sollte. Es mag z. B. Fälle geben, in denen mit einer Metapher ein bestimmter kognitiver Gehalt kommuniziert wird, den man auf der Basis der wörtlichen Bedeutungen unseres Vokabulars nicht ausreichend beschreiben kann. Hier müsste man dann auch in der Paraphrase evtl. wieder auf Metaphern zurückgreifen. Diese und damit zusammenhängende Fragen sollen unter Punkt 4.5.3 ausführlicher erörtert.

3.4.3.3 Tote Metaphern

Wie in Abschnitt 3.2.3.2 erläutert wurde, argumentiert Davidson, dass Ansätze, die eine metaphorische Bedeutung postulieren, Probleme haben, tote von lebendigen Metaphern zu unterscheiden. Er setzt dabei voraus, dass tote Metaphern im Gegensatz zu lebendigen keine bildhafte Dimension mehr vermitteln, die einen Gegenstandsbereich durch einen anderen sehen lässt. Bei toten Metaphern ist eine ehemals metaphorische Deutung eines involvierten Ausdrucks stattdessen zu einer zusätzlichen konventionellen Bedeutung des betreffenden Ausdrucks geworden. Falls man nun davon ausgeht, dass auch lebendige Metaphern Bedeutungen besitzen und somit einen bestimmten kognitiven Gehalt kommunizieren, wären sie nach Davidson nicht mehr von toten Metaphern zu unterscheiden, weil auch diese nichts anderes tun als bestimmte kognitive Gehalte zu transportieren. Die Postulierung einer Bedeutung lebendiger Metaphern verdeckt nach Davidson vielmehr ihr entscheidendes Merkmal. Dieses bestehe darin, dass sie ein Sehen-als, d. h. eine Perspektive vermitteln, die einen Gegenstandsbereich durch einen anderen sehen lässt.[359]

Dieses Argument von Davidson beruht aber ebenso auf der falschen Voraussetzung, dass Sehen-als und Sehen-dass sich gegenseitig ausschließen bzw., dass man die beiden Aspekte nicht voneinander differenzieren kann. Man kann gegen Davidson hier einwenden, dass der Umstand, dass im Falle toter Metaphern die bildliche Dimension des Sehen-als verloren gegangen ist, nicht darauf rückschließen lässt, dass lebendige Metaphern keinen kognitiven Gehalt transportieren. In vielen Fällen scheinen lebendige Metaphern den kognitiven Gehalt zusätzlich zur spezifischen Perspektive, dem Sehen-als, zu transportieren. Der wesentliche Unterschied von metaphorischen Interpretationen von Ausdrücken zu Ausdrücken, bei denen eine ehemals metaphorische Deutung zu einer Standardinterpretation geworden ist, besteht darüber hinaus darin, dass man den mit ihnen ausgedrückten Gehalt vor dem Hintergrund der wörtlichen Bedeutung dieses Ausdruckes und auf der Basis bestimmter Interpretationsprozesse erschließt. Die wörtliche Bedeutung des Ausdruckes spielt hier also eine wesentliche Rolle im

359 Vgl. Davidson 1978, 37 f.; 47.

Deutungsprozess und ist nicht bloß eine weitere Bedeutung, die der jeweilige Ausdruck besitzt. Auch wenn man einen kognitiven Gehalt postuliert, der von Metaphern kommuniziert wird, ist man also entgegen der Argumentation von Davidson nicht dazu gezwungen, die Unterschiede zwischen lebendigen und toten Metaphern im Allgemeinen zu nivellieren.

Marga Reimer und Jerrold Levinson kehren die Argumentation von Davidson um und behaupten, dass Vertreter bedeutungsskeptischer Ansätze besonders große Schwierigkeiten haben, das Phänomen der toten Metaphern adäquat zu erklären. Falls man nämlich davon ausgeht, dass im Falle toter Metaphern metaphorische Interpretationen von Ausdrücke zu festen mit diesen Ausdrücken verbundenen Interpretationen geworden sind, mit denen bestimmte Bedeutungen vermittelt werden, stellt sich die Frage, wo diese Bedeutungen auf einmal herkommen sollen. Eine plausible Erklärung dafür ist, dass bestimmte Ausdrücke wie z. B. das Prädikat „ist ein Gedicht" häufig metaphorisch dazu genutzt wurden, um dieselben bzw. sehr ähnliche kognitive Gehalte auszudrücken. Durch den wiederholten Gebrauch wird der typischerweise mit dieser Deutung ausgedrückte Gehalt Teil der lexikalischen Bedeutung des betreffenden Ausdruckes. So ist die ursprünglich metaphorische Interpretation von „ist ein Gedicht", nach der dieser Ausdruck, auf Speisen und Getränke angewendet, so viel bedeuten kann wie „schmeckt besonders gut" mittlerweile zu einer Standardinterpretation dieses Ausdrucks geworden. Eine Erklärung von toten Metaphern über die Konventionalisierung der metaphorischen Interpretation in ihnen enthaltender Ausdrücke steht den Vertretern bedeutungsskeptischer Ansätze aber nicht zur Verfügung. Es gibt gemäß ihrer Theorie nämlich keine über die metaphorische Interpretation eines Ausdrucks vermittelte Bedeutung, die zu einer konventionellen Bedeutung des betreffenden Ausdrucks werden könnte. Und somit bleiben sie eine Erklärung schuldig, wie tote Metaphern überhaupt zustande kommen können.[360] Jerrold Levinson spricht an dieser Stelle davon, dass Vertreter bedeutungsskeptischer Ansätze wie Davidson hier eine Art „creatio ex nihilo" postulieren müssten. Sie müssten nämlich erklären, wie einem Ausdruck, der im Rahmen einer (lebendigen) Metapher keine über seine wörtliche Bedeutung hinausgehende Bedeutung besessen hat, auf einmal eine spezifische, aus mehrfachen metaphorischen Interpretationen abgeleitete zusätzliche Bedeutung zugeschrieben werden kann. Es bleibt in ihrem Modell völlig unklar, wo eine solche zusätzliche Bedeutung plötzlich herkommen sollte.[361]

360 Vgl. Reimer 1996, 14 f.

361 Vgl. Levinson 2001, 12.

Interessanterweise versucht Marga Reimer ihr Argument gegen Davidson in einem späteren Aufsatz wieder zu entkräften. Sie behauptet dort schlichtweg, dass häufig dasjenige, was man für den kognitiven Gehalt einer lebendigen Metapher hält, und das einer Paraphrase zugänglich zu sein scheint, nicht die Perspektive wiedergeben kann, welche Metaphern erzeugen. Und diese Perspektive sei dasjenige, was man vor Augen hat, wenn man eine Metapher interpretiert, nicht ein spezifischer kognitiver Gehalt. Reimer gesteht seltsamerweise aber auch zu, dass manche Metaphern teilweise propositional („partly propositional") sind und somit neben der spezifischen Perspektive *auch* kognitive Gehalte kommunizieren. Ein besonderes Problem für alle Ansätze, gemäß denen es metaphorische Bedeutungen gibt, stellen nach ihr diejenigen Metaphern dar, welche nie sterben bzw. scheinbar nicht sterben können. Solche Metaphern können nach Reimer im Rahmen bedeutungsskeptischer Ansätze gut erklärt werden, weil es diesen zufolge überhaupt keine propositionalen Gehalte gibt, die mit Metaphern über ihre wörtlichen Interpretationen hinaus kommuniziert werden. Folglich gibt es dann auch nichts, was zu einer zusätzlichen konventionellen Bedeutung eines metaphorisch interpretierten Ausdrucks werden könnte.[362]

Diese Einwände sind aber nicht besonders überzeugend. Die Argumentation von Reimer scheint, wie diejenige von Davidson und Black, auf einer überzogenen Erwartung an die Paraphrase zu beruhen. Eine Paraphrase muss, wie erläutert, aber nicht die Perspektive einfangen, welche eine Metapher erzeugt, sondern kann schlichtweg als ein nützliches Hilfsmittel verstanden werden, um den kognitiven Gehalt zu spezifizieren, der mit einer Metapher transportiert wird. Falls man aber eine solche moderatere Konzeption von Paraphrase vertritt, spricht nichts dagegen, dass mit einer Paraphrase die mit Metaphern kommunizierten kognitiven Gehalte erfasst werden können. Das Zugeständnis von Reimer, dass Metaphern teilweise propositional sein können, steht nun tendenziell im Widerspruch zu ihren vorherigen Ausführungen, wonach man Metaphern keinen kognitiven Gehalt zuschreiben dürfe, *weil* sie eine Perspektive vermitteln. Es erschließt sich auch nicht, weshalb der Umstand, dass es Metaphern geben mag, die nicht sterben, ein Argument für bedeutungsskeptische Ansätze sein soll. Erstens scheint die Behauptung, dass es Metaphern gibt, welche *prinzipiell* nicht sterben können, überzogen zu sein. Es spricht grundsätzlich nichts dagegen, dass jede metaphorische Interpretation eines Ausdrucks, wenn sie über lange Zeit auf die gleiche Weise verwendet wird, zu einer zusätzlichen konventionellen Bedeutung des betreffenden Ausdrucks werden kann. Dass dies bei manchen metaphorischen Interpretationen von Ausdrücken nicht geschieht, scheint eher darin be-

---

362 Vgl. Reimer 2001, 153.

gründet zu sein, dass sie eben nicht so häufig verwendet werden, weil sie z. B. nicht so eingängig oder zu komplex sind, um Teil von alltäglich gebrauchten Metaphern zu werden. Zweitens: Auch wenn es Fälle geben sollte, in denen Metaphern überhaupt keinen fixierbaren kognitiven Gehalt transportieren, weil sie z. B. in poetischen Kontexten nur dafür genutzt werden, interessante Assoziationen zu erzeugen, würde das nicht zeigen, dass die bedeutungsskeptischen Ansätze korrekt sind. Das würde nur ein Argument gegen Ansätze darstellen, gemäß denen Metaphern nur bestimmte kognitive Gehalte und keine Perspektiven vermitteln. Falls man aber annimmt, dass Metaphern sowohl spezifische kognitive Gehalte als auch bestimmte Perspektiven vermitteln können, wofür im letzten Abschnitt argumentiert wurde, spricht prinzipiell nichts dagegen, dass es auch Fälle gibt, in denen Metaphern nur den Aspekt des Sehen-als und nicht den Aspekt des Sehen-dass besitzen.[363] Vertreter bedeutungsskeptischer Ansätze müssten vielmehr zeigen, dass Metaphern *niemals* kognitive Gehalte vermitteln. Sie behaupten nämlich, dass es den Aspekt des Sehen-dass bei Metaphern allgemein nicht gibt.[364] Dies ist aber aus den Gründen, die in den Abschnitten 3.4.3.1 und 3.4.3.2 erläutert wurden, nicht plausibel. Darüber hinaus ändert dies nichts an dem Umstand, dass nur schwer erklärt werden kann, wie aus der bloßen Vermittlung von verschiedenen Assoziationen und Perspektiven mit der Zeit tote Metaphern entstehen können.

Insgesamt bildet die Möglichkeit, dass tote Metaphern entstehen, auch eine deutliche Disanalogie von Metaphern zu Bildern und Witzen. Selbstverständlich kann man sich an einem Bild mit der Zeit satt sehen. Dennoch kann ein Bild nicht dahingehend sterben, dass damit nur noch bestimmte kognitive Gehalte vermittelt werden, die wahr oder falsch sein können. Ebenso kann man von Witzen mit der Zeit gelangweilt sein. Deswegen erhalten die in den Witzen involvierten Ausdrücke aber noch keine zusätzlichen konventionellen Bedeutungen.[365]

---

363 Vgl. dazu ausführlicher Abschnitt 4.5.3.2.

364 Wenn Marga Reimer, wie oben erläutert, zugesteht, dass Metaphern „partly propositional“ sind, löst sie sich in gewisser Hinsicht von den vorgestellten bedeutungsskeptischen Ansätzen, die Davidson, Rorty, Lepore/Stone und White entwickelt haben. Wenn sie bloß dafür argumentiert, dass mit Metaphern *auch* Perspektiven vermittelt werden, welche nicht vollständig paraphrasierbar sind, ist es nicht ganz klar, was die Stoßrichtung ihrer Argumentation ist. Dies wird, wie erläutert, auch von z. B. Max Black vertreten.

365 Die 3.4 zugeordneten Abschnitte sind in ähnlicher Form schon als Seminararbeit im Seminar „Theoretische Philosophie – Spezialthemen I“ an der Leopold-Franzens-Universität Innsbruck eingereicht worden, das im Sommersemester 2018 unter der Leitung von Prof. Dr. Bruno Niederbacher und Prof. Dr. Christoph Jäger stattgefunden hat.

3.5 Ein Resümee

Es hat sich gezeigt, dass alle in diesem Kapitel vorgestellten Theorien zur Erklärung von Metaphern mit grundlegenden Problemen konfrontiert sind. Semantische Metapherntheorien haben Probleme damit zu erklären, was genau „metaphorische Bedeutungen" sind. Darüber hinaus wird es nicht klar, wie sie die durch Metaphern vermittelte Perspektive adäquat erfassen und zu den mit Metaphern vermittelten Gehalten in Beziehung setzen können. Pragmatische Modelle ordnen Metaphern in einen größeren Rahmen der menschlichen Kommunikation ein und haben deswegen viel Erklärungspotenzial. Nichtsdestotrotz können mithilfe dieser Ansätze die signifikanten Unterschiede zwischen primären Operationen wie metaphorischen Interpretationen und sekundären Operationen wie ironischen Deutungen oder klassischen Fällen konversationeller Implikaturen nicht angemessen erfasst werden. Des Weiteren wird die Rolle der wörtlichen Interpretation bei der metaphorischen Deutung einer Äußerung nicht adäquat beschrieben. Die bedeutungsskeptischen Ansätze in der Tradition von Davidson arbeiten überzeugend den nicht-propositionalen Aspekt von Metaphern heraus, den pragmatische und semantische Metapherntheorien häufig übergehen. Metaphern sind eben nicht nur Vehikel für die Kommunikation, sondern besitzen eine auch spezifisch ästhetische Dimension, indem sie ungewohnte Perspektiven auf einen bestimmten Gegenstand oder Gegenstandsbereich eröffnen. Allerdings gehen die Vertreter bedeutungsskeptischer Ansätze zu weit darin, Metaphern prinzipiell und allgemein jedweden propositionalen Gehalt abzusprechen.

Eine überzeugende Metapherntheorie muss dazu in der Lage sein, die Erkenntnisse aus diesem Kapitel zu integrieren und zugleich die erläuterten Probleme der vorgestellten Theorien zu vermeiden. In diesem Sinne bilden die Überlegungen aus diesem Kapitel den Hintergrund und die Ausgangsbasis für die Entwicklung einer plausiblen und adäquaten Metapherntheorie. Eine solche Theorie muss demnach Folgendes erklären können:

(a) Der Umstand, dass Metaphern in der Kommunikation häufig auch dazu genutzt werden, um kognitive bzw. propositionale Gehalte zu vermitteln.
(b) Der Einfluss von spezifischer Kontextinformation auf die Interpretation von Metaphern.
(c) Die Phänomene der Twice-True- und Twice-Apt-Metaphern.
(d) Die Unterscheidung zwischen primären und sekundären Operationen.
(e) Die spezifische nicht-propositionale Perspektive, die Metaphern vermitteln.

(f) Eine Verhältnisbestimmung der nicht-propositionalen Perspektive (Sehen-als) zu dem in den meisten Fällen vorhandenen kognitiven Gehalt, welche Metaphern vermitteln (Sehen-dass).
(g) Das Phänomen der toten Metaphern.

Diese Liste ist selbstverständlich nicht als vollständig anzusehen und bildet deswegen auch keine Aufzählung hinreichender Kriterien für eine adäquate Metapherntheorie. Sie soll an dieser Stelle vielmehr dazu dienen, die Hürde festzulegen, die eine überzeugende Metapherntheorie überwinden muss. Es handelt sich hier also um notwendige Bedingungen für eine angemessene Metapherntheorie.

4 Eine indexikalische und ähnlichkeitsbasierte Metapherntheorie

4.1 Ein Überblick

In Kapitel 2 wurde ausführlich erläutert, welche Rolle die strukturelle Anforderung der Ähnlichkeit bei der Interpretation von Metaphern spielt. In diesem Kapitel soll erörtert werden, worin genau die semantischen und pragmatischen Anforderungen an die Interpretation von Metaphern bestehen. Dazu soll zunächst dargelegt werden, wie die linguistischen Eigenschaften metaphorisch verstandener Ausdrücke adäquat beschrieben werden können. Eine zentrale Rolle wird hierbei eine Analogie zwischen der Interpretation metaphorisch verstandener Ausdrücke und indexikalischer Ausdrücke wie z. B. „ich“, „du“, „hier“, „jetzt“ oder „heute“ spielen. Um diese angemessen erläutern zu können, soll zunächst ausführlicher dargelegt werden, was unter der Eigenschaft der Indexikalität zu verstehen ist. Dazu sollen die sehr einflussreichen Überlegungen von John Perry und David Kaplan zu indexikalischen Ausdrücken vorgestellt werden. Im Anschluss daran wird geschildert, weshalb es plausibel ist, auch metaphorischen Interpretationen die Eigenschaft der Indexikalität zuzuschreiben.

Um den Unterschied zwischen metaphorischen und wörtlichen Deutungen eines Ausdrucks adäquat zu beschreiben, soll eine semantische Regel „R-MET“ eingeführt werden, nach welcher metaphorisch verstandene Ausdrücke interpretiert werden. Es wird sich aber zeigen, dass die spezifischen linguistischen Eigenheiten, welche durch die semantische Regel R-MET beschrieben werden, alleine nicht hinreichend für das Vorliegen von metaphorischen Interpretationen sein können, weil auch metonymisch verstandene Ausdrücke dieselben linguistischen Eigenschaften teilen. Daraus wird gefolgert, dass für metaphorische Deutungen von Ausdrücken neben spezifischen linguistischen Eigenschaften zugleich auch die strukturellen Anforderungen an die Interpretation eine konstitutive Rolle einnehmen. Dabei wird auf die Überlegungen aus Kapitel 2 zurückgegriffen, wonach bei metaphorischen Interpretationen immer wesentlich auf Ähnlichkeitsrelationen zwischen den ins Verhältnis gesetzten Gegenstandsbereichen Bezug genommen wird. Wegen den konstitutiven Rollen sowohl der Eigenschaft der Indexikalität als auch von Ähnlichkeitsrelationen soll der in diesem Kapitel entwickelte Ansatz „indexikalisch-ähnlichkeitsbasierte Metapherntheorie“ genannt werden.

Im Anschluss an die Beschreibung dieses Ansatzes soll genauer expliziert werden, welche Erklärungsleistung er besitzt. Dazu soll zunächst das Verhältnis

https://doi.org/10.1515/9783110732122-005

von Metaphern zu anderen Stilmitteln in den Blick genommen werden. Darauf soll die kognitive Signifikanz von Metaphern, sowie die Frage nach der Möglichkeit ihrer Paraphrasierbarkeit thematisiert werden. Im Zusammenhang damit soll schließlich dargelegt werden, wie der Umstand, dass Metaphern als mehr oder weniger lebendig wahrgenommen werden können, vor dem Hintergrund der indexikalisch-ähnlichkeitsbasierten Theorie beschrieben werden kann. Es wird sich insgesamt zeigen, dass die indexikalisch-ähnlichkeitsbasierte Theorie alle in Abschnitt 3.5 entwickelten Anforderungen an eine überzeugende Metapherntheorie erfüllt und somit allen in Kapitel 3 dargestellten Theorien überlegen ist.

4.2 Indexikalität

4.2.1 Klassische Fälle von Indexikalia

Die Eigenschaft der Indexikalität kann auf die Interpretation von verschiedenen Arten von Ausdrücken zutreffen. Ausdrücke, deren Interpretation konventionellerweise die Eigenschaft der Indexikalität besitzt, sollen im Folgenden „Indexikalia" genannt werden. Klassische Beispiele für Indexikalia sind „ich", „hier", „jetzt" oder „gestern". Diese Ausdrücke zeichnen sich zunächst dadurch aus, dass ihre Referenz sich von Kontext zu Kontext ändern kann. Diese grobe Charakterisierung trifft aber z. B. auch auf Ausdrücke zu, die eine semantische Ambiguität besitzen. Diese besteht darin, dass mit einem Ausdruck konventionell mehrere verschiedene Bedeutungen verbunden sind. Innerhalb der Klasse von Ausdrücken mit semantischer Ambiguität können wiederum homonyme von polysemen Ausdrücken unterschieden werden. Ein klassisches Beispiel für einen homonymen Ausdruck ist „Bank", der sich sowohl auf eine Sitzgelegenheit als auch auf eine Finanzinstitution beziehen kann. Die beiden mit „Bank" verbundenen Bedeutungen haben keine erkennbare inhaltliche Verbindung. Weitere Beispiele für homonyme Ausdrücke sind „Ball", oder „Schloss".[366] Die mit polysemen Ausdrücken verbundenen Bedeutungen besitzen im Gegensatz dazu eine inhaltliche Gemeinsamkeit.[367] Der Ausdruck „Zug" kann sich z. B. u. a. auf ein Fahrzeug im Schienenverkehr, auf einen Luftstrom und auf eine Handlung in einem Spiel (Spielzug) beziehen. Ein weiteres Beispiel ist der Ausdruck „Brücke". Die Brücke, die ein Zahnarzt einsetzt, die gymnastische Figur, die „Brücke" genannt wird,

366 Der Ausdruck „Ball" kann sich sowohl auf eine Tanzveranstaltung als auch auf ein kugelförmiges Spielgerät beziehen. „Schloss" kann sich sowohl auf ein besonders imposantes Gebäude als auch auf etwas, mit dem man Dinge verschließt, beziehen.
367 Vgl. Harm 2015, 21 f.

sowie das Bauwerk, das es ermöglicht, ein Hindernis wie z. B. Wasser zu überqueren, haben ganz offensichtlich eine inhaltliche Verbindung. Dennoch handelt es sich hierbei um verschiedene Bedeutungen des Ausdrucks „Brücke". Weitere Beispiele für polyseme Ausdrücke sind „Schlag", „Flügel" oder „Programm".[368]

Der Unterschied zwischen Indexikalia und Ausdrücken, die eine semantische bzw. lexikalische Ambiguität[369] besitzen, besteht darin, dass es im Falle der Indexikalia *eine* bestimmte Form von linguistischer Bedeutung gibt, welche die Grundlage für die Bestimmung der möglichen Referenzen bildet, auf die sich der betreffende Ausdruck relativ zu verschiedenen Kontexten beziehen kann. All die verschiedenen Referenzen, welche der Ausdruck „ich" besitzen kann, werden z. B. auf der Grundlage einer bestimmten deskriptiven Bedeutung bestimmt, die konventionell mit dem Ausdruck „ich" verbunden ist. Im Falle semantischer Ambiguität stehen hingegen verschiedene Bedeutungen nebeneinander und der Äußerungskontext hilft dabei auszuwählen, welche von diesen Bedeutungen die angemessenste Interpretation des Ausdrucks darstellt. Die verschiedenen Bedeutungen können hier immer nur getrennt voneinander aktiviert werden.[370] John Perry differenziert des Weiteren, dass der Kontext im Falle des Auflösens von Ambiguitäten im Allgemeinen eine *prä-semantische* Rolle besitzt, wohingegen er bei der Bestimmung der Referenz eines indexikalischen Ausdruckes, eine genuin *semantische* Rolle hat. Ambiguitäten von Sprache gehen selbstverständlich über homonyme und polyseme Ausdrücke hinaus. Als Auflösung von Ambiguitäten kann z. B. auch die Festlegung davon verstanden werden, um welche Sprache es sich bei der betreffenden Äußerung handelt oder welche Wörter mit den gehörten Lauten bzw. den Schriftzeichen ausgedrückt werden sollen. Der Kontext hat bei der Auflösung dieser Ambiguitäten die Rolle zu bestimmen, welche der konventionell festgelegten möglichen Interpretationen die angemessenste ist. Im Falle von indexikalischen Ausdrücken spielt der Kontext im Gegensatz dazu aber, auch *nachdem* eine bestimmte linguistische Bedeutung erschlossen wurde, eine entscheidende Rolle bei der Bestimmung der Referenz des jeweiligen Ausdruckes. Der Kontext hat nach Perry hier deswegen eine wirklich semantische Rolle, weil er Teil der Interpretation der deskriptiven Bedeutung eines Ausdruckes wird, und

368 Ein „Schlag" kann etwas bezeichnen, was einem jemand z. B. mit der Faust zufügt. Ebenso kann sich der Ausdruck aber auch auf einen elektrischen Schlag beziehen. Ein „Flügel" kann entweder dasjenige sein, mit dem Tiere fliegen können, oder aber auch eine bestimmte Form eines Klaviers. Ein „Programm" kann sich auf ein Computerprogramm, ein Fernsehprogramm (Sender), oder den geplanten Ablauf einer Veranstaltung beziehen.

369 Lexikalische und semantische Ambiguität sollen im Folgenden synonym verwendet werden.

370 Vgl. Braun 2017, 4.

nicht nur hilft, zwischen einer begrenzten Anzahl von verschiedenen möglichen Bedeutungen auszuwählen.[371]

Sowohl David Kaplan als auch John Perry unterscheiden verschiedene Klassen von Indexikalia. Kaplan macht eine Trennung zwischen reinen Indexikalia (pure Indexicals) und echten Demonstrativa (true Demonstratives). Die erste Klasse der reinen Indexikalia umfasst nach Kaplan Wörter wie „ich", „hier", „jetzt" oder „morgen". Es ist bei diesen Wörtern gemäß Kaplan kein zusätzlicher Akt der Demonstration nötig, um eine spezifische Referenz z. B. auf eine Person, einen Ort oder eine Zeit zu fixieren. Die Klasse der echten Demonstrativa umfasst nach Kaplan Ausdrücke wie „dieser", „dieses", „er" und „sie". Um die Referenz solcher Wörter zu fixieren, ist nach Kaplan, im Gegensatz zu den reinen Indexikalia, ein Akt der Demonstration notwendig, der spezifiziert, auf welchen Gegenstand der Sprecher beabsichtigt, sich zu beziehen.[372]

John Perry hat eine ähnliche, aber etwas differenziertere Klassifizierung von Indexikalia entwickelt. Er unterscheidet Indexikalia sowohl danach, ob ihre Referenz automatisch (automatic) oder mit einem gewissen Ermessensspielraum (discretionary) bestimmt wird, als auch danach, ob die Referenz auf der Basis eines weiteren oder engeren Kontextes bestimmt wird. Der Ermessensspielraum, welcher bei Ermessensindexikalia (discretionary Indexicals) vorliegt, erlaubt einen Einfluss von Sprecherabsichten auf die Festlegung der Referenz eines Ausdrucks. Die Ermessensindexikalia sind nach Perry also mit keinen Regeln verbunden, die in einem Kontext automatisch die Referenz bestimmen. Die mit Ermessensindexikalia verbundenen Regeln etablieren nur Einschränkungen für die Bestimmung ihrer jeweiligen Referenz. So muss sich z. B. „sie" auf etwas grammatikalisch weibliches und „er" auf etwas grammatikalisch männliches beziehen. In beiden Fällen muss man aber zusätzlich auch Schlüsse auf die Absicht der jeweiligen Sprecher vornehmen, um bestimmen zu können, auf welche Gegenstände diese Ausdrücke referieren. Bei automatischen Indexikalia hingegen müssen keine Sprecherabsichten in die Interpretation mit einbezogen werden, um die Referenz in einem spezifischen Kontext erfolgreich bestimmen zu können.

Den engen Kontext definiert Perry als Information über den Sprecher, sowie die Zeit und den Ort einer Äußerung. Falls ein indexikalischer Ausdruck sensitiv gegenüber zusätzlichen Parametern des Kontextes ist, bezieht er sich nach Perry auf den *weiten* Kontext. Die Klasse der automatischen Indexikalia bezieht sich fast ausschließlich auf den engen Kontext. Beispiele für automatische Indexikalia, welche relativ zu dem engen Kontext bestimmt werden können, sind nach Perry

371 Vgl. Perry 1997, 593 f.

372 Kaplan 1989a, 489 – 491.

Ausdrücke wie „ich“, „gestern“, „heute“ oder „morgen“. Als Beispiel für einen automatischen indexikalischen Ausdruck, dessen Referenz relativ zu einem weiten Kontext bestimmt werden muss, nennt Perry das Wort „yea“, das in Nebraska die Länge zwischen den ausgestreckten Händen des Sprechers bedeutet.[373] Bei der Interpretation von Ermessensindexikalia muss in den meisten Fällen der weite Kontext berücksichtigt werden. Bei der Verwendung von „er“, „dieser“ oder „sie“ muss in den meisten Fällen auch beachtet werden, auf wen der Sprecher zeigt bzw. welcher Gegenstand in der Nähe des Sprechers besonders salient ist. Es gibt aber nach Perry auch Ermessensindexikalia, bei denen, neben den Absichten der Sprecher, nur die Parameter Sprecher, Ort und Zeit ausreichen, um die Referenz zu bestimmen. Beispiele hierfür sind die Indexikalia „hier“, „jetzt“ oder „dann“.[374] Dass Perrys Klassifizierung sinnvoll ist, kann an den folgenden Sätzen veranschaulicht werden:

(1) Das Fußballspiel beginnt jetzt.
(2) Jetzt ist es eine gute Zeit, um sich auf einen neuen Job zu bewerben.
(3) Hier ist das Wetter immer gut.

Der Ausdruck „jetzt“ kann sich sowohl genau auf den Moment, in dem die betreffende Äußerung gemacht wurde, als auch auf längere Zeitspannen, wie einen Nachmittag, ein paar Tage oder sogar evtl. mehrere Monate beziehen. In Satz (1) wird z. B. in den meisten denkbaren Situationen mit „jetzt“ auf einen ganz bestimmten Zeitpunkt Bezug genommen. Bei der Auslegung von „jetzt“ in Satz (2) besteht hingegen deutlich mehr Spielraum. Mit „jetzt“ kann hier auf mehrere Monate oder sogar Jahre Bezug genommen werden. Der Ausdruck „hier“ in Satz (3) kann sich sowohl auf eine bestimmte Stadt wie z. B. Palo Alto beziehen, in welcher man die Aussage äußert, als auch auf die weitere Umgebung dieses Ortes, wie z. B. die komplette San Francisco Bay Area oder sogar ganz Kalifornien. Sowohl bei „jetzt“ als auch bei „hier“ besteht also je nach Kontext ein gewisser Spielraum bei der Bestimmung der Referenz. Als Einschränkung für mögliche Deutungen gilt bei „hier“, dass der Ort, an dem der Sprecher sich befindet, von der gemeinten Region mit umfasst werden muss. Bei „jetzt“ muss bei der Zeitspanne,

---

373 Ein vergleichbarer deutscher Ausdruck wäre „so lang“, wobei als Kontextparameter eine Geste dient, die exakt festlegt, auf welche Länge sich dieser Ausdruck beziehen soll.

374 An dieser Stelle wird deutlich, dass sich Perrys Klassifizierung nicht nur begrifflich von derjenigen Kaplans unterscheidet. Kaplan hatte Wörter wie „jetzt“ und „hier“ der Klasse der reinen Indexikalia zugeordnet, zu welcher er auch das Wort „ich“ zählt. Nach Perry sind „jetzt“ und „hier“ aber nicht automatische Indexikalia wie „ich“, weil es zu einem gewissen Maß im Ermessen der Interpreten liegt, worauf sich diese Indexikalia beziehen.

auf die Bezug genommen wird, der Zeitpunkt der Äußerung mit inbegriffen sein.[375] Folgende Tabelle gibt einen Überblick über Perrys Klassifizierung von Indexikalia, wobei jeweils paradigmatische Fälle der verschiedenen Klassen genannt werden:

	Enger Kontext	**Weiter Kontext**
Automatisch	ich, heute, gestern, morgen	so lange
Ermessen	hier, dort, dann, jetzt	dieser, dieses, er, sie

Schließlich muss noch berücksichtigt werden, dass nicht alle Ausdrücke, die gewöhnlich als Indexikalia klassifiziert werden, auch immer als solche verwendet werden. Dies kann an folgenden Beispielsätzen gezeigt werden:

(4) Ich habe mich heute mit John getroffen. Er ist ein sehr guter Gesprächspartner.
(5) Jeder Schüler träumt davon, dass er ein Fußballstar wird.
(6) Verschiebe nicht auf morgen, was du auch heute erledigen kannst.

In Satz (4) wird der Ausdruck „er" innerhalb einer anaphorischen Verbindung verwendet. Seine Referenz wird demzufolge durch das Objekt des vorherigen Satzes „John" und nicht vor dem Hintergrund des Äußerungskontextes festgelegt. Ebenso wird „er" in dem Satz (5) nicht indexikalisch, sondern als Variable, welche durch den quantifizierenden Operator „jeder Schüler" gebunden ist, verwendet. Man könnte die logische Struktur des Satzes dementsprechend folgendermaßen explizieren: $\forall(x)(S(x) \rightarrow TF(x))$, wobei „S" für das Prädikat „ist ein Schüler" und „TF" für das Prädikat „träumt davon, Fußballstar zu werden" steht. Auch hier wird die Referenz von „er" also nicht relativ zu einem bestimmten Äußerungskontext festgelegt. Dasselbe gilt für (6), wo die Indexikalia „heute" und „morgen" Teil eines Satzes sind, der eine allgemeine Regel ausdrückt. Man könnte die logische Struktur dieser Regel folgendermaßen wiedergeben:

(6*) Verschiebe nicht auf den Tag y, was du auch an dem Tag x erledigen kannst, wobei gilt: y ist der Tag, der auf den Tag x folgt.

Der Inhalt des Satzes ist also nicht, dass man keine Dinge auf genau den Tag verschieben soll, welcher nach dem Tag kommt, an dem der Satz (6) geäußert

375 Vgl. Perry 2017, 977–979.

wurde. Es soll damit vielmehr ganz allgemein ausgedrückt werden, dass man an allen Tagen nichts auf den Folgetag verschieben soll, was man auch an diesen Tagen selbst erledigen kann.

Es ist umstritten, welche Konsequenzen aus diesem Befund gezogen werden sollen. Kaplan geht davon aus, dass Ausdrücke wie „er" oder „sie" eine lexikalische Ambiguität derart besitzen, dass sie sowohl als ein indexikalischer Ausdruck als auch als eine bloße Variable verstanden werden können.[376] Perry analysiert diesen Umstand so, dass Indexikalia auch nicht-indexikalisch gebraucht werden können.[377]

4.2.2 Indexikalia als Herausforderungen für Bedeutungstheorien

4.2.2.1 Der propositionale Gehalt von Sätzen

Eine überzeugende Bedeutungstheorie kann beschreiben, was die Gehalte sind, welche Menschen auf der Basis von Sprache sich miteinander austauschen. Da diese Gehalte die Grundlage der Kommunikation bilden, sollten sie auch *allgemein* zugänglich sein. Gottlob Frege nannte dasjenige, was mit Sätzen transportiert wird, „Gedanken". Er verstand unter Gedanken „nicht das subjektive Tun des Denkens, sondern dessen objektiven Inhalt, der fähig ist, gemeinsames Eigentum von vielen zu sein."[378] Ein weit verbreiteter Name für diesen objektiven Gehalt ist „Proposition". Eine solche Proposition kann als Träger des Wahrheitswertes eines Satzes und ebenso auch als der Gegenstand von Überzeugungen verstanden werden. Dies kann an einigen Sätzen verdeutlicht werden:

(7) Paris ist die Hauptstadt von Frankreich.
(8) Paris is the capital of France.
(9) Peter ist Schauspieler.
(10) Ich bin Schauspieler. Glaubst du mir das?

Die Sätze (7) und (8) verwenden zwar vollständig unterschiedliche Wörter, drücken aber dieselbe Proposition bzw. denselben propositionalen Gehalt aus. Dieser Gehalt kann dementsprechend also nicht identisch mit den Wörtern sein, sondern muss allgemeine Konzepte involvieren, auf welche Sprecher verschiedener Sprachen zugreifen können. Wenn man annimmt, dass der Sprecher von Satz (10)

376 Vgl. Kaplan 1989a, 489 f.; Kaplan 1989b 786 f.
377 Vgl. Perry 2017, 979 – 981.
378 Frege 1892, 32, Fußnote 5.

derjenige „Peter" ist, über welchen in Satz (9) gesprochen wird, scheint der erste Teil von (10) denselben semantischen Gehalt wie (9) auszudrücken. Wenn nun eine weitere Person, z. B. Franziska, auf den Satz (10) mit „Ja" antwortet, stellt sich die Frage, was der Inhalt ihrer bejahten Überzeugung ist. Der plausibelste Kandidat hierfür ist der objektive Gehalt bzw. die Proposition, die sowohl mit (9) als auch mit dem ersten Teil von (10) ausgedrückt wird. Da aber (9) und der erste Teil von (10) aus verschiedenen Wörtern bestehen, zeigt dies ebenso, dass es sinnvoll ist, den ausgedrückten Gehalt bzw. die Proposition von dem betreffenden Satz zu unterscheiden.

Es gibt verschiedene Theorien darüber, wie genau man Propositionen bzw. propositionale Gehalte beschreiben sollte. Die beiden einflussreichsten Ansätze dafür sind die Mögliche-Welten-Semantik und die Theorie der strukturierten Propositionen. Gemäß der Mögliche-Welten-Semantik werden Propositionen als Funktionen von möglichen Welten in Wahrheitswerte aufgefasst. Eine solche Funktion wird in der Tradition von Rudolf Carnap[379] auch „Intension" genannt. Wie Robert Stalnaker gezeigt hat, kann eine Proposition im Rahmen der Mögliche-Welten-Semantik auch über die Menge von denjenigen möglichen Welten identifiziert werden, relativ zu welchen die als Funktion beschriebene Proposition die Extension „wahr" besitzt.[380] Die Proposition, die mit Satz (9) ausgedrückt wird, kann dementsprechend über diejenige Menge von möglichen Welten erfasst werden, in denen die Person, die mit „Peter" herausgegriffen wird, unter das Prädikat „ist ein Schauspieler" fällt. Ein Problem der Mögliche-Welten-Semantik besteht darin, dass gemäß dieser alle notwendigen Propositionen identisch sind. Dies ist der Fall, weil notwendige Propositionen in allen möglichen Welten wahr sind und somit gemäß der Mögliche-Welten-Semantik dieselbe Funktion darstellen bzw. über dieselbe Menge von möglichen Welten, nämlich alle, identifiziert werden können. Beispiele für Aussagen, die notwendig wahre Propositionen ausdrücken, sind folgende Sätze:

(11) Junggesellen sind unverheiratete Männer.
(12) Brüder sind männliche Geschwister.
(13) $((p \rightarrow q) \wedge p) \rightarrow q$

Diese drei Sätze drücken gemäß der Mögliche-Welten-Semantik alle dieselbe Proposition aus, welche als Funktion von jeder möglichen Welt in die Extension „wahr" beschrieben werden kann. Dieses Ergebnis ist aber unbefriedigend, weil

379 Vgl. u. a. Carnap 1958, 25–32.
380 Vgl. Stalnaker 1999b, 79 f.

diese Sätze offensichtlich unterschiedliche semantische Gehalte transportieren. Die Vertreter der Theorie der strukturierten Propositionen gehen, um dieses Problem zu vermeiden, davon aus, dass die spezifischen semantischen Werte und die syntaktische Relation der Bestandteile eines Satzes auch Teile der ausgedrückten Proposition sein müssen. Dementsprechend würden die Sätze (11) bis (13) unterschiedliche Propositionen ausdrücken, weil die involvierten Ausdrücke unterschiedliche semantische Werte besitzen und somit verschiedene Propositionen erzeugen. Man kann demzufolge sagen, dass strukturierte Propositionen feinere semantische Unterscheidungen zulassen, als die relativ grobkörnige Mögliche-Welten-Semantik.[381]

Propositionen werden in der Tradition von Frege auch als Träger der kognitiven Signifikanz von Sätzen verstanden. Für Frege drücken die beiden folgenden Aussagen z. B. unterschiedliche Gedanken mit unterschiedlicher kognitiver Signifikanz aus:

(14) Der Abendstern ist ein von der Sonne beleuchteter Körper.
(15) Der Morgenstern ist ein von der Sonne beleuchteter Körper.

Die beiden Ausdrücke „Morgenstern" und „Abendstern" beziehen sich auf denselben Gegenstand, den Planeten Venus, und besitzen deswegen dieselbe Referenz bzw. in Freges Terminologie, dieselbe „Bedeutung".[382] Somit wird in den beiden Sätzen das gleiche Prädikat von demselben Objekt ausgesagt. Dennoch handelt es sich nach Frege nicht um dieselben Gedanken. Das liegt daran, dass es einen Unterschied in der kognitiven Signifikanz der beiden mit diesen Sätzen ausgedrückten Gedanken gibt. Dies wird daran ersichtlich, dass es durchaus denkbar ist, dass ein und derselbe Sprecher zu demselben Zeitpunkt den mit (14) ausgedrückten Gedanken für wahr und den mit (15) ausgedrückten Gedanken für falsch hält oder andersherum. Dieser Sprecher könnte nämlich z. B. nicht wissen, dass die Wörter „Morgenstern" und „Abendstern" beide auf den Planten Venus referieren. Und deswegen können die Gedanken, welche die beiden Sätze ausdrücken und als Gegenstände der Überzeugungen von Sprechern dienen sollen,

381 Vgl. King 2017, 7–14.

382 Frege nannte die Referenz eines Gegenstandes „Bedeutung" und dasjenige, was heute normalerweise Bedeutung genannt wird, „Sinn". Ebenso wie sein Wort „Gedanke" für den semantischen Gehalt, den ein Satz ausdrückt, wurde seine Terminologie auch an dieser Stelle in der späteren, daran anknüpfenden Debatte nicht übernommen. Die sachliche Unterscheidung der beiden Ebenen von Sinn und Bedeutung hatte im Gegensatz dazu einen enormen Einfluss auf die Entwicklung der modernen Sprachphilosophie.

auch nicht identisch sein.[383] Für Frege gilt nach Perry dementsprechend eine kognitive Einschränkung (cognitive constraint), gemäß welcher der semantische Gehalt von Sätzen ihre jeweilige kognitive Signifikanz abbilden muss. Dieses Prinzip hat Perry folgendermaßen formuliert:

> If a person who understands the meaning of sentences S and S* of Language L can consistently accept S and not accept S*, then S and S* must express different propositions.[384]

Dieses Prinzip ist intuitiv zunächst sehr überzeugend. Man erwartet von einer Bedeutungstheorie normalerweise, dass sie auch erklärt, wie die Unterschiede hinsichtlich der kognitiven Signifikanz zwischen verschieden ausgedrückten Gehalten zustande kommen. Nur auf der Basis dieses Unterschieds kann unser Verhalten erklärt werden, das aus unseren Einstellungen gegenüber den betreffenden propositionalen Gehalten resultiert.

Es gibt eine intensive Debatte darüber, wie genau man Propositionen verstehen soll und welchen ontologischen Status diese besitzen. Diese Fragestellung kann und soll hier nicht umfassend diskutiert werden.[385] Für das Problem, das Indexikalia für Theorien der Bedeutung darstellen, genügen vorerst diese grundlegenden Überlegungen zu dem Konzept einer Proposition bzw. eines propositionalen Gehaltes.

4.2.2.2 Indexikalia und kognitive Signifikanz

John Perry hat herausgearbeitet, dass die kognitive Signifikanz von Äußerungen mit indexikalischen Ausdrücken grundlegende Probleme für eine Theorie von propositionalen Gehalten bereitet. Um dies zu veranschaulichen, erläutert Perry verschiedene Beispiele. In einem wird jemand beschrieben, der beim Einkaufen im Supermarkt eine Zucker-Spur am Boden entdeckt. Er verfolgt diese Spur immer weiter, um die Person zu finden, welche sie verursacht hat, weil er ihr sagen

---

383 Vgl. Frege 1892, 32.

384 Perry 2012, 8. Diese Formulierung von John Perry ist letztlich eine zusammenfassende und vereinfachende Formulierung, welche sich aus drei Prinzipien zur kognitiven Signifikanz semantischer Gehalte ableitet, die Kenneth A. Taylor formuliert und Frege zugeschrieben hat. Diese drei Prinzipien heißen nach Taylor: „Criterion of cognitive Difference", „Adequacy Condition" und „The Cognitive Constraint on Reference Determination" (vgl. Taylor 1995, 129 – 133). Die genaue Struktur dieser Prinzipien von Taylor und ihre Konsequenzen sind für die folgenden Überlegungen nicht entscheidend.

385 Für einen Überblick über diese Debatte vgl. u.a. Salmon 1986; Soames 2010; King 2017; Speaks 2019.

möchte, dass es ein Loch in ihrer Packung Zucker gibt, durch welches der Zucker im ganzen Supermarkt verteilt wird. Plötzlich merkt er aber, dass *er selbst* die Person ist, bei welcher es ein Loch in der Zuckerpackung gibt. Als er zu dieser Überzeugung gelangt ist, hält er an und sucht nach der Zuckerpackung mit dem Loch *in seinem* Einkaufswagen. Diese Verhaltensänderung kann nur dadurch erklärt werden, dass er nun nicht mehr nur Satz (16), sondern auch Satz (16*) zustimmt.

(16) Jemand macht Dreck, weil er eine löchrige Zuckerpackung herumfährt.
(16*) *Ich* mache Dreck, weil ich eine löchrige Zuckerpackung herumfahre.
(17) Die Institutssitzung beginnt um 12 Uhr mittags.
(17*) Die Institutssitzung beginnt *jetzt*.

Ein weiteres Beispiel von Perry ist ein Professor, der in seinem Büro arbeitet und die durch (17) ausgedrückte Proposition für wahr hält. Er vergisst über seiner Arbeit aber etwas die Zeit und stellt, als er auf die Uhr blickt, fest, dass es genau 12 Uhr ist. Er ist in diesem Moment davon überzeugt, dass der durch (17*) ausgedrückte Gehalt wahr ist, woraufhin er aufsteht und sein Büro verlässt, um zu der Sitzung zu eilen. Auch in diesem Fall ist der Unterschied zwischen (17) und (17*) wesentlich, um das Verhalten des Professors zu erklären.[386]

Äußerungen mit Indexikalia stellen ein Problem für die Beschreibung propositionaler Gehalte dar, weil es in den meisten Fällen nicht plausibel ist, dass die deskriptiven Bedeutungen von Indexikalia selbst Bestandteile der jeweils ausgedrückten propositionalen Gehalte bilden. Sowohl (16*) als auch (17*) drücken in verschiedenen Kontexten nämlich ganz unterschiedliche propositionale Gehalte aus. Angenommen die Person mit der löchrigen Zuckerpackung aus dem ersten Beispiel heißt „Michael“ und angenommen jemand anderes, z. B. „Charlotte“, möchte den propositionalen Gehalt wiedergeben, den Michael für wahr hält, als er erkannt hat, dass er den Dreck im Supermarkt macht. Charlotte kann nun die Überzeugung, die Michael besitzt, unmöglich mit (16*) beschreiben. Wenn sie z. B. sagen würde, „Michael glaubt, dass ich Dreck mache, weil ich eine löchrige Zuckerpackung herumfahre“, würde sie behaupten, dass Michael glaubt, dass *sie* und nicht er den Dreck im Supermarkt macht. Das ist aber eine falsche Wiedergabe von Michaels Überzeugung. Genauso verhält es sich mit Satz (17*). Wenn man versucht, den semantischen Gehalt dieses Satzes zu einem anderen Zeitpunkt indirekt wiederzugeben, muss man den indexikalischen Ausdruck

386 Vgl. Perry 1979, 3–5.

„jetzt" ersetzen, weil dieser sich auf den jeweiligen Zeitpunkt der Äußerung bezieht.[387]

Man muss die indexikalischen Ausdrücke also durch andere Elemente substitutieren, um den semantischen Gehalt von Äußerungen mit indexikalischen Ausdrücken in andere Kontexte zu überführen. Es wird sich aber zeigen, dass es keine geeigneten Kandidaten gibt, die diese Substitution leisten können, ohne dass es einen wesentlichen Verlust in der kognitiven Signifikanz des ausgedrückten Gehaltes gibt. Als erster offensichtlicher Kandidat für die Substitution des jeweiligen indexikalischen Ausdruckes bietet sich eine individuierende Beschreibung α an. Im Falle von (16*) würde eine solche Substitution von „ich" durch α dann zur Folge haben, dass durch diese Beschreibung über verschiedene Kontexte hinweg immer dieselbe Person herausgegriffen wird. Allerdings ist das Problem, welches indexikalische Elemente für Propostionen darstellen, damit nur verschoben. Es ist nämlich prinzipiell vorstellbar, dass der Sprecher die allgemein ihn selbst herausgreifende Beschreibung nicht kennt. Selbstverständlich kann er den Gehalt von (16*) aber auch ausdrücken und verstehen, ohne diese Beschreibung zu kennen. Damit der durch die genannte Substitution konstruierte propositionale Gehalt dieselbe kognitive Signifikanz wie (16*) besitzt, muss deswegen so etwas hinzugefügt werden wie „und *ich* bin identisch mit der Person, welche durch die Beschreibung α herausgegriffen wird". Damit erscheint das indexikalische Element aber nur an einer anderen Stelle und man hat im Grunde nichts durch die Substitution gewonnen.[388] Dieselben Probleme entstehen auch, wenn man den Ausdruck „jetzt" in (17*) mit der objektiven Beschreibung der Zeit ersetzt, zu der die Äußerung (17*) gemacht wurde. Egal, um welchen Zeitpunkt es sich hier handelt, es ist immer möglich, dass der Sprecher nicht weiß, dass *jetzt* genau dieser Zeitpunkt ist. Dementsprechend bleibt die kognitive Signifikanz der Äußerung nach der Substitution nur dann erhalten, wenn man zu der Beschreibung des Zeitpunktes ergänzt, dass er „jetzt" ist. Damit hat man das indexikalische Element aber nur wieder verschoben.

Man könnte an dieser Stelle argumentieren, dass Sätze mit indexikalischen Elementen De-Re-Überzeugungen ausdrücken. Eine De-Re-Überzeugung ist im Gegensatz zu einer De-Dicto-Überzeugung eine Überzeugung *über einen bestimmten Gegenstand* und nicht über eine Beschreibung, welche diesen Gegenstand herausgreift. Der Satz (16*) scheint eine solche De-Re- Überzeugung auszudrücken, da, wie gezeigt, keine spezifische Beschreibung mit dem Sprecher eines Satzes verbunden sein muss, damit er sich mit „ich" erfolgreich auf sich

387 Vgl. Perry 1979, 6 f.
388 Vgl. Perry 1979, 6–8.

selbst beziehen kann. Allerdings ist auch eine *Substitution* von Sätzen mit indexikalischen Elementen durch entsprechende De-Re-Überzeugungen mit Problemen behaftet. Es ist z. B. vorstellbar, dass der Einkäufer sich selbst in einem Spiegel sieht, aber nicht erkennt, dass er es ist, den er da im Spiegel sieht. Wenn er zu der Überzeugung kommt, dass *dieser* Mann im Spiegel für die Zuckerspur verantwortlich ist, hat er eine De-Re-Überzeugung über sich selbst. Da er aber nicht weiß, dass er selbst dieser Mann ist, er also nicht notwendigerweise den Zusatz „und *ich* bin dieser Mann" für wahr hält, kann eine solche De-Re-Überzeugung zumindest hinsichtlich der kognitiven Signifikanz nicht identisch mit der Überzeugung sein, die mit (16*) ausgedrückt wird. Auch hier wird im Falle des Versuchs einer Substitution das indexikalische Element nur wieder verschoben.[389]

Dieses Problem stellt sich auch, wenn man den Ausdruck „ich" mit dem entsprechenden Eigennamen ersetzt:

(18) Ich bin heute 30 Jahre alt geworden.
(18*) Jacob Hesse ist heute 30 Jahre alt geworden.

Wenn man annimmt, dass „ich" in (18) sich auf dieselbe Person bezieht wie der Eigenname „Jacob Hesse" in (18*), werden mit den beiden Sätzen dieselben Überzeugungen ausgedrückt. In einem Umfeld von Leuten, welche nicht wissen, wer Jacob Hesse ist, wird aber deutlich, dass die beiden ausgedrückten Gehalte mit einer unterschiedlichen kognitiven Signifikanz verbunden sind. Der Satz (18*) wird in einem solchen Umfeld vermutlich die Frage provozieren, wer denn Jacob Hesse sei. Die Äußerung von (18) hingegen wird die meisten Rezipienten dazu bewegen, dem Sprecher zu gratulieren. Es ist prinzipiell auch möglich, dass sich solche Unterschiede in der kognitiven Signifikanz mit den jeweils auf der Basis dieses Satzes ausgedrückten Überzeugungen aus der Perspektive des Sprechers selbst ergeben. So ist es durchaus vorstellbar, dass dieser nicht weiß, dass er selbst „Jacob Hesse" heißt. Dies kann auf eine neurologische Erkrankung wie Demenz, Drogeneinwirkungen oder andere Ursachen zurückgehen. Es ist aber nicht möglich, dass er, unter der Voraussetzung, dass er ein kompetenter Sprecher der deutschen Sprache ist, nicht weiß, auf wen sich das Wort „ich" bezieht, wenn er es selbst verwendet. Das macht deutlich, dass die kognitive Signifikanz von (18) und (18*) unterschiedlich ist, obwohl dieselben Überzeugungen mit diesen Sätzen ausgedrückt werden.[390]

389 Vgl. Perry 1979, 9–12.
390 Vgl. Perry 2017, 976 f.

Zusammenfassend kann festgehalten werden, dass Indexikalia für Theorien über propositionale Gehalte ein Problem darstellen, wenn letztere nicht nur als allgemein zugängliche Gehalte angesehen werden, die mit einem Satz ausgedrückt werden, sondern zugleich auch als Träger der kognitiven Signifikanz verstanden werden. Im Folgenden soll spezifischer beschrieben werden, wie Indexikalia einen Beitrag zum propositionalen Gehalt einer Äußerung leisten und welche Herausforderungen daraus für die Entwicklung einer adäquaten Theorie für indexikalische Ausdrücke entstehen.

4.2.2.3 Indexikalia und direkte Referenz

David Kaplan argumentiert in seinem berühmten Aufsatz „Demonstratives" dafür, dass Indexikalia „direkt referentiell" sind. Direkt referentielle Terme fügen nach Kaplan den Gegenstand, auf den sie referieren, „direkt" zu dem propositionalen Gehalt eines Satzes hinzu. Der Referent wird hier also nicht über eine bestimmte Beschreibung herausgegriffen, die Teil des propositionalen Gehaltes eines Satzes ist. Dies kann an folgenden Sätzen verdeutlich werden:

(19) Der Bürgermeister von München geht gerne spazieren.
(19*) Ich gehe gerne spazieren.
(19**) Dieter Reiter geht gerne spazieren.

In (19) wird der Gehalt ausgedrückt, dass der Bürgermeister von München, wer auch immer das sein sollte, gerne spazieren geht.[391] Je nach Bewertungsumstand kann es sich bei der Person, welche durch die Beschreibung „Der Bürgermeister von München" herausgegriffen wird, um jemand anderen handeln. Man könnte die Referenz dieser Beschreibung natürlich mit einer Zeitangabe fixieren, sodass sie lautet: „Der Bürgermeister von München am 22.11.2018". In diesem Fall ist die Referenz aber nur in der tatsächlichen Welt fixiert und variiert relativ zu anderen möglichen Szenarien. Es ist z. B. völlig plausibel zu behaupten, dass auch jemand anderes der Bürgermeister von München am 22.11.2018 *hätte sein können.* Wenn man im Gegensatz dazu die Sätze (19*) und (19**) betrachtet, ist eine solche Möglichkeit ausgeschlossen. Der Ausdruck „ich" greift immer genau diejenige Person heraus, welche im Äußerungskontext fixiert wurde. Falls der Bürgermeister

---

391 Dies gilt selbstverständlich nur, wenn es sich hierbei um keine rigidifizierte bzw. referentielle Lesart von „Der Bürgermeister von München" handelt. In diesem Fall müsste man den Gehalt so paraphrasieren, dass genau die Person, welche jetzt Bürgermeister von München ist, gerne spazieren geht. Solche rigidifizierten Beschreibungen werden ausführlicher in Abschnitt 4.2.5 behandelt.

von München also die Formulierung (19*) wählt, ist es prinzipiell nicht möglich, dass mit „ich“ jemand anderes herausgegriffen wird, als er selbst. Die Referenz der Beschreibung ist durch alle möglichen Welten hindurch fixiert. Ebenso scheint es sich mit dem Eigennamen „Dieter Reiter“ zu verhalten. In Satz (19**) bezieht er sich in allen möglichen Bewertungsumständen immer auf diejenige Person, welche konventionell mit dem Eigennamen „Dieter Reiter“ verbunden ist. Saul Kripke hat für diese Eigenschaft, in allen möglichen Welten dasselbe Objekt herauszugreifen, den Ausdruck „rigide Designation“ geprägt.[392] Demzufolge kann man Indexikalia und Eigennamen als „rigide Designatoren“ bezeichnen. Eine Beschreibung wie „Der Bürgermeister von München am 22.11.2018“ ist im Gegensatz dazu kein rigider Designator, weil es möglich ist, dass in einer anderen möglichen Welt jemand anderes am 22.11.18 Bürgermeister von München ist. Das Konzept der direkten Referenz geht aber noch über die rigide Designation hinaus. Kaplan beschreibt direkte Referenz derart, dass der Referent eines Terms hier selbst Teil des propositionalen Gehaltes eines Satzes wird. Dies ist aber keine notwendige Bedingung für rigide Designation. Es kann nämlich auch Beschreibungen geben, die in allen möglichen Welten immer dasselbe Objekt designieren. Ein Beispiel dafür wäre die definite Kennzeichnung „Die Quadratwurzel aus neun“. Diese ist ein rigider Designator, aber kein direkt referentieller Term, weil ihre Referenz auf die Zahl 3 durch eine Beschreibung vermittelt wird, die wiederum Teil des jeweils ausgedrückten propositionalen Gehaltes wird. Es gilt also, dass alle direkt referentiellen Terme rigide Designatoren, aber nicht alle rigiden Designatoren direkt referentiell sind.[393]

---

392 Vgl. dazu Kripke 1972, 48 f. Nach Kaplan hat Kripke ihm in einem Brief eine genaue Definition von rigider Designation mit Blick auf die Frage der Existenz gegeben, welche folgendermaßen lautet: „A designator d of an objext x is rigid, if it designates x with respect to all possible worlds where x exists, *and never designates an other object than x with respect to any possible world* „ (Kaplan 1989b, 785). Kaplan wählt an dieser Stelle eine stärkere Formulierung von rigider Designation, gemäß welcher ein rigider Designator dasselbe Objekt in allen möglichen Welten herausgreift, *unabhängig davon, ob es existiert oder nicht.* Er nennt diese Art der rigiden Designation „obstinately“, um sie von der moderaten Form der rigiden Designation abzugrenzen, welche Kripke beschreibt. Kaplan geht davon aus, dass alle direkt referentiellen Terme „obstinately rigid Designators“ sind, weil der Referenzgegenstand hier selbst als Teil des propositionalen Gehaltes eines Satzes angesehen werden kann. Dementsprechend *muss* mithilfe eines solchen propositionalen Gehaltes das Referenzobjekt herausgegriffen werden, unabhängig davon, ob es existiert oder nicht (vgl. Kaplan 1989b, 784 – 786). Da diese Unterscheidung keine relevante Auswirkung auf die Frage nach den spezifischen Charakteristika von Indexikalia besitzt, soll die Debatte über die mögliche Existenz bzw. Nicht-Existenz von Objekten, die durch rigide Designatoren herausgegriffen werden, an dieser Stelle nicht weiter vertieft werden.

393 Vgl. Kaplan 1989a, 492 – 495.

Die Unterscheidung zwischen rigiden Designatoren und direkt referentiellen Termen kann auf der Basis einer Mögliche-Welten-Semantik nicht dargestellt werden. Hier kann nur formal beschrieben werden, dass sich alle rigiden Designatoren, unabhängig davon, ob sie auch noch direkt referentiell sind oder nicht, in allen möglichen Welten auf dasselbe Objekt beziehen. Um diesen Unterschied geltend zu machen, muss man auf das erläuterte Modell der strukturierten Propositionen zurückgreifen. Im Falle direkt referentieller Terme werden hier die jeweiligen Gegenstände direkt zu der Proposition hinzugefügt und dienen als ihr Bestandteil. Im Falle nicht direkt referentieller rigider Designatoren sind im Gegensatz dazu Beschreibungen, die immer dasselbe Objekt herausgreifen, Bestandteil der jeweiligen Proposition. Kaplan nennt Propositionen, welche Gegenstände als Bestandteile besitzen, „singular propositions".[394] Diejenigen Propositionen, welche keine singulären Propositionen sind, sollen im Folgenden als „generelle Propositionen" bezeichnet werden.[395] Diese Charakterisierung singulärer Propositionen suggeriert in gewisser Hinsicht, dass Gegenstände wirklich Teile der abstrakten Objekte sind, welche wir Propositionen nennen. Dies ist selbstverständlich abwegig. Man kann diesem Einwand entgehen, wenn man Propositionen bzw. propositionale Gehalte als abstrakte Entitäten versteht, die dazu dienen, bestimmte geistige Zustände zu klassifizieren. Diese geistigen Zustände, welche sie klassifizieren, stellen wiederum verschiedene Repräsentationen der Welt dar.[396] Das klassifikatorische Konzept einer singulären Proposition dient dementsprechend dazu, solche geistigen Zustände zu erfassen, bei welchen eine bestimmte Eigenschaft „direkt" einem bestimmten Gegenstand zugeschrieben wird und nicht einer bestimmten Beschreibung von Gegenständen. Derjenige, welcher hier den Bezug zu diesem Gegenstand herstellt, ist der jeweilige Akteur, und nicht das abstrakte Objekt des propositionalen Gehaltes selbst. Mit dem direkten Bezug auf die Referenzobjekte meint Kaplan nicht, dass es sich um einen *unmittelbaren* Bezug auf diese Objekte handelt. Er möchte damit vielmehr ausdrücken, dass das Referenzobjekt des betreffenden Ausdrucks nicht über ein Element des propositionalen Gehaltes vermittelt wird.[397] Wenn im Folgenden davon gesprochen wird, dass Gegenstände selbst Teil propositionaler Gehalte sind, soll dies immer nur dazu dienen, geistige Zustände und Bezugnahmen von Sprechern angemessen zu klassifizieren.

394 Vgl. Kaplan 1989a, 483 f.

395 Diese Verwendung von „general proposition" findet sich z. B. auch bei Fitch/Nelson 2018, 1.

396 Vgl. dazu Perry 2012, 26 – 28.

397 Vgl. Kaplan 1989b, 568 f.

An dieser Stelle ist eine Unterscheidung von John Perry hilfreich, welche die verschiedenen Arten beschreibt, wie ein singulärer Term[398] einen Beitrag zu einem propositionalen Gehalt liefert. In Bezug auf den *Mechanismus*, mit dem ein singulärer Term einen Gegenstand herausgreift, unterscheidet er zwischen denotieren (denote) und benennen (name). Wenn ein singulärer Term denotiert, wird der Gegenstand durch bestimmte den Gegenstand individuierende deskriptive Bedingungen herausgegriffen. Wenn ein singulärer Term hingegen benennt, greift er den Gegenstand ohne diese individuierenden deskriptiven Bedingungen heraus. Der Term ist dann qua Konvention „direkt" mit dem Gegenstand verbunden. Die zweite Unterscheidung beschreibt die *Art des Beitrags*, den ein singulärer Term zu dem propositionalen Gehalt einer Äußerung liefert. Der singuläre Term kann entweder direkt einen Gegenstand oder eine individuierende Beschreibung zu einer Proposition hinzufügen. Ersteres nennt Perry referieren (refer), Zweiteres beschreiben (describe). Direkt referentielle Terme, die eine singuläre Proposition erzeugen, *referieren* dementsprechend und definite Kennzeichnungen, welche Bestandteile von generellen Propositionen sind, *beschreiben*. Auf der Basis dieser Differenzierung kann ein Unterscheid zwischen den verschiedenen Arten von direkt referentiellen Termen gemacht werden. Eigennamen und Variablen referieren und benennen. Sie individuieren den Referenten, welchen sie zu der entsprechenden Proposition hinzufügen, nicht über bestimmte deskriptive Bedingungen. Indexikalia hingegen referieren und denotieren. Sie greifen ihr Referenzobjekt über deskriptive Bedingungen heraus, fügen dieses aber selbst und nicht die es spezifizierende Beschreibung dem propositionalen Gehalt einer Äußerung hinzu. Definite Kennzeichnungen schließlich beschreiben und denotieren.[399]

Das erläuterte Phänomen der direkten Referenz kann auf der Basis des Konzepts der strukturierten Propositionen gut erklärt werden, wenn man, wie vorgeschlagen, zwischen singulären und generellen Propositionen unterscheidet. Das Problem, das Indexikalia für eine Theorie von Propositionen darstellen, besteht nun darin, dass diese sowohl direkt referentiell sind als auch einen spezifischen semantischen Gehalt besitzen. In der Terminologie von Perry sind sie problematisch, weil sie *referieren* und *denotieren*. Sie bereiten deswegen Schwierigkeiten, weil, wie oben bereits dargelegt wurde, ihr ohne Zweifel vorhandener deskriptiver Gehalt nicht Teil des propositionalen Gehaltes des Satzes sein kann, in dem sie vorkommen. Wenn man annehmen würde, dass ihr de-

398 Ein singulärer Term ist ein Ausdruck, der sich auf genau einen Gegenstand bezieht. Typische Beispiele für singuläre Termini sind Eigennamen und definite Kennzeichnungen.
399 Vgl. Perry 2012, 36–39.

skriptiver Gehalt Teil des jeweils ausgedrückten propositionalen Gehaltes wird, dann würde der propositionale Gehalt von Satz (19*) z. B. den deskriptiven Gehalt des indexikalischen Ausdrucks „ich" beinhalten, was wiederum zur Folge hätte, dass der Referent von „ich" *im propositionalen Gehalt* der Aussage variieren würde. Das ist aber abwegig. Angenommen, Dieter Reiter macht Aussage (19*) und eine andere Person, z. B. Edmund Stoiber, stimmt dieser Aussage mit so etwas wie „Ja, ich glaube ihm das" zu. Wenn der deskriptive Gehalt von Indexikalia Teil des propositionalen Gehaltes wäre, würde Edmund Stoiber mit seiner Aussage zustimmen, dass *er* und nicht Dieter Reiter gerne spazieren geht. Das ist aber offensichtlich nicht dasjenige, was Dieter Reiter mit Satz (19*) ausgedrückt hat. Er hat *nur über sich* und niemand anderen gesprochen. Diese Eigenart von Indexikalia kann an folgenden Sätzen noch weiter expliziert werden:

(20) Ich bin jetzt hier.

(21) Es ist möglich, dass in Pakistan in fünf Jahren nur diejenigen beneidet werden, welche jetzt hier sind.

(21*) Es ist möglich, dass in Pakistan in fünf Jahren diejenigen beneidet werden, welche gut ausgebildet sind.

(22) Er lebt jetzt in Princeton, New Jersey.

Wenn die semantischen Gehalte indexikalischer Ausdrücke und nicht die Referenten, auf welche sie denotieren, Teil des propositionalen Gehaltes des Satzes sind, in welchem sie vorkommen, dann handelt es sich bei (20) um eine notwendig wahre Aussage. Es sind dann nämlich keine Umstände der Bewertung denkbar, in welchen diese Aussage falsch sein könnte. Dies ist aber eine falsche Analyse der Bedeutung von (20). Angenommen, eine Person namens „Jacob Hesse" äußert (20) am 22.11.2018 in Palo Alto. Diese Aussage wäre in dem betreffenden Äußerungskontext zwar wahr, drückt aber offensichtlich keine notwendige Wahrheit aus. Es ist selbstverständlich möglich, dass Jacob Hesse am 22. 11. 2018 nicht in Palo Alto ist. Es führt also auch hier zu einem falschen Ergebnis, wenn die deskriptiven Gehalte indexikalischer Ausdrücke und nicht ihre Referenzgegenstände als Teil des propositionalen Gehaltes betrachtet werden.[400] In Satz (21) „springen" die indexikalischen Ausdrücke „jetzt" und „hier" aus dem jeweiligen Skopus des modalen, lokalen und temporalen Operators. Sie legen ihre Referenz bereits relativ zum Äußerungskontext fest und fügen zu dem propositionalen Gehalt des Satzes genau diese Referenzen hinzu. Die Operatoren können also die deskriptiven Gehalte der indexikalischen Ausdrücke nicht binden. Der

400 Vgl. Kaplan 1989a, 507–510.

propositionale Gehalt von (21) ist dementsprechend, dass es möglich ist, dass in Pakistan in fünf Jahren, diejenigen beneidet werden, welche zu dem Zeitpunkt der Äußerung des Satzes an dem Ort sind, an welchem er geäußert wurde, und nicht, dass es möglich ist, dass diejenigen beneidet werden, welche in fünf Jahren in Pakistan sind. Diese Eigenart von indexikalischen Ausdrücken wird besonders im Kontrast zu Satz (21*) deutlich. Wenn man statt der indexikalischen Ausdrücke eine gewöhnliche Beschreibung wie „gut ausgebildet" verwendet, wird diese durch die jeweiligen Operatoren gebunden. Satz (21*) besagt, dass es möglich ist, dass in Pakistan in fünf Jahren diejenigen beneidet werden, welche *in Pakistan* und *in fünf Jahren* gut ausgebildet sind.[401]

Die Eigenschaft der direkten Referenz gilt auch für Demonstrativa bzw. in John Perrys Terminologie weite Ermessensindexikalia (wide discretionary indexicals). Falls angenommen wird, dass Peter mit Satz (22) durch eine Geste eine bestimmte Person y herausgreift, variiert die Referenz des indexikalischen Ausdrucks „er" selbstverständlich von Kontext zu Kontext. Falls die Referenz in einem bestimmten Kontext aber einmal fixiert wurde, ist genau diese Referenz und nicht der deskriptive Gehalt des indexikalischen Ausdruckes, verbunden mit einer Demonstration, Teil des ausgedrückten propositionalen Gehaltes des Satzes. Auch wenn Peter sagt „Es ist möglich, dass er in Princeton, New Jersey wohnt" können dabei keine kontrafaktischen Umstände in Betracht gezogen werden, in denen „er" sich auf eine andere Person als die im Äußerungskontext festgelegte bezieht. Wie alle direkt referentiellen Ausdrücke sind auch Demonstrativa also als rigide Designatoren zu verstehen.[402]

Kaplan schlägt als Lösung für die genannten Probleme vor, dass man zwei verschiedene Ebenen der Bedeutung unterscheidet, die relativ zu verschiedenen Mengen von Parametern ausgewertet werden. Sein Ansatz ist äußerst einflussreich in der Sprachphilosophie geworden, weil er eine interessante und attraktive Lösung für das Problem bildet, dass indexikalische Ausdrücke sowohl direkt referentiell sind, als auch einen spezifischen deskriptiven Gehalt besitzen, mithilfe dessen sie auf ihren Referenzgegenstand *denotieren*. Zudem kann damit auch dem oben erläuterten Problem der kognitiven Signifikanz von Sätzen mit indexikalischen Ausdrücken überzeugend begegnet werden.

401 Vgl. Kaplan 1989a, 498 f.
402 Vgl. Kaplan 1989a, 512 f.

4.2.3 Die Unterscheidung zwischen Character und propositionalem Gehalt

Um die Bewertung von Sätzen und Ausdrücken gegenüber zwei Mengen von Parametern zu ermöglichen, unterscheidet Kaplan zwei Ebenen der Bedeutung. Diese nennt er „content", was im Folgenden mit „propositionaler Gehalt" übersetzt werden soll, und „character", was unübersetzt als Terminus Technicus gebraucht werden soll. Der propositionale Gehalt stellt dasjenige dar, was mit einem Satz ausgedrückt wird und auf was z. B. in indirekten Wiedergaben Bezug genommen wird. Der propositionale Gehalt von Satz (20) wäre dementsprechend, wenn er von Jacob Hesse am 22. 11. 2018 um 14:30 Uhr geäußert wird, z. B., dass Jacob Hesse am 22.11.2018 um 14:30 Uhr in Palo Alto ist.[403] Die Menge von Parametern, relativ zu welchen die propositionalen Gehalte von Sätzen ausgewertet werden, nennt Kaplan „Circumstance of evaluation", was hier mit „Umstände der Bewertung" wiedergegeben werden soll. Diese Umstände der Bewertung sind eine Menge von Parametern, relativ zu welchen die *Extension* eines propositionalen Gehaltes festgelegt wird. Sie sind so feinkörnig, wie es nötig ist, um den propositionalen Gehalt mit einer Extension zu versehen. Sie beinhalten dementsprechend Orte, Zeiten, Personen sowohl der tatsächlichen Welt als auch von kontrafaktischen möglichen Welten. Im Rahmen einer Mögliche-Welten-Semantik kann der propositionale Gehalt eines Satzes als *Funktion von Umständen der Bewertung in Extensionen* aufgefasst werden und entspricht somit demjenigen, was Carnap „Intension" genannt hat.[404] Im Falle von Sätzen sind die Extensionen als Wahrheitswerte aufzufassen. Ein propositionaler Gehalt ist nach Kaplan aber nicht auf Sätze beschränkt, sondern kann auch Ausdrücken zugeschrieben wer-

---

403 Da „jetzt" und „hier" zu den Ermessensindexikalia zu rechnen sind, gibt es einen gewissen Spielraum, welcher propositionaler Gehalt mit (20) in einem bestimmten Kontext ausgedrückt wird.

404 Kaplan benutzt, wenn er semantische Gehalte als Funktionen von Bewertungsumständen in Extensionen darstellt, das Modell der Mögliche-Welten-Semantik. Wie bereits erläutert, kann dieses Modell aber nicht den Unterschied zwischen direkt referentiellen und solchen Ausdrücken beschreiben, welche zwar rigide designieren, aber nicht direkt referentiell sind. Um diesen Unterschied darstellen zu können muss man das Modell der strukturierten Propositionen wählen, auf dessen Basis zwischen singulären und generellen Propositionen unterschieden werden kann. Kaplan gibt zu, dass er immer wieder zwischen den beiden Modellen wechselt. Eine gute semantische Theorie sollte sich nach ihm nicht nur auf eines dieser Modelle verpflichten, sondern aus der Perspektive mehrerer Modelle beschrieben werden können (vgl. Kaplan 1989a, 493, Fußnote 17). Demzufolge ist es plausibel anzunehmen, dass man den semantischen Gehalt von Sätzen sowohl mithilfe der Mögliche-Welten-Semantik als auch im Rahmen des Modells der strukturierten Propositionen darstellen kann. Man könnte vermittelnd evtl. sagen, dass die Beschreibung semantischer Gehalte mithilfe der Mögliche-Welten-Semantik möglich und für bestimmte Zwecke sinnvoll aber *nicht erschöpfend* ist.

den.[405] Der propositionale Gehalt eines Ausdrucks stellt nach Kaplan wiederum einen Beitrag zu dem propositionalen Gehalt des Satzes dar, in dem er vorkommt.[406]

Die Ebene der Bedeutung, welche Kaplan „character“ nennt, bezeichnet den durch linguistische Konvention festgelegten Gehalt eines Ausdrucks bzw. eines Satzes, welchen dieser unabhängig von einem bestimmten Äußerungskontext besitzt. Im Falle von indexikalischen Ausdrücken entspricht dieser Gehalt dementsprechend demjenigen, was weiter oben als „deskriptiver Gehalt“ bezeichnet wurde. Kaplan bezeichnet die Characters von Ausdrücken auch als Bedeutungsregeln (meaning rules), welche es ermöglichen, relativ zu einem bestimmten Äußerungskontext einen propositionalen Gehalt zu bestimmen.[407] Die Characters der Ausdrücke „ich“ und „jetzt“ können z. B. als die folgenden Regeln wiedergegeben werden:

Ich: Wenn der Ausdruck „ich“ in einer Äußerung u vorkommt, dann referiert „ich“ auf die Person, die u spricht oder schreibt.

Jetzt: Wenn der Ausdruck „jetzt“ in einer Äußerung u vorkommt, dann referiert „jetzt“ auf eine relevante Zeitspanne, welche den Zeitpunkt umfasst, an dem u gemacht wurde.[408]

---

405 Kaplan spricht davon, dass jedem „meaningful part of speech in a context“ ein propositionaler Gehalt zugeschrieben werden kann (vgl. Kaplan 1989a, 501). Er definiert hier aber nicht genauer, was er mit „meaningful part“ meint. An dieser Stelle bietet sich die Verwendung des Begriffs „Ausdruck“ an. Ein Ausdruck kann sowohl ein Wort wie „ich“ oder eine sinnvolle Aneinanderreihung von Wörtern, wie „Der Bürgermeister von Palo Alto“ sein. Ausdrücke können, wie in Kapitel 1 erläutert wurde, allgemein als bedeutungsvolle Bestandteile von Sätzen verstanden werden.

406 Vgl. Kaplan 1989a, 500 – 505.

407 Vgl. Kaplan 1989a, 505.

408 Diese beiden Beschreibungen der deskriptiven Gehalte von „ich“ und „jetzt“ sind an John Perrys Beschreibungen des deskriptiven Gehaltes dieser Ausdrücke angelehnt (vgl. Perry 2012, 89.). Kaplans Beschreibung des deskriptiven Gehaltes von „ich“ lautet in deutscher Übersetzung folgendermaßen: „‚Ich‘ referiert auf den Sprecher oder Verfasser“ (Kaplan 1989a, 505). Dies ist aber ungenau, weil es in einem Äußerungskontext mehrere Personen geben kann, die sprechen oder etwas verfassen bzw. schreiben, aber dennoch nicht diejenige Person darstellen, auf die sich „ich“ bezieht. Es ist deswegen angemessener, wie Perry dies tut, ein selbstreflexives Element in die Beschreibung des deskriptiven Gehaltes von Indexikalia einzufügen. Zudem hat Perry sich bemüht, diesen Gehalt tatsächlich als Regel zu formulieren und nicht als Beschreibung einer Person, wie sie bei Kaplan vorliegt. Diese Adaptionen von Perry sollen der Präzisierung und damit auch der Verdeutlichung von Kaplans Überlegungen dienen.

Indexikalia besitzen nach Kaplan einen *kontextsensitiven* bzw. *nicht-konstanten* „Character". Damit soll ausgedrückt werden, dass sie relativ zu verschiedenen Kontexten verschiedene propositionale Gehalte bestimmen. Ausdrücke, welche relativ zu verschiedenen Kontexten immer denselben propositionalen Gehalt besitzen, haben nach Kaplan hingegen einen fixierten, bzw. konstanten Character. Eine definite Kennzeichnung wie „Der Bürgermeister von München am 22.11. 2018" drückt z. B. relativ zu allen Kontexten immer denselben propositionalen Gehalt aus. Der propositionale Gehalt, welcher mit Indexikalia verbunden ist, kann hingegen relativ zu dem jeweiligen Kontext stark variieren. Der Äußerungskontext besteht nach Kaplan wiederum aus einer Menge von Parametern, welche so feinkörnig sind, wie es der Inhalt der Characters der jeweiligen Ausdrücke verlangt, um einen propositionalen Gehalt zu erzeugen. Die Characters der Ausdrücke, welche innerhalb eines Satzes gebraucht werden, gehorchen nach Kaplan zudem dem Prinzip der Kompositionalität, d. h., der Character eines ganzen Satzes ergibt sich aus den Characters seiner Teile. Der propositionale Gehalt des ganzen Satzes wiederum setzt sich aus den propositionalen Gehalten seiner Teile zusammen.[409] Da Indexikalia verschiedene propositionale Gehalte in unterschiedlichen Kontexten erzeugen können, ist es möglich, dass zwei Sätze denselben propositionalen Gehalt, aber einen unterschiedlichen Character besitzen. Dies ist ein alltägliches Phänomen im Gebrauch von Indexikalia. Wenn Satz (23) einen Tag vor der Äußerung von Satz (23*) gesagt wurde, drücken beide denselben propositionalen Gehalt aus, haben aber einen unterschiedlichen Character, weil ihre Bestandteile unterschiedliche Characters besitzen.

(23) Heute ist das große Football-Spiel zwischen Berkeley und Stanford.
(23*) Gestern war das große Football-Spiel zwischen Berkeley und Stanford.

Damit der propositionale Gehalt von (23) erhalten bleibt, muss der Sprecher die Indexikalia in Satz (23*) verändern, weil dieser in einem anderen Kontext ausgesagt wurde. Zusammengefasst gilt also:

Character + Äußerungskontext = propositionaler Gehalt
Propositionaler Gehalt + Umstände der Bewertung = Extension[410]

---

409 Vgl. Kaplan 1989a, 505 – 507.
410 Kaplan spricht davon, dass Characters im Rahmen einer Mögliche-Welten-Semantik, wie Rudolf Carnap sie entwickelt hat, auch als Funktionen von möglichen Kontexten zu propositionalten Gehalten repräsentiert werden können. Propositionale Gehalte können dann wiederum, wie Carnaps Intensionen, als Funktionen von möglichen Umständen der Bewertung in Extensionen repräsentiert werden (vgl. Kaplan 1989a, 505).

Die Einführung von Characters ermöglicht damit, dass Ausdrücke und Sätze relativ zu zwei unterschiedlichen Mengen von Parametern ausgewertet werden können. Die Unterscheidung dieser beiden Mengen, welche „Äußerungskontext" und „Umstände der Bewertung" genannt werden, ist entscheidend, um das semantische Verhalten von Indexikalia korrekt beschreiben zu können. Der deskriptive Gehalt, den Indexikalia zweifellos besitzen, muss vor dem Hintergrund dieses Modells nicht als Teil des propositionalen Gehalts eines Satzes aufgefasst werden.

4.2.4 Die Erklärungsleistung von Kaplans Theorie

Durch die Unterscheidung zwischen Character und propositionalem Gehalt, die relativ zu den Dimensionen Äußerungskontext und Umstände der Bewertung interpretiert werden, ergeben sich plausible Lösungen für die dargelegten Probleme, die mit der Semantik von Indexikalia verbunden sind. So stellt ein Satz wie (20) gemäß dem Modell von Kaplan keine notwendige Wahrheit dar. In einem bestimmten Kontext drückt er stattdessen einen kontingenten propositionalen Gehalt aus. Dennoch ist der Satz in allen Kontexten, in denen er geäußert wird, wahr. Nach Kaplan handelt es sich hier deshalb um eine logische Wahrheit. Die Unterscheidung zwischen Character und propositionalem Gehalt ermöglicht folglich einen Unterschied zwischen logisch und notwendig wahren Sätzen geltend zu machen. Logische Wahrheiten sind dementsprechend Sätze, die relativ zu allen möglichen Äußerungskontexten wahr sind und notwendige Wahrheiten diejenigen Sätze, die relativ zu allen Umständen der Bewertung wahr sind.[411]

411 Vgl. Kaplan 1989a, 508f.; 522f. Es kann gegenüber Kaplans Argumentation eingewendet werden, dass es sich bei (20) um keine logische Wahrheit handeln kann, weil es Fälle gibt, in welchen kompetente Sprecher die Verneinung von (20) „Ich bin jetzt nicht hier" plausiblerweise für wahr halten können. Solche Fälle können z. B. auftreten, wenn jemand diesen Satz auf einem Anrufbeantworter hört, oder wenn man ihn auf einem Zettel liest, der bewusst an einem bestimmten Ort hinterlassen wurde. Falls (20) tatsächlich eine logische Wahrheit wäre, würde eine Verneinung keinen Sinn ergeben, bzw. eine logisch widersprüchliche Aussage erzeugen. Der Grund, weshalb dies in den genannten Szenarien nicht der Fall ist, scheint darin zu bestehen, dass sich der Ausdruck „jetzt", wenn er z. B. auf dem Anrufbeantworter erklingt, auf den Zeitpunkt bezieht, an dem der Rezipient den Satz hört, und nicht auf den Zeitpunkt, an dem der Satz vom Sprecher geäußert wurde. Es ist aber auch durchaus vorstellbar, dass jemand einen Zettel mit der Aufschrift „Ich muss jetzt weg. Bitte nimm dir das Abendessen aus dem Kühlschrank" hinterlässt, wobei sich „jetzt" auf den Zeitpunkt der Äußerung/Niederschrift und nicht auf den Zeitpunkt der Rezeption bezieht. Diese Ambiguität besteht ebenso bei den Ausdrücken „hier" und „ich". Es ist z. B. möglich, dass jemand an einem anderen Ort den Anrufbeantworter mit „Ich bin jetzt nicht

Ebenso kann mit Kaplans Unterscheidung präzise der Grund expliziert werden, weshalb die modalen, lokalen und temporalen Operatoren den deskriptiven Gehalt der indexikalischen Ausdrücke in Satz (21) nicht binden können. Dieser besteht darin, dass diese Operatoren nur *über den propositionalen Gehalt* von Ausdrücken und nicht *über ihren Character* operieren können. Die Funktion dieser Operatoren besteht dementsprechend darin, die propositionalen Gehalte der Ausdrücke in ihrem Skopus auf unterschiedliche mögliche Umstände der Bewertung zu projizieren. Da im Falle indexikalischer Ausdrücke die Referenz allerdings schon relativ zu dem Äußerungskontext festgelegt wird, kann diese nicht mehr relativ zu unterschiedlichen Umständen der Bewertung variieren. Kaplan geht allgemein davon aus, dass es in unserer natürlichen Sprache keine Operatoren gibt, welche Characters binden können. Er nennt solche Operatoren pejorativ „Monster". Monster wären dementsprechend Operatoren, welche die Characters von Ausdrücken auf verschiedene Äußerungskontexte projizieren könnten. Kaplan erwähnt (24) als Beispiel für einen Satz, in dem der Versuch unternommen wird, ein solches „Monster" zu erzeugen.

(24) In manchen Kontexten ist es wahr, dass ich jetzt nicht müde bin.

Wenn der Operator „In manchen Kontexten ist es wahr" tatsächlich die Characters der darauf folgenden Ausdrücke binden würde, würde der Satz überhaupt nicht von den Sprechern dieser Aussage im jeweiligen Äußerungskontext, sondern von möglichen anderen Sprecher zu möglichen anderen Zeitpunkten in möglichen anderen Kontexten handeln. Eine solche Lesart scheint aber nicht möglich zu sein. Die indexikalischen Ausdrücke springen stattdessen auch hier aus dem Skopus des Operators, sodass deren Referenzen relativ *zu dem faktischen Äußerungskontext*, in welchem (24) gemacht wird, festgelegt werden. Deswegen beinhaltet dieser Satz auch kein Monster, sondern wirkt schlichtweg misslungen.[412]

---

hier" bespricht, als an dem Ort, an welchem der Rezipient später anruft. Zudem wäre es möglich, dass die Notiz „Ich bin jetzt nicht hier" von jemand anderem (z. B. einem Sekretär) als der Person verfasst wird, der die Notiz später zugeschrieben werden soll. Es scheint dementsprechend bei indexikalischen Ausdrücken eine allgemeine Ambiguität dahingehend zu bestehen, ob sie sich auf den *Kontext der Äußerung* oder den *Kontext der Rezeption* beziehen. Kaplans Analyse für (20) als logische Wahrheit ist deswegen nur dann gültig, wenn diese beiden Kontexte zusammenfallen. Da dies in den meistens Fällen geschieht, kann auf eine Differenzierung zwischen Kontext der Äußerung und Kontext der Rezeption normalerweise verzichtet werden.

412 Kaplan räumt ein, dass Monster in einer künstlichen Sprache aber eingeführt werden könnten (vgl. Kaplan 1989a, 510 – 512).

Schließlich liefert Kaplans Unterscheidung zwischen Character und propositionalem Gehalt auch eine attraktive Lösung für das Problem der kognitiven Signifikanz indexikalischer Ausdrücke. Kaplan betrachtet den Character als *die Gegebenheitsweise des propositionalen Gehaltes*. Mit dieser Formulierung rückt er ihn natürlich in die Nähe von demjenigen, was Frege als „Sinn" bezeichnet und als die Gegebeinheitsweise einer Referenz versteht. Durch die Einführung der Ebene des Characters hat Kaplan aber mehr Differenzierungsmöglichkeiten zur Verfügung als Frege und kann deswegen die erläuterten Probleme vermeiden, die Frege mit der Erklärung indexikalischer Ausdrücke hat.[413] Die kognitive Signifikanz ist im Modell von Kaplan nicht mit dem propositionalen Gehalt verbunden, der mit einem Satz ausgedrückt wird, sondern mit dem Character, über den dieser Gehalt vermittelt wird.[414] Vor dem Hintergrund dieser Überlegungen ist es auch plausibel, weshalb der Satz (17), auch wenn er um 12 Uhr mittags an demselben Tag gesagt wird, wie (17*) eine unterschiedliche kognitive Signifikanz wie (17*) besitzt. Der Bezug auf den Zeitpunkt wird in (17) nämlich über einen anderen Character, d. h. über eine andere Bedeutungsregel vermittelt als in (17*). Ebenso wird deswegen deutlich, weshalb der Ausdruck „ich" in Satz (16*) nicht ohne wesentlichen Verlust hinsichtlich der kognitiven Signifikanz durch eine individuierende Beschreibung ersetzt werden kann. Auch wenn diese Beschreibung auf dieselbe Person referieren sollte, wäre sie dennoch mit einem anderen Character als „ich" verbunden. Umgekehrt folgt aus dieser Theorie auch, dass Sätze denselben Character, aber unterschiedliche propositionale Gehalte besitzen können. Es ist z. B. vorstellbar, dass zwei verschiedene Personen in demselben Supermarkt zu derselben Zeit den Satz (16*) für wahr halten. In diesem Fall werden vermutlich beide anhalten und nach der kaputten Packung Zucker in ihrem Einkaufswagen suchen. Sie drücken mit den Sätzen aber dennoch unterschiedliche propositionale Gehalte aus, weil das Wort „ich" hier jeweils auf unterschiedliche Gegenstände referiert.[415]

---

413 Vgl. Kaplan 1989a, 523 f.

414 Vgl. Kaplan 1989a, 529 – 535; Kaplan 1989b, 807 f.

415 Kenneth A. Taylor hat versucht, einige Beispiele zu konstruieren, bei denen die kognitive Signifikanz nicht mit dem Character eines Satzes verbunden werden kann. Das erste Beispiel ist der Satz „That coin is very rare and valuable", welche jemand in einem Museum macht, als er auf eine Münze in einer Vitrine zeigt. Der Hörer dieses Satzes glaubt sie beim ersten Mal dem Sprecher und nimmt an, dass die spezifische Münze sehr selten und wertvoll ist. Danach informiert er sich genauer und erfährt, dass die Münze gegen ein billiges Replikat ausgetauscht werden soll. Einige Zeit später ist er wieder im Museum und der Sprecher sagt wieder denselben Satz über dieselbe Münze. Der Hörer glaubt sie ihm in diesem Fall aber nicht, weil er davon ausgeht, dass sie ausgetauscht wurde. Faktisch wurde sie aber noch nicht ausgetauscht. Somit ist die Überzeugung des Hörers in diesem Fall falsch. Er glaubt also von ein und demselben Satz mit demselben Character,

Kaplans Modell zur Beschreibung von indexikalischen Ausdrücken kann als eine Form von zwei-dimensionaler- bzw. 2D-Semantik verstanden werden, weil hierbei die zwei Ebenen Character und propositionaler Gehalt relativ zu den unterschiedlichen Dimensionen des Äußerungskontextes und der Umstände der Bewertung gedeutet werden. Solche 2D-Semantik-Modelle wurden von Philosophen wie David Chalmers[416] und Frank Jackson[417] verallgemeinert, um sie auch in Bezug auf Ausdrücke fruchtbar zu machen, welche nicht klassischerweise als Indexikalia gelten.[418] Für die Untersuchung dieser Arbeit, die auf die Eigenschaften von Metaphern fokussiert ist, ist die Frage nach der Legitimität einer solchen Erweiterung von 2D-Semantiken, nicht weiter relevant.

welcher in exakt demselben Kontext gemacht wurde, einmal, dass er wahr, das andere Mal, dass er falsch ist. Somit kann der Character nicht der Träger der kognitiven Signifikanz sein (vgl. Taylor 1995, 143–146). Dieses Beispiel ist aber nicht überzeugend. Es ändert sich in diesem von Taylor geschilderten Szenario nicht der Gehalt der Satzes oder seine kognitive Signifikanz, sondern das Hintergrundwissen des Sprechers, das ihn dann zu einer anderen Einstellung bezüglich des Satzes bewegt.

416 Vgl. u. a. Chalmers 2004; 2006.

417 Vgl. Jackson 1998.

418 Eine wesentliche Motivation von Chalmers und Jackson besteht darin, mithilfe von 2D-Semantiken Probleme zu lösen, welche mit den Kategorien „notwendig a posteriori" und „kontingent a priori" verbunden sind. Diese Kategorien wurden von Saul Kripke (vgl. Kripke 1972) und Hilary Putnam (vgl. Putnam 1975) in die Debatte eingeführt und stellen seitdem eine Herausforderung für Bedeutungstheorie dar. Chalmers versucht diese Kategorien z. B. auf Basis der Unterscheidung zwischen primären und sekundären Intensionen zu erklären. Ein Natürliche-Art-Begriff wie „Wasser", greift gemäß der Analyse von Kripke und Putnam z. B. in allen möglichen Welten die chemische Struktur H_2O heraus. Deswegen ist die Aussage „Wasser ist H_2O" notwendigerweise wahr. Dennoch wird sie aber erst a posteriori, d. h. auf der Basis von Erfahrung (chemischer Analyse etc.) erkannt. Chalmers behauptet nun, dass mit einer 2D-Semantik das Wort „Wasser" zunächst relativ zu einem Szenario mit einer Referenz verbunden wird und diese dann relativ zu einer möglichen Welt in die Bewertung von Sätzen eingeht, welche das Wort enthalten. Eine Aussage wie „Wasser ist H_2O" ist deswegen notwendigerweise wahr, weil sie, falls die Referenz von „Wasser" in einem Szenario festgelegt wurde, in welchem Wasser tatsächlich H_2O ist, wie z. B. auf der Erde, diese Referenz relativ zu möglichen Welten der Bewertungsumstände nicht mehr geändert werden kann. Diese Aussage ist aber relativ zur ersten Dimension nicht notwendigerweise wahr. Wenn nämlich in einem anderen Szenario Wasser mit einer anderen Referenz versehen worden wäre, wäre seine Extension nicht H_2O, sondern z. B. XYZ (vgl. Chalmers 2006, 574–578).

4.2.5 Dthat

Kaplan führt einen Ausdruck „Dthat" ein, mit dem verschiedene Interpretationen singulärer Termini unterschieden werden können. Dies kann an zwei unterschiedlichen Lesarten von Satz (25) veranschaulicht werden:

(25) Der Bürgermeister von Palo Alto ist intelligent.

Einmal kann mit (25) ausgedrückt werden, dass, wer auch immer der Bürgermeister von Palo Alto ist, auch intelligent ist. Es wäre gemäß dieser Deutung also möglich, dass der singuläre Term „Der Bürgemeister" sich relativ zu kontrafaktischen Umständen der Bewertung auch auf andere Personen bezieht, als diejenige, welche im Augenblick der Äußerung tatsächlich der Bürgermeister von Palo Alto ist. Gemäß der zweiten Lesart bezieht sich der singuläre Term nur auf diejenige Person, welche im Äußerungskontext der Bürgermeister von Palo Alto ist. Diese Lesart kann also damit paraphrasiert werden, dass genau diejenige Person, welche zurzeit Bürgermeister von Palo Alto ist, auch intelligent ist. Kaplan benutzt Dthat, um diese zweite Lesart lexikalisch zu repräsentieren. Im Gegensatz zu dem singulären Term „Der Bürgermeister von Palo Alto" ist „Dthat[der Bürgermeister von Palo Alto]" ein direkt referentieller Term, welcher in der oben entwickelten Terminologie eine singuläre Proposition erzeugt, deren Bestandteil der Gegenstand ist, auf welchen sich die Beschreibung „Der Bürgermeister von Palo Alto" *im Äußerungskontext* bezieht. Die Einführung von Dthat ermöglicht insgesamt, die Ambiguität singulärer Termini hinsichtlich der zwei erläuterten Lesarten aufheben zu können.[419]

Kaplan stellt in seinen „Afterthoughts" allerdings fest, dass hinsichtlich des Verständnisses von Dthat selbst eine gewisse Ambiguität besteht. Dthat kann einmal so wie oben beschrieben aufgefasst werden, wonach es ein besonderes Demonstrativum (bzw. ein wide discretionary indexical) darstellt, welches durch eine Beschreibung vervollständigt wird und als direkt referentieller Term eine singuläre Proposition erzeugt. Dthat kann aber auch als Operator verstanden werden, der eine bestimmte Beschreibung „rigidifiziert". In diesem Fall erzeugt er eine generelle Proposition, welche eine Beschreibung und nicht einen Gegenstand zum propositionalen Gehalt eines Satzes hinzufügt. Diese Beschreibung ist

419 Vgl. Kaplan 1985, 324 f. Kaplan nutzt Dthat auch dazu, um eine Präzisierung hinsichtlich Keith S. Donnellans Unterscheidung zwischen referentiellem und attributivem Gebrauch von Beschreibungen zu erreichen (vgl. Donnellan 1966, 285–289). Wie genau Kaplan diese Unterscheidung analysiert, ist für die weitere Argumentation allerdings nicht weiter relevant und soll deswegen nicht vertieft werden.

aber durch den Operator Dthat dahingehend modifiziert, dass sie als rigider Designator fest mit einem bestimmten Gegenstand verbunden ist. Es wird also in allen möglichen Bewertungsumständen immer derjenige Gegenstand herausgegriffen, der durch die Beschreibung im Äußerungskontext herausgegriffen wurde, ohne dass dieser Gegenstand selbst Teil des propositionalen Gehaltes werden würde. Eine Dthat-Beschreibung ist nach dieser Auffassung ein aus zwei Elementen, dem Operator und der Beschreibung, zusammengesetzter syntaktischer Komplex. Im Sinne der anderen dargestellten Auffassung ist eine Dthat-Bechreibung im Gegensatz dazu, wie ein Demonstrativum, eine nicht differenzierte syntaktische Einheit, welche durch ein zusätzliches Element vervollständigt wird. Diese Vervollständigung ist dann aber, wie bei anderen Demonstrativa, nicht Teil der Syntax.[420]

4.2.6 Erweiterungen von Kaplans Theorie

Die angestellten Überlegungen haben gezeigt, dass Kaplans Theorie ein überzeugendes und erklärungsstarkes Modell zur Beschreibung des Verhaltens von Indexikalia darstellt.[421] Nichtsdestotrotz ist es sinnvoll, einige Ergänzungen und Modifikationen von John Perry zu berücksichtigen, die er bezüglich dieser Theorie vorgenommen hat. Perry bemüht sich darum, das Modell von Kaplan aus einer möglichen formalen Verengung zu lösen. Er verwendet anstelle von Kaplans Begriff „Character" die Bezeichnungen „Meaning" und „Role". Mit Letzterer möchte er deutlich machen, dass diese Ebene der Bedeutung eines Ausdruckes

---

420 Vgl. Kaplan 1989b, 792–795. Kaplan verwendet die Interpretation von Dthat als Operator im formalen System LD, das er für Demonstrativa entwickelt hat (vgl. Kaplan 1989a, 541–553).

421 Dies heißt nicht, dass sein Modell alternativlos ist. Einflussreich ist z. B. auch die Theorie von David Lewis, in der dieser keine verschiedenen Ebenen der Bedeutung einführt. Er schlägt stattdessen vor propositionale Gehalte mit Eigenschaften zu verbinden, die den Sprechern zugeschrieben werden können, die von diesen propositionalen Gehalten überzeugt sind (vgl. Lewis 1979a). Ebenso einflussreich und näher an Kaplans Modell sind die Überlegungen zu indexikalischen Ausdrücken von Robert Stalnaker. Er bemüht sich darum, eine explizit zwei-dimensionale semantische Theorie zu entwickeln, wobei er die Ebenen des „propositional concepts" und der „diagonal proposition" einführt, die sich beide von der ausgedrückten Proposition unterscheiden. Mithilfe dieser beiden im Rahmen einer 2D-Semantik präzise definierten Ebenen bemüht sich Stalnaker vor allem darum, die vorgestellten Probleme zu lösen, welche die kognitive Signifikanz indexikalischer Ausdrücke betreffen (vgl. Stalnaker 1981). Wie genau diese ebenfalls sehr einflussreichen Theorien sich zu dem Modell von Kaplan und Perry verhalten, kann im Rahmen dieser Arbeit nicht diskutiert werden. Die in dieser Arbeit entwickelte Theorie über Metaphern ist mit dem Anspruch verbunden, dass sie auch vor dem Hintergrund dieser alternativen Ansätze formuliert werden kann.

über spezifische kognitive Rollen in unserer Kommunikation und soziale Interaktion eingebunden ist.[422] Inhaltlich teilt Perry aber prinzipiell die Analyse von Kaplan, wonach die Ebene, welche Kaplans „Character" entspricht, eine Bedeutungsregel darstellt, auf deren Basis einem Ausdruck relativ zu einem Kontext ein bestimmter propositionaler Gehalt zugeordnet werden kann. Diese Regel ist einem kompetenten Sprecher auch unabhängig von einem Äußerungskontext zugänglich und allgemein erlernbar.[423] Im Folgenden soll der Einfachheit halber nur von „Character" gesprochen werden. Dies soll aber nicht als Entscheidung gegen die Überlegungen von Perry verstanden werden.

Um die Einbindung von Sprache in die soziale Interaktion von Menschen besser erfassen zu können, beschreibt Perry zudem den Untersuchungsgegenstand seiner Theorie als Äußerungen und nicht wie Kaplan als Sätze. Sätze sind zunächst einmal abstrakte Gegenstände. Äußerungen hingegen sind konkrete Ereignisse in Raum und Zeit, welche in Kausalketten eingebunden sind. So ist der Grund für eine bestimmte Äußerung z. B. normalerweise die Absicht des Sprechers, mit dieser Äußerung etwas Bestimmtes zu kommunizieren. Bei Sätzen ist eine solche Einbettung in soziale Interaktion nicht nötig, um sie angemessen und vollständig zu analysieren. Es entsteht auch an dieser Stelle nicht unbedingt ein Widerspruch zwischen Perrys und Kaplans Theorie. Perry argumentiert nur, dass man Kaplans Modell auf Äußerungen erweitern sollte, weil die Einbettung in soziale Interaktionen größere Spielräume für die Erklärung spezifischer Eigenarten der natürlichen Sprache zulässt, als wenn man sich nur auf Sätze bzw. Sätze in Kontexten beschränkt.[424] Sätze in Kontexten können als eine Abstraktion von konkreten Äußerungen verstanden werden und ihre Analyse kann, wie Kaplan eindrücklich gezeigt hat, selbstverständlich auch interessante Erkenntnisse über die formalen Mechanismen natürlicher Sprache liefern. Dennoch ist es sinnvoll, nicht aus dem Blick zu verlieren, dass es sich in den meisten Fällen letztlich um konkrete Äußerungen handelt, die untersucht werden.

Über Kaplan hinausgehend arbeitet Perry heraus, dass neben dem kaplanschen propositionalen Gehalt noch andere Ebenen des Gehalts angenommen werden müssen, welche in der Kommunikation eine Rolle spielen können. Er spricht dementsprechend z. B. auch von indexikalischen Gehalten (indexical contents), welche Äußerungen zugeschrieben werden können. Der indexikalische Gehalt der Äußerung u „Ich bin jetzt hungrig" kann z. B. als „Der Sprecher von u ist zu dem Zeitpunkt, an dem u gemacht wurde, hungrig" beschrieben werden. Als

422 Vgl. Perry 2017, 976 f.
423 Vgl. Perry 2012, 82–85.
424 Vgl. Perry 2017, 973 f.

solcher ist dieser, ebenso wie Kaplans propositionaler Gehalt, ein möglicher Träger von Wahrheitswerten. Des Weiteren spricht Perry auch von designationalen Gehalten (designational contents). Diese sind grobkörniger als Kaplans propositionale Gehalte, weil sie nur die Referenzobjekte beinhalten, auf die mit den Elementen einer Äußerung letztlich Bezug genommen wird. Diese beinhalten dementsprechend also auch keine individuierenden Beschreibungen, wie z. B. „der Bürgermeister von Palo Alto“. Folglich kann auf der Basis designationaler Gehalte der Unterschied zwischen direkt referentiellen Ausdrücken, wie Indexikalia und Eigennamen, und definiten Kennzeichnungen nicht erfasst werden, was wiederum den Unterschied zwischen singulären und generellen Propositionen auflöst. Dasjenige, was weitestgehend Kaplans propositionalem Gehalt entspricht, ist Perrys referentieller Gehalt (referential content). Auf der Ebene dieses Gehaltes wird dem Unterschied zwischen definiten Kennzeichnungen und direkt referentiellen Ausdrücken Rechnung im Gegensatz zum designationalen Gehalt Rechnung getragen.[425]

Es ist offensichtlich, dass einer Äußerung alle drei diese Gehalte zugleich zugeschrieben werden können. Sie stellen in gewisser Hinsicht verschiedene Betrachtungsweisen der Interpretation einer Äußerung dar. Perry und Kepa Korta haben die Bedeutung dieser unterschiedlichen Ebenen von Gehalten für die Kommunikation im Rahmen des Ansatzes herausgearbeitet, den sie „critical pragmatics“ nennen.[426] Im Folgenden soll, um der Klarheit und Übersichtlichkeit der Argumentation willen, immer nur Kaplans propositionaler bzw. Perrys referentieller Gehalt in den Blick genommen werden. Die entwickelte Theorie von Metaphern ist allerdings mit dem Anspruch verbunden, dass sie auch unter der Berücksichtigung der weiteren möglichen Gehalte ihre Gültigkeit behält.

4.2.7 Zusammenfassung: Die Eigenschaft der Indexikalität

Vor dem Hintergrund der angestellten Überlegungen kann die Eigenschaft der Indexikalität, die eine Eigenschaft von Interpretationen von Ausdrücken darstellt, an den folgenden Kriterien festgemacht werden:

(I 1) Der Beitrag, der durch die Interpretation eines Ausdrucks φ zu dem mit einer Äußerung ausgedrückten propositionalen Gehalt gemacht wird, kann sich von Äußerungskontext zu Äußerungskontext ändern.

425 Vgl. Perry 2012, 91–97.
426 Vgl. Korta/Perry 2011.

(I 2) Der Kontext besitzt bei der Interpretation eines Ausdruckes φ eine genuin semantische Rolle, d. h., er hilft nicht nur zwischen verschiedenen fest mit dem Ausdruck φ verbundenen möglichen Interpretationen zu disambiguieren, sondern wirkt mit bei der *Erzeugung* einer Interpretation. Die Grundlage für die verschiedenen möglichen Interpretationen bildet dabei *ein* bestimmter mit φ verbundener deskriptiver Gehalt. Die verschiedenen möglichen Interpretationen können nicht unabhängig bzw. getrennt von diesem erschlossen werden.

(I 3) Die Referenz eines Ausdruckes φ *muss* relativ zu dem faktischen Äußerungskontext bestimmt werden. Es ist dementsprechend nicht möglich, die Referenz dieses Ausdruckes relativ zu möglichen kontrafaktischen Umständen der Bewertung zu bestimmen.

Durch das Kriterium (I 1) werden Interpretation, denen die Eigenschaft der Indexikalität zugeschrieben wird, zunächst von den Deutungen von Ausdrücken mit konstantem Character abgegrenzt, deren Interpretation relativ zu verschiedenen Äußerungskontexten immer denselben Beitrag zu dem betreffenden propositionalen Gehalt liefert. Mithilfe des Kriteriums (I 2) kann die Eigenschaft der Indexikalität von der semantischen Ambiguität abgegrenzt werden, wofür im Abschnitt 4.2.1 argumentiert wurde. Das Kriterium (I 3) schließlich beschreibt den in 4.2.2.3 erläuterten Umstand, dass die Interpretation indexikalischer Ausdrücke immer an den tatsächlichen Äußerungskontext gebunden ist. Josef Stern nennt diese Eigenschaft „Actual Context Constraint (ACC)".[427] Der Beitrag, den indexikalische Ausdrücke zu dem mit einer Äußerung ausgedrückten Gehalt machen, kann dementsprechend nicht in der konventionell mit ihnen verbundenen deskriptiven Bedeutung, also dem Character bestehen. Der propositionale Gehalt wird nämlich nicht wie der Character relativ zum Äußerungskontext, sondern relativ zu den Umständen der Bewertung interpretiert.

4.3 Die Indexikalität metaphorischer Interpretationen

4.3.1 Gemeinsamkeiten zwischen der Interpretation metaphorisch verstandener und klassisch indexikalischer Ausdrücke

Es sind signifikante Analogien zwischen der Interpretation metaphorisch verstandener Ausdrücke und der Interpretation klassischer Indexikalia erkennbar,

427 Vgl. Stern 2006, 267.

die es rechtfertigen zu behaupten, dass auch metaphorische Interpretationen die Eigenschaft der Indexikalität besitzen. So ist es zunächst plausibel anzunehmen, dass die Interpretationen metaphorisch verstandener Ausdrücke das Kriterium (I 1) erfüllen, weil ihr Beitrag zu dem jeweils ausgedrückten propositionalen Gehalt stark von Kontext zu Kontext variieren kann. Das kann an folgenden Sätzen verdeutlicht werden:

(26) Silvio Berlusconi ist ein Fisch.
(27) Der Pförtner ist ein Gorilla.
(28) Der ausgelassene Abend ist in der Nacht versunken.

Es ist gut vorstellbar, dass mit Fischen in einem bestimmten Kontext (z. B. bei einem Fischer an der Donau) Eigenschaften wie „glitschig", „schwer zu fangen", „in letzter Zeit besonders rar" verbunden werden. Es ist aber genauso denkbar, dass Fische in einem anderen Kontext (z. B. in Alaska) damit assoziiert werden, dass sie im Übermaß vorhanden und zugleich in großer Gefahr sind, von Bären gefressen zu werden. Es liegt auf der Hand, dass die Äußerung von Satz (26) in den jeweiligen Kontexten höchstwahrscheinlich ganz unterschiedlich interpretiert werden wird. Es ist ebenso leicht vorstellbar, dass unter Zoologen, welche sich mit Gorillas beschäftigen, die vermutlich angemessenere Überzeugung geteilt wird, dass Gorillas besonders feinfühlige, schüchterne und soziale Tiere sind. Wenn unter ihnen der Satz (27) geäußert wird, werden sie dem besagten Pförtner höchstwahrscheinlich ganz andere Eigenschaften zuschreiben, als wenn derselbe Satz in einem Umfeld von Menschen geäußert wird, welche nur Stereotypen von Gorillas kennen und sie vor allem mit Eigenschaften wie gewalttätig, gefährlich und brutal verbinden. Ebenso kommt es auf den Kontext an, welche metaphorische Interpretation man dem Wort „versunken" in Satz (28) gibt. Es wäre einmal möglich, dass hiermit ausgedrückt wird, dass die Gruppe, mit welcher man diesen Abend verbracht hat und in welcher eine sehr ausgelassene Stimmung herrschte, bis tief in die Nacht unterwegs war, obwohl das eigentlich nicht geplant war. Versinken drückt hier eine gewisse Passivität aus. Falls in dem jeweiligen Kontext „Nacht" aber ebenso metaphorisch zu verstehen ist, könnte mit (28) auch ausgedrückt werden, dass die gute Stimmung, welche am Anfang noch in der Gruppe vorhanden war, im Verlauf des Abends immer mehr gekippt ist und letztlich in „düstere" Anfeindungen ausgeartet ist. „Versinken" würde sich hier auf einen Niedergang der Stimmung und nicht wie in der ersten Interpretation auf ein Vergessen der Zeit beziehen. Weitere Beispiele für die Kontextsensitivität von metaphorischen Interpretationen sind die verschiedenen möglichen Deutungen der Metaphern „Du bist die Sahne in meinem Kaffee", „Tolstoi war ein großes moralisierendes Kleinkind" und „Julia ist die Sonne", welche in Abschnitt 3.4.3.2

vorgestellt wurden. Hier wurde gezeigt, dass in einem bestimmten Äußerungskontext nicht jede beliebige Deutung dieser Metaphern möglich ist. Es kann zumindest in den meisten Fällen immer nur relativ zu einem Äußerungskontext festgelegt werden, welche Interpretation dieser Metaphern am angemessensten ist.

Es ist wichtig an dieser Stelle festzuhalten, dass Indexikalität nicht impliziert, dass sich das Ergebnis der Interpretation der jeweiligen Ausdrücke *immer* von Kontext zu Kontext ändern muss. Es reicht aus, wenn die Möglichkeit besteht, dass es von Kontext zu Kontext variiert. Auch klassische Indexikalia wie „ich" oder „hier" können sich selbstverständlich in ganz unterschiedlichen Kontexten auch auf genau denselben Gegenstand beziehen. Falls es sich in einem ganz anderen Kontext z. B. um denselben Sprecher handelt bzw. der Sprecher zufällig an demselben Ort steht, besitzen die beiden Ausdrücke trotz unterschiedlicher Kontexte exakt dieselbe Referenz. Somit ist es kein Argument gegen die Indexikalität metaphorischer Interpretationen, dass sie relativ zu unterschiedlichen Kontexten nicht immer verschiedene Ergebnisse erzeugen. Darüber hinaus sind metaphorische Interpretationen, ebenso wie die Interpretationen klassischer Indexikalia, als primäre Operation zu verstehen. Im Gegensatz zu sekundären Operationen werden mit diesen keine mit bestimmten Äußerungen bzw. Sätzen ausgedrückte propositionale Gehalte weitergedeutet. Mit ihnen werden stattdessen Ausdrücke gedeutet und dadurch überhaupt erst propositionale Gehalte etabliert.[428]

Die metaphorische Interpretation von Ausdrücken erfüllt ebenso das Kriterium (I 2), weil der Kontext bei der Interpretation eine genuin *semantische Rolle* einnimmt. Sein Beitrag ist also nicht wie bei der Auflösung semantischer Ambiguitäten nur darauf beschränkt, zwischen verschiedenen fest mit einem Ausdruck verbundenen Bedeutungen die eine in dem jeweiligen Kontext passende auszuwählen. Die metaphorische Interpretation eines Ausdrucks wird im Gegensatz dazu in einem spezifischen Kontext erst auf der Basis der mit dem metaphorisch gebrauchten Ausdruck verbundenen Präsuppositionen *erzeugt*. Wie bei Indexikalia scheint es bei metaphorisch verstandenen Ausdrücken *eine* deskriptive Bedeutung zu geben, von der ausgehend die verschiedenen Interpretationen in den jeweiligen Kontexten bestimmt werden. Bei semantischen Ambiguitäten ist eine solche übergeordnete Bedeutung, welche die unterschiedlichen kontextspezifischen Bedeutungen zusammenhält, nicht vorhanden.

---

428 Vgl. zu der Unterscheidung zwischen primären und sekundären Operationen den Abschnitt 3.3.4.1.3.

Schließlich erfüllen metaphorische Interpretationen auch das Kriterium (I 3). Sie teilen mit der Interpretation klassischer Indexikalia nämlich die Eigenschaft, dass sie immer relativ zum Äußerungskontext festgelegt werden müssen und auch durch Operatoren nicht auf kontrafaktische Umstände der Bewertung bezogen werden können. Sie unterliegen dementsprechend dem oben erwähnten „Actual Context Constraint (ACC)". Das kann an folgenden Sätzen veranschaulicht werden:

(29) Julia hätte die Sonne sein können.
(30) Jeder Jugendliche erinnert sich an seine erste Sonne.
(31) Im Kongo wirst du ein Gorilla werden.

Mit Satz (29) wird ausgesagt, dass Julia gemäß einem bestimmten, in dem jeweiligen Äußerungskontext erschlossenen metaphorischen Sinn, die Sonne hätte sein können. Es wird damit nicht ausgesagt, dass Julia *in irgendeiner* metaphorischen Interpretation relativ zu einem beliebigen Kontext die Sonne hätte sein können. Da ein Modaloperator kein Kaplan'sches Monster darstellt, kann mit diesem die metaphorische Deutung nicht auf verschiedene Äußerungskontexte bezogen werden. Es ist z. B. vorstellbar, dass (29) in einem Kontext geäußert wird, in dem das Ergebnis der metaphorischen Interpretation von „Sonne" so etwas wie „gibt einer bestimmten Gruppe Kraft für das emotionale Überleben" lautet. Mit dem Modaloperator wird dann auf keine anderen Deutungen Bezug genommen, die „Sonne" relativ zu kontrafaktischen Umstände der Bewertung hätte haben können. Es ist also nicht möglich, den Satz (29), wenn er in dem skizzierten Kontext geäußert wird, so zu lesen, dass Julia z. B. eine gefürchtete Leitfigur oder eine dominante Herrscherin hätte sein können. Es wird stattdessen ausgedrückt, dass Julia genau die durch die metaphorische Interpretation von „Sonne" relativ zu dem faktischen Äußerungskontext erschlossenen Eigenschaften, welche als „gibt einer bestimmten Gruppe Kraft für das emotionale Überleben" beschrieben wurden, hätte besitzen können.[429]

Ebenso operiert der quantifizierende Operator in (30) über die in dem Äußerungskontext von (30) bestimmte metaphorische Interpretation von „Sonne" und nicht über verschiedene metaphorische Interpretationen, welche Jugendliche in verschiedenen Kontexten dem Ausdruck „Sonne" gegeben haben könnten. Es wäre z. B. durchaus vorstellbar, dass der Ausdruck „Sonne" in Satz (30) in einem bestimmten Kontext so interpretiert wird, dass damit auf die erste große Liebe Bezug genommen wird, die in gewisser Hinsicht den Mittelpunkt des Lebens des

429 Vgl. Stern 2000, 206 f.

jeweiligen Jugendlichen bildete. In einem anderen Kontext, z. B. unter Bewohnern von Nevada, könnte jedoch eher die Interpretation naheliegen, dass die erste Sonne diejenige Person war, welche einen gequält und nie in Ruhe gelassen hat. Man konnte dieser Person, wie der gnadenlos scheinenden Sonne von Nevada, dementsprechend nicht entfliehen. Welche von diesen verschiedenen Interpretation von dem Quantor „jeder" gebunden wird, muss nun bereits im Äußerungskontext festgelegt werden und kann nicht mit den jeweiligen Jugendlichen variieren, über die ausgesagt wird, dass sie sich an „ihre erste Sonne" erinnern. Dasjenige, was mit den Jugendlichen variiert, ist die jeweilige Person, die für sie im metaphorischen Sinne die Sonne ist. Es können aber nicht die Eigenschaften variieren, über welche auf der Basis der Interpretation der Metapher die verschiedenen Referenzen von „Sonne" relativ zu den Jugendlichen bestimmt werden.[430] Dasselbe trifft auf Satz (31) zu. Mit ihm wird nicht ausgesagt, dass jemand, wenn er in den Kongo geht, in der Gefahr ist, bestimmte Eigenschaften zu erwerben, welche *im Kongo* mit Gorillas assoziiert werden. Es wird vielmehr ausgesagt, dass der Adressat von (31) Gefahr läuft, im Kongo Eigenschaften zu erwerben, die *im faktischen Äußerungskontext* mit Gorillas assoziiert werden. Der Lokaloperator kann also auch hier nicht den Bezugspunkt der metaphorischen Interpretation von „Gorilla" beeinflussen.

Eine weitere interessante Gemeinsamkeit zwischen metaphorisch verstandenen Ausdrücken und klassischen Indexikalia besteht in ihrem Verhalten in indirekter Rede.[431]

(32) Jens glaubt, dass der Pförtner ein Gorilla ist.

Es ist durchaus vorstellbar, dass Satz (32) in dem besagten Äußerungskontext von Zoologen geäußert wird, die Gorillas mit den Eigenschaften „ängstlich", „besonders feinfühlig" und „schüchtern" verbinden. Jens, dessen Überzeugung in

430 Vgl. Stern 2011, 290 f.

431 Technisch werden indirekte Wiedergaben von Gehalten häufig als „opaker" bzw. „intensionaler Kontext" bezeichnet. Die Besonderheit opaker bzw. intensionaler Kontexte besteht darin, dass eine Substitution extensionsgleicher Ausdrücke hier nicht immer möglich ist, ohne dass sich der Wahrheitsgehalt der Äußerung verändert. Bei dem Satz „Hans glaubt, dass der Abendstern die Venus ist" kann z. B. nicht salva veritate, d. h. unter logisch notwendiger Wahrung des Wahrheitsgehaltes des Satzes, der Ausdruck „Abendstern" durch den Ausdruck „Morgenstern" ersetzt werden, obwohl sie sich beide auf denselben Gegenstand beziehen und daher extensionsgleich sind. Der Grund dafür liegt darin, dass „Morgenstern" und „Abendstern" eine unterschiedliche kognitive Signifikanz besitzen. Es wäre nämlich möglich, dass Hans nicht davon überzeugt ist, dass der Morgenstern die Venus ist, weil er nicht weiß, dass der Morgenstern der Abendstern ist.

(32) indirekt wiedergegeben wird, hat die Behauptung, dass der Pförtner ein Gorilla ist, aber in einem Kontext gemacht, in dem Gorillas mit den Eigenschaften „gefährlich“, „gewalttätig“ etc. assoziiert wurden. Somit wird durch die metaphorische Interpretation von „Gorilla“ im Zoologen-Kontext ein propositionaler Gehalt erschlossen, von dem Jens nicht überzeugt ist. Es wäre dementsprechend falsch bzw. hochgradig missverständlich, die Überzeugung von Jens in diesem Kontext auf diese Weise indirekt wiederzugeben. Man müsste stattdessen entweder die Aussage von Jens als direktes Zitat wiedergeben oder den Gehalt der Metapher so paraphrasieren, dass damit der Gehalt wiedergegeben wird, den Jens im ursprünglichen Äußerungskontext ausgedrückt hat. Im Falle eines direkten Zitates wäre die Aussage „Der Pförtner ist ein Gorilla“ schlichtweg eine nicht interpretierte Wiedergabe seiner Worte. Man müsste, um diese korrekt zu verstehen, dann den Äußerungskontext rekonstruieren, in dem Jens sie gesprochen hat.

Indexikalische Ausdrücke verhalten sich in indirekter Rede ganz ähnlich. Wenn z. B. Katharina wiedergeben möchte, dass Jens den Gehalt der Aussage (19*) „Ich gehe gerne spazieren“ für wahr hält, kann sie nicht sagen „Jens glaubt, dass *ich* gerne spazieren gehe“. Das wäre eine falsche Wiedergabe seiner Überzeugung, weil er nicht davon überzeugt ist, dass Katharina gerne spazieren geht, sondern dass *er* gerne spazieren geht. Das Problem der indirekten Wiedergabe kommt, wie oben erläutert, dadurch zustande, dass die Referenz des indexikalischen Ausdrucks relativ zu dem Äußerungskontext und nicht relativ zu den Bewertungsumständen festlegt wird. Um die falsche Wiedergabe zu vermeiden, muss man die indexikalischen Ausdrücke so konvertieren, dass sie in dem Kontext des Berichtes dieselbe Referenz besitzen wie in dem Kontext, in dem die Äußerung, die berichtet wird, gemacht wurde. Bei metaphorisch verstandenen Ausdrücken existieren nun keine solchen festgelegten Konversionsmöglichkeiten. Deswegen muss man bei diesen, wenn sich der Kontext ändert und dieser mit einer Änderung der Interpretation der betreffenden Metapher einhergeht, auf eine Paraphrase oder ein direktes Zitat zurückgreifen, um eine korrekte Wiedergabe des entsprechenden Gehaltes gewährleisten zu können.[432] Insgesamt scheint das Verhalten von metaphorisch verstandenen Ausdrücken in indirekter Rede also zu zeigen, dass deren Interpretation wie die Interpretation klassischer Indexikalia dem ACC und somit (I 3) gehorcht.

Vor dem Hintergrund der angestellten Analysen erscheint es plausibel zu behaupten, dass metaphorische Interpretationen von Ausdrücken die Kriterien (I 1)–(I 3) erfüllen. Das wiederum rechtfertigt es, ihnen die Eigenschaft der Indexikalität zuzuschreiben. Im Folgenden soll auf die Einwände eingegangen

432 Vgl. Stern 2000, 210 – 214.

werden, die gegen die Behauptung einer Analogie zwischen der Interpretation indexikalischer Ausdrücke und metaphorischen Interpretationen vorgebracht wurden.

4.3.2 Einwände gegen die Analogie zwischen der Interpretation von Indexikalia und metaphorisch verstandenen Ausdrücken

4.3.2.1 Metaphorische Interpretationen im Skopus von Operatoren

Es ist weitgehend anerkannt, dass metaphorische Interpretationen die in den Kriterien (I 1) und (I 2) erfassten Eigenschaften erfüllen. Umstrittener ist hingegen die Annahme, dass sie auch (I 3) genügen. Einige Autoren zweifeln an, dass die Interpretation von Metaphern ebenso strikt an den „Actual Context Constraint" gebunden ist wie diejenige klassischer Indexikalia. David Hills und Anne Bezuidenhout haben diesbezüglich Beispiele angeführt, welche zeigen sollen, dass metaphorische Interpretationen nicht dem ACC unterliegen.

(33) Harolds Gedanken sind immer in der Form seiner Wirbelsäule.[433]
(34) Ein verblühendes Veilchen wäre unter Umständen geselliger gewesen.[434]

In Äußerung (33) wird nach Hills durch „immer" nicht nur eine im Äußerungskontext spezifizierte Form der Wirbelsäule von Harold metaphorisch auf die Form seiner Gedanken projiziert, sondern alle Formen, welche die Wirbelsäule von Harold in welchem Kontext auch immer haben mag. Das widerspricht nach Hills aber der Annahme, dass metaphorische Interpretationen immer relativ zum Äußerungskontext vollzogen werden müssen.[435] Anne Bezuidenhout behauptet, dass im Falle eines Satzes wie (34), auch wenn die Beschreibung „Ein verblühendes Veilchen" metaphorisch interpretiert wird, die Möglichkeit besteht, dass der Modaloperator hier einen weiten Skopus besitzt (wide scope). Dann würde mit

433 Der Beispielsatz von Hills lautet im Original: „Harold's thoughts are always the shape of his spine" (Hills 2002, 477).
434 Bezuidenhout verwendet das Beispiel „The shrinking violet might have been more gregarious" (Bezuidenhout 2001, 182). Der Ausdruck „The shrinking violet" wurde hier nicht mit „Das verblühende Veilchen", sondern mit „*Ein* verblühendes Veilchen" wiedergeben, weil der Satz ansonsten nur sehr schwer so interpretiert werden kann, dass der Modaloperator einen weiten Skopus besitzt. „Das verblühende Veilchen" scheint sich nämlich immer auf die im Äußerungskontext herausgegriffene Person zu beziehen. Diese Modifikation wurde vorgenommen, um das Beispiel von Bezuidenhout bezüglich dem von ihr intendierten Zweck zu stärken.
435 Vgl. Hills 2002, 477.

(34) der Gehalt ausgedrückt werden, dass es in kontrafaktischen Bewertungsumständen Personen geben kann, welche durch die Beschreibung „ein verblühendes Veilchen“ metaphorisch herausgegriffen werden, die geselliger wären, als eine bestimmte Person, welche kontextuell salient ist. Nach Bezuidenhout zeigt die Möglichkeit einer solchen Interpretation mit weitem Skopus des Modaloperators, dass metaphorische Interpretationen nicht immer relativ zum Äußerungskontext vorgenommen werden müssen und somit nicht dem ACC unterliegen.[436]

Diese beiden Beispiele stellen keine besonders überzeugenden Einwände gegen die Bindung metaphorischer Interpretationen an den tatsächlichen Äußerungskontext dar. Durch die metaphorische Deutung wird in (33) keine spezifische Eigenschaft herausgegriffen, bei welcher die Gedanken von Harold z. B. „gekrümmt“ sind, wie seine Wirbelsäule zum Zeitpunkt der Äußerung, sondern eine höherstufige relationale Eigenschaft, über die Korrespondenz der Form der Wirbelsäule und der Gedanken von Harold. Und dies muss wiederum metaphorisch verstanden werden, weil Gedanken nur im übertragenen Sinne die Form einer Wirbelsäule annehmen können. Die Interpretation, dass die Form der Wirbelsäule, welche auch immer sie haben mag, mit den Gedanken von Harold metaphorisch korrespondiert, wird nun aber relativ zum faktischen Äußerungskontext festgelegt.

Bei der Interpretation von (34) relativ zu den Bewertungsumständen variiert das Referenzobjekt, auf welches sich der Ausdruck „ein verblühendes Veilchen“ bezieht. Es variieren aber nicht *die Eigenschaften*, welche durch die metaphorische Interpretation des Ausdrucks im Äußerungskontext herausgegriffen werden, und die dazu dienen, die Referenz zu bestimmen. Man muss, um dieses Beispiel korrekt zu analysieren, die Eigenart von metaphorisch verstandenen Ausdrücken beachten, die auf einen Gegenstand bzw. eine Person Bezug nehmen. Es müssen hier immer zwei Schritte bei der Interpretation unterschieden werden. Der *erste Schritt* besteht in der Festlegung der Eigenschaften, welche auf der Basis des jeweiligen Ausdrucks im jeweiligen Kontext herausgegriffen werden. Im Falle von (34) hängt dies sicher sehr stark von den Präsuppositionen ab, welche im Äußerungskontext mit einem Veilchen verbunden sind. Diese könnten z. B. sein, dass Veilchen besondere, verkannte Schönheit besitzen oder aber auch, dass es sich um unbedeutende Blumen handelt, die niemand beachtet. Die im Äußerungskontext festgelegten Eigenschaften, welche mit dem Ausdruck „ein verblühendes Veilchen“ metaphorisch verbunden werden, bestimmen in einem *zweiten Schritt* den Gegenstand, auf den mit dem metaphorisch verstandenen Ausdruck Bezug

436 Vgl. Bezuidenhout 2001, 182.

genommen wird. Durch den Modaloperator in (34) wird, wenn er mit einem weiten Skopus gelesen wird, nun ganz eindeutig nicht die metaphorische Interpretation von „ein verblühendes Veilchen“ auf verschiedene Umstände der Bewertung bezogen. Er operiert stattdessen über die Gegenstände, die vor dem Hintergrund der durch die metaphorische Interpretation relativ zum *faktischen Äußerungskontext* erschlossenen Eigenschaften, relativ zu möglichen Bewertungsumständen herausgegriffen werden.[437]

Als weiteres Beispiel dafür, dass metaphorische Interpretationen nicht dem ACC unterliegen, wird die Deutung des folgenden Satzes angeführt:

(35) Ich bin in keiner entfernt vorstellbaren Art und Weise eine Rose.[438]

Dieser Satz besitzt verschiedene Lesarten. Einmal kann er so verstanden werden, dass es keine Art und Weise gibt, in welcher die Person, die (35) spricht, in dem Sinne metaphorisch eine Rose ist, *wie es im Äußerungskontext festgelegt wurde*. Falls aus dem Kontext z. B. erschlossen werden kann, dass mit „Rose“ hier die Eigenschaften Eleganz, Schönheit und Anmut herausgegriffen werden, würde mit (35) ausgedrückt werden, dass es keine vorstellbaren Umstände gibt, in welchen der Sprecher von (35) schön, elegant und anmutig ist. In dieser Lesart wird der ACC ganz offensichtlich nicht verletzt. In der zweiten Lesart negiert der Sprecher, dass es metaphorische Interpretationen einer Rose gibt, welche von ihm ausgesagt werden könnten. Er behauptet damit, dass es keinerlei vorstellbare Ähnlichkeiten zwischen ihm und einer Rose gibt. Die entscheidende Frage ist hier, auf welcher Basis diese Ähnlichkeiten und Analogien zwischen ihm und einer Rose in den Blick genommen werden, von welchen er behauptet, dass sie nicht existieren. Und der offensichtliche Kandidat hierfür sind die Präsuppositionen, die *im Äußerungskontext* mit dem Ausdruck „eine Rose“ assoziierbar erscheinen. Und deswegen wird auch in dieser Lesart der ACC nicht verletzt. Die Frage ist nun, ob es eine dritte Lesart gibt, gemäß der „vorstellbar“ die Interpretation von „Rose“ auf mögliche kontrafaktische Umstände der Bewertung projiziert. In einer sol-

---

437 Es besteht hier eine Ähnlichkeit zu der erläuterten Deutung von (30). Hier werden relativ zu den verschiedenen Jugendlichen, zumindest in den meisten denkbaren Fällen, verschiedene Personen herausgegriffen, auf welche der metaphorisch interpretierte Ausdruck „Sonne“ referiert. Dennoch bleiben über alle Bewertungsumstände hinweg die relativ zum Äußerungskontext bestimmten Eigenschaften konstant, über welche die jeweilige Person bestimmt wird, auf die mit der metaphorischen Interpretation von „Sonne“ Bezug genommen wird.

438 Dieses Beispiel stammt von Josef Stern (Stern 2006, 276). Stern erwähnt dort, dass er dieses Beispiel wiederum von David Hills übernommen hat. Im englischen Original lautet es: „In no remotely conceivable way am I a rose.“

chen Lesart müsste es möglich sein, dass sowohl mit „Rose“ als auch mit dem Sprecher von (35) andere Eigenschaften verbunden werden, als dies im Äußerungskontext von (35) faktisch getan wird. Es wäre z. B. möglich, dass Rosen nach einer Genmanipulation, nicht mehr aufhören zu wuchern und wie Unkraut alles bedecken. In diesem Fall würde man sie eher mit Eigenschaften assoziieren wie „eine Plage“, „überall zu finden“ oder „nur schwer auszurotten“. Ebenso wäre es denkbar, dass der Sprecher von (35) in kontrafaktischen Umständen der Bewertung einen anderen Beruf gewählt hat, andere Freunde hat oder sich allgemein anders kleiden würde. Es scheint aber nicht möglich zu sein, dass die Assoziationen von „Rose“ und dem Sprecher relativ zu solchen *kontrafaktischen Umständen der Bewertung* tatsächlich Teil der Interpretation der metaphorischen Interpretation von „Rose“ werden können. Und da in den ersten beiden erläuterten Lesarten der ACC in Bezug auf metaphorische Interpretationen nicht verletzt wird, bilden die möglichen Deutung von (35) keine Ausnahmen davon, dass metaphorische Interpretationen immer relativ zum tatsächlichen Äußerungskontext vorgenommen werden müssen.

4.3.2.2 Metaphorische Interpretationen innerhalb von Konditionalkonstruktionen

Elisabeth Camp hat Konditionalsätze konstruiert, die Beispiele für eine Verletzung des ACC im Falle metaphorischer Interpretationen darstellen sollen.

(36) Faktisch ist Julia keine Sonne. Wenn sie mich aber geheiratet hätte, dann hätte sie die Sonne sein können. Sie hätte die führende Dame Veronas sein können, vor welcher alle anderen Frauen sich verbeugt hätten.[439]

(37) Wenn wir nach einer nuklearen Apokalypse leben würden, dann hätte Julia die Sonne sein können. Letztlich ist sie bleich, kalt und distanziert, und das ist, wie die Sonne dann wäre. Aber ich kann sagen, dass sie sicherlich nicht die toskanische Sonne ist.[440]

Wenn man annimmt, dass (36) und (37) Antworten von z. B. Paris oder Benvolio auf Romeos Äußerung „Julia ist die Sonne“, wie er sie in Shakespeares Drama

---

439 Im englischen Original lautet das Beispiel: „As matters stand, Juliet's no sun. If she had married me, though, then she might have been the sun. She could have been the leading lady of Verona, and all the other ladies would have deferred to her“ (Camp 2005, 725).

440 Das englischen Original lautet: „If we were living after a nuclear apocalypse, then Juliet could have been the sun. After all, she's pale, cold, and distant, and that's how the sun would be then. But I can say she sure isn't the Tuscan sun“ (Camp 2005, 725).

gemacht hat, darstellen, dann scheint es, dass das Prädikat „ist die Sonne" hier jeweils relativ zu kontrafaktischen Äußerungskontexten interpretiert wird. Nach Camp sind solche konditionalen Verschiebungen der Interpretationen bei indexikalischen Ausdrücken aber nicht möglich. Sie führt, um dies zu zeigen, folgende zwei Beispiele an:

(38) Wenn Georg ein „Dot-com" gestartet hätte, dann hätte er *so reich* sein können.[441]

(39) Wenn unsere Gesellschaft sich mehr um Bildung und weniger um Sport kümmern würde, dann wäre Alice *so reich.*[442]

In diesen beiden Äußerungen müssen die Referenzen der Demonstrativa „so reich" immer relativ zum jeweiligen Äußerungskontext festgelegt werden. Es ist nicht möglich sie relativ zu den kontrafaktischen Kontexten zu interpretieren, welche durch die beiden Antezedens-Bedingungen eingeführt werden. Camp sieht darin eine gravierende Disanalogie zwischen indexikalischen Ausdrücken und metaphorisch verstandenen Ausdrücken, die den Schluss auf tiefergehende gemeinsame Strukturähnlichkeiten grundlegend in Frage stellt.[443]

Man kann aber gegen Camp einwenden, dass ihre Beispiele nicht zeigen, was sie behauptet. Es ist zunächst insgesamt nicht ganz klar, wie man (36) interpretieren soll. Falls z. B. Paris diese Äußerung auf Romeos Ausspruch „Julia ist die Sonne" erwidert, scheint er *dieselbe Interpretation* vorauszusetzen wie Romeo, aber zu bestreiten, dass Romeo Recht hat. Damit Julia in diesem Sinne als Sonne aufgefasst werden kann, müsse sie nach Paris stattdessen die führende Dame von Verona werden, was sie wiederum erreichen würde, wenn sie ihn heiratet. Wenn diese insgesamt plausible Deutung vorausgesetzt wird, verletzt die metaphorische Interpretation nicht das ACC. Falls Paris hier aber eine ganz andere Interpretation von „ist die Sonne" in Bezug auf Julia im Sinne hat als Romeo, führt Paris andere Präsuppositionen in den Äußerungskontext ein. Josef Stern argumentiert dementsprechend gegen Camp, dass in kontrafaktischen Konditionalkonstruktionen der Äußerungskontext durch das jeweilige Antezedens geändert wird und deswegen in ihren beiden Beispielen (36) und (37) der ACC bei den metaphorischen Interpretationen der betreffenden Ausdrücke auch nicht verletzt werde. Diese

441 Im englischen Original: „If George had started a dot-com, then he might have been *that* rich" (Camp 2005, 726).

442 Das englischen Original lautet: „If our society cared more about education and less about sports, then Alice would be *that* rich" (Camp 2005, 726).

443 Vgl. Camp 2005, 724–727.

werden hier stattdessen relativ zu dem neu etablierten Äußerungskontext durchgeführt.[444] Dies wird bei Äußerung (37) besonders deutlich. Hier wird durch das Antezedens des Konditionalsatzes die Annahme eingeführt, dass die Sonne wegen der nuklearen Explosion kühl, blass und distanziert wirkt. Und vor dem Hintergrund dieser Präsuppositionen hat die metaphorische Interpretation von „ist die Sonne" in diesem Fall selbstverständlich ein anderes Ergebnis als in dem Kontext, in dem Romeo von Julia als der Sonne gesprochen hat. Ebenso verändert Paris in (36), falls er wirklich eine andere metaphorische Interpretation von „ist die Sonne" im Sinne hat als Romeo, durch die kontrafaktische Annahme, dass Julia ihn geheiratet hat, die Präsuppositionen über Julia, und somit auch den Äußerungskontext, relativ zu dem die metaphorische Interpretation vorgenommen wird.

Camps Erwiderung darauf, dass eine solche Verschiebung des Äußerungskontextes im Falle von Demonstrativa, welche klassische Fälle indexikalischer Ausdrücke sind, nicht möglich sei und somit eine deutliche Disanalogie zwischen der Interpretationen indexikalischer Ausdrücke und metaphorischen Interpretationen darstelle, ist mit Problemen behaftet. Mit dieser Argumentation verwickelt sie sich nämlich in Schwierigkeiten bezüglich der Interpretation folgender Sätze:

(40) Wenn ich Angela Merkel wäre, würde ich bei der nächsten Bundestagswahl nicht mehr kandidieren.
(41) Wenn heute morgen wäre, würde ich mir jetzt ein Eis kaufen.

In Satz (40) wird im Antezedens die Referenz von „ich" so geändert, dass der Sprecher im Konsquens mit „ich" auf Angela Merkel Bezug nimmt. Ebenso referiert „jetzt" in Satz (41) nicht auf den Zeitpunkt der Äußerung von (41), sondern auf einen Zeitpunkt einen Tag nach der Äußerung von (41). Dieses Verhalten der indexikalischen Ausdrücke „ich" und „jetzt" kann plausibel damit erklärt werden, dass durch das Antezendes der Konditionalkonstruktion der Äußerungskontext geändert wird, relativ zu welchem diese interpretiert werden. Da nach Camp genuine Indexikalia aber im Gegensatz zu z. B. metaphorisch verstandenen Ausdrücken nicht relativ zu kontrafaktischen Äußerungskontexten interpretiert werden können, müsste sie in Bezug auf die Beispiele (40) und (41) behaupten, dass es sich bei „ich" und „jetzt" um keine wirklichen Indexikalia handelt. Eine solche Schlussfolgerung wäre aber abwegig, weil „ich" und „jetzt", wie erläutert, als paradigmatische Fälle indexikalischer Ausdrücke gelten. Sie würde, um zu verhindern zugestehen zu müssen, dass bei metaphorischen Interpretationen der

444 Vgl. Stern 2006, 274 f.

ACC eingehalten wird, leugnen müssen, dass die Interpretation von Indexikalia im Allgemeinen, mit der Ausnahme weniger Demonstrativa, an das ACC gebunden ist. Das wiederum würde grundlegend infrage stellen, dass indexikalische Ausdrücke im Allgemeinen direkt referentiell sind. Dies ist aber eine problematische Konsequenz, weil es dafür, wie im Abschnitt 4.2.2.3 erläutert wurde, gute und weitgehend anerkannte Argumente gibt.

Vor diesem Hintergrund ist es deutlich plausibler und argumentativ mit weniger Schwierigkeiten verbunden zuzugestehen, dass in Konditionalkonstruktionen der Äußerungskontext durch das Antezedens geändert werden kann. Der Grund, weshalb die Demonstrativa aus den Sätzen (38) und (39) durch diese Kontextverschiebung keine anderen Interpretationen erhalten, scheint schlichtweg darin zu liegen, dass diese eine tatsächliche physische Demonstration benötigen, um interpretiert werden zu können. Der Sprecher muss eben konkret *zeigen*, wie reich er meint, dass Georg bzw. Alice sein könnten. Eine solche faktische Demonstration kann nun aber durch die Verschiebung des Äußerungskontextes nicht beeinflusst werden, weil man sie konkret sehen muss und es nur schwer möglich ist, sich diese z. B. nur vorzustellen. Diese Erklärung erscheint insgesamt überzeugender als diejenige von Camp, um alle in diesem Zusammenhang erwähnten Beispiele adäquat zu beschreiben.

4.3.2.3 Metaphorische Interpretationen innerhalb indirekter Rede

Camp argumentiert auch gegen die Annahme, dass metaphorisch verstandene Ausdrücke sich in indirekter Rede ähnlich verhalten wie indexikalische Ausdrücke. Sie erwähnt, um dies zu veranschaulichen, folgenden Satz:

(42) Sie hat gesagt/glaubt, dass sie nächstes Jahr *so reich* sein wird.[445]

Nach Camp *muss* die Konstruktion „so reich" hier relativ zu dem Äußerungskontext interpretiert werden. Im Falle einer Äußerung, in der ein metaphorisch verstandener Ausdruck indirekt wiedergegeben wird, sei es im Gegensatz dazu aber häufig auch möglich, den Ausdruck relativ zu dem Kontext zu interpretieren, in dem er ursprünglich von der Person geäußert wurde, deren Überzeugung indirekt wiedergegeben wird. Dies gilt nach Camp auch, wenn dieser Kontext signifikant von demjenigen Kontext abweicht, in dem der metaphorisch verstandene Ausdruck bei der indirekten Wiedergabe gebraucht wird. Man kann nach Camp eine Äußerung wie „Romeo hat gesagt/glaubt, dass Julia die Sonne ist"

445 im engl. Original: „She said/believes that she's going to be *that rich* by next year." (Camp 2005, 727).

demzufolge auch so interpretieren, dass man sich hierbei auf das Ergebnis der metaphorischen Interpretation bezieht, das relativ zu dem Äußerungskontext erschlossen wurde, in dem Romeo „Julia ist die Sonne" gesagt hat. Und dies zeige, dass bei metaphorischen Interpretationen das ACC nicht gilt. Bei einem Satz wie (42) sei eine Deutung von „so reich" relativ zu einem abweichenden Äußerungskontext im Gegensatz dazu prinzipiell blockiert. Daraus leitet Camp wiederum ab, dass es eine gravierende Disanalogie zwischen der Interpretation von metaphorisch verstandenen Ausdrücken und klassischen Indexikalia gibt.[446]

An dieser Stelle sollten verschiedene Lesarten einer indirekten Wiedergabe von metaphorischen Interpretationen unterschieden werden. Als Beispiel soll hier Satz (32) „Jens glaubt, dass der Pförtner ein Gorilla ist" dienen. Gemäß der ersten möglichen Lesart wird die metaphorische Interpretation relativ zum Äußerungskontext des Sprechers vorgenommen. Falls dieser signifikant von demjenigen Kontext abweicht, in dem Jens die Metapher „Der Pförtner ist ein Gorilla" verwendet hat, um die Überzeugung auszudrücken, die in (32) indirekt wiedergegeben wird, entsteht, wie erläutert wurde, eine fehlerhafte Wiedergabe des von Jens ausgedrückten Gehaltes. In dieser Lesart wird das ACC bei metaphorischen Interpretationen also ganz klar eingehalten. Des Weiteren könnte die Äußerung in einer zweiten Lesart dazu genutzt werden, den Gehalt wiederzugeben, welchen Jens, ohne Verwendung genau dieser Metapher, in einem anderen Kontext ausgedrückt hat. Die metaphorische Verwendung des Ausdrucks „Gorilla" wird in diesem Fall von der Person, welche die Überzeugung von Jens wiedergibt, als dafür angemessen verstanden. Auch in diesem Fall wird der ACC eingehalten. Es ist aber, wie Camp korrekt bemerkt, prinzipiell auch möglich, diesen Satz so zu lesen, dass die metaphorische Deutung relativ zu dem Äußerungskontext vorgenommen wird, in dem Jens die betreffende Überzeugung mit der metaphorischen Verwendung von „Gorilla" ausgedrückt hat. Im diesem Fall kann man die Äußerung so interpretieren, als ob in ihr distanzierende Anführungszeichen vorkommen:

(43) Jens glaubt, dass der Pförtner „ein Gorilla" ist.

Durch die Anführungszeichen wird die Interpretation von „ein Gorilla" vom tatsächlichen Äußerungskontext gelöst. Die Anführungszeichen verlangen, dass man den Ausdruck relativ zu dem Kontext deutet, in dem er von dem Sprecher gebraucht wurde, dessen Überzeugung mit (43) indirekt wiedergegeben wird. Eine solche distanzierende Lesart von „Gorilla" kann auch so verdeutlicht werden,

446 Vgl. Camp 2005, 727–729.

dass in der Wiedergabe hinzugefügt wird „was auch immer Jens damit meint". Eine andere Möglichkeit, eine solche distanzierende Lesart deutlich zu machen, bestünde darin, Anführungszeichen gestisch zu imitieren oder eine besondere Betonung bei der Aussprache des betreffenden Ausdrucks vorzunehmen. Solche distanzierenden Lesarten sind auch bei indexikalischen Ausdrücken möglich:

(44) Jonathan glaubt, dass „dieser Typ an der Bar" ein berühmter Philosoph ist.
(45) Franziska hat die ganze Zeit gemeint, dass es „heute Abend" eine große Feier bei unseren Nachbarn geben wird.

In der Äußerung, die mit (44) wiedergegeben wird, distanziert sich der Sprecher, z. B. durch eine Betonung, von den Worten, die hier in Anführungszeichen gesetzt wurden. Somit kann die indexikalische Konstruktion relativ zu dem Kontext interpretiert werden, in welchem Jonathan sie gemacht hat, welcher von dem faktischen Äußerungskontext von (44) abweichen kann. Es wäre z. B. denkbar, dass jemand die mit (44) wiedergegebene Äußerung zu seinen Freunden sagt, die vor dem Lokal stehen und gar nicht sehen können, wer an der Bar ist. Der Sprecher kann durch die Distanzierung z. B. auch ausdrücken, dass er glaubt, dass, weil es z. B. so dunkel ist, Jonathan sowieso niemanden erkennen kann. (45) kann als Wiedergabe einer Äußerung verstanden werden, bei der sich der Ausdruck „heute Abend" nicht auf den Abend des Tages bezieht, an welchem (45) geäußert wurde, sondern auf den Abend, auf den sich Franziska mit „heute Abend" bezogen hat. Und dieser Abend kann ein anderer sein, als derjenige Abend des Tages, an dem (45) geäußert wurde. Es kann mit dieser Wiedergabe von Franziskas Worten z. B. kommuniziert werden, dass sie besonders aufgeregt war und den ganzen Tag auf die Feier bei den Nachbarn hingefiebert hat.

Eine solche distanzierende Lesart scheint auch bei dem Beispiel (42) von Camp möglich zu sein. Der Ausdruck „so reich" könnte nämlich auch so aufgefasst werden, dass der Sprecher von (42) an dieser Stelle eine bestimmte Geste *imitiert*, welche die Person, deren Überzeugung hier wiedergegeben wird, gemacht hat, um anzuzeigen, wie reich sie glaubt, nächstes Jahr zu sein. Hierbei könnte es sich z. B. um ein spezifisches Handzeichen oder etwas Ähnliches handeln. Es ist nun prinzipiell vorstellbar, dass dieses Zeichen im Äußerungskontext von (42) etwas anderes bedeutet bzw. unverständlich ist. Es wäre z. B. denkbar, dass die Person, deren Überzeugung hier wiedergegeben wird, eine zur Faust geballte Hand als Zeichen dafür verwendet hat, dass sie „mehr als eine Million Dollar" besitzen wird, was in dem Äußerungskontext, in dem sie diese Äußerung gemacht hat, ohne Probleme verstanden wurde.[447] Zur Interpretation von (42) müssten die Rezipienten dann entweder dazu in der Lage sein, sich in den Äußerungskontext hineinzuversetzen, weil sie z. B. wissen, dass sie diese Geste in dem ursprünglichen Äußerungskontext „mehr als eine Million Dollar" bedeutet hat. Oder der Sprecher von (42) müsste explizieren, wie diese Geste angemessen zu verstehen ist.[448] Damit zeigt sich, dass bei der Interpretation von (42) keine prinzipielle Disanalogie zwischen dem Verhalten von Demonstrativa bzw. Indexikalia sowie metaphorisch verstandenen Ausdrücken vorhanden ist. Dies wiederum entkräftet den Einwand von Camp gegen die Indexikalität von metaphorischen Interpretationen.[449]

---

447 Sie könnten diese Äußerung z. B. in einer kleinen Dorfgemeinschaft gemacht haben, in der ganz allgemein mit der geballten Faust die Deutung „mehr als eine Million Dollar" verbunden wird.

448 Eine solche Explikation des ursprünglichen Äußerungskontextes ist letztlich als Erweiterung des faktischen Äußerungskontextes zu verstehen. Durch die Explikation fügt der Sprecher neue Annahmen zu dem Äußerungskontext hinzu, in welchem er die Aussage macht. Dies ist auch bei Metaphern möglich. Man könnte z. B. sagen „Jens glaubt, dass der Pförtner ein Gorilla ist, wobei er Gorillas als besonders sanftmütig und friedliebend einschätzt". Wegen der Änderung der Annahmen im Äußerungskontext wird der ACC hier nicht verletzt (vgl. dazu auch Stern 2000, 209–214).

449 Philippe Schlenker behauptet, dass im Falle der indirekten Wiedergabe von Gehalten (Attitude Reports) Kaplan'sche Monster vorkommen können. Wie in Abschnitt 4.2.4 erläutert wurde, sind Kaplan'sche Monster Operatoren über Kontexte. Kaplan hat in „Demonstratives" eingeräumt, dass diese logisch möglich sind, aber bestritten, dass sie im Englischen vorkommen *können* (vgl. Kaplan 1989a, 510). Schlenker argumentiert dagegen, dass Monster im Englischen und auch in anderen natürlichen Sprachen faktisch vorkommen. Als Beispiel nennt er u. a. den Ausdruck „two days ago". Nach Schlenker kann man einen Satz wie „John said that it had rained two days ago" sowohl so interpretieren, dass „two days ago" sich auf den Äußerungskontext von der Aussage selbst bezieht oder, dass es sich auf den Äußerungskontext bezieht, *in welchem John diese Aussage gemacht hat*. Dies ist nach Schlenker nur deswegen möglich, weil der Ausdruck „two days ago" eine Kontextvariable „c" besitzt, welche im Falle der indirekten Wiedergabe sowohl gebunden als auch frei vorkommen kann. Daraus wiederum schließt Schlenker, dass man indirekte Wiedergaben als Operatoren über Kontexte analysieren sollte, was nichts anderes als Kaplan'sche Monster sind (vgl. Schlenker 2003, 63–67). Aus diesem Umstand wiederum leitet Schlenker ab, dass Kaplans Theorie zugunsten eines Ansatzes aufgegeben werden muss, welcher Quantifizieren über Kontexte erlaubt und erklären kann, wie dies funktioniert. Schlenker selbst entwickelt hierfür ein eigenes Modell zur Analyse indexikalischer Ausdrücke (vgl. Schlenker 2003, 72–99). Inwieweit dieser Vorschlag von Schlenker überzeugend ist, kann an dieser Stelle nicht ausführlicher diskutiert werden. Nichtsdestotrotz sollten einige Überlegungen zu Schlenkers Argumenten festgehalten werden. Zunächst gibt es einen gewissen Spielraum in der Deutung der Beispiele, welche Schlenker vorbringt. Man könnte z. B. auch argumentieren, dass ein Ausdruck wie „two days ago" sowohl indexikalisch als auch nicht-indexikalisch gelesen werden kann. Diese Möglichkeit scheint, wie Perry gezeigt hat, auch bei Ausdrücken wie u. a. „er", „sie", „heute" oder

Vor dem Hintergrund der Diskussion der Einwände zeigt sich also insgesamt, dass es durchaus plausibel ist zu behaupten, dass metaphorische Interpretationen immer relativ zu dem tatsächlichen Äußerungskontext erfolgen müssen. Dementsprechend kann daran festgehalten werden, dass metaphorische Interpretationen neben den Kriterien (I 1) und (I 2) auch (I 3) erfüllen. Dies wiederum rechtfertigt es, metaphorischen Interpretationen von Ausdrücken insgesamt die Eigenschaft der Indexikalität zuzusprechen. Im Folgenden soll dargelegt werden, wie diesem Umstand bei der Beschreibung der linguistischen Eigenschaften von metaphorisch interpretierten Ausdrücken angemessen Rechnung getragen werden kann.

4.4 Die Grundstruktur der indexikalisch-ähnlichkeitsbasierten Metapherntheorie

4.4.1 Die linguistischen Eigenschaften von metaphorisch interpretierten Ausdrücken

Falls ein Ausdruck metaphorisch interpretiert wird, wird er nach signifikant anderen Regeln gedeutet, als wenn man ihn wörtlich versteht. Wie in den vorausgehenden, dem Punkt 4.3 zugeordneten Abschnitten ausführlich gezeigt wurde, teilt die metaphorische Deutung von Ausdrücken, in den allermeisten Fällen im Gegensatz zu der wörtlichen Deutung derselben Ausdrücke, z. B. wesentliche

„morgen" zu bestehen (vgl. Perry 2017, 979 – 981). Selbst wenn man zugesteht, dass es sich bei den von Schlenker angeführten Beispielen um Kaplan'sche Monster handelt, wäre das noch keine prinzipielle Widerlegung von Kaplans Theorie, weil er ja selbst zugesteht, dass Monster logisch möglich sind. Es würde daraus nur folgen, dass Kaplan sich in der Behauptung getäuscht hat, dass Monster im Englischen nicht vorkommen können. Auch im Falle von Monstern müssen die Referenzen indexikalischer Ausdrücke aber, wie es in Kaplans Theorie beschrieben wird, relativ zum Äußerungskontext bestimmt werden. Die Kaplan'schen Monster erlauben nur, dass dasjenige, was als Äußerungskontext gilt, verschoben werden kann. Dieses Phänomen tritt, wie gezeigt wurde, auch bei kontrafaktischen Konditionalkonstruktionen auf. Schlenker hat darüber hinaus das Problem erklären zu müssen, weshalb klassische indexikalische Ausdrücke wie „ich", „hier" oder „jetzt" in indirekter Wiedergabe *prinzipiell niemals* relativ zu anderen Kontexten gedeutet werden können. Es bleibt des Weiteren festzuhalten, dass Schlenkers Argumentation, selbst wenn man sie teilt, kein Argument gegen die tiefgreifende strukturelle Gemeinsamkeit zwischen der Interpretation klassisch indexikalischer und metaphorisch verstandener Ausdrücke darstellt. Wenn er Recht hätte, würde das nur zeigen, dass manche Indexikalia sich, wenn sie indirekt wiedergeben werden, etwas flexibler verhalten können, als Kaplans Theorie dies vorhersagt.

Charakteristika mit der Interpretation von klassischen Indexikalia.[450] Der Unterschied zwischen wörtlichen und metaphorischen Deutungen kann z. B. anhand folgender Sätze veranschaulicht werden.

(46) Franz ist ein Soldat.
(47) Lena hat sich ein Schloss gekauft.
(48) Mein Hund ist ein Schloss.

Wenn der Ausdruck „ist ein Soldat" in (46) wörtlich gedeutet wird, drückt er die Eigenschaft aus, zu der Menge von Menschen zu gehören, die bewaffnete Angehörige einer Armee sind. Wenn er hingegen metaphorisch interpretiert wird, werden damit relativ zum Äußerungskontext auf der Basis von Assoziationen mit dem Ausdruck „Soldat" bestimmte Eigenschaften ausgedrückt, die sinnvollerweise über Franz ausgesagt werden können. Dies könnte z. B. sein, dass Franz sehr pflichtbewusst ist, sich der Gemeinschaft unterordnet, oder einen rauen Umgangston hat. Eine solche Interpretation ist nun keine bereits allgemein festgelegte Deutung von „Soldat". Vielmehr muss sie in dem betreffenden Kontext erst neu erschlossen werden. Auch im Falle wörtlicher Interpretationen eines Ausdrucks kann es eine Form der Kontextsensitivität geben. Dies wird z. B. bei Fällen der lexikalischen Ambiguität deutlich, wie sie der Ausdruck „Schloss" in der Äußerung (47) besitzt. Allerdings unterscheidet sich diese grundsätzlich von einer metaphorischen Interpretation des Ausdruckes „Schloss", wie sie z. B. bei der Deutung von (48) vorgenommen werden kann. Hier wird nicht zwischen verschiedenen, fest mit dem betreffenden Ausdruck verbundenen Interpretationen ausgewählt. Stattdessen wird in diesem Fall die mit „Schloss" ausgedrückte Menge an Eigenschaften spezifisch für den Äußerungskontext erst neu bestimmt. Diese Interpretation stellt dementsprechend keine lexikalisierte, konventionelle Bedeutung des Ausdrucks „Schloss" dar.

Der Unterschied zwischen wörtlichen und metaphorischen Deutungen wird auch daran ersichtlich, dass im Falle metaphorischer Interpretationen, Eigennamen dazu genutzt werden können, Eigenschaften auszudrücken, die von Assoziationen hergeleitet werden, welche mit dem konventionellen Träger des jeweiligen Eigennamens verbunden sind, wie in:

(49) Josef ist ein Napoleon.

---

450 Es kann auch Fälle geben, in welchen Indexikalia metaphorisch bzw. figurativ gedeutet werden. Ein Beispiel hierfür wäre „Du bist von gestern", womit ausgedrückt werden soll, dass die betreffende Person in einer bestimmten Angelegenheit nicht mehr auf dem aktuellsten Stand ist.

(50) Markus ist wirklich ein Boris Johnson.

Wenn die Ausdrücke „Napoleon“ und „Boris Johnson“ hier metaphorisch verstanden werden, drücken sie Prädikate aus. Die konventionellen Referenzgegenstände dieser Ausdrücke dienen dann nur als Vehikel, um eine Menge von Eigenschaften zu erschließen, welche sinnvollerweise jeweils über Josef und Markus ausgesagt werden können. Dies steht in starkem Kontrast zu den möglichen wörtlichen Interpretationen der betreffenden Ausdrücke. Wenn man annimmt, dass Eigennamen grundsätzlich rigide designierende, singuläre Termini darstellen, erscheinen die unbestimmte Artikel in (49) und (50) insgesamt unpassend. Diese suggerieren nämlich, dass es mehrere Gegenstände gibt oder geben kann, auf welche die Eigennamen Bezug nehmen. Für gewöhnlich referieren Eigennamen aber immer auf *einen* bestimmten Gegenstand. Nun gibt es aber auch die Möglichkeit, dass Eigennamen wörtlich interpretiert als Prädikat verwendet werden, wie „Peter“ in „Wir haben drei Peter in der Klasse“. Analog könnte man (49) so lesen, dass von Josef hier ausgesagt wird, dass er „Napoleon“ heißt und (50), dass hier von Markus gesagt wird, dass er Träger des Namens „Boris Johnson“ ist. Manche Autoren gehen so weit zu behaupten, dass eine solche prädikative Verwendungsweise von Eigennamen die fundamentalere ist und dass die direkt referentielle, bzw. rigide desginierende Interpretation nur von der prädikativen Bedeutung abgeleitet ist.[451] Unabhängig davon, wie man sich in der äußerst verzweigten Debatte zwischen Referntialisten und Prädikativisten positioniert,[452] sollte klar sein, dass eine solche wörtlich verstandene prädikative Verwendungsweise sich kategorial von einer metaphorischen Deutung der Eigennamen unterscheidet. Im Falle einer metaphorischen Interpretation wird nicht nur auf ein Prädikat der Art „x ist der Träger von ‚N‘“ Bezug genommen, sondern zunächst auf eine bestimmte Person und auf der Basis von Präsuppositionen über diese Person wird dann in einem zweiten Schritt auf eine bestimmte Menge von Eigenschaften geschlossen, die dann wiederum von Josef bzw. Markus ausgesagt werden. Dieser erste Bezug auf eine bestimmte Person ist im Falle wörtlicher Deutungen von (49) und (50) nicht vorhanden. Dies zeigt besonders deutlich, wie

451 Ein Eigenname N drückt diesen Autoren gemäß die Eigenschaften „x ist der Träger von ‚N‘“ bzw. „x ist das Individuum, das ‚N‘ genannt wird“ aus (Vgl. u. a. Sloat 1969, Burge 1973, Bach 2002, Matushansky 2015, Fara 2015). Verteidigungen der Sichtweise, dass Eigennamen letztlich doch grundlegend und primär als singuläre Termini verstanden werden sollten, finden sich z. B. bei Robin Jeshion (2015, 2017), Dolf Rami (2014), Gail Leckie (2013), Anders Schoubye (2020) oder Junhyo Lee (2020).

452 Gute Darstellungen der Debatte finden sich u. a. bei Aidan Gray (Gray 2014) und Delia Fara (Fara 2015).

grundlegend metaphorische Deutungen die semantischen Eigenschaften von Ausdrücken verändern können.[453]

Die semantische Regel, gemäß welcher Ausdrücke interpretiert werden, wenn sie metaphorisch verstanden werden, soll im Folgenden „R-MET" genannt und wie folgt charakterisiert werden:

R-MET: Bei der Interpretation eines Ausdrucks φ nach der Regel R-MET wird, auf der Basis von den mit dem Ausdruck φ verbundenen Assoziationen, die relativ zu den im Äußerungskontext K vorhandenen Präsuppositionen gebildet werden, auf eine Menge von Eigenschaften P Bezug genommen. Diese Menge P wird entweder selbst Teil des propositionalen Gehaltes der Äußerung, in welcher der Ausdruck φ vorkommt, oder sie spielt eine wesentliche Rolle bei der Bestimmung dieses propositionalen Gehaltes. Diese Interpretation erfolgt gemäß der durch (I 1) bis (I 3) charakterisierten Eigenschaft der Indexikalität.[454]

---

453 Die Frage, inwieweit gewöhnliche kontextuelle Anpassungen von Interpretationen, die häufig immer noch als wörtliche Deutung wahrgenommen werden, auf einem Kontinuum mit metaphorischen Interpretationen liegen, wird ausführlicher in Abschnitt 5.2.7.1 im Rahmen der Diskussion kontextualistischer Metapherntheorien behandelt.

454 Diese semantische Regel ist an die Beschreibung der semantischen Regel für den lexikalischen Operator „Mthat" angelehnt, den Josef Stern für die Repräsentation metaphorischer Interpretationen auf der Ebene der logischen Form in die Debatte eingeführt hat (vgl. Stern 2000, 115; Stern 2006, 262; Stern 2011, 289). Es wird hier aber im Gegensatz zu Sterns Überlegungen auf die Postulierung eines lexikalischen Operators auf der Ebene der logischen Form verzichtet. Dies hat mehrere Gründe. Zunächst ist zu bemerken, dass die Analogie zu Kaplans Dthat, vor deren Hintergrund Stern Mthat entwickelt, problembehaftet ist. Wie in Abschnitt 4.2.5 erläutert wurde, beschreibt Kaplan in seinen „Afterthoughts" das Verständnis von Dthat als Operator, als das nicht von ihm intendierte. Er erläutert dort, dass er stattdessen eine Deutung von Dthat als Demonstrativum bevorzugt, das durch eine Beschreibung oder eine Geste vervollständigt wird. Kaplan räumt aber ein, dass es möglich ist, Dthat als Operator zu verstehen. In diesem Fall müsste eine Dthat-Konstruktion aber als syntaktisch komplex und als nicht direkt referentiell verstanden werden, weil diese aus dem Operator Dthat und einer Beschreibung besteht (vgl. Kaplan 1989b, 580 – 582). Stern entwickelt Mthat in Analogie zur Interpretation von Dthat als Operator, versteht Mthat-Konstruktionen aber als syntaktisch einfach. Sie sind nach Stern nur *lexikalisch komplex*. Aus diesem Grund sei Mthat ein lexikalischer und kein syntaktischer oder semantischer Operator (vgl. Stern 2011, 289). Diese Lesart ist allerdings mit keiner der von Kaplan vorgestellten Verständnismöglichkeiten von Dthat vereinbar. Es bleibt insgesamt unklar, was genau ein lexikalischer Operator sein soll. Stern scheint dabei zu versuchen, zwei sich ausschließende Lesarten von Dthat zu vereinen.

Des Weiteren ist die Postulierung eines Operators für metaphorische Interpretationen mit methodischen Problemen verbunden. Die Annahme, dass bei jeder metaphorischen Interpretation eines Ausdrucks ein bestimmter auf der Oberflächenstruktur der Sprache nicht erkennbarer Operator vorhanden ist, der diese Deutung auslöst, erscheint wenig überzeugend und befriedigend. Es suggeriert, dass es eigentlich bestimmte, nicht direkt erkennbare Operatoren sind, die erklären, wie metaphorisch verstandene Ausdrücke interpretiert werden. Dadurch wird eine

Im Gebrauch der natürlichen Sprache wird der Unterschied zwischen einer metaphorischen und einer wörtlichen Deutung für gewöhnlich nicht kenntlich gemacht. Dies geschieht nur in den seltenen Fällen, in denen man einem Ausdruck so etwas wie „im metaphorischen Sinne“ oder „im wörtlichen Sinne“ vorausgehen lässt. Deswegen soll, um in dieser Frage Klarheit zu schaffen, im Folgenden auf eine Darstellungsweise zurückgegriffen werden, bei der die Ausdrücke, die gemäß der Regel R-MET interpretiert werden, mithilfe des Kürzels „MET“ markiert werden. Falls ein Ausdruck auf der Ebene dieser Darstellungsform nicht mit diesem Kürzel markiert ist, wird angenommen, dass er wörtlich interpretiert wird. Die Ebene der Darstellungsform soll mithilfe der Rahmung der betreffenden Sätze durch „|...|“ gekennzeichnet werden. Mithilfe der eingeführten Darstellungsebene können z. B. die beiden Lesarten (51a) und (51b) von der Äußerung (51) unterschieden werden:

(51) Johannes ist ein Bürgermeister.
(51a) | Johannes MET[ist ein Bürgermeister]. |
(51b) | Johannes ist ein Bürgermeister. |

Menge zusätzlicher linguistischer Struktur postuliert. Catherine Wearing (vgl. Wearing 2006, 218–220) und Francesco P. Gentile (vgl. Gentile 2013, 260–265) kritisieren zu Recht, dass diese zusätzliche linguistische Struktur die Theorie von Stern sehr aufwendig und wenig attraktiv macht.

Mit der Beschreibung der semantischen Regel R-MET wird der Versuch unternommen, einige Elemente aus der Theorie von Stern herauszulösen, die tatsächlich sehr aufschlussreich für das Verständnis von Metaphern sind, ohne sich dabei auf die mit prinzipiellen Problemen behaftete Theorie eines lexikalischen Operators für metaphorische Interpretationen zu verpflichten. In der Tat scheint die Beschreibung einer solchen semantischen Regel, die der Interpretation metaphorisch verstandener Ausdrücke zugrunde liegt, dasjenige zu sein, was Stern letztlich im Blick hat. Die Einführung eines Operators verdeckt aber den Umstand, dass es die Interpreten sind, die Ausdrücke metaphorisch nach dieser Regel deuten. Sie werden dazu nicht durch bestimmte, nicht sichtbare Operatoren gebracht. Die Einführung eines Operators, um die metaphorische Interpretation von Ausdrücken zu erklären, hat praktisch keinen explantorischen Mehrwert, ist aber mit zahlreichen grundsätzlichen Problemen verbunden.

Ein weiterer wesentlicher Unterschied zwischen der Theorie von Stern und der indexikalisch-ähnlichkeitsbasierten Theorie, die in dieser Arbeit entwickelt wird, besteht darin, dass die semantische Regel, nach der metaphorisch verstandene Ausdrücke interpretiert werden, alleine nicht hinreichend für das Vorliegen von metaphorischen Interpretationen ist. Wie in Abschnitt 4.4.4 gezeigt wird, werden nämlich auch metonymische Deutungen gemäß derselben semantischen Regel interpretiert. Dementsprechend werden metaphorische Interpretationen, wie in Abschnitt 4.4.5 dargelegt wird, nach der in dieser Arbeit entwickelten Theorie neben der Interpretation eines Ausdrucks nach einer bestimmten semantischen Regel auch durch die spezifische Struktur der kognitiven Prozesse konstituiert, mit welchen die mit dieser Regel verbundenen Ansprüche an die Interpretation erfüllt werden.

Durch das Kürzel MET vor dem Ausdruck „ist ein Bürgermeister" in (51a) wird gekennzeichnet, dass dieser gemäß R-MET interpretiert wird. In (51b) ist keine solche Kennzeichnung vorhanden. Daher repräsentiert diese Darstellung eine Interpretation von (51), bei welcher alle Ausdrücke wörtlich gedeutet werden. Der Einfachheit halber werden hier alle wörtlichen Interpretationen von Ausdrücken zusammengefasst. Selbstverständlich erfolgt aber die Interpretation klassischer Indexikalia nach anderen semantischen Regeln als die Interpretation von z. B. Eigennamen, Verben oder Adjektiven. Was diese verschiedenen semantischen Regeln, welche als wörtliche Interpretation klassifiziert werden, verbindet, ist der Umstand, dass sie konventionell mit den betreffenden Ausdrücken verbunden sind. Metaphorische Interpretationen stellen signifikante Abweichungen von diesen konventionell mit den Ausdrücken verbundenen semantischen Regeln dar.

In Abschnitt 4.2.3 wurde der Character eines Ausdrucks als dessen deskriptiver Gehalt beschrieben, auf dessen Basis relativ zu einem Äußerungskontext ein propositionaler Gehalt erschlossen werden kann. Falls ein Ausdruck φ im Falle einer metaphorischen Interpretation gemäß einer signifikant anderen semantischen Regel gedeutet wird, als wenn er wörtlich verstanden wird, muss ihm folglich auch ein anderer Character als im Falle der wörtlichen Interpretation zugeschrieben werden. Die beschriebene Regel R-MET ist als eine konventionell festgelegte *schematische* Regel zu verstehen. Dies bedeutet, dass ihr Inhalt zwar durch Konventionen festgelegt ist, aber nicht konventionell mit einem bestimmten Ausdruck verbunden ist. Sie ist schematisch, weil sie ein Schema der Interpretation darstellt, welches auf viele verschiedene Ausdrücke angewendet werden kann. Als eine solche schematische Regel ist R-MET für sich genommen noch nicht der Character eines Ausdrucks, der metaphorisch gedeutet wird. Dieser besteht in der Kombination der Regel R-MET mit dem betreffenden Ausdruck φ. Diese Kombination, welche im Folgenden R-MET[φ] genannt werden soll, ist wiederum auch eine Regel, die aber spezifischer ist als die Regel R-MET für sich genommen. Es ist hier festgelegt, auf welchen Ausdruck sie angewendet wird. Diese spezifizierte Regel R-MET[φ] stellt den Character eines Ausdrucks dar, wenn dieser metaphorisch gedeutet wird. Unterschiedliche Ausdrücke φ und χ besitzen dementsprechend, wenn sie metaphorisch interpretiert werden, die unterschiedlichen Characters R-MET[φ] und R-MET[χ].

Der Character eines Ausdrucks darf nicht mit dem propositionalen Gehalt verwechselt werden, der mithilfe des Characters relativ zu einem bestimmten Äußerungskontext erschlossen wird. Der propositionale Gehalt eines Ausdrucks besteht bei metaphorischen Interpretationen, außer in Fällen, in denen metaphorische verstandene Ausdrücke in Subjektstellung rigidifiziert interpretiert werden[455], im Ergebnis der Interpretation eines Characters R-MET[φ] *relativ zu einem bestimmten Äußerungskontext K* und kann als R-MET[φ](K) wiedergegeben werden. Dieses Ergebnis stellt, wie in der Beschreibung von R-MET dargelegt wurde, wiederum eine Menge von Eigenschaften P dar. Der Character eines Ausdrucks φ, der metaphorisch verstanden wird, also R-MET[φ], besteht im Gegensatz dazu für sich genommen nur im allgemeinen Wissen darum, was es heißt, den Ausdruck φ metaphorisch und d. h. gemäß der Regel R-MET zu deuten.[456] Da die metaphorischen Deutungen von Ausdrücken je nach Kontext ganz unterschiedliche propositionale Gehalte erzeugen können, besitzen sie einen kontextsensitiven Character.

Der propositionale Gehalt ist, wie dargelegt wurde, dasjenige, was durch eine Äußerung ausgedrückt wird und für gewöhnlich den Gegenstand von Überzeugungen von Sprechern bildet. Er ist auch dasjenige, was relativ zu den Bewertungsumständen als wahr oder falsch eingestuft wird bzw. auf das bei anderen Sprechakten als Behauptungen die jeweiligen Erfüllungskriterien angewendet werden. Im Falle der Deutung von (51) hängt der damit ausgedrückte propositionale Gehalt wesentlich davon ab, nach welchen semantischen Regeln man die Ausdrücke interpretiert, die in (51) vorkommen. Die beiden propositionalen Gehalte, die jeweils den Formen der Interpretation von (51) zugeordnet werden, welche mit (51a) und (51b) dargestellt wurden, können z. B. wie folgt repräsentiert werden:

(51a*) $< J, P >$
(51b*) $< J, B >$

Hierbei gilt, dass „J“ für die Person „Johannes“, „B“ für die Eigenschaft „ist ein Bürgermeister“ und „P“ für die Menge an Eigenschaften, welche durch die metaphorische Interpretation von „ist ein Bürgermeister“ herausgegriffen werden, steht.

Solche propositionalen Gehalte können, wie in Abschnitt 3.3.4.1.3 beschrieben wurde, den Ausgangspunkt für sekundäre Operationen wie ironische Inter-

455 Vgl. dazu Abschnitt 4.4.2.

456 Wie in Abschnitt 4.4.5 erläutert werden wird, ist die Anwendung der Regel R-MET eine notwendige, aber keine hinreichende Bedingung für das Vorliegen metaphorischer Interpretationen. Auch metonymische Interpretationen von Ausdrücken folgen nämlich, wie in Abschnitt 4.4.4 gezeigt wird, der Regel R-MET. Demzufolge folgt aus dem Umstand, dass ein Ausdruck metaphorisch interpretiert wird, dass er gemäß der Regel R-MET gedeutet wird. Es folgt aber andersherum aus dem Umstand, dass ein Ausdruck gemäß der Regel R-MET gedeutet wird, nicht, dass er auch metaphorisch interpretiert wird.

pretationen, konversationelle Implikaturen oder indirekte Sprechakte bilden. Es wäre z. B. vorstellbar, dass jemand (51) äußert und der Rezipient, z. B. weil er weiß, dass Johannes kein Bürgermeister ist und auch weiß, dass der Sprecher dies weiß, darauf schließt, dass „ist ein Bürgermeister“ hier metaphorisch zu verstehen ist. Auf der Basis der Präsuppositionen, die der Rezipient über Bürgermeister besitzt, kann er dann z. B. auf den propositionalen Gehalt schließen, dass Johannes gute Führungsqualitäten besitzt und zugleich einen guten Kontakt zu den Leuten hält, welche er vertritt. Dieser Gehalt wiederum, der wahr oder falsch sein kann, kann dann wiederum als Grundlage für z. B. die konversationelle Implikatur bilden, dass der Sprecher vorschlagen möchte, dass Johannes die Leitung in einer bestimmten Organisation, wie z. B. der Ortsgruppe einer bestimmten Partei übernimmt. Der propositionale Gehalt kann aber auch die Grundlage für eine ironische Deutung bilden, mit der sich der Sprecher sarkastisch davon distanziert, dass Johannes Führungsqualitäten besitzt. Diese Beschreibung stellt selbstverständlich eine Abstraktion des tatsächlichen Interpretationsprozesses dar. Häufig werden die Rezipienten viele verschiedene Deutungen ausprobieren, um zu der im Kontext plausibelsten Interpretation zu gelangen. Ob man einen Ausdruck innerhalb einer Äußerung metaphorisch interpretiert, kann also auch davon abhängen, ob eine darauf aufbauende Deutung als sinnvoll und gegenüber den Annahmen über die Absichten des Sprechers als angemessen erscheint.

Auch bei metaphorischen Interpretationen besteht ein gewisser Spielraum der Deutung. Im Sinne der oben erläuterten Klassifizierung indexikalischer Ausdrücke, ist ein metaphorisch verstandener Ausdruck am besten mit weiten Ermessensindexikalia, wie „dieser“ oder „sie“ zu vergleichen. Bei der metaphorischen Interpretation von Ausdrücken wird nämlich ebenfalls auf den weiten Kontext Bezug genommen. Es werden hier nicht nur die Parameter Sprecher, Ort und Zeit verarbeitet, sondern alle für die Interpretation relevanten Präsuppositionen im Äußerungskontext. Für gewöhnlich wird bei der metaphorischen Interpretation von Ausdrücken ebenfalls auf die Absichten des Sprechers Bezug genommen. Und da diese nicht immer eindeutig festzulegen sind, besteht häufig ein gewisser Spielraum bei der metaphorischen Deutung von Ausdrücken. Mit der Bezeichnung des Ergebnisses der metaphorischen Interpretation eines Ausdrucks relativ zu einem Äußerungskontext K als „R-MET[φ](K)“ soll also nicht impliziert werden, dass die Regel R-MET ohne Bezug auf Sprecherabsichten festlegt, auf welche Menge von Eigenschaften sich der Character R-MET[φ] bezieht, wenn er relativ zum Äußerungskontext K interpretiert wird. R-MET[φ](K) soll vielmehr als Bezeichnung für das aus der Sicht des Interpreten angemessenste und plausibelste Ergebnis der Deutung von φ gemäß der Regel R-MET relativ zum Äußerungskontext K verstanden werden. Der Bezug auf Sprecherabsichten schließt selbstverständlich nicht aus, dass es häufig möglich ist, relativ genau zu bestimmen, worin die angemessenste Deutung eines metaphorisch verstandenen Ausdrucks in einem bestimmten Äußerungskontext besteht. Dies wird u. a. daran ersichtlich, dass auch bei der Deutung von Ausdrücken wie „jetzt“, „hier“, „dieser“ oder „sie“ in einem bestimmten Kontext, relativ genau bestimmt werden kann, was mit ihnen ausgedrückt wird, obwohl auch bei ihrer Deutung auf Sprecherabsichten Bezug genommen werden muss.

4.4.2 Metaphorische Interpretationen beziehen sich primär auf Mengen von Eigenschaften

Die Behauptung, dass metaphorische Interpretationen von Ausdrücken sich primär auf Eigenschaften beziehen, wurde bisher nur in Bezug auf Beispiele in der Art „A ist metaphorisch B“ veranschaulicht. Es gibt aber auch andere Formen, in denen metaphorische Interpretationen auftreten können. Dies kann anhand der folgenden Beispiele gezeigt werden, bei denen zur schnelleren Disambiguation, welcher Ausdruck metaphorisch interpretiert werden soll, die im letzten Abschnitt eingeführte Darstellungsweise verwendet wird:

(52) | Das ist eine MET[haarige] Angelegenheit. |
(53) | Jens MET[versinkt in] Schwermut. |
(54) | Leonie hat vor Eifersucht MET[brennend] das Café verlassen. |

In (52) wird das Adjektiv „haarig“ metaphorisch interpretiert, was zur Folge hat, dass der betreffenden Angelegenheit eine bestimmte Menge von Eigenschaften zugeschrieben wird. In Äußerung (53) wird das zweistellige Prädikat „(x) versinkt in (y)“ metaphorisch gedeutet. Das Ergebnis dieser Interpretation ist eine Eigenschaft (x) P (y), welche ebenfalls als zweistelliges Prädikat fungiert. In (54) wird nicht das Verb „verlassen“ metaphorisch gedeutet, sondern das Adverb „brennend“, welches wiederum durch die wörtlich zu verstehende Ergänzung „vor Eifersucht“ erläutert wird. Auch hier wird durch die metaphorische Interpretation eine bestimmte Menge von Eigenschaften herausgegriffen, mit welcher spezifiziert wird, in welchem Zustand Leonie war, als sie das Café verlassen hat.[457] Die

457 Es soll an dieser Stelle offen gelassen werden, ob die Regel R-MET auf jeden beliebigen Ausdruck angewendet werden kann. Es ist völlig unklar, was eine metaphorische Interpretation von Ausdrücken wie z. B. „und“, „oder“, „deswegen“, „ich“, „obwohl“ darstellen sollte. Es wäre hier zu fragen, ob die Anwendung von R-MET pragmatisch unsinnig oder tatsächlich logisch unmöglich ist. Für die weitere Argumentation ist die Beantwortung dieser Frage nicht weiter relevant, weil solche Ausdrücke faktisch nie metaphorisch interpretiert werden.

Beispiele (52)–(54) können also ohne Probleme mithilfe der entwickelten Theorie erklärt werden. Komplizierter in die vorgestellte Theorie zu integrieren sind Äußerungen, in denen die grammatikalischen Subjekte eines Satzes über eine metaphorische Interpretation eines Ausdruckes erschlossen werden, wie es bei folgenden beiden Äußerungen denkbar ist:

(55) Napoleon ist heute auch anwesend.
(56) Der Bürgermeister kommt immer zu spät.

Auf den ersten Blick scheinen diese Beispiele der vorgestellten Theorie zu widersprechen, weil die metaphorisch interpretierten Ausdrücke „Napoleon" und „der Bürgermeister" hier letztlich auf Gegenstände und nicht auf Eigenschaften referieren. Wenn man sich aber nur auf die möglichen Gegenstände der Referenz fokussiert, läuft man Gefahr, den Umstand aus den Augen zu verlieren, dass mithilfe der metaphorischen Deutung auch bestimmte Eigenschaften über diese Gegenstände ausgesagt werden. Es muss also erklärt werden, wie mit Sätzen wie diesen einerseits auf Gegenstände Bezug genommen werden kann und andererseits diesen Gegenständen bestimmte durch die metaphorischen Interpretationen der Ausdrücke erschlossene Eigenschaften zugeschrieben werden können. Ein möglicher Versuch, diese beiden Anforderungen zu erfüllen, besteht darin, die mit diesen Äußerungen ausgedrückten propositionalen Gehalte auf folgende Art und Weise zu paraphrasieren:

(55*) Die Person, welche die Menge der Eigenschaften R-MET[Napoleon](K) besitzt, ist heute auch anwesend.
(56*) Die Person, welche die Menge der Eigenschaften R-MET[der Bürgermeister](K) besitzt, kommt immer zu spät.

Der Ausdruck R-MET[φ](K) wurde oben als eine Abkürzung für das Ergebnis der Interpretation eines Ausdrucks φ gemäß der Regel R-MET relativ zu einem Äußerungskontext K eingeführt. Da es sich bei diesem Ergebnis, wie in R-MET festgelegt wurde, immer um eine Menge von Eigenschaften handelt, kann der Ausdruck R-MET[φ](K), wie dies in den Paraphrasen (55*) und (56*) geschehen ist, auch anstelle der Menge von Eigenschaften verwendet werden, die auf diese Weise erschlossen werden. Mithilfe der oben gewählten schematischen Form der Darstellung können die mit (55*) und (56*) paraphrasierten propositionalen Gehalte auch wie folgt wiedergegeben werden:

(55**) < Die x, von welcher gilt P(x), F >
(56**) < Die x, von welcher gilt Q(x), G >

Im Falle von (55**) steht „P“ für die Menge an Eigenschaften, die relativ zu dem Kontext K durch die Anwendung der semantischen Regel R-MET auf „Napoleon“ bestimmt werden, und „F“ für die Eigenschaft „ist heute auch anwesend“. Bei (56**) steht „Q“ für die Menge von Eigenschaften, welche durch die Anwendung der Regel R-MET auf den Ausdruck „der Bürgermeister“ relativ zu einem Äußerungskontext K erschlossen werden, und „G“ für die Eigenschaft „kommt immer zu spät“. Die Referenzgegenstände der Ausdrücke „Napoleon“ und „der Bürgermeister“ werden im Falle der metaphorischen Deutung also ganz wesentlich über bestimmte durch die metaphorische Interpretation dieser Ausdrücke erschlossene Eigenschaften charakterisiert. Deswegen erscheint es angemessen, auch bei diesen Fällen davon zu sprechen, dass mit den metaphorischen Interpretationen von Ausdrücken primär auf Eigenschaften Bezug genommen wird.

Es ist nun aber auch möglich, die metaphorischen Deutungen von „Napoleon“ und „der Bürgermeister“ in den Sätzen (55) und (56) *rigidifiziert* zu lesen. Es würde hier dann *genau die Person* fixiert werden, die im Äußerungskontext die betreffenden Eigenschaften besitzt. Dementsprechend ist es in einer rigidifizierten Lesart nicht mehr möglich, die Referenz dieser Beschreibung z. B. mithilfe von Modaloperatoren relativ zu kontrafaktischen möglichen Umständen der Bewertung zu interpretieren. Falls man Kaplans „Dthat“ zur Veranschaulichung dieser Lesarten verwendet, ergeben sich folgende Paraphrasen:

(55r) Dthat[Die Person, welche die Menge der Eigenschaften R-MET[Napoleon](K) besitzt], ist heute auch anwesend.
(56r) Dthat[Die Person, welche die Menge der Eigenschaften R-MET[der Bürgermeister](K) besitzt], kommt immer zu spät.

Wenn man Kaplans intendiertem Verständnis von Dthat folgt und Dthat-Beschreibungen als syntaktisch einfach und direkt referentiell versteht[458], dann ist der Beitrag, den diese Beschreibungen zum propositionalen Gehalt leisten, eine bestimmte Person, bzw. ein bestimmter Gegenstand. Mithilfe der oben eingeführten schematischen Darstellungsweise können die auf diese Weise paraphrasierten propositionalen Gehalte wie folgt repräsentiert werden:

(55r*) < a, F >
(56r*) < b, G >

458 Vgl. dazu Abschnitt 4.2.5.

Hierbei steht „a“ für die Person, welche durch die Dthat-Beschreibung „Dthat[Die Person, welche die Eigenschaften R-MET[Napoleon](K) besitzt]“ bestimmt wird, und „b“ für die Person, auf die mithilfe der Dthat-Beschreibung „Dthat[Die Person, welche die Eigenschaften R-MET[der Bürgermeister](K) besitzt]“ Bezug genommen wird. Im Fall solch rigidifizierter Lesarten sind die durch die metaphorischen Interpretationen bestimmten Mengen von Eigenschaften P und Q also nicht mehr Teil des mit diesen Äußerungen ausgedrückten propositionalen Gehaltes. Da solche rigidifizierten Lesarten prinzipiell möglich sind, wurde in der Beschreibung der semantischen Regel R-MET hinzugefügt, dass die Eigenschaften, auf die im Falle der Anwendung dieser Regel auf einen Ausdruck φ relativ zu einem Äußerungskontext Bezug genommen wird, nicht immer selbst Teil des propositionalen Gehaltes werden müssen, der mit der Äußerung ausgedrückt wird, in der φ vorkommt. Sie können gemäß dieser Beschreibung auch *eine entscheidende Rolle* bei der Bestimmung des propositionalen Gehaltes spielen. Diese entscheidende Rolle besteht in den skizzierten Beispielen darin, dass der Gegenstand, der als Teil des propositionalen Gehaltes aufgefasst wird, zunächst durch die Eigenschaften identifiziert werden muss, die auf der Basis der metaphorischen Interpretation der jeweiligen Ausdrücke erschlossen werden. In diesem spezifischen Sinne ist es auch in solchen Fällen plausibel anzunehmen, dass der Bezug auf eine Menge von Eigenschaften, im Falle einer metaphorischen Interpretation eines Ausdrucks *primär* ist.

Im Folgenden sollen der Status und die Rolle der Präsuppositionen genauer in den Blick genommen werden, auf die bei der Interpretation metaphorisch verstandener Ausdrücke Bezug genommen wird.

4.4.3 Metaphern und Präsuppositionen

4.4.3.1 Semantische und pragmatische Präsuppositionen

Das Konzept von Präsuppositionen hat seinen Ursprung in der berühmten Debatte, an der u. a. Bertrand Russell, Gottlob Frege und Peter Strawson beteiligt waren, wie man heutzutage einen Satz wie (57) sinnvoll einstufen kann, obwohl die definite Kennzeichnung in der Subjektstellung keine Referenz mehr besitzt.

(57) Der gegenwärtige König von Frankreich ist kahlköpfig.

Bertrand Russell hat in dem klassischen Aufsatz „On Denoting“ dafür plädiert, dass die logische Form des Satzes tatsächlich eine andere ist als die oberflächliche grammatikalische Struktur. Diese eigentliche logische Struktur des Satzes ermögliche es nach Russell dafür zu argumentieren, dass dieser Satz in einer Zeit, in der es keinen König von Frankreich mehr gibt, schlichtweg falsch ist. Mit dieser Analyse kann Russell folglich die problematische Folgerung vermeiden, dass es sinnvolle Sätze gibt, welche weder wahr noch falsch sind. Die logische Struktur dieses Satzes ist nach Russell folgendermaßen darzustellen:

(57*) $\exists x((KFx \land \forall y(KFy \rightarrow y=x) \land KKx)$

In dieser Formalisierung steht „KF" für das Prädikat „x ist der gegenwärtige König von Frankreich" und „KK" für das Prädikat „x ist kahlköpfig". Es wird mit (57) nun ausgedrückt, dass es etwas gibt, das König von Frankreich ist ($\exists x(KFx)$), dass es höchstens einen König von Frankreich gibt ($\forall y(KFy \rightarrow y=x)$) und dass dieser kahlköpfig ist (KKx). Wenn man diese Aussage in einer Zeit macht, in welcher es keinen König von Frankreich mehr gibt, ist nach Russell ganz einfach das erste Konjunkt des Satzes falsch und somit auch der ganze Satz, weil bei einer Konjunktion alle Glieder wahr sein müssen, damit sie als ganzes wahr ist.[459] Peter Strawson hat dieser Analyse von Russell nun dahingehend widersprochen, dass die Proposition „Es gibt einen König von Frankreich" nicht Teil der logischen Struktur der Aussage selbst ist, sondern eine *Voraussetzung* dafür, dass diese Aussage überhaupt erst einen Wahrheitswert besitzt. Wenn es keinen König von Frankreich gibt, ist es nach Strawson unsinnig zu sagen, dass die Aussage „Der gegenwärtige König von Frankreich ist kahlköpfig" als wahr oder falsch einzustufen ist. Ein kompetenter Sprecher würde sie einfach als auf einem Missverständnis beruhend zurückweisen.[460] Eine sehr ähnliche Analyse von Präsuppositionen findet sich auch schon bei Frege.[461] Zusammengefasst können Präsuppositionen demnach als Bedingungen dafür angesehen werden, dass man einer Aussage überhaupt einen Wahrheitswert zuschreiben kann. Ein daraus abgeleitetes Kriterium für die Identifikation von Präsuppositionen ist, dass eine Proposition Q von einer Proposition P präsupponiert wird, wenn sowohl die Wahrheit von P als auch die Falschheit von P die Wahrheit von Q voraussetzt.[462] Dieses Konzept von Präsuppositionen ist semantisch, weil Präsuppositionen hier durch logische Relationen zwischen Propositionen bzw. propositionalen Gehalten von Sätzen bzw. Äußerungen definiert werden.

Robert Stalnaker hat in den 1970er Jahren einem solchen semantischen Verständnis von Präsuppositionen ein pragmatisches gegenübergestellt. Gemäß

---

459 Vgl. Russell 1905, 490 f. Russell setzt hier eine revisionäre Auffassung von logischer Form voraus, die Schwächen der natürlichen Sprache beheben soll.

460 Vgl. Strawson 1950, 330 f.

461 Vgl. Frege 1892, 20 f.

462 Vgl. Beaver/Geurts 2014, 9 f.; Stern 2000, 117.

letzterem sind Präsuppositionen bestimmte Überzeugungen von Sprechern bzw. Teilnehmern an einer Konversation. Sie bilden in gewisser Hinsicht den Hintergrund, vor welchem Sätze bzw. Äußerungen verstanden und interpretiert werden. Im Gegensatz zum semantischen Verständnis werden sie nach Stalnaker aber eben primär den Teilnehmern der Konversation selbst und nicht den Interpretationen von Sätzen bzw. Äußerungen zugeschrieben.[463] Ein solches pragmatisches Verständnis scheint nun einige Vorteile gegenüber einem semantischen zu besitzen. Es ergeben sich zunächst Probleme in der Abgrenzung zwischen semantischen Implikationen und Präsuppositionen[464] sowie allgemeine Spannungen zu der gängigen Semantik von Konjuktion, Disjunktion oder Konditionalen.[465] Die Theorie der pragmatischen Präsuppositionen kann solche Probleme vermeiden, weil die Präsuppositionen hier nicht als *semantische* Eigenschaften der Sätze verstanden werden. Die Äußerung eines Satzes wie (57) in einem Kontext, in welchem die Präsupposition nicht geteilt wird, dass es gegenwärtig einen König von Frankreich gibt, würde dementsprechend nicht zu Problemen mit der Semantik von Satz (57) führen, sondern wäre schlichtweg ein misslungener Beitrag zu einer Konversation. Zudem bietet die pragmatische Analyse von Präsuppositionen noch den Vorteil, dass das Verhalten von Präsuppositionen viel dynamischer und flexibler aufgefasst werden kann. Präsuppositionen können so auf der Basis rationalen Verhaltens bzw. rationaler Kommunikation im Allgemeinen erklärt werden und müssen nicht starr und fest in die Semantik bestimmter Sätze integriert werden.[466] Prinzipiell schließt ein pragmatisches Verständnis von Präsuppositionen aber ein semantisches Verständnis nicht aus. Semantische Präsuppositionen könnten z. B. als eine Unterklasse der pragmatischen Präsuppositionen verstanden werden.[467] Es gibt aber auch Versuche, das Verständnis von semantischen Präsuppositionen so zu präzisieren, dass es den genannten Einwänden entgehen kann.[468] Wie erfolgsversprechend das Unterfangen ist, ein modifiziertes Verständnis semantischer Präsuppositionen zu entwickeln und wie genau dieses dann zu einem pragmatischen Verständnis ins Verhältnis gesetzt werden kann, ist an dieser Stelle nicht weiter relevant und soll deswegen auch nicht vertieft werden. Wenn in dieser Arbeit von Präsuppositionen gesprochen wird, soll damit immer ein pragmatisches Verständnis zugrunde gelegt werden.

---

463 Vgl. Stalnaker 1999a, 48–50.

464 Ein Satz wie „Sam erkennt, dass Q der Fall ist" scheint sowohl zu präsupponieren als auch semantisch zu implizieren, dass Q der Fall ist (vgl. Stalnaker 1999a, 54).

465 Vgl. u. a. Karttunen 1973, 182–188; Stalnaker 1973, 454–456; Stalnaker 1999a, 59 f.

466 Vgl. Stalnaker 1999a, 53–56.

467 Vgl. Karttunen 1973, 170.

468 Vgl. dazu Van Fraasen 1968.

Im Folgenden soll weiter expliziert werden, wie genau solche pragmatischen Präsuppositionen zu verstehen sind und welche Eigenschaften sie besitzen.

4.4.3.2 Eigenschaften pragmatischer Präsuppositionen

Nach Stalnaker sind pragmatische Präsuppositionen bestimmte Propositionen bzw. propositionale Gehalte. Sie zeichnen sich dadurch aus, dass der Sprecher dazu disponiert ist, so zu handeln, *als ob* er annimmt, dass diese Propositionen wahr sind und annimmt, dass auch die anderen Teilnehmer der Konversation annehmen, dass diese Propositionen wahr sind.[469] Ein Sprecher muss nach Stalnaker also nicht tatsächlich von derjenigen Proposition überzeugt sein, welche er präsupponiert. Es genügt, wenn er die Disposition besitzt, so zu handeln, *als ob* er von der Wahrheit dieser Proposition überzeugt ist. Es kann nach Stalnaker sogar auch der Fall auftreten, dass die Rezipienten erkennen, dass der Sprecher nicht von einer bestimmten Proposition überzeugt ist, sondern dies nur um der Verständlichkeit einer bestimmten Äußerung willen vorgibt. Er nennt dieses Phänomen „transparent pretense". Auch dies ändert nach Stalnaker nichts an dem Umstand, dass die besagte Proposition präsupponiert wird.[470] Stalnaker fasst diese verschiedenen Dispositionen, welche man auf präsupponierte Propositionen einnehmen kann, mit der Kategorie der Akzeptanz (Acceptance) zusammen. Um eine Proposition zu akzeptieren, muss man nicht tatsächlich von ihr überzeugt sein. Es genügt, wenn man sie für den Zweck einer bestimmten Konversation so behandelt, als ob sie wahr ist.[471]

Eine Proposition kann des Weiteren, wie erwähnt, nur dann eine Präsupposition eines Sprechers sein, wenn er davon überzeugt ist, dass auch andere Teilnehmer einer Konversation diese Überzeugung annehmen bzw. erkennen, dass er diese Überzeugung besitzt und sie daraufhin annehmen.[472] Eine Überzeugung, welche nur der Sprecher besitzt und von welcher er annimmt, dass auch nur er sie besitzt, kann gemäß Stalnaker also nicht als Präsupposition gelten, weil sie keinen Erklärungswert für eine Konversation besitzt, in welcher der Sprecher an-

469 Vgl. Stalnaker 1999b, 84.

470 Vgl. Stalnaker 1973, 448 f.

471 Vgl. Stalnaker 2002, 716.

472 In einer früheren Definition nennt Stalnaker als Bedingung dafür, dass eine Proposition als Präsupposition gilt, nur, dass neben der Disposition so zu handeln, als ob diese wahr ist, der Sprecher auch annehmen muss, dass die Rezipienten auch erkennen, dass er diese Disposition besitzt (vgl. Stalnaker 1973, 448). Man könnte diese beiden Charakterisierungen dahingehend harmonisieren, dass der Sprecher hier wohl annimmt, dass der Rezipient, sobald er erkennt, welche Überzeugungen der Sprecher als Hintergrundannahmen besitzt, diese zumindest für die Konversation auch übernehmen wird, um den Sprecher sinnvoll interpretieren zu können.

deren Teilnehmern etwas mitteilen möchte. Präsuppositionen sind dementsprechend immer Überzeugungen, von welchen ein Teilnehmer annimmt, dass sie Gemeingrund (Common Ground) unter den Teilnehmern einer Konversation sind. Eine Proposition φ ist nach Stalnaker dann Teil des Gemeingrundes einer Gruppe, wenn alle Mitglieder dieser Gruppe die Proposition φ akzeptieren und gleichzeitig auch die Überzeugung besitzen, *dass* alle Teilnehmer φ akzeptieren, sowie alle davon überzeugt sind, dass alle davon überzeugt sind, dass alle φ akzeptieren.[473] Ein Mitglied einer Gruppe weiß nicht unbedingt, ob seine Präsuppositionen tatsächlich Teil des Gemeingrundes der Konversation sind, sondern nimmt dies nur an. Nach Stalnaker besitzt jeder Teilnehmer an einer Konversation eine Kontext-Menge („context set"), welche in der Menge an Präsuppositionen besteht, die dem Teilnehmer zugeschrieben werden können. In einer Konversation treffen diese unterschiedlichen Kontext-Mengen der Teilnehmer der Gespräche dann aufeinander. Falls die Präsuppositionen der jeweiligen Teilnehmer divergieren, handelt es sich nach Stalnaker um einen mangelhaften („defective") Kontext. Falls die Kontext-Mengen übereinstimmen, handelt es sich hingegen um einen nicht mangelhaften („non-defective") Kontext. Es ist jedoch sehr unwahrscheinlich, dass jemals ein solcher nicht mangelhafter Kontext vorliegt, in welchem alle Teilnehmer einer Konversation alle Präsuppositionen teilen bzw. in welcher alle Propositionen, von welchen die Teilnehmer glauben, dass sie Teil des Gemeingrundes sind, auch tatsächlich Teil des Gemeingrundes sind. Offensichtlich können wir aber dennoch häufig erfolgreich miteinander kommunizieren, auch wenn die Präsuppositionen nicht vollständig übereinstimmen. Nach Stalnaker reicht dafür auch ein einigermaßen („close enough") übereinstimmender Kontext aus, in welchem die divergierenden Präsuppositionen nicht entscheidend für das Verständnis der Sätze bzw. Äußerungen sind, welche in einer Konversation ausgetauscht werden.[474]

Die Kontexte sind nach Stalnaker keine starren Gebilde, sondern verändern sich selbst im Laufe einer Konversation. Dabei gibt es für gewöhnlich eine Tendenz dahingehend, dass die Präsuppositionen der Teilnehmer einer Konversation sich angleichen und eine Art Equilibrum entsteht. Das liegt daran, dass koope-

473 Vgl. Stalnaker 2002, 716 f. Stalnaker schließt in seiner Definition auch weitere Meta-Überzeugungen über die Überzeugungen von Überzeugungen der Teilnehmer ein, indem er „etc." ergänzt. Es ist allerdings nicht klar, welchen Erklärungswert die Annahme solcher weiterer und noch höherstufiger Meta-Überzeugungen hat, weil diese wohl nur sehr selten von Teilnehmern einer Konversation gebildet werden. In den allermeisten Fällen werden die Meta-Überzeugungen nicht die erwähnte Stufe überschreiten, dass Mitglieder der Gruppe davon überzeugt sind, dass alle davon überzeugt sind, dass alle φ akzeptieren.

474 Vgl. Stalnaker 1999b, 84–86.

rative Teilnehmer versuchen, eine gemeinsame Basis an Präsuppositionen zu finden, weil nur so eine sinnvolle und erfolgreiche Kommunikation zustande kommen kann. Und dazu können auch im Verlauf der Konversation neue Präsuppositionen hinzugefügt und andere weggenommen werden.[475] Dieses Verhalten legt auch die Definition von Präsuppositionen nahe, weil diese, wie erläutert, keine bloß privaten Überzeugungen sein können. Der Sprecher muss im Falle einer Präsupposition auch überzeugt sein, dass die anderen Teilnehmer der Konversation sie für wahr halten. Aus diesem Grund wird jeder Teilnehmer einer Konversation versuchen zu eruieren, was tatsächlich den Gemeingrund der Konversation bzw. der betreffenden Gruppe darstellt. Eine Kommunikation wird demzufolge nicht in erster Linie deswegen defizitär, weil die Teilnehmer divergierende Überzeugungen bzw. Weltbilder besitzen, sondern weil sie *fälschlicherweise glauben*, dass bestimmte Propositionen innerhalb der betreffenden Gruppe als Gemeingrund angesehen werden können. Schädlich für Konversationen sind also unterschiedliche Präsuppositionen und nicht unterschiedliche Überzeugungen *per se*.

Mit dieser Charakterisierung von Präsuppositionen ist nun aber noch nicht in den Blick genommen worden, wie genau bestimmte Äußerungen mit Präsuppositionen interagieren. Äußerungen sind offensichtlich nicht nur Elemente, welche vor dem Hintergrund von Präsuppositionen funktionieren, sondern auch dazu in der Lage, bestimmte Präsuppositionen in den Kontext einzuführen. Im Rahmen eines pragmatischen Verständnisses von Präsuppositionen kann man diese als Bedingungen dafür verstehen, damit eine Äußerung gelingen kann, d. h., dass sie im Rahmen einer Konversation einen sinnvollen Beitrag leisten kann. Was genau als sinnvoller Beitrag zu einer Konversation gilt, wird wiederum anhand von Regeln rationaler sozialer Kooperation bestimmt. Die Interaktion von Äußerungen mit bestimmten Präsuppositionen soll an folgenden Beispielen verdeutlicht werden:

(58) Peter hat Paul das Buch zurückgegeben.
(59) Miriam und ihr Mann gehen heute Abend ins Kino.
(60) Leonie hat einige Gäste auf unserer Party angesteckt.
(61) Es ist möglich, dass Leonie einige Gäste auf der Party angesteckt hat.
(62) Wenn Leonie einige Gäste auf unserer Feier angesteckt hat, dann war es nicht klug sie einzuladen.

475 Vgl. Stalnaker 1999b, 86.

Die Äußerung von Satz (58) ist für gewöhnlich mit den Präsuppositionen verbunden, dass (a) Peter das Buch für eine gewisse Zeit besessen hat, dass (b) das Buch vorher schon einmal im Besitz von Paul war, und dass (c) Peter Paul nur ein und nicht mehrere Bücher zurückgegeben hat. Es kann nun sein, dass diese Präsuppositionen vor der Äußerung von (58) nicht Teil des gemeinsamen Kontextes der Konversationsteilnehmer waren. Falls einer der Sprecher diese Äußerung macht, müssen die Rezipienten aber die erwähnten Präsuppositionen übernehmen, damit (58) als ein gelungener Beitrag zur Konversation verstanden werden kann. Wenn einer der Sprecher aber z. B. die Präsupposition besitzt, dass das besagte Buch Peter gehört und Paul es nie besessen hat, muss die Aussage (58) als unangemessen zurückgewiesen werden. Es ist des Weiteren durchaus vorstellbar, dass durch die Äußerung von Satz (59) die Präsupposition, dass Miriam verheiratet ist, erst in den Kontext der Konversation eingeführt wird, weil die Rezipienten z. B. im Vorfeld nicht wussten, dass Miriam einen Mann hat. Präsuppositionen sind somit zwar Voraussetzungen für die Verständlichkeit und Angemessenheit von Äußerungen, sie müssen diesen aber nicht auch *zeitlich* vorausgehen. Dieses Phänomen der dynamischen Anpassung von Präsuppositionen in der Konversation, welches bereits von Karttunen[476] und Stalnaker[477] beschrieben wurde, wird in der gegenwärtigen Debatte allgemein in Anlehnung an David Lewis als „Accommodation" bezeichnet[478] und soll dementsprechend im Folgenden „Akkomodation" genannt werden.

Schließlich soll noch das Phänomen der Projektion und des Löschens von Präsuppositionen kurz erläutert werden. Satz (60) präsupponiert z. B., dass Leonie an einer ansteckenden Krankheit gelitten hat, als sie auf die erwähnte Party gegangen ist. Andernfalls wäre es nicht möglich gewesen, dass sie andere Leute angesteckt hat. Ebenso wird auch präsupponiert, dass Leonie tatsächlich auf der Party war. Wenn man diese Aussage mit einem Modaloperator verbindet wie in (61), wird aber nur die Präsupposition „projiziert", dass Leonie auf die Party gegangen ist, aber nicht, dass sie tatsächlich eine ansteckende Krankheit hatte. Diese letztere Präsupposition wird also „gelöscht". In Satz (62) wird der Satz (60) als Antezedens in einer Konditionalkonstruktion verwendet. Auch hier wird die Präsupposition gelöscht, dass Leonie schon eine ansteckende Krankheit hatte, als sie auf die Party gekommen ist, aber nicht, dass sie überhaupt auf die Feier gekommen ist. Es stellt sich hierbei insgesamt die Frage, weshalb manche Präsuppositionen, wenn ein Satz z. B. in Modal- oder Konditionalkonstruktionen einge-

476 Vgl. Karttunen 1974, 191.
477 Vgl. Stalnaker 1999b, 85 f.; Stalnaker 1998, 9 f.
478 Vgl. Lewis 1979b, 340.

bunden wird, projiziert werden und andere nicht. Insgesamt wird diese Fragestellung als das „Projektionsproblem“ behandelt.[479] Im Folgenden soll die Rolle pragmatischer Präsuppositionen bei der Interpretation von Metaphern genauer untersucht werden.

4.4.3.3 Die Rolle pragmatischer Präsuppositionen bei der Interpretation von Metaphern

Gemäß der semantischen Regel R-MET werden metaphorische Interpretationen von Ausdrücken immer relativ zu den Präsuppositionen im Äußerungskontext vorgenommen. Dabei ist es in den meisten Fällen nicht so, dass Metaphern bestimmte Präsuppositionen hervorrufen, um angemessen interpretiert werden zu können. Stattdessen ist die Interpretation der Metaphern in hohem Maße davon abhängig, welche Präsuppositionen in einem bestimmten Kontext vorhanden sind. So hängt die Interpretation des angeführten Beispiels (27) „Der Pförtner ist ein Gorilla“ stark davon ab, welche Präsuppositionen die Teilnehmer der Konversation über Gorillas besitzen. Wenn Gorillas z. B. unter Zoologen als besonders sensibel und empathiefähig angesehen werden, wird die Metapher anders interpretiert, als wenn die geteilten Präsuppositionen sind, dass Gorillas besonders gefährlich und aggressiv sind. Je konventioneller eine bestimmte metaphorische Interpretation eines Ausdrucks allerdings wird, desto mehr ist sie auch dazu in der Lage, spezifische Präsuppositionen in den Äußerungskontext einzuführen.[480] Besonders relevant für Metaphern ist der erläuterte Umstand, dass man von den präsupponierten Gehalten nicht wirklich überzeugt sein muss. Damit eine Proposition die Rolle einer Präsupposition einnimmt, genügt es, wie erläutert, wenn der Sprecher so handelt, *als ob* er von der Wahrheit der jeweiligen Proposition überzeugt ist. Für die Interpretation der Äußerung (63) werden z. B. bestimmte Annahmen benötigt, welche heutzutage von den meisten Menschen für falsch gehalten werden.

(63) Kripke ist ein Alchemist.

Diese Metapher kann man so deuten, dass Saul Kripke dazu in der Lage ist, durch die geschickte Kombination allgemeinverbreiteter, gewöhnlicher Überzeugungen besonders „wertvolle“, d. h. philosophisch besonders interessante neue Einsich-

---

479 Vgl. grundlegend hierzu: Langendoen and Savin 1971; Karttunen 1973, 171–173; Stalnaker 1999a, 56–60. Ein guter Überblick über die Diskussion des Projektionsproblems findet sich in Beaver/Geurts 2014, 5–9.

480 Vgl. Stern 2000, 125 f.

ten hervorzubringen. Diese Interpretation beruht auf der Präsupposition, dass Alchemisten aus gewöhnlichen Materialien das wertvolle Edelmetall Gold herstellen konnten. Selbstverständlich weiß aber jeder einigermaßen gebildete Mensch heutzutage, dass Alchemisten dazu nie in der Lage gewesen sind. Die Metapher (63) kann aber dennoch erfolgreich auf der Basis der genannten Präsupposition interpretiert werden.

Josef Stern bemüht sich darum, genauer zu explizieren, wie sich die pragmatischen Präsuppositionen bei der Interpretation von Metaphern verhalten. Es ist zunächst offenkundig, dass je nach den im jeweiligen Kontext vorhandenen Präsuppositionen eine Metapher mehr oder weniger angemessen sein kann. Nach Stern müssen zur Beurteilung der Angemessenheit einer Metapher zwei Mengen von Präsuppositionen unterschieden werden, welche zwei verschiedene Rollen bei der Interpretation von Metaphern einnehmen. Diese Mengen nennt er „A(ssertion)-set" und „I(nterpretation)-set". In Anlehnung an Sterns Begrifflichkeit sollen diese Mengen im Folgenden als „A-Menge" und „I-Menge" bezeichnet werden. Die A-Menge umfasst diejenigen Präsuppositionen im Kontext einer Konversation, relativ zu welchen die Angemessenheit des propositionalen Gehaltes bewertet wird, der mit einer Metapher ausgedrückt wird. Die I-Menge hingegen umfasst diejenigen Präsuppositionen, relativ zu welchen die Interpretation der Metapher erschlossen wird. Die Unterscheidung der beiden Mengen von Präsuppositionen ist nach Stern notwendig, weil diese nicht nur verschiedene Rollen erfüllen, sondern auch verschiedene Mengen von Präsuppositionen umfassen können.[481] Der Unterschied zwischen der A- und der I-Menge wird bei der Interpretation von (63) besonders deutlich. Für die Interpretation dieser Metapher kann man die Präsupposition annehmen, dass Alchemisten tatsächlich aus gewöhnlichen Materialien wie Eisen Gold produzieren konnten. Deswegen ist diese Präsupposition Teil der I-Menge. Sie ist aber für gewöhnlich nicht Teil der A-Menge. Es wäre dementsprechend schlecht, wenn der propositionale Gehalt, der in einem Kontext mit (63) ausgedrückt wird, voraussetzen würde, dass Alchemisten wirklich diese Fähigkeit besaßen. Offensichtlich tut er dies aber auch nicht. Die Behauptung, dass Kripke aus gewöhnlichen Ideen besonders tiefgreifende außergewöhnliche Ideen hervorbringen kann, setzt, um einen angemessenen Beitrag zu einer Konversation darstellen zu können, nicht voraus, dass Alchemisten wirklich Gold herstellen konnten.

---

481 Vgl. Stern 2000, 127f. Man könnte an dieser Stelle die Überlegungen von Stern noch dahingehend ergänzen, dass die A- und die I-Mengen jeweils nur diejenigen Präsuppositionen umfassen, welche *relevant* für die Interpretation bzw. Bewertung der betreffenden Metaphern sind.

Nach Stern gelten auch bei der Kommunikation mit Metaphern gewisse Regeln für rationale und kooperative Kommunikation, welche sowohl das Verhältnis einer Äußerung zur A-Menge als auch zur I-Menge betreffen. Bezüglich der A-Menge gilt nach Stern, dass bei der Interpretation einer Metapher sowohl Inkonsistenz als auch Redundanz zu den Präsuppositionen in der A-Menge vermieden werden soll. Dies hat wiederum zur Folge, dass nach I-Mengen gesucht wird, auf deren Basis propositionale Gehalte erschlossen werden können, die relativ zur A-Menge weder inkonsistent noch redundant sind.[482] Es besteht aber auch die Möglichkeit, dass der mit einer Metapher ausgedrückte propositionale Gehalt tatsächlich inkonsistent oder redundant relativ zur A-Menge ist, aber angenommen wird, dass der Sprecher diesen Gehalt als Anlass für z. B. eine konversationelle Implikatur oder eine ironische Interpretation verstanden wissen will. Wenn Satz (63) z. B. in einem Kontext geäußert wird, in dem Saul Kripke als kein besonders origineller Philosoph angesehen wird, könnte man die Äußerung immer noch als ironisch oder sarkastisch gemeint verstehen. Die Spannung zur A-Menge kann aber auch dazu führen, dass man zur I-Menge die Präsupposition hinzufügt, dass Alchemisten tatsächlich Quacksalber und Blender waren. Dann ergibt sich die Interpretation der Metapher, dass Kripke ein Quacksalber ist, der die Leute letztlich nur täuscht. Eine solche Interpretation wäre wieder konsistent mit der A-Menge des skizzierten Kontextes und muss nicht mehr mithilfe z. B. einer ironischen Interpretation in Einklang mit den Prinzipien rationaler und kooperativer Kommunikation gebracht werden.[483]

Sterns Unterscheidung einer A-Menge und einer I-Menge von Präsuppositionen ist sehr überzeugend und hilft dabei, mehr Klarheit in die Struktur des Interpre-

482 Vgl. Stern 2000, 127 f.

483 Man sollte nach Stern eine Metapher ebenfalls nicht so interpretieren, dass ihre Deutung inkonsistente Präsuppositionen innerhalb der I-Menge voraussetzt. Beispiele, an denen die Unangemessenheit solcher Inkonsistenzen in der I-Menge deutlich wird, sind sogenannte „gemischte Metaphern". Der Satz „Das Schiff des Staates fährt in die falsche Richtung in einer Einbahnstraße" erscheint z. B. als unangemessen, weil der Staat hier zugleich metaphorisch als Schiff und als Fahrzeug, das in eine Einbahnstraße fährt, konzeptualisiert wird. Das sind aber zwei inkonsistente Bilder, weil ein Schiff keine Einbahnstraßen benutzen kann. Gemischte Metaphern müssen aber nicht notwendig unangemessen sein. Der Satz „Es ist nicht weise, mit Waffen gegen ein Meer aus Problemen zu kämpfen" scheint z. B. angemessen zu sein, weil der damit ausgedrückte Gehalt durch die Spannung zwischen den verschiedenen metaphorischen Konzeptualisierungen (mit Schwertern kämpft man normalerweise nicht gegen Wasser) gut veranschaulicht bzw. bekräftigt wird. Es scheint also der Fall zu sein, dass Inkonsistenzen innerhalb der I-Mengen teilweise zu gemischten Metaphern führen, die pragmatisch unangemessen sind, teilweise aber auch zu solchen, die produktiv für den Ausdruck eines bestimmten Gehaltes sind (vgl. Stern 2000, 129 f.).

tationsprozesses von Metaphern zu bekommen. Die Indexikalität metaphorischer Interpretationen kann vor diesem Hintergrund u. a. so expliziert werden, dass die I-Menge, relativ zu der metaphorisch verstandene Ausdrücke interpretiert werden, immer nur Präsuppositionen beinhalten kann, die im betreffenden Äußerungskontext vorhanden sind. Die I-Menge geht insofern über die A-Menge hinaus, als in dieser auch stereotype Ansichten involviert sein können, die für bestimmte Interpretationen als hilfreich angesehen werden, die aber für falsch gehalten werden und von denen man auch glaubt, dass die anderen Teilnehmer der Konversation sie für falsch halten. Auch in einem Kontext, in dem die Präsupposition geteilt wird, dass Gorillas feinfühlig und sanftmütig sind, ist es z. B. möglich, dass die Äußerung von (27) so interpretiert wird, dass über den betreffenden Pförtner ausgesagt wird, dass er besonders aggressiv und gewalttätig ist. Ein Grund hierfür kann sein, dass der Gehalt, dass der Pförtner besonders sanft und einfühlsam ist, inkonsistent mit der A-Menge der Präsuppositionen ist, weil im Äußerungskontext z. B. deutlich ist, dass der Pförtner diese Eigenschaften nicht besitzt. An dieser Stelle können dann die Präsuppositionen, dass Gorillas besonders aggressiv und gewalttätig sind, in die I-Menge aufgenommen werden. Es besteht bei der Deutung von Metaphern also auch in einem gewissen Maße die Möglichkeit, Akkomodation vorzunehmen, weil je nach Kontext unterschiedliche Präsuppositionen in die I- Menge aufgenommen werden können. Diese gewisse Flexibilität in der Wahl der für die Metapher relevanten Präsuppositionen ist aber nicht beliebig groß. Es kann hier nur auf Präsuppositionen zurückgegriffen werden, welche im Äußerungskontext erschließbar sind. Falls (27) z. B. in einem Kontext gemacht wird, in welchem keiner weiß, dass Gorillas gemäß den Erkenntnissen der Biologie als besonders einfühlsam und friedfertig einzuschätzen sind, ist es auch nicht möglich, dass diese Ansichten Teil der I-Menge von Präsuppositionen werden.

Interessant für die Deutung von Metaphern ist auch das Verhalten von Präsuppositionen in kontrafaktischen Konditionalkonstruktionen. Gemäß Robert Stalnaker wird durch das Antezedens kontrafaktischer Konditionalsätze ein abgeleiteter temporärer Kontext (derived temporarily context) etabliert. Das Konsequens wird nun vor dem Hintergrund der Präsuppositionen in diesem abgeleiteten temporären Kontext gedeutet und nicht relativ zu den Präsuppositionen, welche unabhängig von der Konditionalkonstruktion vorhanden sind.[484] Dies bestätigt die in Abschnitt 4.3.2.2 vorgeschlagene Interpretation der Sätze (36) und (37), wonach sich durch das Antezedens in den kontrafaktischen Konditionalkonstruktionen der Kontext ändert, sodass ein abgeleiteter temporärer Kontext etabliert wird. Daraus folgt, dass für metaphorisch verstandene Ausdrücke, die im

484 Vgl. Stalnaker 1998, 17.

Konsequens vorkommen, der faktische Kontext derjenige ist, der durch das Antezedens etabliert wird. Deswegen können die erwähnten Interpretationen der Sätze (36) und (37) auch nicht als Ausnahme der erläuterten Regel angesehen werden, dass metaphorisch verstandene Ausdrücke immer relativ zu dem faktischen Äußerungskontext interpretiert werden müssen.

Insgesamt erweist sich die Theorie pragmatischer Präsuppositionen als fruchtbar für die Erklärung von Metaphern. Es ist für das Verständnis von Metaphern wesentlich, dass Sprecher und Rezipienten dieselben oder zumindest ähnliche Präsuppositionen besitzen, welche wiederum die Basis für die Deutung von Metaphern bilden. Je lebendiger eine Metapher ist, desto mehr ist sie abhängig von den jeweiligen Präsuppositionen, welche im Äußerungskontext geteilt werden. Besonders interessant ist auch die Einsicht, dass eine Menge von Präsuppositionen nicht nur statisch vorhanden ist, sondern sich im Laufe einer Konversation dynamisch entwickeln kann. Auch die vorgeschlagene Trennung der I-Menge von der A-Menge darf nicht zu statisch verstanden werden. Faktisch werden mögliche Interpretationen einer Metapher immer wieder danach beurteilt, wie angemessen die auf ihnen beruhenden Beiträge zu einer Konversation sind. Es wird also geprüft, ob sie konsistent bzw. redundant zur A-Menge der Präsuppositionen sind. Welche Präsuppositionen Teil der I-Menge sind, relativ zu der eine Metapher gedeutet wird, ist häufig immer erst im Nachhinein zu spezifizieren. Während des Deutungsprozesses werden unter Umständen Ergebnisse von Deutungen relativ zu verschiedenen I-Mengen miteinander verglichen. Des Weiteren dürfen die I-Mengen an Präsuppositionen nicht schon als hinreichend für die Erschließung eines mit einer Metapher ausgedrückten propositionalen Gehaltes angesehen werden. Die I-Menge von Präsuppositionen, welche der Deutung von z. B. der Äußerung „Julia ist die Sonne“ zugrunde gelegt wird, kann in einem bestimmten Kontext die Basis für zahlreiche verschiedene Assoziationen mit „Julia“ und „der Sonne“ bilden. Welche Menge an Eigenschaften genau durch die Metapher ausgedrückt wird, muss, wie ausführlich in Kapitel 2 erläutert wurde, u. a. anhand von Ähnlichkeitsüberlegungen bestimmt werden. Bevor genauer expliziert wird, wie die Ähnlichkeitsüberlegungen mit den jeweiligen Präsuppositionen interagieren, soll noch gezeigt werden, dass die Deutung eines Ausdrucks gemäß der semantischen Regel „R-MET“ für sich genommen noch nicht hinreichend für die Konstitution einer metaphorischen Deutung ist.

4.4.4 Metaphorische Interpretationen werden nicht nur über linguistische Eigenschaften von Ausdrücken konstituiert

Um zu verdeutlichen, dass Fälle der Anwendung der semantischen Regel R-MET nicht auf metaphorisch verstandene Ausdrücke beschränkt sind, soll das Stilmittel der Metonymie genauer in den Blick genommen werden. Klassischerweise wird die Metonymie derart von der Metapher abgegrenzt, dass im Rahmen von ersterer Übertragungen zwischen benachbarten Gegenstandsbereichen vorgenommen werden. Die Deutung von Metonymien beruht dementsprechend nicht primär auf Ähnlichkeitsrelationen zwischen heterogenen Gegenstandsbereichen, sondern auf der Relation der Kontiguität.[485] Ein Beispiel für eine Metonymie wäre,

---

485 Der Auctor ad Herennium, der die Metonymie mit dem lateinischen Namen Denominatio bezeichnet, schreibt z. B.: „Die Denominatio ist eine Figur, welche von benachbarten und angrenzenden Sachen (ab rebus propinquis et finitimis) den Ausdruck hernimmt, durch welchen die Sache, die nicht mit ihrem Wort benannt wird, verstanden werden kann“ (Auctor ad Herennium, Rhetorica ad Herennium, IV, 32 V. 48, Übers. nach Eggs 2001b, 1198). Quintilian ordnet der Metonymie die Interpretation eines Ausdrucks nach den Relationen Erfinder – Erfindung, Eigenschaften – Träger der Eigenschaften, Behälter – Inhalt des Behälters und Ursache – Wirkung zu. Quintilian bemerkt aber, dass die Aufzählung dieser Relationen nicht erschöpfend für die Metonymie ist. Es ließen sich auch weitere Relationen nach einem ähnlichen Prinzip bilden. Für Quintilian wäre z. B. eine Äußerung wie „Er hat eine Tasse getrunken“ eine Metonymie nach der Relation Behälter – Inhalt des Behälters. Ebenso handelt es sich um eine Metonymie, wenn man sagt „60000 Mann wurden von Hannibal erschlagen“, wobei gemeint ist, dass die Armee von Hannibal 60000 Mann erschlagen hat (vgl. Quintilian, Institutio Oratoria VIII, 6, Abschnitte 23 – 28, in: Quintilian 2001, 436 – 441). Im Rahmen der kognitiven Linguistik wird der Unterschied zwischen metaphorischen und metonymischen Übertragungen vor allem über die bei der Interpretation involvierten konzeptuellen Domänen beschrieben. Im Falle von Metaphern werden demnach zwei unterschiedliche konzeptuelle Domänen ins Verhältnis gesetzt, wobei eine partielle Übertragung von einer Ausgangs- auf eine Zieldomäne vorgenommen wird. Im Falle von Metonymien hingegen findet die Übertragung innerhalb einer einzelnen konzeptuellen Domäne statt (vgl. Lakoff 1987, 288). Lakoff/Turner betonen darüber hinaus, dass metonymische Interpretationen im Gegensatz zu metaphorischen hauptsächlich zur Bestimmung von Referenzen genutzt werden und dass im Rahmen von metonymischen Deutungen eine Entität innerhalb eines Schemas für eine andere Entität im selben Schema oder für ein Schema als Ganzes stehen kann (vgl. Lakoff/Turner 1989, 103 f). William Croft hat sich darum bemüht, die Analyse von Metonymien im Rahmen der kognitiven Linguistik noch weiter zu präzisieren, indem er Metaphern und Metonymien über die involvierten Gebiets-Matrizen (Domain Matrices) unterscheidet. Solche Gebiets-Matrizen stellen die verschiedenen konzeptuellen Domänen dar, welche mit einem bestimmten Konzept verbunden sind. So ist das Konzept „Mensch“ z. B. u. a. mit den konzeptuellen Domänen „physischer Gegenstand“, „Lebewesen“, „volotionaler Akteur“ etc. verbunden (vgl. Croft 2003, 197). Im Falle von Metaphern werden nun verschiedene Domänen miteinander ins Verhältnis gesetzt, welche nicht Teil derselben Gebiets-Matrix sind. Im Falle von Metonymien wenn man „Berlin hat ein neues Einwanderungsgesetz beschlossen" sagt, um auszudrücken, dass die Abgeordneten im deutschen Bundestag ein neues Einwanderungsgesetz beschlossen haben. Der Schluss auf die Abgeordneten basiert nicht auf Ähnlichkeiten zwischen diesen und der Stadt Berlin, sondern auf dem Umstand, dass sich das Parlament, in dem sie das Einwanderungsgesetz beschlossen haben, in Berlin befindet. Es ist insgesamt schwierig, die Metonymie streng von der Synekdoche abzugrenzen. Diese wird als Interpretation eines Ausdrucks basierend auf Relationen wie Genus – Spezies, Teil – Ganzes, Antezedens – Konsequenz oder Vieles – Eines verstanden.[486] Beispiele für Synekdochen wären „Wir haben viele schlaue Köpfe", wenn „schlaue Köpfe" dafür verwendet wird, um schlaue Menschen zu bezeichnen oder „Der Deutsche liebt die Ordnung", um auszudrücken, dass die Deutschen im Allgemeinen die Ordnung lieben. Synekdochen können aber ebenso als Relationen beschrieben werden, bei welchen benachbarte Dinge innerhalb eines Gegenstandsbereiches bzw. Begriffsfeldes in Beziehung gesetzt werden. U. a. Stephen Ullman und Roman Jakobson subsumieren aus diesem Grund die Synekdoche unter die Metonymie, welche sie allgemein als auf Kontiguitätsrelationen basierend beschreiben.[487] Die Diskussion über mögliche Arten der Verhältnisbestimmung zwischen Metonymie und Synekdoche soll im Folgenden nicht weiter vertieft werden. Es soll der Einfachheit halber ein weiter Begriff von Metonymie vorausgesetzt werden, der auch dasjenige umfasst, was klassischerweise mit „Synekdoche" bezeichnet wird. Analog zu der Verwendung des Ausdrucks „Metapher" soll „Metonymie" in dieser Arbeit so gebraucht werden, dass damit Sätze bezeichnet werden, in denen Ausdrücke metonymisch interpretiert werden.

Zunächst besitzen die metonymischen Interpretationen von Ausdrücken, ebenso wie die metaphorischen, die Eigenschaft der Indexikalität gemäß den erläuterten Kriterien (I 1)–(I 3). Metonymische Deutungen erfüllen Kriterium (I 1), weil sich der mit ihnen ausgedrückte propositionale Gehalt von Kontext zu Kontext verändern kann. Dies kann anhand folgender Beispiele veranschaulicht werden:

(64) Das Omelett hat noch nicht bezahlt.

---

hingegen findet die Übertragung innerhalb einer einzelnen Gebiets-Matrix statt (vgl. Croft 2003, 178).

486 Diese Aufzählung stammt von Quintilian (vgl. Quintilian, Institutio Oratoria VIII, 6, Abschnitte 19 – 22, in: Quintilian 2001, 434 – 437). Seit der Antike gibt es eine Diskussion darüber, welche Relationen der Synekdoche genau zuzuordnen sind, die bis heute zu keiner Einigung geführt hat (vgl. dazu Koch/Winter-Froemel 2009, 363 f).

487 Vgl. Ullmann 1962, 218 f.; Jakobson 1974, 133 – 139.

(65) Wir haben sechs Nieren auf Station drei.
(66) Diese Zeitung unterstützt das Regime.
(67) Der Ferrari hat sich eine Cola bestellt.

In Satz (64) kann sich „Omelett“ je nach Kontext metonymisch z. B. sowohl auf „die Person, welche das Omelett bestellt hat“, „die Person, welche das Omelett gegessen hat“ als auch auf „die Person, welche den Teller, auf dem ein Omelett war, runtergeworfen hat“ beziehen. Diese Personen müssen selbstverständlich nicht identisch sein. Auch bei der Äußerung von (65) ist der Kontext entscheidend dafür, wie die „Nieren“ hier zu interpretieren sind. Einmal könnten damit Patienten mit Nierenbeschwerden gemeint sein. Es könnte damit aber auch die spezifische Gruppe von Patienten gemeint sein, die darauf warten, eine Spenderniere zu erhalten.[488] In (66) kann sich „Zeitung“ sowohl auf die Autoren beziehen, welche die Artikel in der kontextuell bekannten Ausgabe geschrieben haben, als auch ganz allgemein auf die Organisation, welche die Zeitung herausgibt, zu welcher das saliente Exemplar zu rechnen ist. In (67) schließlich kann sich „Ferrari“ je nach Kontext z. B. metonymisch auf diejenige Person beziehen, welche einen bestimmten Ferrari gerade eingeparkt hat, oder auf die Person, welche Besitzer eines Autos der Marke „Ferrari“ ist.[489] Zudem scheint es der Fall zu sein, dass die Interpretation metonymisch verstandener Ausdrücke einen Beitrag zu dem propositionalen Gehalt liefert, der mit der Äußerung ausgedrückt wird, in der sie vorkommen. Metonymische Deutungen setzen also nicht wie die Erschließung konversationeller Implikaturen oder ironische Interpretationen bei einem bestimmten schon etablierten propositionalen Gehalt an, der durch diese weitergedeutet wird. Sie sind dementsprechend, wie metaphorische Interpretationen als primäre Operationen einzustufen, welche auf Ausdrücke angewendet werden.

Ebenso erfüllen metonymische Interpretationen Kriterium (I 2), weil es sich bei ihnen nicht bloß um die Disambiguation zwischen verschiedenen fest mit einem Ausdruck verbundenen Deutungen handelt. Es gibt stattdessen eine bestimmte deskriptive Bedeutung des Ausdruckes, der metonymisch gedeutet wird, welche leitend für die verschiedenen Interpretationen ist, die relativ zu den Äu-

---

488 Die erste Interpretation könnte auch als Synekdoche klassifiziert werden, weil es sich hier in gewisser Hinsicht um eine Teil-Ganzes-Relation handelt. Die kranke Niere ist nämlich selbstverständlich ein Teil des betreffenden Patienten. Es wäre darüber hinaus ebenso möglich, dass diese Äußerung wörtlich verstanden wird, sodass mit „Nieren“ z. B. durch Organspende erhaltene Nieren gemeint werden.

489 Wenn man sich z. B. ein Parkhaus vorstellt, in welchem die Autos von Mitarbeitern des Parkhauses und nicht von den Eigentümern eingeparkt werden, wird deutlich, dass diese beiden Eigenschaften nicht notwendigerweise auf dieselbe Person zutreffen müssen.

ßerungskontexten erschlossen werden können. Die Deutung metonymisch verstandener Ausdrücke wird also, wie die Deutung metaphorisch verstandener Ausdrücke, relativ zu einem Äußerungskontext wirklich *erzeugt*. Über welche Eigenschaften man sich in (64) mit „Omelett" auf eine bestimmte Person bezieht, kann z. B. nicht mithilfe einer Disambiguation erschlossen werden. Vielmehr wird eine angemessene Deutung hier relativ zum Kontext erst neu etabliert. Es gibt aber auch bei Metonymien das Phänomen der Konventionalisierung. Wenn man z. B. Städtenamen für die Regierungen verwenden kann, welche in diesen Städten ihren Sitz haben, wie in z. B. „Berlin ist über die Reaktion von Ankara enttäuscht", handelt es sich um eine konventionalisierte bzw. „tote" Metonymie. Die Deutung, dass sich die Städtenamen hier auf Regierungen beziehen, kann dementsprechend auch mithilfe des Prozesses der semantischen Disambiguation beschrieben werden. Inwiefern metonymische Deutungen auch das Kriterium (I 3) erfüllen, soll anhand der folgenden Beispiele gezeigt werden, in welchen sie in dem Skopus von Operatoren vorkommen:

(68) Es ist möglich, dass die Omeletts heute alle nicht bezahlt haben.
(69) Franziska hat heute mit jedem Omelett gesprochen.
(70) Es ist möglich, dass wir heute noch einige Nieren bekommen.
(71) In Frankreich bestellen die Ferraris niemals nur eine Cola.

In Satz (68) werden durch den Modaloperator und den Allquantor die verschiedenen Gegenstände gebunden, welche durch „Omelett" herausgegriffen werden, nicht aber die Eigenschaft, die dazu dienen, die betreffenden Gegenstände zu identifizieren. Diese können wie erläutert z. B. „x hat ein Omelett bestellt", „x hat ein Omelett gegessen" oder „x hat einen Teller, auf dem ein Omelett war, runtergeworfen" sein. Welche von den möglichen Eigenschaften Teil der Interpretation wird, wird im Äußerungskontext von (68) festgelegt und kann durch die jeweiligen Operatoren nicht mehr modifiziert werden. Dies wird auch an der Äußerung (69) deutlich. Hier können zwar ebenso die Personen variieren, welche über den Ausdruck „Omelett" herausgegriffen werden, wenn dieser metonymisch verstanden wird, nicht aber *die Eigenschaften, über welche diese Personen identifiziert werden*. Dies gilt auch für (70), wo die Eigenschaften, auf welche mit „Nieren" Bezug genommen wird, z. B. „x ist ein Patient, welcher eine Erkrankung an seiner Niere hat" oder „x ist ein Patient, welcher auf eine Spenderniere wartet" sein können. Der Modaloperator kann, wenn eine dieser Eigenschaften im Äußerungskontext bestimmt wurde, diese nicht mehr ändern. In (71) schließlich fungiert „in Frankreich" als Lokaloperator. Auch dieser kann aber nicht die Eigenschaft verschieben, über welche „Ferrari" Personen herausgreift, sondern ändert nur die Personen, welche über die im Äußerungskontext von (71) spezifizierten

Eigenschaften herausgegriffen werden. Dies kann sowohl „x hat ein Auto der Marke Ferrari vor der Tür geparkt“ oder „x besitzt ein Auto der Marke Ferrari“ sein. Metonymische Interpretationen lassen sich also, wie metaphorische Interpretationen, nicht auf kontrafaktische Umstände der Bewertung beziehen. Somit wird deutlich, dass die metonymischen Interpretationen ebenso wie metaphorische Interpretationen dem ACC unterliegen und damit ebenfalls Kriterium (I 3) erfüllen. Darüber hinaus zeigt die Analyse dieser Beispiele, dass dasjenige, was durch metonymische Interpretationen von Ausdrücken relativ zum Äußerungskontext festgelegt werden muss und auch mithilfe von Operatoren nicht relativ zu kontrafaktischen Bewertungsumständen bestimmt werden kann, bestimmte Eigenschaften sind.

Auch der Linguist Goeffrey Nunberg argumentiert, dass mit metonymischen Deutungen zumindest in den meisten Fällen primär auf Eigenschaften Bezug genommen wird. Die mögliche Verschiebung der Referenz eines Ausdruckes im Falle einer metonymischen Deutung ist nach Nunberg als Folge der durch die metonymische Interpretation verschobenen Bedeutung des betreffenden Ausdrucks zu verstehen. Nunberg führt, um dies zu verdeutlichen, u. a. einen Fall an, in dem jemand „Das Schinkensandwich ist an Tisch 7“[490] äußert. Damit der Sprecher von dieser Äußerung mit „Schinkensandwich“ erfolgreich auf eine bestimmte Person Bezug nehmen kann, wird nach Nunberg nicht ein bestimmtes salientes Schinkensandwiches vorausgesetzt, das in einer bestimmten Beziehung zum eigentlichen Referenten der Aussage steht. Es wäre nämlich z. B. denkbar, dass der Sprecher diese Äußerung macht, während zahlreiche Schinkensandwiches vor ihm liegen und er sich dennoch erfolgreich auf z. B. die Person bezieht, welche ein Schinkensandwich bestellt hat. Dies ist deswegen möglich, weil bei der metonymischen Interpretation von „Schinkensandwich“ die Bedeutung des Ausdrucks zu „die Person, welche ein Schinkensandwich bestellt hat“ verändert wird. Es ist diese Person, deren Existenz präsupponiert wird, damit es sich bei dieser Äußerung um eine gelungenen Beitrag zu einer Konversation handeln kann.[491] Man kann daraus ableiten, dass mit der metonymischen Interpretation primär Bezug auf die Eigenschaft „x hat ein Schinkensandwich bestellt“ Bezug genommen wird und, nur davon abgeleitet, auf den Gegenstand, der genau diese Eigenschaft erfüllt.[492]

490 Im englischen Original: „The ham sandwich is at table 7“.

491 Vgl. Nunberg 1995, 115 f.

492 Nach Nunberg gibt es allerdings auch Fälle von metonymischen Deutungen, bei denen tatsächlich nur die Referenz eines Ausdruckes ausgetauscht wird und die Bedeutung nicht verschoben wird. Nunberg nennt als Beispiel hierfür den Fall, in der „This is parked out back“ geäußert wird, wobei sich „this“ auf einen Schlüssel bezieht, mit dem wiederum metonymisch auf

Die Menge der Parameter, gegenüber denen die metonymische Interpretationen von Ausdrücken im Äußerungskontext sensitiv ist, besteht darüber hinaus, ebenso wie bei metaphorischen Interpretationen, in einer Menge von Präsuppositionen. Dass man sich mit „Omelett" z. B. auf die Person beziehen kann, die ein Omelett bestellt hat, setzt voraus, dass man in dem Restaurant, in welchem man sich befindet, überhaupt Omeletts bestellen kann. Wenn man sich auf die Person bezieht, welche das Omelett bezahlt hat, setzt dies voraus, dass die Omeletts am Ort der Äußerung etwas kosten und nicht z. B. auf einer Privatfeier kostenlos sind. Auch dass man sich mit „Niere" auf Patienten beziehen kann, die auf die Spende einer Niere warten, setzt u. a. voraus, dass Organtransplantationen im Allgemeinen möglich sind.

Die angeführten Erläuterungen zeigen, dass hinsichtlich der linguistischen Eigenschaften kein prinzipieller Unterschied zwischen metaphorisch und metonymisch verstandenen Ausdrücken gezogen werden kann. Es ist deshalb plausibel anzunehmen, dass die betreffenden Ausdrücke in beiden Fällen gemäß derselben semantischen Regel R-MET gedeutet werden. Die mit den Sätzen (64)–(67) ausgedrückten propositionalen Gehalte können analog zu (55) und (56) dann wie folgt paraphrasiert werden:

(64*) Die Person, welche die Menge der Eigenschaften R-MET[Omelett](K) besitzt, hat noch nicht bezahlt.
(65*) Wir haben sechs Personen mit den Mengen der Eigenschaften R-MET[Niere](K) auf Station drei.
(66*) Die Personen, welche die Menge der Eigenschaften R-MET[Zeitung](K) besitzen, unterstützen das Regime.
(67*) Die Person, welche die Menge der Eigenschaften R-MET[Ferrari](K) besitzt, hat sich eine Cola bestellt.

Die Nähe von metonymischer und metaphorischer Interpretation wird besonders gut an der Äußerung (67) und vor allem der Wiedergabe des damit ausgedrückten

das Auto referiert wird, zu dem der betreffende Schlüssel passt (vgl. Nunberg 1995, 110 f.). Eine mögliche Analyse eines solchen Falles im Rahmen der vorgestellten Theorie könnte sein, dass man, um eine solche Metonymie sinnvoll deuten zu können, zunächst das Demonstrativum mit einem Wert belegen muss. Das Ergebnis hiervon wäre im genannten Fall: „This *key* is parked out back". Und der propositionale Gehalt von dieser Aussage kann analog zu Fällen, in denen metaphorisch verstandene Ausdrücke in Subjektstellung vorkommen, auf folgende Art und Weise paraphrasiert werden: „The thing which is designated by the property R-MET[key](K), is parked out back".

Gehalte mit (67*) erkennbar. Der Ausdruck „Ferrari“ kann hier nicht nur metonymisch, sondern auch metaphorisch interpretiert werden. Letzteres wäre z. B. dann der Fall, wenn man mit „Ferrari“ auf eine Person Bezug nimmt, welche besonders attraktiv ist und von deren Art man nur selten Exemplare antrifft. Hier wird, wie bei der metonymischen Interpretation des Ausdrucks, über die Regel R-MET relativ zu einem Äußerungskontext K auf eine bestimmte Menge an Eigenschaften Bezug genommen. Der Unterschied zwischen den metonymischen und den metaphorischen Deutungen besteht nur in der Art und Weise, wie die Kriterien der Regel R-MET im betreffenden Kontext erfüllt werden. Während im Falle der metaphorischen Deutung der Interpretationsprozess ähnlichkeitsbasiert abläuft, kann er im Falle der metonymischen Deutung als kontiguitätsbasiert beschrieben werden.

Es gibt aber insofern einen Unterschied zwischen metaphorischen und metonymischen Interpretationen, als die Eigenschaften, die durch metonymische Interpretationen ausgedrückt werden, für gewöhnlich nicht hauptsächlich dazu dienen, etwas Informatives über eine bestimmte Person bzw. einen bestimmten Gegenstand auszusagen. Sie ermöglichen vielmehr häufig vor allem die Referenz auf einen bestimmten Gegenstand. Bei metaphorischen Deutungen hingegen ist die identifizierende Rolle, wenn sie überhaupt vorhanden ist, in den meisten Fällen eher nebensächlich. Die ausgedrückten Eigenschaften dienen hier hauptsächlich dazu, etwas Informatives über eine bestimmte Person bzw. einen bestimmten Gegenstand auszusagen.[493] Es gibt aber auch Fälle, in denen die mithilfe von metonymisch Interpretationen ausgedrückten Eigenschaften überhaupt nicht zur Identifizierung, sondern rein zur Beschreibung eines bestimmten Gegenstandes genutzt werden:

(72) Der Mann mit dem roten T-Shirt ist ein Ferrari.
(73) Die Frau mit dem blauen Kleid ist eine Dauerwelle.

---

493 Wenn man z. B. die Äußerung „Napoleon kommt immer zu spät“ macht, besteht das Informative dieser Äußerung nicht so sehr darin, auf wen Bezug genommen wird. Wenn man eine solche Metaphern verwendet, ist es für gewöhnlich schon aus dem Äußerungskontext bekannt, über wen gesprochen wird. Entscheidend ist vielmehr, *wie* Bezug auf den jeweiligen Sprecher genommen wird. Man kann dies mit einem Fall vergleichen, wenn jemand „Der Bürgermeister kommt immer zu spät“ äußert, diese Aussage wörtlich meint, der Adressat aber nicht weiß, dass die betreffende Person, auf welche hier Bezug genommen wird, tatsächlich der Bürgermeister ist. Für den Rezipienten ist in diesem Fall die Verwendung *genau dieser* definiten Kennzeichnung besonders informativ.

Bei (72) und (73) ist es plausibel anzunehmen, dass die Prädikat „ist ein Ferrari“ bzw. „ist eine Dauerwelle“ metonymisch gedeutet werden. Wenn man sich die Äußerung von (72) z. B. im Kontext eines Autoverleihers vorstellt, kann mit „ist ein Ferrari“ metonymisch auf die Eigenschaft „hat ein Auto der Marke Ferrari gemietet“ Bezug genommen werden. Dies kann, wenn die Autovermietung auch Autos anderer Marken in ihrem Sortiment besitzt, durchaus informativ sein. Man kann sich auch vorstellen, dass (73) in einem Friseursalon von einem Angestellten geäußert wird, um seinem Mitarbeiter mitzuteilen, welche Frisur die dort anwesende Frau mit dem blauen Kleid erhalten soll. In diesem Fall bezieht sich „ist eine Dauerwelle“ metonymisch auf die Eigenschaft „bekommt als Frisur eine Dauerwelle“. Der Linguist Goeffrey Nunberg führt auch Satz (74) als Beispiel für die metonymische Verschiebung der Bedeutung eines Prädikates an.

(74) Philip Roth ist viel gelesen und jüdisch.

Er argumentiert, dass es nicht plausibel ist anzunehmen, dass sich der Name „Philip Roth“ hier metonymisch indirekt auf die Bücher bezieht, die Philip Roth geschrieben hat. Auf diese Weise wäre nämlich nicht zu erklären, wie das Prädikat „ist jüdisch“ in diesem Satz im wörtlichen Sinne angewendet werden kann. Bücher haben selbstverständlich keine Religionszugehörigkeit. Eine wörtliche Deutung von „ist jüdisch“, welche sich auf die Person mit dem Namen „Philip Roth“ bezieht, ist nun aber eine plausible Lesart von (74), die ohne Probleme möglich ist. Dies kann dadurch erklärt werden, dass in diesem Satz gar nicht „Philip Roth“, sondern das Prädikat „ist viel gelesen“ metonymisch interpretiert wird. Die Bedeutung des Prädikates wird demzufolge auf die Eigenschaft „ist der Autor von Büchern, die viel gelesen sind“ verschoben. Da „Philipp Roth“ in dieser Deutung seine konventionelle Bedeutung und Referenz als Eigenname behält, kann auch erklärt werden, weshalb das Prädikat „ist jüdisch“ in diesem Satz wörtlich verstanden sinnvoll angewendet werden kann.[494] Die angeführten Beispiele zeigen, dass auch wenn metonymisch verstandene Ausdrücke häufig zu der Identifikation eines bestimmten Gegenstandes dienen, dies nicht rechtfertigt, einen prinzipiellen Unterschied zwischen metaphorischen und metonymischen Interpretationen zu konstruieren. Auch metonymisch verstandene Ausdrücke können nämlich rein prädikativ gebraucht werden. Ebenso ist es möglich, dass metaphorisch verstandene Ausdrücke auch dazu genutzt werden, einen bestimmten Gegenstand zu identifizieren.

494 Vgl. Nunberg 1995, 123.

Die hier vorgestellten Überlegungen sind selbstverständlich nicht mit dem Anspruch verbunden, das Phänomen der Metonymie vollständig zu analysieren und zu erklären. Es sollte aber deutlich geworden sein, dass metonymische ebenso wie metaphorische Deutungen nach der semantischen Regel R-MET ablaufen. Dementsprechend kann die Deutung gemäß dieser Regel alleine nicht hinreichend für das Vorliegen von metaphorischen Deutungen sein.

4.4.5 Die Konstitutionsbedingungen von Metaphern

In Kapitel 2 wurde ausführlich dargestellt, wie man die Struktur der kognitiven Prozesse beschreiben kann, die mit der Interpretation von Metaphern verbunden sind. Es wurde dort als Ergebnis erarbeitet, dass die Interpretation von Metaphern von drei Einflussfaktoren bestimmt ist. Diese wurden als strukturelle, semantische und pragmatische Anforderungen bezeichnet. Durch die angestellten Analysen können die *semantischen* Anforderungen als die Anforderungen an die Interpretation spezifiziert werden, die mit der Anwendung der Regel R-MET auf den einen Ausdruck innerhalb der betreffenden Äußerung verbunden sind. Die *pragmatischen* Anforderungen können dahingehend expliziert werden, dass die jeweilige Deutung der Metaphern einen im Äußerungskontext relevanten und angemessenen Beitrag zur Konversation liefern muss. Mithilfe der Theorie der pragmatischen Präsuppositionen wurde dies so definiert, dass das Ergebnis der Interpretation einer Metapher weder inkonsistent noch redundant relativ zu den als geteilt angenommenen Präsuppositionen im Äußerungskontext sein sollte. Teil der pragmatischen Anforderungen ist dementsprechend auch die Einschätzung davon, welche Präsuppositionen in einem Kontext vorhanden sind.

Die semantischen und pragmatischen Anforderungen an die Interpretation von Metaphern sind weitestgehend identisch mit denjenigen an die Interpretation von Metonymien. Auch metonymische Interpretation von Ausdrücken laufen nach der Regel R-MET ab und auch bei der Deutung von Metonymien wird nach einer möglichst angemessenen und relevanten Deutung relativ zu dem betreffenden Äußerungskontext mit Blick auf die in diesem angenommenen pragmatischen Präsuppositionen gesucht. Ganz wesentlich unterscheiden sich Metaphern aber von Metonymien hinsichtlich der strukturellen Anforderungen an ihre Interpretation. Diese wurden in Abschnitt 2.7 so expliziert, dass Metaphern immer ähnlichkeitsbasiert gedeutet werden müssen. Damit ist gemeint, dass Ähnlichkeitsrelationen als Rahmen für die Interpretation von Metaphern eine notwendige Bedingung darstellen. Es wird damit aber nicht behauptet, dass Ähnlichkeit immer die treibende Kraft bei der Interpretation einer Metapher ist. Der Grund, weshalb eine Eigenschaft übertragen wird, kann, wie erläutert, auch in ihrer Salienz oder besonderen Relevanz in der jeweiligen Gesprächssituation bestehen. Es muss allerdings immer prinzipiell annehmbar sein, dass diese Eigenschaft auch der Zieldomäne zugeschrieben werden kann. Die Interpretation einer Metapher muss auch nicht auf schon bekannten Ähnlichkeiten aufbauen. Gute Metaphern zeichnen sich gerade dadurch aus, dass sie ermöglichen, interessante und ungewohnte Ähnlichkeiten zwischen verschiedenen Domänen aufzuzeigen. Dabei sind häufig tiefgreifende strukturelle Ähnlichkeiten zwischen den ins Verhältnis gesetzten Domänen involviert. Bei der Interpretation von Metonymien spielen Ähnlichkeitsrelationen im Gegensatz dazu keine relevante Rolle. Zwischen einem Omelett und der Person, die ein Omelett bestellt, einem Ferrari und der Person, die einen Ferrari besitzt sowie zwischen Nieren und Patienten, die an Nierenbeschwerden leiden, bestehen jeweils keine für die Interpretation relevanten Ähnlichkeitsrelationen. Die Bezüge können hier vielmehr über die oben beschriebene Relation der Kontiguität hergestellt werden, nach der diese Gegenstände aneinander angrenzen, d. h., miteinander in einer Verbindung stehen.[495]

Vor dem Hintergrund dieser Überlegungen können nun die konstitutiven Bedingungen für das Vorhandensein von Metaphern formuliert werden. Eine Metapher ist demnach ein Satz, in dem mindestens ein Ausdruck metaphorisch interpretiert wird. Ein Ausdruck φ wird genau dann metaphorisch interpretiert, wenn seine Interpretation die beiden Bedingungen (M 1) und (M 2) erfüllt, die wie folgt lauten:

(M 1): Der Ausdruck φ wird gemäß der semantischen Regel R-MET gedeutet.
(M 2): Der Ausdruck φ wird vor dem Hintergrund der strukturellen Anforderung der Ähnlichkeit zwischen den durch die Metapher ins Verhältnis gesetzten Gegenstandsbereichen interpretiert.

Metonymische Interpretationen von Ausdrücken erfüllen gemäß der hier entwickelten Theorie die Bedingung (M 1), aber nicht die Bedingung (M 2). Sie laufen also insgesamt nach anderen strukturellen Anforderungen ab, als metaphorische Deutungen. Die pragmatischen Anforderungen sind in der Beschreibung der Konstitutionsbedingungen von Metaphern nicht enthalten. Dies liegt daran, dass

495 Diese Verbindungen können wiederum ganz unterschiedlich sein. Es darf auch im Fall von Metonymien nicht angenommen werden, dass die jeweiligen Kontiguitätsrelationen z. B. schon feststehen und dann nur an einen Beispielsatz herangetragen werden. Vielmehr interagieren die strukturellen Anforderungen bei der Interpretation mit den pragmatischen und semantischen Anforderungen, so dass erst in Bezug auf die semantischen und pragmatischen Anforderungen die für die Deutung des betreffenden Ausdrucks relevante Kontiguitätsrelation bestimmt werden kann.

diese nicht als notwendige Bedingung für das Vorliegen einer Metapher zu verstehen sind. Es ist nämlich denkbar, dass man erkennt, dass es sich bei einer Äußerung um eine Metapher handelt und diese auch versteht, das Ergebnis der plausibelsten Interpretation aber dennoch pragmatisch unangemessen ist. Wenn ein Gegenüber mitten in einem Gespräch z. B. sagt „Jonathan ist eine Maus" und man als Rezipient versteht, dass der Sprecher damit meint, dass der Sohn des Sprechers namens Jonathan immer flüchtet, wenn Gäste zu Besuch kommen, heißt das nicht zwangsläufig, dass diese Äußerung auch angemessen ist. Wenn man sich z. B. gerade in einer Konversation befindet, zu der diese Äußerung auch metaphorisch interpretiert keinen ersichtlichen relevanten Beitrag macht, müsste sie, obwohl sie verständlich ist, als unangemessen eingeschätzt werden. Wegen den konstitutiven Rollen, die sowohl die Eigenschaft der Indexikalität als auch Ähnlichkeitsüberlegungen bei der metaphorischen Deutung von Ausdrücken einnehmen, soll die hier entwickelte Theorie *indexikalisch* und *ähnlichkeitsbasiert* genannt werden.

4.5 Explikationen der indexikalisch-ähnlichkeitsbasierten Metapherntheorie

4.5.1 Die wörtliche Bedeutung als Standardinterpretation

Im Rahmen der vorgestellten indexikalisch-ähnlichkeitsbasierten Theorie wird angenommen, dass Ausdrücke im Falle einer metaphorischen Interpretation nach der semantischen Regel R-MET gedeutet werden, welche signifikant von der konventionell mit diesen Ausdrücken verbundenen Interpretationsregel abweicht, die im Falle einer wörtlichen Interpretation angewendet wird. Es muss an dieser Stelle allerdings differenziert werden, ob es sich bei den Untersuchungsgegenständen um lebendige oder tote Metaphern handelt. Im Falle toter Metaphern wird kein Ausdruck mehr gemäß der semantischen Regel R-MET gedeutet. Man kann in diesem Fall auch sagen, dass es sich streng genommen um keine Metaphern mehr handelt. Es sind hier nur noch in diachroner Perspektive bestimmte Deutungen involvierter Ausdrücke als ehemals metaphorisch rekonstruierbar.[496]

Die metaphorische Interpretation eines Ausdrucks ist im Rahmen der vorgestellten Theorie nun nicht gleichrangig gegenüber der wörtlichen Interpretation

496 Zum Unterschied zwischen lebendigen und toten Metaphern im Rahmen der vorgestellten Theorie vgl. ausführlicher Abschnitt 4.5.3.3.

zu verstehen. Vielmehr stellt die wörtliche Deutung die Standardinterpretation und die metaphorische Deutung eine Abweichung von dieser dar. Diese Asymmetrie wird u. a. daran ersichtlich, dass eine metaphorische Deutung eines Ausdrucks immer voraussetzt, dass man die wörtliche bzw. konventionelle Bedeutung des betreffenden Ausdrucks kennt. Es ist dementsprechend unmöglich, einen Ausdruck, dessen konventionelle Bedeutung man nicht kennt, metaphorisch zu interpretieren. In diesem Fall würde das Element der aktiven Verschiebung einer Bedeutung fehlen, das wesentlich für metaphorische Deutungen ist. Es wäre zwar vorstellbar, dass ein Sprecher, der die Bedeutung eines Ausdrucks überhaupt nicht oder nicht ausreichend kennt, diesen zufällig so verwendet, dass dies *aus der Perspektive der Rezipienten* eine mögliche metaphorische Deutung darstellt. Man dürfte dabei aber nicht von einer metaphorischen Verwendung eines Ausdrucks sprechen, sondern müsste davon ausgehen, dass der Sprecher einen Fehler gemacht hat. Wenn ein Kind z. B. eine junge Frau als „Sonne" bezeichnet, aber nicht weiß, was das Wort „Sonne" bedeutet, würde man nicht sagen, dass es den Ausdruck „Sonne" metaphorisch verwendet.[497] Man müsste das Kind stattdessen korrigieren. Dieser Unterschied zwischen metaphorischen und wörtlichen Deutungen wird auch daran erkenntlich, dass man letztere im Gegensatz zu ersteren im Allgemeinen lernen kann. Es würde jedoch ein abwegiges Unterfangen darstellen, jemandem, der eine Sprache erlernt, verschiedene denkbare metaphorische Deutungen eines Ausdruckes beibringen zu wollen. Stattdessen wird man ihm die konventionellen Bedeutungen der Ausdrücke vermitteln und darüber hinaus annehmen, dass er die Fähigkeit besitzt, Ausdrücke metaphorisch zu interpretieren.

Insgesamt kann die metaphorische Interpretation eines Ausdrucks also als *parasitär* gegenüber der wörtlichen Deutung angesehen werden, weil sie immer auf der Basis der wörtlichen bzw. konventionalisierten Bedeutung eines Ausdruckes erschlossen werden muss. Die Kenntnis der wörtlichen Bedeutungen von Ausdrücken stellt eine notwendige Bedingung dafür dar, dass man diese Ausdrücke metaphorisch interpretieren kann. Somit scheint es insgesamt gerechtfertigt zu sein, bei wörtlichen Deutungen von Standardinterpretationen zu sprechen, die im Falle metaphorischer Deutungen modifiziert werden. Andersherum

497 Gemäß Renate Bartsch können kleine Kinder keine Unterscheidung zwischen metaphorischen und normalem Gebrauch von Sprache vornehmen, weil sie noch über keine stabilisierten Konzepte verfügen, gegenüber denen eine bestimmte Verwendungsweise als „fremd" oder „untypisch" eingestuft werden könnte. Eine bestimmte, aus der Sichtweise kompetenter Sprecher metaphorische Gebrauchsweise eines Ausdrucks wird von kleinen Kindern deswegen häufig nicht als fremd gegenüber einem bestimmten Standardgebrauch wahrgenommen, weil sich dieser Standardgebrauch bei ihnen noch nicht etabliert hat (vgl. Bartsch 2003, 55 f.).

gilt dies nicht: Das Erschließen einer wörtlichen Interpretation eines Ausdrucks setzt nicht voraus, dass man mögliche metaphorische Deutungen von diesem kennt. Trotz dieses Umstandes werden metaphorische Deutungen im Rahmen der indexikalisch-ähnlichkeitsbasierten Theorie aber im Gegensatz zu den Theorien von Searle und Grice nicht als sekundäre Operationen verstanden. Es wird also nicht angenommen, dass zunächst auf der Basis der wörtlichen Interpretation ein propositionaler Gehalt erschlossen wird, der darauf metaphorisch weiterinterpretiert wird. Die wörtliche Bedeutung eines Ausdrucks ist im Falle der metaphorischen Interpretation stattdessen nur auf der Ebene des Characters präsent.[498] Im Folgenden soll ausführlicher expliziert werden, wie im Rahmen der indexikalischähnlichkeitsbasierten Theorie das Verhältnis von Metaphern zu anderen Stilmitteln beschrieben werden kann.

4.5.2 Das Verhältnis von Metaphern zu anderen Stilmitteln

4.5.2.1 Metaphern und andere primäre Operationen

In Abschnitt 3.3.4.1.3 wurde die Unterscheidung zwischen primären und sekundären Operationen eingeführt, mit der die strikte Reihenfolge bei der Interpretation im Falle der Kombination von Metaphern mit Stilmitteln wie z. B. Ironie oder bestimmten Fällen konversationeller Implikaturen erklärt wird. Primäre Operationen wurden dabei als Operationen auf Ausdrücke innerhalb von Sätzen charakterisiert, die propositionale Gehalte erzeugen. Sekundäre Operationen hingegen wurden als Operationen auf mit Sätzen ausgedrückte propositionale Gehalte beschrieben, mit denen diese propositionalen Gehalte weitergedeutet werden. Metaphorische Interpretationen sind vor dem Hintergrund der indexikalisch-ähnlichkeitsbasierten Theorie als primäre Operationen zu verstehen, weil sie Interpretationen *von Ausdrücken* gemäß der semantischen Regel R- MET darstellen. Die Deutung eines Ausdrucks gemäß der Regel R-MET relativ zu einem Äußerungskontext setzt keinen bereits erschlossenen propositionalen Gehalt des Satzes voraus, in dem er vorkommt, sondern dient stattdessen dazu, den mit dem betreffenden Satz ausgedrückten propositionalen Gehalt überhaupt erst zu bestimmen.

Wie bereits in Abschnitt 3.3.4.2.2 dargelegt wurde, bildet die Erschließung der wörtlichen Interpretation einer Äußerung, falls Ausdrücke innerhalb dieser metaphorisch verstanden werden, nicht den Ausgangspunkt für die metaphorischen Deutungen. Häufig ist die Erschließung der wörtlichen Interpretation einer Äu-

498 Vgl. dazu ausführlicher Abschnitt 4.5.3.1.

ßerung, in der Ausdrücke metaphorisch verstanden werden, sogar hinderlich für die Deutung der betreffenden Metapher. Diese Beschreibung der Rolle der wörtlichen Interpretation einer Äußerung, falls Ausdrücke innerhalb dieser metaphorisch gedeutet werden, steht nicht im Widerspruch zu dem im letzten Abschnitt erläuterten Umstand, dass metaphorische Interpretationen immer in gewisser Hinsicht parasitär gegenüber den wörtlichen Standardinterpretationen sind. Letzteres gilt nämlich nur in Bezug auf *die Ausdrücke*, welche metaphorisch gedeutet werden und nicht in Bezug auf den propositionalen Gehalt, welcher mit der Äußerung ausgedrückt wird, in der diese Ausdrücke vorkommen. Ebenso schließt der Umstand, dass metaphorische Interpretationen als primäre Operationen zu verstehen sind, nicht aus, dass die wörtliche Interpretation einer Äußerung eine entscheidende Rolle bei der Disambiguation der Art und Weise spielen kann, wie die Ausdrücke innerhalb der betreffenden Äußerung zu interpretieren sind. Es muss relativ zum linguistischen und extra-linguistischen Kontext nämlich entschieden werden, *ob* ein Ausdruck z. B. metaphorisch zu verstehen ist. Dies kann an folgenden Beispielen veranschaulicht werden:

(75) Venedig wird von Touristen überschwemmt.
(76) Es hat aufgehört zu regnen und die Sonne zeigt sich wieder.

Wenn man in (75) „überschwemmt" metaphorisch interpretiert, baut diese Deutung nicht auf der wörtlichen Interpretation der Äußerung (75) auf. Eine solche wörtliche Deutung ist abwegig, weil Touristen keine Flüssigkeit sind, welche etwas überschwemmen könnten. Der Umstand, dass es sich hierbei um eine abwegige Interpretation handelt, verhilft vielmehr dazu den Satz so zu disambiguieren, dass der Ausdruck „überschwemmt" als metaphorisch zu verstehen ist und gemäß der Regel R-MET gedeutet werden muss. Dies kann mithilfe der eingeführten Darstellungsweise mit „| Venedig wird von Touristen MET[überschwemmt] |" wiedergegeben werden. Die Interpretation der so verstandenen Äußerung erzeugt dann relativ zu dem Äußerungskontext einen propositionalen Gehalt, der wiederum als Ausgangspunkt für eine sekundäre Operation wie den Schluss auf eine konversationelle Implikatur dienen kann. Der Umstand, dass bei der Deutung einer Metapher kein Bezug auf einen bereits erschlossenen, mit einer Äußerung ausgedrückten propositionalen Gehalt genommen wird, gilt auch, wenn die wörtliche Interpretation einer Äußerung prinzipiell sinnvoll ist. Im Falle der Äußerung (76) muss der Rezipient zwar zunächst disambiguieren, ob die Ausdrücke in diesem Satz metaphorisch oder wörtlich zu verstehen sind. Wenn (76) als Metapher aufgefasst wird, erfolgt deren Deutung aber ganz unabhängig von dem Ergebnis einer wörtlichen Interpretation von (76).

Man kann gemäß der hier vorgestellten Theorie also nicht denselben Ausdruck *zugleich* sowohl wörtlich als auch metaphorisch interpretieren, weil diese Deutungen jeweils mit verschiedenen linguistischen Eigenschaften und Interpretationsregeln verbunden sind. Eine Kombination von metaphorischer und z. B. ironischer Deutung ist gemäß der in dieser Arbeit entwickelten Theorie aber ohne Probleme möglich, weil eine ironische Deutung eine sekundäre Operation darstellt, die einen propositionalen Gehalt als Ausgangspunkt nimmt. Eine Herausforderung für die in dieser Arbeit entwickelte Theorie sind die in Abschnitt 3.2.3.1 vorgestellten Twice-Apt-Metaphern. Falls eine solche vorliegt, stellt sowohl die wörtliche als auch die metaphorische Interpretation eines oder mehrerer Ausdrücke innerhalb einer Äußerung eine sinnvolle, relevante und angemessene Deutung relativ zu dem betreffenden Äußerungskontext dar. Ein Beispiel für eine solche Twice- Apt-Metapher wäre die Äußerung „Ein Sturm zieht auf“, wobei es sowohl angemessen ist, dies als Warnung vor schlechtem Wetter zu verstehen, welches am Horizont erkennbar wird, als auch als metaphorische Beschreibung von z. B. einem drohenden Streik, der in Reaktion auf eine politische Reform bevorsteht.[499] Auf den ersten Blick scheinen Twice-Apt-Metaphern also der erläuterten Annahme zu widersprechen, dass ein und derselbe Ausdruck nicht zugleich metaphorisch und wörtlich interpretiert werden kann. Diesem Eindruck kann aber entgegen gehalten werden, dass es sich im Falle von Twice-Apt-Metaphern um keine *Kombination* von wörtlicher und metaphorischer Deutung handelt. Eine adäquate Analyse von Twice-Apt-Metaphern scheint stattdessen zu sein, dass hier auf der Interpretationsebene der Disambiguation kein eindeutiges Ergebnis erzielt werden kann, weil bei bestimmten Ausdrücken sowohl eine metaphorische als auch eine wörtliche Deutung angemessen ist. Es kann dementsprechend vor dem Hintergrund der entwickelten indexikalisch-ähnlichkeitsbasierten Metapherntheorie gesagt werden, dass im Falle von Twice-Apt-Metaphern die Interpretation eines Ausdruck zwischen zwei unterschiedlichen Interpretationsregeln schillert und es nicht möglich ist, eine von diesen als die in dem betreffenden Äußerungskontext einzig angemessene zu bestimmen. Die beiden Deutungen stehen hier dann in gewisser Hinsicht *nebeneinander*. Sie werden aber nicht kombiniert, sodass sich *eine* ganz bestimmte Deutung aus der Verbindung von metaphorischer und wörtlicher Deutung ergibt, wie dies z. B. bei der Kombination von Metaphern mit Ironie geschieht. Weil Twice-Apt-Metaphern nochmal stärker als „gewöhnliche“ Metaphern ermöglichen, zwei Blickwinkel auf ein und

499 Weitere Beispiele von Twice-Apt-Metaphern werden in Abschnitt 3.2.3.1 vorgestellt und erläutert.

dieselbe Situation zu werfen, besitzen sie eine besondere ästhetische Komponente.

Im Falle metonymischer Interpretationen[500] werden die betreffenden Ausdrücke, wie ausführlich in Abschnitt 4.4.4 dargelegt wurde, ebenfalls gemäß der semantischen Regel R-MET gedeutet. Dementsprechend sind metonymische wie metaphorische Deutungen als primäre Operationen zu verstehen. Dieser Umstand schließt nicht aus, dass metaphorische und metonymische Deutungen miteinander kombiniert vorkommen können. Sätze oder Äußerungen, in denen bei der Interpretation involvierter Ausdrücke metaphorische mit metonymischen Deutungen verschränkt werden, können mit dem von Louis Goossens eingeführten Begriff als „Metaphtonymie" bezeichnet werden.[501] Ein Beispiel hierfür wäre die Äußerung „Ich übernehme den eisernen Vogel", um auszudrücken, dass man z. B. die Visumsanträge der Passagiere eines bestimmten Flugzeugs bearbeiten wird. Hierbei wird der Ausdruck „eiserner Vogel" zunächst metaphorisch gedeutet, sodass er sich auf ein Flugzeug bezieht, und darauf metonymisch auf die Visumsanträge der Passagiere in diesem Flugzeug. Die Interpretation des Ausdrucks ist hier sowohl metaphorisch als auch metonymisch, weil Ähnlichkeits- und Kontiguitätsüberlegungen kombiniert werden, um zu einer plausiblen Deutung der Äußerung zu gelangen. Es handelt sich hier also nicht wie im Falle von Twice-Apt-Metaphern nur um ein Nebeneinander verschiedener Deutungen. Stattdessen wird durch die Kombination von metaphorischer und metonymischer Deutung *ein* bestimmter propositionaler Gehalt erschlossen, der dann wiederum den Ausgangspunkt für sekundäre Operationen bilden kann.[502] Diese Möglichkeit der Kombination von metaphorischer und metonymischer Deutung kann dadurch erklärt werden, dass sie auf der Basis derselben semantischen Regel erfolgen. Dementsprechend muss bei einer Kombination auch nicht ein und derselbe Ausdruck zugleich nach verschiedenen semantischen Regeln interpretiert werden. Dasjenige, was hier kombiniert wird, besteht vielmehr in der Struktur der kognitiven Prozesse, welche dazu genutzt werden, die Kriterien für die Interpretation eines Ausdrucks zu erfüllen, welche durch die Regel R-MET etabliert werden. Der Grund dafür, weshalb eine solche Kombination im Falle von wörtlichen und metaphorischen Deutungen nicht möglich ist, liegt gemäß der indexikalisch-

---

500 An dieser Stelle wird wieder ein weiter Begriff von Metonymie vorausgesetzt, der auch das Phänomen umfasst, das als „Synekdoche" bezeichnet wird (vgl. zu der Frage, inwiefern dies angemessen und berechtigt ist, Abschnitt 4.4.4).

501 Vgl. Goossens 1990, 323.

502 Versuche einer Systematisierung von verschiedenen Arten von kombiniert metaphorisch-metonymischen Deutungen finden sich u. a. bei Louis Goossens (vgl. Goossens 1990) und Dirk Geeraerts (vgl. Geeraerts 2003).

ähnlichkeitsbasierten Theorie in dem Umstand begründet, dass diese beiden Deutungen mit unterschiedlichen, sich ausschließenden semantischen Regeln verbunden sind.

4.5.2.2 Metaphern und sekundäre Operationen

Im Gegensatz zu primären Operationen setzen sekundäre Operationen bestimmte mit Sätzen bzw. Äußerungen ausgedrückte propositionale Gehalte voraus, die durch sie weiter gedeutet werden. Aus diesem Grund sind sekundäre Operationen bzw. Tropen, die auf sekundären Operationen beruhen, auch gut mit Metaphern kombinierbar. Es handelt sich hierbei einfach um fortführende Deutungen des durch die Interpretation der Metapher erschlossenen Gehaltes. Dies erklärt auch, weshalb Metaphern, wenn sie mit solchen Tropen kombiniert werden, immer zuerst interpretiert werden müssen. Es muss eben bereits ein bestimmter propositionaler Gehalt vorliegen, damit sekundäre Operationen auf ihn angewendet werden können. Die Kombinationen von Metaphern mit ironischen Deutungen, indirekten Sprechakten und konversationellen Quantitätsimplikaturen wurden schon ausführlich unter 3.3.4.1 diskutiert. Es sollen im Folgenden die hyperbolische (übertreibende) Rede, die Untertreibung und Modalitätsimplikaturen betrachtet werden, weil von einigen Autoren eine besondere Nähe zwischen der Struktur dieser Stilmittel und Metaphern behauptet wird.[503] Die folgenden Analysen sollen aber zeigen, dass diese Stilmittel dahingehend grundsätzlich von metaphorischen Deutungen zu unterscheiden sind, dass sie sekundäre und keine primären Operationen darstellen.

Hyperbeln gelten als Übertreibungen eines bestimmten Sachverhaltes. Beispiele für Hyperbeln sind „Der Verkehr in der Innenstadt treibt mich in den Wahnsinn", wenn man ausdrücken möchte, dass man besonders genervt von dem vielen Verkehr in der Innenstadt von z. B. München ist, oder „Ich sterbe vor Hunger", wenn man Hunger hat und z. B. zum Mittagessen aufbrechen möchte. Eine Untertreibung würde dann vorliegen, wenn man sagt „Ich habe mir den Stoff ein bisschen angeschaut", um sich darauf zu beziehen, dass man seit über einem Jahr intensiv für sein Juraexamen gelernt hat, oder „Wir haben ein paar Happen gegessen", wenn man sich auf ein üppiges Festmahl z. B. auf einer Hochzeit bezieht. Die Untertreibung tritt häufig auch in Kombination mit einer doppelten

503 Dan Sperber und Deirdre Wilson behaupten z. B., dass hyperbolische und metaphorische Deutungen auf einem Kontinuum liegen und nicht streng voneinander zu unterscheiden sind (vgl. Sperber/Wilson 2008, 94). Elisabeth Camp behauptet, dass Modalitätsimplikaturen analog zu metaphorischen Deutungen Operationen auf Ausdrücke sind, die vor sekundären Operationen erschlossen werden müssen (vgl. Camp 2006a, 292 f.).

Verneinung auf, die „Litotes“ genannt wird. Beispiele hierfür sind „Das war nicht nett“, wenn einen jemand verbal heftig verletzt hat, oder „Das war kein Spaziergang“, wenn man von einer extrem schweren Wanderung/Klettertour spricht, die man gemacht hat. Beide Stilmittel sind mit Metaphern kombinierbar:

(77) Seit sie den neuen Job hat, schwimmt Katja in Geld.
(78) Sie ist in einem Meer aus Tränen versunken.
(79) Ich musste ein paar Klippen umschiffen, um ans Ziel zu kommen.
(80) Die Leute auf der Feier waren keine Kinder von Traurigkeit.

Es ist in diesen vier Beispielen ganz klar, dass die metaphorischen Interpretationen vor den hyperbolischen bzw. untertreibenden Deutungen erschlossen werden müssen. Wenn man dies nicht tut, gibt es gar keinen sinnvollen Gehalt, der als Hyperbel oder Untertreibung verstanden werden kann. Hyperbel und Untertreibung bewirken letztlich, dass man den ausgedrückten Gehalt etwas abschwächt oder steigert. Als Rezipient versucht man also, wenn man das Vorliegen einer Hyperbel bzw. einer Untertreibung erkennt, bei der Interpretation der Tendenz dieser Stilmittel entgegenzuwirken, um so den vom Sprecher intendierten Gehalt zu erschließen. Dieser baut aber ganz offensichtlich, im Gegensatz zu z. B. Deutungen von Metaphern, auf einem vorher erschlossenen propositionalen Gehalt auf.[504] Der Unterschied zwischen Metaphern, Hyperbeln und Untertreibungen wird auch daran ersichtlich, dass man sowohl hyperbolische als auch untertreibende Deutungen nicht mit sie ausschließenden sekundären Interpretationen wie ironischen Deutungen kombinieren kann. Ebenso ist eine Kombination von Untertreibung und Hyperbel nicht möglich. Im Falle der Interpretation der Sätze (77)–(80) muss man sich z. B. jeweils entscheiden, ob man diese hyperbolisch, untertreibend oder iro-

504 Der Satz (75) kann als Hyperbel verstanden werden, wenn Katja durch einen neuen Job nun deutlich mehr verdient und sich z. B. ein neues Auto und einen teuren Urlaub leisten kann. Sie ist aber deswegen noch nicht so reich, dass sie einen derartigen Überfluss an Geld besitzt, wie metaphorisch durch „in Geld schwimmen“ ausgedrückt wird. (76) ist ebenso eine Verbindung von Metapher und Hyperbel, wenn man diesen Satz über jemanden sagt, welcher eine Zeit lang, z. B. nach dem Ende einer langen Beziehung, sehr traurig war und viel geweint hat. (77) kann man als Untertreibung verstehen, wenn jemand damit seinen Lebensweg beschreibt, der von vielen großen Herausforderungen wie schweren Krankheiten, sozialen Nöte und erlittenen Ungerechtigkeiten gekennzeichnet war. Der Ausdruck „Klippen umschiffen“ steht nämlich eher dafür, dass man erwartbare Hindernisse umfahren musste, welche normalerweise kein großes Problem darstellen. Auch (78) kann schließlich als Kombination einer Metapher und einer Untertreibung mit Litotes verstanden werden, wenn man sich damit auf Leute bezieht, welche auf der betreffenden Veranstaltung besonders ausgelassen, fröhlich und unbeschwert gefeiert haben.

nisch deutet. Metaphern kann man hingegen mit allen sekundären Operationen kombinieren.

Modalitätsimplikaturen wurden in Abschnitt 3.3.1.3 als Formen konversationeller Implikaturen vorgestellt, die auf einem Hinwegsetzen über die Maxime der Modalität beruhen. In Anlehnung an Grice wurde folgende Äußerung als Beispiel einer Modalitätsimplikaturen vorgestellt:

(81) Patrizia hat Töne produziert, die sehr nahe an die Melodie von „Sweet Home Alabama" herankommen.

Weil der Sprecher des Satzes (81) das Wort „singen" vermeidet und sich relativ umständlich ausdrückt, evoziert er die Implikatur, dass Patrizia die Melodie von Sweet Home Alabama nur sehr schlecht wiedergegeben hat.[505] Modalitätsimplikaturen sind nach Grice eine besondere Form unter den konversationellen Implikaturen, weil für sie z. B. nicht die Eigenschaft der „Nicht- Ablösbarkeit" gilt. Falls man den Gehalt von (81) mit anderen Worten formuliert, kann nicht auf dieselbe Art und Weise eine konversationelle Modalitätsimplikatur erschlossen werden. Die Modalitätsimplikaturen sind nämlich für gewöhnlich ganz eng mit den spezifischen Ausdrücken verbunden, welche in einer Äußerung verwendet werden.[506] Modalitätsimplikaturen können nun auch mit Metaphern kombiniert werden:

(81*) Aus Patrizia sind Töne hervorgesprudelt, die sehr nahe an die Melodie von „Sweet Home Alabama" herankommen.

Wenn man (81*) interpretiert, muss die Deutung der Metapher der Interpretation der Modalitätsimplikatur vorausgehen. Ohne die Metapher zu interpretieren, hat man nämlich keinen sinnvollen Gehalt, der als stilistisch angemessen oder unangemessen beurteilt werden kann. Eine Modalitätsimplikatur setzt immer bei dem Umstand an, dass die Art und Weise, wie ein bestimmter Gehalt ausgedrückt wird, nicht den Standards einer kooperativen Kommunikation entspricht. Unter der Annahme, dass der Sprecher aber ein rationales und kooperatives Gegenüber ist, wird dann auf die Implikatur geschlossen, dass er mit der ungewöhnlichen Ausdrucksweise beabsichtigt, dem Rezipienten etwas bestimmtes mitzuteilen. Modalitätsimplikaturen sind folglich als Deutungen propositionaler Gehalte im Verhältnis zu der Art und Weise, wie diese ausgedrückt sind, zu verstehen und

505 Vgl. Grice 1975, 55 f.
506 Vgl. Grice 1975, 58.

damit als sekundäre Operationen einzustufen. Dementsprechend unterscheiden sie sich prinzipiell von metaphorischen oder metonymischen Interpretationen.

4.5.2.3 Metaphern und Vergleiche

Mithilfe der indexikalisch-ähnlichkeitsbasierten Theorie kann auch das Verhältnis von Metaphern und Vergleichen präziser bestimmt werden. In Kapitel 2 wurde bisher nur festgehalten, dass Metaphern nicht immer in eine synonyme linguistische Vergleichsstruktur überführt werden können und deshalb z. B. nicht als bloß abgekürzte Vergleiche verstanden werden können. Nichtsdestotrotz scheint der Interpretationsprozess, der mit Metaphern und entsprechenden Vergleichen verbunden ist, sehr ähnlich zu sein. Bei der Interpretation der beiden Sätze (82) und (83) wird z. B. jeweils nach gemeinsamen Eigenschaften zwischen Jonathan und Mäusen gesucht:

(82) Jonathan ist eine Maus.
(83) Jonathan ist wie eine Maus.

Die strukturellen und die pragmatischen Anforderungen scheinen bei der Interpretation von Metaphern und den entsprechenden Vergleichen, falls man diese bilden kann, identisch zu sein. Allerdings gelten nicht dieselben semantischen Anforderungen, weil diejenigen Ausdrücke, die innerhalb von Metaphern gemäß der Regel R-MET gedeutet werden, im Rahmen von Vergleichen wörtlich interpretiert werden. Falls man die Regel R-MET auch auf die entsprechenden Ausdrücke in Vergleichen anwenden würde, müsste man den Ausdruck „eine Maus“ in (83) z. B. so interpretieren, dass mit diesem relativ zu den Präsuppositionen im Äußerungskontext auf eine bestimmte Menge von Eigenschaften Bezug genommen wird. Eine solche Deutung wäre aber abwegig, weil Jonathan in (83) mit Mäusen und nicht mit einer schon spezifizierten Menge an Eigenschaften verglichen wird. Dass die Relata in Vergleichen nicht gemäß der Regel R-MET gedeutet werden, wird auch daran ersichtlich, dass, wenn es sich nicht um klassische Indexikalia handelt, ihre Interpretationen nicht die Eigenschaft der Indexikalität besitzen. Dies kann an folgenden Äußerungen veranschaulicht werden:

(84) Es ist möglich, dass Jonathan eine Maus ist.
(85) Es ist möglich, dass Jonathan wie eine Maus ist.

Gemäß der hier entwickelten Theorie muss (84), falls der Ausdruck „ist eine Maus“ metaphorisch verstanden wird, so gedeutet werden, dass Jonathan einige von denjenigen Eigenschaften besitzt, welche auf der Basis der pragmatischen Präsuppositionen im jeweiligen Äußerungskontext mit dem Ausdruck „Maus“ assoziiert werden. Aufgrund der Eigenschaft der Indexikalität wird dabei eine Lesart ausgeschlossen, wonach der Modaloperator die metaphorische Interpretation von „ist eine Maus“ auf unterschiedliche Umstände der Bewertung projiziert. Die metaphorische Interpretation *muss* stattdessen relativ zum Äußerungskontext festgelegt werden. Im Falle von (85) ist es unklar, ob eine ähnliche Einschränkung der Interpretation besteht. Zunächst macht diese Äußerung im Gegensatz zu (84) insgesamt den Eindruck, dass sie nicht ganz gelungen ist. Dies könnte daran liegen, dass die bloße Behauptung der Möglichkeit von Ähnlichkeitsrelation zwischen zwei Domänen im Allgemeinen tendenziell inhaltslos ist. Des Weiteren verpflichtet man sich mit der Behauptung einer Ähnlichkeit zwischen Jonathan und Mäusen nicht auf eine Interpretation relativ zu den im Äußerungskontext geteilten Präsuppositionen über Mäuse. Es wird durch den Vergleich nämlich zunächst nur behauptet, dass Jonathan den Gegenständen ähnlich ist, die konventionell mit dem Wort „Maus“ bezeichnet werden. Es ist nun durchaus vorstellbar, dass der Modaloperator die Deutung von (85) auf bisher unbekannte, noch nicht entdeckte Eigenschaften von Mäusen erweitert. Und weil sie generell unbekannt sind, sind sie auch nicht Teil der im Äußerungskontext geteilten Präsuppositionen. Mit (85) wird demnach ausgesagt, dass Jonathan den Gegenständen ähnlich ist, welche konventionell mit „Maus“ bezeichnet werden, unter Einbeziehung derjenigen Eigenschaft von Mäusen, welche wir jetzt noch nicht kennen, aber in der Zukunft möglicherweise über Mäuse herausfinden werden.[507] Eine solche Lesart von (84) ist prinzipiell ausgeschlossen. Es kann hier nur auf die Eigenschaften von Mäusen Bezug genommen werden, welche im Äußerungskontext präsupponiert werden. Dass die noch unerkannten Eigenschaften der konventionell durch „Maus“ bezeichneten Gegenstände bei metaphorischen Deutungen keine Rolle spielen können, spricht dafür, dass „Maus“ hier nicht als

507 Hilary Putnam (vgl. u. a. Putnam 1975, 229 – 235) und Saul Kripke (vgl. Kripke 1972, 115 – 144) haben in sehr einflussreichen Analysen gezeigt, dass Gattungsbegriffe (Natural Kind Terms) wie „Wasser“ oder „Tiger“ fest mit bestimmten Referenzgegenständen verbunden sind, auch wenn man deren Eigenschaften noch nicht vollständig kennt. Es wird mit diesen Ausdrücken nach Kripke und Putnam nämlich nicht in erster Linie mithilfe bestimmter Beschreibung auf die Referenzgegenstände Bezug genommen, sondern durch einen allgemein anerkannten Gebrauch dieser Ausdrücke, der innerhalb einer Gemeinschaft etabliert wurde. Wir können deshalb über diese Gegenstände sprechen, obwohl wir keine individuierenden Beschreibungen von ihnen kennen. Kripke spricht davon, dass Gattungsbegriffe „rigide Designatoren“ darstellen, die in allen möglichen Welten fest mit bestimmten Gegenständen verbunden sind. Diese Analyse wird von Putnam explizit bekräftigt (vgl. Putnam 1975, 234 f.). Aus dieser Analyse folgt wiederum, dass der Bezug dieser Ausdrücke auf die entsprechenden Gegenstände bestehen bleibt, auch wenn in der Zukunft neue, bisher unbekannte Eigenschaften von diesen entdeckt werden.

gewöhnlicher Gattungsbegriff fungiert. Das wiederum kann plausibel mithilfe der in dieser Arbeit entwickelten indexikalisch-ähnlichkeitsbasierten Theorie erklärt werden, nach der die konventionellen linguistischen Eigenschaften der entsprechenden Ausdrücke im Falle einer metaphorischen Interpretation modifiziert werden.[508] Der Unterschied zwischen der metaphorischen Deutung von dem Ausdruck „eine Maus" in (84) und der Deutung dieses Ausdrucks in (85) kann mithilfe der eingeführten Darstellungsweise folgendermaßen wiedergegeben werden:

(84*) | Es ist möglich, dass Jonathan MET[eine Maus ist]. |
(85*) | Es ist möglich, dass Jonathan wie eine Maus ist. |

Der Unterschied zwischen Metaphern und Vergleichen lässt sich auch anhand der möglichen Deutungen der Sätze (30) und (86) zeigen:

(30) Jeder Jugendliche erinnert sich an seine erste Sonne.
(86) Jeder Jugendliche erinnert sich an die erste Person, die für ihn wie die Sonne war.

Wie in Abschnitt 4.3.1 dargelegt wurde, kann die Referenz des Ausdrucks „Sonne" in (30), wenn er metaphorisch verstanden wird, zwar mit den jeweiligen Jugendlichen variieren. Es ist aber nicht möglich, dass mit den Jugendlichen ebenfalls die Eigenschaften variieren, über welche diese Referenzen bestimmt werden. Diese Eigenschaften müssen stattdessen im Äußerungskontext festgelegt werden. Im Falle von (86) scheint diese Einschränkung nicht vorhanden zu sein. Da Ähnlichkeit eine sehr unspezifische Relation ist, bleibt viel Deutungsspielraum dafür, auf welche Weise die betreffenden Personen für die Jugendlichen der Sonne ähnlich waren. (86) kann dementsprechend auch so gelesen werden, dass sich jeder Jugendliche an die erste Person erinnert, welche irgendwelche signifikanten

508 Diese Unterscheidung zwischen Metaphern und Vergleichen kann in gewisser Hinsicht auch in John Searles Kritik an der Vergleichstheorie der Metapher gefunden werden, welche in Abschnitt 2.4.2 dargelegt wurde. Nach Searle besteht u. a. dahingehend ein Unterschied in der Semantik zwischen einer Metapher wie z. B. „John ist ein Gorilla" und dem entsprechenden Vergleich „John ist wie ein Gorilla", dass man beim Vergleich im Gegensatz zur Metapher Verpflichtungen über Eigenschaften echter Gorillas eingeht und der Vergleich deswegen andere Wahrheitsbedingungen als die Metapher besitzt (vgl. Searle 1979, 89–91). Das entspricht insofern der hier vorgetragenen Argumentation, als es sich bei Vergleichen im Gegensatz zu Metaphern tatsächlich immer um Aussagen über *beide* Relata handelt. Bei Metaphern dient die Bedeutung des Ausdrucks, der metaphorisch interpretiert wird, hingegen nur als Vehikel, das im betreffenden Äußerungskontext den Ausgangspunkt für die übertragene Deutung bildet.

Ähnlichkeiten mit der Sonne hatte, wobei diese von Jugendlichem zu Jugendlichem variieren können. Eine solche Lesart ist für (30) ausgeschlossen.

4.5.3 Metaphern, Perspektive und Paraphrase

4.5.3.1 Die kognitive Signifikanz von Metaphern

Als eine entscheidende Herausforderung für Metapherntheorien wurde in Abschnitt 3.5 die Verhältnisbestimmung zwischen den Perspektiven, die Metaphern erzeugen, und den mit ihnen ausgedrückten propositionalen Gehalten genannt. In Anlehnung an die Begrifflichkeit von Donald Davidson kann, wie in Abschnitt 3.4.1 erläutert wurde, der Aspekt der Perspektive, die eine Metapher erzeugt, als „Sehen-als" und der Aspekt des mit einer Metapher ausgedrückten propositionalen Gehalts als „Sehen-dass" bezeichnet werden. Davidson und die weiteren Vertreter bedeutungsskeptischer Ansätze in der Metapherntheorie behaupten, wie erläutert, dass Metaphern nur Perspektiven vermitteln aber keine spezifischen propositionalen Gehalte ausdrücken, die über die Ergebnisse einer wörtlichen Interpretation hinaus gehen. Es wurde in den 3.4.3 zugeordneten Abschnitten aber gezeigt, dass die bedeutungsskeptische Position bezüglich Metaphern mit gravierenden Problemen konfrontiert ist. Deren Vertreter haben nämlich große Schwierigkeiten, die faktische Kommunikation mit Metaphern, die häufig zumindest teilweise mögliche Paraphrasierbarkeit sowie das Phänomen der toten bzw. konventionalisierten Metaphern zu erklären. Trotz dieser Kritik an bedeutungsskeptischen Positionen soll jedoch nicht die Grundeinsicht bestritten werden, dass Metaphern, wenn sie lebendig sind, niemals *nur* einen bestimmten propositionalen Gehalt transportieren. Sie führen stattdessen immer auch eine bestimmte Perspektive vor Augen, welche eine wörtliche Paraphrase der Metapher, falls diese möglich ist, nicht reproduzieren kann. Dies kann an folgender Äußerung veranschaulicht werden:

(87) Meine Ideen sind noch nicht reif genug, um sie zu ernten.

Es ist ohne Probleme ein Kontext denkbar, in welchem mit (87) ausgedrückt wird, dass die Ideen des Sprechers noch nicht so gut entwickelt sind, dass sie z. B. in Publikationen oder Vorträgen einer breiteren Öffentlichkeit präsentiert werden können. Der so beschriebene propositionale Gehalt, der mit (87) vermittelt wird, erfasst aber nicht die spezifische Perspektive, welche durch die Metapher vermittelt wird. Man sieht also nicht, wie die Ideen *als* unreife Früchte an einem Baum hängen. Diese Perspektive ist, wie Vertreter bedeutungsskeptischer Ansätze zu Recht argumentieren, nicht durch einen propositionalen Gehalt wiederzugeben, der wahr oder falsch sein kann. Selbstverständlich muss man für eine angemessene Interpretation der Metapher erkennen, dass Ideen nicht im wörtlichen Sinn Früchte sein können, welche an einem Baum hängen. Das ändert aber nichts daran, dass der Sprecher mithilfe der Metapher seine Ideen *als* unreife Früchte an Bäumen präsentiert. Die Perspektive hat folglich erst einmal nichts mit Wahrheit oder Falschheit zu tun. Über diese vermittelte Perspektive bleibt die wörtliche Bedeutung eines Ausdrucks auch aktiv, nachdem die metaphorische Deutung von diesem erschlossen wurde. Dies kann z. B. an der folgenden Äußerung deutlich gemacht werden:

(88) Wenn du einen Studenten findest, der für philosophische Fragen brennt, dann gieße ihn.

Es ist denkbar, dass der Sprecher mit dieser Äußerung beabsichtigt auszudrücken, dass man den betreffenden Studenten fördern soll, wie man Pflanzen durch Gießen pflegt und gedeihen lässt. Eine solche Deutung dieser Metapher ist, wenn man diese für sich betrachtet, vollkommen plausibel. Und auch der daraus folgende mit (88) ausgedrückte propositionale Gehalt ist sinnvoll und verständlich. Nichtsdestotrotz erscheint der so verstandene Satz (88) unglücklich konstruiert zu sein. Der Grund dafür liegt darin, dass die Kombination der Perspektiven, die durch die metaphorischen Interpretationen produziert werden, einen der vom Sprecher beabsichtigten Deutung entgegengesetzten Effekt erzeugt. Mit „brennt" wird das Bild vermittelt, dass der betreffende Student in Flammen steht. Die zu ergreifende Maßnahme, das metaphorische Gießen, erzeugt auf der Ebene der Perspektive das Bild, dass diese Flammen mit Wasser gelöscht werden. Dieses Bild vermittelt dann aber wiederum den Eindruck, dass der Student eben gerade nicht gefördert, sondern in seinem Eifer und seiner Neugier gebremst werden soll.[509] Daran wird ersichtlich, dass die wörtlichen Bedeutungen der metaphorisch interpretierten Ausdrücke über die etablierten Perspektiven, auch nachdem der vom Sprecher beabsichtigte propositionale Gehalt erschlossen wurde, noch aktiv bleiben.[510]

Die Perspektive, die durch Metaphern vermittelt wird, ist auch ein entscheidender Faktor für die mögliche Erweiterung von Metaphern. In Abschnitt 2.6.4 wurde dargelegt, dass bei der Deutung lebendiger Metaphern sogenannte interpretative Strukturen etabliert werden, bei denen im weiteren Verlauf einer Kon-

---

509 Dieser Satz ist von dem von Lynne Tirrell verwendetem Beispiel „If you find a student with a spark of imagination, water it" (Tirrell 1989, 30) inspiriert.

510 Die Möglichkeit, dies zu erklären, hat Davidson zu Recht als Bedingung für eine adäquate Metapherntheorie formuliert (vgl. Davidson 1978, 34).

versation angesetzt werden kann, um die Metaphern zu erweitern. Es werden im Falle solcher Erweiterungen also keine völlig neue Metaphern geschaffen, sondern bereits vorhandene interpretative Strukturen weiterverarbeitet.[511] Metaphern ermöglichen also nicht nur, bestimmte individuelle Gehalte zu kommunizieren, sondern auch einen ganzen Gegenstandsbereich mithilfe eines anderen Gegenstandsbereichs zu strukturieren.

Auf der Grundlage des in dieser Arbeit entwickelten indexikalisch-ähnlichkeitsbasierten Ansatzes kann der Perspektive, die eine Metapher vermittelt, durch die Unterscheidung zwischen ausgedrücktem propositionalem Gehalt und Character auf überzeugende Weise Rechnung getragen werden. Der Träger der kognitiven Signifikanz eines Ausdruckes ist, wie in den Abschnitten 4.2.4 erläutert wurde, gemäß dem Modell von Kaplan nämlich der Character eines Ausdruckes und nicht der mit ihm verbundene propositionale Gehalt. Der Character wiederum wurde u. a. als *die Gegebenheitsweise* des propositionalen Gehaltes analysiert. Auf diese Weise kann erklärt werden, dass mit dem Satz (17*), wenn er genau um 12 Uhr mittags geäußert wird, eine andere kognitive Signifikanz als mit (17) verbunden ist, obwohl er in diesem Fall denselben propositionalen Gehalt ausdrückt:

(17) Die Institutssitzung beginnt um 12 Uhr mittags.
(17*) Die Institutssitzung beginnt jetzt.

Dies liegt daran, dass der propositionale Gehalt, wegen der Verwendung des indexikalischen Ausdrucks „jetzt" in (17*) auf eine andere Art und Weise präsentiert wird als in (17). Die unterschiedlichen Characters von „jetzt" und „12 Uhr mittags" machen sich, wie erläutert, auch daran bemerkbar, dass das Für-wahr-Halten von (17*) andere Handlungen nach sich ziehen kann, als wenn (17) in demselben Kontext für wahr gehalten wird. Die verschiedenen Characters können, wie erläutert wurde, als verschiedene Regeln beschrieben werden, über welche der propositionale Gehalt eines Ausdrucks relativ zum Äußerungskontext erschlossen

---

511 Man könnte die Metapher (87) z. B. so erweitern, dass die Verarbeitung der Ideen des Sprechers, wenn man sie jetzt ernten würde, zu ungenießbaren Ergebnissen führen würde. Ein Gesprächspartner könnte darauf wiederum antworten, dass man aber auch nicht zu lange mit der Ernte warten sollte, weil der Bedarf irgendwann gedeckt sei und die Ideen dann keinen Gewinn mehr auf dem Markt abwerfen würden. Darauf könnte der Sprecher von (87) wiederum entgegnen, dass die Bedingungen an seinem Institut im Gegensatz zu anderen Forschungseinrichtungen einen so guten Nährboden darstellen, dass er nicht glaube, dass woanders Ideen vergleichbarer Qualität gedeihen können. Und die Qualität sei schließlich dasjenige, was auf dem Markt von Interesse sei und nicht halbreife, vorschnell geerntete Ware.

wird. Die Anwendungen dieser Regeln sind jeweils mit unterschiedlichen kognitiven Signifikanzen verbunden, weil sie auf verschiedene Art und Weise in unsere soziale Interaktion eingebunden sind. So würde man z. B. nicht (17) sagen, wenn man jemandem mitteilen möchte, dass man sofort zu der betreffenden Institutssitzung losgehen sollte. Hierzu würde man (17*) verwenden, auch wenn damit im betreffenden Äußerungskontext derselbe propositionale Gehalt ausgedrückt wird wie mit (17). Ebenso wäre es häufig seltsam, wenn man mit seinem Eigennamen auf sich selbst Bezug nehmen würde. Wenn jemand z. B. „Jacob Hesse hat Hunger" äußert, würden die meisten Rezipienten denken, dass der Sprecher selbst nicht „Jacob Hesse" heißt. Falls dieselbe Person stattdessen „Ich habe Hunger" sagt, um auszudrücken, dass sie selbst Hunger hat, würde dies im Gegensatz dazu in den meisten Kontexten zu keinen Irritationen führen, wenn sich herausstellen sollte, dass der Sprecher selbst „Jacob Hesse" heißt. Nichtsdestotrotz wird mit „Ich habe Hunger" und „Jacob Hesse hat Hunger" in den geschilderten Fällen derselbe propositionale Gehalt ausgedrückt. Die Regel bzw. der Character, über den ein propositionaler Gehalt erschlossen wird, ist dementsprechend entscheidend dafür, mit welcher kognitiven Signifikanz eine Äußerung im Rahmen von sozialer Interaktion verbunden ist.

Die Unterscheidung zwischen Character und propositionalem Gehalt ermöglicht auch bei Metaphern, den Unterschied zwischen dem Träger der kognitiven Signifikanz und dem ausgedrückten propositionalen Gehalt zu erfassen:

(89) Kripke ist ein Alchemist.
(89*) Kripke kann aus der Kombination von trivialen Ideen besonders interessante, tiefgründige und wertvolle Einsichten hervorbringen.

Es ist vorstellbar, dass mit (89) in einem bestimmten Äußerungskontext derselbe propositionale Gehalt ausgedrückt wird wie mit (89*). In diesem Fall kann (89*) als eine Paraphrase von (89) verstanden werden. Linguistisch kann der Unterschied zwischen der Äußerung von (89) und (89*) dahingehend festgemacht werden, dass derselbe propositionale Gehalt hier auf verschiedene Art und Weise präsentiert wird. Wenn „ist ein Alchemist" in (89) metaphorisch gedeutet wird, wird dieser Ausdruck im Rahmen der hier vorgestellten Theorie gemäß der semantischen Regel R-MET interpretiert und erhält den Character R-MET[ist ein Alchemist]. Daraus folgt, dass dieser Ausdruck nicht mehr als Prädikat verstanden wird, welches die Zugehörigkeit zu der Gruppe der Alchemisten aussagt. Stattdessen wird mit der metaphorischen Interpretation dieses Ausdrucks je nach Kontext auf verschiedene Eigenschaften Bezug genommen, die auf der Basis von Assoziationen mit dem Ausdruck „Alchemist" erschlossen werden. Dieser Character R-MET[ist ein Alchemist] stellt dann die Gegebenheitsweise des jeweilig ausgedrückten propositionalen Gehaltes P dar. Dies heißt nichts anderes, als dass der ausgedrückte propositionale Gehalt über den Character bzw. die Regel R-MET[ist ein Alchemist] erschlossen wurde. Und diese Erschließung des propositionalen Gehaltes über genau diese Regel ist mit einer spezifischen kognitiven Signifikanz verbunden. Die über den Character von Ausdrücken vermittelte kognitive Signifikanz wirkt sich dann, wie bei Äußerungen, die indexikalische Ausdrücke enthalten, auf die kognitive Signifikanz der gesamten Äußerung aus, in welcher der metaphorisch verstandene Ausdruck vorkommt. Was die Paraphrase (89*) dementsprechend nicht einfangen kann, ist genau diese über den Character von dem metaphorisch interpretierten Ausdruck erzeugte kognitive Signifikanz der Äußerung. Auch wenn man also dazu in der Lage ist zu verstehen, dass mithilfe von (89) derselbe propositionale Gehalt ausgedrückt wird wie mit (89*), bleibt hinsichtlich der kognitiven Signifikanz dieser Äußerungen ein wesentlicher Unterschied. Mit (89) wird Kripke dem Interpreten nämlich im Gegensatz zu (89*) als ein Alchemist vor Augen geführt, welcher einsam in seinem mittelalterlich anmutenden Labor vor sich hinarbeitet und versucht wertvolle Substanzen zu erzeugen. Die wörtliche Bedeutung eines Ausdrucks φ bleibt im Falle der metaphorischen Interpretation aktiv, weil sie wesentlicher Bestandteil der Regel bzw. des Characters R-MET[φ] ist. Dies wird auch daran ersichtlich, dass der Interpret, um die Menge der Eigenschaften zu erschließen, welche mit diesem Character relativ zu einem Kontext K ausgedrückt werden, die wörtliche bzw. konventionelle Bedeutung des Ausdrucks φ kennen muss.[512]

512 Auf den Character eines Ausdrucks, der metaphorisch interpretiert wird, kann auch ohne Berücksichtigung eines bestimmten Äußerungskontext Bezug genommen werden. Dies kommt z. B. dann vor, wenn man annimmt, dass ein Ausdruck nicht wörtlich, sondern metaphorisch oder metonymisch zu verstehen ist, man aber den Äußerungskontext nicht genügend kennt, um zu entscheiden, was mit dieser Interpretation ausgedrückt werden soll. Es kommt insgesamt wohl selten vor, dass man offen lässt, ob ein Ausdruck metaphorisch oder metonymisch zu deuten ist. Im Falle von (89) wäre eine metonymische Deutung von „ist ein Alchemist" z. B. nicht sehr plausibel. Streng genommen legt der Character des betreffenden Ausdrucks, welcher nach der Regel R-MET gedeutet wird, aber nicht fest, ob die Deutung metonymisch oder metaphorisch erfolgt. Wie in Abschnitt 4.4.5 erläutert wurde, besteht zwischen Metaphern und Metonymien ein Unterschied hinsichtlich der strukturellen Anforderungen an die Interpretation, nicht aber hinsichtlich der pragmatischen und semantischen Anforderungen. Und nur Letztere werden durch die Regel R-MET bestimmt. Wenn man also annimmt, dass ein Ausdruck metaphorisch zu deuten ist, aber nicht weiß, welcher propositionale Gehalt damit im betreffenden Äußerungskontext ausgedrückt werden soll, weil man diesen z. B. nicht ausreichend kennt, spezifiziert man schon die strukturellen Anforderungen an die Interpretation, was über den bloßen Character des Ausdrucks, der die semantischen Anforderungen an die Interpretation darstellt, hinausgeht.

Josef Stern arbeitet überzeugend heraus, dass die kleinsten Nuancen des Unterschieds der Assoziationen, die mit den metaphorisch interpretierten Ausdrücken verbunden sind, Unterschiede sowohl in der vermittelten Perspektive als auch dem ausgedrückten propositionalen Gehalt zur Folge haben können.[513] Dies wird an folgenden Äußerungen deutlich:

(90) Die Zeit bei meinen Eltern war ein einziger langer Sonnabend.
(90*) Die Zeit bei meinen Eltern war ein einziger langer Samstag.

Es ist plausibel, dass in (90) „Sonnabend" und in (90*) „Samstag" metaphorisch interpretiert werden. Dabei ist denkbar, dass sich die Eigenschaft, die mit „Sonnabend" ausgedrückt wird, auf die Vorfreude auf z. B. eine bestimmte Reise bezieht. Diese Deutung ist möglich, weil „Sonnabend" die Konnotation besitzt, dass es sich um einen vorbereitenden Tag auf den Sonntag handelt, welcher den Höhepunkt der Woche darstellt. Der Ausdruck „Samstag" hat allerdings nicht dieselben Konnotationen. Mit diesem wird als eigenständiger Tag eher assoziiert, dass man ausgelassene Abende mit Freunden verbringt. Die beiden praktisch synonymen Begriffe „Sonnabend" und „Samstag" können dementsprechend im selben Kontext mit unterschiedlichen Assoziationen verbunden werden, was wiederum eine andere Perspektive auf die Zieldomäne erzeugt und, wie im skizzierten Fall, auch mit unterschiedlichen propositionalen Gehalten verbunden sein kann.[514]

---

513 Vgl. Stern 2008, 22f.

514 Nach Stern besteht eine gewisse Spannung zwischen der formalen Beschreibung des Characters nach Kaplans Definition und dem Umstand, dass kleinste Nuancen des Unterschieds in den Assoziationen mit den betreffenden Ausdrücken mit einer unterschiedlichen kognitiven Signifikanz einhergehen können. Wenn nämlich die Ausdrücke „Samstag" und „Sonntag", falls sie nicht metaphorisch interpretiert werden, relativ zu allen möglichen Umständen der Bewertung immer dieselbe Referenz besitzen, muss im Rahmen einer Mögliche-Welten-Semantik auch davon ausgegangen werden, dass ihre (konstanten) Characters identisch sind. Falls angenommen wird, dass die Characters im Falle einer metaphorischen Interpretation durch die Characters der betreffenden Ausdrücke individuiert werden, die sie im Falle einer wörtlichen Interpretation erhalten, kann der angedeutete Unterschied hinsichtlich der kognitiven Signifikanz im Rahmen des erläuterten Modells nicht adäquat erfasst werden. Es müsste dann nämlich angenommen werden, dass „Sonnabend" und „Samstag" im Falle einer metaphorischen Interpretation denselben Character besitzen (vgl. Stern 2006, 264f.). Aus diesem Einwand kann auf die Grenzen einer Beschreibung des Characters im Rahmen der Mögliche-Welten-Semantik geschlossen werden. Im Rahmen von dieser können die Unterschiede hinsichtlich der kognitiven Signifikanz zwischen Ausdrücken, die in allen möglichen Umständen der Bewertung dieselbe Referenz besitzen, tatsächlich nicht erfasst werden. Allerdings ist es fraglich, wie streng der Character an den Rahmen der Mögliche-Welten-Semantik gebunden ist. Kaplan selbst räumt ein, dass die Mögliche-Welten-

Für Stern ist die Perspektive, die mit einer Metapher vermittelt wird, zwar nicht Teil des mit einer Metapher ausgedrückten propositionalen Gehaltes, aber dennoch in gewisser Hinsicht ein möglicher Gegenstand von Wissen und Erkenntnis. Er spricht hier von einem „knowledge *by* metaphor", was mit „Wissen durch die Metapher" übersetzt werden kann. Er veranschaulicht dies am folgenden Beispiel:

(91) Ich werde das nicht herunterschlucken.

In dem Szenario, das Stern vorstellt, soll angenommen werden, dass der Satz (91) von einer jungen Frau Marie als Reaktion auf das Verbot ihrer Mutter gesagt wird, dass sie ihren Freund nicht mehr sehen darf. Darüber hinaus soll angenommen werden, dass Marie unter Anorexie leidet und somit der Umgang mit Essen an sich bei ihr problembehaftet ist. Da sich „herunterschlucken" im Kontext von (91) auf das Verbot der Mutter bezieht, muss es metaphorisch interpretiert werden. Man kann Verbote selbstverständlich nicht im wörtlichen Sinne herunterschlucken. Der propositionale Gehalt von (91) in diesem Kontext wäre dann so etwas wie „Marie akzeptiert das Verbot der Mutter nicht". Über die Art und Weise, wie sie diesen Gehalt ausdrückt, teilt Marie damit aber evtl. unbewusst auch etwas über die Ursache ihrer Erkrankung mit. Dasjenige, was sie im Allgemeinen nicht mehr (im wörtlichen Sinn) herunterschluckt, ist Essen. Und dass Marie in diesem Fall genau diese Metapher wählt, mag auf eine Verbindung zwischen dem oppressiven Verhalten der Mutter und der Anorexie der Tochter hindeuten. Diese Information, welche mit der Wahl der Metapher transportiert wird, ist aber nach Stern nicht Teil des propositionalen Gehaltes der Aussage (91), sondern wird nur über den Cha-

---

Semantik zu grob ist, um z. B. singuläre Propositionen zu erfassen (vgl. Kaplan 1989a, 493, Fußnote 17). Stern weist im Umgang mit diesem Problem ebenfalls auf die Grenzen formaler Modelle hin (vgl. Stern 2006, 265 f.). Um dem erwähnten Einwand zu entgehen, kann auch auf die Überlegungen von John Perry verwiesen werden, die er bezüglich der Characters bzw. in seiner Terminologie der „Rollen" von Ausdrücken und Sätzen angestellt hat. Perry versucht, wie in Abschnitt 4.2.6 erläutert wurde, das Konzept, das hinter dem Character steht, etwas von dem formalen Apparatus einer Mögliche-Welten-Semantik zu lösen. Die verschiedenen Rollen von Ausdrücken und Sätzen sind nach Perry mit bestimmten epistemischen und pragmatischen Methoden zur Bestimmung ihrer Referenz verbunden, die unterschiedliche Kanäle der Information (channels of information) darstellen. Damit verbunden sind dann auch mögliche unterschiedliche Auswirkungen der jeweiligen Rollen auf die soziale Interaktion, selbst wenn mit diesen Rollen auf dieselben Referenzobjekte Bezug genommen wird (vgl. Perry 2017, 976 f.). Dementsprechend könnte man behaupten, dass den beiden Ausdrücken „Sonnabend" und „Samstag" unterschiedliche Rollen bzw. Characters zugeschrieben werden müssen, weil ihre Referenzen über unterschiedliche Kanäle der Information erschlossen werden.

racter von dieser mitgeteilt.[515] Man kann die Überlegungen von Stern hier derart ergänzen, dass diese über die Perspektive vermittelte Information eher als Effekte zu verstehen sind, welche bei den Rezipienten ausgelöst werden als irgendwelche zusätzlichen propositionalen Gehalte. Das liegt zum einen daran, dass der Ausdruck dieser Bedeutung nicht von Marie, der Sprecherin von (91), beabsichtigt ist. Des Weiteren ist diese Deutung ein Produkt, das erst *nach* dem Erschließen einer sinnvollen Deutung der Metapher aufkommt. Erst dann kann man darüber psychologisieren, weshalb der Sprecher, evtl. unbewusst, genau diese Metapher verwendet hat, um den erschlossenen propositionalen Gehalt auszudrücken.

4.5.3.2 Der propositionale Gehalt von Metaphern

Die Explikation dessen, was mit einer Metapher ausgedrückt wird, ist nichts anderes als die Paraphrase der Metapher. Stanley Cavell hat, wie erläutert, davon gesprochen, dass Metaphern immer „bedeutungsschwanger" sind. Dies zeige sich unter anderem daran, dass die Paraphrase von Metaphern immer mit einem „und so weiter" ergänzt werden könne.[516] Eine mögliche Folgerung daraus ist, dass der von Metaphern transportierte propositionale Gehalt prinzipiell nicht vollständig durch eine Paraphrase erfasst werden kann. Wenn man diese Annahme mit der Zurückweisung der bedetungsskeptischen Metapherntheorien verbindet, müsste man, wie Max Black dies z. B. tut, behaupten, dass die Bedeutung von Metaphern zwar vorhanden, aber prinzipiell einer Paraphrase unzugänglich sei. Dies ist, wie Davidson zu Recht angemerkt hat, eine unbefriedigende Position, weil man die seltsame Größe einer „metaphorischen Bedeutung" einführen müsste, welche ganz anders als gewöhnliche propositionale Gehalte funktioniert. Es stellt sich auch die Frage, was man mit der Postulierung einer solchen neuen Klasse von nicht erfassbaren Bedeutungen letztlich an Erklärungsleistung gewonnen hat.

Es soll hier gezeigt werden, dass es eine plausible Alternative zu Blacks und Davidsons Positionen gibt. Zunächst kann man die Unbestimmtheit einer Paraphrase schon dadurch deutlich reduzieren, dass man, wie bereits in Abschnitt 3.4.3.2 erläutert wurde, den Äußerungskontext berücksichtigt, in dem die zu paraphrasierende Metapher vorkommt. Des Weiteren sollte zwischen einer starken und einer moderaten Konzeption von Paraphrase unterschieden werden. Gemäß der starken Konzeption muss die Paraphrase sowohl den mit der Metapher ausgedrückten propositionalen Gehalt, als auch die mit ihr erzeugten Effekte, wie z. B. die spezifische Perspektive, welche die Metapher vermittelt, erfassen. Der gemäßigten Konzeption zufolge reicht es aus, wenn die Paraphrase nur den

515 Vgl. Stern 2001, 187 f.
516 Vgl. Cavell 1969, 79.

propositionalen Gehalt erfasst, welcher mit einer Metapher ausgedrückt wird, ohne die Effekte der Metapher zu duplizieren. Wenn man den Kontext berücksichtigt und eine gemäßigte Konzeption einer Paraphrase anstrebt, scheint es in vielen Fällen möglich zu sein, eine Metapher zu paraphrasieren. Dasjenige, was die Paraphrase in solchen Fällen wiedergibt, ist gemäß der hier entwickelten Theorie der propositionale Gehalt aber nicht der Character der Metapher.[517] Die Paraphrase besitzt dementsprechend dieselben Wahrheitsbedingungen wie die entsprechende Metapher, aber nicht dieselbe kognitive Signifikanz. In den erläuterten Kontexten scheint sowohl die angeführte Paraphrase von (87) als auch die Paraphrase (89*) z. B. relativ genau zu erfassen, was mit (87) respektive (89) an propositionalen Gehalten transportiert wird. Obwohl hierbei nicht die spezifischen Perspektiven reproduziert werden, welche die Metaphern erzeugen, kann man dennoch von einer gelungenen Paraphrase sprechen.

Man kann an dieser Stelle aber weiter fragen, ob es prinzipiell immer möglich ist, den mit einer Metapher ausgedrückten propositionalen Gehalt mit einer solchen gemäßigten Paraphrase relativ zu einem Äußerungskontext zu erfassen. Um diese Frage zu beantworten, muss noch etwas genauer betrachtet werden, was Bedingungen für eine gelungene Paraphrase sind und was man von einer Paraphrase erwarten kann. Elisabeth Camp argumentiert dafür, dass eine gelungene Paraphrase den vom Sprecher mit der metaphorischen Äußerung ausgedrückten propositionalen Gehalt in wörtlicher Sprache und explizit wiedergeben sollte. D. h., dass eine gelungene Paraphrase weder selbst metaphorische oder auf eine andere Art und Weise figurative Sprache enthalten sollte, noch die Erschließung konversationeller Implikaturen oder ironischer Deutungen voraussetzen darf. Eine gelungene Paraphrase sollte dem Rezipienten stattdessen ermöglichen, den Gehalt der Metapher rein auf der Basis seiner linguistischen Kompetenz ohne die Voraussetzung besonderer interpretativer Fähigkeiten zu erschließen.[518] Die folgenden Sätze sind dementsprechend als schlechte Paraphrasen von (89) einzustufen:

(89**) Kripke ist ein Forscher, der dazu in der Lage ist, aus gewöhnlichen Substanzen Gold herzustellen.

---

517 Der Character eines Satzes setzt sich aus den Characters seiner Bestandteile zusammen. Dementsprechend wirkt sich der Character eines metaphorisch verstandenen Ausdrucks innerhalb eines Satzes auf den Character und die kognitive Signifikanz des gesamten Satzes aus.

518 Vgl. Camp 2006b, 2. Zudem vertritt Camp auch, dass eine Paraphrase nicht die spezifischen Effekte, die mit einer Metapher verbunden sind, wiedergeben muss. Die Paraphrase muss stattdessen, wie in der dargestellten moderaten Anforderung, nur die jeweils ausgedrückten propositionalen Gehalte erfassen.

(89***) Kripke ist im metaphorischen Sinne ein Alchemist.
(89****) Kripke ist wie ein Alchemist.

In (89**) wird mithilfe weiterer metaphorisch zu verstehender Ausdrücke versucht (89) zu erläutern. Diese Paraphrase fordert von dem Rezipienten dementsprechend nicht signifikant weniger Interpretationsleistung ab als (89). Mit (89***) wird deutlich gemacht, dass der Ausdruck „ist ein Alchemist" metaphorisch zu interpretieren ist. Das alleine stellt aber noch keine gelungene Paraphrase von (89) dar, weil diese eine explizierende Wiedergabe des mit (89) ausgedrückten propositionalen Gehaltes erfordern würde. Worin dieser besteht, ist an (89***) nicht signifikant besser abzulesen als an (89). Auch die Reduktion der Metapher auf einen Vergleich wie in (89****) hat im Grunde keinen nennenswerten Erklärungswert, weil die Frage bestehen bleibt, in welcher Hinsicht genau Übertragungen von der Ausgangs- auf die Zieldomäne vorgenommen werden können.

Man kann aber gegen die von Camp formulierte Bedingung, dass eine Paraphrase immer in wörtlicher Sprache formuliert sein sollte, einwenden, dass manche Metaphern Gehalte ausdrücken, welche mit wörtlich interpretierten Ausdrücken nicht beschreibbar sind. Es ist z. B. schwer, für die folgende Metapher eine angemessene wörtliche Paraphrase zu finden:

(92) Als er letztendlich die Wohnung verlassen hatte, stand ich zurückgelassen auf einem Felsvorsprung, umgeben von dünner, eiskalter Luft, schroffen Klippen und über mir dem glasklaren, blauen Himmel.[519]

Man kann hier selbstverständlich eine näherungsweise Paraphrase vornehmen, in der man feststellt, dass die Sprecherin sich alleine und einsam fühlte, nachdem ihr Partner sie verlassen hatte. Dies scheint aber nicht ganz adäquat das Gefühl wiederzugeben, das die Sprecherin von (92) ausdrückt. In diesem Fall scheint der Rückgriff auf metaphorisch zu verstehende Ausdrücke auch damit zusammenzuhängen, dass man den Gehalt, den man beabsichtigt auszudrücken, mithilfe wörtlicher Sprache schlichtweg nicht adäquat wiedergeben kann. Metaphern werden hier dementsprechend als Erweiterungsmöglichkeiten der Ausdrucksfähigkeit unserer natürlichen Sprache verwendet. Diese Funktion wird, wie in Abschnitt 2.3 erwähnt wurde, klassischerweise „Katachresis" genannt. Falls Metaphern die Funktion der Katachresis besitzen, kann man den mit ihnen ausgedrückten Gehalt selbstverständlich nicht in wörtlicher Sprache wiedergeben, weil die Metapher ja u. a. gerade deswegen verwendet wird, weil es keine

519 Dieser Satz ist an ein Beispiel von Elisabeth Camp angelehnt (vgl. Camp 2006b, 11).

dafür angemessenen wörtlich verstandenen Ausdrücke gibt. Man kann an dieser Stelle weiter fragen, ob für solche Metaphern, welche die Grenzen des mit wörtlicher Sprache Ausdrückbaren sprengen, *prinzipiell* rein wörtliche Paraphrasen möglich sind. Wie Elisabeth Camp zu Recht behauptet, hängt die Beantwortung dieser Frage auch mit der Einschätzung der Gültigkeit des sogenannten Prinzips der Ausdrückbarkeit (Principle of Expressibility) zusammen. Dieses Prinzip, das von John Searle formuliert wurde, lautet folgendermaßen:

> For any meaning X and any speaker S whenever S means (intends to convey, wishes to communicate in an utterance, etc.) X then it is possible that there is some expression E such that E is an exact expression of or formulation of X.[520]

Wenn dieses Prinzip gültig ist, kann also für jeden Gedanken bzw. propositionalen Gehalt X ein Ausdruck E gefunden werden, der diesen Gehalt nicht metaphorisch oder auf andere Weise figurativ wiedergibt. Searle behauptet mit der Gültigkeit des Prinzips der Ausdrückbarkeit also nicht, dass es *tatsächlich* z. B. im Englischen für jeden Gedanken bzw. für jedes Konzept einen entsprechenden Ausdruck gibt, sondern nur, dass man einen solchen prinzipiell immer etablieren kann.[521]

Vor dem Hintergrund der in dieser Arbeit entwickelten Theorie ist es plausibel anzunehmen, dass mit Metaphern einerseits Gehalte ausgedrückt werden können, für die es faktisch keine angemessenen wörtlich interpretierten Ausdrücke gibt, sowie andererseits, dass diese Gehalte aber *prinzipiell* auch mit wörtlich verstandener Sprache ausdrückbar sind. Im Zuge der Diskussion der mit Metaphern verbundenen kognitiven Prozesse in Kapitel 2 wurde erörtert, dass es, damit eine Metapher überhaupt verständlich interpretierbar ist, prinzipiell annehmbar sein muss, dass bestimmte Eigenschaften, welche mit der Ausgangsdomäne verbunden sind, auch auf die Zieldomäne zutreffen. Diese Eigenschaften, welche von der Ausgangs- auf die Zieldomäne übertragen werden, müssen nicht solche Eigenschaften sein, für welche es schon fest etablierte Ausdrücke bzw. Konzepte gibt. Es kann sich hier auch um Eigenschaften bzw. Strukturen handeln, welche sich nur relativ zu einem bestimmten Kontext und in der Abgleichung zwischen den ins Verhältnis gesetzten Domänen erschließen lassen. Josef Stern spricht an dieser Stelle von „De-Re-Metaphern". Im Rahmen von diesen wird durch die metaphorische Interpretation eines in der betreffenden Äußerung involvierten Ausdrucks direkt und nicht über die Vermittlung bestimmter fest etablierter

520 Searle 1969, 20.

521 Vgl. Searle 1969, 20. Searle behauptet ebenfalls nicht, dass der Ausdruck, der für einen bestimmten Gehalt etabliert wird, auch von Anderen verstanden werden können muss. Das Prinzip der Ausdrückbarkeit schließt also nicht die Möglichkeit einer Privatsprache aus.

Konzepte auf eine bestimmte Menge von Eigenschaften Bezug genommen. De-Re-Metaphern erfüllen dementsprechend dasjenige, was klassischerweise als die Funktion der Katachresis beschrieben wurde, indem sie die Ausdrucksfähigkeit unserer Sprache erweitern.[522] Falls es aber möglich ist, plausible metaphorische Interpretationen von Ausdrücken relativ zu einem bestimmten Kontext vorzunehmen, ist es prinzipiell auch immer möglich, dass die betreffenden metaphorischen Interpretationen mit andauerndem Gebrauch zu einer konventionellen Bedeutung der jeweiligen Ausdrücke werden. Metaphern haben, wie ausführlich erläutert wurde, häufig „Karrieren", im Rahmen derer sie mit der Zeit ihre Lebendigkeit verlieren und immer mehr in den konventionalisierten Sprachgebrauch eingehen. Ab einem gewissen Zeitpunkt tritt die Lexikalisierung einer bestimmten metaphorischen Interpretation ein, was nichts anderes heißt, als dass diese Deutung sich dann strukturell nicht mehr von den anderen „wörtlichen" Bedeutungen des betreffenden Ausdrucks unterscheidet. Es ist nicht ersichtlich, weshalb nicht jede denkbare metaphorische Interpretation eines Ausdruckes mit häufigem Gebrauch Teil der konventionellen Bedeutung des jeweiligen Ausdruckes werden kann.

Mithilfe von Metaphern kann dementsprechend die Ausdrucksfähigkeit der natürlichen Sprache auf zwei verschiedene Weisen erweitert werden. Erstens ermöglichen es Metaphern, über Ähnlichkeitsrelationen zwischen verschiedenen konzeptuellen Domänen Gehalte auszudrücken, die allein mit den lexikalisierten bzw. konventionalisierten Bedeutungen der Ausdrücke einer bestimmten natürlichen Sprache nicht ausdrückbar wären. Zweitens ermöglichen Metaphern über den Prozess der Konventionalisierung bzw. Lexikalisierung metaphorischer Interpretationen, die Menge der lexikalisierten Bedeutungen der Ausdrücke einer natürlichen Sprache zu vergrößern. Somit kann zusammenfassend behauptet werden, dass in Bezug auf Metaphern das Prinzip der Ausdrückbarkeit insofern gültig ist, als alles, was metaphorisch ausgedrückt werden kann, *prinzipiell* auch mit einem wörtlich verstanden Ausdruck erfasst werden kann.[523]

522 Vgl. Stern 2008, 17f. Das Gegenstück zu solchen De-Re-Metaphern beschreibt Stern an anderer Stelle als Metaphern, im Rahmen derer mit metaphorisch verstandenen Ausdrücken „de dicto" Bezug auf bestimmte Mengen von Eigenschaften genommen wird. Damit ist gemeint, dass es fest etablierte, unabhängig von einem spezifischen Äußerungskontext zugängliche Konzepte gibt, mit denen auf diese Menge von Eigenschaften Bezug genommen werden kann (vgl. Stern 2000, 194f.).

523 In diesem Zusammenhang bietet sich eine Verhältnisbestimmung zu denjenigen Metaphern an, die Hans Blumenberg „absolut" nennt. Solche absoluten Metaphern zeichnen sich nach Blumenberg dadurch aus, dass sie sich nicht „ins Eigentliche, in die Logizität zurückholen lassen" (Blumenberg 1999, 10). Sie erweisen sich nach Blumenberg resistent gegenüber dem „terminologischen Anspruch" und können deswegen „nicht in Begrifflichkeit aufgelöst werden" (Blu-

Mit dieser Analyse wird aber nicht behauptet, dass das Prinzip der Ausdrückbarkeit *allgemein* Gültigkeit besitzt. Es wäre z. B. immer noch denkbar, dass es bestimmte Sachverhalte gibt, welche man prinzipiell nicht adäquat mit Sprache beschreiben kann. Kandidaten hierfür wären z. B. bestimmte Inhalte mystischer Erfahrungen, Eigenschaften eines transzendenten Gottes oder auch bestimmte für unser Gehirn und unser Denken prinzipiell nicht zu verstehende Eigenschaften der physischen Welt. Ob es solche Sachverhalte gibt, die prinzipiell nicht mit Sprache ausdrückbar sind, und ob es überhaupt konsistent ist, solche Sachverhalte anzunehmen, kann an dieser Stelle nicht weiter vertieft werden. Auf der Basis der angestellten Überlegungen wird aber bestritten, dass Metaphern etwas Entscheidendes zur Klärung dieser Sachverhalte beitragen können. Da eine sinnvolle Interpretation von Metaphern immer voraussetzt, dass eine Übertragung von Eigenschaften bzw. Strukturen von der Ausgangs- auf die Zieldomäne grundsätzlich möglich ist, können mithilfe von Metaphern *prinzipiell* nicht sprachlich beschreibbare Sachverhalte auch nicht besser erschlossen werden als mit wörtlich verstandener Sprache. Metaphern sind dementsprechend gemäß der in dieser Arbeit entwickelten Theorie Erweiterungsmöglichkeiten der Ausdrucksfähigkeit unserer Sprache auf Gehalte hin, welche mit dieser *kontingen-*

---

menberg 1999, 12). Dem Vorhandensein solcher absoluten Metaphern kann vor dem Hintergrund der angestellten Analysen in mehrerlei Hinsicht zugestimmt werden. Erstens gibt es sogenannte De-Re Metaphern, mit denen auf Eigenschaften Bezug genommen wird, die nicht vollständig konzeptualisiert sind. Dementsprechend kann der mit diesen Metaphern ausgedrückte propositionale Gehalt auch nicht mithilfe einer wörtlichen Paraphrase erfasst und damit in Terminologie bzw. Begrifflichkeit aufgelöst werden. Zweitens transportieren Metaphern gemäß der hier entwickelten Theorie einen nicht-propositionalen Aspekt, der prinzipiell nicht durch eine wörtliche Paraphrase erfassbar ist. In diesem Sinne entziehen sich Metaphern in gewisser Hinsicht grundsätzlich dem begrifflichen Zugriff. Des Weiteren behauptet Blumenberg, dass absolute Metaphern nicht bloß als Mittel zur Dekoration und Zierde von Inhalten dienen, sondern einen eigenen genuinen Erkenntniswert besitzen (vgl. dazu Blumenberg 1999, 8–10). Auch dieser Analyse wäre vor dem Hintergrund der indexikalisch-ähnlichkeitsbasierten Theorie zuzustimmen. Gemäß dieser ermöglichen es die durch Metaphern vermittelten interpretativen Strukturen, neue und erkenntnisgenerierende Beschreibungen der jeweiligen Zieldomänen zu generieren, was im Falle von De-Re-Metaphern nicht durch wörtliche Sprache paraphrasierbare propositionale Gehalte zur Folge hat. Allerdings ergeben sich aus den in dieser Arbeit angestellten Überlegungen auch kritische Einwände bezüglich der Plausibilität von Blumenbergs Konzept der absoluten Metapher. Er scheint nämlich zu behaupten, dass dasjenige, was mit absoluten Metaphern ausgedrückt wird, prinzipiell nicht paraphrasierbar ist und zu dem Grundbestand der Weltbeschreibung gerechnet werden muss (vgl. Blumenberg 1999, 10). Es ist aber nicht plausibel anzunehmen, dass es mit Metaphern ausgedrückte Gehalte gibt, die prinzipiell niemals mit konventionell bzw. wörtlich verstandener Sprache wiedergegeben werden können, weil jede metaphorische Deutung eines Ausdrucks mit der Zeit zu einer konventionellen Deutung des betreffenden Ausdrucks werden kann.

terweise nicht ausdrückt werden können, nicht aber auf solche Gehalte hin, welche prinzipiell und notwendigerweise nicht mit Sprache zu erfassen sind. Auch Metaphern können dementsprechend nicht etwas prinzipiell Unsagbares sagbar machen.

Des Weiteren muss angemerkt werden, dass das Ideal einer Paraphrase in rein wörtlicher Sprache letztlich nur als theoretische Hilfskonstruktion dient, um die Argumentation zu verdeutlichen. Faktisch wird bei Paraphrasen häufig auf weitere Metaphern zurückgegriffen. Dies sieht man an den vorgestellten autorisierten Paraphrasen von „Der Mensch ist nichts als ein Schilfrohr" und „Die Monaden haben keine Fenster", welche in Abschnitt 3.4.3.2 angeführt wurden. Pascal spricht z. B. davon, dass „das ganze Weltall sich waffne ihn zu zermalmen" und Leibniz davon, dass die Akzidenzien nicht außerhalb der Monaden „herumwandeln" können. Auch wenn man versucht eine Äußerung wie „Julia ist die Sonne" zu paraphrasieren, wird man für gewöhnlich auf weitere Metaphern wie „Julia ist das Zentrum, um welches sich Romeos Welt dreht" oder „Julia gibt Romeos Leben Wärme" etc. zurückgreifen. Dies kann pragmatische Gründe haben, wie dass durch das Zurückgreifen auf weitere Metaphern der ausgedrückte Gehalt prägnanter und weniger umständlich wiedergegeben werden kann als dies mithilfe wörtlicher Sprache möglich wäre. Es ist ebenfalls möglich, dass es sich bei der betreffenden Metapher um einen Fall von Katachresis handelt, was wiederum bedeutet, dass es mithilfe der konventionellen Bedeutung der Ausdrücke einer natürlichen Sprache nur schwer möglich ist, den durch diese ausgedrückten propositionalen Gehalt adäquat wiederzugeben.[524] Eine gelungene Paraphrase ist aber auf keinen Fall willkürlich. Wie in Abschnitt 3.4.3.2 gezeigt wurde, können Paraphrasen nämlich auch falsch bzw. unpassend sein. D. h., sie verfehlen den in einem bestimmten Äußerungskontext mit der zu paraphrasierenden Äußerung ausgedrückten Gehalt. Zudem sollte eine gelungene Paraphrase nicht bloß einen ähnlichen Gehalt wie die zu paraphrasierende Äußerung ausdrücken, wie z. B. (89**) bis (89****) in Bezug auf (89), sondern wirklich dazu dienen, den betref-

524 Man könnte (92) z. B. so paraphrasieren, dass die Sprecherin sich von der Einsamkeit, die sie nach dem Ende der Beziehung befürchtet, eiskalt umschlossen fühlt und nun in dem Sinne auf einem schroffen Felsen in einem Gebirge steht, dass sie in großer Gefahr ist, in eine tiefe Krise zu stürzen. Der weite blaue Himmel über ihr zeugt aber zugleich von viel Freiraum, den sie mit dem Ende der Beziehung gewonnen hat, welche einerseits eine Chance zur Weiterentwicklung darstellt, andererseits aber auch Angst macht. Diese Paraphrase ist aber nicht nur in wörtlicher Sprache verfasst.

fenden Gehalt expliziter und verständlicher darzustellen als es die zu paraphrasierende Äußerung tut.[525]

Es muss an dieser Stelle noch festgehalten werden, dass bei der Interpretation von Metaphern auch die Möglichkeit besteht, dass trotz ausreichender Kontextinformation keine bestimmte Menge von Eigenschaften erschlossen werden kann, die Teil des ausgedrückten propositionalen Gehaltes ist bzw. eine wesentliche Rolle bei der Bestimmung dieses propositionalen Gehaltes spielt. Ein mögliches Szenario hierfür ist, dass die Metapher schlecht gebildet ist und es schlichtweg nicht möglich erscheint, ihr eine sinnvolle und angemessene Interpretation zu geben. Ein anderes denkbares Szenario besteht darin, dass der Sprecher gar nicht beabsichtigt, mit der betreffenden Äußerung einen bestimmten propositionalen Gehalt zu vermitteln. Dies ist vor allem im Kontext von Literatur und hier vor allem in der Poesie denkbar. Es erscheint in den meisten Fällen unangemessen, danach zu suchen, welchen wahrheits-konditionalen Gehalt ein Gedicht ausdrückt. Vielmehr zielen die meisten Gedichte darauf ab, den Rezipienten Perspektiven vor Augen zu führen und sie generell zum reflektieren und assoziieren anzuregen. Im Rahmen der vorgestellten Theorie kaprizieren sich die Verfasser von Gedichten mehr auf die Ebene des Characters als auf mögliche propositionale Gehalte. Sie möchten über diese Characters neue Blickwinkel auf bestimmte Zusammenhänge werfen. D. h. aber nicht, dass propositionale Gehalte überhaupt keine Rolle bei der Deutung von Gedichten spielen. Falls es überhaupt nicht möglich ist, auch nur lose irgendwelche sinnvollen propositionalen Gehalte mit den Versen eines Gedichtes zu verbinden, muss es als unverständlich eingestuft werden.[526] In den meisten Fällen zeichnet sich die Interpretation der Sätze eines Gedichtes dadurch aus, dass es mehrere mögliche plausible Kandidaten für damit ausgedrückte propositionale Gehalte gibt, ohne dass man sich auf einen von diesen festlegen kann. Der Reiz einer guten Metapher in poetischen Kontexten besteht gerade darin, dass die Versuche, die Regel R-MET in Bezug auf einen

---

525 Zudem ist die Vorstellung einer exakt synonymen Paraphrase allgemein problembehaftet. Die Konzepte „Synonymität" und „Analytizität" sind seit der fundamentalen Kritik von Willard V. O. Quine in dem Aufsatz „Two Dogmas of Empiricism" aus dem Jahr 1951 allgemein umstritten. Quine hat dort argumentiert, dass man diese Begriffe immer nur zirkulär definieren kann und sich keine klaren externen Kriterien finden lassen, die festlegen, wann zwei Sätze synonym sind bzw. wann einer rein analytisch (d. h. ohne Zuhilfenahme von Erfahrungsdaten) aus dem anderen ableitbar ist (vgl. Quine 2011, 56–89).

526 Es kann selbstverständlich auch Literatur geben, die gerade auf den Effekt abzielt, dass etwas als absurd und sinnlos wahrgenommen wird.

Ausdruck und einen Äußerungskontext zu erfüllen, selbst als reizvoll wahrgenommen werden.

Metaphorische Deutungen bieten sich für solche poetischen Verwendungsweisen zwar besonders an, weil sie mehr als wörtlich verstandene Sprache mit einem gewissen Deutungsspielraum verbunden sind und ermöglichen, einen Gegenstandsbereich mithilfe eines anderen Gegenstandsbereichs zu präsentieren. Daraus folgt aber nicht, dass es unmöglich ist, mithilfe von Metaphern bestimmte propositionale Gehalte zu kommunizieren. Wie in der ausführlichen Kritik an bedeutungsskeptischen Ansätzen in 3.4.3 gezeigt wurde, ist eine solch radikale Position nicht überzeugend. Besonders in der alltäglichen Kommunikation werden Metaphern häufig dazu genutzt, um propositionale Gehalte zu vermitteln. Auch mit wörtlich verstandener Sprache kann selbstverständlich so kommuniziert werden, dass nicht klar ist, welche propositionalen Gehalte damit ausgedrückt werden. So können auch wörtlich verstandene Äußerungen unverständlich sein. Zudem kann auch wörtlich interpretierte Sprache dazu genutzt werden, um bestimmte Effekte zu erzeugen, ohne dass hierbei bestimmte propositionale Gehalte vermittelt werden. Witze zielen z. B., wie Davidson zu Recht bemerkt hat, nicht primär darauf ab, bestimmte propositionale Gehalte zu kommunizieren.[527] Man würde aus dem Umstand, dass Witze häufig nur in wörtlich verstandener Sprache formuliert werden, aber nicht schließen, dass man mit wörtlich verstandener Sprache prinzipiell keine bestimmten propositionalen Gehalte ausdrücken kann. Dasselbe gilt auch für Metaphern. Sie können dazu genutzt werden, hauptsächlich poetische bzw. ästhetische Effekte zu erzeugen. Das heißt aber nicht, dass sie notwendigerweise immer nur solche ästhetischen Effekte erzeugen.

Zusammenfassend erweist sich die indexikalisch-ähnlichkeitsbasierte Theorie von Metaphern auch in Bezug auf das Themenfeld von Paraphrase und Perspektivität als sehr erklärungsstark. Über die Unterscheidung zwischen Character und propositionalem Gehalt kann die hier entwickelte Theorie sowohl der durch Metaphern vermittelten Perspektive, als auch dem durch sie ausgedrückten propositionalen Gehalt gerecht werden. Der Character als Träger der kognitiven Signifikanz eines Ausdrucks transportiert die irreduzible Perspektive, die über die Metapher vermittelt wird. Die mit Metaphern ausgedrückten propositionalen Gehalte haben keine grundsätzlich andere Struktur als diejenigen Gehalte, die mit wörtlich verstandenen Äußerungen ausgedrückt werden. Sie sind als solche auch prinzipiell einer Paraphrase mit wörtlich verstandener Sprache zugänglich. Die

527 Vgl. Davidson 1978, 46 f., sowie Abschnitt 3.4.1.

Besonderheit des durch Metaphern ausgedrückten propositionalen Gehaltes besteht allein in dem Character, durch welchen dieser vermittelt wird. Es ist auf der Basis dieser Unterscheidung möglich, einen Mittelweg zwischen bedeutungsskeptischen Ansätzen aus der Tradition Davidsons und den Überlegungen von Max Black zu gehen. Es wird nämlich einerseits die Perspektivität von Metaphern plausibel in die Theorie integriert, ohne Metaphern damit zugleich jeglichen propositionalen Gehalt abzusprechen. Ebenso wird die problematische Position von Max Black vermieden, nach der Metaphern prinzipiell nicht paraphrasierbare metaphorische Bedeutungen transportieren.[528]

4.5.3.3 Das Leben von Metaphern

In Abschnitt 2.6.3 wurden die Unterschiede der kognitiven Prozesse, welche bei der Interpretation lebendiger respektive toter Metaphern involviert sind, in den Blick genommen. Im Folgenden soll allgemeiner die Frage gestellt werden, wie vor dem Hintergrund der in dieser Arbeit entwickelten Theorie der Unterscheid zwischen lebendigen und toten Metaphern erklärt werden kann. Es ist prinzipiell plausibel, Donald Davidson und Richard Moran darin zu folgen, dass der entscheidende Faktor für die Lebendigkeit einer Metapher in der Präsenz der Perspektive besteht, welche mit einer Metapher auf die Zieldomäne projiziert wird. Dies hat Davidson als den Aspekt des Sehen-als und Moran als den „Rahmungseffekt" bezeichnet. Je lebendiger eine Metapher ist, desto deutlicher lässt sie die Zieldomäne durch die Ausgangsdomäne sehen und erzeugt dadurch eine bestimmte Perspektive auf die Zieldomäne. Wie in den letzten Abschnitten ausführlich erläutert wurde, ist diese Perspektiven aber nicht als Teil des propositionalen Gehaltes einer Metapher zu verstehen, sondern wird von der Art und Weise transportiert, wie dieser Gehalt vermittelt wird. Bei stark konventionalisierten und toten Metaphern spielt eine solche Perspektive keine signifikante

---

528 Diese Unterscheidung spiegelt in gewissem Maße dasjenige wieder, was Paul Ricœur „split reference" genannt hat. Ricœur spricht davon, dass im Falle von Metaphern die primäre Referenzfunktion der Sprache außer Kraft gesetzt wird, damit eine Referenz zweiter Stufe möglich wird. Zugleich bleibe diese primäre Referenz der verwendeten Ausdrücke aber aktiv und erzeuge eine Art produktive Spannung zu der neuen Referenz. Bei der Interpretation der Metapher muss der Rezipient also Bezug auf die gewöhnlichen Referenzgegenstände der verwendeten Ausdrücke nehmen und diesen Bezug zugleich aufgeben, damit er die mit der Metapher ausgedrückte Referenz erfassen kann (vgl. Ricœur 1978, 153 f.). Auf der Basis der in dieser Arbeit entwickelten Theorie kann die primäre Referenz als der Character angesehen werden, der den Bezug auf die wörtlichen Bedeutungen der verwendeten Ausdrücke präsent hält, zugleich aber relativ zu dem Äußerungskontext den Schluss auf einen ausgedrückten propositionalen Gehalt ermöglicht, der Ricœurs Referenz zweiter Stufe zugeordnet werden kann.

Rolle mehr, sondern schwingt höchstens noch im Hintergrund mit. Den Überlegungen von Josef Stern folgend, kann die Lebendigkeit einer Metapher und damit die Deutlichkeit der Perspektive, die mithilfe der Ausgangsdomäne auf die Zieldomäne geworfen wird, mit dem Grad der Kontextsensitivität der Interpretation einer Metapher korreliert werden. Eine Metapher erscheint demnach umso lebendiger, je mehr ihre Deutung von dem spezifischen Äußerungskontext abhängt, in dem sie interpretiert wird.[529] Dies soll im Folgenden an einigen Beispielen veranschaulicht werden:

(93) Alabama has tried to nurture and defend evil, but evil is choking to death in the dust roads and streets of this state.
(94) Peter kochte vor Wut.
(95) Die Nachspeise war ein Gedicht.

Der Satz (93) ist ein Zitat von Martin Luther King aus der berühmten Rede, die er in Montgomery, Alabama, nach dem „Selma to Montgomery March“ am 25. März 1965 gehalten hat. Er bezieht sich hierbei mit „Alabama has tried to nurture and defend evil“ auf die Unterstützung, welche die Rassentrennung in Alabama zunächst erhalten hat. King war Teil der Bürgerrechtsbewegung, im Zuge derer in Alabama Menschen gegen die Ungerechtigkeit der Rassentrennung auf die Straße gegangen sind. Mit der Metapher (93) präsentiert King die Rassentrennung als das personifizierte Böse, welches unter den Füßen der Protestierenden auf den Straßen erstickt. Und diese physische Konsequenz (unter der Menschenmenge zu ersticken) wird wiederum auf den abstrakteren Sachverhalt projiziert, dass die Menschen durch ihren Protest auf den Straßen zur Aufhebung der ungerechten Rassentrennungsgesetze beitragen. Die Deutung dieser Metapher ist ganz offensichtlich besonders sensitiv für die Präsuppositionen im spezifischen Äußerungskontext. Zunächst sind die metaphorischen Interpretationen von „nurture“, „defend“ und „choking to death“ stark davon abhängig, wie „evil“ an dieser Stelle verstanden wird. Und „evil“ kann wiederum nur vor dem Hintergrund der Rassentrennungsgesetze in den USA der 1960er Jahre und der Bürgerrechtsbewegung in Alabama sinnvoll gedeutet werden. Im Gegensatz dazu sind die Deutungen von (94) und (95) nicht besonders kontextsensitiv. Man kann die angemessene Deutung von „kochte vor Wut“ auch erschließen, wenn man praktisch nichts über Peter weiß. Ebenso bedeutet „ist ein Gedicht“, wenn es auf verschiedene Speisen angewendet wird, immer ziemlich genau dasselbe. Egal, ob man über einen Salat, eine Suppe oder eine Pizza „ist ein Gedicht“ sagt, werden damit immer dieselben

529 Vgl. Stern 2008, 20.

Eigenschaften ausgedrückt. Ebenso tritt die durch die Ausgangsdomäne vermittelte Perspektive auf die Zieldomäne bei den Metaphern (94) und (95) deutlich in den Hintergrund.

Interessanterweise lässt sich über die Struktur der mit lebendigen respektive toten Metaphern verbundenen Interpretationsprozesse, die in Abschnitt 2.6.3 erläutert wurde, ein Zusammenhang zwischen dem Kriterium der Kontextsensitivität und der Präsenz der durch eine Metapher vermittelten Perspektive herstellen. Es wurde unter 2.4.3 festgestellt, dass eine Metapher umso lebendiger wirkt, je deutlicher sie auf der Basis eines Abgleichs von Strukturen zwischen den ins Verhältnis gesetzten Domänen erschlossen wird. Je mehr eine metaphorische Interpretation zu einer konventionellen Interpretation eines Ausdruckes wird, desto weniger wird ein solcher Abgleich von Strukturen zwischen Ausgangs- und Zieldomäne nötig, weil auf der Basis wiederholter ähnlicher metaphorischer Interpretationen abstrakte Kategorien entstanden sind, welche relativ fest mit dem betreffenden Ausdruck verbunden sind. Die mit der metaphorischen Interpretation des betreffenden Ausdrucks ausgedrückten Eigenschaften können stattdessen direkt über einen „short cut" erschlossen und auf die Zieldomäne übertragen werden. Mit der Zeit werden diese über einen „short cut" erschlossenen Eigenschaften Teil der konventionellen Bedeutung des Ausdruckes. Dass eine metaphorische Interpretation, welche zu einem höheren Grad kontextsensitiv ist, einen spezifischeren Abgleich der Strukturen zwischen der involvierten Ausgangs- und Zieldomäne benötigt, liegt ganz einfach daran, dass es hier keine vorgefertigten, bereits etablierten Kategorien gibt, auf die unabhängig vom Kontext zurückgegriffen werden könnte. Dieser Strukturabgleich wiederum erfordert es, dass die Domänen genauer in den Blick genommen werden, um auf etwaige Gemeinsamkeiten überprüft zu werden. Das wiederum hat zur Folge, dass die Ausgangsdomäne bei der metaphorischen Interpretation besonders präsent bleibt.

Aus einem solchen Strukturabgleich ergeben sich, wie in Abschnitt 2.6.4 erläutert wurde, auch sogenannte interpretative Strukturen, welche z. B. die Basis für die Erweiterung einer Metapher bilden. Solche Erweiterungen halten die durch die Ausgangsdomäne erzeugte Perspektive besonders präsent, was wiederum den Eindruck der Lebendigkeit einer Metapher steigert. Ein Grund, weshalb z. B. die Metaphern (76) und (87) als lebendig wahrgenommen werden, besteht darin, dass sie erweiterte Metaphern darstellen. In (76) wird ergänzt, dass auf den Regen die Sonne folgt und in (87) wird nicht nur die „Reife" der Ideen genannt, sondern auch die daraus folgende unnütze Ernte thematisiert. Es ist an dieser Stelle festzuhalten, dass die Lebendigkeit einer Metapher nicht an dem Ausdruck selbst hängt, sondern letztlich nur anhand einer konkreten Äußerung in einem Äußerungskontext bestimmt werden kann. Auch tote Metaphern können nämlich z. B.

durch geeignete Erweiterungen wieder lebendig gemacht werden. Dies wird an folgendem Beispiel deutlich:

(96) Mit dem neunen Star Wars wurde ein Blockbuster abgeworfen, der alle bisher vorhandenen Einspielrekorde in Schutt und Asche legen wird.

Im Rahmen dieser Äußerung wird die Ausgangsdomäne als Häuserblöcke sprengende Bombe wieder präsent gemacht, was die metaphorische Interpretation auch wieder lebendiger erscheinen lässt. Der Grund dafür liegt darin, dass für die Interpretation von „abgeworfen“ und „in Schutt und Asche legen“ Bezug auf Präsuppositionen über Blockbuster-Bomben genommen werden muss, was dann wiederum einen aktiven Strukturabgleich zwischen solchen Bomben und dem betreffenden Star-Wars-Film evoziert. Daran wird auch ersichtlich, weshalb es nicht sinnvoll ist, bestimmte Ausdrücke als tote oder lebendige Metaphern zu bezeichnen. Ausdrücke wie „Blockbuster“ oder auch „Maus“ sind für sich genommen keine toten Metaphern. Es ist, wie in Kapitel 1 erläutert wurde, angemessener, Sätze als tote Metaphern zu bezeichnen, in denen Ausdrücke auf eine Weise interpretiert werden, die ehemals metaphorisch war, nun aber Teil deren konventioneller Bedeutung geworden ist. Im Gegensatz zu lebendigen Metaphern werden die in toten Metaphern involvierten Ausdrücke also nicht auf eine Weise interpretiert, die sich signifikant von wörtlichen Interpretationen unterscheiden würde. Es wird mit dem Ausdruck „tote Metapher“ stattdessen auf die linguistische bzw. semantische Geschichte eines oder mehrerer involvierter Ausdrücke Bezug genommen. In dem Sinne ist es angemessen zu sagen, dass „tote Metaphern“ nicht eine besondere Form von Metaphern darstellen, sondern keine Metaphern mehr sind, weil hier kein Ausdruck (mehr) metaphorisch interpretiert wird.[530]

Gemäß der hier erarbeiteten Theorie kann zugestanden werden, dass es Übergangsfälle gibt, in denen es nicht ganz klar ist, ob die Interpretation eines Ausdrucks noch als metaphorisch oder schon als wörtlich eingestuft werden muss. Die „wörtliche“ Bedeutung eines Ausdrucks ist dementsprechend nicht als statisches Gebilde aufzufassen, sondern kann sich mit der Zeit verändern. Über die Konventionalisierung von metaphorischen Interpretationen können z. B. neue Bedeutungen zum Lexikon eines Ausdruckes hinzukommen. Je mehr die Inter-

---

530 Selbstverständlich ist es auch möglich, dass in einem Satz manche Ausdrücke metaphorisch interpretiert werden, während andere auf eine Weise gedeutet werden, die ehemals metaphorisch war. In diesem Fall erscheint es angemessener von einer lebendigen als z. B. von einer Mischung aus lebendiger und toter Metapher zu sprechen. Dies ist aber eine rein begriffliche Frage.

pretation eines Ausdrucks an wirklich semantischer Kontextsensitivität verliert und nur noch dahingehend kontextsensitiv ist, dass bei seiner Interpretation zwischen verschiedenen fest mit ihm verbundenen Deutungen disambiguiert werden muss,[531] desto plausibler wird es, diesem Ausdruck die Eigenschaft der Indexikalität abzusprechen. Er wird in diesem Fall dann nicht mehr gemäß der semantischen Regel R-MET interpretiert.

4.6 Metaphorische Deutungen im Rahmen anaphorischer VP-Ergänzungen

Mithilfe der indexikalisch-ähnlichkeitsbasierten Theorie kann des Weiteren auch das Verhalten metaphorischer Interpretationen innerhalb anaphorischer VP-Ergänzungen angemessen beschrieben werden. Josef Stern hat darauf hingewiesen, dass hierbei bestimmte Einschränkungen der Interpretation sichtbar werden, die nach einer Erklärung verlangen. Bei anaphorischen Verbindungen hängt die Interpretation eines Ausdruckes immer von der Interpretation eines anderen, vorausgehenden Ausdruckes ab. Der vorausgehende Ausdruck wird dabei als „Antezedens", der darauffolgende, von diesem abhängige als „Anapher" bezeichnet.[532] Die beiden Ausdrücke können sowohl in demselben als auch in verschiedenen Sätzen vorkommen.[533] Bei anaphorischen VP-Ergänzungen handelt es sich um VP-Ellipsen, bei denen das elliptisch ergänzte Element anaphorisch durch die Interpretation eines vorhergehenden Ausdrucks bestimmt wird. Dies kann an den folgenden Sätzen veranschaulicht werden:

(97) Katharina ist nach New York geflogen, und Hannah auch.
(98) Peter kann gehen, und Elisabeth ebenso.

---

531 Dies wurde in Abschnitt 4.2.1 als präsemantische Rolle des Kontextes beschrieben.

532 Mit „Anapher" wird in der Rhetorik auch die Stilfigur bezeichnet, bei der am Anfang eines Satz, eines Verses oder Strophe ein Wort wiederholt wird. Ein Beispiel für rhetorische Anaphern sind z. B. die Seligpreisungen im Matthäusevangelium, die jeweils immer mit „Selig sind, die" (im Griechischen Original: „μακάριοι οἱ") beginnen (Vgl. Mt, 5,3–11). Im Folgenden wird mit „Anapher" nicht diese rhetorische Figur bezeichnet, sondern, wie oben erläutert, der von dem Antezedens abhängige Ausdruck.

533 Dies soll nicht als strenge Definition von anaphorischen Verbindungen angesehen werden, sondern eher als eine grobe Charakterisierung, welche in den meisten Fällen zutrifft. Es ist in der Tat schwierig eine allgemein gültige Definition von anaphorischen Verbindungen zu geben, weil in der gegenwärtigen Debatte viele unterschiedliche Phänomene als solche eingestuft werden (Vgl. dazu King/Lewis 2018, 1–3).

In diesen anaphorischen VP-Ergänzungen wird jeweils das Antezedens auf den elliptischen zweiten Teil des Satzes übertragen. Der die Ellipse vervollständigende, anaphorisch ergänzte Teil kann dabei als die „VP-Anapher" bezeichnet werden. In dem Satz (97) bildet „ist nach New York geflogen" das Antezedens, das auf den zweiten elliptischen Satzteil übertragen wird, und in dem Satz (98) stellt „kann" das Antezedens dar, das anaphorisch dem zweiten Subjekt „Elisabeth" zugeordnet wird. In (98) wird darüber hinaus deutlich, dass bei dieser anaphorischen Verbindung nicht nur auf das Antezedens als Ausdruck Bezug genommen wird, sondern, zumindest zu einem gewissen Maß, auch darauf, wie das Antezedens interpretiert wird. Je nach Kontext ist es z. B. möglich, den Ausdruck „kann" in (98) entweder als Beschreibung einer Fähigkeit oder als Beschreibung einer Erlaubnis zu interpretieren. Unabhängig davon, zu welchem Ergebnis man dabei kommt, steht aber fest, dass die Interpretation der VP-Anapher immer dieselbe Interpretation erhalten muss wie das Antezedens. Wenn mit dem Antezedens also ausgedrückt wird, dass Peter die Erlaubnis hat zu gehen, muss die VP-Anapher auch im Sinne von Erlaubnis interpretiert werden.[534] Solche Einschränkungen gelten nun auch, wenn metaphorische Interpretationen im Rahmen anaphorischer VP-Ergänzungen vorkommen:

(99) Julia ist die Sonne, und Elisabeth auch.
(100) Der Pförtner ist ein Gorilla, und der Barkeeper ebenso.

Die VP-Anaphern geben in beiden Fällen nicht nur das Antezedens als Ausdruck wieder, sondern auch dessen figurative Interpretation. Wie in (98) wird also eine bestimmte Art der Interpretation des Antezedens anaphorisch ergänzt. Es ist allerdings möglich, dass verschiedene metaphorische Deutungen von dem Prädikat im Rahmen der anaphorischen Verbindung miteinander verknüpft werden.[535] Es wäre z. B. denkbar, dass der Pförtner insofern metaphorisch als Gorilla verstanden wird, als er besonders gewalttätig, grob und aggressiv erscheint und der Barkeeper, weil er besonders sanft, feinfühlig und empathiefähig wirkt. Dass es sich um zwei unterschiedliche metaphorische Deutungen handelt, kann z. B. durch eine Ergänzung „aber beide auf unterschiedliche Art und Weise" wie im folgenden Satz veranschaulicht werden:

(100*) Der Pförtner ist ein Gorilla, und der Barkeeper ebenso, aber beide auf unterschiedliche Art und Weise.

534 Vgl. Stern 2000, 215.
535 Vgl. Stern 2000, 70, Fußnote 49; Camp 2005, 721 f.

Was jedoch nicht möglich erscheint, ist eine derartige anaphorische Verbindung von einer wörtlichen und einer metaphorischen Interpretation desselben Ausdrucks:

(101) ? Die größte Ansammlung von Masse in unserem Sonnensystem ist die Sonne, und Julia ebenso.
(102) ? Der größte lebende Primat ist ein Gorilla, und der Pförtner ebenso.

Diese beiden Sätze sind offensichtlich misslungen. Der Grund dafür scheint darin zu liegen, dass „ist die Sonne" in (101) und „ist ein Gorilla" in (102) jeweils im ersten Teil des Satzes wörtlich zu verstehen sind, wohingegen die sich darauf beziehenden VP-Anaphern sinnvollerweise metaphorisch interpretiert werden müssten. Es scheint aber nicht möglich zu sein, die VP-Anaphern hier metaphorisch zu verstehen, egal wie sehr Sprecher oder Rezipient dies beabsichtigen. Dies gilt auch, wenn man die Konstruktionen umdreht, so dass das Antezedens metaphorische zu deuten ist und die VP-Anapher wörtlich:

(103) ? Julia ist die Sonne, und die größte Ansammlung von Masse in unserem Sonnensystem ebenso.
(104) ? Der Pförtner ist ein Gorilla, und der größte lebende Primat ebenso.

Es ist auch nicht möglich, den Eindruck, dass es sich bei solchen anaphorischen Kombinationen von metaphorischen und wörtlichen Interpretationen um misslungene Konstruktionen handelt, mithilfe von Ergänzungen aufzuheben.

(101*) ? Die größte Ansammlung von Masse in unserem Sonnensystem ist die Sonne, und Julia ebenso, aber beide auf unterschiedliche Art und Weise.
(102*) ? Der größte lebende Primat ist ein Gorilla, und der Pförtner ebenso, aber beide auf unterschiedliche Art und Weise.
(98*) ? Peter kann gehen, und Elisabeth ebenso, aber beide auf unterschiedliche Art und Weise.

Die beiden Sätze (101*) und (102*) bleiben trotz der Ergänzung misslungen. Dies ist analog zu (98*). Auch hier kann die Ergänzung „aber beide auf unterschiedliche Art und Weise" nicht den Umstand aufheben, dass, wenn mit dem Antezendes „kann" eine Erlaubnis gemeint ist, dies auch in der VP-Anapher so verstanden werden muss. Es wird auf diese Weise also keine kombinierte Lesart ermöglicht, bei der das Antezedens z. B. eine Erlaubnis und die VP-Anapher eine Fähigkeit besitzen bedeutet. Dasjenige, was eine solche Ergänzung ermöglicht, sind nur unterschiedliche Verständnisweisen von jeweils der Erlaubnis-Lesart *oder*

der Fähigkeiten-Lesart von „können". So wäre es z. B. denkbar, dass mit (98*) ausgedrückt wird, dass Peter die Erlaubnis hat, durch den Haupteingang zu gehen, und Katharina die Erlaubnis, das Haus durch den Hinterausgang zu verlassen.

Josef Stern hat darauf hingewiesen, dass das Verhalten von metaphorischen Interpretationen, die im Rahmen anaphorischer VP-Ergänzungen vorkommen, mithilfe der Unterscheidung zwischen Character und propositionalem Gehalt plausibel erklärt werden kann. Stern setzt dabei voraus, dass Ausdrücke, wenn sie metaphorisch verstanden werden, andere Characters besitzen, als wenn sie wörtlich verstanden werden. Nach Stern wird im Rahmen anaphorischer VP-Ergänzungen der Character des Antezedens auf die jeweilige VP-Anapher übertragen. Aus diesem Grund ist nach Stern eine gemischte Deutung, bei der das Antezedens wörtlich und die VP-Anapher metaphorisch interpretiert wird oder andersherum das Antezedens metaphorisch und die VP-Anapher wörtlich, auch nicht möglich. Falls es sich nur um verschiedene metaphorische Deutungen handelt, entsteht keine derart grundlegende Spannung. Auf die verschiedenen mithilfe der metaphorischen Interpretation ausgedrückten propositionalen Gehalte kann z. B. mit einer Ergänzung wie „aber beide auf unterschiedliche Art und Weise" hingewiesen werden. Unterschiedliche Characters können so aber nicht ausgewiesen werden, weil eine Kombination von verschiedenen Characters im Rahmen anaphorischer VP-Ergänzungen nach Stern prinzipiell ausgeschlossen ist.[536]

Diese überzeugende Erklärung von Stern kann auch mithilfe der in dieser Arbeit entwickelten indexikalisch-ähnlichkeitsbasierten Theorie wiedergegeben werden. In (103) wird z. B. der Character R-MET[ist die Sonne] erzeugt, der anaphorisch übertragen wird, aber unpassend in Bezug auf die größte Ansammlung von Masse in unserem Sonnensystem ist. Ebenso passt der Character R-MET[ist ein Gorilla] nicht zu dem Subjekt des anaphorisch vervollständigten zweiten Teils von (104), weil dieses ein wirklicher und nicht metaphorischer Gorilla ist. In (101) und (102) werden andersherum die einer wörtlichen Interpretation zugrunde liegenden Characters anaphorisch projiziert, obwohl, um die Subjekte der anaphorisch vervollständigten Teile dieser Sätze sinnvoll beschreiben zu können, die Characters R-MET[ist die Sonne] bzw. R-MET[ist ein Gorilla] nötig wären. Der Grund, weshalb es nicht möglich erscheint, (98) und (98*) so zu deuten, dass „kann" hierbei jeweils einmal im Sinne einer Fähigkeit und einmal im Sinne einer Erlaubnis gedeutet wird, kann ebenfalls mit der grundlegenden Verschiedenheit dieser Deutungen erklärt werden. Es handelt sich hier nicht mehr um verschie-

536 Vgl. Stern 2000, 215–217; 2006, 257–261.

dene Interpretationen in dem Sinne, dass es eine diese beiden Deutungen zusammenhaltende Interpretation gäbe. Vielmehr liegt hier eine lexikalische Ambiguität von „können" vor. Vor dem Hintergrund der Theorie von Kaplan müssten diese beiden Bedeutungen bzw. Bedeutungsregeln deshalb als unterschiedliche konstante Characters analysiert werden. Dann wiederum kann plausibel erklärt werden, weshalb eine Lesart, bei der im Rahmen anaphorischer VP-Ergänzungen diese verschiedenen Characters von „kann" kombiniert werden, nicht möglich ist. Wie erläutert wurde, wird in der VP-Anapher nämlich immer der Character des betreffenden Antezedens wiedergegeben.

Gemäß der in dieser Arbeit entwickelten indexikalisch-ähnlichkeitsbasierten Theorie ist nun aber, im Gegensatz zu dem Ansatz von Josef Stern, wie gezeigt wurde, der Character eines Ausdrucks im Falle einer metaphorischen und im Falle einer metonymischen Interpretation identisch. Diese beiden Deutungen unterscheiden sich nur darin, dass der Deutungsprozess einmal ähnlichkeitsbasiert, das andere mal kontiguitätsbasiert abläuft. Daraus müsste folgen, dass Kombinationen metaphorischer und metonymischer Deutungen im Rahmen anaphorischer VP-Ergänzungen grundsätzlich möglich sind. Es tritt hierbei nämlich keine Spannung zwischen dem Character des Antezedens und dem Character der VP-Anapher auf, weil einer metaphorischen und einer metonymischen Deutung ein und desselben Ausdrucks derselbe Character zugrunde liegt. Interessanterweise erscheint eine solche kombinierte Deutung tatsächlich möglich zu sein:

(105) Der Gast mit dem Hut ist ein Ferrari, und derjenige mit dem weißen Hemd ebenso, aber beide auf unterschiedliche Art und Weise.

Es ist vorstellbar, dass mit dem Antezedens „ist ein Ferrari" darauf Bezug genommen wird, dass der betreffende Gast ein Besitzer eines Ferraris ist, der vor dem Restaurant geparkt hat. Der unbestimmte Artikel deutet hierbei an, dass es womöglich mehrere Ferraris gibt, die dort geparkt sind, und dem betreffenden Gast einer von diesen gehört. Diese Deutung schließt nicht aus, dass die VP-Anapher, ebenfalls „ist ein Ferrari", metaphorisch gedeutet wird. Hiermit könnte z. B. ausgedrückt werden, dass der Gast mit dem weißen Hemd, besonders attraktiv, selten vor Ort und allgemein sehr begehrt ist. Die Möglichkeit einer solchen kombinierten Deutung spricht für die Plausibilität der indexikalisch-ähnlichkeitsbasierten Theorie.

Das erläuterte Verhalten von metaphorischen Deutungen innerhalb anaphorischer VP-Ergänzungen ist für pragmatische Metapherntheorien, wie sie von Grice und Searle entwickelt wurden, nur schwer zu erklären. So gilt es als klassisches Merkmal von konversationellen Implikaturen, dass diese aufgehoben werden können. Die figurativen Deutungen können aber, wenn sie von dem Antezedens vorgenommen werden, bei der VP-Anapher nicht aufgehoben werden. Ebenso ist nicht erklärlich, weshalb bloße Sprecherbedeutungen, als was metaphorische Deutungen nach Grice und Searle anzusehen sind, durch anaphorische Rückbindungen eingeschränkt werden können sollten. Gemäß den pragmatischen Metapherntheorien von Grice und Searle liegen metaphorische Deutungen außerhalb der semantisch-syntaktischen Struktur von Sätzen und kommen erst als sekundäre von den Sprechern beabsichtigte Weiterdeutungen ins Spiel. Ihr Verhalten innerhalb anaphorischer VP-Ergänzungen zeigt aber, dass metaphorische Interpretationen auf eine gewisse Art und Weise in die semantisch-syntaktische Struktur von Sätzen eingebunden sind, was sie wiederum in einem gewissem Maße der Beliebigkeit des Sprechers bzw. der Rezipienten entzieht.

Auch die erläuterten semantischen Metapherntheorien haben Probleme damit, das dargelegte Verhalten von metaphorischen Deutungen bei anaphorischen VP-Ergänzungen zu erklären. Dies hängt auch damit zusammen, dass im Rahmen der vorgestellten semantischen Metapherntheorien keine Unterscheidung zwischen Character und propositionalem Gehalt von metaphorisch verstanden Ausdrücken vorgenommen wird. Deswegen müssen die Vertreter der vorgestellten semantischen Metapherntheorien annehmen, dass bei anaphorischen VP-Ergänzungen metaphorische Bedeutungen übertragen werden, welche wiederum unauflösliche Verbindungen von ausgedrückten propositionalen Gehalten und vermittelten Perspektiven darstellen. Hierbei entsteht nun das Problem, dass damit nicht erklärt werden kann, weshalb die Äußerung (100*) sinnvoll erscheint, auch wenn dem Antezedens und der VP-Anapher jeweils unterschiedliche metaphorische Deutungen gegeben werden sollen. Es kann nicht die metaphorische Bedeutung im Sinne der vorgestellten semantischen Metapherntheorien sein, die hier anaphorisch ergänzt wird, weil es sich jeweils um unterschiedliche metaphorische Interpretationen und damit im Sinne der Vertreter semantischer Metapherntheorien auch um unterschiedliche metaphorische Bedeutungen handelt. Es kann aber zugleich auch nicht geleugnet werden, dass hier eine anaphorische Vervollständigung des elliptischen zweiten Teils stattfindet. Da der Verweis auf einen Character „R-MET[ist ein Gorilla]“, der anaphorisch ergänzt wird, für die vorgestellten Vertreter semantischer Metapherntheorien nicht möglich ist, müssten sie folgern, dass Sätze wie (100*), wenn das Antezedens und die entsprechende VP-Anapher unterschiedliche metaphorische Deutungen erhalten sollen, ähnlich misslungen sind wie z. B. (101*) und (102*). Das ist aber intuitiv nicht der Fall. Während die letzteren beiden Sätze trotz der Ergänzung von „aber beide auf unterschiedliche Art und Weise“ misslungen wirken, erscheint die skizzierte Lesart von (100*), wonach dem Ausdruck „ist ein Gorilla“ zwei unterschiedliche metaphorische Deutungen gegeben werden, möglich und verständlich.

Vertreter bedeutungsskeptischer Ansätze müssten leugnen, dass es irgendwie geartete metaphorische Deutungen im Sinne von kognitiven bzw. propositionalen Gehalten gibt, die anaphorisch ergänzt werden könnten. Es können dementsprechend gemäß diesen Ansätzen immer nur wörtliche Deutung der Ausdrücke des Antezedens in der anaphorisch verbundenen VP-Ellipse ergänzt werden. Wenn diese Analyse korrekt wäre, dürften z. B. (103) und (104) nicht misslungen wirken. Es würden hierbei nämlich jeweils die wörtliche Deutungen von „ist die Sonne" bzw. „ist ein Gorilla" anaphorisch ergänzt werden, was wiederum nicht in Spannung zu den jeweiligen Subjekten „die größte Ansammlung von Masse in unserem Sonnensystem" und „der größte lebende Primat" steht. Nun wirken die beiden Sätze (103) und (104) aber ganz offensichtlich misslungen. Vertreter bedeutungsskeptischer stellt dies vor Erklärungsschwierigkeiten.

4.7 Zusammenfassende Überlegungen

Zusammenfassend erweist sich die indexikalisch-ähnlichkeitsbasierte Theorie in Bezug auf die in Abschnitt 3.5 erwähnten Kriterien, welche eine plausible und überzeugende Metapherntheorie erfüllen muss, als besonders erklärungsstark. Mit dieser Theorie kann erklärt werden, dass mit Metaphern häufig auch propositionale Gehalte kommuniziert und nicht nur Perspektiven vermittelt werden (a), wie dies Vertreter bedeutungsskeptischer Ansätze behaupten. Die Kontextsensitivität von Metaphern (b) ist gemäß der indexikalisch-ähnlichkeitsbasierten Theorie sogar eines der zentralen Elemente von Metaphern, weil sich ihre Interpretationen wesentlich durch eine Form der Kontextsensitivität gegenüber den Präsuppositionen im Äußerungskontext auszeichnen. Auch die Phänomene der Twice-Apt- und Twice-True-Metaphern (c) kann, wie in Abschnitt 4.5.2 gezeigt wurde, plausibel als Form der Ambiguität der möglichen Interpretationen beschrieben werden. Im Falle von Twice-Apt-Metaphern ist diese Ambiguität dahingehend besonders, dass hier die Interpretation eines Ausdrucks nach zwei unterschiedlichen semantischen Regeln im Äußerungskontext pragmatisch angemessene Ergebnisse erzeugt. Die Unterscheidung zwischen primären und sekundären Operationen (d) kann damit erklärt werden, dass metaphorische Deutungen als spezifische Formen der Interpretation von Ausdrücken gemäß der Regel R-MET verstanden werden. Somit ist die metaphorische Interpretation von Ausdrücken konstitutiv für die Erschließung des mit der betreffenden Äußerung ausgedrückten propositionalen Gehaltes. Sekundäre Operationen wie ironische Deutungen oder konversationelle Implikaturen können erst nach der Erschließung eines mit einer Äußerung ausgedrückten propositionalen Gehaltes ansetzen.

Über die Unterscheidung von Character und propositionalem Gehalt ist es möglich, sowohl der kognitiven Signifikanz der nicht-propositionalen Perspektive (e) gerecht zu werden, als auch eine Verhältnisbestimmung zwischen Perspektive und ausgedrücktem Gehalt vorzunehmen. Der Character als Träger der Perspektive stellt die Gegebenheitsweise des ausgedrückten propositionalen Gehaltes dar. Eine gelungene Paraphrase kann demnach unter Umständen den mit Metaphern ausgedrückten propositionalen Gehalt, nicht aber die spezifische über den Character vermittelte Perspektive erfassen. Schließlich kann im Rahmen der indexikalischähnlichkeitsbasierten Theorie auch die Unterscheidung zwischen toten und lebendigen Metaphern (f) präzise beschrieben werden. Dabei kann eine Verbindung zwischen der linguistischen Struktur und der Form des Interpretationsprozesses hergestellt werden. Die Kontextsensitivität einer Interpretation geht nämlich mit einem tatsächlichen Prozess des Strukturabgleichs einher, der wiederum die Perspektive der Ausgangsdomäne auf die Zieldomäne präsent werden und die Metapher lebendig erscheinen lässt.

Schließlich ermöglicht die indexikalisch-ähnlichkeitsbasierte Theorie u. a. über die Unterscheidung zwischen Character und propositionalem Gehalt auch das Verhalten von metaphorischen Interpretationen im Rahmen anaphorischer VP-Ergänzungen angemessen zu beschreiben. Die in Kapitel 3 vorgestellten semantischen, pragmatischen und bedeutungsskeptischen Theorien versagen hierbei, wie gezeigt wurde, aus unterschiedlichen Gründen.

Es ist ingesamt schwierig, Metaphern vor dem Hintergrund der indexikalisch-ähnlichkeitsbasierten Theorie klar einer der beiden am Beginn von Kapitel 3 skizzierten Ebenen Semantik und Pragmatik zuzuordnen. Einerseits wird nämlich angenommen, dass bei der Interpretation von Metaphern zahlreiche pragmatische Faktoren eine entscheidende Rolle spielen. So kann bei dem Versuch, eine plausible und angemessene Interpretation einer Metapher zu finden, wie erläutert wurde, u. a. auf Annahmen über die Absichten des Sprechers, die Salienz von bestimmten Gegenständen oder Eigenschaften im Äußerungskontext, sowie spezifische Präsuppositionen bezüglich der durch die metaphorische Deutung ins Verhältnis gesetzten Gegenstandsbereiche Bezug genommen werden. Andererseits ist die Interpretation eines metaphorisch gemeinten Ausdrucks mit Restriktionen verbunden, die in der semantischen Regel R-MET beschrieben wurden. Die metaphorische Interpretation eines Ausdrucks ist also nicht beliebig, sondern muss gewissen allgemeinen durch R-MET spezifizierten Kriterien folgen. Zudem stellt die metaphorische Interpretation eines Ausdrucks eine primäre Operation dar, auf deren Basis überhaupt erst ein propositionaler Gehalt erzeugt werden kann. Es handelt sich also nicht, wie bei z. B. ironischen Deutungen oder klassischen Fällen konversationeller Implikaturen, um Weiterdeutungen von bereits erschlossenen mit Sätzen bzw. Äußerungen ausgedrückten propositionalen Gehalten. Es scheint deswegen insgesamt am angemessensten zu sein, davon zu sprechen, dass Metaphern gemäß der indexikalisch-ähnlichkeitsbasierten Theorie eine Stellung zwischen den Ebenen Semantik und Pragmatik einnehmen.[537]

---

537 Es stellt sich an dieser Stelle die Frage, ob im Rahmen der indexikalisch-ähnlichkeitsbasierten Theorie mit dem kontextsensitiven Character eines metaphorisch verstandenen Ausdrucks nicht in gewisser Hinsicht auch eine Form der metaphorischen Bedeutung postuliert wird, welche die wörtliche Bedeutung des betreffenden Ausdrucks verdrängt. In diesem Fall wäre die indexikalisch-ähnlichkeitsbasierte Theorie mit Davidsons Einwänden gegen das Konzept einer metaphorischen Bedeutung konfrontiert, die in Abschnitt 3.2.3.2 dargelegt wurden. Selbst wenn man diese Frage bejaht, sind Davidsons Kritikpunkte in Bezug auf die indexikalisch-ähnlichkeitsbasierte Metapherntheorie aber nicht stichhaltig. Der erste dieser insgesamt vier Einwände besteht darin, dass metaphorische Bedeutungen keinen Erklärungswert besitzen, weil sie nicht wie gewöhnliche Bedeutungen von Ausdrücken allgemein zugänglich und erlernbar sind. Mit der Unterscheidung zwischen der Ebene des Characters und der Ebene des propositionalen Gehalts, welche in dieser Theorie vorgenommen wird, kann eine allgemein zugängliche Bedeutung eines metaphorisch verstandenen Ausdrucks aber von ihrer jeweiligen Interpretation in einem Äußerungskontext unterschieden werden. Die Information, welche durch den Character eines Ausdrucks vermittelt wird, welcher metaphorisch interpretiert wird, besteht dementsprechend schlicht darin, dass der Ausdruck φ nach der semantischen Regel R-MET interpretiert wird, was mit R-MET[φ] wiedergegeben wurde. Dieser Character ist dementsprechend allgemein, d. h. auch ohne Wissen um einen spezifischen Äußerungskontext, erfassbar. Der zweite Einwand lautet, dass im Falle der Postulierung einer metaphorischen Bedeutung kein Unterschied zwischen dem Erlernen der Sprache und dem Gebrauch von Sprache gezogen werden kann. Im Rahmen der indexikalisch-ähnlichkeitsbasierten Theorie wird eine metaphorische Interpretation als immer parasitär gegenüber der wörtlichen Bedeutung eines Ausdrucks angesehen. Die metaphorische Interpretation eines Ausdrucks φ ist nur dann möglich, wenn man die wörtliche Bedeutung dieses Ausdrucks kennt. Dementsprechend kann man bei der Erläuterung einer metaphorischen Bedeutung auch nicht von Erlernen von Sprache sprechen, wobei eine weitere Bedeutung von dem betreffenden Ausdruck φ eingeführt wird. Vielmehr handelt es sich hierbei um die Erläuterung einer Interpretation dieses Ausdrucks gemäß der Regel R-MET in einem bestimmten Äußerungskontext. Die konventionelle Bedeutung von φ bleibt dabei weitgehend unberührt. Und damit bleibt auch der von Davidson angesprochene Unterschied erhalten. Wie in Abschnitt 4.5.3.3 erläutert wurde, kann die metaphorische Interpretation bei häufiger Verwendung allerdings eine weitere konventionell mit dem betreffenden Ausdruck verbundene Bedeutung werden. Diese wäre dann tatsächlich erlernbar und nicht mehr von anderen konventionell mit dem Ausdruck verbundenen Bedeutungen zu unterscheiden. Wenn dies geschieht, handelt es sich aber im strengen Sinne um keine metaphorische Deutung mehr und der Ausdruck wird auch nicht mehr gemäß der Regel R-MET interpretiert. Diese Überlegungen zeigen auch, dass der dritte Einwand von Davidson gegen das Konzept einer metaphorischen Bedeutung auf die indexikalisch-ähnlichkeitsbasierte Theorie nicht zutrifft. Es können gemäß dieser nämlich signifikante Unterschiede zwischen lebendigen und toten Metaphern erfasst werden. Dass schließlich auch der vierte Einwand von Davidson nicht auf die indexikalisch-ähnichkeitsbasierte Theorie zutrifft, wird aus den Ausführen

Im folgenden Kapitel soll die indexikalisch-ähnlichkeitsbasierte Theorie ins Verhältnis zu den konzeptuellen und den kontextualistischen Metapherntheorien gesetzt werden. Beide Ansätze sind jeweils sehr einflussreich und teilen wesentliche Eigenschaften mit der in dieser Arbeit entwickelten Theorie. Durch diese Verhältnisbestimmungen können zum einen die Konturen einer indexikalisch-ähnlichkeitsbasierten Metapherntheorie noch klarer herausgestellt werden. Zum anderen kann ihre Überlegenheit hinsichtlich der Erklärungsleistung gegenüber diesen Theorien deutlich gemacht werden.

in den Abschnitten 4.5.3.1 und 4.5.3.2 deutlich. Der kognitive Gehalt von Metaphern ist nicht, wie bei der Theorie von Black, einer Paraphrase prinzipiell unzugänglich. Dasjenige, was die Paraphrase nicht erfassen kann, ist die Gegebenheitsweise dieses kognitiven Gehaltes, welche über den Character transportiert wird.

5 Abgrenzung von konzeptuellen und kontextualistischen Metapherntheorien

5.1 Metaphorische Gedanken: Die konzeptuelle Metapherntheorie

5.1.1 Die Grundstruktur der konzeptuellen Metapherntheorie

Spätestens seit dem Werk „Metaphors we live by“ von George Lakoff und Mark Johnson wird diskutiert, ob man das Phänomen der Metapher nicht primär im Bereich des Denkens bzw. der Kognition anstatt im Bereich der Sprache verorten sollte. Aus den von Lakoff und Johnson angestellten Überlegungen ist die sogenannte „kognitiv-linguistische“ bzw. „konzeptuelle“ Metapherntheorie hervorgegangen, zu der seit den frühen 1980er Jahren intensiv geforscht wird. Grundlegend für diese Theorie sind sogenannte „konzeptuelle Metaphern“. Diese werden dadurch konstituiert, dass eine konzeptuelle Domäne mithilfe einer anderen konzeptuellen Domäne verstanden wird. Als konzeptuelle Domäne wird hierbei jede kohärente konzeptuelle bzw. begriffliche Organisation von Erfahrungen bzw. Erfahrungsbereichen verstanden. Von konzeptuellen Metaphern zu unterscheiden sind metaphorisch interpretierte bzw. aufgefasste linguistische Ausdrücke. Gemäß der konzeptuellen Metapherntheorie basiert der metaphorische Gebrauch von Ausdrücken auf solchen konzeptuellen Metaphern. Die sprachlichen Metaphern sind dementsprechend nur als Manifestationen von ihnen zugrunde liegenden konzeptuellen Metaphern aufzufassen.[538] Ein Beispiel für eine konzeptuelle Metaphern wäre, wenn die konzeptuelle Domäne LIEBE durch die konzeptuelle Domäne REISE verstanden wird. Die dadurch etablierte konzeptuelle Metapher wird dann als LIEBE IST EINE REISE bezeichnet, wobei durch die Großbuchstaben gekennzeichnet werden soll, dass es sich hier um ins Verhältnis gesetzte konzeptuelle Domänen und nicht um bloße Ausdrücke handelt. Sprachliche Manifestationen dieser konzeptuellen Metaphern wären dann z. B. die folgenden Sätze:

(1) Unsere Beziehung ist an einer Weggabelung angenommen.
(2) Unsere Beziehung steckt fest.
(3) Wir sind irgendwann vom Weg abgekommen.

---

538 Vgl. Kövecses 2010, 4.

https://doi.org/10.1515/9783110732122-006

Ebenso können die folgenden Sätze als Manifestationen der konzeptuellen Metapher THEORIEN SIND GEBÄUDE verstanden werden:

(4) Wir brauchen gute Argumente, um die Theorie stützen zu können.
(5) Die Grundpfeiler meiner Theorie wurden durch deine Argumente erschüttert.
(6) Soweit wurde erst das Grundgerüst der Theorie errichtet.

Solche Rückführungen verschiedener Äußerungen auf eine gemeinsame konzeptuelle Metapher werden auch „Generalizations" genannt, was im Folgenden mit „Generalisierungen" übersetzt werden soll. Vertreter konzeptueller Metapherntheorien sehen die Möglichkeit solcher Generalisierungen als starke Evidenz für ihre Theorie an. Dadurch zeige sich nämlich, dass man bei der Analyse von Metaphern nicht nur auf die Bedeutung einzelner Ausdrücke fixiert sein dürfe, sondern den größeren Rahmen der kognitiven Prozesse in den Blick nehmen müsse, welcher der metaphorischen Verwendung solcher Ausdrücke zugrunde liegt. Ansonsten könne nicht erklärt werden, wie die verschiedenen metaphorischen Äußerungen auf der gedanklich-kognitiven Ebene zusammenhängen.[539] Die konzeptuellen Metaphern bilden gemäß dieser Theorie auch die Grundlage für die in Abschnitt 2.6.4 beschrieben interpretativen Strukturen, die mit Metaphern verbunden sind. Eine Metapher wird dementsprechend nicht nur isoliert gedeutet, sondern erzeugt einen gewissen Interpretationsrahmen, der dann Möglichkeiten für die Erweiterung einer Metapher bietet.[540]

Der Prozess des Verstehens einer Domäne der Erfahrung mithilfe einer anderen Domäne der Erfahrung wird im Rahmen der konzeptuellen Metapherntheorie dahingehend präzisiert, dass dies als Übertragungsprozess (Mapping) beschrieben wird. Bezüglich dieses Übertragungsprozesses wird spezifiziert, dass hier systematische Korrespondenzen zwischen den ins Verhältnis gesetzten Domänen in den Blick genommen werden. Dasjenige, was der Name für eine konzeptuelle Metapher wie LIEBE IST EINE REISE bezeichnet, ist dann die Menge der Korrespondenzen zwischen der Ausgangsdomäne (REISE) und Zieldomäne (LIEBE). Eine solche Menge an konzeptuellen Korrespondenzen ist selbst nicht propositional, d. h., sie drückt keinen Gedanken aus, der z. B. wahr oder falsch sein könnte.[541] Bei solchen metaphorischen Übertragungen wird gemäß Vertretern der konzeptuellen Metapherntheorie für gewöhnlich eine Zieldomäne gewählt, welche abstrakter als die Ausgangsdomäne ist. Dies hat zur Folge, dass die Aus-

539 Vgl. Lakoff 1993, 208 f.
540 Vgl. Lakoff/Johnson 1980, 41–45.
541 Vgl. Lakoff 1993, 206–208.

gangsdomäne der direkten Erfahrung normalerweise besser zugänglich ist und folglich auch dazu dienen kann, die abstraktere Zieldomäne besser verständlich zu machen. Diese Übertragungsrichtung von der konkreteren auf die abstraktere konzeptuelle Domäne wird auch als „Prinzip der Unidirektionalität" bezeichnet. Dieses Prinzip soll erklären, dass Metaphern für gewöhnlich nicht umkehrbar sind. Die konzeptuelle Metapher LIEBE IST EINE REISE wird z. B. normalerweise nicht in der Umkehrung EINE REISE IST EINE LIEBE verwendet. Ebenso sind GEBÄUDE SIND THEORIEN oder SPEISEN SIND IDEEN keine gebräuchlichen Metaphern, weil die Zieldomäne hier konkreter als die Ausgangsdomäne ist. Den Hintergrund für das Prinzip der Unidirektionalität bildet also, dass eine Erfahrung uns desto verständlicher und besser zugänglich ist, je konkreter und physisch geifbarer sie für uns ist. Deswegen können gemäß Vertretern konzeptueller Metapherntheorien konkreter erfahrbare konzeptuelle Domänen dazu dienen, abstraktere konzeptuelle Domänen verständlicher zu machen, aber (für gewöhnlich) nicht andersherum.[542]

Typisch für Vertreter konzeptueller Metapherntheorien ist auch, dass sie dort Metaphern am Werk sehen, wo diese von den meisten Menschen intuitiv zunächst nicht bewusst wahrgenommen werden. Folgende Sätze können von Vertretern konzeptueller Metapherntheorien z. B. als Manifestationen zugrundeliegender konzeptueller Metaphern aufgefasst werden:[543]

(7) Du verschwendest meine Zeit.
(8) Diese Küchenmaschine wird uns viel Zeit sparen.
(9) Wenn es noch mehr Inflation gibt, werden wir große Probleme haben.
(10) Er ist nicht mehr im Rennen.
(11) Ich bekomme das Schiff nicht in den Blick.
(12) Er bewegt sich in den höheren Gesellschaftsschichten.
(13) Sein Einkommen ist letztes Jahr deutlich gestiegen.

Die beiden Sätze (7) und (8) können auf die konzeptuelle Metapher ZEIT IST GELD zurückgeführt werden.[544] Der Interpretation von Satz (9) kann die konzeptuelle Metapher DIE INFLATION IST EINE ENTITÄT zugeschrieben werden. Dies sei der Fall, weil in diesem Satz über die Inflation quantifiziert wird, als ob sie eine (physische) Entität wäre.[545] Auch (10) kann als Ausdruck einer konzeptuellen

542 Vgl. Kövecses 2010, 7.
543 Die folgenden Sätze basieren alle auf Beispielen, die in Lakoff/Johnson 1980 angeführt wurden. Zur besseren Verständlichkeit wurden sie teilweise etwas umformuliert.
544 Vgl. Lakoff/Johnson 1980, 7 f.
545 Vgl. Lakoff/Johnson 1980, 25 f.

Metapher verstanden werden, weil das Rennen hier als ein Gegenstand interpretiert wird, der einen Behälter darstellt. Wenn man ein Rennen allgemein als Ereignis versteht, kann man hier die konzeptuelle Metapher EREIGNIS ALS BEHÄLTERGEGENSTAND postulieren.[546] Bei der Interpretation von (11) wird die konzeptuelle Metapher DAS SICHTFELD IST EIN BEHÄLTER vorausgesetzt, weil suggeriert wird, dass das Schiff *in* dieses Sichtfeld hinein und wieder hinaus kommen kann, wie Dinge in Behälter hinein und hinaus kommen.[547] Wenn man von „höheren Gesellschaftsschichten" spricht wie in (12), wird dabei die konzeptuelle Metapher SOZIALER STATUS IST OBEN zugrunde gelegt.[548] (13) schließlich setzt gemäß der konzeptuellen Metapherntheorie die konzeptuelle Metapher MEHR IST OBEN voraus, weil hier die Quantität des Einkommens mithilfe der Höhe konzeptualisiert wird.[549]

Die konzeptuelle Metapherntheorie wurde seit ihrer Grundlegung durch George Lakoff und Mark Johnson intensiv untersucht und teilweise auch weiterentwickelt.[550] Trotz dieser Entwicklung und Ausdifferenzierung ist aber das skizzierte Grundgerüst der Theorie gleich geblieben. Grundsätzlich gibt es insofern eine Übereinstimmung mit der in dieser Arbeit entwickelten indexikalisch-ähnlichkeitsbasierten Metapherntheorie, als die Übertragungen von Strukturen zwischen verschiedenen konzeptuellen Domänen eine entscheidende Rolle bei der Interpretation von Metaphern spielen. Im Detail wird die Übertragung von Eigenschaften aber etwas anders beschrieben als in der konzeptuellen Metapherntheorie. So fehlt in dieser die Unterscheidung der beiden Stufen der Angleichung von Strukturen und der darauf folgenden Projektion bestimmter Elemente von der Ausgangs- auf die Zieldomäne, wie sie in Anlehnung die Structure-Mapping-Theorie beschrieben wurde.[551] Es wird im Rahmen der konzeptuellen Metapherntheorie nicht ausreichend berücksichtigt, dass bei der Interpretation einer Metapher nicht alle möglichen Korrespondenzen auch gleich Übertragun-

546 Vgl. Lakoff/Johnson 1980, 31.
547 Vgl. Lakoff/Johnson 1980, 30.
548 Vgl. Lakoff/Johnson 1980, 16.
549 Vgl. Lakoff/Johnson 1980, 15 f.
550 George Lakoff und Mark Johnson haben z. B. argumentiert, dass Metaphern grundlegend immer auf Erfahrungskorrelationen zurückgeführt werden können (vgl. Lakoff/Johnson 1999). Darüber hinaus wurde auch versucht, eine Verbindung zwischen Metaphern und neuronalen Prozessen herzustellen (vgl. Lakoff/Johnson 1999; Lakoff 2008). Es wurden auch zahlreiche psycholinguistische Studien bezüglich der konzeptuellen Metapherntheorie vorgenommen. Ein Überblick darüber findet sich z. B. in Gibbs 2011. Zoltán Kövecses hat in den letzten Jahren versucht, die konzeptuelle Metapherntheorie so zu erweitern, dass sie den kontextuellen Einflüssen auf die Interpretation von Metaphern gerecht werden kann (vgl. Kövecses 2015).
551 Vgl. dazu die Abschnitte, welche 2.6.1 zugeordnet sind.

gen von einer Domäne auf die andere darstellen. An dieser Stelle können gemäß der indexikalisch-ähnlichkeitsbasierten Theorie pragmatische Faktoren Einfluss auf die Interpretation einer Metapher nehmen. Auch die Rolle von Ähnlichkeitsrelationen wird in der konzeptuellen Metapherntheorie im Gegensatz zur indexikalisch-ähnlichkeitsbasierten nicht als konstitutiv für Metaphern verstanden. Wie bereits in Abschnitt 2.4.3 dargelegt wurde, gehen Lakoff/Johnson z. B. nicht davon aus, dass den systematischen Korrespondenzen zwischen den bei konzeptuellen Metaphern ins Verhältnis gesetzten Domänen schon vorhandene Ähnlichkeiten vorausgehen müssen. Die Ähnlichkeiten können stattdessen auch erst durch die jeweilige konzeptuelle Metapher *etabliert werden.*[552] Diese Ansicht wird allgemein von Vertretern konzeptueller Metapherntheorien geteilt.[553] Dass eine solche Position bezüglich der Rolle von Ähnlichkeitsrelationen bei der Interpretation von Metaphern mit Problemen verbunden und letztlich nicht überzeugend ist, wurde bereits ausführlich in Kapitel 2 und insbesondere in Abschnitt 2.5.3 erläutert. Diese beiden Schwächen konzeptueller Metapherntheorien stellen aber noch keine prinzipiellen Einwände dar. Es wäre durchaus denkbar, dass eine konzeptuelle Metapherntheorie so modifiziert wird, dass die erwähnten Probleme vermieden werden können, ohne dass dabei die grundsätzliche Position aufgegeben wird, dass Metaphern primär als gedankliche und nur davon abgeleitet als sprachliche Phänomene zu verstehen sind. Im Folgenden sollen zwei Einwände gegen diese Grundposition formuliert werden.

5.1.2 Fehlende Möglichkeiten zur Differenzierung

Der erste Einwand besagt, dass im Rahmen der konzeptuellen Metapherntheorie der Begriff der Metapher so sehr ausgeweitet wird, dass mit ihm wesentliche und intuitiv plausible Unterscheidungen nicht mehr erfasst werden können. Dies wird daran erkennbar, dass Vertreter der konzeptuellen Metapherntheorie Interpretationen als metaphorisch klassifizieren müssen, bei welchen eine solche Klassifizierung nicht plausibel ist. Damit ist nicht in erster Linie der Umstand gemeint, dass im Rahmen der konzeptuellen Metapherntheorie Sätze wie (7) bis (13) als Metaphern verstanden werden, obwohl man dies für gewöhnlich nicht wahrnimmt. Man könnte mit etwas Wohlwollen akzeptieren, dass es sich bei diesen Sätzen um tote bzw. konventionalisierte Metaphern handelt. Ray Jackendoff und David Aaron sowie David Hills haben aber Beispiele vorgestellt, die weder als

552 Vgl. u. a. Lakoff/Johnson 1980, 151–155.

553 Vgl. Kövecses 2010, 9.

lebendige noch als tote bzw. konventionalisierte Metaphern verstanden werden können, gemäß der konzeptuellen Theorie aber trotzdem als Ausdruck von Metaphern aufgefasst werden müssen. Lakoff/Turner analysieren z. B. die konzeptuelle Metapher LEBEN IST EINE FLÜSSIGKEIT, wonach der Körper als ein Behälter verstanden wird und das Leben des Körpers als eine Flüssigkeit in diesem Behälter. Wenn diese Flüssigkeit den Körper verlässt, verliert sich auch die Lebendigkeit des Körpers. Als Ausdruck für diese Metapher führen Lakoff/Turner u. a. die folgenden Verse des Gedichtes „As I walked out one evening“ von Wystan H. Auden an:

(14) In headaches and worry
life vaguely leaks away.[554]

Das Leben wird hier als etwas dargestellt, das aus einem herausfließen kann.[555] Ray Jackendoff und David Aaron argumentieren, dass der konzeptuellen Metapherntheorie zur Folge auch bei der Interpretation des Bibelzitats (15) auf die konzeptuelle Metapher LEBEN IST EINE FLÜSSIGKEIT zurückgegriffen werden muss.

(15) Denn die Seele des Fleisches ist im Blut, und ich selbst habe es euch auf den Altar gegeben, um Sühnung für eure Seelen zu erwirken (Lev 17,11).

Diese Analyse ist prima facie plausibel, weil die Flüssigkeit Blut hier als der Träger der Seele selbst dargestellt wird, welche wiederum als dasjenige verstanden werden kann, was den Menschen lebendig macht. Dies ist nach unserem heutigen Verständnis selbstverständlich abwegig. Genügend Blut ist zwar eine Bedingung dafür, dass man leben kann, aber die Lebendigkeit oder die Seele des Menschen ist nicht im strengen Sinne *im* Blut. Interessanterweise wurde diese moderne Ansicht aber im Kontext der Entstehung dieses Textes aller Wahrscheinlichkeit nach nicht geteilt. Es wurde stattdessen angenommen, dass die Seele bzw. Lebendigkeit eines Lebewesens tatsächlich im wörtlichen Sinne im Blut eines Lebewesens ist. Dies bildet u. a. die Grundlage für das Verbot des Verzehrs von Blut.[556] Ebenso wird so verständlich, wie das Blut von dem erschlagenen Abel zu Gott „schreien“ kann.[557] Wenn diese prinzipiell plausible Kontextualisierung korrekt ist, handelte es sich bei (15) im Entstehungskontext um keine Metapher,

554 Vgl. Auden 1944, 56.
555 Vgl. Lakoff/Turner 1989, 19 f.
556 Vgl. Gen 9,4; Lev 17,14.
557 Vgl. Gen 4,10.

sondern um eine wörtlich zu verstehende Äußerung. Gemäß der konzeptuellen Metapherntheorie müsste aber die Äußerung von (15) auch in diesem skizzierten biblischen Kontext wie (14) als Ausdruck der konzeptuellen Metapher LEBEN IST EINE FLÜSSIGKEIT verstanden werden. Es ist also vor dem Hintergrund der konzeptuellen Metapherntheorie nicht möglich, dem fundamentalen Unterschied zwischen den Interpretationen dieser Sätze vor den jeweiligen Hintergrundannahmen gerecht zu werden.[558]

Dieses Problem konzeptueller Metapherntheorien kann auch anhand des folgenden Beispiels dargelegt werden:

(16) Augustus ist eine Gottheit.

Gemäß der antiken Vorstellung war dieser Satz nicht unbedingt metaphorisch zu verstehen. Es hatte sich, zumindest in Teilen des römischen Reiches, während der Herrschaft des Augustus die Vorstellung durchgesetzt, dass dieser wirklich zu den Göttern zu rechnen ist. Aus diesem Grund wurde ihm auch schon zu Lebzeiten kultische Verehrung zu Teil.[559] Selbstverständlich kann man sich aber auch leicht eine metaphorische Lesart dieses Satzes vorstellen, wonach damit z. B. ausgedrückt wird, dass Augustus politisch besonders große Leistungen erbracht hat, aber zugleich angenommen wird, dass er als Mensch selbstverständlich kein Gott im wörtlichen Sinne ist. Der Satz würde dann so verstanden werden, wie wenn man Lionel Messi und Cristiano Ronaldo als Götter bezeichnet, um auf ihre herausragenden Leistungen in einem bestimmten Bereich hinzuweisen. Vor dem Hintergrund der konzeptuellen Metapherntheorie können diese beiden Lesarten von (16) nicht unterschieden werden, weil beide auf einer konzeptuellen Metapher der Art DER MENSCH IST EIN ÜBERNATÜRLICHES WESEN beruhen. Dies ist nicht plausibel, weil sich in den genannten Fällen die wörtlichen Lesarten fundamental von den metaphorischen unterscheiden. Auch in unserer heutigen Vorstellungswelt sind ähnliche Fälle denkbar:

(17) Sein Tod ist als Übergang in sein wirkliches Leben zu verstehen.
(18) Wir bewegen uns auf Weihnachten zu.

Wenn angenommen wird, dass es wirklich ein Leben nach dem Tod gibt, wie dies im Rahmen vieler Religionsgemeinschaften vertreten wird, kann die Äußerung (17) wörtlich verstanden werden. Es ist aber auch eine metaphorische Deutung

558 Vgl. Jackendoff/Aaron 1991, 327 f.
559 Vgl. Dahlheim 2010, 193 – 200.

von (17) möglich, wonach damit z. B. ausgedrückt wird, dass die betreffende Person erst nach ihrem Tod ihre volle Wirkung auf die anderen Menschen entfalten wird. Es wäre z. B. vorstellbar, dass dies jemand über Jim Morrison, Vincent van Gogh oder Karl Marx gesagt hat. Diese unterschiedlichen Lesarten ändern aber nichts daran, dass man in beiden Fällen eine konzeptuelle Metapher wie DER TOD IST EINE ABREISE postulieren kann. Ebenso kann (18) als Ausdruck der konzeptuellen Metapher DIE ZEIT IST EIN RAUM verstanden werden. Wie bereits in Abschnitt 2.5.3 erläutert wurde, hängt es aber von der jeweiligen Hintergrundannahme ab, ob man dies überhaupt als Metapher versteht. Vertreter der B-Theorie der Zeit gehen tatsächlich davon aus, dass die Zeit ein statisches Gebilde darstellt, das man wie einen Raum beschreiben kann. Dies hat zur Folge, dass (18) für sie nicht unbedingt metaphorisch zu verstehen ist. Vertreter der A-Theorie hingegen würden (18) ganz eindeutig als metaphorisch gemeinten Satz einstufen.[560] Es gibt im Rahmen der konzeptuellen Metapherntheorie keine Ressourcen, die erläuterten fundamentalen Unterschiede zwischen den metaphorischen und den wörtlichen Lesarten der Sätze (15)–(18) geltend zu machen.

David Hills argumentiert, dass auf der Basis der konzeptuellen Metapherntheorien insgesamt das Phänomen der sprachlichen Metapher (verbal metaphor) nicht adäquat beschrieben werden kann. Dazu skizziert er einen Fall, in dem eine Biologin in einem Artikel von „Transpositionen" von Genen spricht, um einen bestimmten regulatorischen Prozess zu beschreiben. Die Forscherin stellt sich diesen Prozess so vor, dass die betreffenden Gene hierbei „springen". Weil es aber nicht dem Standard des wissenschaftlichen Journals entspricht, in dem sie publizieren möchte, vermeidet sie eine metaphorische Ausdrucksweise. Der Ausdruck „Transposition" wird präzise definiert und als Fachterminus eingeführt und ist dementsprechend kein metaphorisch zu verstehender Ausdruck. Dies ändert aber nichts daran, dass die Forscherin, und wenn sie es gut anstellt auch die Leser des Artikels, an springende Gene denken müssen, wenn sie zu verstehen versuchen, was Transpositionen sind. Falls der Ort von Metaphern alleine in den Gedanken wäre, wäre es nach Hills nicht möglich, dass ein solches Szenario eintritt. Da der skizzierte Fall aber ohne Probleme denkbar und durchaus plausibel ist, muss eine Erklärungslücke in der konzeptuellen Metapherntheorie vorhanden sein. Metaphern können nicht *nur* gedankliche Phänomene sein. Es muss auch einen spezifisch sprachlichen Anteil geben, der dasjenige konstituiert, was wir *in der Sprache* als Metaphern bezeichnen.[561]

560 Vgl. einführend zu den A- und B-Theorien der Zeit Baron/Miller 2019, 5 – 13 und grundlegend McTaggart 1908.
561 Vgl. Hills 1997, 140 – 142.

Mithilfe der in dieser Arbeit entwickelten indexikalisch-ähnlichkeitsbasierten Theorie können die in diesem Abschnitt erläuterten Beispiele überzeugend erklärt werden. Dies liegt darin begründet, dass gemäß dieser Theorie angenommen wird, dass Metaphern auch durch spezifische linguistische Eigenschaften der involvierten Ausdrücke konstituiert werden und nicht allein durch die Form bestimmter gedanklicher Prozesse. In dem skizzierten biblischen Kontext, in dem (15) verfasst wurde, muss z. B. der Ausdruck „im Blut" nicht so verstanden werden, dass er gemäß der Regel R-MET interpretiert wird. Er kann stattdessen gemäß seiner konventionellen Bedeutung interpretiert werden. Vor dem Hintergrund unseres Weltbilds hingegen, d. h. in unserem heutigen Kontext, müsste man diesen Ausdruck gemäß der semantischen Regel R-MET deuten und ihm dementsprechend einen anderen Character zuschreiben als in der wörtlichen Deutung, um ihn plausibel interpretieren zu können. Ebenso können die beiden erläuterten Lesarten von (16) so erklärt werden, dass man dem Ausdruck „Gottheit" im Fall einer metaphorischen Deutung einen anderen Character zuschreibt als im Falle einer wörtlichen Deutung. Welcher Character dem Ausdruck zugeschrieben wird, ist letztlich eine Frage der Disambiguation. Dieselbe Ambiguität ist entsprechend dieser Analyse auch bei den Ausdrücken „wirkliches Leben" und „auf etwas zu bewegen" in (17) und (18) vorhanden. In dem skizzierten Beispiel von Hills handelt es sich nach der indexikalisch-ähnlichkeitsbasierten Metapherntheorie bei dem Ausdruck „Transposition" um keinen metaphorisch zu verstehenden Ausdruck, weil er nicht nach der semantischen Regel R-MET gedeutet wird. Der Grund, weshalb solche Differenzierungen vor dem Hintergrund der konzeptuellen Metapherntheorie nicht möglich sind, liegt letztlich in der Verkürzung von Metaphern auf primär gedankliche Phänomene begründet.

5.1.3 Die Überproduktion konzeptueller Metaphern

Ein weiteres grundlegendes Problem der konzeptuellen Metapherntheorie besteht darin, dass gemäß dieser eine große Anzahl an konzeptuellen Metaphern postuliert werden muss, welche für die Interpretation eines metaphorisch gebrauchten Ausdruckes aber in vielen Fällen entweder gar nicht nötig oder wenig hilfreich sind. Die metaphorischen Interpretationen der Ausdrücke „an einer Weggabelung ankommen", „fest stecken" oder „vom Weg abkommen" sind z. B. nicht spezifisch an die konzeptuelle Domäne LIEBE gebunden. Man kann diese Ausdrücke selbstverständlich auch in Bezug auf freundschaftliche Beziehungen, ein politisches Vorhaben, einen beruflichen Auftrag, bestimmte Vorsätze etc. metaphorisch verstanden anwenden. Gemäß der konzeptuellen Metapherntheorie müssten in diesem Fall konzeptuelle Metaphern wie BEZIEHUNGEN SIND EINE

REISE, POLITISCHE VORHABEN SIND EINE REISE oder DAS EINHALTEN VON VORSÄTZEN IST EINE REISE postuliert werden. Es scheint nun aber, dass die jeweiligen metaphorischen Interpretationen der erwähnten Ausdrücke in den Fällen, in denen sie in Bezug auf andere Domänen angewendet werden, ziemlich dieselbe metaphorische Interpretation erhalten, wie wenn sie als Ausdruck der konzeptuellen Metapher LIEBE IST EINE REISE verstanden werden. Es ist dementsprechend nicht klar, wozu hier jeweils neue konzeptuelle Metaphern postuliert werden müssen. Dies scheint insgesamt zu aufwendig und wenig plausibel zu sein.[562]

Der Grund, weshalb die verschiedenen metaphorisch verstandenen Ausdrücke ziemlich ähnliche Interpretationen in den unterschiedlichen skizzierten Kontexten erhalten, liegt darin, dass sie schon zu einem hohen Grad konventionalisiert sind. Um den mit ihnen ausgedrückten Gehalt zu erschließen, ist dementsprechend keine grundlegende Bestimmung von Korrespondenzen und einer darauf folgenden Übertragung bestimmter Strukturen mehr nötig. Wie in Abschnitt 2.6.3 mithilfe der These der Entwicklung von Metaphern erläutert wurde, kann in solchen Fällen häufig direkt auf eine einigermaßen stabile abstrakte Kategorie geschlossen werden, welche mit dem jeweiligen Ausdruck verbunden ist. Je fester eine solche abstrakte Kategorie mit einem bestimmten Ausdruck verbunden ist, desto mehr wird die metaphorische Deutung Teil der lexikalisierten konventionellen Bedeutung eines Ausdrucks. Je mehr tatsächlich ein Abgleich der Strukturen zwischen verschiedenen Domänen nötig ist, um eine Metapher angemessen zu interpretieren, desto mehr wird sie hingegen als lebendig wahrgenommen. Die konzeptuelle Metapherntheorie wurde aber gerade nicht nur für besonders lebendige Metaphern entwickelt. Ihre Vertreter kaprizieren sich besonders häufig auch auf Fälle, welche intuitiv nicht metaphorisch erscheinen und im besten Fall als tote bzw. konventionalisierte Metaphern zu verstehen sind, wie z. B. (7)–(13). Um aber z. B. in (7) den Ausdruck „verschwenden" korrekt interpretieren zu können, benötigt man keine konzeptuelle Metapher wie ZEIT IST GELD. Ebensowenig müssen bei den Äußerungen „Du verschwendest dein Talent" oder „Er verschwendet seine Energie" notwendigerweise die konzeptuellen Metaphern TALENTE SIND GELD oder ENERGIE IST GELD vorausgesetzt werden. Auch in (8) kann man „Zeit sparen" ohne den Rückgriff auf die konzeptuelle Metapher ZEIT IST GELD interpretieren. Ebenso setzt die Deutung von Sätzen wie „Das spart mir Kraft" oder „Ich spare mir eine Bemerkung" nicht notwendigerweise die konzeptuellen Metaphern KRAFT IST GELD oder BEMERKUNGEN SIND GELD voraus. Der Grund dafür liegt u. a. darin, dass die Ausdrücke

562 Vgl. Haser 2005, 228–230.

„verschwenden" und „sparen" nicht immer mit der konzeptuellen Domäne GELD assoziiert werden müssen. Verena Haser argumentiert überzeugend, dass die Ergebnisse der Versuche der Generalisierung an dieser Stelle direkt gegen die konzeptuelle Metapherntheorie gewendet werden können. Es erscheint nämlich plausibler anzunehmen, dass die Ausdrücke „sparen" und „verschwenden" in den skizzierten Szenarien jeweils sehr ähnliche metaphorische Interpretationen besitzen. Es wirkt dementsprechend unangemessen, hier verschiedene Metaphern zu postulieren. Dasselbe gilt selbstverständlich auch für die oben dargelegte Verwendung der Ausdrücke „an einer Weggabelung ankommen", „feststecken", „vom Weg abkommen".[563] Daran wird auch ersichtlich, dass der Versuch von Lakoff/Turner, die Konventionalisierung von Metaphern allgemein als die Konventionalisierung konzeptueller Metaphern aufzufassen, nicht überzeugend ist.[564] Häufig besteht die Konventionalisierung von Metaphern nämlich darin, dass bestimmte metaphorische Deutungen mit der Zeit und bei häufiger Verwendung als abstrakte Kategorien fest *mit einem bestimmten Ausdruck* verbunden werden. Es werden hier also nicht in erster Linie bestimmte gedankliche Strukturen zur Konvention, sondern Bedeutungen und Interpretationen linguistischer Elemente.

Man könnte nun annehmen, dass die konzeptuelle Metapherntheorie zwar Probleme bei der Erklärung relativ stark konventionalisierter Metaphern hat, aber ein plausibles Modell für die Interpretation von lebendigen Metaphern bereitstellt. Dies ist aber nicht der Fall. Während vor dem Hintergrund der konzeptuellen Metapherntheorie die Deutung relativ konventionalisierter und toter Metaphern zu aufwendig und umständlich beschrieben wird, erweist sie sich in Bezug auf lebendige Metaphern als zu unterkomplex und vereinfachend. In Abschnitt 4.5.3.1 wurde erläutert, dass im Falle einer metaphorischen Interpretation Nuancen von Unterschieden der mit einem Ausdruck assoziierten Konnotationen Unterschiede in der Perspektive und in mit den Metaphern ausgedrückten Gehalten nach sich ziehen können. Dies wurde anhand der Sätze (14) „Die Zeit bei meinen Eltern war ein einziger langer Sonnabend" und (14*) „Die Zeit bei meinen Eltern war ein

563 Vgl. Haser 2005, 230 f.

564 Konventionalisierte Metaphern werden von Lakoff/Turner dadurch charakterisiert, dass sie automatisch und ohne besonders Aufwand erschlossen werden. Dasjenige, was hier konventionalisiert ist, besteht gemäß Lakoff/Turner aber nicht in den Bedeutungen von Ausdrücken, sondern in der Art und Weise wie ein bestimmtes Konzept im Allgemeinen gedacht wird. Auch hinsichtlich der Konventionalisierung von Metaphern wird im Rahmen der konzeptuellen Metapherntheorie der Fokus also von der Sprache auf die gedankliche Ebene verschoben (vgl. Lakoff/Turner 1989, 55).

einziger langer Samstag“ gezeigt, wo der Unterschied zwischen „Samstag“ und „Sonnabend“ verschiedene metaphorische Deutungen zur Folge haben kann. Im Rahmen der indexikalisch-ähnlichkeitsbasierten Theorie konnte dies so erklärt werden, dass die kognitive Signifikanz von dem Character des jeweiligen Satzes getragen wird. Auf diese Weise können kleinste Differenzen der mit einem Ausdruck verbundenen Assoziationen in die Interpretation einfließen. Vor dem Hintergrund der konzeptuellen Metapherntheorie müsste man hier stattdessen eine konzeptuelle Metapher wie AUFENTHALT IST WOCHENTAG postulieren, welche der Interpretation der beiden Äußerungen zugrunde liegt. Es ist nicht ersichtlich, wie auf diese Weise den verschiedenen Bedeutungsnuancen der verwendeten Ausdrücke Rechnung getragen werden kann. Dass der spezifische verwendete Ausdruck selbst Relevanz für eine metaphorische Deutung besitzt, wird auch an folgendem Beispiel deutlich:

(19) Elena hat mich aus meinem dogmatischen Schlummer geweckt.

Es ist vorstellbar, dass eine Person namens Frank (19) äußert, um auszudrücken, dass Elena ihn von bestimmten politischen Überzeugungen abgebracht hat, zu welchen er zuvor keine Alternative sah. Der Ausdruck „dogmatischer Schlummer“ ist aber auch eine berühmte Formulierung von Immanuel Kant, mit der er von der Zeit spricht, in der er unkritische, spekulative Metaphysik betrieben hat.[565] Es ist durchaus möglich, dass der Sprecher von (19) davon ausgeht, dass die Rezipienten diese Formulierung von Immanuel Kant kennen und dieser Zusammenhang dementsprechend in die Interpretation einfließt. Würde man anstatt „dogmatischen Schlummer“ in diesem Szenario einfach „tiefen Schlaf“ „dogmatischen Schlaf“ oder „Nachtruhe“ verwenden, würde diese Assoziation mit Kant verloren gehen.[566] Im Rahmen der konzeptuellen Metapherntheorie müsste man hier generalisierend auf konzeptuelle Metaphern wie ÄNDERUNG POLITISCHER ANSICHTEN IST AUFWACHEN oder FALSCHE POLITISCHE POSITIONEN SIND SCHLAF Bezug nehmen. Es ist nicht klar, wie auf diese Weise der spezifische Beitrag geltend gemacht werden kann, den die mit dem *Ausdruck* verbundenen Assoziationen zu der Interpretation machen.

Des Weiteren sind die Generalisierungen, über welche die bei der Interpretation einer Äußerung involvierten konzeptuellen Metaphern erschlossen werden, mit grundsätzlichen Problemen behaftet. Es ist in vielen Fällen nämlich nicht klar, welche konzeptuelle Metapher der Interpretation einer Äußerung zugeordnet

565 Vgl. Kant AA IV, 260, in: Kant 1968, 260.
566 Vgl. dazu Stern 2000, 111 f.

werden soll. Verena Haser hat dies u.a. in Bezug auf die englischen Ausdrücke „win" und „fortify" herausgearbeitet, wenn diese in Bezug auf die konzeptuelle Domäne ARGUMENT (dt. Auseinandersetzung) gebraucht werden. Ihre Argumentation kann ohne Probleme ins Deutsche übertragen werden:

(20) Ich habe noch nie eine Auseinandersetzung mit ihm gewonnen.
(21) Joseph hat seine Position noch nicht ausreichend befestigt.

Lakoff/Johnson führen (20) als Beispiel an, bei dessen Interpretation die konzeptuelle Metapher AUSEINANDERSETZUNG IST KRIEG zugrunde gelegt wird.[567] Analog dazu ist es auch plausibel (21) als Ausdruck derselben konzeptuellen Metapher wie (20) zu verstehen. Der Schluss auf die konzeptuelle Metapher AUSEINANDERSETZUNG IST KRIEG ist aber in beiden Fällen nicht zwingend. Es wäre z.B. auch plausibel (20) der konzeptuellen Metapher AUSEINANDERSETZUNG IST SPIEL zuzuordnen, weil es auch in dieser Domäne um Gewinnen und Verlieren geht. Im Gegensatz zur Kriegsdomäne liegt im Spiel der Fokus des Wettkampfes aber auf der Unterhaltung und dem Spaß der Teilnehmer und nicht darin, dem anderen möglichst viel Schaden zuzufügen.[568] Der Interpretation von (21) können anstelle der Kriegsmetapher auch die konzeptuellen Metaphern STREITEN IST BAUEN oder STREITEN IST PHYSISCH UNTERSTÜTZEN zugrunde gelegt werden. Es kann mit (21) z.B. auch ausgedrückt werden, dass Joseph seine Position gut befestigen muss, damit die Argumente, die er darauf aufbaut, gut getragen werden und das Gebilde nicht wegen interner Widersprüche schnell zusammenstürzt.[569] Das gleiche Problem tritt z.B. bei folgenden Metaphern auf:

(22) Julia bringt Wärme in mein Leben.
(23) Julia leuchtet hell.
(24) Wenn ich Julia zu nahe komme, verbrenne ich.

Es erscheint zunächst plausibel, die Sätze (22)–(24) der konzeptuellen Metapher JULIA IST DIE SONNE zuzuordnen. Ebenso wäre es aber auch möglich, sie unter die konzeptuelle Metapher JULIA IST EIN FEUER zu subsumieren. (22) kann für sich genommen auch den konzeptuellen Metaphern JULIA IST EIN OFEN oder JULIA IST DER SOMMER zugeordnet werden. Und wenn man den Satz (23) isoliert betrachtet, kann man ihn auch als Ausdruck der konzeptuellen Metapher JULIA

567 Im englischen Original verwenden sie den Satz „I've never won an Argument with him" und ordnen ihn der konzeptuellen Metapher ARGUMENT IS WAR zu (vgl. Lakoff/Johnson 1980, 4.).
568 Vgl. Haser 2005, 179f.
569 Vgl. Haser 2005, 184f.

IST EIN BLITZ oder JULIA IST EINE LAMPE verstehen. (24) schließlich kann ebenso als Ausdruck der konzeptuellen Metaphern JULIA IST EINE FLAMME oder JULIA IST EINE KERZE verstanden werden. Die angeführten Beispiele sollen illustrieren, dass der Schritt auf die zugrunde liegende allgemeine Ebene einer konzeptuellen Metapher mit einem gewissen Spielraum verbunden ist. Es gibt nämlich häufig mehrere sinnvolle Kandidaten für konzeptuelle Metaphern, die der Interpretation einer Äußerung zugrunde gelegt werden können. Es gibt darüber hinaus auch Fälle, in welchen es nicht plausibel ist, überhaupt übergeordnete konzeptuelle Metaphern zu postulieren. Dies scheint z. B. bei „Julia ist die Sonne" oder „Kripke ist ein Alchemist" der Fall zu sein. Es ist z. B. nicht sinnvoll, „Julia ist die Sonne" auf die konzeptuelle Metapher JULIA IST EIN HIMMELSOBJEKT zurückzuführen, weil hier die wesentlichen Übertragungselemente wie Wärme zu spenden, im Zentrum zu stehen oder Licht zu erzeugen verloren gehen würden. Ebenso ist es vollkommen unklar, welche konzeptuelle Metapher überhaupt als Kandidat für die Fundierung von „Kripke ist ein Alchemist" gelten können. Die einzig plausiblen Kandidaten für zugrunde liegende konzeptuelle Metaphern wären in diesen Fällen JULIA IST DIE SONNE und KRIPKE IST EIN ALCHEMIST. Es ist aber unklar, worin die Erklärungsleistung der Postulierung dieser konzeptuellen Metaphern bestehen soll. Das spezifisch eigenständige Element konzeptueller Metapherntheorien besteht nicht in der Postulierung von Übertragungsprozessen, sondern in der Postulierung von Generalisierungen, die als konzeptuelle Metaphern beschrieben werden. Falls eine solche Generalisierung nicht möglich ist, scheint es fraglich, weshalb man überhaupt konzeptuelle Metaphern postulieren sollte.

Es ist ebenso auch offensichtlich falsch, dass man immer schon bestimmte konzeptuelle Metaphern kennen muss, damit man bestimmte Ausdrücke in Äußerungen metaphorisch interpretieren kann. Gerade bei neueren oder interessanteren Metaphern werden stattdessen neue Analogien zwischen Ausgangs- und Zieldomäne erzeugt, welche neue Perspektiven ermöglichen. Es ist abwegig anzunehmen, dass wir all diese möglichen Analogien bzw. Korrespondenzen zwischen verschiedenen Domänen schon, bewusst oder unbewusst, kennen und durch sprachliche Äußerungen nur aktivieren. Falls man diesen Einwand akzeptiert und davon ausgeht, dass wir konzeptuelle Metaphern häufig erst erzeugen müssen, ist es aber nicht mehr klar, inwieweit die Korrespondenzen zwischen den durch Metaphern ins Verhältnis gesetzten Domänen wirklich *primär* gegenüber den sprachlichen Ausdrücken sind. Es erscheint dann plausibler anzunehmen, dass die jeweiligen Bedeutungen der sprachlichen Elemente den Ausgangspunkt für die Erzeugung der Analogien zwischen den Domänen bilden.

Es soll insgesamt, wie schon erläutert, nicht bestritten werden, dass Metaphern häufig mit interpretativen Strukturen verbunden sind, welche Anknüpfungspunkte für Erweiterungen von Metaphern bilden. Was hier abgelehnt wird ist aber, dass dieses Phänomen die Postulierung zahlloser konzeptueller Metaphern rechtfertigt, die den eigentlichen Ort des Phänomens der Metapher darstellen. Mit der vorgestellten grundsätzlichen Kritik soll ebenfalls nicht behauptet werden, dass die Forschung, welche durch die konzeptuelle Metapherntheorie entstanden ist, insgesamt fehlgeleitet ist. Sie hat in der Tat viele interessante Diskussionen darüber angeregt, welche kulturell prägenden Konzeptualisierungen und Bilder wir unbewusst mit unserer Sprache transportieren. Es sollte aber deutlich gemacht werden, weshalb das Phänomen der Metapher im Allgemeinen von der konzeptuellen Metapherntheorie nicht angemessen erfasst werden kann.[570]

5.2 Metaphern im Rahmen des linguistischen Kontextualismus

5.2.1 Kritik am Grice'schen Modell

Die Position des linguistischen Kontextualismus hat sich wesentlich in einer kritischen Abgrenzung zum Kommunikationsmodell von H. Paul Grice entwickelt. Grice unterscheidet, wie in den 3.3.1. zugeordneten Abschnitten erläutert wurde, prinzipiell zwischen demjenigen, was mit einer Äußerung gesagt wird (what is said) und demjenigen, was auf der Basis einer Äußerung impliziert wird. Dasjenige, was gesagt wird, wird nach Grice in enger Verbindung (closely related) zur konventionellen Bedeutung der Ausdrücke bestimmt, die im betreffenden Satz involviert sind. Dabei gesteht Grice zu, dass man in vielen Fällen zur Bestimmung von demjenigen, was gesagt wurde, auch Kontextinformation benötigt. Mit deren Hilfe kann nach Grice die Referenz indexikalischer Ausdrücke erschlossen sowie die semantische Ambiguität von mehrdeutigen Ausdrücken aufgelöst werden.[571] Die konversationellen Implikaturen werden im Gegensatz dazu auf der Basis des Gesagten und relativ zu den erläuterten Konversationsmaximen erschlossen, wobei die Interpreten darum bemüht sind zu erschließen, was der Sprecher *beabsichtigt* mitzuteilen.[572] Es bietet sich im Rahmen dieses Modells an, die Bestimmung dessen, was gesagt wird, als semantische Interpretation einer Äuße-

570 Weitere grundsätzliche Einwände gegen die konzeptuelle Metapherntheorie finden sich u. a. in Ortony 1988, Murphy 1996 und Rakova 2002.
571 Vgl. Grice 1975, 44.
572 Vgl. Grice 1975, 45.

rung aufzufassen und die Erschließung der darauf aufbauenden konversationellen Implikaturen als den Bereich der Pragmatik zu verstehen. Zahlreiche Autoren haben jedoch darauf hingewiesen, dass eine solche Unterscheidung zwischen Semantik und Pragmatik mit Problemen behaftet ist und ein zu einfaches Bild sprachlicher Kommunikation darstellt. Diesen Autoren gemäß ist die Erschließung desjenigen, was gesagt wurde, nicht prinzipiell verschieden von der Erschließung konversationeller Implikaturen. Auch zur Bestimmung dessen, was gesagt wird, müssen nämlich schon zahlreiche pragmatische Schlussprozesse vollzogen werden, die signifikant über eine rein semantische Interpretation einer Äußerung hinausgehen. Dies soll im Folgenden an einigen Beispielen illustriert werden.

(25) Jonathan wiegt 80 kg.
(26) Er hat Franziskas Buch gekauft.
(27) Es regnet.
(28) Ich hatte ein großes Frühstück.
(29) Du wirst nicht sterben.

Charles Travis weist darauf hin, dass es prima facie nicht klar ist, was genau mit (25) ausgedrückt wird. Mögliche Kandidaten hierfür wären, dass Jonathan ohne Kleidung vor dem Frühstück 80 kg wiegt, oder mit normaler Kleidung nach dem Mittagessen oder mit einer bestimmten Spezialkleidung, welche er z. B. zum Tauchen angezogen hat. Je nach Umstand kann die Entscheidung dieser Frage wesentlich sein. Wenn Jonathan z. B. einen Fahrstuhl betritt, der nur noch 80 kg zusätzlich tragen kann, ist es wichtig zu wissen, welcher solcher möglichen Gehalte mit (25) relativ zum Äußerungskontext ausgedrückt worden ist.[573] François Recanati erläutert, dass ein Satz wie (26), der eine Genetiv-Konstruktion enthält, nicht qua seiner konventionellen Bedeutung festlegt, wie genau die Genetiv-Relation zu verstehen ist. Es kann sich im Falle von (26) z. B. entweder um das Buch handeln, das Franziska besitzt, um dasjenige, das sie geschrieben hat, oder schlicht um das Buch, das Franziska zum Zeitpunkt der Äußerung gerade in den Händen hält.[574] Noch deutlicher ist der Einfluss von Kontextinformation auf dasjenige, was gesagt wird, im Falle von (27). John Perry hat dieses Beispiel verwendet, um zu veranschaulichen, dass es nicht artikulierte Bestandteile (unarticulated constituents) von Äußerungen gibt. Perry skizziert dazu das Szenario, in dem er sich mit seinem Sohn zum Tennisspielen verabredet hat. An dem Tag, an

573 Vgl. Travis 1985, 197–200.
574 Vgl. Recanati 1989b, 297 f.

welchem sie spielen wollten, kommt nun sein Sohn zu ihm und sagt (27), woraufhin sie beschließen, an diesem Tag kein Tennis zu spielen. Nach Perry ist der Gehalt, den sein Sohn mit der Äußerung von (27) ausgedrückt hat, nicht, dass es *irgendwo auf der Welt* regnet, sondern, dass es an dem Ort der Äußerung regnet. Wenn dieser Ort Palo Alto ist, dann wird mit (27) der Gehalt „Es regnet in Palo Alto" ausgedrückt. Da der Ort „Palo Alto" aber offensichtlich nicht Teil der Äußerung von (27) ist, muss er gemäß Perry als „nicht artikulierter Bestandteil" des ausgedrückten Gehaltes aufgefasst werden.[575] Recanati beschreibt die Ergänzung solcher nicht artikulierter Bestandteile als freie Anreicherung (free enrichment) des ausgedrückten Gehaltes. Diese ist seiner Auffassung nach als „frei" zu verstehen, weil dem ergänzten Bestandteil kein linguistisches Element in der betreffenden Äußerung entspricht. Auch im Falle der Interpretation von (28) wird nach Recanati für gewöhnlich mithilfe des Prozesses der freien Anreicherung ein Zeitpunkt ergänzt. Es wird demnach mit (28) normalerweise nicht ausgedrückt, dass man *irgendwann einmal in seinem Leben* schon ein großes Frühstück hatte, sondern z. B. an dem Tag der Äußerung. Dieser Gehalt wiederum könnte dann den Ausgangspunkt für die konversationelle Implikatur bilden, dass man zum Zeitpunkt der Äußerung keinen Hunger hat.[576] Kent Bach erwähnt als weiteres Beispiel für eine solche kontextuelle Ergänzung die Interpretation des Satzes (29), wenn er von z. B. einer Mutter gegenüber ihrem Kind geäußert wird, nachdem dieses sich in den Finger geschnitten hat. Die Mutter möchte damit für gewöhnlich nicht ausdrücken, dass das Kind unsterblich ist, sondern nur, dass es *von der betreffenden Wunde* nicht sterben wird.[577]

Kent Bach führt darüber hinaus die folgenden Beispiele an, die seiner Meinung nach ein Problem für die Grice'sche Theorie darstellen:

(30) Jakob und Gil sind weit genug geklettert.
(31) Jakob und Gil sind bereit.

Die beiden Äußerungen (30) und (31) drücken, wenn man nur die Bedeutungen der involvierten linguistischen Elemente interpretiert, keinen vollständigen propositionalen Gehalt aus, der wahr oder falsch sein könnte. Es müsste hierfür weiter spezifiziert werden, *wofür* Jakob und Gil weit genug geklettert bzw. bereit sind. Dennoch ist es ohne Probleme vorstellbar, dass die Rezipienten dieser Äußerungen im Äußerungskontext die jeweiligen ergänzten vollständigen proposi-

575 Vgl. Perry 1986, 138.
576 Vgl. Recanati 2002, 300 f.
577 Vgl. Bach 1994, 133 f. Bach nennt diese kontextuelle Erweiterung des kommunizierten Gehaltes nicht wie Recanati „free enrichment", sondern schlicht „expansion".

tonalen Gehalte erschließen. Dies zeigt nach Bach, dass auch syntaktisch wohlgeformte Sätze semantisch unterbestimmt sein können.[578]

Ein weiteres Beispiel für eine kontextuelle Ergänzung des ausgedrückten Gehaltes ist das Phänomen, das Jason Stanley und Zoltán Szabó „Quantifier Domain Restriction" nennen. Hierbei wird über kontextuelle Informationen die Hinsicht spezifiziert, gemäß welcher ein Quantor zu verstehen ist.[579] Beispiele hierfür sind die Sätze:

(32) Alle Flaschen sind leer.
(33) Alle Autos müssen umgeparkt werden.

Mit (32) wird normalerweise nicht ausgedrückt, dass *alle Flaschen auf der Welt* leer sind, sondern z. B. die Flaschen, welche in einem bestimmten Getränkekasten stehen. Kompetente Rezipienten können diese Hinsicht spezifizieren, obwohl sie nicht explizit in (32) enthalten ist. Ebenso wird jemand, wenn er (33) äußert, normalerweise nicht ausdrücken wollen, dass *alle Autos auf der Welt* umgeparkt werden müssen. Es wäre aber denkbar, dass damit kommuniziert werden soll, dass z. B. alle Autos, die illegitimerweise auf dem Kundenparkplatz einer bestimmten Arztpraxis stehen, umgeparkt werden müssen.

Die genannten Beispiele stellen deswegen ein Problem für das Modell von Grice dar, weil sie zeigen, dass der Einfluss pragmatischer Schlüsse auf die Bestimmung dessen, was gesagt wird, weitaus größer ist, als Grice dies beschrieben hat. Kepa Korta und John Perry sprechen an dieser Stelle vom pragmatischen Zirkelschluss (pragmatic circle). Zur Bestimmung desjenigen, was gesagt wird, werden nämlich offensichtlich auch schon pragmatische Schlüsse auf die Absichten der Sprecher im jeweiligen Kommunikationskontext benötigt. Diese spielen nicht erst nach der Bestimmung des Gesagten bei der Erschließung konversationeller Implikaturen eine Rolle. Dementsprechend ergibt sich ein Zirkelschluss, weil, um pragmatische Schlüsse wie konversationelle Implikaturen starten zu können, schon pragmatische Schlüsse vorausgesetzt werden müssen, mit denen bestimmt wird, was mit einer Äußerung gesagt wird.[580]

578 Vgl. Bach 2001, 20 f. Bach nennt den Interpretationsprozess, der von einer solchen unvollständigen zu einer vollständigen Proposition führt, „completion".
579 Vgl. Stanley/Szabo 2000, 219 f.
580 Vgl. Korta/Perry 2008, 348 f.

5.2.2 Der linguistische Kontextualismus

Aus dem Umstand, dass eine rein semantische Interpretation in den meisten Fällen nicht hinreichend für die Bestimmung dessen ist, was mit einer Äußerung gesagt wird, folgert François Recanati, dass man in diesem Zusammenhang den prä-theoretischen Intuitionen mehr Gewicht geben sollte. Er formuliert dementsprechend das sogenannte „Availablitiy Principle", das wie folgt lautet:

> In deciding whether a pragmatically determined aspect of utterance meaning is part of what is said, that is, in making a decision concerning what is said, we should always try to preserve our pre-theoretic intuitions on the matter.[581]

Für Recanati kann also dasjenige, was mit einer Äußerung gesagt wird, nicht etwas intuitiv Unzugängliches sein, das im Interpretationsprozess einer Äußerung verarbeitet wird. So würde man (27) intuitiv nicht so deuten, dass es irgendwo auf der Welt regnet. Ein kompetenter Rezipient wird stattdessen für gewöhnlich direkt darauf schließen, dass der Sprecher mit (27) ausdrücken möchte, dass es an einem bestimmten kontextuell erschließbaren Ort regnet. Der Gehalt, dass es irgendwo auf der Welt regnet, der rein auf der Basis der Bedeutungen der verwendeten Ausdrücke erschlossen werden kann, ist im Gegensatz dazu keine intuitive Deutung von (27). Recanati zufolge kann es sich dementsprechend dabei auch nicht um dasjenige handeln, was mit (27) gesagt bzw. ausgedrückt wird. Dasselbe gilt auch für die anderen im letzten Abschnitt erwähnten Beispiele. Im Falle der Äußerung von (32) wird man z. B. intuitiv auf eine bestimmte kontextuell erkennbare Menge von Flaschen schließen, auf welche der Allquantor hier bezogen wird. Der Gehalt, dass alle Flaschen der Welt leer sind, spielt bei der Deutung von Äußerungen wie (32) für gewöhnlich gar keine Rolle und sollte deswegen auch nicht als der eigentlich ausgedrückte propositionale Gehalt klassifiziert werden. Interessant ist für Recanati nun, dass diese intuitiv erschlossenen Gehalte die *primäre bewusst zugängliche Deutung* einer Äußerungen bilden. Recanati versteht diese bewusst zugänglichen Gehalte, die auf der Basis der Deutung einer Äußerung in einem Kontext erschlossen werden, als dasjenige, was mit einer Äußerung kommuniziert wird. In diese Klasse fällt neben dem, was gesagt wird, auch dasjenige, was implikiert wird.[582]

Recanati möchte aber nicht die Unterscheidung zwischen demjenigen, was gesagt wird, und demjenigen, was implikiert wird, aufgeben. Er differenziert dementsprechend zwischen primären und sekundären pragmatischen Prozessen.

581 Recanati 1989b, 310.
582 Vgl. Recanati 1989b, 311 f.

Sekundäre pragmatische Prozesse setzen nach Recanati immer bei bestimmten bereits erschlossenen propositionalen Gehalten an und erzeugen relativ zu der Informationen aus dem Äußerungskontext und Konversationsregeln weitere propositionale Gehalte. Es besteht im Falle sekundärer pragmatischer Prozesse eine bewusst wahrnehmbare inferentielle Verbindung zwischen demjenigen, was mit einer Äußerung intuitiv ausgedrückt wird, und dem Gehalt, der auf der Basis des ausgedrückten Gehaltes erschlossen wird. So wäre im Falle von (28) z. B. die Implikatur darauf, dass der Sprecher keinen Hunger hat und deswegen jetzt nicht essen gehen möchte, ein sekundärer pragmatischer Prozess. Primäre pragmatische Prozesse unterscheiden sich nach Recanati von den sekundären zunächst darin, dass sie vor-propositonal (pre-propositional) sind. Sie setzen also keinen bestimmten intuitiv zugänglichen propositionalen Gehalt voraus, auf der Basis dessen sie dann gefolgert werden. Darüber hinaus werden die primären pragmatischen Prozesse für gewöhnlich nicht wie die sekundären bewusst wahrgenommen. Dies schließt aber nicht aus, dass man sie im Nachhinein rekonstruieren kann.[583] Recanati unterscheidet vier solche primären pragmatischen Prozesse. Den ersten nennt er „saturation". Recanati versteht diesen als einen Bottom-up-Prozess. Damit meint er, dass dieser Prozess von einem bestimmten linguistischen Element einer Äußerung ausgelöst wird und notwendig für dessen Interpretation ist. Klassische Fälle solcher Saturationsprozesse sind die Deutungen indexikalischer Ausdrücke wie z. B. „ich", „du", „er", „heute" oder „hier".[584]

Nach Recanati sind bei der Erschließung dessen, was mit einer Äußerung gesagt wird, aber nicht nur solche solche Bottom-up-Prozesse involviert, welche auch Grice explizit zugestanden hat, sondern ebenso pragmatische Top-down-Prozesse. Diese sind im Gegensatz zu Bottom-up-Prozessen optional. Damit meint Recanati, dass sie nicht notwendig sind, um bestimmte linguistische Elemente wie Indexikalia zu interpretieren. Sie werden stattdessen, ohne dass sie von einem linguistischen Element gefordert werden würden, „von oben" zur Deutung einer Äußerung hinzugefügt. Recanati führt die freie Anreicherung (free enrichment), die Sinnauflockerung (loosening) und den semantischen Transfer (semantic transfer) als Beispiele für solche primären pragmatischen Top-down-Prozesse an. Die freie Anreicherung besteht darin, dass der mit einer Äußerung ausgedrückte Gehalt durch bestimmte Elemente ergänzt wird, damit dieser als ein sinnvoller und angemessener Beitrag innerhalb der jeweiligen Konversation verstanden werden kann. Die freie Anreicherung macht den mit einer Äußerung ausgedrückten Gehalt dementsprechend *spezifischer*, als dieser rein auf Basis der In-

583 Vgl. Recanati 2004, 23.
584 Vgl. Recanati 2004, 23.

terpretation der involvierten linguistischen Elemente wäre.[585] Alle im letzten Abschnitt vorgestellten Beispiele (25)–(33) können letztlich als Fälle verstanden werden, bei welchen der Prozess der freien Anreicherung angewendet wird, um den intuitiven Gehalt dieser Äußerungen zu erschließen. Es ist z. B. vorstellbar, dass bei einer Interpretation von (25), wenn sie durch einen zuständigen Arzt erfolgt, ausgedrückt wird, dass Jonathan *nüchtern und nur mit Unterwäsche bekleidet* 80 kg wiegt. Im Falle von (26) wird durch freie Anreicherung die Relation ergänzt, in der Franziska zu dem betreffenden Buch steht. Wenn (31) vor z. B. einer Reise von Jakob und Gil geäußert wird, kann damit ausgedrückt werden, dass sie jetzt bereit *für die Abreise* sind. Auch die Fälle von „Quantifier Domain Restriction" (32) und (33) können im Sinne Recanatis so verstanden werden, dass die Hinsicht, auf welche sie sich beziehen, hier durch freie Anreicherung ergänzt wird. Die Äußerung (32) kann folglich so gedeutet werden, dass hiermit ausgedrückt wird, dass alle Flaschen *in dem Getränkekasten* leer sind.

Der Prozess der Sinnauflockerung besteht in gewisser Hinsicht genau im Gegenteil der freien Anreicherung. Hier werden die Anwendungsbedingungen eines Ausdrucks nicht spezifiziert, sondern erweitert. Interessanterweise führt Recanati als einziges Beispiel für die Sinnauflockerung eine Metapher an:

(34) Der Geldautomat hat meine Kreditkarte geschluckt.[586]

Selbstverständlich kann der Geldautomat nach Recanati nicht im wörtlichen Sinne Kreditkarten verschlucken. Die Bedeutung des Wortes „schlucken", das für gewöhnlich nur in Bezug auf biologische Organismen gebraucht werden kann, wird hier also signifikant geweitet, sodass sie auch den Prozess, in dem Geldautomaten Karten einziehen, umfasst.[587] Bei dem primär pragmatischen Top-down-Prozess, den Recanati „semantic transfer" nennt, wird ein bestimmtes Konzept durch ein anderes Konzept ersetzt, das wiederum eine systematische Relation zum Ausgangskonzept besitzt. Als Beispiel hierfür nennt Recanati Metonymien wie:

(35) Ich bin draußen geparkt.
(36) Das Schinkensandwich ist ohne zu zahlen gegangen.

585 Vgl. Recanati 2004, 23–25.
586 Im engl. Original: „The ATM swallowed my credit Card" (Recanati 2004, 26).
587 Vgl. Recanati 2004, 26.

In (35) wird das Prädikat „x ist draußen geparkt" nach Recanati mithilfe des semantischen Transfers in das Prädikat „x ist der Besitzer eines Autos, das draußen geparkt ist" überführt. Und im Falle von (36) wird aus der Eigenschaft „x ist ein Schinkensandwich" die Eigenschaft „x hat ein Schinkensandwich bestellt" erzeugt. Für Recanati werden in diesen Fällen keine Konzepte spezifiziert oder gelockert, sondern ganz neue eigenständige Konzepte erzeugt.[588]

Recanati räumt selbst ein, dass seine Klassifizierung bzw. der Zuschnitt der primären pragmatischen Top-down-Prozesse auch anders vorgenommen werden könnte. Sein zentraler Punkt liegt aber darin, dass man erstens eine Unterscheidung zwischen primären und sekundären pragmatischen Prozessen vornehmen muss, und zweitens innerhalb der primären zwischen pragmatischen Bottom-up- und Top-down-Prozessen unterscheiden muss. Recanati fasst die verschiedenen Formen primär pragmatischer Top-down-Prozesse auf die Deutung einer Äußerung allgemein als „Modulation" zusammen. Diese besteht nach Recanati grundsätzlich darin, dass die Bedeutungen von Ausdrücken an die jeweiligen linguistischen und extra-linguistischen Kontexte angepasst werden, relativ zu denen sie interpretiert werden. Dieser Prozess ermöglicht Recanati zufolge, dass wir unsere Sprache, die nur aus einer begrenzten Anzahl von Ausdrücken besteht, sehr flexibel gebrauchen können.[589]

Recanati nennt seinen Ansatz „Truth-Conditional Pragmatics". Damit möchte er ausdrücken, dass gemäß seiner Theorie *häufig* Modulationen, d. h. pragmatische Top-down-Prozesse, dabei involviert sind, den *intuitiven* häufig wahrheitskonditionalen[590] Gehalt einer Äußerung zu erschließen. Er grenzt diese Position vom radikalen Kontextualismus (radical Contextualism) ab, nach dem *immer* Modulationen nötig sind, um den intuitiv zugänglichen Gehalt einer Äußerung zu erschließen. Gemäß der Position „Truth-Conditional Pragmatics" ist es also prinzipiell möglich, dass der intuitive Gehalt einer Äußerung auch ohne Modulation bestimmt wird, auch wenn dies faktisch selten vorkommen mag.[591] Im Folgenden wird unter „Kontextualismus" diese Position namens „Truth-Conditional Pragmatics" verstanden.

Der Kontextualismus ist nicht ohne Widerspruch geblieben. Einer der einflussreichsten Gegenentwürfe zu dem Programm des Kontextualismus ist die Position,

---

588 Vgl. Recanati 2004, 26 f.

589 Vgl. Recanati 2004, 131.

590 Da die Theorie nicht nur auf den Sprechakt der Behauptung beschränkt ist, können diese Gehalte auch andere andere Erfüllungsbedingungen besitzen als Wahrheit und Falschheit.

591 Vgl. Recanati 2010, 17–19.

die u.a. „Literalismus“[592], „moderater Kontextualismus“[593] oder „Indexikalismus“[594] genannt und z.B. von Jason Stanley und Jeffrey King vertreten wird. Gemäß diesem Ansatz existieren auf der Ebene der logischen Form einer Äußerung lexikalische Elemente, wie z.B. freie Variablen, welche auf der Ebene der Oberflächenstruktur verborgen sind. Wenn eine Äußerung interpretiert wird, können diesen verborgenen Elementen der logischen Form relativ zum Äußerungskontext bestimmte Deutungen zugeschrieben werden. Der kontextuelle Einfluss, um den mit einer Äußerung ausgedrückten propositionalen Gehalt zu erschließen, beschränkt sich für Vertreter des Indexikalismus immer nur darauf, dass bestimmte *linguistische Elemente* der logischen Form einer Äußerung interpretiert werden.[595] Jason Stanley und Jeffrey King sprechen davon, dass bei der Erschließung des semantischen Gehalts einer Äußerung dementsprechend nur „schwache pragmatische Effekte“ involviert sind, bei welchen die kontextuelle Information immer die Interpretation *lexikalischer Elemente* in Einklang mit deren konventionellen Bedeutungen bestimmt.[596] Starke pragmatische Effekte sind nach Stanley/King alle anderen Effekte des Kontextes auf dasjenige, was kommuniziert wird. Die Grenze zwischen den Bereichen Semantik und Pragmatik ziehen Stanley/King nun anhand der Art und Weise der pragmatischen Einflüsse. Falls nur schwache pragmatische Effekte involviert sind, handelt es sich um den Bereich der Semantik und sobald starke pragmatische Effekte ins Spiel kommen, befindet man sich auf der Ebene der Pragmatik.[597] Der wesentliche Unterschied zwischen dem Indexikalismus und dem Kontextualismus besteht darin, dass gemäß Indexikalisten keine primären pragmatischen Top-down-Effekte bei der Erschließung des intuitiven wahrheits-kontitionalen Gehaltes einer Äußerung beteiligt sind.[598]

---

592 Diese Bezeichnung wird u.a. von Josef Stern (vgl. Stern 2006, 2008, 2011) verwendet.

593 Diese Bezeichnung verwendet Emma Borg (vgl. Borg 2007, 342–344).

594 Diese Bezeichnung wird z.B. von François Recanati verwendet (vgl. Recanati 2004). Jason Stanley übernimmt diese Bezeichnung für seinen Ansatz (vgl. Stanley 2007, 237f.).

595 Vgl. Stanley 2000, 399–401.

596 Die Ergänzung, dass die Interpretation in Einklang mit der konventionellen Bedeutung eines Ausdruckes sein soll, fügen Stanley/King hinzu, um Stilmittel wie Metonymien aus dem Bereich der semantischen Interpretation auszuschließen (vgl. Stanley/King 2005, 118).

597 Vgl. Stanley/King 2005, 118–121.

598 Vgl. Stanley 2007, 237f. Bei der Interpretation einer Äußerung wie (32) gehen Indexikalisten z.B. davon aus, dass es auf der Oberflächenstruktur verborgene Variablen in der logischen Form von (32) gibt, durch welche relativ zu dem jeweiligen Äußerungskontext der Bereich spezifiziert wird, auf welchen sich der Allquantor bezieht. Stanley/Szabó postulieren hier z.B. eine Variable f für eine Funktion und eine Variable i für ein Objekt, welche mit einem Nomen verbunden werden. Relativ zu einem Kontext soll dann die Funktion „f(i)“ eine kontextuelle Menge ausdrücken, welche das jeweilige Nomen spezifiziert. Und dieses spezifizierte Nomen bildet dann den Gegenstand des Allquantors (vgl. Stanley/Szabó 2000, 251f.). Im Falle von (32) wird nach diesem

Der Ansatz des Minimalismus, der z. B. von Kent Bach[599] oder Herman Cappelen und Ernest Lepore[600] vertreten wird, unterscheidet sich hauptsächlich begrifflich vom Kontextualismus. Minimalisten behaupten, dass dasjenige, was mit einer Äußerung gesagt wird (What is said) identisch mit einem semantischen Kern der jeweiligen Äußerung ist, der nur auf der Basis der konventionellen Bedeutungen der involvierten Ausdrücke, der Auflösung semantischer Ambiguitäten und der Interpretation klassischer indexikalischer Ausdrücke erschlossen wird. Sie gestehen aber zu, dass dasjenige, was gemäß dieser Definition mit einer Äußerung gesagt wird, in vielen Fällen nicht mit dem Gehalt übereinstimmt, der intuitiv mit einer Äußerung ausgedrückt wird. Kontextualisten würden im Gegensatz zu Minimalisten für gewöhnlich den intuitiven mit einer Äußerung ausgedrückten Gehalt als dasjenige bezeichnen, was gesagt wurde. Gemäß Recanati kann man diesen Unterschied dadurch auflösen, dass man verschiedene Formen desjenigen einführt, was mit einer Äußerung gesagt wird. Minimalisten und Kontextualisten sind sich in jedem Fall darin einig, dass der semantische Kern einer Äußerung häufig nicht mit demjenigen übereinstimmt, was intuitiv mit der betreffenden Äußerung gesagt wird.[601]

Diese Abgrenzung und Verhältnisbestimmung zu Minimalismus und Indexikalismus soll dazu dienen, die Konturen des Kontextualismus deutlicher werden zu lassen. Es kann und soll an dieser Stelle nicht erörtert werden, welche dieser Positionen letztlich am plausibelsten ist. Um die sehr einflussreiche kontextualistische Metapherntheorie verständlich zu machen, genügt die vorgenommene Darstellung des linguistischen Kontextualismus.

5.2.3 Metaphern, Ad-hoc-Konzepte und wörtliche Bedeutung

Es wurde im letzten Abschnitt schon erwähnt, dass Recanati die metaphorische Interpretation eines Ausdrucks als eine Form von Modulation versteht, bei der die mit einem Ausdruck verbundene konventionelle Bedeutung aufgelockert wird. Recanati spricht im Zuge dessen auch davon, dass im Falle der metaphorischen Interpretation von Ausdrücken und dem Prozess der Sinnauflockerung im All-

---

Ansatz also durch die Funktion „Stehen in (Getränkekasten)" das Nomen „die Flaschen" als Teil der Menge „die Flaschen, welche im Getränkekasten stehen" spezifiziert. Der Allquantor bezieht sich dann auf dieses kontextuell spezifizierte Nomen.

599 Vgl. u. a. Bach 1994, 2001, 2005.

600 Vgl. Cappelen/Lepore 2005.

601 Vgl. Recanati 2010, 12–14.

gemeinen sogenannte „Ad-hoc-Konzepte" etabliert werden.[602] Diese Ansicht vertritt auch Anne Bezuidenhout, deren „direct expression view" bezüglich der Metapher ebenfalls als eine kontextualistische Form der Metapherntheorie verstanden werden kann. Sie plädiert dafür, metaphorische Deutungen als Teil von demjenigen aufzufassen, was mit einer Äußerung gesagt wird. Metaphorische Deutungen werden nach Bezuidenhout demnach nicht sekundär nach z. B. einer wörtlichen Interpretation, sondern *direkt* als primäre Interpretationen erschlossen.[603]

Recanati und Bezuidenhout übernehmen den Begriff des Ad-hoc-Konzeptes aus dem Bereich der Relevanztheorie, welche im nächsten Abschnitt ausführlicher vorgestellt werden soll. Gemäß Robyn Carston, einer prominenten Vertreterin der Relevanztheorie, zeichnet sich ein Ad-hoc-Konzept dadurch aus, dass es, im Gegensatz zu lexikalisierten Konzepten, im Rahmen einer konkreten Kommunikation in einem spezifischen Kontext pragmatisch festgelegt wird.[604] Carston charakterisiert ein einzelnes, d. h. nicht zusammengesetztes Konzept im Allgemeinen durch drei Arten von Informationen, welche wir abrufen, wenn wir ein Konzept gebrauchen. Diese sind gemäß Carston der logische Gehalt (logical content), das enzyklopädische Wissen (encyclopedic knowledge) und die lexikalischen Eigenschaften (lexical properties) eines Konzepts. Der logische Gehalt besteht nach Carston in bestimmten analytischen Implikationen des Konzeptes. Im Falle des Konzeptes KATZE wäre dies z. B. IST EIN TIER VON EINER BESTIMMTEN ART. Das enzyklopädische Wissen beinhaltet alle möglichen Assoziationen, Überzeugungen, Erfahrungen und Ähnliches, welche dem Konzept zugeordnet werden können. Im Falle von KATZE, wäre dies z. B., dass diese Mäuse fressen, sehr gut auf Bäume klettern können, von vielen Leuten als Haustier gehalten werden und Ähnliches. Die lexikalischen Eigenschaften schließlich umfassen die phonetischen, phonologischen und syntaktischen Eigenschaften des linguistischen Aus-

---

602 Vgl. Recanati 2004, 26. Gemäß Recanati können solche Ad-hoc-Konzepte auch bei dem Prozess der freien Anreicherung involviert sein. Sie sind also kein Spezifikum für den Prozess der Sinnauflockerung (vgl. Recanati 2004, 25).

603 Vgl. Bezuidenhout 2001, 156 f. Bezuidenhout legt ihrer Theorie insgesamt eine kontextualistische Konzeption von demjenigen, was gesagt wird, zugrunde. Gemäß dieser kann dasjenige, was gesagt wird, auch durch pragmatische Prozesse festgelegt werden, die nicht an semantische oder syntaktische Elemente in der Äußerung gebunden sind (vgl. Bezuidenhout 2001, 164 f.). In der Terminologie von Recanati kann dies so beschrieben werden, dass das mit einer Äußerung Ausgedrückte bzw. Gesagte durch primäre pragmatische Top-down-Prozesse bestimmt werden kann.

604 Vgl. Carston 2002, 322.

drucks, der das Konzept kodiert (encode).[605] Ad-hoc-Konzepte werden nach Carston auf der Basis lexikalisch kodierter Konzepte erschlossen. Lexikalisch kodierte Konzepte sind solche, für welche es bestimmte konventionell festgelegte Ausdrücke gibt. Ein Ad-hoc-Konzept teilt immer Elemente aus dem logischen Gehalt und dem enzyklopädischen Wissen, welche mit einem bestimmten lexikalisch kodierten Konzept verbunden sind, auf dessen Basis das jeweiligen Ad-hoc-Konzept erschlossen wird. Das Ad-hoc-Konzept ist aber selbst nicht lexikalisiert, d. h., es gibt keinen fest mit diesem verbundenen sprachlichen Ausdruck. Ein Ad-hoc-Konzept muss stattdessen immer in einem konkreten Kontext über die Vermittlung eines lexikalisierten Konzeptes erschlossen werden.[606] Wenn man z. B. sagt, dass man eine Tablette „geschluckt hat", bezieht man sich gemäß diesem Modell auf das lexikalisierte Konzept SCHLUCKEN. Falls man aber die Äußerung (34) macht, in der von einem Geldautomaten gesprochen wird, der eine Kreditkarte „geschluckt hat", bezieht man sich auf das Ad-hoc-Konzept SCHLUCKEN*[607], das relativ zum Äußerungskontext vor dem Hintergrund des Konzeptes SCHLUCKEN erschlossen wird.

Für Bezuidenhout ist die Produktion kontextuell angemessener Ad-hoc-Konzepte, wie für Recanati, nicht auf das Phänomen der Metapher beschränkt, sondern ein allgemein verbreiteter Prozess, um den intuitiven Gehalt dessen zu erschließen, was mit einer Äußerung gesagt bzw. ausgedrückt wird. Die metaphorische Deutung eines Ausdrucks ist nur als ein besonderer Fall dieser kontextuellen Anpassung der Bedeutung eines Ausdrucks zu verstehen. Dies kann an folgenden Beispielen verdeutlicht werden:

(37) Es ist still hier.
(38) Der Norden von Deutschland ist flach.
(39) Maria hat ihre Schlüssel herausgeholt und die Tür geöffnet.

Nach Bezuidenhout wird im Falle einer Äußerung von (37) mit dem darin enthaltenen Ausdruck „still" nur sehr selten das lexikalisierte Konzept STILL ausgedrückt. Dieses besagt nach Bezuidenhout nämlich, dass an dem betreffenden Ort gar kein wahrnehmbares Geräusch vorhanden ist. In den meisten Kontexten

---

605 Vgl. Carston 2002, 321 f. Carston gesteht selbst zu, dass dies nur eine sehr grobe Charakterisierung von Konzepten ist, welche weiterer Präzisierung und Vertiefung bedarf. Diese grobe Charakterisierung sei aber ausreichend, um zu erläutern, was unter einem Ad-hoc-Konzept zu verstehen ist.

606 Vgl. Carston 2002, 322 f.

607 Wie in der Literatur üblich, soll ein Ad-hoc-Konzept in dieser Arbeit durch einen angefügten Asterisk markiert werden.

werde stattdessen ein Ad-hoc-Konzept STILL* gebildet, das etwas lockerere Anwendungsbedingungen besitzt als STILL. Wenn man z. B. ein Haus betritt, in dem sich gerade niemand aufhält und (37) äußert, meint man damit für gewöhnlich nicht, dass dort absolute Stille herrscht, sondern nur, dass z. B. keine Geräusche von Bewohnern zu vernehmen sind. Auch wenn man (37) auf einer einsamen Wanderung in den Bergen äußert, schließt man damit nicht die Geräusche von Vögeln, Wind und Insekten aus. Es ist ebenso denkbar, dass man (37) in einem Kriegsgebiet äußert und damit ausdrücken möchte, dass keine Kampfgeräusche wie Schüsse oder Ähnliches mehr zu hören sind. Es können mit dem Ausdruck „still" also je nach Kontext unterschiedliche Ad-hoc-Konzepte ausgedrückt werden.[608] Dasselbe gilt, wie anhand von (38) gezeigt werden kann, für das Konzept, welches mit dem Ausdruck „flach" vermittelt wird. Selbstverständlich ist der Norden Deutschlands nicht vollständig flach, sodass keinerlei Erhebungen vorhanden sind. Dementsprechend müsste man für eine angemessene Deutung von (38) auf ein gelockertes Konzept FLACH* schließen. Wenn man hingegen von einem Tisch sagt, dass er flach ist, ist damit normalerweise gemeint, dass keine Erhebungen und Absenkungen auf diesem Tisch erkennbar sind. Dass Ad-hoc-Konzepte nicht auf Prozesse der Sinnauflockerung beschränkt sein müssen, kann an Satz (39) erläutert werden. Recanati argumentiert, dass der Ausdruck „geöffnet" in diesem Kontext normalerweise nicht so gedeutet wird, dass Maria die Tür *irgendwie* geöffnet hat, sondern dass sie diese *mit dem Schlüssel* aufgemacht hat. Dementsprechend behauptet Recanati, dass dieser Satz so analysiert werden kann, dass hier über den Prozess der Spezifikation, welcher der freien Anreicherung zuzuordnen ist, das Ad-hoc-Konzept ÖFFNEN MIT SCHLÜSSEL erzeugt wird.[609] In der Terminologie von Bezuidenhout und Carston würde man sagen, dass hier das spezifizierte Ad-hoc-Konzept ÖFFNEN* gebildet wird.

Gemäß Bezuidenhout und Recanati sind metaphorische Interpretationen einfach als weitere Fälle zu verstehen, in denen relativ zu einem Kontext ein Ad-hoc-Konzept erschlossen wird. Wie schon erläutert, kann (34) dementsprechend so analysiert werden, dass hier statt dem lexikalisierten Konzept SCHLUCKEN auf das Ad-hoc-Konzept SCHLUCKEN* Bezug genommen wird, das lockerere Anwendungsbedingungen als das lexikalisierte Konzept besitzt. Bezuidenhout

608 Vgl. Bezuidenhout 2001, 168 f.
609 Vgl. Recanati 2004, 25.

analysiert u. a. die folgenden Beispiele, in welchen die Ausdrücke „zerstören" und „Sonne" metaphorisch zu verstehen sind:

(40) Quine hat Carnaps Argument zerstört.
(41) Julia ist die Sonne.

Bei der Interpretation der Äußerung (40) wird nach Bezuidenhout das Ad-hoc-Konzept ZERSTÖRT* und im Falle der Interpretation von (41) das Ad-hoc-Konzept SONNE* gebildet, weil sich die lexikalisierten Konzepte ZERSTÖREN und SONNE nicht dafür eigenen, um Teil einer sinnvollen und angemessenen Interpretation dieser Äußerungen zu werden.[610]

François Recanati argumentiert, dass der Trennung zwischen wörtlicher und nicht-wörtlicher Bedeutung aufgrund der weiten Verbreitung von Modulation in unserer Kommunikation differenziert begegnet werden muss. Er schlägt dementsprechend vor, dasjenige, was intuitiv und alltäglich als nicht-wörtliche Bedeutung bezeichnet wird, von demjenigen zu unterscheiden, was theoretisch bzw. linguistisch als nicht-wörtlich gelten kann. Dazu führt er die drei Ebenen t-wörtliche (t-literal), m-wörtliche (m-literal) und p-wörtliche (p-literal) Bedeutung ein. Die t-wörtliche Bedeutung ist diejenige Bedeutung, welche einer Äußerung rein auf der Basis ihrer konventionellen Bedeutung und ohne Zuhilfenahme von Kontextinformation zugeschrieben werden kann. Die m-wörtliche Bedeutung als nächste Stufe ist diejenige, auf der zusätzlich zur konventionellen Bedeutung auch extra-linguistische Kontextinformation verwendet wird, um die Referenz indexikalischer Ausdrücke zu bestimmen. Die Abweichungen von der t-wörtlichen Bedeutung sind hier aber nur als minimal anzusehen, weil der Zugriff auf den Kontext dabei durch die konventionelle Bedeutung eines Ausdrucks innerhalb der Äußerung ausgelöst und gelenkt wird. Es handelt sich hierbei also um primär pragmatische Bottom-up-Prozesse. Die p-wörtliche Bedeutung schließlich involviert auch nicht minimale Abweichungen von der t-wörtlichen Bedeutung. Dies umfasst dann alle Prozesse der Modulation, die als primäre pragmatische Top-down-Prozesse zu verstehen sind.[611]

Streng genommen ist nach Recanati schon die m-wörtliche Bedeutung nicht wörtlich relativ zu der t-wörtlichen Bedeutung. Die p-wörtliche Bedeutung wiederum ist nicht wörtlich relativ zur m-wörtlichen Bedeutung. Dennoch werden z. B. Äußerungen, bei welchen sich der Einfluss des Kontextes darauf beschränkt, die Referenz indexikalischer Ausdrücke zu bestimmen, intuitiv als wörtliche In-

610 Vgl. Bezuidenhout 2001, 173 – 175.
611 Vgl. Recanati 2004, 68 – 72.

terpretationen wahrgenommen. Dies gilt auch für einige Fälle der p-wörtlichen Bedeutung, die nicht wörtlich relativ zur m-wörtlichen Bedeutung zu analysieren sind. So erscheinen die intuitiven Gehalte, welche relativ zu einem Kontext z. B. mit den Äußerungen (25) bis (33) und (37) bis (39) ausgedrückt werden, für gewöhnlich als wörtliche Interpretation, obwohl bei ihrer Erschließung Modulationen und somit Abweichungen von der m-wörtlichen Bedeutung involviert sind.[612] Intuitiv klar als nicht wörtlich wahrgenommen werden nach Recanati sekundäre Bedeutungen, welche nicht wörtlich relativ zur p-wörtlichen Bedeutung sind. Auf dieser Ebene sind nach ihm klassische Fälle konversationeller Implikaturen und indirekter Sprechakte anzusiedeln.[613] Recanati argumentiert, dass es auch Fälle gibt, in welchen die p-wörtliche Bedeutung als intuitiv nicht wörtlich und sekundär wahrgenommen werden kann. Typische Fälle hierfür seien Metaphern, welche eine gewisse Schwelle der Abweichung zur m-wörtlichen Bedeutung überschritten haben. Stark konventionalisierte Metaphern können nach Recanati auch intuitiv als wörtliche Interpretationen wahrgenommen werden.[614]

Eine Form des Kontextualismus stellt die sehr einflussreiche Relevanztheorie dar. Da die auf die Relevanztheorie aufbauenden Überlegungen zu Metaphern häufig rezipiert wurden und einen interessanten Beitrag zur Debatte bilden, soll im Folgenden zunächst das allgemeine Kommunikationsmodell der Relevanztheorie und darauf die Rolle von Metaphern im Rahmen dieses Modells erläutert werden.

5.2.4 Das Kommunikationsmodell der Relevanztheorie

Die Relevanztheorie ist ein Modell zur Beschreibung und Erklärung von menschlicher Kommunikation, das von Dan Sperber und Deirdre Wilson entwi-

612 Vgl. Recanati 2004, 72–74.
613 Vgl. Recanati 2004, 70 f.
614 Recanati spricht davon, dass intuitiv nicht als wörtliche Interpretation wahrgenommene Metaphern eine interne Dualität (internal duality) besitzen. Metaphern unterscheiden sich nach Recanati von indirekten Sprechakten und konversationellen Implikaturen, die als sekundäre Bedeutung bzw. p-nicht wörtliche Bedeutungen gelten. Der Unterschied besteht nach Recanati darin, dass bei Fällen sekundärer Bedeutung eine externe Dualität (external duality) vorliegt. Diese könne dadurch von der internen Dualität differenziert werden, dass im Falle von ersterer im Gegensatz zu letzterer die *inferentielle Verbindung* zwischen der primären und sekundären Bedeutung *bewusst wahrnehmbar* sei. Im Falle der internen Dualität fühlt man nach Recanati also demnach nur eine gewisse Abweichung von einer wörtlichen Bedeutung, ohne dass einem transparent wäre, wie genau von der primären auf die abgeleitete Bedeutung geschlossen worden ist (vgl. Recanati 2004, 75–81).

ckelt wurde. Sperber/Wilson sehen ihr Modell als Gegenentwurf zu einem Code-Modell (code model) der Kommunikation, wonach eine bestimmte Information in einem Code verschlüsselt wird und der Rezipient zu dieser Information gelangt, indem er diesen Code entschlüsselt. Beispiele für solche Kodierungen sind von Menschen verwendete Sprachen, aber auch animalische Kommunikationssysteme, wie z. B. die verschiedenen Tänze, die Bienen zur Vermittlung von Information verwenden. Sperber/Wilson kontrastieren das Code-Modell mit einem inferentiellen Modell von Kommunikation, nach dem der Rezipient darum bemüht ist zu erschließen, was der Kommunizierende *beabsichtigt* ihm mitzuteilen.[615] Ein wesentlicher Grund, weshalb das Code-Modell nicht plausibel ist, besteht nach Sperber/Wilson darin, dass die in linguistischen Strukturen kodierte Bedeutung von Äußerungen für gewöhnlich stark unterbestimmt ist. Die Dekodierung von Sprache reicht in den meisten Fällen nicht aus, um auf die Information zu schließen, welche ein Sprecher einem Rezipienten mitteilen möchte. Dieses Phänomen der semantischen Unterbestimmtheit von sprachlichen Äußerungen wurde u. a. anhand der Beispiele (25)–(33) ausführlich dargelegt. Sperber/Wilson schlagen vor, im Rahmen eines inferentiellen Modells von Kommunikation sprachliche Äußerungen schlichtweg als hinweisende Stimuli (ostensive stimuli) zu verstehen. Solche hinweisenden Stimuli umfassen nach Sperber/Wilson insgesamt Handlungen oder Spuren von Handlungen (wie z. B. Schrift), welche offensichtlich darauf ausgelegt sind, die Aufmerksamkeit eines Rezipienten zu erregen und ihm einen Gehalt mitzuteilen. Sie sind dementsprechend nicht auf sprachlichen Austausch beschränkt.[616] Sprachliche Kommunikation wird von

615 Mit dieser Analyse schließen Sperber/Wilson explizit an Grice' Definition von nicht natürlicher Bedeutung an, welche in Abschnitt 3.3.1.2 dargelegt wurde. Nach Grice liegt eine solche nicht natürliche Bedeutung vor, wenn ein Sprecher mit einer Äußerung einen bestimmten Effekt intendiert hat, und zugleich intendiert, dass die Rezipienten erkennen, dass der Sprecher diese Absicht besitzt (vgl. Grice 1957, 384 f.). Sperber/Wilson nutzen diese Definition von Grice als den Ausgangspunkt für eine Theorie der Kommunikation, nach der letztere wesentlich darin besteht, die jeweiligen Absichten der Teilnehmer zu erschließen und nicht darin, bestimmte Codes zu entschlüsseln. Diese Theorie ist nach Sperber/Wilson letztlich auch das Common-Sense-Verständnis von Kommunikation, das in der sprachphilosophischen und linguistischen Forschung nur leider häufig in den Hintergrund gedrängt wurde (vgl. Sperber/Wilson 1986b, 21–24).

616 Als Beispiel für eine nicht-sprachliche Kommunikation erläutern Sperber/Wilson den Versuch von einer Person namens Peter, ein Gespräch mit einer Person namens Mary zu beginnen. Falls diese als Erwiderung auf diesen Versuch z. B. nicht reagiert und demonstrativ weiter in der Zeitung liest, kann Peter auf ihre Absicht schließen, dass sie sich im Augenblick nicht ausführlicher mit Peter austauschen möchte. Der hinweisende Stimulus wäre in diesem Fall ihr demonstratives Desinteresse. Ein anderer möglicher hinweisender Stimulus mit demselben Effekt wäre z. B. eine Geste mit der Hand oder eine sprachliche Äußerung wie „Lass mich bitte in Ruhe“ (vgl. Sperber/Wilson 2008, 86 f.).

Sperber/Wilson folglich in ein allgemeines Modell von Kommunikation integriert.[617]

Charakteristisch für Vertreter der Relevanztheorie ist, dass sie den inferentiellen Prozess, mit dem auf die beabsichtigte Mitteilung des Kommunikationspartners geschlossen wird, als eine Suche nach maximaler Relevanz beschreiben. Sperber/Wilson definieren den Grad der Relevanz jedes möglichen Auslösers[618] für einen kognitiven Prozess durch die Verhältnisbestimmung der folgenden beiden Anforderungen:

> The greater the cognitive effects achieved by processing an input, the greater its relevance.
>
> The smaller the processing effort required to achieve these effects, the greater the relevance.[619]

Die Suche nach maximaler Relevanz zeigt sich nach Sperber/Wilson allgemein darin, dass vornehmlich diejenigen Inputs verarbeitet werden, welche bei möglichst geringem Verarbeitungsaufwand möglichst große kognitive Effekte erzeugen. Solche kognitiven Effekte werden von Sperber/Wilson grob so beschrieben, dass die Interpretation des Stimulus z.B. eine Frage beantwortet, welche der Rezipient besitzt, Zweifel ausräumt, einen Fehler korrigiert oder eine Vermutung bestätigt.[620] Die Ausrichtung der menschlichen Kognition auf die Maximierung von Relevanz nennen Sperber/Wilson das „Cognitive Principle of Relevance". Die hinweisenden Stimuli unterscheiden sich dadurch von anderen Einflüssen auf das kognitive System des Rezipienten, dass sie mit einer kommunikativen Absicht

---

617 Vgl. Sperber/Wilson 2008, 85–87.

618 Solche Auslöser sind nicht auf hinweisende Stimuli beschränkt, sondern können alle möglichen Formen von Sinneswahrnehmungen oder Gedanken darstellen (vgl. Sperber/Wilson 2008, 88).

619 Sperber/Wilson 2008, 88.

620 Es muss an dieser Stelle beachtet werden, dass die kognitiven Effekte hier weiter gefasst sind, als dasjenige, was Davidson und andere Vertreter bedeutungsskeptischer Ansätze meinen, wenn sie davon sprechen, dass Metaphern nur Effekte, aber keine spezifischen Bedeutungen bzw. kognitiven Gehalte vermitteln. Im Rahmen der Relevanztheorie können diese kognitiven Effekte auch mit bestimmten propositionalen Gehalten verbunden sein, von denen angenommen wird, dass sie vom Sprecher der jeweiligen Metapher zu kommunizieren beabsichtigt werden. Bei den Vertretern bedeutungsskeptischer Ansätzen werden die Effekte gerade in Abgrenzung von allen Formen von kognitiven Gehalten verstanden. Sie wollen mit der Behauptung, dass Metaphern nur mit Effekten verbunden sind, ausdrücken, dass sie eben keine spezifischen, z.B. von den Sprechern beabsichtigten Gehalte vermitteln (vgl. dazu die Abschnitte 3.4.1 und 3.4.2). Wie im nächsten Abschnitt dargelegt wird, unterscheiden sich die bedeutungsskeptischen Ansätze darin grundlegend vom relevanztheoretischen Verständnis von Metaphern. Gemäß diesem können mit Metaphern nämlich vom jeweiligen Sprecher beabsichtigte propositionale Gehalte vermittelt werden.

des Verursachers verbunden sind. Wenn man z. B. eine Regenwolke aufziehen sieht und aus dieser Information schließt, dass man sich z. B. schnell auf den Heimweg machen sollte, handelt es sich nicht um Kommunikation, weil die Regenwolke keinen hinweisenden Stimulus darstellt, der mit einer kommunikativen Absicht verbunden ist. Wenn jemand hingegen „Könnten Sie mir die Uhrzeit mitteilen?" sagt, handelt es sich um einen hinweisenden Stimulus, weil der Sprecher hiermit eine bestimmte Absicht verbindet und auch möchte, dass der Rezipient erkennt, dass er mit dieser Äußerung diese Absicht verbindet. Sperber/Wilson behaupten, dass für hinweisende Stimuli das „Communicative Principle of Relevance" gilt, das wie folgt lautet:

> Every act of inferential communication conveys a presumption of its own optimal relevance.[621]

Dies heißt, dass von kommunizierenden Menschen immer angenommen wird, dass sie nur dann einen hinweisenden Stimulus erzeugen, wenn sie davon ausgehen, dass dieser Stimulus zu dem betreffenden Zeitpunkt optimale Relevanz für die Rezipienten besitzt bzw. relevanter als die anderen möglichen Einflüsse auf das kognitive System der Rezipienten ist. Dies wiederum kann vor diesem Hintergrund so spezifiziert werden, dass angenommen wird, dass der Prozessierungsaufwand, der mit einem hinweisenden Stimulus verbunden ist, der Größe des damit verbundenen kognitiven Effekts für den Rezipienten entspricht. Es liegt letztlich im Sinne des Erzeugers eines hinweisenden Stimulus, dass er diesen mit dem höchst möglichen Grad an Relevanz gestaltet, weil er so seine Chancen erhöht, verstanden zu werden und den beabsichtigten Gehalt tatsächlich mitzuteilen.[622]

Das relevanztheoretische Modell der Kommunikation setzt sich nicht nur darin vom Grice'schen Modell ab, dass es die verschiedenen Maximen, welche Grice anführt, auf das kommunikative Prinzip der Relevanz reduziert. Ganz wesentlich ist für Relevanztheoretiker auch die Zurückweisung der zentralen Rolle von demjenigen, was mit einer Äußerung gesagt wird (what is said). Dasjenige, was gesagt wird, wird nach Grice, wie erläutert wurde, nur auf der Basis der konventionellen Bedeutung der verwendeten Ausdrücke, sowie deren Disambiguation und der Bestimmung der Referenz indexikalischer Ausdrücke erschlossen. Der Gehalt von demjenigen, was gesagt wird, fungiert dann wiederum als Ausgangspunkt für verschiedene Implikaturen, die relativ zum jeweiligen Äußerungskontext erschlossen werden. Diese Differenzierung ist für Vertreter der Re-

621 Sperber/Wilson 2008, 89.
622 Vgl. Sperber/Wilson 2008, 88 – 90.

levanztheorie schon deswegen nicht plausibel, weil die meisten Äußerungen semantisch unterbestimmt sind. Um den Gehalt zu erschließen, der intuitiv mit einer Äußerung ausgedrückt wird, und der als Ausgangspunkt für etwaige Implikaturen gelten kann, müssen pragmatische Ergänzungen vorgenommen werden, welche signifikant über Disambiguation und die Bestimmung der Referenz indexikalischer Ausdrücke hinausgehen. Relevanztheoretiker führen, um diesem Umstand gerecht zu werden, das Konzept einer „Explikatur" ein. Eine Explikatur ist im Gegensatz zu einer Implikatur eine Annahme (assumption), welche explizit von einer Äußerung kommuniziert wird. Als explizit wiederum bezeichnen Sperber/Wilson Annahmen, welche von einer Äußerung U kommuniziert werden und die eine Entwicklung einer logischen Form darstellen, welche in der Äußerung U kodiert ist. Eine Annahme, welche keine Entwicklung einer kommunizierten kodierten logischen Form ist, ist nach Sperber/Wilson eine Implikatur.[623] Das Konzept der Explikatur kann an folgendem Beispiel verdeutlicht werden:

(42) Es wird kalt.

Angenommen die Äußerung (42) wird von Maria gegenüber Peter gemacht, kurz nachdem sie das warme Essen auf den Küchentisch gestellt hat. Peter, der zu dem Zeitpunkt der Äußerung noch nicht am Küchentisch sitzt, wird aus dieser Äußerung für gewöhnlich die folgenden beiden Annahmen über die von Maria beabsichtigen Mitteilungen machen:

(42*) Das Abendessen auf dem Tisch wird sehr bald kalt.
(42**) Maria fordert mich auf schnellstmöglich zum Essen zu kommen.

Nach Sperber/Wilson handelt es sich bei (42*) um eine Explikatur, weil hier die logische Form von (42) weiterentwickelt bzw. ergänzt wird. (42**) hingegen ist als Implikatur aufzufassen, weil sie keine Entwicklung einer mit (42) ausgedrückten logischen Form darstellt. Die Annahme (42*) geht aber insofern auch wesentlich über dasjenige hinaus, was im Grice'schen Sinne mit (42) gesagt wird, als „sehr bald" eine freie pragmatische Ergänzung darstellt, welche sich nicht auf eine Disambiguation oder die Bestimmung der Referenz eines indexikalischen Ausdruckes zurückführen lässt. Nach Sperber/Wilson handelt es sich bei einer solchen Ergänzung schon um einen inferentiellen und keinen bloßen dekodierenden Interpretationsprozess mehr. Es ist ein Schluss auf Marias beabsichtigte Mitteilung. Der Rezipient kann aus dem Kontext erschließen, dass diese nicht darin

623 Vgl. Sperber/Wilson 1986b, 181–183.

besteht, dass das Essen *irgendwann einmal kalt wird*, was streng genommen mit (42) an kodierter Information vermittelt wird.[624]

Implikaturen werden in der Relevanztheorie als rein pragmatisch erschlossene Gehalte verstanden, von denen angenommen wird, dass der Sprecher beabsichtigt, diese mitzuteilen. Neben den Explikaturen können auch die Implikaturen als Ursachen für die mit einem hinweisenden Stimulus verbundenen kognitiven Effekte fungieren. Es werden grundsätzlich die zwei Formen „implikierte Prämissen" und „implikierte Konklusionen" unterschieden, in denen Implikaturen vorkommen können. Implikierte Prämissen werden als Formen kontextueller Annahmen verstanden, welche gemacht werden, um eine Äußerung zu interpretieren. Implikierte Konklusionen werden auf der Basis des mit einer Äußerung explizit ausgedrückten Gehalts und der implikierten Prämissen deduktiv erschlossen. Diese Unterscheidung kann an folgendem Beispiel erläutert werden, in dem jemand auf die Frage „Hast du Lust mit mir den Film ‚Sinn und Sinnlichkeit' anzusehen?" mit (43) antwortet:

(43) Kostümfilme sind für gewöhnlich langweilig.

Aus dieser Äußerung kann der Sprecher für gewöhnlich die folgenden Implikaturen ableiten:

(43*) „Sinn und Sinnlichkeit" ist ein Kostümfilm.
(43**) „Sinn und Sinnlichkeit" ist vermutlich langweilig.
(43***) Der Sprecher von (43) ist nicht daran interessiert „Sinn und Sinnlichkeit" anzusehen.

Die Annahme (43*) ist als implikierte Prämisse zu verstehen, die vorausgesetzt wird, um der Äußerung (43) einen möglichst hohen Grad an Relevanz zuzuschreiben. Wenn es sich bei „Sinn und Sinnlichkeit" um keinen Kostümfilm handeln würde, wäre die Äußerung (43) kein sinnvoller bzw. relevanter Beitrag zu der Konversation. Vor dem Hintergrund von (43*) können (43**) und (43***) deduktiv als implikierte Konklusionen erschlossen werden. (43***) ist als Antwort auf die gestellte Frage zu verstehen und trägt dementsprechend wesentlich zu dem kognitiven Effekt bei, der mit (43) verbunden wird.[625]

Implikierte Konklusionen werden im Rahmen der Relevanztheorie als Untermenge der sogenannten „kontextuellen Implikationen" gesehen. Eine kon-

624 Vgl. Sperber/Wilson 1986b, 176–183.
625 Vgl. Carston 2002, 134 f.

textuelle Implikation Q wiederum wird als Annahme verstanden, welche von einer Proposition P relativ zu einem Kontext C impliziert wird, wobei gilt, dass weder P noch C für sich genommen Q implizieren.[626] Eine kontextuelle Implikation muss von einer logischen Implikation unterschieden werden, welche nur auf der Basis von einer Annahme bzw. Proposition P auf der Basis deren logischer Form und ohne Bezugnahme auf semantische Eigenschaften von P deduktiv erschlossen werden kann.[627] Die Menge der kontextuellen Implikationen einer Annahme bzw. Proposition P geht nun für gewöhnlich über diejenige der damit verbunden implikierten Konklusionen hinaus, weil eine Äußerung normalerweise auch Implikationen auslöst, die vom Sprecher nicht intendiert sind. Kommunikation zielt grundsätzlich darauf ab, diejenigen logischen und kontextuellen Implikationen zu erschließen, die der Sprecher mit der Proposition, die mit seiner Äußerung ausgedrückt wird, beabsichtigt zu vermitteln.[628]

Es ist ersichtlich, dass die Relevanztheorie als eine Form des Kontextualismus verstanden werden kann. Explikaturen werden im Rahmen der Relevanztheorie nämlich nicht nur mithilfe primär pragmatischer Bottom-up-Prozesse, sondern auch über primär pragmatische Top-down-Prozesse erschlossen. Relevanztheoretiker lehnen das Code-Modell der Kommunikation ab, wonach die vermittelte Information, welche mit einer sprachlichen Äußerung ausgedrückt wird, weitestgehend in dieser kodiert ist. Stattdessen ist nach ihnen aufgrund der semantischen Unterbestimmtheit der allermeisten sprachlichen Äußerungen, eine inferentielle Deutung nötig, bei der Hypothesen darüber gebildet werden, was der jeweilige Sprecher mit einer Äußerung beabsichtigt mitzuteilen. Die kodierte Information, die ein hinweisender Stimulus besitzen kann, besitzt gemäß Vertretern der Relevanztheorie im Rahmen dieses Deutungsprozesses keine zentrale oder primäre Rolle. Im Folgenden soll dargelegt werden, wie Metaphern im Rahmen der Relevanztheorie verstanden werden.

---

626 Vgl. Sperber/Wilson 1986a, 157. Eine ausführlichere und detailliertere Definition findet sich in Sperber/Wilson 1986b, 107 f.

627 Ein Beispiel für eine logische Implikation wäre z. B. eine „Und-Elimination", wobei aus der Annahme „Die Bibliothek hat heute geöffnet, und Berlin ist die größte Stadt Deutschlands" das zweite Konjunkt eliminiert wird, sodass nur noch „Die Bibliothek hat heute geöffnet" übrig bleibt (vgl. Sperber/Wilson 1986b, 84).

628 Vgl. Sperber/Wilson 1986a, 162 f.

5.2.5 Relevanztheorie und Metaphern

Sperber/Wilson nennen ihren Ansatz zur Erklärung von Metaphern „deflationär". Damit meinen sie, dass Metaphern im Rahmen der Relevanztheorie durch keine spezifisch für Metaphern entwickelte Theorie beschrieben werden müssen. Sie werden gemäß Sperber/Wilson nämlich letztlich auf dieselbe Weise interpretiert wie wörtlich verstandene Sprache, Fälle von Sinnauflockerung bzw. -erweiterung oder hyperbolische Rede. Es handelt sich nach Sperber/Wilson immer um einen Prozess, bei dem ein hinweisender Stimulus relativ zu einem Kontext so gedeutet wird, dass er am meisten Relevanz besitzt. Dies wiederum heißt, dass nach einer Deutung gesucht wird, bei welcher der größtmögliche kognitive Effekt bei im Verhältnis dazu geringstmöglichem Interpretationsaufwand erzeugt wird. Damit bestreiten die Vertreter der Relevanztheorie nicht, dass Metaphern besonders wichtig und in unserer Kommunikation weit verbreitet sind. Sie verdienen laut ihnen nur keine eigene Theorie, sondern können im Rahmen des allgemeinen relevanztheoretischen Kommunikationsmodells vollständig beschrieben werden.[629] Wie Recanati und Bezuidenhout verstehen auch Relevanztheoretiker metaphorische Interpretationen als die Erschließung von kontextuell angemessenen Ad-hoc-Konzepten.[630] Robyn Carston hat herausgearbeitet, dass bei kontextuellen Anpassungen von Bedeutungen häufig keine strenge Unterscheidung zwischen den Prozessen der Sinnauflockerung und der Sinnanreicherung bzw. -spezifikation vorgenommen werden kann.[631] Dies kann an folgendem Beispiel veranschaulicht werden:

(44) Jonathan ist ein Franzose.

Es ist vorstellbar, dass die Äußerung (44) in Bezug auf jemanden gemacht wird, der tatsächlich kein Franzose ist, aber besonders viel Wert auf gutes Essen legt. Das Ad-hoc-Konzept FRANZOSE*, welches hier konstruiert wird, ist dann zum einen weiter als das Konzept FRANZOSE, weil die französische Nationalität als notwendiges Kriterium für eine wahrheitsgemäße Anwendung wegfällt. Es ist aber auch enger, weil es spezifiziert, dass die betreffende Person besonders viel Wert auf gutes Essen legt. Somit schließt es z. B. Menschen aus, welche zwar

629 Vgl. Sperber/Wilson 2008, 84 f.

630 Wie erläutert wurde, haben Recanati und Bezuidenhout die Postulierung von Ad-hoc-Konzepten tatsächlich von der Relevanztheoretikerin Robyn Carston übernommen.

631 Vgl. Carston 1997, 109 – 116; Carston 2002, 343 f.

französische Staatsbürger sind, aber nicht viel Wert auf gutes Essen legen.[632] Robyn Carston argumentiert dafür – auch weil eine scharfe Trennung zwischen Sinnauflockerung und Sinnspezifizierung bzw. Sinnverengung nicht möglich erscheint – die Erschließung von Ad-hoc-Konzepten allgemein als Teil der Explikatur und nicht als Implikatur aufzufassen. Sie werden dementsprechend dem explizit kommunizierten Gehalt einer Äußerung und nicht den Implikaturen zugerechnet.[633]

Sperber/Wilson behaupten, dass Metaphern eine besondere Nähe zu Fällen von Kategorieerweiterung und hyperbolischer Rede besitzen. Als Formen von Kategorieerweiterungen können nach Sperber/Wilson u. a. die folgenden Fälle verstanden werden:

(45) Das ist ein Tisch.
(46) Hier hast du ein Tempo.

Wenn man annimmt, dass jemand (45) äußert, wenn er auf einen flachen Stein zeigt, der als Tisch genutzt werden soll, handelt es sich nach Sperber/Wilson um eine Kategorieerweiterung, weil ein Stein im strengen Sinne kein Tisch ist. Dasselbe geschieht bei der Interpretation von (46), wenn sich „Tempo"[634] nicht auf die Marke, sondern auf ein Taschentuch bezieht, das auch von einer anderen Marke sein kann.[635] Auch bei Metaphern liegt nach Sperber/Wilson eine solche Kategorieerweiterung vor. Diese fällt hier für gewöhnlich nur drastischer und zugleich kreativer aus als in nicht als metaphorisch wahrgenommenen Fällen der Kategorieerweiterung wie in (45) und (46). Dies versuchen Sperber/Wilson an folgendem Beispiel zu verdeutlichen:

(47) Zizek ist ein weiterer Derrida.

---

632 Dieses Beispiel ist an ein Beispiel angelehnt, das Sperber/Wilson verwendet haben (vgl. Sperber/Wilson 2008, 91).

633 Vgl. Carston 2002, 357 f. Damit unterscheidet sich Carstons Ansatz vom frühen relevanztheoretischen Ansatz von Sperber/Wilson, wonach Metaphern und Fälle von Sinnauflockerung allgemein als Fälle von Implikaturen bzw. kontextuellen Implikationen verstanden wurden (vgl. Sperber/Wilson 1986a, 166 – 168). Später übernehmen Sperber/Wilson auf die Argumentation von Carston hin sowohl, dass Sinnauflockerung und Sinnerweiterung symmetrische Prozesse sind, welche gemeinsam ablaufen können (vgl. Sperber/Wilson 2008, 91 f.) als auch, dass Ad-hoc-Konzepte im allgemeinen Teil des expliziten Gehaltes einer Äußerung zu verstehen sind (vgl. u. a. Sperber/Wilson 2008, 93 f.; 101 f.).

634 Sperber/Wilson verwenden in ihrem Beispiel nicht die Marke „Tempo", sondern die in Amerika typische Marke von Taschentüchern „Kleenex" (vgl. Sperber/Wilson 2008, 91).

635 Vgl. Sperber/Wilson 2008, 91.

Bei der Interpretation von (47) wird nach Sperber/Wilson die Kategorie, welche mit dem Eigennamen „Derrida“ verbunden ist, so erweitert, dass auch Menschen unter sie fallen, welche bestimmte stereotype Eigenschaften von Derrida besitzen, wie z. B. ein extravaganter und sich selbst inszenierender Philosoph zu sein, der obskure Texte schreibt. Und somit ist der Philosoph, der „Jacques Derrida“ heißt, nicht mehr das einzige Mitglied dieser Kategorie. Das Ad-hoc-Konzept DERRIDA* ist dementsprechend weiter als das Konzept DERRIDA.[636] Die von ihnen behauptete Nähe von Metaphern zu Fällen hyperbolischer Rede veranschaulichen Sperber/Wilson u. a. an folgendem Beispiel:

(48) Johanna ist unglaublich freundlich.
(49) Johanna ist eine Heilige.
(50) Johanna ist ein Engel.

Gemäß Sperber/Wilson werden (48), (49) und (50) auf dieselbe Weise interpretiert. Eine Unterscheidung zwischen Metaphern und Hyperbeln insofern, als bei Metaphern qualitative Eigenschaften und nicht nur quantitative gelockert werden, ist nach Sperber/Wilson nicht möglich. Die Äußerung (49), welche eher als Fall einer hyperbolischen anstatt als Fall einer metaphorischen Redeweise verstanden wird, sei ebenso wie die Metapher (50) mit qualitativen Lockerungen und nicht nur quantitativen Lockerungen verbunden. Dementsprechend könne auch kein prinzipieller Unterschied zwischen Metaphern und hyperbolischer Rede gezogen werden.[637]

Sperber/Wilson lehnen letztlich auch einen Primat der wörtlichen Bedeutung ab. Im relevanztheoretischen Modell wird jeder hinweisende Stimulus immer so gedeutet, dass er maximale bzw. optimale Relevanz erreicht. Hier wird der explizite Gehalt einer Äußerung, also die Explikatur, auf der Basis der kognitiven Effekte bestimmt, welche dieser zusammen mit möglichen mit ihm verbundenen Implikaturen besitzt. Die wörtliche Interpretation ist dabei als ein möglicher Kandidat für den Gehalt einer Explikatur zu verstehen, aber in keinem Fall in irgendeiner Weise prinzipiell den pragmatisch erweiterten Explikaturen, wie z. B. metaphorischen Deutungen, vorgeordnet.[638] In diesem Punkt unterscheidet sich die Relevanztheorie auch wesentlich vom Grice’schen Modell. Dasjenige, was gesagt wird, ist nach Grice nämlich immer eine wörtliche Deutung einer Äußerung und in dem Sinne primär, dass es den Ausgangspunkt für figurative Interpreta-

---

636 Vgl. Sperber/Wilson 2008, 93 f.
637 Vgl. Sperber/Wilson 2008, 94.
638 Vgl. Sperber/Wilson 2008, 93.

tionen darstellt, welche als sekundär verstanden werden. Gemäß dem relevanztheoretischen Ansatz werden hingegen sowohl im Falle wörtlicher als auch im Falle figurativer Deutungen immer nur bestimmte hinweisende Stimuli relativ zu einem Kontext unter der Annahme der optimalen Relevanz gedeutet, ohne dass hierbei eine wörtliche Deutung als primär vorausgesetzt werden würde.[639]

Sperber/Wilson haben sich auch bemüht, im Rahmen der Relevanztheorie zu erklären, wie genau die poetischen Effekte von Metaphern zustande kommen. Hierfür differenzieren sie zwischen starken und schwachen Implikaturen einer Äußerung. Die Stärke bzw. Schwäche einer Implikatur ist nach ihnen davon abhängig, wie stark bzw. schwach der Verursacher eines hinweisenden Stimulus beabsichtigt, seinen Rezipienten die jeweiligen kontextuellen Implikationen mitzuteilen.[640] Im Falle von Metaphern werden häufig neben bestimmten starken Implikaturen auch zahlreiche schwache Implikaturen vermittelt. Die kognitiven Effekte, die von den schwachen Implikaturen getragen werden, sind nach Sperber/Wilson dasjenige, was man poetische Effekte nennt. Es handelt sich hier um Implikaturen, die der Sprecher einer Äußerung zwar im Blick hat, bezüglich derer er aber keinen großen Wert darauf legt, welche es sind, die von den Rezipienten akzeptiert bzw. erschlossen werden.[641] Solche poetischen Effekte sind nach Sperber/Wilson weder hinreichende noch notwendige Bedingungen für Metaphern. Diese sind nach Sperber/Wilson aber dennoch insgesamt besonders gut dafür geeignet, solche poetischen Effekte zu erzeugen. Ihre Analyse poetischer Effekte veranschaulichen sie u. a. an folgendem Beispiel:

(51) Nimm deine Pranken von mir!

Mit dieser Äußerung wird relativ deutlich kommuniziert, dass der Adressat von (51) seine Hände von dem Sprecher von (51) wegnehmen soll. Zugleich löst sie nach Sperber/Wilson aber auch eine große Anzahl an schwachen Implikaturen aus. Es wird mit der Metapher z. B. auch vermittelt, dass der Adressat grob, gewalttätig und animalisch ist. Wenn jemand (51) äußert, fokussiert er sich aber normalerweise nicht auf eine bestimmte Implikatur, sondern lässt verschiedene Implikaturen als Assoziationen mit der Äußerung mitschwingen. Deswegen können diese als schwache Implikaturen aufgefasst werden, die wiederum dafür verantwortlich sind, dass die Metapher einen gewissen poetischen Effekt erzeugt.[642]

---

639 Vgl. Sperber/Wilson 2008, 87.
640 Vgl. Sperber/Wilson 2008, 99.
641 Vgl. Sperber/Wilson 2008, 100.
642 Vgl. Sperber/Wilson 2008, 101 f.

5.2.6 Eine Zusammenfassung

Der linguistische Kontextualismus, wozu die Relevanztheorie zu rechnen ist, besagt, wie erläutert, dass der Gehalt, der mit einer Äußerung ausgedrückt wird, durch starke pragmatische Effekte bzw. primäre pragmatische Top-down-Prozesse bestimmt werden kann. Eine kontextualistische Metapherntheorie, wie sie sowohl von Anne Bezuidenhout und François Recanati, als auch von Relevanztheoretikern wie Dan Sperber, Deirdre Wilson und Robyn Carston vertreten wird, setzt sich aus den folgenden drei Thesen zusammen:

(K 1) Die metaphorische Interpretation eines Ausdrucks liefert einen Beitrag zu demjenigen, was mit einer Äußerung ausgedrückt wird und nicht zu demjenigen, was auf der Basis von dieser z. B. impliziert wird. Metaphorische Interpretationen sind dementsprechend als primäre Operationen zu verstehen.

(K 2) Metaphorische Interpretationen werden durch pragmatische Top-down-Prozesse erschlossen.

(K 3) Metaphorische Interpretationen sind nicht prinzipiell von anderen Formen der kontextuellen Anpassung von Interpretationen, wie Sinnauflockerung oder Sinnspezifizierung zu unterscheiden. Metaphorische Interpretationen und andere Formen der kontextuellen Anpassung von Interpretationen bilden stattdessen ein Kontinuum.

Wenn man diese Thesen vertritt, ist man ganz offensichtlich auch auf den linguistischen Kontextualismus verpflichtet, weil man annimmt, dass es bei der Interpretation von Metaphern pragmatische Top-down-Einflüsse auf dasjenige gibt, was mit einer Äußerung ausgedrückt wird. Andersherum ist man als Vertreter eines linguistischen Kontextualismus aber nicht auch auf eine kontextualistische Metapherntheorie verpflichtet. Man könnte z. B. argumentieren, dass zwar zahlreiche primäre pragmatische Top-down-Prozesse bei der Erschließung des propositionalen Gehaltes von Äußerungen involviert sind, die metaphorischen Interpretationen aber nicht zu diesen zu rechnen sind. Metaphern könnten stattdessen als Formen konversationeller Implikaturen und damit in Recanatis Terminologie als sekundäre Bedeutungen klassifiziert werden. Damit würde die Gültigkeit der Thesen (K 1) und (K 3) aufgegeben werden. (K 2) würde beibehalten werden, weil auch konversationelle Implikaturen durch pragmatische Top-down-Prozesse erschlossen werden.

Die These (K 3) kann auch unabhängig vom linguistischen Kontextualismus vertreten werden. So argumentiert Catherine Wearing für (K 3) und hält es zugleich offen, wie genau die Prozesse zu verstehen sind, welche als Sinnanreicherung und Sinnauflockerung beschrieben wurden. Sie bleibt also unentschieden darüber, ob diese Prozesse im Sinne des Kontextualismus als pragmatische Top-down-Prozesse oder im Sinne von Vertretern des Indexikalismus als pragmatische Bottom-up-Prozesse aufzufassen sind.[643] Michiel Leezenberg entwickelt ausgehend von der Theorie über Indexikalia von David Kaplan und Analysen von Adjektiven von Renate Bartsch eine semantische Metapherntheorie. Im Rahmen dieser lehnt er die Möglichkeit einer prinzipiellen Unterscheidung zwischen wörtlichen und metaphorischen Deutungen ab. Das Konzept der wörtlichen Bedeutung bezeichnet er als eine Fiktion, die nur in Abstraktion vom konkreten Gebrauch der Sprache existiert. Faktisch seien die Bedeutungen von Ausdrücken natürlicher Sprache hingegen allgemein kontextsensitiv, unpräzise und variabel. Dasjenige, was wir als metaphorische Interpretationen bezeichnen, stellt nur eine mögliche Art und Weise dar, wie die Flexibilität der Bedeutung von Ausdrücken genutzt werden kann.[644] Dementsprechend kann Leezenberg als Vertreter der These (K 3) verstanden werden. Im Rahmen der entwickelten Terminologie handelt es sich gemäß seiner semantischen Theorie bei der kontextuellen Anpassung der Interpretation von Ausdrücken, seien sie metaphorisch oder nicht, aber um primär pragmatische Bottom-up-Prozesse, wie diese bei der Deutung indexikalischer Ausdrücke vorkommen.[645]

---

643 Catherine Wearing nennt das Phänomen, dass die Bedeutung von Ausdrücken an den jeweiligen Äußerungskontext angepasst werden können, „interpretative flexibility", was mit „interpretativer Flexibilität" wiedergegeben werden soll. Da sie die kontextuelle Auswertung der interpretativen Flexibilität von Ausdrücken als Teil des Prozesses sieht, mit dem dasjenige erschlossen wird, was mit einer Äußerung gesagt wird, und weil sie metaphorische Deutungen auf einem Kontinuum mit den Fällen interpretativer Flexibilität von Ausdrücken sieht, ordnet Wearing wie Recanati und Bezuidenhout das Ergebnis metaphorischer Interpretationen demjenigen zu, was mit einer Äußerung gesagt wird (vgl. Wearing 2006, 326 f.). Wearing kann dennoch nicht als Vertreterin des Kontextualismus angesehen werden, weil sie offen lässt, wie genau die interpretative Flexibilität erklärt wird. Sie erklärt ihren Ansatz z. B. ausdrücklich damit kompatibel, dass die interpretative Flexibilität von Ausdrücken mithilfe verborgener Variablen auf der Ebene der logischen Form erklärt wird, wie es Indexikalisten behaupten (vgl. Wearing 2006, 328).

644 Vgl. Leezenberg 1995, 244–247.

645 Leezenberg baut seine Theorie auf den Erweiterungen von Kaplans Theorie auf, die Renate Bartsch vorgenommen hat. Diese führt das Konzept sogenannter „thematischer Dimensionen" ein, welche Parameter darstellen, relativ zu denen kontextsensitive Adjektive interpretiert werden. Bei einer Äußerung wie „Peter ist in einer guten Lage" kann das Adjektiv „gut" je nach Kontext z. B. relativ zu den thematischen Dimensionen GESUNDHEIT, BERUF oder BEZIEHUNG interpretiert werden. Dementsprechend müsste einem solchen Adjektiv nach Bartsch ebenso wie indexikalischen Ausdrücken ein kontextsensitiver Character zugeschrieben werden (vgl. Bartsch 1986, 293–295). Leezenberg greift in seiner Analyse von Metaphern auf das Konzept der thematischen Di-

5.2.7 Probleme kontextualistischer Metapherntheorien

5.2.7.1 Die Diskontinuität zwischen metaphorischen Deutungen und anderen Fällen der kontextuellen Anpassung von Interpretationen

Es soll nicht bestritten werden, dass der Kontext häufig eine entscheidende Rolle für die Erschließung von demjenigen spielt, was mit einer Äußerung ausgedrückt wird. Vielmehr soll gezeigt werden, dass (K 3) auf einem zu undifferenzierten Verständnis davon beruht, wie der Kontext die Deutung von Ausdrücken beein-

---

mensionen von Bartsch zurück und behauptet, dass allen Nomen und Verben, welche Eigenschaften ausdrücken, ebenfalls ein (kontextsensitiver) Character zugeschrieben werden sollte, weil sie je nach Kontext relativ zu unterschiedlichen thematischen Dimensionen gedeutet werden können (vgl. Leezenberg 1995, 143). Im Falle metaphorischer Interpretationen wird nach Leezenberg die interne thematische Dimension eines Ausdrucks, die seine Standarddeutung darstellt, durch eine kontextuelle Dimensionen verdrängt, relativ zu welcher der Ausdruck interpretiert wird. Da man nach Leezenberg eine metaphorische Deutung direkt und nicht über den Umweg einer wörtlichen Interpretation erschließt, nennt er seinen Ansatz „direct contextual interpretation" (vgl. Leezenberg 1995, 144–146). Es handelt sich hier selbstverständlich nur um eine grobe Charakterisierung von Leezenbergs Theorie. Diese genügt aber, um einige grundsätzliche Unterschiede zu der in dieser Arbeit entwickelten indexikalisch-ähnlichkeitsbasierten Theorie zu erläutern und die damit verbundenen Probleme zu beschreiben. Zunächst erscheint es nicht plausibel, allen Ausdrücken, die sich auf Eigenschaften beziehen, einen kontextsensitiven Character zuzuschreiben. Damit werden wesentliche Unterschiede zwischen klassischerweise indexikalischen und nicht indexikalischen Ausdrücken verdeckt. Die Ausdrücke „ich" oder „jetzt" haben, wie erläutert wurde, spezifische linguistische Eigenschaften, die Ausdrücke wie „gut gebildet" oder „Gefängnis" für gewöhnlich nicht besitzen. Des Weiteren können auch Ausdrücke metaphorisch gedeutet werden, welche sich nicht auf Eigenschaften beziehen, wie z. B. Eigennamen oder definite Kennzeichnungen. Auch diesen müssten gemäß der Theorie von Leezenberg aufgrund der Möglichkeit einer metaphorischen Deutung dann ganz allgemein kontextsensitive Characters zugeschrieben werden. Dass dies nicht plausibel ist, wird auch daran ersichtlich, dass sich die linguistischen Eigenschaften von Ausdrücken wesentlich ändern können, wenn sie metaphorisch gedeutet werden. Im Falle der metaphorischen Interpretation eines Eigennamens bezieht dieser sich z. B. nicht rigide auf einen bestimmten Gegenstand, sondern auf Mengen von Eigenschaften, die relativ zum Äußerungskontext erschlossen wurden. Zudem versteht Leezenberg seine Theorie insofern als semantisch, als er alle pragmatischen Einflüsse wie die Berücksichtigung möglicher Sprecherabsichten auf die metaphorische Deutung bestreitet (vgl. Leezenberg 1995, 147 f.; 203 f.). Eine solche Ansicht erscheint schon in Bezug auf viele klassische indexikalische Ausdrücke als wenig überzeugend. So gibt es, wie in Abschnitt 4.2.1 gezeigt wurde, auch bei Ausdrücken wie „jetzt" oder „hier" einen gewissen Spielraum der Deutung, der durch den Schluss auf mögliche Absichten des Sprechers gefüllt werden muss. Ein solcher Spielraum ist nun offensichtlich auch im Falle von metaphorischen Deutungen vorhanden. Diese werden nicht einfach automatisch erschlossen. Vielmehr muss bei ihrer Deutung für gewöhnlich Bezug darauf genommen werden, was eine relevante und angemessene Deutung der betreffenden Äußerung vor dem Hintergrund möglicher kommunikativer Absichten des Sprechers darstellt.

flusst. Zunächst sollen, um dies zu zeigen, Fälle betrachtet werden, bei welchen von Kontextualisten wie Charles Travis oder Anne Bezuidenhout fälschlicherweise eine Kontextsensitivität postuliert wird. Neben dem bereits vorgestellten Satz (25) „Jonathan wiegt 80 kg" soll hier auch folgendes Beispiel von Anne Bezuidenhout betrachtet werden:

(52) Der Apfel ist rot.

Bezuidenhout skizziert einen Fall, in dem Äpfel, die sich in einer bestimmten Kiste befinden, von einem Pilz befallen sind, der das Fruchtfleisch rot verfärbt. Wenn nun jemand beauftragt wird, diejenigen Äpfel auszusortieren, welche von dem Pilz befallen sind, ist es denkbar, dass er (52) äußert, wenn er einen Apfel aufschneidet und sieht, dass er *innen* rot ist. Der Sprecher von (52) meint in diesem Kontext also nach Bezuidenhout etwas anderes mit „ist rot" als wenn jemand (52) äußert, um mitzuteilen, dass die Schale eines Apfels (überwiegend) rot ist. Es sind in dem genannten Kontext nun Fälle denkbar, in welchen (52) wahr ist, weil der betreffende Apfel rotes Fruchtfleisch besitzt, obwohl dieser Apfel eine grüne Schale hat.[646] Es wäre aber eine falsche Analyse, aufgrund dieses durchaus verständlichen Beispiels eine Kontextsensitivität des Prädikates „ist rot" anzunehmen. Dasjenige, was sich in diesen Fällen unterscheidet, ist vielmehr der Umstand, der die Äußerung (52) wahr macht. Es werden in den beiden skizzierten Fällen aber keine unterschiedlichen Wahrheitsbedingungen ausgedrückt. Dies wird daran ersichtlich, dass (52) auch dann wahr ist, wenn es in Bezug auf einen Apfel gesagt wird, der eine rote Schale, aber kein rotes Fruchtfleisch besitzt, auch wenn man sich in dem von Bezuidenhout geschilderten Kontext befindet. Es wäre vollkommen abwegig zu leugnen, dass dieser Apfel rot ist, bzw. dass das Prädikat „ist rot" angewendet auf diesen Apfel etwas Wahres ausdrückt. Dieselbe Analyse kann auch auf (25) übertragen werden. Der Sprecher von (25) sagt nichts Falsches, wenn Jonathan tatsächlich ohne Kleidung 80 kg wiegt, nun aber nach z. B. der Untersuchung mit Kleidung am Küchentisch sitzt. Die Äußerung (25) lässt, wie (52), viele verschiedene Art und Weisen zu, auf die sie wahr gemacht werden kann.[647] Der Unterschied von Äußerungen wie (25) und (52) zu einer Metapher wird an folgendem Beispiel ersichtlich:

(53) Deine Ideen sind noch grün.

---

646 Vgl. Bezuidenhout 2002, 107.
647 Vgl. dazu auch Cappelen/Lepore 2005, 132–136.

Es ist plausibel vorstellbar, dass man (53) äußert, um von den Ideen des Adressaten zu sagen, dass sie noch nicht ausreichend entwickelt sind. Es wird hierbei auf eine Ähnlichkeit zwischen den betreffenden Ideen und unreifen grünen Früchten Bezug genommen. Unentwickelte Ideen sind aber keine Fälle, auf welche die konventionelle Bedeutung des Prädikates „ist grün" zutrifft. Der Ausdruck „grün" bezieht sich gemäß der ihm konventionell zugeschriebenen Bedeutung auf eine Farbe und nicht auf den Reifegrad von Ideen. Eine solche grundlegende Abweichung von der konventionellen Bedeutung des betreffenden Prädikates ist in den genannten Fällen, in denen die Sätze (25) und (52) gedeutet werden, nicht vorhanden. Das Prädikat „ist rot" wird auch in diesen Fällen nur dann wahrheitsgemäß ausgesagt, wenn der betreffende Gegenstand die Farbe rot besitzt und das Prädikat „wiegt 80 kg", wenn die betreffende Person 80 kg wiegt.

Vertreter von (K 3) führen die Beispiele (37), (38), (45), (46) sowie (48) und (49) explizit als Fälle an, bei deren Deutung kontextuelle Anpassungen von Interpretationen vorgenommen werden, die nicht grundsätzlich von metaphorischen Deutungen zu unterscheiden sind. Die Äußerungen (37) „Es ist still hier" und (38) „Der Norden von Deutschland ist flach" werden als Beispiele für Sinnauflockerung (Loose Talk) aufgefasst. Es ist aber zu fragen, inwieweit die Verwendung der Ausdrücke „still" bzw. „flach" in den skizzierten Szenarien auch wirklich als Abweichung von ihrer Standardbedeutung gelten können. Dies würde die Annahme voraussetzen, dass „ist still" streng genommen bedeutet, dass keinerlei Geräusche vorhanden sind und „ist flach", dass es keinerlei Erhebungen gibt. Unter dieser Voraussetzung wären praktisch alle Verwendungen dieser Ausdrücke als streng genommen falsch einzustufen, weil man z. B. nur sehr selten an Orten ist, wo es überhaupt keine Geräusche gibt, bzw. Flächen betrachtet, die keinerlei Unebenheiten aufweisen. Diese Konsequenz erscheint nicht besonders überzeugend. Eine plausiblere Analyse bestünde darin, dass diese Ausdrücke mit Bewertungsmaßstäben verbunden sind. Je nachdem, ob man „ist still" in einem leeren Haus, in den Bergen oder in einem Kriegsgebiet äußert, sind andere Vergleichsmaßstäbe vorhanden, relativ zu denen etwas als still bezeichnet wird. Dies scheint auch bei dem Ausdruck „flach" zu gelten. Je nachdem, ob man einen Tisch, eine Landschaft oder eine speziell für ein bestimmtes, z. B. physikalisches Experiment entwickelte Oberfläche betrachtet, variiert der Maßstab, relativ zu dem etwas als flach gilt. Im Gegensatz dazu fällt ein deutlicher Unterschied zur metaphorischen Verwendung des Ausdrucks „flach" in folgendem Beispiel auf:

(54) Gute Philosophen spielen viele flache Pässe und bemühen sich um interessante und schöne Kombinationen.

In (54) kann der Ausdruck „flach“ so gedeutet werden, dass hier auf die Art und Weise Bezug genommen wird, wie Argumente konstruiert werden. Gute Philosophen sind demnach darum bemüht, viele kleinschrittige und gut nachvollziehbare Argumente zu formulieren. Sie vermeiden folglich gewagte Schlüsse mit großspurigen Thesen, welche mit hohen Pässen im Fußball verglichen werden können. Es ist offensichtlich, dass dieser Gebrauch von „flach“, der über Präsuppositionen bezüglich eines Fußballspiels vermittelt wird, nicht Teil der konventionellen Bedeutung des Ausdruckes ist. Ein Beispiel für eine metaphorische Verwendung von „still“ wäre „stille Revolution“, wobei „still“ nicht die bei der Revolution vorkommende Menge an Geräuschen, sondern ganz allgemein die Art und Weise beschreibt, wie die betreffende Revolution durchgeführt wird. Im Gegensatz zu konventionellen bzw. wörtlichen Interpretationen dieser Ausdrücke wird bei metaphorischen Deutungen also dasjenige verändert, was den betreffenden Vergleichsmaßstab konstituiert. Im Falle von „flach“ wird der Vergleichsmaßstab bei einer wörtlichen Interpretation z. B. immer über die Anzahl von Erhebungen auf einer Fläche konstituiert und im Falle von „still“ über die Menge von Geräuschen. Falls man der Interpretation dieser Ausdrücke Vergleichsmaßstäbe zugrunde legt, die ganz anders konstituiert werden, handelt es sich um metaphorische Deutungen. Im Falle metaphorischer Deutungen werden also relativ zum Kontext nicht nur unterschiedliche Grade davon erschlossen, ab wann etwas als flach bzw. still gelten kann, sondern ganz andere Dimension, bezüglich derer etwas als still oder flach verstanden werden kann.

Die Äußerungen (45) „Das ist ein Tisch“ und (46) „Hier hast du ein Tempo“ werden von Sperber/Wilson als Fälle von Kategorieerweiterungen angeführt. Tatsächlich handelt es sich bei (45) um eine Metapher und bei (46) um eine Metonymie. So wird in (46) die Marke „Tempo“ für das Produkt verwendet, das der Marke zugeordnet wird. Diese metonymische Interpretation ist allerdings schon so stark konventionalisiert, dass „Taschentuch“ mittlerweile als lexikalisierte Bedeutung des Ausdrucks „Tempo“ verstanden werden kann. Der Kategorienbruch zwischen der Marke und dem Produkt ist aber ohne Probleme rekonstruierbar. (45) kann als eine Metapher verstanden werden, bei welcher der Ausdruck „Tisch“ genutzt wird, um einen Gegenstand herauszugreifen, der bestimmte Eigenschaften mit einem Tisch teilt. Es handelt sich hierbei aber um eine ziemlich triviale und oberflächliche Metapher, weil keine besonders tiefgreifende Eigenschaft übertragen wird, sondern schlichtweg das Charakteristikum, dass man auf dem betreffenden Stein gut essen kann. Eine interessantere Metapher würde vorliegen, wenn man z. B. sagt, dass der Iran ein einziger großer gedeckter Tisch ist, um auszudrücken, dass die Menschen dort sehr gastfreundlich sind. Es besteht aber eine wesentliche Diskontinuität zwischen (45) und Fällen, in denen man sich auf verschiedene Arten von Tischen, wie z. B. einen Esstisch, einen Nachttisch oder einen Schreibtisch bezieht.[648]

Die Äußerungen (48) und (49) schließlich sind nach Sperber/Wilson als Hyperbeln zu verstehen. Es ist aber falsch, Metaphern und Hyperbeln auf einem Kontinuum zu verorten, wie Sperber/Wilson dies tun. Wie in Abschnitt 4.5.2.2 herausgearbeitet wurde, sind Hyperbeln als sekundäre Operationen zu verstehen, weil sie Operationen auf propositionale Gehalte darstellen. So setzen die hyperbolischen Interpretationen von (48) „Johanna ist unglaublich freundlich" und (49) „Johanna ist eine Heilige" voraus, dass diese Sätze sinnvolle und verständliche Gehalte ausdrücken.[649] Metaphorische Interpretationen als primäre Operationen setzen hingegen, wie ausführlich dargelegt wurde, keine vorausgehend erschlossenen sinnvollen propositionalen Gehalte der betreffenden Sätze voraus.[650] Wie in Abschnitt 4.5.2.2 erläutert wurde, erkennt man den prinzipiellen Unterschied zwischen Hyperbeln und Metaphern auch an den Kombinationsmöglichkeiten mit anderen Deutungen. Es ist z. B. nicht möglich, eine Äußerung zugleich hyperbolisch und ironisch oder hyperbolisch und untertreibend zu interpretieren, weil es sich hierbei um sich gegenseitig ausschließende Interpretationen handelt. Metaphern können im Gegensatz dazu als Ausgangspunkt für alle möglichen sekundären Operationen dienen. Es ist nicht ersichtlich, was angesichts dieser prinzipiellen Unterschiede ein Kontinuum zwischen Metaphern und Hyperbeln begründen sollte.[651]

---

648 Im wörtlichen Sinne als „Tisch" kann man nur etwas bezeichnen, dass bewusst als Möbelstück gestaltet wurde. Ein nicht bearbeiteter oder nicht bewusst platzierter Stein kann dementsprechend nicht der Kategorie „Tisch" zugeordnet werden.

649 Die Äußerung (49) ist etwas verwirrend, weil nicht ganz klar ist, ob es sich dabei auch um eine Kombination von Metapher und Hyperbel handelt. Dies hängt von dem jeweiligen Verständnis des Ausdruckes „eine Heilige" ab. Es ist z. B. denkbar, dass man eine strikte Definition von „ist heilig" besitzt, wonach z. B. nur von der katholischen Kirche heilig gesprochene Menschen oder solche, die besondere Wunder getan haben, als Heilige im wörtlichen Sinn gelten können. In diesem Fall würde das Prädikat „ist eine Heilige" in (49) metaphorisch gebraucht werden, weil auf Ähnlichkeiten zwischen solchen paradigmatischen Heiligen wie Mutter Theresa und der betreffenden Person hingewiesen wird. Für die meisten Menschen dürfte der Ausdruck aber keine solch strenge Definition besitzen. Unter einem Heiligen wird die Mehrzahl schlichtweg einen außerordentlich guten Mensch verstehen. In diesem Fall handelt es sich bei dem skizzierten Gebrauch von (49) nur um eine Hyperbel und nicht um eine Kombination von Hyperbel und Metapher.

650 Vgl. dazu die Abschnitten 3.3.4.1.3 und 3.3.4.2.2.

651 Selbstverständlich sind sekundäre Operationen prinzipiell mit anderen sekundären Operationen kombinierbar. So kann eine ironische Deutung auch Ausgangspunkt für eine daran anschließende konversationelle Implikatur sein. Es kann hier aber, wegen der Mechanismen, wie die jeweiligen sekundären Operationen den Ausgangsgehalt weiter verarbeiten, zu Konflikten

Von Vertretern kontextualistischer Metapherntheorien werden darüber hinaus u. a. auch die folgenden beiden Äußerungen als mögliche Fälle analysiert, in denen kontextuelle Anpassungen von Interpretationen vorgenommen werden, die nicht prinzipiell von metaphorischen Interpretationen zu unterscheiden sind.

(55) Das Steak ist roh.
(56) Auf Classic FM spielen wir durchgehend klassische Musik.

Es ist vorstellbar, dass jemand (55) äußert, um auszudrücken, dass sein Steak nicht lange genug gebraten wurde. In diesem Fall ist es aber nicht im strengen Sinne roh. Ebenso ist es denkbar, dass (56) auf einem Radiosender gesagt wird, obwohl es bei diesem Sender Nachrichten und Werbeunterbrechungen gibt. Es kommt dementsprechend nicht wirklich *durchgehend* klassische Musik. Kompetente Rezipienten verstehen aber, dass damit ausgedrückt werden soll, dass auf dem betreffenden Sender z. B. im Vergleich zu anderen Sendern sehr viel Musik mit verhältnismäßig wenig Unterbrechungen gespielt wird.[652] Die Äußerungen (55) und (56) in den vorgestellten Szenarien sind nun beide als Fälle von hyperbolischer Rede zu analysieren und liegen damit aus den genannten Gründen und entgegen der Analyse der Vertreter kontextualistischer Metapherntheorien nicht auf einem Kontinuum mit metaphorischen Interpretationen. Dies kann daran verdeutlicht werden, dass man diesen Sätzen in dem genannten Kontext nicht zugleich die beschriebene „gelockerte" und eine ironische Deutung geben kann. Wenn man (55) ironisch versteht, wird damit für gewöhnlich ausgedrückt, dass das Steak zu stark durchgebraten ist und im Falle von (56), dass es extrem viele Unterbrechungen der Musik gibt. Die erwähnten „gelockerten" Deutungen spielen bei einer solchen Interpretation gar keine Rolle. Eine metaphorische Interpretation ist als primäre Operation im Gegensatz dazu prinzipiell immer mit einer ironischen Deutung kombinierbar. Und im Falle der Kombination wird die me-

---

kommen, wie an der Unmöglichkeit der Kombination von Hyperbel und Untertreibung, sowie von Hyperbel und Ironie deutlich wird. Es scheint aber prinzipiell ausgeschlossen zu sein, dass es zu Konflikten zwischen primären und sekundären Operationen kommt. Für die Diskontinuität zwischen Metaphern und Hyperbeln argumentieren auch Robyn Carston, Catherine Wearing und Paula Rubio-Fernández (vgl. Carston/Wearing 2015; Rubio-Fernández/Wearing/Carston 2015).

652 Robyn Carston stellt die beiden Beispiele in den genannten Kontexten als Fälle von Sinnauflockerung bzw. Erweiterung vor, welche auf einem Kontinuum mit metaphorischen Deutungen liegen (vgl. Carston 2002, 328 f.). Anne Bezuidenhout führt ein Beispiel an, das (55) sehr ähnlich ist (The meat they've served me is raw), und deutet es als Fall der Sinnauflockerung (vgl. Bezuidenhout 2001, 167 f.). Metaphorische Deutungen sind nach ihr, wie erläutert wurde, ebenfalls als Fälle der Sinnauflockerung zu verstehen, bei welchen relativ zu einem Kontext spezifische Ad-hoc-Konzepte erschlossen werden (vgl. Bezuidenhout 2001, 170 – 173.).

taphorische Deutung auch nicht verdrängt, sondern bildet den Ausgangspunkt für die ironische Interpretation.

Entgegen der Argumentation der Vertreter von (K 3) zeigt sich also, dass es grundlegende und prinzipielle Unterschiede zwischen metaphorischen Deutungen und anderen Formen der kontextuellen Anpassung von Interpretationen von Ausdrücken gibt. Damit soll nicht bestritten werden, dass es auch Übergangsfälle zwischen metaphorischen und wörtlichen Interpretationen eines Ausdrucks gibt. Wie in den Abschnitten 2.6.3 und 4.5.3.3 ausführlich dargelegt wurde, können metaphorische Deutungen, wenn sie häufig gebraucht werden, Teil der konventionellen Bedeutung eines Ausdruckes werden. Wenn man z. B. von einem „flachen Witz" spricht, ist damit nicht die Abwesenheit von Erhebungen im Witz, sondern sein niedriges Niveau gemeint. Da diese Deutung von „flach" mittlerweile zu einer allgemein bekannten konventionellen Interpretation geworden ist, stellt sie eine Erweiterung der lexikalisierten Bedeutung des Ausdrucks „flach" dar. Es soll auch nicht bestritten werden, dass es manchmal schwierig ist zu entscheiden, ob eine Interpretation noch als metaphorisch aufzufassen ist oder schon der konventionellen Bedeutung eines Ausdrucks zugeordnet werden kann. Dass es solche Grenzfälle gibt, ändert aber nichts daran, dass eine genuine metaphorische Interpretation eine grundsätzlich andere Form der Kontextsensitivität besitzt als wörtliche Interpretationen. Es handelt sich eben deswegen um Grenzfälle, weil die Deutung des betreffenden Ausdrucks nach zwei unterschiedlichen Regeln, jeweils zu denselben oder sehr ähnlichen Ergebnissen führt. Im einen Fall wird einem Ausdruck im Rahmen möglicher konventioneller fest mit ihm verbundener Deutungen eine Interpretation gegeben, im anderen Fall wird diese Deutung gemäß der Regel R-MET vorgenommen. Der Bruch mit den mit einem Ausdruck konventionell zugeordneten Bedeutungen ist nicht als kontinuierliche Steigerung der Kontextsensitivität, sondern als qualitativer Unterschied zwischen verschiedenen Formen der Interpretation zu verstehen. Es fällt auf, dass kontextualistische Metapherntheorien insgesamt dem Umstand wenig Rechnung tragen, dass es Unterschiede zwischen lebendigen, sterbenden und toten Metaphern gibt. Die metaphorische Deutung wird häufig schlichtweg als weitere Deutung eines bestimmten Ausdrucks angesehen. Dies verstellt aber den Unterschied zwischen konventionalisierten Metaphern wie „Der Nachtisch war ein Gedicht" und lebendigen Metaphern wie z. B. „Kripke ist ein Alchemist" oder „Philosophie ist eine Krankheit und deren Heilung zugleich". Dies scheint auch daran zu liegen, dass Vertreter kontextualistischer Metapherntheorien zu wenig genau differenzieren, auf welche Art und Weise Ausdrücke kontextsensitiv sind.

Mit der Zurückweisung von (K 3) wird eine der zentralen Thesen von Vertretern kontextualistischer Metapherntheorien aufgegeben. Auch die Theorien von

Wearing und Leezenberg werden durch die Ablehnung von (K 3) vor grundlegende Probleme gestellt, weil sie wesentlich auf der in (K 3) formulierten Kontinuität von metaphorischen Deutungen und anderen Formen der kontextuellen Anpassung von Interpretationen aufbauen.

5.2.7.2 Metaphern und Modulation

Die These (K 1) liegt auch der in dieser Arbeit entwickelten indexikalisch-ähnlichkeitsbasierten Metapherntheorie zugrunde. Gemäß dieser sind metaphorische Interpretationen nämlich als primäre Operationen zu verstehen. Metaphorische Interpretationen stellen dementsprechend Operationen auf Ausdrücke und nicht auf propositionale Gehalte dar. Ihre Interpretation dient dazu, relativ zu einem Äußerungskontext überhaupt erst einen propositionalen Gehalt zu etablieren, der dann Ausgangspunkt für sekundäre Operationen sein kann.[653] Im Gegensatz zu einer kontextualistischen Metapherntheorie wird im Rahmen der indexikalisch-ähnlichkeitsbasierten Theorie aber neben (K 3) auch (K 2) abgelehnt. Wenn metaphorisch verstandene Ausdrücke nämlich wie indexikalische Ausdrücke einen Character besitzen, der sensitiv gegenüber Parametern im Äußerungskontext ist, dann handelt es sich bei ihrer Interpretation um einen pragmatischen Bottom-up- und keinen Top-down-Prozess. Wie bei Indexikalia wird die metaphorische Interpretation eines Ausdrucks dann durch die linguistischen Eigenschaften des metaphorisch verstandenen Ausdrucks gelenkt.

Primäre pragmatische Top-down-Prozesse, welche nach Recanati allgemein als Modulationen von Bedeutungen verstanden werden können, werden hingegen nur durch pragmatische Faktoren wie die Angemessenheit einer Deutung geleitet. Ein Sprecher kann die Interpretation eines Ausdrucks, wenn es sich um einen Top-down-Prozess handelt, also beliebig modifizieren. Er kann die Sprache in diesem Sinne gebrauchen, wie er möchte. Es spricht nun gegen (K 2), dass es spezifische Restriktionen bei der metaphorischen Interpretation eines Ausdrucks zu geben scheint, welche nicht dem Belieben des Sprechers unterliegen. Es wurde in Abschnitt 4.3.1 z. B. gezeigt, dass die Deutungen metaphorisch verstandener Ausdrücke wie die Deutungen klassisch indexikalischer Ausdrücke immer relativ zu dem tatsächlichen Äußerungskontext vorgenommen werden müssen und nicht durch Operatoren auf von dem Äußerungskontext abweichende Umstände der Bewertung projiziert werden können. Diese Einschränkung wurde ACC (Actual

653 Vgl. dazu die Abschnitte 3.3.4.1.3 und 4.5.2.1

Context Constraint) genannt. Sie wurde u. a. an folgenden Sätzen veranschaulicht:

(57) Julia hätte die Sonne sein können.
(58) Jeder Jugendliche erinnert sich an seine erste Sonne.
(59) Im Kongo wirst du ein Gorilla werden.

Die metaphorische Interpretation von „Sonne" in (57) ist an die Präsuppositionen in dem Äußerungskontext von (57) gebunden und kann durch den Modaloperator nicht auf kontrafaktische Umstände der Bewertung projiziert werden. Die Äußerung (58) kann nicht so interpretiert werden, dass die Eigenschaften, welche metaphorisch mit Sonne ausgedrückt werden, mit den Jugendlichen variieren, über welche hier quantifiziert wird. Dasjenige, was hier variiert, sind nur die jeweiligen Personen, welche über diejenige Eigenschaft identifiziert werden, welche auf der Basis einer metaphorischen Interpretation von „Sonne" relativ zum Äußerungskontext erschlossen wurden. In (59) schließlich kann durch den Lokaloperator „Im Kongo" nicht die metaphorische Interpretation von „Gorilla" verändert werden. Diese wird durch die Präsuppositionen im Äußerungskontext festgelegt.[654] Wie bei indexikalischen Ausdrücken ist es nicht möglich, diese Einschränkungen der Interpretation aufzuheben, auch *wenn man dies beabsichtigt*. Dies wiederum kann plausibel dadurch erklärt werden, dass metaphorische Deutungen keine pragmatischen Top-down-Prozesse darstellen, sondern von einer bestimmten Regel geleitet werden. Diese Regel, welche als R-MET expliziert wurde, besagt auch, dass über metaphorische Interpretationen von Ausdrücken primär auf Mengen von Eigenschaften Bezug genommen wird. Diese wiederum müssen gemäß R-MET auf der Basis der Präsuppositionen in einem Äußerungskontext erst bestimmt werden und können nicht wie im Falle lexikalischer Ambiguität nur ausgewählt werden.

Eine weitere Einschränkung von beabsichtigten Deutungen kommt zum Vorschein, wenn metaphorische Interpretationen innerhalb bestimmter anaphorischer Verbindungen vorkommen. Wie in Abschnitt 4.6 gezeigt wurde, kann ein anaphorisch ergänzter Ausdruck nicht metaphorisch gedeutet werden, wenn das entsprechende Antezedens wörtlich verstanden wird. Ebenso kann ein anaphorisch ergänzter Ausdruck, andersherum, auch nicht wörtlich verstanden werden,

654 Eine ausführlichere Erläuterung dieser Beispiele befindet sich in Abschnitt 4.3.1.

wenn das entsprechende Antezedens eine figurative Deutung erhält. Dies kann anhand von folgendem Satz gezeigt werden:

(60) ? Der Pförtner ist ein Gorilla, und der größte lebende Primat ebenso.

Der Grund, weshalb dieser Satz misslungen wirkt, liegt darin, dass die figurative Deutung, die für das Antezedens „ist ein Gorilla" angemessen erscheint, für die VP-Anapher nicht passend ist. Die figurative Deutung der VP-Anapher kann hier aber nicht aufgehoben werden, auch wenn Sprecher bzw. Interpret dies möchten. Dies wird u. a. daran erkennbar, dass auch eine Ergänzung wie „aber beide auf unterschiedliche Art und Weise" nicht ändern kann, dass dieser Satz misslungen erscheint. Die Sprecherabsichten werden hier also durch die linguistische Struktur der Äußerung eingeschränkt. Wenn es sich bei metaphorischen Deutungen um pragmatische Top-Down-Prozesse handeln würde, wäre nicht ersichtlich, weshalb eine solche Einschränkung auftreten kann. Pragmatische Top-Down-Prozesse werden nämlich nicht von der linguistischen Struktur gefordert, sondern von den jeweiligen Sprechern bzw. Interpreten erzeugt, weil sie diese verwenden wollen. Deshalb sollten sie auch immer aufhebbar sein. Dass sie dies innerhalb von anaphorischen Verbindungen nicht immer sind, spricht also dagegen, metaphorische Deutungen als pragmatische Top-Down-Prozesse zu verstehen. Im Rahmen der indexikalisch-ähnlichkeitsbasierten Theorie kann das Verhalten von metaphorischen Deutungen im Rahmen solcher anaphorischer VP-Ergänzungen im Gegensatz dazu plausibel erklärt werden. Es kann angeführt werden, dass metaphorischen Deutungen ein anderer Character zugrunde liegt als wörtlichen Interpretationen desselben Ausdrucks und dass der Character des Antezedens in der VP-Anapher wiedergegeben wird. Da der Character R-MET[ist ein Gorilla] aber in Spannung zu dem Subjekt der VP- Anapher steht, weil hier eine wörtliche Interpretation von „ist ein Gorilla" angemessen wäre, wirkt (60) misslungen.

Um den Unterschied zwischen kontextualistischen Metapherntheorien und der indexikalisch-ähnlichkeitsbasierten Theorie im Hinblick auf die These (K 2) zu verdeutlichen, soll im Folgenden Recanatis Versuch einer formalisierten Darstellung des Prozesses der Modulation erläutert werden. Recanati führt hierbei eine Funktion *mod* ein, die angewendet auf einen Ausdruck φ und relativ zu einem Kontext c, eine Modulations-Funktion *g* erzeugt. Diese wiederum kann nach Recanati dann auf die Interpretation eines Ausdrucks φ angewendet werden, was wiederum die Interpretation des Ausdrucks in dem betreffenden Kontext erzeugt.

Recanati wendet dieses Modell auf folgende Art und Weise auf den Ausdruck „the city“ an, der in der Äußerung „the city is asleep“ vorkommt:

mod ('the city', c) = g_{513}
mod ('the city', c) (I ('the city') c) = g_{513} (THE CITY) = THE INHABITANTS OF THE CITY

Nach Recanati wird im Falle der Deutung von „the city“ zunächst relativ zum Äußerungskontext die metonymische Funktion g_{513} erschlossen, welche im Äußerungskontext salient erscheint. Darauf wird diese auf das Konzept THE CITY angewendet, was wiederum das Ergebnis „die Einwohner dieser Stadt“ erzeugt.[655]

Es gibt insofern eine Ähnlichkeit von Recanatis Modell zur indexikalisch-ähnlichkeitsbasierten Theorie, als auch hier im Falle einer metonymischen Interpretation eines Ausdrucks φ eine bestimmte Regel (bzw. in Recanatis Terminologie eine Funktion) auf diesen Ausdruck angewendet wird. Allerdings bestehen im Detail auch wesentliche Unterschiede. So erzeugt die schematische Regel R-MET, angewendet auf einen Ausdruck φ, für sich genommen noch keinen propositionalen Gehalt, der gemäß der Beschreibung von R-MET in einer Menge von Eigenschaften besteht. Welchen propositionalen Gehalt die Interpretation des Characters R- MET[φ] ergibt, ist stattdessen abhängig von Parametern im Äußerungskontext, welche gemäß der indexikalisch-ähnlichkeitsbasierten Theorie die im Äußerungskontext geteilten pragmatischen Präsuppositionen darstellen. Die Regel R-MET ist demzufolge weniger spezifisch als Recanatis pragmatische Funktion g. Letztere stellt schon eine ganz genaue Anweisung dafür dar, wie der Ausdruck im spezifischen Äußerungskontext verstanden werden soll. Auf diese Weise werden aber die Ebenen der Disambiguation und der Interpretation vermischt. Es scheint z. B. möglich zu sein, dass man erkennt, dass ein Ausdruck innerhalb einer Äußerung metonymisch oder metaphorisch zu verstehen ist, aber zugleich nicht dazu in der Lage ist zu bestimmen, was das Ergebnis einer solchen Interpretation ist, weil man z. B. den Äußerungskontext nicht ausreichend kennt. Es ist nicht ersichtlich, wie dieser Unterschied im Modell von Recanati geltend gemacht werden kann.

Damit zusammenhängend ergibt sich das Problem, dass auf diese Weise unzählige pragmatische Funktionen postuliert werden müssen. All die verschiedenen möglichen metaphorischen oder metonymischen Deutungen von Ausdrücken haben dementsprechend ihre eigene pragmatische Funktion g_i. Je nach Kontext werden demnach neue pragmatische Funktionen g_i ad hoc konstruiert, falls dies nötig erscheint. Dadurch kann aber dem Umstand nicht ausreichend

655 Vgl. Recanati 2010, 44.

Rechnung getragen werden, dass alle metaphorischen Interpretationen nach bestimmten gemeinsamen Regeln abzulaufen scheinen. Mit der Regel R-MET wurde in dieser Arbeit der Versuch unternommen, diese Regeln zu erfassen. Wie gezeigt wurde, ist es plausibel anzunehmen, dass diese Grundstruktur der Interpretation auch im Falle metonymischer Deutungen vorliegt.[656] Die Regel R-MET wird gemäß der indexikalisch-ähnlichkeitsbasierten Theorie nicht einfach in einem Äußerungskontext konstruiert. Sie stellt vielmehr eine schematische Interpretationsregel für Ausdrücke dar, welche von kompetenten Sprechern allgemein gekannt wird. In diesem Sinne ist sie durch Konvention festgelegt und nicht das Produkt einer Ad-hoc-Konstruktion. Da wir diese Regel nicht erst erzeugen, sondern übernehmen, ist sie auch in gewisser Hinsicht der Beliebigkeit unserer Absichten entzogen. Diese Regel ist, wie dargelegt wurde, tatsächlich mit bestimmten Restriktionen für mögliche Interpretationen verbunden, über die man sich als Interpret nicht hinwegsetzen kann. Des Weiteren zeigt ihr Verhalten in anaphorischen Verbindungen, dass figurative Deutungen nicht wie pragmatische Top-Down-Prozesse immer ad hoc hinzugefügt oder aufgehoben werden können. Es ist nämlich auch möglich, dass figurative Interpretationen von der semantisch-syntaktischen Struktur einer Äußerung vorgegeben oder ausgeschlossen werden. Es kann mit Recanatis Modell zusammengefasst erstens nicht erklärt werden, dass es eine gemeinsame Interpretationsregel gibt, die metaphorischen und metonymischen Deutungen zugrunde liegt. Zweitens werden mit seinem Modell die Restriktionen, die durch diese gemeinsame Interpretationsregel etabliert werden, nicht richtig erfasst. Zudem können drittens auch die spezifischen Beschränkungen möglicher Interpretationen nicht erklärt werden, die sich bei der Einbindung metaphorischer Deutungen in anaphorische VP-Ergänzungen ergeben. Da diese Probleme sich wesentlich aus der Annahme der These (K 2) ergeben, wonach metaphorische Interpretationen primär pragmatische Top-down-Prozesse bzw. Modulationen darstellen, übertragen sie sich auf kontextualistische Metapherntheorien im Allgemeinen.

Die Ablehnung der Thesen (K 2) und (K 3) zieht aber nicht notwendigerweise auch die Aufgabe des linguistischen Kontextualismus im Allgemeinen nach sich. Für Letzteres müsste gezeigt werden, dass die verschiedenen Formen der kontextuellen Adaptionen, welche dazu beitragen, dasjenige zu erschließen, was mit einer Äußerung ausgedrückt wird, alle auf primäre pragmatische Bottom-up-Prozesse zurückgeführt werden können. Dafür müsste u.a. dargelegt werden, dass sogenannte „Quantifier Domain Restrictions" wie bei der Deutung von (32) und (33), Vervollständigungen wie bei der Deutung von (30) und (31) oder Sinn-

656 Vgl. dazu Abschnitt 4.4.4.

anreicherungen bzw. Spezifizierungen wie sie bei der Deutung von (27)–(29) vorgenommen werden, als Interpretationen von verborgener syntaktischer Struktur zu verstehen sind und nicht als optionale pragmatische Ergänzungen. Ebenso müssten dafür auf der Ebene der logischen Form von Ausdrücken wie „flach" oder „still" und allgemein bei graduierbaren Adjektiven wie „groß", „klein" oder „schnell" Variablen angenommen werden, welche relativ zu einem Kontext mit Werten versehen werden. Ob die Annahme solcher, auf der Oberfläche verborgener linguistischer Struktur in all den genannten Fällen angemessen und überzeugend ist, kann und soll an dieser Stelle nicht diskutiert werden. Die Antwort auf diese Frage ist für die Gültigkeit der entwickelten indexikalisch-ähnlichkeitsbasierten Metapherntheorie auch nicht entscheidend, weil diese sowohl mit dem Kontextualismus als auch mit dem Indexikalismus kompatibel ist. Wegen der Zurückweisung von (K 3) folgt aus der Behauptung, dass es sich bei der Deutung metaphorisch verstandener Ausdrücke um pragmatische Bottom-up-Prozesse handelt, nämlich nicht auch, dass andere Formen der Kontextsensitivität auf die gleiche Weise analysiert werden müssen. Es ist bei den Kandidaten für die Fälle, die gemäß den Vertretern kontextualistischer Metapherntheorien auf einem Kontinuum mit metaphorischen Deutungen liegen, tatsächlich im Gegensatz zu metaphorischen Interpretationen keine Veränderung der linguistischen Eigenschaften der interpretierten Ausdrücke erkennbar. Ebenso gilt auch nicht die Einschränkung, dass die Interpretation dieser Ausdrücke immer relativ zum Äußerungskontext festgelegt werden muss.

(61) Jeder hat einen stillen Ort, an den er sich bei zu viel Stress zurückziehen kann.

Es scheint möglich zu sein, (61) so zu lesen, dass die Deutung von „still" mit den Personen variiert, über welche der Allquantor operiert. D. h., es können für unterschiedliche Personen unterschiedliche Geräuschpegel angenommen werden, welche festlegen, ab wann ein Ort als „still" gilt. Für manche mag der Stadtpark als ein stiller Ort gelten, für andere der Wald außerhalb der Stadt, für wieder andere eine einsame Hütte in den Bergen. Darüber hinaus scheint folgende anaphorische Verbindung nicht misslungen zu sein:

(62) Auf dem Hauptplatz ist es still, und in einer vakuumisierten Kammer ebenso, aber auf unterschiedliche Art und Weise.

Die gelockerte Deutung des Ausdrucks „still" wird nicht zwingend in der VP-Anapher wiedergegeben. Eine solche Kombination wäre im Falle der metaphorischen Deutung eines Antezedens nicht möglich. Wie gezeigt wurde, würde eine metaphorische Deutung eines Antezedens nämlich auch eine zumindest figurative Deutung der entsprechenden VP-Anapher nach sich ziehen. Hyperbolische Deutungen, welche z. B. anhand von (55) und (56) erläutert wurden, unterscheiden sich insofern grundlegend von metaphorischen Deutungen, als sie sekundäre und keine primären Operationen darstellen. Sekundäre Operationen greifen niemals direkt auf die linguistische Struktur von Äußerungen zurück, sondern immer auf Ergebnisse der Interpretation der betreffenden linguistischen Struktur. Die indexikalisch-ähnlichkeitsbasierte Metapherntheorie ermöglicht also eine differenziertere Analyse der Art und Weise, wie Kontext Einfluss auf die Interpretation einer Äußerung nehmen kann.

5.2.7.3 Metaphern, Perspektiven und Ad-hoc-Konzepte

In Abschnitt 3.5 wurde als eines der Kriterien für eine überzeugende Metapherntheorie angeführt, dass sie erklären können muss, wie die spezifische nicht-propositionale Perspektive, die Metaphern erzeugen, mit dem propositionalen Gehalt ins Verhältnis gesetzt werden kann, der mit Metaphern ausgedrückt wird. Diese nicht-propositionale Perspektive wurde in Anlehnung an Davidson als „Etwas als etwas sehen“ beschrieben und einem „Sehen, dass etwas der Fall ist“ gegenübergestellt. Wie in den 4.5.3 zugeordneten Abschnitten ausführlich dargelegt wurde, kann diese Verhältnisbestimmung vor dem Hintergrund der in dieser Arbeit entwickelten indexikalisch-ähnlichkeitsbasierten Metapherntheorie auf der Basis der Unterscheidung zwischen Character und propositionalem Gehalt eines metaphorisch interpretierten Ausdrucks plausibel erklärt werden. Der Character wurde in diesem Zusammenhang als Träger der kognitiven Signifikanz und als Vehikel für die Perspektive analysiert, die mit einer Metapher vermittelt wird. Der mit einer Metapher ausgedrückte propositionale Gehalt wurde im Gegensatz zu dem Character als zumindest prinzipiell einer wörtlichen Paraphrase zugänglich beschrieben. Kontextualistische Metapherntheorien, im Rahmen derer metaphorische Interpretationen als die Erschließung von Ad-hoc-Konzepten beschrieben werden, haben große Probleme damit, sowohl die durch Metaphern vermittelten Perspektiven auf die jeweilige Zieldomäne, als auch die mit Metaphern ausgedrückten propositionalen Gehalte angemessen zu erfassen. Es wird sich in der folgenden Analyse zeigen, dass diese beiden Probleme eng miteinander zusammenhängen.

Im Rahmen kontextualistischer Metapherntheorien ist die lexikalisierte Bedeutung eines Ausdrucks nur als Durchgangsstufe zu verstehen, auf deren Basis ein Ad-hoc-Konzept erzeugt wird, das dem Beitrag zu dem propositionalen Gehalt der Äußerung entspricht, von dem angenommen wird, dass der Sprecher ihn beabsichtigt auszudrücken. Mit einer solchen Beschreibung wird man aber nicht dem Umstand gerecht, dass die wörtliche Bedeutung eines Ausdrucks auch dann präsent bleibt, wenn der über die metaphorische Interpretation erschlossene Gehalt bereits erfasst wurde. Nach Josef Stern bildet die wörtliche Bedeutung nicht nur den Ausgangspunkt einer metaphorischen Interpretation, sondern in gewisser Hinsicht auch einen Teil des Ergebnisses dieser.[657] Elisabeth Camp argumentiert, dass es für metaphorische Deutungen konstitutiv ist, dass eine gewisse Lücke zwischen der wörtlichen und der intendierten übertragenen Bedeutung wahrgenommen wird. Bei z. B. Fällen von Sinnauflockerung spiele die Wahrnehmung dieser Lücke hingegen keine konstitutive Rolle.[658] Diese Lücke kann als Ausgangsbasis für dasjenige gesehen werden, was Richard Moran den „framing effect" genannt hat. Dieser besteht nicht in dem durch die Metapher ausgedrückten Gehalt, sondern in der anhaltenden Projektion der Ausgangsdomäne auf die Zieldomäne, auch nachdem der betreffende Gehalt erschlossen wurde. Wenn man die Äußerung „Kripke ist ein Alchemist" deutet, bleibt auch nachdem man erschlossen hat, was der Sprecher mitteilen möchte, die Perspektive erhalten, welche Kripke als Alchemist mit verschiedenen Materialien experimentieren sehen lässt.

Der entscheidende Grund, weshalb kontextualistische Metapherntheorien dieser für Metaphern konstitutiven Rahmung bzw. der durch sie vermittelten Perspektive nicht gerecht werden, liegt letztlich in der Fokussierung auf den mit Metaphern ausgedrückten propositionalen Gehalten begründet. Dadurch entsteht auch das Problem, dass nicht klar ist, wie man verschiedene Metaphern unterscheiden kann, welche denselben propositionalen Gehalt ausdrücken. Es wäre z. B. denkbar, dass die beiden Äußerungen „George Bush ist ein Gorilla" und „George Bush ist eine Dampfwalze" in Kontexten geäußert werden, in denen mit ihnen jeweils ausgedrückt wird, dass George Bush unvernünftig und aggressiv ist. Es ist nicht ersichtlich, wie die jeweiligen Ad-hoc-Konzepte GORILLA* und DAMPFWALZE* in diesem Fall unterschieden werden können. Beide umfassen dann nämlich dieselbe Menge an Eigenschaften. Alle darüber hinausgehenden spezifischen Eigenschaften von Gorillas und Dampfwalzen werden gemäß dem Modell der kontextualistischen Metapherntheorien im pragmatischen Deutungsprozess fallen gelassen. Daraus folgt aber wiederum, dass kontextualistische Metapherntheorien nicht dem Umstand gerecht werden können, dass es sich bei den betreffenden Äußerungen um verschiedene Metaphern handelt, weil durch sie, auch nachdem ein bestimmter Gehalt erschlossen wurde, *unterschiedliche*

---

657 Vgl. Stern 2008, 30 f.

658 Vgl. Camp 2008, 14–16. Wenn man z. B. von einem Fußballplatz sagt, dass dieser „flach" sei, obwohl es auf ihm leichte Erhebungen gibt, ist die Wahrnehmung dieser Spannung bzw. Lücke kein konstitutives Merkmal dafür, dass ein Prozess der Sinnauflockerung vorliegt.

Perspektiven auf George Bush geworfen werden. Er wird in gewisser Hinsicht auf verschiedene Art und Weise gerahmt und deswegen mit den jeweiligen Metaphern als etwas anderes präsentiert, auch wenn in beiden Fällen derselbe wahrheitskonditionale Gehalt ausdrückt wird. Eine mögliche Antwortstrategie von Vertretern kontextualistischer Metapherntheorien könnte darin bestehen, dass der entscheidende Unterschied zwischen diesen Metaphern darin liegt, *wie* diese Ad-hoc-Konzepte bei deren Interpretation erschlossen wurden. Es dienen in beiden Fällen nämlich verschiedene lexikalisierte Konzepte als Ausgangspunkt für die Erschließung der jeweiligen Ad-hoc-Konzepte. Dies ist aber keine überzeugende Erwiderung, weil auch auf diese Weise nicht erklärt werden kann, dass diese Perspektiven auch *nach der Erschließung der ausgedrückten Gehalte* präsent bleiben und sogar konstitutiv dafür sind, dass die jeweiligen Deutungen als metaphorisch erfahren werden.

Ein Versuch, diesen spezifischen von Metaphern erzeugten Perspektiven im Rahmen einer kontextualistischen Metapherntheorie gerecht zu werden, kann in der von Sperber/Wilson entwickelten Beschreibung der mit Metaphern verbundenen poetischen Effekte gesehen werden. Wie in Abschnitt 5.2.5 dargelegt wurde, bestehen die poetischen Effekte einer Metapher nach Sperber/Wilson in der Menge der schwachen Implikaturen, welche mit der Metapher verbunden sind. Dieser Versuch erweist sich aber aus mehreren Gründen als unbefriedigend. Zunächst werden solche poetischen Effekte von Sperber/Wilson nicht als notwendige Bedingung für das Vorliegen von Metaphern angesehen. Es kann gemäß ihnen also Metaphern geben, bei denen überhaupt keine poetischen Effekte vorkommen.[659] Nach Davidson und auch im Rahmen der in dieser Arbeit entwickelten Theorie müsste man diese Fälle als tote Metaphern bezeichnen. Sperber/Wilson zufolge können poetische Effekte aber auch bei lebendigen, jedoch poetisch wenig ambitionierte Metaphern ausbleiben. Dies hängt sicherlich auch damit zusammen, dass solche schwachen Implikaturen zumindest in gewissem Maße beabsichtigt sein müssen. Sie können also der intendierten Sprecherbedeutung zugeordnet werden. Die Perspektive, welche mit einer Metapher verbunden ist, kann aber ganz offensichtlich nicht auf solche intendierten Gehalte reduziert werden. Mit einer Metapher lädt der Sprecher die Rezipienten vielmehr ganz allgemein dazu ein, die Ausgangsdomäne durch die Zieldomäne zu sehen. Auch wenn er beabsichtigt, damit einen bestimmten propositionalen Gehalt zu vermitteln, bleibt die Art und Weise, wie sich die Perspektivität der Metaphern bei den Rezipienten entfaltet, weitgehend dem Zugriff des Sprechers entzogen. Es ist

659 Vgl. Sperber/Wilson 2008, 118 f.

dementsprechend möglich, als Rezipient korrekt zu verstehen, was jemand mit einer Metapher mitteilen möchte und dabei zugleich die Ausgangsdomäne auf eine Weise zu sehen, welche der Sprecher nicht im Sinn hatte. Die Art und Weise, wie man George Bush als Gorilla sieht, kann also von Sprecher zu Rezipienten divergieren, ohne dass damit auch der Gehalt variieren müsste, den der Sprecher beabsichtigt mitzuteilen. Schließlich sind Implikaturen darüber hinaus propositionale Gehalte, die wahr oder falsch sein bzw. Erfüllungsbedingungen anderer Sprechakte als Behauptungen erfüllen können. Die durch Metaphern vermittelte Perspektive, die als „Sehen-als“ beschrieben wurde, ist kein weiterer propositionaler Gehalt. Man kann diese Perspektive mit der Erfahrung vergleichen, die man hat, wenn man ein Bild betrachtet. Es wäre ein sinnloses Unterfangen, diese Erfahrung auf das Für-Wahr-Halten einer bestimmten Menge propositionaler Gehalte reduzieren zu wollen.[660]

Eine solche Analyse der poetischen Effekte, wie sie von Sperber/Wilson vorgenommen wird, wirkt sich auch auf die Gestalt des propositionalen Gehaltes aus, der mit einer Metapher ausgedrückt wird. Wenn angenommen wird, dass die Erschließung von Ad-hoc-Konzepten im Allgemeinen als Teil der Explikatur aufgefasst wird, wofür Robyn Carston argumentiert und was Sperber/Wilson in späteren Schriften übernommen haben, muss nämlich geklärt werden, wie sich die Explikatur einer Äußerung zu den zahlreichen schwachen Implikaturen verhält. Dies kann anhand der Äußerung (51) „Nimm deine Pranken von mir!“ veranschaulicht werden. Bei deren Interpretation werden nach Sperber/Wilson viele schwache Implikaturen ausgelöst, wie z. B. dass der Adressat grob, animalisch und gewalttätig ist. Da es sich um Implikaturen handelt, müssen diese auf der Basis des expliziten Gehaltes, d. h. auf der Basis dessen, was als Explikatur bestimmt wurde, erschlossen werden. Sperber/Wilson erkennen, dass ein Ad-hoc-Konzept PRANKE* dann nicht nur die grobe Beschreibung „Extremität eines Körpergliedes“ oder „Hand“ beinhalten kann, weil so nicht erklärt werden kann, wie die schwachen Implikaturen zustande kommen. Die Eigenschaften „ist eine Hand“ oder „ist die Extremität eines Körpergliedes“ bilden nämlich keine Basis für die Implikaturen, dass der Adressat grob, gewalttätig oder animalisch ist. Sperber/Wilson schlagen dementsprechend vor, dass das Ad-hoc-Konzept genuin ad hoc ist, und nicht vollkommen expliziert werden kann. Vielmehr werde der Gehalt der Explikatur bei der Interpretation der Äußerung relativ dazu erschlossen, mit welchen Implikaturen er als verbunden gedacht werden kann. Rezipienten werden bei der Interpretation einer Äußerung dementsprechend versuchen, auf die relevanteste Explikatur zu erschließen. Dies sei diejenige, welche in der

---

660 Vgl. dazu Abschnitt 3.4.1.

Kombination mit den mit ihr verknüpfbaren Implikaturen den größtmöglichen kognitiven Effekt bei geringstmöglichem Prozessierungsaufwand erzeugt.[661]

Es stellt sich hier aber die Frage, welcher mit (51) ausgedrückte propositionale Gehalt denkbar wäre, der den Schluss auf die genannten Implikaturen rechtfertigen könnte. Wie Robyn Carston zu Recht bemerkt, hat diese Rückbindung der schwachen Implikaturen an die Explikatur zur Folge, dass der Inhalt der Explikatur selbst ein hohes Maß an Unbestimmtheit erhält. Dies kommt dadurch zustande, dass es in den meisten Fällen schwer abzuschätzen ist, welche schwachen Implikaturen der Sprecher genau vermitteln möchte. So wie Sperber/Wilson diese konzipieren, ist der Sprecher selbst hierin auch nicht immer entschieden. Da diese Implikaturen als solche aber alle notwendigerweise von der Explikatur getragen werden müssen, überträgt sich diese Unbestimmtheit der Menge der kommunizierten schwachen Implikaturen auf die jeweilige Explikatur.[662] Dies scheint aber eine in doppelter Hinsicht unbefriedigende Analyse darzustellen. Einerseits ist es nicht plausibel, dass die durch eine Metapher vermittelte Perspektive vollständig auf die Menge solcher mehr oder weniger beabsichtigter Implikaturen reduziert wird. Andererseits wird der mit Metaphern ausgedrückte propositionale Gehalt in dieser Analyse derart unbestimmt konzipiert, dass hiermit nicht erklärt werden kann, wie wir mit Metaphern überhaupt erfolgreich kommunizieren können. Der mit (51) ausgedrückte Gehalt kann entgegen der vorgestellten relevanztheoretischen Analyse von einem Adressaten für gewöhnlich ohne Probleme verstanden werden, ohne dass dieser dafür notwendigerweise alle diejenigen Konnotationen erfassen muss, welche der Sprecher auf irgendeine Weise mit „Pranke" assoziiert. Zugleich kann die mit dieser Metapher vermittelte Perspektive auf den Adressaten nicht auf eine Menge von schwachen Implikaturen reduziert werden, weil diese nur wieder eine Menge von propositionalen Gehalten darstellen.[663]

---

661 Vgl. Sperber/Wilson 2008, 101 f.

662 Vgl. Carston 2002, 358.

663 Auch Robyn Carston weist in einem späteren Aufsatz die Theorie von Sperber/Wilson zurück, wonach die „poetischen Effekte", welche mit Metaphern vermittelt werden, letztlich als Summe schwacher Implikaturen analysiert werden können. Sie weist darauf hin, dass die bildliche Dimension von Metaphern allgemein nicht auf propositionale Gehalte reduziert werden kann und auch nicht auf die Art und Weise beabsichtigt sein muss, wie das für Implikaturen gilt. Carston folgert daraus, dass eine überzeugende Metapherntheorie sowohl den häufig mit Metaphern vermittelten propositionalen Gehalt als auch die nicht-propositionale bildhafte Perspektive, welche mit Metaphern verbunden ist, erklären können muss. Als Vermittlungsversuch schlägt Carston vor, dass bei poetischeren Metaphern die bildliche Dimension im Vordergrund steht, wohingegen bei alltäglicheren Metaphern der vermittelte propositionale Gehalt im Fokus ist. Die verschiedenen Arten von Metaphern sind nach Carston insofern vereint, als bei der Interpretation von beiden auf den jeweils nicht zentralen Aspekt Bezug genommen werden kann. So kann auch

Im Rahmen der in dieser Arbeit entwickelten indexikalisch-ähnlichkeitsbasierten Theorie kann im Gegensatz zu kontextualistischen Metapherntheorien der Gehalt, der mit einer Metapher ausgedrückt wird, einigermaßen stabil gehalten werden, weil dieser nicht selbst der Träger der Perspektive ist, welche durch Metaphern vermittelt wird. Andererseits kann der nicht-propositionalen und in ihrer Entfaltung auch nicht abschließbaren Perspektive Rechnung getragen werden. Sie wird nämlich an den Character der metaphorisch interpretierten Äußerung gebunden, der als Träger der kognitiven Signifikanz des metaphorisch interpretierten Ausdrucks fungiert. Über den Character wird auch nach der Erschließung einer Interpretation die wörtliche Bedeutung eines metaphorisch interpretierten Ausdrucks in gewisser Hinsicht präsent gehalten.

---

bei einer alltäglichen Metapher die bildliche und bei einer poetischen Metapher der propositionale Aspekt sinnvollerweise in den Blick genommen werden (vgl. Carston 2010, 311–318). Dieser Analyse von Carston ist grundsätzlich zuzustimmen. Allerdings geht sie nicht wesentlich über eine Beschreibung des Problems hinaus. Sie erläutert nicht, wie im Rahmen der Relevanztheorie die Verhältnisbestimmung dieser beiden Aspekte erfasst werden kann und die erläuterten Probleme mit den durch Metaphern vermittelten Perspektiven vermieden werden können.

6 Schlussüberlegungen

In dieser Arbeit wurde der Versuch unternommen, eine Theorie zu entwickeln, die dem Phänomen der Metapher in seiner ganzen Vielfalt gerecht wird. Dazu wurde in Kapitel 2 zunächst ausführlich dargelegt, wie das Verhältnis von Metaphern zu Vergleichen und Ähnlichkeitsrelationen zu verstehen ist. Im Rahmen dieser Diskussion wurde erörtert, weshalb die traditionell sehr einflussreiche Vergleichstheorie der Metapher insgesamt nicht überzeugend ist. Auf der Basis von dieser kann z. B. nicht erklärt werden, dass Metaphern häufig nicht ohne semantischen Verlust in die Form eines Vergleichs überführt werden können. Zudem bleibt es unklar, welcher explanatorische Mehrwert mit der Reduktion solcher Äußerungen auf Vergleiche verbunden sein sollte. Als interessanter und aufschlussreicher für das Verständnis von Metaphern hat sich hingegen die Relation der Ähnlichkeit erwiesen. Diese konnte vor dem Hintergrund der Structure-Mapping-Theorie, die maßgeblich auf die Kognitionswissenschaftlerin Dedre Gentner zurückgeht, gegenüber dem vorgestellten aristotelischen Verständnis signifikant präzisiert werden. Aus der Diskussion weiterer Theorien zur Beschreibung der Struktur der bei der Interpretation von Metaphern involvierten kognitiven Prozesse geht am Ende von Kapitel 2 hervor, dass es insgesamt überzeugend ist, metaphorische Interpretationen als *ähnlichkeitsbasiert* zu verstehen. Damit ist gemeint, dass Ähnlichkeit im Rahmen einer metaphorischen Interpretation immer als einschränkendes Kriterium dafür vorausgesetzt wird, welche Eigenschaften von einer Ausgangsdomäne auf eine Zieldomäne übertragen werden können. Das schließt selbstverständlich nicht aus, dass Ähnlichkeit, vor allem wenn sie auf strukturell tiefgreifenden Übereinstimmungen zwischen den ins Verhältnis gesetzten Gegenstandsbereichen beruht, auch die treibende Kraft für die Interpretation einer Metapher bilden kann. Besonders interessante und ästhetische reizvolle metaphorische Interpretationen bauen für gewöhnlich auf solchen strukturellen Ähnlichkeiten zwischen unterschiedlichen Gegenstandsbereichen auf.

Mit einer solchen Beschreibung der Struktur der bei der Interpretation von Metaphern involvierten kognitiven Prozesse ist aber noch nichts darüber ausgesagt, wie Metaphern in Sprache und Kommunikation eingebunden sind. In Kapitel 3 wurden grundlegende und einflussreiche Theorien bezüglich dieser Frage vorgestellt, die in semantische, pragmatische und bedeutungsskeptische Metapherntheorien aufgeteilt wurden. Gemäß semantischen Metapherntheorien wird im Falle von Metaphern die wörtliche Bedeutung eines Ausdrucks mit einer neuen metaphorischen Bedeutung ausgetauscht. Im Rahmen pragmatischer Metapherntheorien bleibt die wörtliche Bedeutung eines Ausdrucks im Falle einer metaphorischen Interpretation hingegen erhalten. Es wird aber auf der Ebene der

https://doi.org/10.1515/9783110732122-007

Sprecherbedeutung etwas kommuniziert, das wesentlich von der wörtlichen Interpretation der betreffenden Äußerung abweicht. Gemäß den Vertretern bedeutungsskeptischer Ansätze schließlich vermitteln Metaphern überhaupt keine propositionalen Gehalte. Sie dienen vielmehr nur dazu, nicht-propositionale Effekte zu erzeugen, die als reizvoll und ästhetisch stimulierend wahrgenommen werden. In Kapitel 3 wurde gezeigt, dass all die Ansätze, welche diesen Kategorien von Metapherntheorien zugeordnet werden können, mit grundlegenden Problemen verbunden sind. Semantische Metapherntheorien setzen z. B. ein unklares und wenig überzeugendes Konzept einer „metaphorischen Bedeutung" voraus. Pragmatische Metapherntheorien haben Probleme damit, die strukturellen Unterschiede zwischen Metaphern und Stilmitteln wie Ironie, indirekten Sprechakten oder klassischen Fällen konversationeller Implikaturen zu erklären. Zudem wird im Rahmen pragmatischer Metapherntheorien die Rolle der wörtlichen Interpretation einer Äußerung, in der Ausdrücke metaphorisch verstanden werden, nicht überzeugend beschrieben. Bedeutungsskeptische Ansätze schließlich können nicht angemessen erfassen, welche Rolle Metaphern in unserer Kommunikation spielen können. Häufig werden Metaphern nämlich nicht nur dazu genutzt, um ästhetische Effekte zu erzeugen, sondern dienen auch dazu, bestimmte propositionale Gehalte zu vermitteln. Letzteres wird auch daran erkennbar, dass es häufig nicht beliebig ist, wie eine bestimmte Metapher in einem bestimmten Äußerungskontext zu verstehen ist.

In Kapitel 4 wurde der Versuch unternommen, eine Theorie für Metaphern zu entwickeln, die nicht mit den Problemen der in Kapitel 3 vorgestellten Theorien verbunden ist. Dazu wurde zunächst eine Analogie zwischen der Interpretation von indexikalischen und metaphorisch verstandenen Ausdrücken herausgearbeitet. Den Hintergrund hierfür bildeten die Überlegungen zu indexikalischen Ausdrücken von David Kaplan und John Perry. Es wurde gezeigt, dass die metaphorische Deutung von Ausdrücken, ebenso wie die Deutung indexikalischer Ausdrücke, kontext-sensitiv ist und der Kontext dabei eine genuin semantische Rolle einnimmt, weil er dazu beiträgt, eine bestimmte Deutung zu erzeugen und nicht nur zwischen verschiedenen fest etablierten Deutungen eines Ausdrucks zu disambiguieren. Des Weiteren muss die Deutung metaphorisch verstandener Ausdrücke, wie diejenige indexikalischer Ausdrücke, relativ zum Äußerungskontext festgelegt werden und kann nicht z. B. durch Modaloperatoren auf kontrafaktische Umstände der Bewertung projiziert werden. Im Gegensatz zur Interpretation der meisten klassischen Beispiele für indexikalische Ausdrücke, wie „ich", „hier" oder „jetzt", ist diese Art und Weise der Interpretation jedoch nicht konventionell mit den Ausdrücken verbunden, die metaphorisch verstanden werden. Des Weiteren wird im Falle metaphorischer Deutungen immer primär auf Eigenschaften Bezug genommen, auch wenn es sich bei den betreffenden Ausdrücken gemäß ihrer konventionellen Bedeutung um singuläre Termini wie z. B. Eigennamen handelt. Um den Unterschied zwischen einer wörtlichen und einer metaphorischen Interpretation eines Ausdrucks zu erfassen, wurde deshalb die semantische Regel R-MET expliziert. Diese stellt eine konventionell festgelegte schematische Regel dar, die auf viele verschiedene Ausdrücke angewendet werden kann. Es wird im Rahmen der indexikalisch-ähnlichkeitsbasierten Theorie angenommen, dass ein Ausdruck, wenn er metaphorisch verstanden wird, gemäß dieser Regel R-MET interpretiert wird.

Die Interpretation eines Ausdrucks nach der Regel R-MET ist aber allein nicht konstitutiv für das Vorliegen einer metaphorischen Deutung. Wie in Kapitel 4 gezeigt wurde, liegt nämlich auch metonymischen Deutungen die Interpretation eines Ausdrucks gemäß der Regel R-MET zugrunde. Eine metaphorische Deutung muss dementsprechend als Kombination der Deutung eines Ausdrucks gemäß der Regel R-MET mit dem Umstand, dass diese Deutung mithilfe eines ähnlichkeitsbasierten Interpretationsprozesses vorgenommen wird, verstanden werden. Metaphern sind dann als Sätze zu verstehen, in denen Ausdrücke metaphorisch interpretiert werden. Wie im weiteren Verlauf von Kapitel 4 gezeigt wurde, erweist sich die indexikalisch-ähnlichkeitsbasierte Theorie als besonders erklärungsstark. Mit ihrer Hilfe kann z. B. der prinzipielle Unterschied zwischen primären Operationen wie metaphorischen Deutungen und sekundären Operationen wie ironischen Interpretationen, indirekten Sprechakten oder klassischen Fällen konversationeller Implikaturen adäquat erfasst werden. Des Weiteren bietet die Unterscheidung zwischen Character und propositionalem Gehalt die Möglichkeit, die durch Metaphern vermittelte Perspektive mit dem durch sie ausgedrückten propositionalen Gehalt auf eine plausible Art und Weise ins Verhältnis zu setzen. Außerdem kann mithilfe von der indexikalisch-ähnlichkeitsbasierten Theorie, im Gegensatz zu den in Kapitel 3 vorgestellten Theorien, das Verhalten metaphorischer Interpretationen im Rahmen anaphorischer VP-Ergänzungen plausibel beschreiben werden. Schließlich erweist sie sich, wie in Kapitel 5 dargelegt wurde, als insgesamt erklärungsstärker als die gegenwärtig sehr einflussreichen konzeptuellen und kontextualistischen Metpahertheorien. Ihre Überlegenheit gegenüber anderen Theorien zeigt sich insgesamt besonders darin, dass sie die Vielfalt der mit dem Phänomen der Metaphern verbundenen Eigenschaften innerhalb eines Theorierahmens plausibel beschreiben kann.

Gemäß der vorgestellten Theorie kann die Funktion von Metaphern nicht bloß auf die Dekoration von Sprache reduziert werden. In Anlehnung an Aristoteles müssen Metaphern stattdessen genuin erkenntniserweiternde Eigenschaften zugeschrieben werden. Dies wurde in dieser Theorie dadurch geltend gemacht, dass mithilfe von Metaphern auf propositionale Gehalte Bezug genommen werden kann, die nicht mit wörtlicher Sprache wiedergegeben werden können. Es handelt sich in diesem Fall um sogenannte De-Re-Metaphern. Die erkenntniserweiternde Funktion kommt vor allem bei solchen Metaphern zur Geltung, bei denen Übertragungen auf der Basis gemeinsamer Strukturen zwischen Ausgangs- und Zieldomäne vorgenommen werden. In diesem Fall kann der Analyse von Mary Hesse zugestimmt werden, welche die Erklärungsfunktion von Metaphern als „metaphorical redescription of the domain of the explanandum“ beschreibt. Hesse geht davon aus, dass im Falle einer metaphorischen Deutung die Ausgangsdomäne als Modell und somit als Explanans fungiert, durch das die Zieldomäne als Explanandum beschrieben und erklärt wird.[664] Daran wird ersichtlich, dass die über den Character vermittelte, mit Metaphern verbundene Perspektive nicht nur eine Zierde des ausgedrückten propositionalen Gehaltes darstellt, sondern sich selbst produktiv auf den Interpretationsprozess auswirkt.

Metaphern machen die Sprache insgesamt also nicht nur effektiver oder ästhetisch reizvoller, sondern stellen unerlässliche Mittel für die Erweiterung dessen dar, was mit Sprache ausgedrückt werden kann. Über den Prozess der Konventionalisierung dienen sie auch dazu, den Umfang dessen zu erweitern, was mithilfe der konventionellen Bedeutung von Ausdrücken, d.h. mit wörtlich verstandener Sprache, erfasst werden kann. Entgegen einiger Strömungen in der gegenwärtigen Linguistik und Sprachphilosophie wird in der vorgestellten Theorie jedoch nicht angenommen, dass es letztlich keinen greifbaren Unterschied zwischen wörtlich und metaphorisch verstandener Sprache gibt. Mit Theorien, im Rahmen derer ein solcher Unterschied bestritten wird, kann u.a. nicht erklärt werden, dass metaphorische Deutungen immer parasitär gegenüber der wörtlichen Bedeutung bestimmter Ausdrücke sind. So setzt die metaphorische Interpretation eines Ausdrucks immer die Kenntnis der wörtlichen Bedeutung des betreffenden Ausdrucks voraus, wohingegen andersherum, die wörtliche Interpretation nicht die Kenntnis möglicher metaphorischer Deutungen voraussetzt. Die wörtliche Bedeutung eines Ausdrucks bleibt gemäß der indexikalisch-ähnlichkeitsbasierten Theorie auch im Falle der metaphorischen Interpretation über den Character aktiv und ist wesentlich für die mit der betreffenden Metapher verbundenen kognitiven Signifikanz verantwortlich.

Es sollte aus den Überlegungen dieser Arbeit deutlich geworden sein, dass die Metapher ein faszinierendes Phänomen darstellt, dessen Untersuchung an der Schnittstelle von Disziplinen wie Sprachphilosophie, Linguistik, Psychologie, Kognitionswissenschaften und Literaturwissenschaften liegt. Obwohl in dieser Arbeit versucht wurde, viele Aspekte des Phänomens der Metapher zu berück-

664 Vgl. Hesse 1966, 170f.

sichtigen, mussten auch einige Gesichtspunkte ausgeblendet werden. Es wurde z. B. nicht in den Blick genommen, welche soziologische Rolle Metaphern besitzen. In diesem Zusammenhang könnte z. B. gefragt werden, weshalb wir bestimmte Metaphern und nicht andere zu bestimmten Zwecken verwenden und was dies allgemein über die Kommunikation in unserer Gesellschaft aussagt. Metaphern eignen sich insgesamt z. B. besonders gut, um die Sprache auf eine bestimmte Art und Weise zu „framen“ und dadurch die kommunizierten Inhalte mit bestimmten Gefühlen und Assoziationen zu verbinden. Außerdem wurde in der Arbeit nicht genauer expliziert, welche Auswirkungen die vorgestellten Analysen von Metaphern für das Verständnis von Sprache im Allgemeinen haben. So wurde der Einfluss des Kontextes auf die Interpretation sprachlicher Elemente zwar in Bezug auf metaphorische Deutungen erläutert, aber nicht gleichermaßen detailliert dargelegt, wie genau dieser Einfluss z. B. bei graduierbaren Adjektiven, Quantoren mit nicht explizit spezifizierten Domänen oder elliptischen Äußerungen zu beschreiben ist. Ebenso wurde nicht erörtert, welche Auswirkungen das entwickelte Verständnis von Metaphern auf die Kompositionalität von Sprache sowie für Bedeutungstheorien im Allgemeinen hat. Diese thematische Begrenzung hängt auch damit zusammen, dass in dieser Arbeit der Versuch unternommen wurde, in erster Linie die Vielfalt des Phänomens der Metapher in den Blick zu nehmen und darauf aufbauend eine Theorie für dieses Phänomen zu entwickeln. Es wurde dementsprechend nicht erst eine bestimmte Gesamttheorie von Sprache und Bedeutung entwickelt bzw. eine bereits vorhandene Theorie vorausgesetzt und vor dem Hintergrund von dieser expliziert, wie Metaphern zu verstehen sind. Ein solches Vorgehen wäre Gefahr gelaufen, nur diejenigen Aspekte des Phänomens der Metapher in den Blick zu nehmen, die besonders gut zu der betreffenden Theorie passen. In dieser Arbeit wurde stattdessen andersherum versucht, eine Theorie zu entwickeln, die besonders gut zu dem Phänomen der Metapher passt.

Literatur

Alston, William P. (2000): *Illucutionary Acts and Sentence Meaning*, Ithaca/London: Cornell University Press.

Aristoteles (1970): *Meteorologie*, hrsg. von Hans Strohm, Berlin: Akademie Verlag.

Aristoteles (1978): *Metaphysik*, hrsg. von Horst Seidl, Hamburg: Felix Meiner.

Aristoteles (1984a): „De partibus animalium", in: *The complete Works of Aristotle*, hrsg. von Jonathan Barnes, Princeton: Princeton UP, 994–1086.

Aristoteles (1984b): „Parva naturalia", in: *The complete Works of Aristotle*, hrsg. von Jonathan Barnes, Princeton: Princeton UP, 693–763.

Aristoteles (1997): *Topik*, hrsg. von Hans Günther Zekl, Hamburg: Felix Meiner.

Aristoteles (1998): *Analytica posteriora*, hrsg. von Hans Günther Zekl, Hamburg: Felix Meiner.

Aristoteles (2017a): *Poetik*, hrsg. von Manfred Fuhrmann, Stuttgart: Reclam.

Aristoteles (2017b): *Rhetorik*, hrsg. von Gernot Krapinger, Stuttgart: Reclam.

Arzouan, Yossi/Abraham Goldstein/Miriam Faust (2007): „Brainwaves are stethoscopes: ERP correlates of novel metaphor comprehension", in: *Brain Research* 1160, 69–81.

Auctor ad Herennium (1994): *Rhetorica ad Herennium*, hrsg. von Theodor Nüßlein, Zürich: Artemis und Winkler.

Auden, Wystan H. (1944): *Another Time*, London: Faber und Faber Limited.

Bach, Kent (1994): „Conversational Impliciture", in: *Mind and Language* 9.2, 124–162.

Bach, Kent (1999): „The Myth of conventional Implicature", in: *Linguistics and Philosophy* 22.4, 327–366.

Bach, Kent (2001): „You Don't Say?", in: *Synthese* 128.1/2, 15–44.

Bach, Kent (2002): „Giorgione Was So-Called Because of His Name", in: *Philosophical Perspectives* 16, 73–103.

Bach, Kent (2005): „Context ex Machina", in: *Semantics versus Pragmatics*, hrsg. von Zoltán Gendler Szabó, Oxford: Clarendon Press, 15–44.

Bach, Kent/Robert M. Harnish (1979): *Linguistics Communication and Speech Acts*, Cambridge, MA: MIT Press.

Barker, Stephen J. (2004): *Renewing Meaning*, Oxford: Oxford UP.

Barker, Stephen J./Mihaela Popa-Wyatt (2015): „Irony and the dogma of sorce and sense", in: *Analysis* 75.1, 9–16.

Baron, Sam/Kristie Miller (2019): *An Introduction to the Philosophy of Time*, Cambridge: Polity Press.

Bartsch, Renate (1986): „The Construction of Properties under Perspective", in: *Journal of Semantics* 5, 293–320.

Bartsch, Renate (2003): „Generating polysemy: Metaphor and metonymy", in: *Metaphor and Metonymy in Comparison and Contrast*, hrsg. von René Dirven/Ralf Pörings, Berlin/New York: Mouton de Gruyter, 49–74.

Beardsley, Monroe C. (1962): „The Metaphorical Twist", in: *Philosophy and Phenomenological Research* 23.3, 293–307.

Beaver, David I./Bart Geurts (2014): „Presupposition", in: *Stanford Encyclopedia of Philosophy*, hrsg. von Edwad N. Zalta, URL = <https://plato.stanford.edu/archives/win2014/entries/presupposition/> (07.01.2019).

Bezuidenhout, Anne (2001): „Metaphor and What is said", in: *Midwest Studies in Philosophy* 25, 156–186.

https://doi.org/10.1515/9783110732122-008

Bezuidenhout, Anne (2002): „Truth-Conditional Pragmatics“, in: *Philosophical Perspectives* 16, 105 – 134.
Binkley, Timothy (1974): „On the truth and Probity of Metaphor“, in: *The Journal of Aesthetics and Art Criticism* 33.2, 171 – 180.
Black, Max (1955): „Metaphor“, in: *Proceedings of the Aristotelian Society* 55, 273 – 294.
Black, Max (1977): „More about Metaphor“, in: *Dialectica* 31.3 – 4, 431 – 457.
Blank, Glenn D. (1988): „Metaphors in the Lexicon“, in: *Metaphor and Symbolic Activity* 3.1, 21 – 36.
Blasko, Dawn G./Cynthia M. Connine (1993): „Effects of Familiarity and Aptness on Metaphor Processing“, in: *Journal of Experimental Psychology: Learning, Memory, and Cognition* 19.2, 295 – 308.
Blumenberg, Hans (1999): *Paradigmen zu einer Metaphorologie*, Frankfurt am Main: Suhrkamp.
Borg, Emma (2007): „Minimalism vs. Contextualism in Semantics“, in: *Context-Sensitivity and Semantic Minimalism. New Essays on Semantics and Pragmatics*, hrsg. von Gerhard Preyer/Georg Peter, Oxford: Oxford UP, 339 – 359.
Bowdle, Brian/Dedre Gentner (2001): „Convention, Form, and Figurative Language Processing“, in: *Metaphor and Symbol* 16, 223 – 247.
Bowdle, Brian/Dedre Gentner (2005): „The Career of Metaphor“, in: *Psychological Review* 112.1, 193 – 216.
Braun, David (2017): „Indexicals“, in: *The Stanford Encyclopedia of Philosophy*, hrsg. von Edwad N. Zalta, URL = <https://plato.stanford.edu/archives/sum2017/entries/indexicals/> (26.06.2017).
Brooke-Rose, Christine (1958): *A Grammar of Metaphor*, London: Secker und Warburg.
Burge, Tyler (1973): „Reference and Proper Names“, in: *The Journal of Philosophy* 70.14, 425 – 439.
Camp, Elisabeth (2005): „Review: Josef Stern, Metaphor in Context“, in: *Nous* 39.4, 715 – 731.
Camp, Elisabeth (2006a): „Contextualism, Metaphor and What is Said“, in: *Mind and Language* 21.3, 280 – 309.
Camp, Elisabeth (2006b): „Metaphor and That Certain 'Je Ne Sais Quoi'“, in: *Philosophical Studies* 129.1, 1 – 25.
Camp, Elisabeth (2008): „Showing, Telling and Seeing. Metaphor and 'Poetic' Language“, in: *The Baltic International Yearbook of Cognition, Logic and Communication* 3, 1 – 24.
Camp, Elisabeth (2012): „Sarcams, Pretense and the Semantics/Pragmatics Distinction“, in: *Nous* 46.4, 587 – 634.
Cappelen, Herman/Ernest Lepore (2005): *Insensitive Semantics: A Defense of Semantic Minimalism and Speech Act Pluralism*, Malden: Blackwell.
Carnap, Rudolf (1942): *Introduction to Semantics*, Cambridge, MA: Harvard UP.
Carnap, Rudolf (1958): *Meaning and Necessity. A Study in Semantics and Modal Logic*, Chicago und London: University of Chicago Press.
Carston, Robyn (1997): „Enrichment and Loosening: Complementary Processes in Deriving the Proposition Expressed?“, in: *Linguistische Berichte* 8, 103 – 127.
Carston, Robyn (2002): *Thoughts and Utterances: The Pragmatics of Explicit Communication*, Malden: Blackwell, 33 – 51.
Carston, Robyn (2010): „Ad Hoc Concepts, Literal Meaning and Mental Images“, in: *Proceedings of the Aristotelian Society* 110, 295 – 321.

Carston, Robyn & Wearing, Catherine. (2015). Hyperbolic language and its relation to metaphor and irony. *Journal of Pragmatics, 79*, 79 – 92.
Cavell, Stanley (1969): „Aesthetic Problems of Modern Philosophy", in: *Must We Mean What We Say? A Book of Essays*, New York: Charles Scribner's Sons, 73 – 96.
Chalmers, David (2004): „Epistemic Two-Dimensional Semantics", in: *Philosophical Studies*, 153 – 226.
Chalmers, David (2006): „Two Dimensional Semantics", in: *The Oxford Handbook of Philosophy of Language*, hrsg. von Ernest Lepore/Barry C. Smith, Oxford: Oxford UP, 575 – 606.
Cicero (2016): *De Oratore. Über den Redner*, hrsg. von Harald Merklin, Stuttgart: Reclam.
Clark, Herbert/Richard Gerrig (1984): „On the Pretense Theory of Irony", in: *Journal of Experimental Psychology: General* 113, 121 – 126.
Coenen, Hans Georg (1997): „Der Löwe Achilles. Überlegungen anläßlich der Metaphernlehre des Aristoteles", in: *Vir Bonus Dicendi Peritus. Festschrift für Alfons Weische zum 65. Geburtstag*, hrsg. von Beate Czapla/Tomas Lehman/Susanne Liell, Wiesbaden: Dr. Ludwig Reichert Verlag, 39 – 48.
Coenen, Hans Georg (2002): *Analogie und Metapher*, Berlin/New York: De Gruyter.
Cohen, Ted (1976): „Notes on Metaphor", in: *The Journal of Aesthetics and Art Criticism* 34.3, 249 – 259.
Coulson, Seana/Cyma Van Petten (2002): „Conceptual integration and metaphor: An event-related potential study", in: *Memory and Cognition* 30.6, 958 – 968.
Croft, William (2003): „The role of domains in the interpretation of metaphors and metonymies", in: *Metaphor and Metonymy in Comparison and Contrast*, hrsg. von René Dirven/Ralf Pörings, Berlin/New York: Mouton de Gruyter, 161 – 205.
Currie, Gregory (2006): „Why Irony is Pretence", in: *The Architecture of the Imagination. New Essays on Pretence, Possibility, and Fiction*, hrsg. von Nichols Shaun, Oxford: Oxford UP, 111 – 133.
Dahlheim, Werner (2010): *Augustus. Anführer, Herrscher, Heiland. Eine Biographie*, München: C. H. Beck.
Davidson, Donald (1978): „What Metaphors Mean", in: *Critical Inquiry* 5.1, 31 – 47.
Davis, Wayne (2014): „Implicature", in: *Stanford Encyclopedia of Philosophy*, hrsg. von Ed ward N. Zalta, URL = <https://plato.stanford.edu/archives/fall2014/entries/implicature/> (15. 05. 2017).
De Grauwe, Sophie/Abigail Swain/Phillip J. Holcomb/Tali Ditman/Gina R. Kuperberg (2010): „Electrophysiological insights into the processing of nominal metaphors", in: *Neurophysologia* 48, 1965 – 1984.
Domin, Hilde (2014): *Nur eine Rose als Stütze. Gedichte*, Frankfurt am Main: Fischer.
Donnellan, Keith S. (1966): „Reference and Definite Descriptions", in: *The Philosophical Review* 75.3, 281 – 304.
Drux, Rudolf (2009): „Tropus", in: *Historisches Wörterbuch der Rhetorik*, hrsg. von Gert Ueding, Tübingen: Max Niemeyer, 809 – 830.
Eco, Umberto (1979): „The Semantics of Metaphor", in: *The Role of the Reader. Explorations in the Semiotics of Texts*, Bloomigton: Indiana University Pressmigton: 67 – 89.
Eggs, Ekkehard (2001a): „Metapher", in: *Historisches Wörterbuch der Rhetorik*, hrsg. von Gert Ueding, Bd. 5, Tübingen: Max Niemeyer, 1099 – 1183.
Eggs, Ekkehard (2001b): „Metonymy", in: *Historisches Wörterbuch der Rhetorik*, hrsg. von Gert Ueding, Bd. 5, Tübingen: Max Niemeyer, 1196 – 1223.

Falkenhainer, Brian/Kenneth D. Forbus/Dedre Gentner (1989): „The Structure-Mapping Engine: Algorithm and Examples“, in: *Artificial Intelligence* 41, 1–63.
Fara, Delia Graff (2015): „Names Are Predicates“, in: *Philosophical Review* 124.1, 59–117.
Fitch, Greg/Micheal Nelson (2018): „Singular Propositions“, in: *Stanford Encyclopedia of Philosophy*, hrsg. von Edwad N. Zalta, URL = <https://plato.stanford.edu/archives/spr2018/entries/propositions-singular/> (03.12.2019).
Fogelin, Robert (1994): „Metaphors, Simile and Similarity“, in: *Aspects of Metaphor*, hrsg. von Jaakko Hintikka, Dodrecht/Boston/London: Kluwer Academic Publishers, 23–40.
Fogelin, Robert (2011): *Figuratively Speaking*, Oxford: Oxford UP.
Frege, Gottlob (1892): „Über Sinn und Bedeutung“, in: *Zeitschrift für Philosophie und philosophische Kritik*, 25–50.
Frege, Gottlob (1918): „Der Gedanke. Eine logische Untersuchung“, in: *Beiträge zur Philosophie des deutschen Idealismus* 2, 58–77.
Geeraerts, Dirk (2003): „The interaction of metaphor and metonymy in composite expressions“, in: *Metaphor and Metonymy in Comparison and Contrast*, hrsg. von René Dirven/Ralf Pörings, Berlin/New York: Mouton de Gruyter, 435–465.
Geiger, Odie/Lawrence M. Ward (1999): „Metaphor and the Mental Lexicon“, in: *Brain and Language* 68, 192–198.
Gentile, Francesco P. (2013): „Talking Metaphors: Metaphors and The Philosophy of Language“, Diss., University of Nottingham.
Gentner, Dedre (1983): „Structure Mapping: A Theoretical Framwork of Analogy“, in: *Cognitive Science.*
Gentner, Dedre (1988): „Metaphor as Structure Mapping: The Relational Shift“, in: *Child Development*, 47–59.
Gentner, Dedre/Brian Bowdle (2008): „Metaphor as Structure Mapping“, in: *The Cambridge Handbook of Metaphor and Thought*, Cambridge: Cambridge UP, 109–128.
Gentner, Dedre/Brian Bowdle/Phillip Wolff/Consuelo Boronat (2001): „Metaphor is like Analogy: Perspectives from Cognitive Science“, in: *The Analogical Mind: Perspectives from cognitive Science*, Cambridge, MA: MIT Press, 199–254.
Gentner, Dedre/Arthur Markman (1997): „Structure Mapping in Analogy and Similarity“, in: *American Psychologist* 52.1, 45–56.
Gentner, Dedre/Phillip Wolff (1997): „Alignment in the Process of Metapher“, in: *Journal of Memory and Language*, 331–355.
Gerrig, Richard J./Alice F. Healy (1983): „Dual Processes in metaphor Understanding: Comprehension and Appreciation“, in: *Journal of Experimental Psychology: Learning, Memory, and Cognition* 9.4, 667–675.
Gibbs, Raymond W. (1994): *The Poetics of Mind: Figurative Thought, Language, and Understanding*, Cambridge: Cambridge UP.
Gibbs, Raymond W. (2011): „Evaluating Conceptual Metaphor Theory“, in: *Discourse Processes* 48, 529–562.
Gildea, Patricia/Sam Glucksberg (1983): „On Understanding Metaphor: The Role of Context“, in: *Journal of Verbal Learning and Verbal Behavior* 22, 577–590.
Giora, Rachel (1999): „On the priority of salient meanings: Studies of literal and figurative language“, in: *Journal of Pragmatics* 31, 919–929.
Glucksberg, Sam (2001): *Understanding figurative Language. From Metaphors to Idioms*, Oxford: Oxford UP.

Glucksberg, Sam/Patricia Gildea/Howard B. Bookin (1982): „On Understanding Nonliteral Speech: Can People Ignore Metaphors?“, in: *Journal of Verbal Learning and Verbal Behavior* 21, 85 – 98.

Glucksberg, Sam/Catherine Haught (2006): „On the Relation between Metaphor and Simile: When Metaphor fails“, in: *Mind and Language* 21.3, 360 – 378.

Glucksberg, Sam/Boaz Keysar (1993): „How Metaphors Work“, in: *Metaphor and Thought*, hrsg. von Andrew Ortony, Cambridge: Cambridge UP, 401 – 424.

Glucksberg, Sam/Matthew McGlone/Deanna Manfredi (1997): „Property Attribution in Metaphor Comprehension“, in: *Journal of Memory and Language* 36, 50 – 67.

Goodman, Nelson (1976): *Languages of Art*, Indianapolis: Hackett Publishing Company.

Goossens, Louis (1990): „Metaphtonymy: the interaction of metaphor and metonymy in expressions for linguistic action“, in: *Cognitive Linguistics* 1.3, 323 – 340.

Gray, Aidan (2014): „Name-bearing, reference, and circularity“, in: *Philosophical Studies* 171.2, 207 – 231.

Grice, H. Paul (1957): „Meaning“, in: *The Philosophical Review* 66.3, 377 – 388.

Grice, H. Paul (1975): „Logic and Conversation“, in: *Syntax and Semantics* 3, 41 – 58.

Guttenplan, Samuel (2006): „The Transparency of Metaphor“, in: *Mind and Language* 21.3, 333 – 359.

Harm, Volker (2015): *Einführung in die Lexikologie*, Darmstadt: WBG.

Haser, Verena (2005): *Metaphor, Metonymy and Experientialist Philosophy. Challenging Cognitive Semantics*, Berlin/New York: Mouton de Gruyter.

Hesse, Mary (1966): *Models and Analogies in Science*, Notre Dame, IN: University of Notre Dame Press.

Hills, David (1997): „Aptness and Truth in Verbal Metaphor“, in: *Philosophical Topics* 25, 117 – 153.

Hills, David (2002): „Review: Metaphor in Context by Josef Stern“, in: *Philosophical Review* 111.3, 473 – 478.

Hills, David (2008): „Problems of Paraphrase: Bottom's Dream“, in: *The Baltic International Yearbook of Cognition* 3, 1 – 46.

Hills, David (2017): „Metaphor“, in: *Stanford Encyclopedia of Philosophy*, hrsg. von Edward N. Zalta, URL = <https://plato.stanford.edu/archives/fall2017/entries/metaphor/> (07. 03. 2019).

Holyoak, Keith J./Paul Thagard (1989): „Analogical Mapping by Constraint Satisfaction“, in: *Cognitive Science* 13, 295 – 355.

Iakimova, Galina/Christine Passerieux/Jean-Paul Laurent/Marie-Christine Hardy-Bayle (2005): „ERPs of metaphoric, literal, and incongruous semantic processing in schizophrenia“, in: *Psychophysiology* 42, 380 – 390.

Inhoff, Albrecht Werner/Susan D. Lima/Patrick J. Caroll (1984): „Contextual effects on metaphor comprehension in reading“, in: *Memory and Cognition* 12.6, 558 – 567.

Jackendoff, Ray/David Aaron (1991): „Review: Lakoff, George/Turner, Mark: More than cool reason. A field guide to poetic metaphor“, in: *Language* 67.2, 320 – 338.

Jackson, Frank (1998): *From Metaphysics to Ethics: A Defence of Conceptual Analysis*, Oxford: Oxford UP.

Jakobson, Roman (1974): *Aufsätze zur Linguistik und Poetik*, hrsg. von Wolfgang Raible, Nymphenburger Verlagshandlung.

Jeshion, Robin (2015): „Referentialism and Predicativism About Proper Names“, in: *Erkenntnis* 80, 363–404.
Jeshion, Robin (2017): „'The' Problem for the-Predicativism“, in: *Philosophical Review* 126.2, 219–240.
Kant, Immanuel (1968): *Kants Werke. Akademie-Textausgabe, Band IV*, Berlin: Walter de Gruyter.
Kaplan, David (1985): „Dthat“, in: *The Philosophy of Language*, hrsg. von A.P. Martinich, Oxford: Oxford UP, 315–329.
Kaplan, David (1989a): „Demonstratives“, in: *Themes from Kaplan*, hrsg. von Jospeh Almog/ John Perry/ Howard Wettstein, Oxford: Oxford UP, 481–563.
Kaplan, David (1989b): „Afterthoughts“, in: *Themes from Kaplan*, hrsg. von Joseph Almog/John Perry/ Howard Wettstein, Oxford: Oxford UP, 782–820.
Karttunen, Lauri (1973): „Presuppositions of Compound Sentences“, in: *Linguistic Inquiry* 4.2, 169–193.
Katholische Bibelanstalt GmbH, Stuttgart, Hrsg. (1980): *Die Bibel. Altes und Neues Testament. Einheitsübersetzung*, Freiburg im Breisgau: Herder.
Keysar, Boaz (1989): „On the Functional Equivalence of Literal and Metaphorical Interpretations in Discourse“, in: *Journal of Memory and Language* 28, 375–385.
King, Jeffrey (2017): „Structured Propositions“, in: *Stanford Encyclopedia of Philosophy*, hrsg. von Edwad N. Zalta, URL = <https://plato.stanford.edu/archives/fall2017/entries/propositions- structured/> (18.11.2018).
King, Martin Luther (2001): „ A Call to Conscience. The Landmark Speeches of Dr. Martin Luther King Jr.“, in: Hrsg. von Clayborne Carson/Kris Shepard, Boston/New York: Grand Central Publishing.
Kittay, Eva F. (1982): „The Creation of Similarity: A Discussion of Metaphor in Light of Tversky's Theory of Similarity“, in: *Proceedings of the Biennial Meeting of the Philosophy of Science Association* 1, 394–405.
Kittay, Eva F. (1987): *Metaphor. Its Cognitive Force and Linguistic Structure*, Oxford: Clarendon Press.
Kober, Michael (2002): *Bedeutung und Verstehen. Grundlegung einer allgemeinen Theorie sprachlicher Kommunikation*, Paderborn: Mentis.
Koch, Peter/Esme Winter Froemel (2009): „Synekdoche“, in: *Historisches Wörterbuch der Rhetorik*, hrsg. von Gert Ueding, Tübingen: Max Niemeyer, 356–366.
Korta, Kepa/John Perry (2008): „The pragmatic circle“, in: *Synthese* 165, 347–357.
Korta, Kepa/John Perry (2011): *Critical Pragmatics. An Inquiry into Reference and Communication*, Cambridge: Cambridge UP.
Kövecses, Zoltán (2010): *Metaphor. A practical Introduction*, 2nd Edition, Oxford: Oxford UP.
Kövecses, Zoltán (2015): *Where Metaphors come from. Reconsidering Context in Metaphor*, Oxford: Oxford UP.
Kripke, Saul (1972): *Naming and Necessity*, Malden: Blackwell.
Lai, Vicky Tzuyin/Tim Curran/Lise Menn (2009): „Comprehending conventional and novel metaphors: An ERP study“, in: *Brain Research* 1284, 145–155.
Lakoff, George (1987): *Woman, Fire and Dangerous Things. What Categories Reveal about the Mind*, Chicago/London: University of Chicago Press.
Lakoff, George (1993): „The contemporary Theory of Metaphor“, in: *Metaphor and Thought*, hrsg. von Andrew Ortony, Cambridge: Cambridge UP, 202–252.

Lakoff, George (2008): „The Neural Theory of Metaphor“, in: *The Cambridge Handbook of Metaphor and Thought*, hrsg. von Raymond W. Gibbs Jr., Cambridge: Cambridge UP, 17 – 38.

Lakoff, George/Mark Johnson (1980): *Metaphors we live by*, Chicago: University Press of Chicago.

Lakoff, George/Mark Johnson (1999): *Philosophy in the Flesh. The Embodied Mind and its Challenge to Western Thought*, New York: Basic Books.

Lakoff, George/Mark Turner (1989): *More than cool reason. A field guide to poetic metaphor*, Chicago: University of Chicago Press.

Langendoen, D. Terence/Harris B. Savin (1971): „The Projection Problem for Presuppositions“, in: *Studies in linguistic Semantics*, hrsg. von Charles J. Fillmore/D. Terence Langendoen, New York [u. a.]: Holt, Rinehart und Winston Inc., 54 – 60.

Lausberg, Heinrich (1990): *Handbuch der literarischen Rhetorik*, Stuttgart: Franz Steiner.

Leckie, Gail (2013): „The double life of names“, in: *Philosophical Studies* 165.3, 1139 – 1160.

Lee, Junhyo (2020): „On the asymmetry between names and count nouns: syntactic arguments against predicativism“, in: *Linguistics and Philosophy* 43, 277 – 301.

Leezenberg, Michiel (1995): *Contexts of Metaphor*, Amsterdam/New York: Elsevier.

Leibniz, Gottfried W. (2002): *Monadologie und andere metaphysische Schriften. Französisch-Deutsch*, hrsg. von Ulrich Johannes Schneider, Hamburg: Felix Meiner.

Lepore, Ernest/Matthew Stone (2010): „Against Metaphorical Meaning“, in: *Topoi* 29, 165 – 180.

Levin, Samuel R. (1977): *The Semantics of Metaphor*, Baltimore, Maryland: The Johns Hopkins University Press.

Levin, Samuel R. (1982): „Aristotle's Theory of Metaphor“, in: *Philosophy and Rhetoric* 15.1, 24 – 46.

Levinson, Jerrold (2001): „Who's Afraid Of A Paraphrase?“, in: *Theoria* 67.1, 7 – 23.

Levinson, Stephen C. (1983): *Pragmatics*, Cambridge: Cambridge UP.

Lewis, David (1979a): „Attitudes De Dicto and De Se“, in: *The Philosophical Review* 88.4, 513 – 543.

Lewis, David (1979b): „Scorekeeping in a Language Game“, in: *Journal of Philosophical Logic* 8.1, 339 – 357.

Lieb, Hans-Heinrich (1983): „Was bezeichnet der herkömmliche Begriff ‚Metapher‘?“, in: *Theorie der Metapher*, hrsg. von Anselm Haverkamp, Darmstadt: WBG, 340 – 355.

Mann, Thomas (1932): *Goethe und Tolstoi. Zum Problem der Humanität*, Berlin: S. Fischer Verlag.

Martinich, Aloysius P. (1984): „ A Theory for Metaphor“, in: *Journal of Literary Semantics* 13.1, 35 – 56.

Matushansky, Ora (2015): „The other Francis Bacon: On non-bare proper names“, in: *Erkenntnis* 80.2, 335 – 362.

McElree, Brian/Johanna Nordlie (1999): „Literal and figurative interpretations are computed in equal time“, in: *Psychonomic Bulletin and Review* 6.3, 486 – 494.

McTaggart, J. Ellis (1908): „The Unreality of Time“, in: *Mind* 17.68, 457 – 474.

Miller, George A. (1993): „Image, Models, Simile and Metaphor“, in: *Metaphor and Thought*, hrsg. von Andrew Ortony, Cambridge: Cambridge UP, 357 – 400.

Moran, Richard (1989): „Seeing and Believing: Metaphor, Image, and Force“, in: *Critical Inquiry* 16.1, 87 – 112.

Morgenstern, Christian (1949): *Stufen. Eine Entwicklung in Aphorismen und Tagebuch Notizen*, hrsg. von Margareta Morgenstern und Michael Bauer, München: R. Piper.
Morris, Charles W. (1938): *Foundations of the Theory of Signs*, Chicago/London: University of Chicago Press.
Murphy, Gregory L. (1996): „On metaphoric representation", in: *Cognition* 60, 173–204.
Nietzsche, Friedrich (2010): *Menschliches. Allzu Menschliches / Also Sprach Zarathustra / Jenseits von Gut und Böse*, Hamburg: Nikol Verlagsgesellschaft.
Nogales, Patti D. (1999): *Metaphorically Speaking*, Stanford: CSLI Publications.
Nogales, Patti D. (2012): „Metaphorical content as what is said", in: *Journal of Pragmatics* 44, 997–1008.
Nunberg, Goeffrey (1995): „Transfer of Meaning", in: *Journal of Semantics* 12, 109–132.
Nüßlein, Theodor (1994): „Einführung", in: *Rhetorica ad Herennium*, hrsg. von Auctor ad Herennium, Zürich: Artemis und Winkler, 322–356.
Ortony, Andrew (1988): „Are emotion metaphors conceptual or lexical?", in: *Cognition and Emotion* 2.2, 95–103.
Ortony, Andrew (1993): „The role of Similarity and Similes and Metaphors", in: *Metaphor and Thought*, hrsg. von Andrew Ortony, Cambridge: Cambridge UP, 342–356.
Ortony, Andrew/Diane L. Schallert/Ralph E. Reynolds/Stephen J. Antos (1978): „Interpreting Metaphors and Idioms: Some Effects of Context on Comprehension", in: *Journal of Verbal Learning and Verbal Behavior* 17, 465–477.
Ortony, Andrew/Richard J. Vondruska/Mark A. Foss/Lawrence E. Jones (1985): „Salience, Simile and the Assymetry of Similarity", in: *Journal of Memory and Language* 24, 569–594.
Pascal, Blaise (1964): *Gedanken. Nach der endgültigen Ausgabe übertragen von Wolfgang Rüttenauer*, Bremen: Carl Schünemann Verlag.
Perry, John (1979): „The Problem of Essential Indexicals", in: *Nous*, 3–21.
Perry, John (1986): „Thought without Representation", in: *Proceedings of the Aristotelian Society* 60, 137–151.
Perry, John (1997): „Indexicals and Demonstratives", in: *A Companion to Philosophy of Language*, hrsg. von Crispin Wright/Bob Hale, Malden: Blackwell, 586–612.
Perry, John (2012): *Reference and Reflexivity*, 2nd Edition, Stanford: CSLI Press.
Perry, John (2017): „The Semantics and Pragmatics of Indexicals", in: *A Companion to Philosophy of Language*, hrsg. von Bob Hale/Crispin Wright/Alexander Miller, 2nd Edition, Malden: Blackwell, 970–989.
Pollio, Howard R./Micheal S. Fabrizi/Abigail Sills/Micheal K. Smith (1984): „Need metaphoric Comprehension Take Longer than Literal Comprehension?", in: *Journal of Psycholinguistic Research* 13.3, 195–214.
Popa-Wyatt, Mihaela (2017): „Compound figures: priority and speech-act structure", in: *Philosophical Studies* 174, 141–161.
Putnam, Hilary (1975): „The meaning of 'meaning'", in: *Mind, Language and Reality. Philosophical Papers, Volume 2*, Cambridge: Cambridge UP, 215–271.
Pynte, Joel/Mireille Besson/Fabrice-Henri Robichon/Jézabel Poli (1996): „The Time-Course of Metaphor Comprehension: An Event-Related Potential Study", in: *Brain and Language* 55, 293–316.

Quine, Willard V. O. (2011): „Two Dogmas of Empiricism“, in: *From a logical Point of View. Three selected Essays*, hrsg. von Roland Bluhm/Christian Nimtz, Stuttgart: Reclam, 56–127.
Quintilian (2001): *The Orators Education. Books 6–8*, hrsg. von Donald A. Russell, Cambridge, MA: Harvard UP.
Rakova, Marina (2002): „The philosophy of embodied realism: A high price to pay?“, in: *Cognitive Linguistics* 13.3, 215–244.
Rami, Dolf (2014): „The use-conditional indexical conception of proper names“, in: *Philosophical Studies* 168.1, 119–150.
Rapp, Christof (2002): *Aristoteles Rhetorik*, Bd. 2, Berlin: Akademie Verlag.
Recanati, François (1989a): *Meaning and Force*, Cambridge: Cambridge UP.
Recanati, François (1989b): „The Pragmatics of What is Said“, in: *Mind and Language* 4.4, 295–329.
Recanati, François (2002): „Unarticulated Constitutents“, in: *Linguistics and Philosophy* 25.3, 299–345.
Recanati, François (2004): *Literal Meaning*, Cambridge: Cambridge UP.
Recanati, François (2010): *Truth Conditional Pragmatics*, Oxford: Oxford UP.
Reimer, Marga (1996): „The Problem of Dead Metaphors“, in: *Philosophical Studies* 82.1, 13–25.
Reimer, Marga (2001): „Davidson on Metaphor“, in: *Midwest Studies in Philosophy* 25, 142–155. Richards, Ivor A. (1936): *The Philosophy of Rhetoric*, Oxford: Oxford UP.
Ricœur, Paul (1977): *The Rule of Metaphor*, Toronto/London: University of Toronto Press.
Ricœur, Paul (1978): „The Metaphorical Process as Cognition, Imagination, and Feeling“, in: *Critical Inquiry* 5.1, 143–159.
Rilke, Rainer Maria (2004): *Gedichte*, hrsg. von Dietrich Bode, Stuttgart: Reclam.
Rolf, Eckard (2005): *Metaphertheorien: Typologie, Dartellung, Bibliographie*, Berlin/New York: De Gruyter.
Rorty, Richard (1987): „Unfamiliar Noises I: Hesse and Davidson on Metaphor“, in: *Proceedings of the Aristotelian Society, Supplementary Volumes* 61, 283–296.
Rubio-Fernández, Paula (2007): „Suppression in Metaphor Interpretation: Differences between Meaning Selection and Meaning Construction“, in: *Journal of Semantics* 24, 345–371.
Rubio-Fernández, Paula, Wearing, Catherine & Carston, Robyn. (2015). Metaphor and Hyperbole: Testing the continuity hypothesis. *Metaphor and Symbol, 30* (1), 24–40.)
Russell, Bertrand (1905): „On Denoting“, in: *Mind* 14.56, 479–493.
Salmon, Nathan (1986): *Frege's Puzzle*, Cambridge, MA/London: MIT Press.
Sandburg, Carl (1950): *Complete Poems*, New York: Harcourt, brace und World.
Schlenker, Philippe (2003): „A Plea for Monsters“, in: *Linguistics and Philosophy* 26.1, 29–120.
Schoubye, Anders (2020): „Names Are Variables“, in: *Philosophical Review* 129.1, 53–94.
Searle, John R. (1969): *Speech Acts. An Essay in the Philosophy of Language*, Cambridge: Cambridge UP.
Searle, John R. (1979): „Metaphor“, in: *Expression and Meaning: Studies in the Theory of Speech Acts*, Cambridge: Cambridge UP, 76–116.
Shakespeare, William (2003): *Antonius und Kleopatra. Zweisprachige Ausgabe*, München: Deutscher Taschenbuch Verlag.

Shakespeare, William (2008): *Richard III.* Hrsg. von Burton Raffel, New Haven/London: Yale University Press.
Shakespeare, William (2012): *Romeo and Juliet/Romeo and Julia. Englisch/Deutsch*, hrsg. von Herbert Geisen, Stuttgart: Reclam.
Shakespeare, William (2013): *Othello. Englisch/Deutsch*, hrsg. von Dieter Hamblock, Stuttgart: Reclam.
Shakespeare, William (2015): *Richard III.* Hrsg. von Dietrich Klose, Stuttgart: Reclam.
Skulsky, Harold (1986): „Metaphorese“, in: *Nous* 20.3, 351–369.
Skulsky, Harold (1992): *Language Recreated: Seventeenth-Century Metaphorists and the Act of Metaphor*, Athens/London: The University of Georgia Press.
Sloat, Clarence (1969): „Proper Nouns in English“, in: *Language* 45.1, 26–30.
Soames, Scott (2010): *What is Meaning?*, Princeton/Oxford: Princeton UP.
Speaks, Jeff (2019): „Theories of Meaning“, in: *Stanford Encyclopedia of Philosophy*, hrsg. v. Edward N. Zalta, URL = <https://plato.stanford.edu/archives/win2019/entries/meaning/> (02.01.2020).
Sperber, Dan/Deirdre Wilson (1981): „Irony and the use-mention distinction“, in: *Radical Pragmatics*, hrsg. von Peter Cole, New York: Academic Press, 295–318.
Sperber, Dan/Deirdre Wilson (1986a): „Loose Talk“, in: *Proceedings of the Aristotelian Society* 86, 153–171.
Sperber, Dan/Deirdre Wilson (1986b): *Relevance: Communication and Cognition*, Oxford: Basil Blackwell.
Sperber, Dan/Deirdre Wilson (2008): „A Deflationary Account of Metaphors“, in: *The Cambridge Handbook of Metaphor and Thought*, hrsg. von Raymond W. Gibbs Jr., Cambridge: Cambridge UP, 84–105.
Stalnaker, Robert (1973): „Presuppostions“, in: *Journal of Philosophical Logic* 2.4, 447–457.
Stalnaker, Robert (1981): „Indexical Belief“, in: *Synthese* 49.1, 129–151.
Stalnaker, Robert (1998): „On the Representation of Context“, in: *Journal of Logic, Language and Information* 7.1, 3–19.
Stalnaker, Robert (1999a): „Assertion“, in: *Context and Content*, Oxford: Oxford UP, 78–95.
Stalnaker, Robert (1999b): „Pragmatic Presuppositions“, in: *Context and Content*, Oxford: Oxford UP, 39–26.
Stalnaker, Robert (2002): „Common Ground“, in: *Linguistics and Philosophy* 25.5/6, 701–721.
Stanford, W. Bedell (1972): *Greek Metaphor*, New York/London: Johnson Reprint Cooporation.
Stanley, Jason (2000): „Context and Logical Form“, in: *Linguistics and Philosophy* 23, 391–434.
Stanley, Jason (2007): „Review of François Recanati, Literal Meaning“, in: *Language in Context*, Oxford: Oxford UP, 231–247.
Stanley, Jason (2008): „Philosophy of Language in the Twentieth Century“, in: *The Routledge Companion to Twentieth Century Philosophy*, hrsg. von Dermot Moran, London: Routledge, 382–437.
Stanley, Jason/Jeffrey C. King (2005): „Semantics, Pragmatics and Semantic Content“, in: *Semantics versus Pragmatics*, hrsg. von Zoltán Gendler Szabó, Oxford: Clarendon Press, 111–164.
Stanley, Jason/Zoltán Gendler Szabó (2000): „On Quantifier Domain Restriction“, in: *Mind and Language* 15.2/3, 219–261.
Stern, Josef (2000): *Metaphor in Context*, Cambridge, MA: MIT Press.

Stern, Josef (2001): „Knowledge by Metaphor“, in: *Midwest Studies in Philosophy* XXV, 187–226.
Stern, Josef (2006): „Metaphor, Literal, Literalism“, in: *Mind and Language*, 243–279.
Stern, Josef (2008): „The Life and Death of a Metaphor, or the Metaphysics of Metaphor“, in: *The Baltic International Yearbook of Cognition, Logic and Communication* 3, 1–43.
Stern, Josef (2011): „Metaphor and Minimalism“, in: *Philosophical Studies*, 273–298.
Strawson, Peter (1950): „On Referring“, in: *Mind* 59.235, 320–344.
Tartter, Vivien C./Hilary Gomes/Boris Dubrovsky/Sophie Molholm/Rosemarie Vala Stewart (2002): „Novel Metaphors Appear Anomalous at Least Momentarily: Evidence from N400“, in: *Brain and Language* 80, 488–509.
Taylor, Kenneth A. (1995): „Meaning, Reference and Cognitive Significance“, in: *Mind and Language*, 129–180.
Tirrell, Lynne (1989): „Extending: The Structure of Metaphor“, in: *Nous* 23.1, 17–34.
Tirrell, Lynne (1991): „Reductive and Nonreductive Simile Theories of Metaphor“, in: *The Journal of Philosophy* 88.7, 337–358.
Travis, Charles (1985): „On What Is Strictly Speaking True“, in: *Canadian Journal of Philosophy* 15.2, 187–229.
Tsohatzidis, Savas L. (1994): „Speaker Meaning, Sentence Meaning and Metaphor“, in: *Foundations of Speech Act Theory: Philosophical and Linguistic Perspectives*, hrsg. von Savas L. Tsohatzidis, London: Routledge, 365–373.
Tversky, Amos (1977): „Features of Similarity“, in: *Psychological Review* 84, 327–352.
Ullmann, Stephen (1962): *Semantics. An Introduction to the Science of Meaning*, Oxford: Basil Blackwell.
Van Fraasen, Bas C. (1968): „Presupposition, Implication and Self Reference“, in: *The Journal of Philosophy* 65.5, 136–152.
Wearing, Catherine (2006): „Metaphor and What is said“, in: *Mind and Language* 21.3, 310–332.
Weinrich, Harald (1980): „Metapher“, in: *Historisches Wörterbuch der Philosophie*, hrsg. von Joachim Ritter/Karlfried Gründer, Bd. 5, Darmstadt: WBG, 1179–1186.
White, Roger M. (1996): *The Structure of Metaphor: The Way the Language of Metaphor Works*, Oxford und Cambridge, MA: Blackwell.
Wilson, Deirdre (2006): „The pragmatics of verbal irony: Echo or pretence?“, in: *Lingua* 116, 1722–1743.
Wittgenstein, Ludwig (1984): *Philosophische Untersuchungen*, Frankfurt am Main: Suhrkamp.
Wolff, Phillip/Dedre Gentner (2011): „Structure Mapping and Metaphor Comprehension“, in: *Cognitive Science*, 1456–1488.

Index Autoren

https://doi.org/10.1515/9783110732122-009

Index Subjekte

https://doi.org/10.1515/9783110732122-010